焊接工程师
实用技术丛书

焊接工艺全图解

陈茂爱　赵淑珍　编著

化学工业出版社

·北京·

内 容 简 介

本书从焊接生产的角度简要介绍了各种电弧焊方法的工艺原理、特点及应用；重点介绍了焊条电弧焊、钨极氩弧焊、埋弧焊、熔化极气体保护焊、药芯焊丝电弧焊、等离子弧焊、电弧螺柱焊等常用电弧焊方法的焊接材料、设备、接头及坡口设计、工艺参数选择原则、缺陷及防止措施以及安全技术；详细阐述了碳钢、低合金高强钢、耐热钢、不锈钢、铝及铝合金、铜及铜合金等常用金属材料的焊接性及焊接工艺；简要说明了焊接工艺评定原则及方法、焊接结构设计的工艺基础。本书理论与实践密切结合，理论问题尽量采用图解方法介绍，注重实用性、新颖性和先进性。

本书适用于焊接技术与工程和材料成型及控制工程等专业毕业生入职后的焊接工程师教育，焊接方向研究生的专业理论及工程应用知识学习。也可供企业开展焊接工程师培训和焊接工程技术人员拓展焊接专业基础知识之用。

图书在版编目（CIP）数据

焊接工艺全图解 / 陈茂爱，赵淑珍编著. —北京：化学工业出版社，2023.8
（焊接工程师实用技术丛书）
ISBN 978-7-122-43170-7

Ⅰ.①焊… Ⅱ.①陈…②赵… Ⅲ.①焊接工艺 – 图解 Ⅳ.①TG44-64

中国国家版本馆 CIP 数据核字（2023）第 052498 号

责任编辑：陈　喆
文字编辑：袁　宁
责任校对：宋　玮
装帧设计：王晓宇

出版发行：化学工业出版社（北京市东城区青年湖南街 13 号　邮政编码 100011）
印　　装：河北鑫兆源印刷有限公司
787mm×1092mm　1/16　印张 31¾　字数 702 千字　2023 年 7 月北京第 1 版第 1 次印刷
购书咨询：010-64518888
售后服务：010-64518899
网　　址：http://www.cip.com.cn

定　价：168.00 元　　　　　　　　　　　　　　　　　版权所有　违者必究

前言

目前，我国正从制造业大国向制造业强国迈进，焊接作为制造业的关键支撑技术在此过程中发挥着非常重要的作用，迫切需要大量具有专业理论知识和实践经验丰富的焊接工程师。然而，很多材料成型及控制工程专业、焊接技术与工程专业的本科生在焊接科学与技术知识方面的学习不够深入、系统和全面，毕业后进入企业需要开展后续的专业教育和学习，本书为了满足该需要而编写。

本书系统地阐述了电弧焊工艺理论知识和应用技术。主要分为五大部分：第一部分是各种电弧焊方法及工艺，涵盖第1章至第7章，该部分介绍了焊条电弧焊、钨极氩弧焊、埋弧焊、熔化极气体保护焊、药芯焊丝电弧焊、等离子弧焊、电弧螺柱焊等常用电弧焊方法的工艺原理、焊接材料、焊接设备、接头及坡口设计、工艺参数选择原则、缺陷及防止措施等。第二部分是常用金属材料的焊接，涵盖第8章到第13章，详细阐述了碳钢、低合金高强钢、耐热钢、不锈钢、铝及铝合金、铜及铜合金等的焊接性及焊接工艺，并给出了典型的焊接工艺参数。第三部分是第14章，简要阐述了焊接工艺评定原则及方法。第四部分为第15章，简要介绍了焊接结构设计的工艺基础。第五部分是第16章，介绍了焊接安全技术知识。

本书内容注重理论与实践的密切结合，兼具实用性、新颖性和先进性。所有内容均基于最新的焊接标准。理论问题尽量结合图表深入浅出地进行介绍，有利于读者快速地理解和掌握。

参加本书编写的人员还有陈东升、蒋元宁、闫建新、任文建、凌亮建、姜丽岩、王亚洁、张城城、王玉文、梁慧君等。

由于作者水平有限，书中难免出现疏漏之处，恳请广大读者批评指正。

编著者

目录

第 3 章
钨极氩弧焊

088

第 4 章
熔化极气体保护焊　128

第 5 章
药芯焊丝电弧焊

185

第 11 章
不锈钢的焊接 347

第 14 章
焊接工艺评定　434

第 15 章
焊接结构设计的工艺基础　458

第1章
焊条电弧焊

1.1 焊条电弧焊基本原理及特点

1.1.1 基本原理

焊条电弧焊是利用药皮焊条与工件之间的电弧进行焊接的一种熔化极电弧焊方法,其原理如图 1-1 所示。

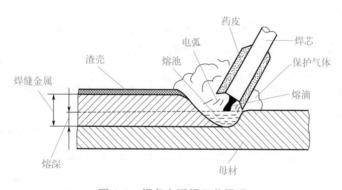

图 1-1 焊条电弧焊工艺原理

在电弧热量作用下,药皮发生熔化和分解,分解出的 CO_2 气体排除周围的空气,保护电弧、熔池及刚刚凝固的焊缝不被大气污染。熔化的药皮形成熔渣,覆盖在熔池和凝固的焊缝上,对熔池和高温焊缝进行附加保护作用,并降低熔池凝固速度。另外,熔渣还具有特定的冶金作用。

焊条端部和工件待焊部位在电弧热量作用下熔化,焊条端部形成的熔滴经弧柱过渡到工件上,与熔化的母材金属熔合成熔池。随着电弧前进,熔池尾部的液态金属逐步冷却结晶而形成焊缝。焊接过程中,焊条钢芯既充当电极,又提供填充金属,最后成为焊缝的组成部分。这种方法一般采用手工操作方式,英文缩写为 MMA 或 SMAW,国际标准规定的工艺代号为 111。

电弧中心的温度在 5000℃以上，常用电弧电压为 16 ~ 25V 范围，焊接电流为 40 ~ 360A。

1.1.2 工艺特点及应用

（1）优点

① 焊条电弧焊设备简单、维护方便。

② 操作灵活方便，适应性强，可达性好，不受场地和焊接位置的限制，只要是焊条能达到的地方一般都可施焊。

③ 适焊金属材料范围广，除熔点很高（如 Ti、Nb、Zr 等）或很低（如 Zn、Pb、Sn 及其合金）的金属外，大部分工业用的金属均能焊接。

④ 待焊接头装配要求较低。

（2）缺点

① 对焊工操作技术要求高，焊接质量在一定程度上取决于焊工的技术水平。

② 生产率低、焊材利用率低。焊条的导电长度大，为了防止药皮因钢芯电阻加热作用而提前分解，其最大允许焊接电流一般在 400A，因此熔敷速度低、熔深浅；而且焊条消耗到一定长度时必须更换，焊后还须清渣等，故生产率低。每一个焊条均需残留下一截焊条头，不能利用，因此材料利用率也低。

③ 劳动条件差。焊接过程中产生的粉尘和烟雾较大，劳动强度大。

（3）适用范围

1）可焊金属范围

可焊的金属有碳钢、低合金钢、不锈钢、耐热钢、铜、铝及其合金等；可焊但一般需预热、后热或两者兼用的金属有铸铁、高强度钢、淬火钢等。

2）适用的工件厚度范围

手工电弧焊可焊接的厚度范围如图 1-2 所示。最小可焊厚度在很大程度上取决于焊工的操作技术，技术好的焊工可焊接厚度最小为 1mm 左右的钢板。厚度不超过 3.2mm 的钢板可采用 I 形坡口进行焊接，但间隙要足够大。厚度大于 3.2mm 的工件需要开其他形式的坡口，并进

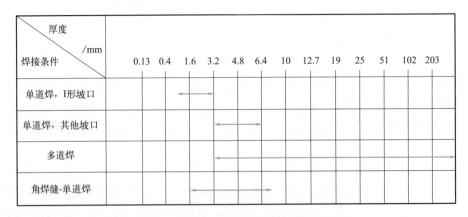

图 1-2　焊条电弧焊适用的工件厚度范围

行多道焊。角焊缝单道焊所能焊的最大焊脚尺寸为8mm。立焊位置下可焊接的角焊缝最大焊脚尺寸稍大一些，但是，如果单道焊焊脚尺寸大于10mm，焊缝质量将明显下降。

利用坡口多层焊时，焊条电弧焊厚度不受限制，但效率低、填充金属量大、焊接变形大、经济性差；最适用的厚度范围为3～40mm。所以一般不用于厚度40mm以上的工件焊接。

3）适用的焊接位置

焊条电弧焊适用于大部分焊接位置，如图1-3所示。

4）最合适的产品结构和生产性质

结构复杂的产品，例如具有很多短而不规则的焊缝或焊接位置多变的产品，不易实现机械化或自动化焊接，最宜用焊条电弧焊。

单件或小批量焊接产品宜采用焊条电弧焊。安装或修理部门因工作场所流动性大、焊接工作量相对较小，亦宜采用焊条电弧焊。

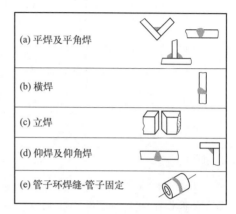

(a) 平焊及平角焊

(b) 横焊

(c) 立焊

(d) 仰焊及仰角焊

(e) 管子环焊缝-管子固定

图1-3　焊条电弧焊适用的焊接位置

1.2　焊接设备

焊条电弧焊的焊接设备主要有弧焊电源、焊钳、工件夹和焊接电缆等，如图1-4所示。辅助装置还有面罩、敲渣锤、钢丝刷和焊条保温筒等。

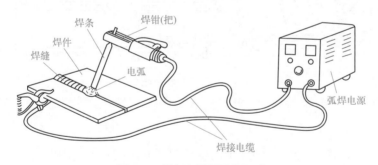

焊条　焊钳(把)

焊件

焊缝　电弧

弧焊电源

焊接电缆

图1-4　焊条电弧焊设备组成

（1）弧焊电源

焊条电弧焊既可采用直流电源，也可采用交流电源。电源额定电流一般在500A以下，空载电压80V左右，负载持续率60%。要求较高的空载电压是为了易于引弧，引燃后的电弧电压（即工作电压）在16～40V，具体数值由电弧长度和所用焊条类型决定。

焊条电弧焊一般选用恒流（或陡降）外特性的弧焊电源，以避免弧长（电弧电压）波动时电流的剧烈变化，如图1-5所示。但焊接非平焊位置的焊缝或装配间隙大小不均的根部焊道时，宜采用缓降外特性的弧焊电源，以便于焊工通过调节弧长来适当调节焊接电流（如图1-6所示），从而保证焊缝成形均匀一致。如果为了提高引弧性能和电弧熔透能力，而须增加焊接短路电流时，可以选用更为理想的恒流带外拖的外特性，如图1-5中的虚线所示。

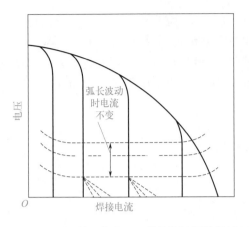

图 1-5　电源外特性曲线——带外拖的恒流特性

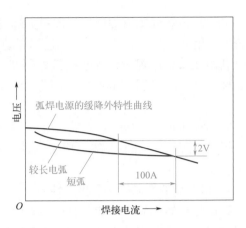

图 1-6　采用缓降外特性电源时通过调节
弧长来适当调节焊接电流大小

（2）焊钳

用来夹持焊条并向焊条传导焊接电流。对焊钳的要求是导电性能好、外壳应绝缘、重量轻、装换焊条方便、夹持牢固和安全耐用等。图 1-7 给出了常用焊钳的结构。

电接触不良和超负荷使用是焊钳发热的原因，不许用浸水方法去冷却焊钳。

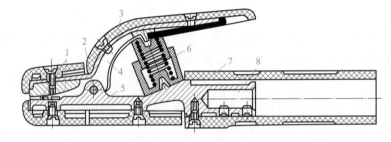

图 1-7　常用焊钳的结构

1—钳口；2—固定销；3—弯臂罩壳；4—弯臂；5—直柄；6—弹簧；7—胶木手柄；8—焊接电缆接头

（3）工件夹

工件夹用来将电缆夹持到工件上，图 1-8 给出了常用的几种工件夹结构。

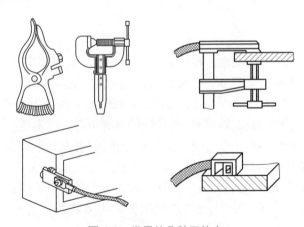

图 1-8　常用的几种工件夹

（4）辅助装置

1）面罩

面罩是防止焊接时的飞溅、弧光及其他辐射对焊工面部及颈部造成损伤的一种遮蔽工具。有手持式和头盔式两种，如图 1-9 所示。

面罩要求质轻、坚韧、绝缘性和耐热性好。面罩正面安装有护目滤光片，起减弱弧光强度，过滤红外线和紫外线的作用。镜片有各种颜色，常用的有墨绿、蓝绿和黄褐色。应根据焊接电流大小和焊接方法以及焊工的年龄与视力进行正确选用。表 1-1 为推荐使用的遮光号。在护目滤光片外侧，应加一块尺寸相同的普通玻璃，防止滤光片被金属飞溅污染。

表 1-1　护目滤光片推荐使用的遮光号

遮光号	颜色深浅	适用焊接电流范围 /A
8	较浅	＜ 100
10	中等	100 ～ 350
12	较深	＞ 350

2）焊条保温筒

焊条保温筒是装载已烘干的焊条，且能保持一定温度以防止焊条受潮的一种筒形容器。有立式和卧式两种，如图 1-10 所示。内装焊条 2.5 ～ 5kg，焊工可随身携带到现场，随用随取。通常是利用弧焊电源二次电压对筒内加热，温度一般在 100 ～ 450℃，能维持焊条药皮含水率不大于 0.4%。

图 1-9　面罩　　　　　　　　　　　　图 1-10　焊条保温桶

用碱性低氢型焊条焊接重要结构，如压力容器等产品，焊工每人应配备一个。

1.3　焊接材料——焊条

1.3.1　焊条的组成

焊条是焊条电弧焊用的熔化电极，它由药皮和焊芯两部分组成，如图 1-11 所示。

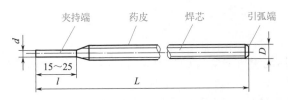
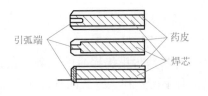

图 1-11　焊条的组成

L—焊条长度；l—夹持端长度；d—焊条直径；D—药皮外径

按药皮与焊芯的质量比，即药皮的质量系数 K_c 分，当 K_c=30% ～ 50% 时为厚皮焊条，K_c=1% ～ 2% 时为薄皮焊条。目前广泛使用的是厚皮焊条。焊芯直径称为焊条直径，药皮外径与焊条直径之比通常在 1.2 ～ 1.55 的范围内。

（1）焊芯

焊芯是一根实心金属棒，兼具熔化电极和填充金属两种作用。因此，焊芯不仅要具有良好的导电性能，而且化学成分和力学性能要满足焊缝要求，其质量等级一般优于对应的母材。

焊条的长度和直径是按照焊芯的长度和直径确定的。常用焊条直径有 1.6mm、2.0mm、2.5mm、3.2mm、4.0mm、5.0mm、6.0mm 和 8.0mm 等几种。长度一般在 200 ～ 700mm，具体长度根据焊芯材质、直径、药皮组成、便用性、材料利用率和生产效率等因素确定。夹持端长度一般为 10 ～ 35mm，详细规定见 GB/T 25775—2010《焊接材料供货技术条件 产品类型、尺寸、公差和标志》。

（2）药皮

药皮又称涂料，是焊条中压涂在焊芯表面上的涂覆层，主要由矿石、铁合金、纯金属、化工物料和有机物的粉末混合而成。

药皮在焊接过程中起到如下作用。

① 保护作用。药皮中的某些成分在电弧热量作用下分解，放出气体，排开周围的空气，对电弧和熔池进行保护。

② 脱氧作用。药皮中含有脱氧剂，对熔池中的 FeO 进行脱氧。

③ 造渣作用。药皮中含有造渣剂，在电弧热量作用下形成的焊渣对高温焊缝金属进行保护，防止其受到氧化。

④ 稳弧作用。药皮中含有电离电位较低的元素，起着稳弧作用，这对于交流电弧来说尤其重要。

⑤ 合金化作用。药皮中加入合金元素，可提高熔敷金属的性能。

⑥ 提高熔敷速度。在药皮中加入铁粉可提高熔敷率，提高焊接生产率。

表 1-2 列出制造药皮常用的原材料及其基本组成与作用。

表 1-2　制造药皮常用的原材料及其基本组成与作用

制造药皮的原材料名称	基本组成	主要作用									
		稳弧	造渣	造气	脱氧	合金	稀渣	黏结	增塑	氧化	去氢
钛铁矿	FeO·TiO₂	○	○				○			○	
金红石	TiO₂	○	○				○				

制造药皮的原材料名称	基本组成	主要作用									
		稳弧	造渣	造气	脱氧	合金	稀渣	黏结	增塑	氧化	去氢
赤铁矿	Fe_2O_3	○	○							○	
锰矿	MnO_2	○	○				○			○	
大理石	$CaCO_3$	○	○	○						○	
菱苦土	$MgCO_3$	○	○	○						○	
白云石	$CaCO_3 \cdot MgCO_3$	○	○	○						○	
石英砂	SiO_2		○								
长石	$SiO_2 \cdot Al_2O_3 \cdot K_2O$	○	○				○				
高岭土	$SiO_2 \cdot Al_2O_3 \cdot 2H_2O$		○						○		
白泥	$SiO_2 \cdot Al_2O_2 \cdot H_2O$		○						○		
云母	$SiO_2 \cdot Al_2O_3 \cdot K_2O \cdot H_2O$	○	○						○		
花岗岩	长石、石英、云母	○	○						○		
萤石	CaF_2		○				○				○
碳酸钾	K_2CO_3（H_2O）	○							○		
纯碱	Na_2CO_3（H_2O）	○							○		
木粉	C、O、H			○					○		
淀粉	C、O、H			○					○		
钠水玻璃	$Na_2O \cdot SiO_2 \cdot H_2O$	○	○					○			
钾水玻璃	$K_2O \cdot SiO_2 \cdot H_2O$	○	○					○			
铝粉	Al				○						
合金	锰、硅、钛、铬、钼等的铁合金				○	○					
纯金属	金属锰、金属铬等				○	○					
钛白粉	TiO_2	○	○				○		○		

1.3.2　焊条的分类及型号

对焊条可按照用途、熔渣性质、药皮主要成分或性能特征等进行分类。

（1）分类

1）按用途分类

焊条按照用途分类的方法有两种，如表 1-3 所示。一类是国家标准规定的型号，另一类是原机械工业部编制的《焊接材料产品样本》规定的牌号。两者没有本质区别，不同的只是表达形式。后者分得稍细，而且采用已久，在许多技术资料和文献上经常出现。

表 1-3 焊条按用途分类及其代号

焊条型号			焊条牌号			
焊条大类（按化学成分分类）			焊条大类（按用途分类）			
国家标准编号	名称	代号	类别	名称	代号	
					字母	汉字
GB/T 5117—2012	非合金钢及细晶粒钢焊条	E	一	结构钢焊条	J	结
			二	钼和铬钼耐热钢焊条	R	热
GB/T 5118—2012	热强钢焊条	E	三	低温钢焊条	W	温
GB/T 983—2012	不锈钢焊条	E	四	不锈钢焊条	G	铬
					A	奥
GB/T 984—2001	堆焊焊条	ED	五	堆焊焊条	D	堆
GB/T 10044—2022	铸铁焊条	EC	六	铸铁焊条	Z	铸
—	—	—	七	镍及镍合金焊条	Ni	镍
GB/T 3670—2021	铜及铜合金焊条	ECu	八	铜及铜合金焊条	T	铜
GB/T 3669—2001	铝及铝合金焊条	E	九	铝及铝合金焊条	L	铝
—	—	—	十	特殊用途焊条	TS	特

2）按熔渣性质分类

主要是按熔渣的碱度分类，焊条有酸性和碱性两大类。

① 酸性焊条。药皮中含有大量 Fe_3O_4、SiO_2、TiO_2 等酸性氧化物及一定数量的碳酸盐等，其熔渣碱度 B 小于 1。酸性焊条焊接工艺性能好，既可用直流电也可用交流电进行焊接；电弧柔和、飞溅小、熔渣流动性好、易于脱渣、焊缝外表美观；但因氧化性较强，焊接时合金元素烧损较多，因而熔敷金属的塑性和韧性较低。焊接时碳的剧烈氧化使熔池沸腾，有利于熔池中气体逸出，所以气孔敏感性低。钛型焊条、钛钙型焊条、钛铁矿型焊条和氧化铁型焊条均属酸性焊条。这种焊条吸湿性较弱，焊前在 150～200℃烘焙 1h 即可，若不受潮，也可不用烘干。

② 碱性焊条。药皮中含有大量如大理石、萤石等的碱性造渣物。药皮分解出的保护气体主要成分是 CO_2 气，电弧气氛中的氢分压较低，而且萤石中的 CaF_2 在高温时与氢结合成氟化氢（HF），正常焊接时焊缝中的含氢量较低，因此，这类焊条又称为低氢型焊条。这类焊条的熔渣脱硫能力强、熔敷金属抗热裂性能好、塑性和韧性高、抗冷裂能力强，因此，重要的焊接结构，如承受动载或刚性较大的结构都用碱性焊条焊接。

由于药皮中含有较多的反电离物质 CaF_2，影响低电流下电弧稳定性，所以碱性焊条一般要求采用直流反接；只有当药皮中加入大量稳弧剂后才可以用交流电源进行焊接。

碱性焊条缺点是对油、水、锈等很敏感，使用前必须高温（300～450℃）烘干，否则极易产生气孔；其工艺性能较差，主要表现是熔滴尺寸大、焊缝表面成形较差、脱渣性能较差。

3) 按药皮主要成分分类

按药皮的主要成分可以分成表1-4所列的八大类型。药皮成分不同，其熔渣特性、焊接工艺性能和焊缝金属性能有很大的差别，表1-5列出每种药皮类型的主要特点。

表 1-4　按主要成分划分的药皮类型

药皮类型	药皮主要成分（质量分数）	药皮类型	药皮主要成分（质量分数）
钛型	氧化钛 ≥ 35%	纤维素型	有机物 ≥ 15%
钛钙型	氧化钛 30% 以上，碳酸盐 20% 以下	低氢型	含钙、镁的碳酸盐和相当量的萤石
钛铁矿型	钛铁矿 ≥ 30%	石墨型	多量石墨
氧化铁型	多量氧化铁和较多锰铁脱氧剂	盐基型	氯盐和氟盐

表 1-5　焊条药皮类型及主要特点

序号	药皮类型	电源种类	主要特点
0	不属已规定的类型	不规定	在某些焊条中采用氧化锆、金红石等组成的新渣系，目前尚未形成系列
1	氧化钛型	DC（直流），AC（交流）	含多量氧化钛，焊条工艺性能良好，电弧稳定，再引弧方便，飞溅很小，熔深较浅，熔渣覆盖性良好，脱渣容易，焊缝波纹特别美观，可全位置焊接，尤宜于薄板焊接。但焊缝塑性和抗裂性稍差。随药皮中钾、钠及铁粉等用量的变化，分为高钛钾型、高钛钠型及铁粉钛型等
2	钛钙型	DC，AC	药皮中含氧化钛 30% 以上，钙、镁的碳酸盐 20% 以下，焊条工艺性能良好，熔渣流动性好，熔深一般，电弧稳定，焊缝美观，脱渣方便，适用于全位置焊接，如J422即属此类型。它是目前碳钢焊条中使用最广泛的一种
3	钛铁矿型	DC，AC	药皮中含钛铁矿 ≥ 30%，焊条熔化速度快，熔渣流动性好，熔深较深，脱渣容易，焊波整齐，电弧稳定，平焊、横角焊工艺性能较好，立焊稍次，焊缝有较好的抗裂性
4	氧化铁型	DC，AC	药皮中含多量氧化铁和较多的锰铁脱氧剂，熔深大，熔化速度快，焊接生产率较高，电弧稳定，再引弧方便，立焊、仰焊较困难，飞溅稍大，焊缝抗热裂性能较好，适用于中厚板焊接。由于电弧吹力大，适于野外操作。若药皮中加入一定量的铁粉，则为铁粉氧化铁型
5	纤维素型	DC，AC	药皮中含 15% 以上的有机物，30% 左右的氧化钛，焊接工艺性能良好，电弧稳定，电弧吹力大，熔深大，熔渣少，脱渣容易。可作立向下焊、深熔焊或单面焊双面成形焊接。立、仰焊工艺性好。适用于薄板结构、油箱管道、车辆壳体等的焊接。随药皮中稳弧剂、黏结剂含量变化，分为高纤维素钠型（采用直流反接）、高纤维素钾型两类
6	低氢钾型	DC，AC	药皮组分以碳酸盐和萤石为主。焊条使用前须经 300～400℃烘焙。短弧操作，焊接工艺性一般，可全位置焊接。焊缝有良好的抗裂性和综合力学性能。适宜于焊接重要的焊接结构。按照药皮中稳弧剂量、铁粉量和黏结剂不同，分为低氢钠型、低氢钾型和铁粉低氢型等
7	低氢钠型	DC	
8	石墨型	DC，AC	药皮中含有大量石墨，通常用于铸铁或堆焊焊条。采用低碳钢焊芯时，焊接工艺性较差，飞溅较多，烟雾较大，熔渣少，适用于平焊。采用非钢铁金属焊芯时，就能改善其工艺性能。但电流不宜过大
9	盐基型	DC	药皮中含多量氯化物和氟化物，主要用于铝及铝合金焊条。吸潮性强，焊前要烘干。药皮熔点低，熔化速度快。采用直流电源，焊接工艺性较差，短弧操作，熔渣有腐蚀性，焊后需用热水清洗

4）按焊条性能特征分类

实际上是按特殊的使用性能对焊条进行分类。如耐候钢焊条，超低氢焊条，低尘、低毒焊条，向下立焊焊条，躺焊焊条，打底层焊条，盖面焊条，高效铁粉焊条，重力焊条，防潮焊条，水下焊条，等。

（2）焊条型号与牌号的编制方法

1）型号

各种材料用的焊条型号由国家标准规定，如表1-3。下面以非合金钢及细晶粒钢焊条型号为例进行说明。

按 GB/T 5117—2012《非合金钢及细晶粒钢焊条》规定，非合金钢及细晶粒钢焊条型号由五部分组成。第一部分用字母 E 表示焊条；第二部分是由两位阿拉伯数字组成的熔敷金属最小抗拉强度代号，见表1-6；第三部分是由两位阿拉伯数字组成的药皮类型、焊接位置和电流类型代号，见表1-7；第四部分与第三部分之间用"-"分隔，用字母和数字组合指示熔敷金属化学成分，也可以无标记，见表1-8；第五部分指示熔敷金属的状态，不标记表示焊态，"P"表示焊后热处理，而"AP"表示焊态和焊后热处理均可。除了上述强制部分外，可附加辅助部分，用"U"表示规定温度下，冲击吸收功可达到47J；用H5、H10或H15分别表示100g熔敷金属含氢量不超过5mL、10mL或15mL。

型号示例：

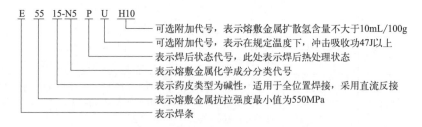

表 1-6 非合金钢及细晶粒钢焊条熔敷金属抗拉强度代号

代号	最小抗拉强度 /MPa	代号	最小抗拉强度 /MPa
43	430	55	550
50	490	57	570

表 1-7 非合金钢及细晶粒钢焊条药皮类型、焊接位置和电流类型代号

代号	药皮类型	焊接位置 [a]	焊接电流种类
03	钛型	全位置 [b]	交流、直流正接、直流反接
10	纤维素	全位置	直流反接
11	纤维素	全位置	交流、直流反接
12	金红石	全位置 [b]	交流、直流正接
13	金红石	全位置 [b]	交流、直流正接、直流反接
14	金红石 + 铁粉	全位置 [b]	交流、直流正接、直流反接
15	碱性	全位置 [b]	直流反接

代号	药皮类型	焊接位置 [a]	焊接电流种类
16	碱性	全位置 [b]	交流、直流反接
18	碱性 + 铁粉	全位置 [b]	交流、直流反接
19	钛铁矿	全位置 [b]	交流、直流正接、直流反接
20	氧化铁	PA、PB	交流、直流正接
24	金红石 + 铁粉	PA、PB	交流、直流正接、直流反接
27	氧化铁 + 铁粉	PA、PB	交流、直流正接、直流反接
28	碱性 + 铁粉	PA、PB、PC	交流、直流反接
40	未做规定	由制造商规定	
45	碱性	全位置	直流反接
48	碱性	全位置	交流、直流反接

[a] 焊接位置见 GB/T 16672，其中 PA= 平焊、PB= 平角焊、PC= 横焊、PG= 向下立焊；

[b] 此处"全位置"并不一定包含向下立焊，由制造商确定。

表 1-8　非合金钢及细晶粒钢焊条熔敷金属化学成分代号

代号	化学成分的名义含量（质量分数）/%				
	Mn	Ni	Cr	Mo	Cu
无标记、-P1、-P2	1.0	—	—	—	—
-1M3	—	—	—	0.5	—
-3M2	1.5	—	—	0.4	—
-3M3	1.5	—	—	0.5	—
-N1	—	0.5	—	—	—
- N2	—	1.0	—	—	—
- N3	—	1.5	—	—	—
-3N3	1.5	1.5	—	—	—
- N5	—	2.5	—	—	—
- N7	—	3.5	—	—	—
- N13	—	6.5	—	—	—
- N2M3	—	1.0	—	0.5	—
-NC	—	0.5	—	—	0.4
-CC	—	—	0.5	—	0.4
-NCC	—	0.2	0.6	—	0.5
-NCC1	—	0.6	0.6	—	0.5
-NCC2	—	0.3	0.2	—	0.5
-G	其他成分				

焊条型号通常标记在靠近焊条夹持端的部位，如图 1-12 所示。

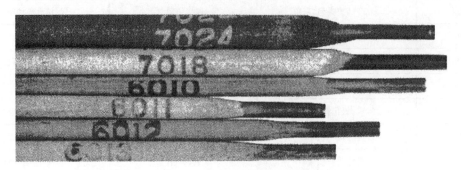

图 1-12　手工电弧焊焊条的标记

2）牌号

焊条牌号是按焊条的主要用途及性能特点进行编制的。按用途把焊条分为十大类，见表 1-3。牌号前以大写汉语拼音字母（或汉字）表示焊条的各大类，见表 1-3；字母后的第 1、2 位数字表示各大类中的若干小类，通常以主要性能或化学成分的代号表示；第 3 位数字表示焊条药皮类型及电源种类，数字的含义见表 1-9。第 3 位数字后面按需要可加注字母符号表示焊条的特殊性能和用途，见表 1-10。

表 1-9　焊条牌号中第 3 位数字的含义

数字	药皮类型	焊接电源种类
0	不属已规定类型	不规定
1	氧化钛型	直流或交流
2	钛钙型	直流或交流
3	钛铁矿型	直流或交流
4	氧化铁型	直流或交流
5	纤维素型	直流或交流
6	低氢钾型	直流或交流
7	低氢钠型	直流
8	石墨型	直流或交流
9	盐基型	直流

表 1-10　焊条牌号后面加注字母符号含义

字母符号	意义	字母符号	意义
D	底层焊条	Fe18	铁粉焊条，其名义熔敷率 180%
DF	低尘低毒（低氟）焊条	G	高韧性焊条
Fe	铁粉焊条	GM	盖面焊条
Fe13	铁粉焊条，其名义熔敷率 130%	GR	高韧性压力容器用焊条

续表

字母符号	意义	字母符号	意义
H	超低氢焊条	XG	管子用向下立焊用焊条
LMA	低吸潮焊条	Z	重力焊条
R	压力容器用焊条	Z15	重力焊条，其名义熔敷率150%
RH	高韧性低氢焊条	CuP	含 Cu 和 P 的耐大气腐蚀焊条
SL	渗铝钢焊条	CrNi	含 Cr 和 Ni 的耐海水腐蚀焊条
X	向下立焊用焊条		

结构钢焊条包括碳钢和低合金高强度钢用的焊条。牌号首位字母"J"或汉字"结"字表示结构钢焊条，后面第 1、2 位数字表示熔敷金属抗拉强度的最小值（kgf·mm^{-2}），第 3 位数字表示药皮类型和焊接电源种类，见表 1-11。

举例：

表 1-11　结构钢焊条熔敷金属的强度等级

焊条牌号	抗拉强度（不小于）/MPa（kgf·mm^{-2}）	屈服点（不小于）/MPa（kgf·mm^{-2}）
J42×	420（43）	330（34）
J50×	490（50）	410（42）
J55×	540（55）	440（45）
J60×	590（60）	530（54）
J70×	690（70）	590（60）
J75×	740（75）	640（65）
J80×	780（80）	—（—）
J85×	830（85）	740（75）
J10×	980（100）	—（—）

注：表中 × 即牌号第 3 位数字。

1.4　焊条电弧焊接头及坡口设计

1.4.1　接头的基本形式

表 1-12 给出了焊条电弧焊常用的接头基本类型及其主要特点。设计或选用接头形式

时，主要是根据产品结构特点和焊接工艺要求，并综合考虑承载条件、焊接可达性、焊接应力与变形以及经济成本等因素。每一种接头的基本形式均可根据焊件的实际要求进行适当改进。

1.4.2 焊缝坡口的基本形式

根据产品设计或工艺需要，将工件待焊部位加工成一定几何形状，装配后构成的沟槽称为坡口。预制坡口（俗称开坡口）的主要目的是获得所要求的熔透深度和焊缝形状。板厚大于 3mm 时，焊条电弧焊通常需要开坡口。表 1-13 列出焊条电弧焊常用的几种坡口形式。设计或选用坡口形式要综合考虑如下因素。

① 要求的熔深和焊缝形状，这是坡口首要考虑因素。

② 电弧的可达性，即焊工能按工艺要求自如地进行运条，顺利地完成焊缝金属的熔敷，获得无工艺缺陷的焊缝。

③ 有利于控制焊接变形和焊接应力，以避免焊接裂纹并减少焊后矫形的工作量。

④ 经济性。要综合考虑坡口加工费用和填充金属消耗量。

表 1-12 焊条电弧焊常用的接头基本形式及其主要特点

名称	简图	主要特点
对接接头		在同一平面上的两被焊工件相对放置进行焊接所形成的接头 受力合理、应力集中程度较小，两对接焊件厚度很少受限制。厚板对接焊时，为了焊透可采用各种形式的坡口 对接接头要求对接边缘的加工和装配质量严格
搭接接头		两被焊工件部分地重叠在一起（或外加专门的搭接件），用角焊缝或塞（槽）焊缝连接起来的接头 接头工作应力分布不均匀，受力不合理，疲劳强度低，构件重量大，这不是一种理想接头形式。但因其焊前准备和装配工作简单，在不重要的结构上仍有采用
T 形（十字）接头		一焊件的端面与另一焊件的平面构成直角或近似直角的接头。通常用角焊缝连接 能承受各个方向上的力和力矩。应力分布较对接接头复杂，应力集中较大。熔透的 T 形接头强度按对接接头计算，其动载强度也较高
角接接头		两焊件端面间构成大于 30°、小于 135° 夹角的接头 接头的承载能力较差，单独使用时（特别是抗弯）能力很弱，改进连接处的构造后，其性能有所改善。主要用于箱形结构

表 1-13　焊条电弧焊常用坡口的基本形式

坡口名称	坡口形式							
	I 形	单边 V 形	Y 形	双 V 形	单边 J 形	双 J 形	U 形	双 U 形
对接接头								
T 形接头			(K形)	—			—	—
角接接头			(K形)	—			—	—
符号	‖	V	Y(K形)	X	⊬	⊭	Y	X

I 形、V 形和 U 形是坡口的基本型，其余都是它们的变化形式。

以对接接头为例，I 形坡口适用于厚度 < 6mm 的平板对接，可采用单面或双面焊接。端平面之间的距离叫装配间隙，它是保证熔深所必需的。它由焊件厚度和背面有无衬垫来决定，背面无衬垫，一般在 0 ～ 3mm 之间。间隙过小熔不透，过大则第一道焊缝容易焊漏。

V 形坡口适用于反面施焊有困难或根本无法施焊的中厚钢板对接。两斜面之间的夹角称坡口角，其作用是保证焊条端头能到达焊缝根部和提供足够运条空间，以使坡口两侧面熔合良好。V 形坡口一般在 40°～ 60°。坡口角过小则可达性差且运条困难，不易保证焊缝质量；坡口角过大，则填充金属量大，不经济且效率低。坡口根部的直边称钝边，其作用是避免烧穿，一般在 1 ～ 4mm。

随着对接板厚增加，V 形坡口的焊缝填充金属量就急剧增加，如果可以正反面施焊，宜设计成 X 形坡口以节省填充金属；而且正反两面施焊，可以减少角变形。厚板对接，在同样厚度情况下 U 形坡口要比 V 形坡口节省填充金属，这是因为有根部半径，坡口角可很小（约 1°～ 8°）。双 U 形坡口要比 X 形坡口节省填充金属，但是双 U 形坡口加工的费用较 X 形高。

若不等厚板对接，当厚度差超过表 1-14 中规定值时，则须把厚板对接处单面或双面削薄，使之变成等厚板对接，再按等厚板对接来选择坡口形式。见图 1-13。

表 1-14　不等厚板对接的允许厚度差　　　　　　　　　　　单位：mm

较薄板厚度 δ_1	≥ 2 ～ 5	> 5 ～ 9	> 9 ～ 12	> 12
允许厚度差（$\delta-\delta_1$）	1	2	3	4

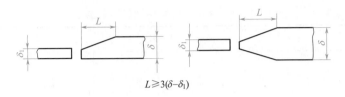

$$L \geqslant 3(\delta - \delta_1)$$

图 1-13　不同厚度钢板的对接接头设计

有些焊件组合后自然形成坡口，这种情况下可不用开坡口，图 1-14 示出了无需开坡口和需开坡口的情况对比。

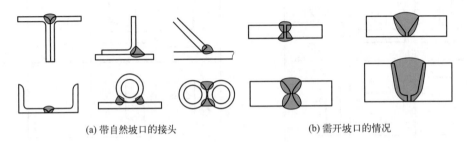

(a) 带自然坡口的接头　　　　　　　(b) 需开坡口的情况

图 1-14　无需开坡口和需开坡口的情况对比

GB/T 985.1—2008《气焊、焊条电弧焊、气体保护焊和高能束焊的推荐坡口》对焊条电弧焊的坡口形式进行了规定，无特殊要求时应按该标准选用。

坡口制备方法如下。

坡口制备包括坡口形状的加工和坡口两侧的清理工作。根据焊件结构形式、板厚和材料的不同，坡口制备的方法也不同，常用的坡口加工方法有以下几种。

① 剪切。用于 I 形坡口（即不开坡口）的薄钢板的边缘加工。

② 刨削。用刨床或刨边机加工直边的坡口，能加工任何形状的坡口，加工后的坡口平直、精度高。薄钢板 I 形坡口的加工可以将多层钢板叠在一起，一次刨削完成，可提高效率。

③ 车削。圆管、圆柱体、圆封头或圆形杆件的坡口均可在车床上车削加工。

④ 专用坡口加工机加工。有平板直边坡口加工机和管接头坡口加工机两种，可分别加工平钢板边缘或管端的坡口。

⑤ 热切割。普通钢的坡口加工应用最广泛的是氧 - 乙炔火焰切削，不锈钢采用等离子弧切割。能切割各种角度的直边坡口和各种曲线状焊缝的坡口，尤其适合切割厚钢板。

⑥ 碳弧气刨。主要用于多层焊背面清焊根和开坡口。为了防止焊缝渗碳，焊前必须用砂轮把气刨的坡口表面打磨，以消除坡口表面渗碳层。

经坡口加工后的待焊边缘，若受到油锈等污染，焊前须清除干净，简易方法有火焰烧烤或砂轮打磨等。

1.4.3　焊接衬垫与引出板

（1）焊接衬垫

焊接第一道焊缝时，为了防止熔化金属从背部坠落，需要使用焊接衬垫。常用的衬垫有衬条、铜衬垫、打底焊缝和非金属衬垫等。

1) 衬条

衬条是放在接头背面的金属条，见图 1-15。衬条需采用与母材成分相同或相当的材料制成，并与坡口一样进行清理，以防止焊缝中形成气孔和夹渣。衬条与工件背面要紧密贴合，否则熔化金属可能通过衬条和母材之间的间隙流失。

如果衬条不妨碍接头使用，则可保留在原位置上；否则，应予以去除。

2) 铜衬垫

焊接钢材时，可采用水冷铜衬垫。铜衬垫表面一般应开有沟槽，以控制焊缝背面的形状和余高。水冷铜衬垫可以作为一种工具反复使用。焊接过程中，不允许电弧接触铜衬垫，防止熔化的铜污染焊缝金属。如果焊接时间短，焊接电流小，也可用体积较大的非水冷铜衬垫进行焊接。

3) 打底焊道（缝）

对于坡口内的多层焊，在接头根部熔敷的第一条焊缝称打底焊道（缝），如图 1-16 所示。

图 1-15　利用衬条作焊接衬垫　　　　　　图 1-16　打底焊道（缝）

打底焊道可以采用焊条电弧焊或 TIG 焊进行焊接。如果采用焊条电弧焊打底，则采用的焊条应与其他焊缝焊接用焊条相同；如果采用 TIG 焊，所用焊丝应保证打底焊缝金属的化学成分与焊条电弧焊焊缝金属的化学成分相近。打底焊道的尺寸应足够大，足以承受后面施工中可能施加的载荷。焊完打底焊道后常须打磨或刨削接头及其根部。

4) 非金属衬垫

非金属衬垫最常用的是颗粒状焊剂垫（需要盛放在容器中）及热固化焊剂垫。焊剂垫用法与埋弧焊的焊剂垫相同，见第 2 章埋弧焊。热固化焊剂垫需要用夹具或粘贴带贴在接头的背面，其使用方法和焊接工艺参数须遵循衬垫制造厂的使用说明。

（2）引出板

重要结构的焊缝最好在两端安装引出板，如图 1-17 所示。引出板的材料最好与母材相同，以免影响焊缝成分。引出板的作用是增加工件的刚性和坡口尺寸的稳定性，并把引弧和收弧时产生的焊接缺陷引到引出板上，从而保证焊缝两端的质量。一般情况下，焊后需拆除引出板。

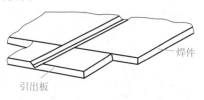

图 1-17　焊条电弧焊用引出板

1.5　焊条电弧焊的焊接工艺

1.5.1　焊前准备

（1）焊条烘干

焊前对焊条烘干的目的是去除受潮焊条中的水分，减少熔池和焊缝中的氢，以防止产生气孔和冷裂纹。必须严格按照 1.3 节给出的各种焊条的烘干要求或遵照焊条产品使用说明书中指定的工艺进行烘干。

（2）焊前清理

对于焊条电弧焊，坡口及其附近约 20mm 区域内的油污、铁锈等污染物一般需要在焊前予以清除。用碱性焊条焊接时，如果不进行严格、彻底的清理，焊缝中极易产生气孔和延迟裂纹。酸性焊条对氢气不是很敏感，因此，若油污、铁锈等污染物不是很严重，而且焊缝质量要求不高时，用酸性焊条焊接时可以不进行焊前清理。

（3）预热

预热的主要目的是降低冷却速度、防止形成淬硬组织及降低焊接残余应力与变形，进而防止焊接冷裂纹。通常根据母材类型、所用的焊条类型和接头的拘束度来确定预热的工艺条件。对于厚度不大的低碳钢和强度级别不高的低合金高强度钢结构件，如果结构件的刚度不大，一般不需预热。对于厚度大、母材碳当量高或结构刚性大的焊件，焊前必须进行预热。

焊接热导率很高的材料，如铜、铝及其合金，通过预热可以提高一定电流下的熔深，也有利于焊缝金属与母材熔合。

预热或低温预热下进行焊接。采用低氢型焊条可以降低预热温度，因其抗裂性能好，但焊条的含水量必须很低。选用低组配焊条（即采用熔敷金属强度低于母材，而塑性和韧性优于母材的焊条）进行施焊时，可以降低预热温度或不预热。

（4）焊接位置的选择

焊接时焊缝相对于热源的空间位置称焊接位置。基本焊接位置有平焊、横焊、立焊、仰焊等，如图 1-18 所示。对于角接接头，平焊一般称为船形焊，横焊一般称为斜角焊或平角焊。焊条电弧焊可在任何焊接位置进行焊接，尽管如此，但只要条件允许，应尽量采用平焊位置进行焊接，因为该位置下重力最有利于保持熔池，对焊工的操作技术要求也低，焊接质量易于保证；而且可使用较大的焊条直径和较高的焊接电流进行较高速度的焊接。立焊和仰焊位置对焊工操作技术要求高、劳动条件差，而且，必须采用小直径的全位置焊条和较小焊接电流进行低速焊接。

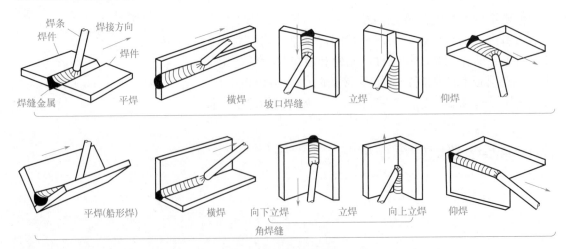

图 1-18　焊接位置

1.5.2　装配与定位焊

（1）装配

装配的主要目的是使焊件定位对中，并保证整个接缝长度上坡口形状和尺寸满足设计要求。焊件坡口加工质量及精度以及装配质量直接影响到焊接质量和制造成本。

装配时应保证坡口根部间隙尺寸满足设计要求，且没有错边。根部间隙过小易导致根部未焊透和夹渣缺陷；间隙过大则会增加填充金属量，提高焊接成本并增大焊件变形，甚至会引起烧穿。如果沿接缝根部间隙不均匀，则在接头各部位的焊缝金属量就会变化，各个部位的变形也不均匀，使变形难以控制。

焊缝根部的错边会导致未焊透或焊根表面成形不良。

（2）定位焊

一般情况下，焊件在装配后需要用夹具或定位焊缝固定起来，然后再进行焊接。其主要目的是防止坡口尺寸因焊接变形而变化。定位焊的质量直接影响最终的焊接质量。由于长度短、冷却速度快，定位焊缝易产生焊接缺陷，若缺陷被正式焊缝掩盖而未被发现则会造成安全隐患。对定位焊有如下要求：

① 焊条。定位焊用的焊条应和正式焊接用的相同，焊前同样要进行烘干。

② 定位焊焊缝的位置。双面焊且背面需清根的焊缝，定位焊缝最好布置在背面；形状对称的构件，定位焊缝也应对称布置；有交叉焊缝的地方不设定位焊缝，至少离开交叉点50mm。

③ 焊接工艺。由于长度短、冷却快，焊接电流应比正式焊缝的焊接电流大 15%～20%，其他施焊条件应和正式焊缝相同。对于刚度大或有淬火倾向的焊件，应适当预热，以防止定位焊缝开裂；收弧时注意填满弧坑，防止开裂。在允许的条件下，可选用塑性和抗裂性较好而强度略低的焊条进行定位焊。

④ 焊缝尺寸。定位焊缝的尺寸根据焊接结构的刚性大小确定，其原则是，在满足装配强度要求的前提下，尺寸尽可能小一些。适当减小定位焊缝间距，可降低定位焊缝的尺寸、减小焊接变形及填充金属用量。

表 1-15 给出了一般金属结构定位焊缝参考尺寸。

表 1-15　一般金属结构定位焊缝参考尺寸　　　　　　　　　　　单位：mm

焊件厚度	焊缝高度	焊缝长度	焊缝间距
≤ 4	< 4	5～10	50～100
4～12	3～6	10～20	100～200
> 12	≤ 6	15～30	100～300

1.5.3　焊接工艺参数

焊条电弧焊的参数包括：电流种类及极性接法、焊条直径、焊接电流、电弧电压、焊接层数等。

(1) 电流种类及极性接法

焊条电弧焊既可用交流电进行焊接，也可用直流电进行焊接。直流电弧的特点是稳定、柔顺、飞溅少，容易获得成形好的焊缝，但是，这种电弧易产生磁偏吹。交流电弧磁偏吹倾向很小，而且电源成本低，因此，允许的条件下焊条电弧焊一般都选用交流电。

电流种类通常根据焊条类型来选择。碱性和所有高合金钢焊条常使用直流反接 DCRP（正极性 DCEP）；金红石型药皮常使用直流正接 DCSP（负极性 DCEN）；酸性药皮常使用直流正接 DCSP（负极性 DCEN），也可采用交流电。

另外，在下列情况下也采用直流焊条电弧焊：

① 薄板焊接时。薄板焊接时需要选用较小的焊接电流，而小电流交流电弧不稳定。

② 立焊、仰焊及短弧焊，而又没有适于全位置焊接的焊条时。

③ 为了加大焊条熔化速度采用直流正接（工件接正极），为了加大熔深则用直流反接（工件接负极）；需要减小熔深则用直流正接；使用碱性焊条时，为了焊接电弧稳定和减少气孔，要求用直流反接等。

(2) 焊条直径

焊条直径通常根据焊件厚度、接头形式、焊接位置、焊道层次和允许的热输入等因素选择。

表 1-16 给出了不同厚度工件的推荐焊条直径。工件厚度越大，采用的焊条直径越大，这样可增大焊接电流，以得到较大的熔深。

表 1-16　焊条直径的选择

板厚 /mm	≤ 1.5	2	3	4 ～ 5	6 ～ 12	≥ 12
焊条直径 /mm	1.5	2	3.2	3.2 ～ 4	4 ～ 5	4 ～ 6

坡口内进行多层焊时，第一层焊缝应选用小直径焊条，便于在接头根部操纵焊条，以控制熔透和焊波形状；后续各层可用大直径焊条来加大熔深并提高熔敷率，从而快速填满坡口。

在横焊、立焊和仰焊等位置进行焊接时，为了防止熔化金属在重力作用下从接头中流失，应选用小直径焊条来减小并控制焊接熔池。用船形焊焊接角焊缝时，焊条直径应不大于角焊缝的尺寸。对于要求严格控制焊接热输入的热敏感材料，只能选用小直径的焊条进行焊接。

(3) 焊接电流

焊接电流是焊条电弧焊的主要参数，它直接影响焊接质量和生产率。焊接电流过大时，焊条末端发红，药皮因提前分解而失效，保护效果变差，导致气孔、飞溅、咬边、烧穿等缺陷。此外，电流过大还会使接头热影响区晶粒粗大，接头的韧性下降。焊接电流过小，生产效率低，而且电弧不稳，易造成未焊透、未熔合、气孔和夹渣等缺陷。

焊接电流可按照下列经验公式来确定：

$$I = k d$$

式中　I —— 焊接电流，A；

　　　d —— 焊条直径，mm；

k——经验系数，见表1-17。

表1-17　不同焊条直径的经验系数

焊条直径 /mm	$\phi1.6$	$\phi2 \sim 2.5$	$\phi3.2$	$\phi4 \sim 6$
k	20 ~ 25	25 ~ 30	30 ~ 40	40 ~ 50

上面的经验公式给出的是一个较大的范围，具体大小还要考虑板厚、焊接位置、接头形式、焊条类型、母材类型及施焊环境等因素。工件厚度较大时、T形接头和搭接接头焊接时以及施焊环境温度低时，因导热快，焊接电流必须大一些；立焊、横焊和仰焊时，为了防止熔化金属从熔池中流淌，须减小熔池体积以便于控制焊缝成形，焊接电流应小一些，一般比平焊位置小10%~20%；不锈钢焊接时，为了减小晶间腐蚀，以及减少焊条发红，焊接电流应小一些；打底焊时应采用较小电流，填充焊电流应大一些，而盖面焊时为了防止余高过高及咬边应采用较小电流；热敏感材料焊接时，焊接电流应该小一些。

根据上述因素初步确定了焊接电流后，一般需要试焊，并根据情况进行适当调整，直到焊出合格的焊缝。对于重要的金属结构的焊接，还必须进行焊接工艺评定，评定合格后方可施焊。

焊接电流也可根据类似产品的焊接工艺或生产经验确定，还可通过查阅焊接手册确定。根据焊接位置、板厚和焊条直径等可直接查出焊接电流。

(4) 电弧长度 (电弧电压)

焊条电弧焊中电弧电压由电弧长度来决定，无法在焊前独立设定。电弧电压随着弧长的增大而增大。

电弧长度是焊芯的熔化端到焊接熔池表面的距离。电弧长短直接影响着焊缝的质量和成形。如果电弧太长，电弧漂摆，燃烧不稳定，飞溅增加，熔深减少，熔宽加大，熔敷速度下降，而且外部空气易侵入，造成气孔和焊缝金属被氧或氮污染。若弧长太短，熔滴过渡时可能经常发生短路，电弧稳定性变差，使操作困难。

焊条电弧焊通常采用短弧进行焊接，弧长不大于焊条直径。弧长超过焊条直径的手工电弧焊称为长弧焊，生产中较少使用。在使用酸性焊条时，为了预热待焊部位或降低熔池的温度和加大熔宽，有时将电弧稍为拉长进行焊接。碱性低氢型焊条，应用短弧焊以减少气孔等缺陷。

一般情况下，碱性药皮焊条的弧长为焊条直径的一半，酸性药皮焊条的弧长为焊条直径。金红石药皮焊条和纤维素药皮焊条的弧长为焊条直径。

(5) 焊接层数

为了保证焊透，厚板需要开坡口，并采用多层焊或多层多道焊进行焊接，如图1-19所示。层数越多，接头塑性和韧性越好，因为热输入小，且后焊道对前焊道有回火热处理作用，使焊缝及热影响区

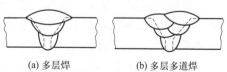

(a) 多层焊　　(b) 多层多道焊

图1-19　多层焊与多层多道焊

晶粒细化。但随着层数增多，生产效率下降，往往焊接变形也随之增大。但层数过少，每层焊缝厚度过大，焊接热影响区晶粒粗化，韧性降低。一般每层厚度以不大于4~5mm为好。

1.5.4　后热与焊后热处理

（1）后热

焊接后立即对焊件的全部或局部进行加热和保温，并使其缓冷的工艺措施称为后热。后热的主要目的是使焊缝和热影响区中的扩散氢逸出，以防止氢致裂纹。后热处理又称消氢处理。

冷裂倾向较大的低合金高强度钢和大厚度的焊接结构焊后通常需要进行后热处理。加热温度为 $250 \sim 350℃$，保温 $2 \sim 6h$ 后空冷。

（2）焊后热处理

为改善焊接接头组织及性能或为消除残余应力而在焊后进行的热处理，称为焊后热处理。

易产生脆性破坏或延迟裂纹的重要结构、尺寸稳定性要求很高的结构以及受应力腐蚀的结构等应在焊后进行消除应力的热处理。消除应力热处理一般采用高温回火。回火温度由材料性质决定，碳钢一般在 $500 \sim 650℃$ 范围内。

为改善焊接接头组织与性能而进行的焊后热处理方法取决于焊接方法和母材性质。例如，对于易淬火的低合金高强度钢和耐热钢，焊后进行高温回火，以获得回火组织；电渣焊热影响区组织非常粗大，必须进行正火处理；对于奥氏体不锈钢，为了改善其接头的抗晶间腐蚀性能，焊后应进行固溶处理（加热温度 $1050 \sim 1080℃$，加热后急冷，使铬的碳化物来不及析出，减少贫铬层）；含有 Ti、Ni 的奥氏体不锈钢，焊后可进行稳定化处理（加热温度 $850 \sim 900℃$，保温 $2 \sim 4h$ 后空冷），使之析出 Ti 和 Ni 的碳化物，稳定 Cr，从而提高其抗腐蚀性能。

消除应力热处理可同时起到消氢作用，因此焊后进行消除应力热处理的工件不需另作消氢处理。如果改善组织性能的热处理温度高于消除应力热处理的温度，在改善性能热处理过程中也起到消除应力的作用。

1.6　常见焊接缺陷及其防止措施

焊条电弧焊易产出的主要缺陷有：裂纹、气孔、咬边、夹渣、未熔合、未焊透、弧坑裂纹等。

（1）裂纹

裂纹是断裂型缺陷，其特征在于具有一个尖端，而且长度及宽度与张开位移之比均较大。裂纹是焊缝或焊接接头中最严重缺陷之一。裂纹易扩展并造成突然失效。当涉及冲击载荷和低温时，裂纹的危险性更大。裂纹有多种不同的类型和多种分类方法。根据其存在位置可分为表面裂纹、焊趾裂纹和内部裂纹。表面裂纹可通过外观检查方法在焊缝表面上观察到。表面裂纹又有多种类型：横向、纵向及弧坑裂纹，见图 1-20。焊趾裂纹出现在毗邻焊缝的母材金属中，通常会延伸到表面。内部裂纹亦有许多类型，有的可能存在于焊缝中，有的可能存在于热影响区中（又称焊道下裂纹），见图 1-21。另外，裂纹还有微观裂纹和宏观裂纹之分。

　　根据裂纹发生的温度来分类，裂纹分为热裂纹和冷裂纹。在焊缝冷却凝固过程中产生的裂纹称为冷裂纹。冷裂纹有时发生在焊缝冷却至室温之后，有时可能会延迟数小时或数天才出现。在焊完数月或数年之后，可能还会由于裂纹引发点和疲劳载荷而发生疲劳裂纹。在腐蚀性环境和高应力共同作用下，焊缝中还会引起应力腐蚀裂纹。

　　表 1-18 给出了各种裂纹的检验方法、产生原因及防止措施。

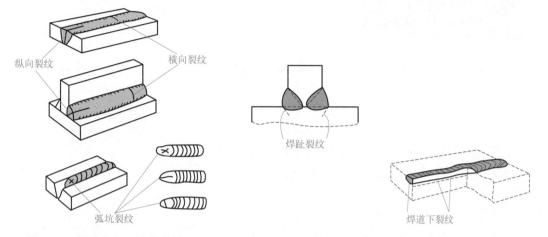

图 1-20　焊缝表面裂纹的类型　　　　图 1-21　焊趾裂纹和焊道下裂纹

表 1-18　裂纹的检验方法、产生原因及防止措施

裂纹类型	检验方法	可能的原因	防止措施
表面纵向裂纹	VT、MT、PT、RT、UT	① 所用焊条类型不正确 ② 接头的拘束度过高 ③ 焊缝冷却速度过快 ④ 坡口不合适	① 使用正确的焊条 ② 减小焊件刚度或改变焊接顺序。使用延展性好的填充金属 ③ 进行预热以降低冷却速度 ④ 使用正确的坡口形式
内部纵向裂纹	RT、UT		
弧坑裂纹	VT、MT、PT、RT、UT	① 未填满弧坑 ② 埋弧焊中的弧坑裂纹	① 采用适当技术填充弧坑 ② 使用熄弧板

裂纹类型	检验方法	可能的原因	防止措施
  横向裂纹	VT、MT、PT、RT、UT	① 所用的焊条或焊丝不正确 ② 冷却速度过快 ③ 焊缝尺寸过小	① 使用正确的焊条或焊丝 ② 使用较粗的焊条或焊丝、较高的焊接电流，或进行预热 ③ 采用较大的焊缝、尽可能粗的焊条或焊丝

（2）气孔

气孔是焊缝凝固期间因溶入液态金属的气体来不及析出而形成的孔穴，如图 1-22 所示。出现在焊缝表面的气孔称为表面气孔，这种气孔可通过 VT 来检验；出现在焊缝内部的气孔称为内部气孔，这种气孔只能通过 RT 或 UT 才能发现。大部分气孔呈圆形、椭圆形或虫状，少量气孔长度较大且平行于焊缝根部，这种气孔称为管状气孔。

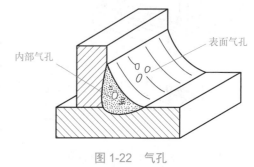

图 1-22　气孔

气孔缺陷不像裂纹那么严重，这主要是由于气孔通常具有圆形端部且不会像裂纹那样扩展。表 1-19 给出了焊条电弧焊气孔产生的原因、检验方法及防止措施。

表 1-19　焊条电弧焊气孔产生的原因、检验方法及防止措施

气孔类型	检验方法	可能的原因	防止措施
  表面气孔	VT、MT、PT	① 工件表面不洁净，如存在铁锈、油脂、涂层材料等 ② 电弧太长，保护效果减弱，使空气中氮、氧侵入 ③ 碱性焊条未充分烘干	① 清理接头及邻近表面 ② 改变焊接条件和工艺 ③ 采用合理方式烘干和储存焊条
  内部气孔	RT、UT		

（3）夹渣

夹渣是夹杂在焊接金属或焊接金属与母材之间的固体非金属颗粒。焊条电弧焊中的夹渣源自于焊条药皮，熔池凝固期间因某种原因未能浮出熔池表面而残留在焊缝中的焊渣会导致夹渣。通常情况下，夹渣的端部是圆形的，没有裂纹一样的尖角，因而其影响不像裂纹那么严重。表 1-20 给出了焊条电弧焊夹渣产生的原因、检验方法及防止措施。

表 1-20　焊条电弧焊夹渣产生的原因、检验方法及防止措施

夹渣类型	检验方法	可能的原因	防止措施
	RT、UT		
	RT、UT	① 焊道之间的夹渣 ② 在焊道边缘有断续夹渣（类似于车辙） ③ 坡口斜面不规则 ④ 焊接技术不当或电弧电压、焊接电流不合适	① 每道焊道完成后清除焊渣 ② 清除焊道边缘的夹渣。利用正确的技术避免高凸度焊道轮廓 ③ 确保坡口斜面光滑，必要时进行打磨 ④ 针对焊条类型和接头设计采用正确的焊接技术

（4）未焊透或未熔合

未焊透是指熔深低于要求，或焊缝根部、坡口侧面未焊透的现象，如图 1-23 所示。未熔合是指焊道未能完全熔化上一焊道或母材的表面就与之结合的现象，如图 1-24 所示。

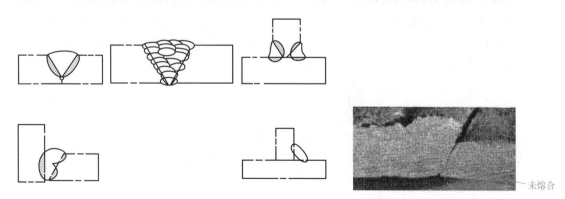

图 1-23　未焊透　　　　　　　图 1-24　未熔合

未焊透是熔化金属未完全填满坡口，或焊道之间有间隙，或焊缝根部未焊透。未熔合是熔化金属填满了坡口，但熔化金属直接在未发生熔化的母材或焊道上凝固。尽管它们之间是有区别的，但未焊透和未熔合均会导致应力集中，因此，承受疲劳载荷、冲击载荷或低温下服役的焊件中不允许存在这种缺陷。焊条电弧焊通常不会产生未熔合，这类缺陷一般表现为未焊透。表 1-21 给出了焊条电弧焊未焊透产生的原因、检验方法及防止措施。

表 1-21　焊条电弧焊未焊透产生的原因、检验方法及防止措施

未焊透类型	检验方法	可能的原因	防止措施
	VT、RT、UT	① 焊接速度过快 ② 焊条过粗 ③ 焊接电流过小 ④ 接头设计结构不当，例如钝边过大或根部间隙过小 ⑤ 装配不当，例如根部间隙过小 ⑥ 焊接速度不均一 ⑦ 弧长波动大	① 降低焊接速度 ② 使用正确尺寸的焊条 ③ 增大焊接电流 ④ 使用正确的接头设计 ⑤ 确保装配正确以符合接头设计要求 ⑥ 高速将导致未焊透，低速将实现完全焊透 ⑦ 保持正确的弧长
	VT、PT、RT、UT		

（5）咬边

咬边是指在沿着焊趾的母材部位，熔化形成凹陷或沟槽的现象，如图 1-25 所示。咬边不仅会发生在角焊缝上，而且会发生在坡口焊缝上。咬边会导致应力集中，这对承受冲击或疲劳载荷的焊件或在低温环境中服役的焊件是非常不利的。表 1-22 给出了焊条电弧焊咬边产生的原因、检验方法及防止措施。

（6）成形不良或轮廓不合格

成形不良或轮廓不合格包括余高过大、凹陷、焊瘤等缺陷，如图 1-26。余高过大不仅会造成经济上的浪费，还会造成应力集中，并且还会因外观不符合要求而被判废。凹陷是指焊接表面或背面未填满，或者说焊缝表面或背面局部区域低于附近母材表面的现象，见图 1-26。凹陷使焊缝截面积减小，有可能因小于设计面积而形成薄弱部位，并可能会造成应力集中，这样的部位很容易引发裂纹。焊瘤又称满溢，是液态金属流出熔池之外并在未熔化的母材上形成金属瘤的现象。

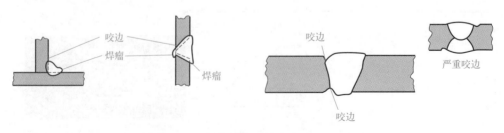

图 1-25　咬边

表 1-22　焊条电弧焊咬边产生的原因、检验方法及防止措施

咬边类型	检验方法	可能的原因	防止措施
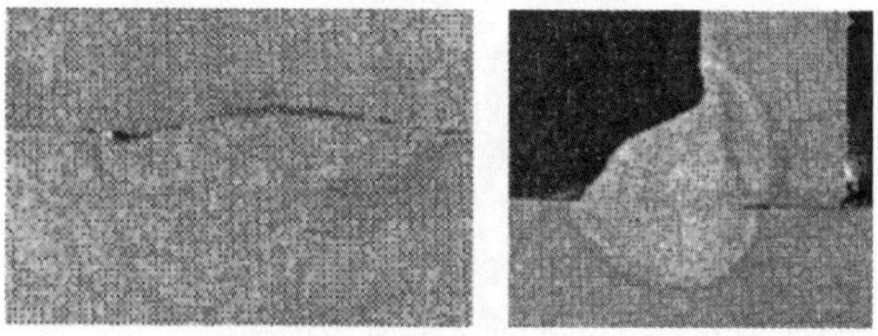 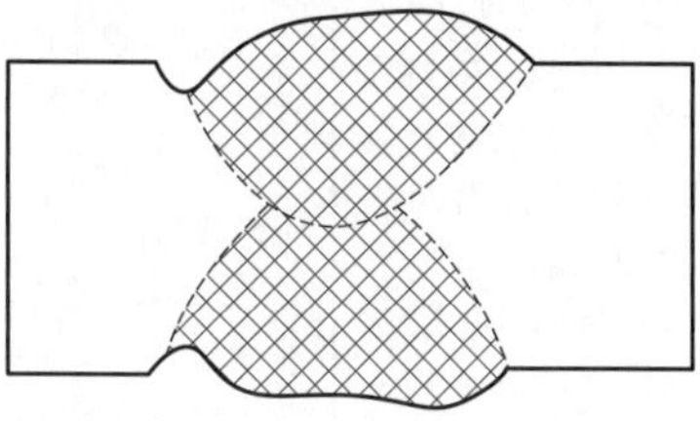	VT、PT、MT、RT、UT	① 运条操作不当 ② 焊接电流过高 ③ 焊条直径不合适（通常是过大） ④ 焊条不适用于所用的焊接位置 ⑤ 焊条倾斜角度不当	① 焊接坡口焊缝时，均匀地摆动焊条，在边缘处停顿 ② 采用与焊条尺寸相匹配的焊接电流 ③ 根据焊缝尺寸，选用正确尺寸的焊条 ④ 使用适于所用焊接位置的正确焊条 ⑤ 调整焊条倾角以填满易于产生咬边的区域

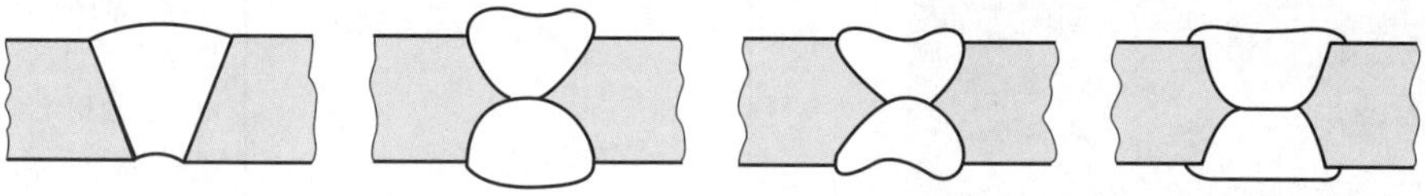

背面凹陷　　　　余高过大　　　　凹陷　　　　焊瘤

图 1-26　成形不良或轮廓不合格缺陷

　　角焊缝对成形不良特别敏感。图 1-27 示出了角焊缝几种常见轮廓，包括合格轮廓和不合格轮廓。任何减小角焊缝厚度的缺陷在实际应用中均降低焊缝强度，导致过早失效。焊条电弧焊轮廓缺陷产生的原因、检验方法及防止措施见表 1-23。

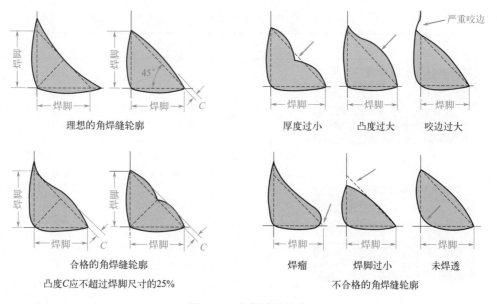

理想的角焊缝轮廓　　　　　　厚度过小　　凸度过大　　咬边过大

合格的角焊缝轮廓
凸度C应不超过焊脚尺寸的25%

焊瘤　　　焊脚过小　　　未焊透
不合格的角焊缝轮廓

图 1-27　角焊缝的轮廓

表 1-23　焊条电弧焊轮廓缺陷产生的原因、检验方法及防止措施

轮廓类型	检验方法	可能的原因	防止措施
背面余高过大 背部凹陷 焊脚不对称	VT、PT、MT、RT、UT	① 根部熔深过大 ② 焊接速度过慢 ③ 凸度或余高过大 ④ 背面余高为负值或焊缝背面凹陷（内部凹陷） ⑤ 角焊缝轮廓不合格，通常在水平方向较宽，而垂直方向焊脚过小 ⑥ 焊条类型不正确	① 根部间隙过宽，应减小根部间隙 ② 焊接电流过大，应降低电流 ③ a.若焊接速度过慢，提高焊速；b.若焊接电压过高，弧长过长，应采用正确的弧长 ④ a.电压过高；b.焊接速度过快；c.根部间隙过宽。根据情况进行相应的纠正 ⑤ 焊接技术不正确。焊接电流过高，降低焊接电流，使用较细的焊条 ⑥ 使用正确的焊条类型

（7）其它缺陷

其它缺陷的类型、产生原因、检验方法及防止措施见表 1-24。

表 1-24　其它缺陷的类型、产生的原因、检验方法及防止措施

类型	检验方法	可能的原因	防止措施
表面成形不良	VT、RT	① 焊条电流过高或过低 ② 焊接操作技术不正确 ③ 焊条不合格 ④ 焊接速度不均匀	① 使用正确的电流 ② 进行焊工操作培训 ③ 使用新焊条或正确类型的焊条 ④ 选用有丰富实践经验的焊工进行焊接
飞溅过大	VT	① 磁偏吹 ② 相对于所用的焊条类型和尺寸，焊接电流过高 ③ 弧长或弧压过大 ④ 焊条类型不合适	① 设法避免磁偏吹，使用交流电流 ② 根据所用焊条类型和尺寸选用适当的焊接电流 ③ 保持合适的弧长及电弧电压 ④ 根据具体的焊接位置使用正确类型的焊条

续表

类型	检验方法	可能的原因	防止措施
 焊道不连续	VT、RT	① 焊条倾斜角度不正确 ② 引弧技术不正确	① 采用正确的焊条倾斜角度，进行焊工培训 ② 进行焊工培训或选用有经验的焊工
 金属须	RT	根部间隙过宽	使用正确的根部间隙，采用摆动技术并将电弧对准熔池

第2章
埋弧焊

2.1 基本原理、特点及应用

2.1.1 基本原理

埋弧焊是一种利用埋在焊剂层下的、燃烧及连续送进的焊丝与工件之间的电弧进行焊接的电弧焊方法。图2-1为埋弧焊原理示意图。焊前首先送丝使焊丝与工件短路，并通过焊剂漏斗将焊剂铺撒在焊道上。启动焊机后焊丝回抽将电弧引燃并同时使焊丝送进，当熔化速度等于送丝速度后电弧稳定燃烧。电弧将焊丝、工件、焊剂熔化并蒸发，产生的蒸气聚集在电弧周围，将密度小的熔渣托起来，形成一个覆盖在熔池和电弧上面的熔渣壁，对电弧、熔池及刚刚凝固的焊缝进行保护。熔滴沿着熔渣壁或穿过电弧过渡到熔池中。电弧向前移动，熔池结晶形成焊缝。另外，熔渣与熔滴和熔池金属发生冶金反应，使焊缝金属得以净化和强化。熔渣凝固后形成玻璃状的焊渣，覆盖在刚刚凝固的焊缝表面，对仍处于高温状态的焊缝进行保护。

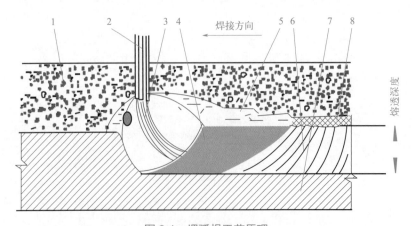

图 2-1　埋弧焊工艺原理

1—焊剂；2—焊丝；3—电弧；4—熔池；5—熔渣壁；6—焊缝；7—工件；8—渣壳

　　埋弧焊通常采用自动化操作方式，在这种操作方式下，引弧、送丝、电弧或工件移动、焊接参数的稳定化控制、熄弧等过程全部是机械化的。半自动化埋弧焊的焊枪移动通过手工操作实现，其余均由机械操作。

　　埋弧焊通常采用一根焊丝做电极，为了提高生产率，也可以采用两根或多根焊丝做电极。只用一根焊丝的埋弧焊称为单丝埋弧焊；采用双丝、三丝或更多焊丝的埋弧焊称为双丝及多丝埋弧焊。大多数情况是每一根焊丝由一个电源来供电。双丝埋弧焊和多丝埋弧焊时，两根或多根焊丝通常沿着焊接方向前后排列，一次完成一条焊缝的焊接，这种排列方式称为纵列双丝或多丝埋弧焊。焊丝也可以横向平行排列，一次完成多条焊缝的焊接，这种焊接方式称为并列双丝或多丝埋弧焊。

　　埋弧焊也可采用具有一定宽度和厚度的钢带作为电极，这种埋弧焊称为带极埋弧焊，主要用于耐磨、耐蚀合金表面堆焊。

2.1.2　特点及应用

　　（1）优点

　　① 生产率高。与焊条电弧焊相比，埋弧焊焊丝从导电嘴伸出长度短，允许使用的焊接电流（或电流密度）可提高 4～5 倍。因此，熔透能力和焊丝熔敷速度显著提高，在不开坡口的情况下可焊透 20mm 厚的工件；另外，由于焊剂和熔渣将电弧与周围环境隔离开来，电弧因传导、辐射、对流和飞溅散失的热量少，电弧热效率高，这进一步提高了熔深或焊接速度。厚度 8～10mm 钢板对接，单丝埋弧焊速度可达 30～50m·h^{-1}，而焊条电弧焊不超过 6～8m·h^{-1}。

　　② 焊缝质量高。埋弧焊时，焊剂和熔渣能有效地防止空气侵入熔池而免受污染，焊缝中有害元素含量低；而且覆盖在熔池上的熔渣降低了焊缝冷却速度，降低了冷裂纹敏感性，提高了接头的力学性能；另外，由于焊接参数稳定性高，焊缝金属的化学成分和力学性能均匀而稳定，焊缝表面光洁平直。

　　③ 节省焊接材料和能源。较厚的焊件不开坡口也能熔透，从而焊缝中所需填充金属——焊丝量显著减少，省去了开坡口和填充坡口所需能源和时间；熔渣的保护作用避免了金属元素的烧损和飞溅损失；不像焊条电弧焊那样，有焊条头的损耗。

　　④ 劳动条件好。由于焊接过程的机械化和自动化，焊工劳动强度大大降低；没有弧光对焊工的有害作用；焊接时放出的烟尘和有害气体少，改善了焊工的劳动条件。

　　（2）缺点

　　① 埋弧焊需要通过颗粒状焊剂的堆积覆盖对焊接区进行保护，因此只能用于平焊和横焊位置焊接。

　　② 不能用于活泼金属的焊接，焊剂中有大量的氧化物，活泼金属与焊剂反应激烈。

　　③ 焊接调质钢时，这种焊接方法的大热输入和缓慢冷却速度会引起一些问题。因此，用埋弧焊焊接调质钢时应严格限制热输入。这样，低碳钢采用单道焊的厚度，调质钢可能就要采用多道焊。

　　④ 电弧电场强度大，小电流时不稳定，因此不能焊薄板。

　　⑤ 从经济上来考虑，不适合焊接短而复杂的焊缝。

　　⑥ 无法观察到电弧与坡口的相对位置，应该特别注意防止焊偏。应采用焊缝自动跟踪

装置。

⑦ 焊件的表面处理与加工精度要求等较焊条电弧焊高，在多层焊时需要进行清渣操作，否则会产生气孔、夹渣、裂纹和烧穿等缺陷。

（3）应用

1）适用的材料范围

埋弧焊最广泛的用途是含碳量低于 0.30%、含硫量低于 0.05% 的低碳钢的焊接，其次是低合金钢和不锈钢的焊接。高、中碳钢和合金钢较少采用埋弧焊，因为这些材料对埋弧焊工艺的要求极高，可用的工艺范围较窄。

除了焊接外，埋弧焊还广泛用来在普通结构钢基体表面上堆焊覆层，使其具有耐磨、耐蚀或其他性能。

2）厚度范围

埋弧焊最适于焊接中厚以上的钢板，这样能发挥大电流高熔深的优点。随着厚度增加，在待焊部位开适当坡口以保证焊透和改善焊缝成形。表 2-1 列出一般可焊厚度范围。

表 2-1　埋弧焊焊接厚度范围　　　　　　　　　　　单位：mm

项目	0.13	0.4	1.6	3.2	4.8	6.4	10	12.7	19	25	51	102	205
单层无坡口			⟵					⟶					
单层带坡口						⟵			⟶				
多层焊									⟵				⟶

2.2　埋弧焊设备

2.2.1　埋弧焊设备的组成及分类

（1）埋弧焊机的组成

埋弧焊设备通常简称埋弧焊机，通常由电源、送丝机构、行走机构、机头调整机构、程序控制系统和辅助装置等组成。有些埋弧焊机还装有焊剂回收装置。

（2）埋弧焊设备的分类

埋弧焊机有很多分类方法。

① 按照用途，埋弧焊机可分为通用埋弧焊机和专用埋弧焊机两类。通用埋弧焊机用于平板对接、角接等，一般有焊接小车；而专用埋弧焊机用于特定的焊接结构的焊接。

② 按照送丝方式，埋弧焊机可分为等速送丝式埋弧焊机和均匀送丝式埋弧焊机（弧压反馈送丝式埋弧焊机）两种，前者使用细丝（1.0 ～ 3.2mm）进行焊接，后者使用粗丝（4.0 ～ 6.0mm）进行焊接。

③ 按照使用的电极形状，埋弧焊机可分为丝极埋弧焊机、绞丝极埋弧焊机和带极埋弧焊机三类。丝极埋弧焊机和绞丝极埋弧焊机通常用于焊接，而带极埋弧焊机通常用于堆焊。

④ 按使用的焊丝数量，埋弧焊机可分为单丝埋弧焊机、双丝及多丝埋弧焊机等几类。单丝埋弧焊机操作方便，应用最多。双丝或多丝埋弧焊机用来进行高速大电流焊接，在提高生产率的同时，可保证焊接质量，防止咬边、驼峰、未熔合等缺陷的发生。

⑤ 按照行走机构，埋弧焊机可分为小车式埋弧焊机、悬臂梁式埋弧焊机、龙门架式埋弧焊机等几类。小车式埋弧焊机由弧焊电源和焊接小车构成。这种焊机实际上就是通用埋弧焊机。送丝机构、行走机构、焊剂输送和程序控制系统等集成在一个焊接小车上，小车在轨道上行走，进行焊接。这类焊机主要用于平板对接和角接。龙门架式埋弧焊机由一个龙门架和上面安装的多台电源和多个焊头构成，用于大型构件的焊接，通常采用多个焊头同时进行多条焊缝的焊接。悬臂梁式埋弧焊机主要由可升降的悬臂梁、立柱、滚轮架、电源和焊接机头等构成。焊接机头悬挂在悬臂梁上，悬臂梁可以升降，也可以沿着悬臂梁长度方向前后移动，有些悬臂梁还可以沿着立柱旋转。这种焊机通常用于筒体结构的环缝和纵缝焊接、螺旋管螺旋焊缝的焊接以及封头与筒节间的环焊缝焊接。见图 2-2。

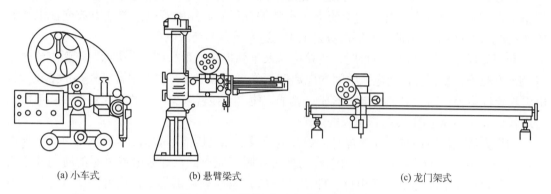

(a) 小车式   (b) 悬臂梁式   (c) 龙门架式

图 2-2　几种不同行走机构的埋弧焊机

根据 GB/T 10249—2010《电焊机型号编制方法》的规定，埋弧焊的型号表示方法如下：

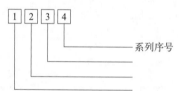

型号中的第 1、2、3 位用汉语拼音字母表示，第 4 位用阿拉伯数字表示，各字位所代表的意义见表 2-2。

表 2-2　埋弧焊机的分类及型号

大类名称（第一字位）	代表字母	小类名称（第二字位）	代表字母	附注特征（第三字位）	代表字母	系列序号（第四字位）	代表字母
埋弧焊机	M	自动焊 半自动焊 堆焊 多用	Z B D U	直流 交流 交直流 脉冲	（省略） J E M	焊车式（均匀送丝） 焊车式（等速送丝） 横臂式 机床式 焊头悬挂式	（省略） 1 2 3 9

2.2.2　埋弧焊电源

（1）埋弧焊设备对弧焊电源的基本要求

① 电源容量大。埋弧焊的焊接电流大，电源容量较焊条电弧焊电源大得多，额定电流

一般为 600 ～ 1200A。

②负载持续率高。埋弧焊尤其是埋弧自动焊，电源的负载持续率要达到 100%，而焊条电弧焊电源的负载持续率不超过 60%。

③空载电压大。空载电压一般为 70 ～ 80V。

④电源外特性。细丝埋弧焊机使用等速送丝机构，要求匹配平特性或缓降外特性的弧焊电源。粗丝埋弧焊机使用电弧电压反馈送丝机构，要求匹配陡降外特性的弧焊电源。

（2）弧焊电源的选用

埋弧焊可使用直流电源，也可使用交流电源。目前常用的直流电源类型是晶闸管式弧焊整流器和弧焊逆变器。常用的交流电源有弧焊变压器、晶闸管电抗器式方波交流电源和 IGBT 逆变式方波交流电源，发展趋势是 IGBT 逆变式方波交流电源。

利用弧焊变压器进行埋弧焊时，焊接电流及电弧电压波形如图 2-3 所示。电弧电流过零时，带电粒子大量复合，使电弧空间的电离度下降，电弧不稳。焊剂中含有较高的 CaF_2 时，电弧稳定性更差，因为 F 捕捉电子形成负离子，使电子显著减少。因此用弧焊变压器电源进行埋弧焊时，不能选用 CaF_2 含量高的焊剂。

利用方波交流电源进行埋弧焊时，焊接电流及电弧电压波形如图 2-4 所示。每个半波的电流几乎不变，而两个半波之间的电流切换是在瞬间完成的，焊接电流过零的时间几乎为零，因此每个半波不需要重新引燃，即使采用 CaF_2 含量较高的焊剂，也可保证良好的电弧稳定性。

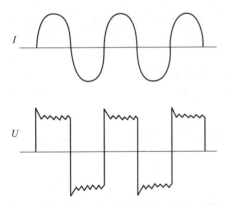

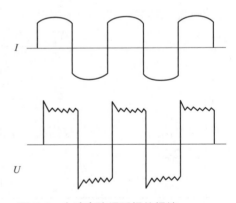

图 2-3　利用弧焊变压器进行埋弧焊时的　　　　　图 2-4　方波交流埋弧焊的焊接
　　　　焊接电流及电弧电压波形　　　　　　　　　　　　电流及电弧电压波形

在容易出现磁偏吹且难以消除的场合下，例如窄间隙埋弧焊时，优先选用交流电源；如果焊剂中有较多的 CaF_2，则只能选择方波交流电源，这种电源既可稳定电弧，又可防止磁偏吹。

2.2.3　送丝机构、行走机构和机头调整机构

通用埋弧焊机的送丝机构、行走机构、机头调整机构和程序控制系统通常安装在焊接小车上，如图 2-5 所示。

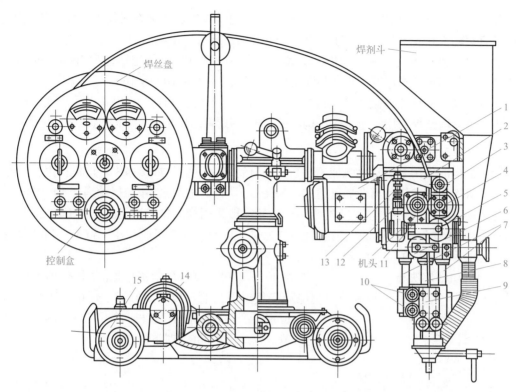

图 2-5　埋弧焊机的焊接小车

1—送丝电动机；2—杠杆；3，4—送丝滚轮；5，6—校直滚轮；7—圆柱导轨；8—螺杆；9—导电嘴；10—螺钉
（压紧导电块用）；11—螺钉（接电极用）；12—调节螺钉；13—弹簧；14—行走电动机；15—行走轮

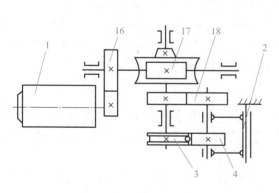

图 2-6　送丝机构的传动系统

1—送丝电动机；2—杠杆；3，4—送丝滚轮；
16，18—圆柱齿轮；17—蜗轮蜗杆

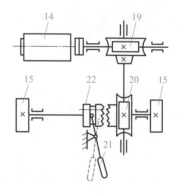

图 2-7　行走机构的传动系统

14—行走电动机；15—行走轮；19，20—蜗轮蜗杆；
21—手柄；22—离合器

（1）送丝机构

送丝机构的主要作用是按照一定的方式将焊丝送进，维持弧长的稳定并向熔池中过渡填充金属。送丝机构由送丝电动机、传动机构、送丝滚轮等组成，如图 2-6 所示。传动机构由一对圆柱齿轮 16 和一对蜗轮蜗杆 17 构成。送丝电动机 1 通过传动机构减速并改变转动方向后，再通过一对圆柱齿轮 18 驱动送丝滚轮 3 和 4，圆柱齿轮 18 的作用是使送丝滚轮 3 和 4 均为主动轮，提高送丝稳定性。焊丝夹紧在送丝滚轮 3 和 4 之间，其夹紧力可通过调节螺钉

12、弹簧 13 和杠杆 2 加以调节（见图 2-5）。这对送丝滚轮驱动夹在其间的焊丝，使之送进，通过校直滚轮 5 和 6（图 2-5）校直后进入导电嘴 9，通过导电嘴后进入到电弧中。

送丝电动机一般为直流电动机，功率一般为 40 ～ 100W，额定转速为 2650r/min。通过直流调速电路调节送丝速度大小。传动机构的减速比一般为 100 ～ 160。

根据电动机的调速方式，送丝机构可分为等速送丝机构和均匀（电弧电压反馈）送丝机构两类。细丝埋弧焊采用等速送丝机构，而粗丝埋弧焊采用均匀（弧压反馈）送丝机构。

（2）行走机构

行走机构的作用是驱动电弧或工件行走，其行走速度就是焊接速度。该机构由行走电动机、传动机构、行走轮和离合器等组成，如图 2-7。行走电动机 14 经蜗轮蜗杆 19 和 20 减速并改变运动方向，驱动行走轮 15 行走，行走轮一般采用橡胶轮，以使小车与工件之间绝缘。可通过手柄 21 操作离合器 22，当离合器合上时，行走电动机可驱动小车行走。当离合器打开时，可用手推动小车，调整始焊位置。

电动机功率取决于小车自重，一般为 40 ～ 200W。电动机调速通常采用电枢电压负反馈控制、电枢电流正反馈控制或电枢电动势负反馈控制，以稳定转速，保证小车行走速度恒定不变。小车行走速度通常可在较大的范围内调节，以适应不同的焊接速度要求。

（3）机头调整机构

机头调整机构的主要作用是使焊丝对准焊缝。图 2-8 示出了典型机头调整机构的调整自由度，共有五个：x 方向和 y 方向两个移动自由度，α、β、γ 三个转动自由度。x 方向的调整范围一般为 60mm，y 方向的调整范围一般为 80mm，一般采用丝杠 - 螺母及带锁紧功能的转轴手动调整。而调整范围较大的焊机通常采用电机拖动方式来调整。

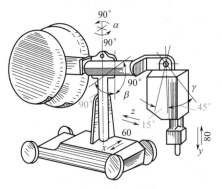

图 2-8　机头调整机构的自由度

（4）导电嘴

导电嘴的作用是将焊接电流从电缆传导到焊丝上。要求导电嘴与焊丝接触良好、电导率高而且不易磨损，因此通常采用耐磨铜合金制造。有管式、滚轮式和瓦片式三种结构形式，如图 2-9 所示。

管式导电嘴由导电杆、导电嘴和螺母等三部分构成，如图 2-9（a）。导电杆和导电嘴的轴线不在一条线上，焊丝从导电杆进入导电嘴时发生弯曲变形，焊丝在弯曲产生的弹性力的作用下贴紧在导电杆的出口和导电嘴的入口处，保证良好的接触。其特点是导电性和对中性好，但需根据焊丝直径选择内孔和偏心量。这种导电嘴主要用于直径不大于 2.0mm 的细焊丝。

滚轮式导电嘴由装在导电板上的两个耐磨铜滚轮组成，如图 2-9（b）所示。焊丝靠弹簧的推力夹紧在两滚轮之间。夹紧力来自于弹簧 3，其大小可通过螺钉 2 来调节。这种导电嘴通用性强，但对中性较差，焊丝干伸长度大，适于直径大于 2.0mm 的焊丝。

瓦片式导电嘴由两个带槽的铜夹瓦、可换衬瓦、弹簧和螺钉等构成，见图 2-9（c）。用两个带弹簧的螺钉使两个夹瓦相互压紧，以保证焊丝与夹瓦之间接触良好。焊接电缆用螺钉连接到夹瓦上。这种导电嘴对中性好，焊丝干伸长度可设定得很短，但需根据焊丝直径来更换内槽尺寸合适的衬瓦。

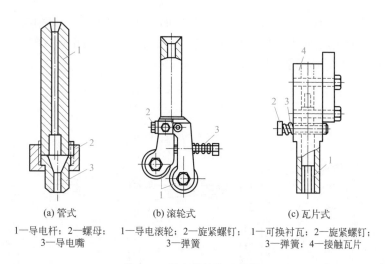

(a) 管式	(b) 滚轮式	(c) 瓦片式
1—导电杆；2—螺母； 3—导电嘴	1—导电滚轮；2—旋紧螺钉； 3—弹簧	1—可换衬瓦；2—旋紧螺钉； 3—弹簧；4—接触瓦片

图 2-9　导电嘴结构示意图

上述三种导电嘴中直接与焊丝发生摩擦的导电零件最好采用铬铜类耐磨铜合金制成。导电嘴导电性及对中性对焊接质量影响较大，应予重视。焊接前应调节导电嘴在焊接机头上的位置，以确保焊丝干伸长度符合工艺要求。

（5）送丝滚轮

有单主动和双主动两种结构。单主动滚轮适用于直径在 2mm 以下的细焊丝，滚轮表面是平的，也可开 V 形槽，如图 2-10（a）所示；双主动滚轮适用于直径 3mm 以上焊丝，两个滚轮由同体齿轮彼此啮合，以增大送进力。滚轮的表面常铣出高度为 0.8～1mm，顶角为 80°～90° 的齿，表面硬度为 50～60HRC，如图 2-10（b）（c）所示。

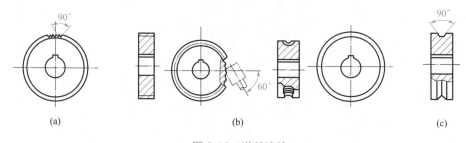

图 2-10　送丝滚轮

（6）焊丝盘

有内盘式和外盘式两种结构，如图 2-11 所示。直径在 3～6mm 的焊丝一般都采用内盘式，这种焊丝盘在盘装焊丝时从外周向中心进行，使用时则从内周开始，既便于盘绕，又不会自松；直径大于 6mm 或小于 3mm 的焊丝都采用外盘式。

（7）焊剂斗与回收器

焊剂斗的作用是将焊剂稳定地送入焊接区。焊剂的加入可以用手工进行，也可采用气压输送装置。

焊剂回收器用于将未熔化的焊剂从焊接区回收起来，有吸入式和吸压式两种形式。吸入式回收器利用抽气机或振动泵做动力，通过抽吸形成的真空来吸入焊剂，其优点是回收的焊剂不易受潮，但焊剂回收和撒布不能同时进行。而吸压式回收器需要利用 0.3 ～ 0.5MPa 的压缩空气，依靠射吸作用形成的真空来吸入焊剂，由于要与空气介质接触，回收的焊剂易受潮，但焊剂回收和撒布可以同时进行。

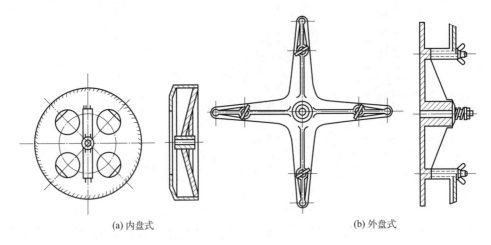

(a) 内盘式　　　　　　　　　　　　　　　　(b) 外盘式

图 2-11　焊丝盘

图 2-12 为吸入式焊剂回收器的典型结构。

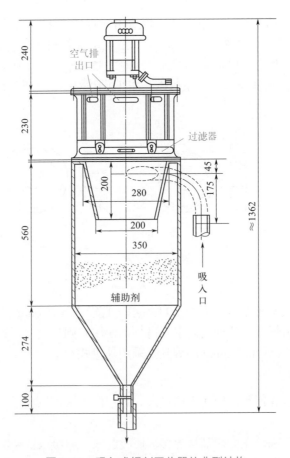

图 2-12　吸入式焊剂回收器的典型结构

（8）电缆支架

门架式、悬臂式自动埋弧焊机常设置电缆支架以悬挂供电电缆，使电缆能够方便地跟随焊机移动。

2.3 埋弧焊焊接参数的自动调节系统

自动焊是引弧、焊接、熄弧等环节均实现了自动化的焊接方法。焊接过程中，焊丝的送进及焊枪或工件的行走均是自动的。开始焊接后，焊工无法干预焊接过程参数，因此，影响焊缝成形质量的焊接参数必须能自动调节，也就是说，焊接参数因受到干扰而变化时，必须能够迅速地自动回复到原来的数值。

焊接电流 I_a、电弧电压 U_a 和焊接速度 v_w 是影响焊缝形状尺寸和接头质量的主要过程参数。

2.3.1 焊接速度的自动调节

焊接速度是工件和焊枪之间的相对运动速度。对于自动焊设备，无论是焊枪行走还是工件行走，行走装置均是利用直流电动机来拖动的，焊接速度是由拖动电机的转速决定的，因此，焊接速度的自动调节实际上就是行走机构拖动电机转速的自动调节。

引起直流拖动电机转速波动的主要因素是电网电压波动及拖动负载的波动。通常采用以下几种反馈控制来克服这两个干扰因素，维持转速恒定：

- 电枢电压负反馈；
- 电势负反馈；
- 电枢电流正反馈；
- 测速发电机负反馈。

图 2-13 示出了典型的带测速发电机负反馈的拖动电机闭环调速系统。测速发电机 SF 安装在拖动电机 D 的轴上，测量电动机的转动速度并根据拖动电机 D 的转动速度输出施加在

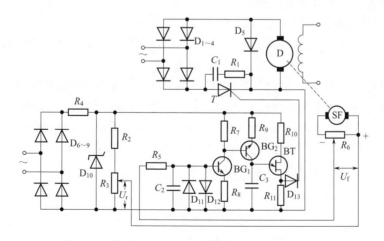

图 2-13　带测速发电机负反馈的拖动电机闭环调速系统

变阻器 R_6 上的电压信号，从变阻器上取出负反馈信号 U_f 与给定信号 U_r 比较，得出偏差信号（U_r-U_f），作为由 BG$_1$、BG$_2$ 和 BT 组成的放大器的输入电压。如果拖动电机 D 的转速因某干扰因素干扰而降低，则负反馈信号 U_f 减小，（U_r-U_f）增大，BG$_1$ 基极电流增大，其集电极电流随之增大；致使 BG$_2$ 基极电位降低，内阻减小；单结晶体管 BT 输出的脉冲前移，晶闸管 T 的导通角增大，拖动电机 D 上升，其转速也因此而上调，直到回到原来速度。

2.3.2　焊接电流及电弧电压的自动调节

焊接过程中，每个时刻的焊接电流 I_a 和电弧电压 U_a 是该时刻的瞬态工作点决定的。而瞬态工作点是由电源外特性曲线与电弧静特性曲线（该时刻的弧长对应的电弧静特性曲线）交点决定的，如图 2-14 所示的 O 点。凡影响这两个特性曲线的因素，均影响焊接电流 I_a 和电弧电压 U_a。

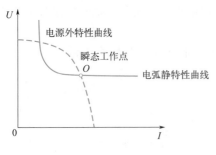

图 2-14　瞬态工作点 O 点

电弧静特性曲线影响因素主要是弧长的波动和弧柱气氛的变化。电源外特性曲线的影响因素主要是网压波动。焊接过程中，弧柱气氛基本上是不变的，其影响基本上可忽略。弧焊电源通常设有网压补偿装置，网压波动的影响也很小。因此影响焊接电流 I_a 和电弧电压 U_a 的因素主要是弧长，只要是弧长稳定，则焊接电流 I_a 和电弧电压 U_a 也会稳定。也就是说，I_a、U_a 的自动调节实际上是弧长的自动调节。

弧长的自动调节方式有等速送丝系统的自身调节和均匀（弧压反馈）送丝系统的电弧电压反馈调节两种。

（1）等速送丝系统的自身调节

焊丝直径不超过 3.2mm 时，无论是埋弧焊还是熔化极气体保护焊均选用等速送丝机构。焊接时，焊丝以恒定的速度送进，如果弧长发生波动时，熔化速度会发生变化，依靠熔化速度的变化调节弧长，使其恢复到原来的长度，这种调节作用仅仅依靠电弧本身，不依赖于外部装置，因此称为电弧的自调节作用。

1）等速送丝系统的静特性

熔化速度随着焊接电流的增大而增大，随着电弧电压的增大而减小，因此有：

$$v_m = k_i I_a - k_u U_a$$

式中，v_m 为熔化速度，I_a 为焊接电流，U_a 为电弧电压，k_i 为熔化速度随焊接电流而变化的系数，k_u 为熔化速度随电弧电压而变化的系数。k_i 随焊接电流的增大、焊丝直径的减小或干伸长度的增大而增大。影响 k_u 的因素主要有焊丝材料和弧长。对于钢焊丝，k_u 为零；对于铝焊丝，在实际焊接常用的弧长范围内 k_u 为零，电弧很短时 k_u 较大。

电弧稳定燃烧时，送丝速度 v_f 等于熔化速度 v_m，即：

$$v_m = v_f$$

所以有：

$$I_a = \frac{v_f}{k_i} + \frac{k_u}{k_i} U_a$$

该式为电弧稳定燃烧时焊接电流、电弧电压、送丝速度之间满足的关系式，称为等速送丝系统的静特性方程，对应的曲线称为等速送丝系统的静特性曲线或 C 曲线，见图 2-15。对于实际焊接中常用的弧长范围，k_u 几乎为零，C 曲线垂直于电流轴的 AB 段，等速送丝系统的静特性方程变为：

$$I_a = \frac{v_f}{k_i}$$

由于 C 曲线是电弧稳定燃烧时焊接电流、电弧电压、送丝速度之间满足的关系曲线，因此电弧静态工作点必定落在该曲线上。也就是说，电弧静态工作点是电源外特性曲线与 C 曲线的交点，电弧静特性曲线自动通过该交点，如图 2-16 所示。

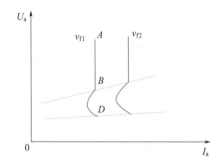

图 2-15　等速送丝系统的静特性曲线（C 曲线）

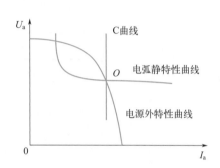

图 2-16　电弧的静态工作点

2）弧长的自调节过程

如果弧长缩短，例如，从图 2-17 中的 A 状态变为 B 状态，则电弧静特性下移，电弧静态工作点在图 2-18 中由 O 变为 O_1，电弧的瞬时电流增大，瞬时电压减小。焊丝熔化速度随着电流的增大而增大，而送丝速度不变，因此，单位时间内熔化的焊丝长度大于送出来的焊丝长度，焊丝干伸长度逐渐缩短，弧长逐渐拉长，而熔化速度逐渐变慢，当熔化速度减小到与送丝速度相同时，电弧回到新的平衡状态（图 2-17 中的 C 状态）。这就是弧长自调节过程。可见，电弧自调节作用是依靠弧长变化时熔化速度的变化实现的，熔化速度是调节量。

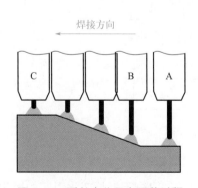

图 2-17　弧长变化及自调节过程

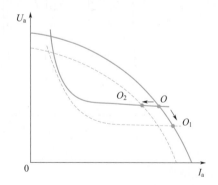

图 2-18　弧长变化时的焊接电流及电弧电压的变化

3）调节误差

新的平衡状态（图 2-17 中的 C 状态）与原来的平衡状态（图 2-17 中的 A 状态）通常不

是一个状态，两者之间的弧长误差被称为调节误差。显然，新的平衡状态（图 2-17 中的 C 状态）下焊丝伸出长度减小了，新的 C 曲线右移，如图 2-19 所示。调节完毕后，新的静态工作点为新的 C 曲线与电源外特性曲线的交点。采用缓降外特性电源时，新的静态工作点为 O_h，而采用陡降外特性电源时，新的静态工作点为 O_d。O_h 与原静态工作点 O 之间的竖直距离较近，而 O_d 与原静态工作点 O 之间的竖直距离较远，因此，采用缓降外特性或平特性电源时，调节误差较小。

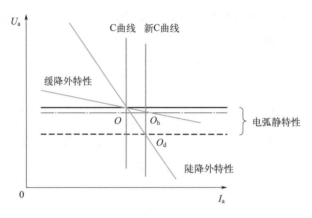

图 2-19　电源外特性对电弧弧长调节误差的影响

如果弧长的变化是在导电嘴到工件的距离不发生变化的情况下引起的，例如送丝速度突然加快了一下又重新回到原来速度，这时弧长会缩短，如图 2-20 所示。弧长缩短后，电弧的工作点由静态的 O 变为瞬态工作点 O_1，焊接电流增大，焊丝熔化速度加快，从而使弧长逐渐增大，熔化速度逐渐减小。当弧长回到原弧长时，熔化速度等于送丝速度，电弧重新回到平衡状态，显然新的平衡状态与原来的平衡状态相同，这种情况下调节误差为零。

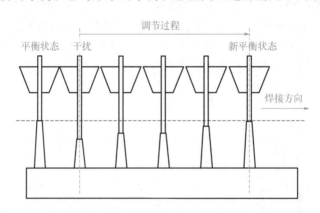

图 2-20　导电嘴到工件的距离不发生变化的情况下弧长调节过程

4）调节灵敏度

调节过程所用时间的倒数称为调节灵敏度。自调节的灵敏度取决于弧长变化引起的熔化速度变化量 $\Delta v_m = k_i \Delta I_a$。同样的弧长波动量，$\Delta v_m$ 越大，调节时间越短，调节灵敏度越高。

首先，Δv_m 取决于 k_i，而 k_i 又取决于焊丝直径。焊丝直径较大时，k_i 很小，Δv_m 很小，自调节作用的灵敏度很低，因此粗丝埋弧焊是不能依靠等速送丝系统的自调节作用来保证弧长稳定的。等速送丝系统的自调节作用仅仅适用于焊丝直径小于 3.0mm 的细丝。

其次，Δv_m 取决于 ΔI_a。对于不同外特性的电源，同样的弧长波动（例如由图 2-21 中的 l_0 变化为 l_1）引起的电流变化 ΔI_a 是不同的。采用平特性或缓降外特性电源时电流的变化量 $\Delta I_{缓降}$ 显著大于采用陡降外特性电源时的 $\Delta I_{陡降}$，调节灵敏度更高。因此，细丝埋弧焊通常采用等速送丝机构缓降外特性（或平特性）弧焊电源这种匹配方式。

5）等速送丝埋弧焊的焊接电流、电弧电压设定方法

采用等速送丝系统时，配平特性或缓降外特性电源，电源外特性曲线近似垂直于电压轴，等速送丝系统的静特性曲线垂直于电流轴，如图 2-22 所示。因此，焊接电流通过调整送丝速度来设定，而电弧电压通过调整电源外特性来设定。

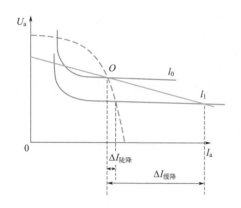
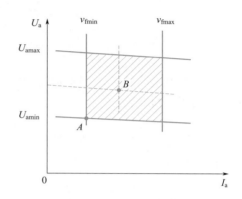

图 2-21　电源外特性对调节灵敏度的影响　　　图 2-22　等速送丝系统焊接电流和电弧电压的设定方法

（2）电弧电压反馈调节

焊丝直径大于 3mm 时，电流对熔化速度的影响系数 k_i 很小，弧长变化时熔化速度的变化量 $\Delta n_m = k_i \Delta I_a$ 很低，不足以通过熔化速度的调节作用来保证弧长的稳定，因此需要采用电弧电压反馈调节方式。这种调节方式需要使用电弧电压反馈送丝机，利用送丝速度作为调节量来调节弧长。

1）电弧电压反馈送丝机

图 2-23 示出了电弧电压反馈送丝机的基本原理。送丝电动机由晶闸管整流电源供电，需要在晶闸管触发电路中加入电弧电压反馈控制信号 U_a（从电位器 RP$_{13}$ 中取出），该反馈控制信号与从电位器 RP$_1$ 中取出的给定控制信号 U_g 相减后得到（$U_a - U_g$），该信号加在晶闸管触发输入端晶体管 VT$_1$ 的基极，使晶体管 VT$_1$ 的基极电流、VT$_2$ 的集电极电流、晶闸管的导通角、送丝电动机的转子电压和转速都将正比于（$U_a - U_g$），最终使得送丝速度 $v_f = k(U_a - U_g)$，k 为电弧电压反馈调节器的灵敏度系数，该系数越大，调节灵敏度越高。

2）电弧电压反馈调节系统的静特性方程

电弧稳定燃烧时，送丝速度 v_f 等于熔化速度 v_m，即：

$$v_m = v_f$$

所以有：

$$U_a = \frac{k}{k+k_u}U_g + \frac{k_i}{k+k_u}I_a$$

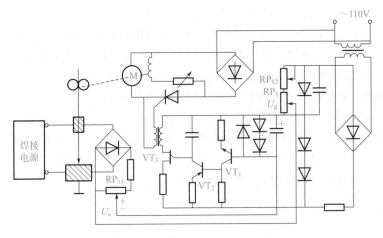

图 2-23　晶闸管整流变速送丝系统

　　该式为电弧电压反馈调节系统的静特性方程，对应的曲线为电弧电压反馈调节系统的静特性曲线，如图 2-24 所示。

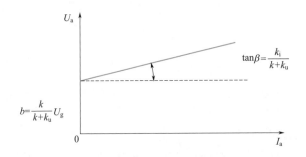

图 2-24　电弧电压反馈调节系统的静特性曲线

　　电弧电压反馈调节系统的静特性曲线是电弧稳定燃烧时，给定电压与电弧电流及电压之间的关系曲线，则电弧静态工作点必然落在它上面，因此静态工作点应是电源外特性曲线、电弧静特性曲线和均匀送丝系统静特性曲线三条线的交点，如图 2-25 所示。

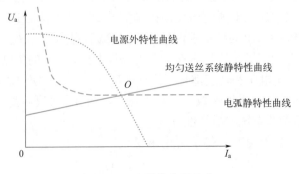

图 2-25　电弧静态工作点

3）弧长的调节过程

　　如果弧长缩短，电弧静特性下移，电弧工作点从 O 变为 O_1（如图 2-26 所示），焊接电流增大，而电弧电压减小，这使得送丝速度减小（甚至回抽），熔化速度增大，因此，单位时间内送出的焊丝长度小于熔化的焊丝长度，从而迫使弧长逐渐拉长，恢复到原来的长度。反之，如果弧长增大，电压增大，送丝速度增大，单位时间内送出的焊丝长度大于熔化的焊丝长度，从而迫使弧长逐渐缩短，恢复到原来的长度。

尽管弧长变化时熔化速度仍有一定的变化，但由于粗丝时 k_i 很小，熔化速度变化量 $\Delta v_m = k_i \Delta I_a$ 很小，因此电弧电压调节作用主要是依靠弧长变化时送丝速度的变化实现的。

4）调节误差

① 弧长波动时的调节误差。

弧长波动调节完成后，新的平衡状态与旧的平衡状态相比，干伸长度通常会发生变化（见图 2-17），因此新的电弧电压反馈调节系统静特性曲线的 $\tan\beta'$ 与原来的 $\tan\beta$ 不同，有调节误差，如图 2-27 所示。但是由于粗丝时的 k_i 较小而 k 较大，$\tan\beta$ 基本为零，因此误差很小，基本可以忽略不计。通常情况下，电弧电压反馈调节系统的调节误差比自调节系统小得多。

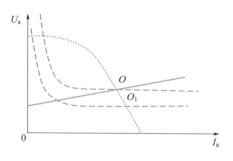

图 2-26　弧长变化时的调节过程

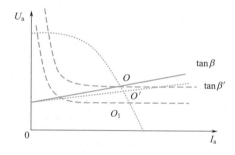

图 2-27　电弧电压反馈调节系统的调节误差

② 网压波动时的调节误差。

当电网电压波动时，焊接电源外特性曲线位置会发生变化。如果网压下降一定值，电源外特性将向左下方平移一定的距离，如图 2-28 所示。采用陡降外特性电源时，电弧工作点由 O 点移动到 $O_{陡}$，采用缓降外特性时，电弧工作点又从 O 移动到 $O_{缓}$。显然，采用陡降外特性时，弧长的调节误差小，因此，采用这种电弧电压反馈调节送丝机的埋弧焊机宜配用具有陡降（恒流）外特性的弧焊电源。

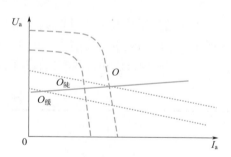

图 2-28　电网电压波动对电弧电压
反馈调节系统的影响

5）调节灵敏度

电弧电压反馈调节系统的灵敏度取决于单位弧长变化量所引起的送丝速度变化量，送丝速度变化量可表示为：

$$\Delta v_f = k\Delta U_a$$

显然调节灵敏度取决于下列因素：

① 弧压反馈调节器灵敏度系数 k 越大，弧压反馈调节的灵敏度越大。

② 电弧电场强度越大，同样的弧长波动引起的 ΔU_a 越大，调节灵敏度就越高。

③ 采用陡降外特性的电源时，同样的弧长波动引起的 ΔU_{a} 比缓降外特性电源引起的 ΔU_{a} 大，调节灵敏度较高。因此，电弧电压反馈调节系统通常配用陡降外特性的电源。

6）电弧电压反馈送丝埋弧焊的焊接电流及电弧电压的设定方法

采用电弧电压反馈送丝机的埋弧焊设备需要配陡降外特性电源。在这种匹配方式下，焊接电流通过调节弧焊电源外特性曲线来设定，电弧电压通过改变电弧电压反馈送丝装置的给定电压 U_{g} 来设定，如图 2-29。焊接过程中，U_{g} 保持不变，焊前设定的焊接电流和电弧电压通过电弧电压反馈调节作用保持恒定。

电弧电压反馈调节系统的调节灵敏度和精度均高于等速送丝，但这种调节方式不宜用于细丝。因为利用细丝焊接时，k_{i} 很大，致使电弧电压反馈送丝系统静特性曲线的斜率增大，焊接参数的调节范围由图 2-29（a）中的"焊接电流大、电弧电压低"区域转变为图 2-29（b）中"焊接电流小、电弧电压高"区域，焊接过程稳定性下降。

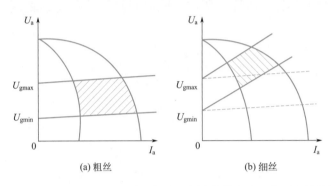

图 2-29　电弧电压反馈送丝熔化极电弧焊的焊接电流及电弧电压的设定

（3）等速与弧压反馈送丝系统性能的比较

等速送丝系统和弧压反馈送丝系统的性能特点见表 2-3。等速送丝系统只能用于细丝，在埋弧焊中应用较少，目前主要用于熔化极气体保护焊。弧压反馈送丝系统只适用于粗丝，目前主要用于埋弧焊和大厚度铝合金的 MIG 焊。

表 2-3　等速与弧压反馈送丝系统性能比较

项目	送丝方式	
	等速送丝	弧压反馈送丝
控制电路及机构	简单	复杂
适用弧焊电源的特性	平特性、缓降外特性	陡降外特性、恒流特性
适用焊丝直径 /mm	$\phi 0.8 \sim 3.0$	$\phi 3.0 \sim 6.0$
焊接电流调节方法	改变送丝速度	改变弧焊电源外特性
电弧电压调节方法	改变弧焊电源外特性	改变送丝控制系统给定电压
弧长变化时间调节效果	较好	好
网络电压波动时的影响	产生静态电弧电压误差	产生静态焊接电流误差

2.4　埋弧焊焊接材料

2.4.1　焊剂

焊剂是焊接时能够熔化形成熔渣（有的也有气体），对熔化金属起保护和冶金作用的一种颗粒状物质。焊剂与焊条的药皮作用相似，但它必须与焊丝配合使用，共同决定熔敷金属的化学成分和性能。

（1）焊剂的分类

焊剂有许多分类方法，每一种分类方法只能反映焊剂某一方面的特性。

1）按制造方法分类

按制造方法，焊剂可分为熔炼焊剂和非熔炼焊剂两大类。

① 熔炼焊剂。熔炼焊剂是将按一定配比配好的原料放在炉内加热到 1500℃ 左右进行熔炼，然后经水冷粒化、烘干、筛选而制成的一种焊剂。因制造过程中配料需高温熔化，故焊剂中不能加入碳酸盐、脱氧剂和合金剂；制造高碱度焊剂也很困难。根据颗粒结构不同，熔炼焊剂又分玻璃状焊剂、结晶状焊剂和浮石状焊剂。浮石状焊剂较疏松，不及其余两种致密。

② 非熔炼焊剂。焊剂所用粉状配料不经熔炼，而是加入黏结剂后经造粒和焙烧而成。按焙烧温度不同又分黏结焊剂和烧结焊剂两类。

黏结焊剂是将一定比例的各种粉状配料加入适量黏结剂，经混合搅拌、造粒和低温（一般在 400℃ 以下）烘干而制成。烧结焊剂则是粉料加入黏结剂并搅拌之后，经高温（600 ～ 1000℃）烧结成块，然后粉碎、筛选而制成。经高温烧结后，焊剂的颗粒强度明显提高，吸潮性大为降低。

非熔炼焊剂的碱度可以在较大范围内调节，并且仍能保持良好的工艺性能；由于烧结温度低，故可以根据需要加入合金剂、脱氧剂和铁粉等，所以非熔炼焊剂适用性强，而且制造简便，近年发展很快。

表 2-4 为熔炼焊剂与烧结焊剂主要性能比较。

表 2-4　熔炼焊剂与烧结焊剂主要性能比较

比较项目		熔炼焊剂	烧结焊剂
一般特点		焊剂熔点较低，松装密度较大（一般 1.0 ～ 1.8g/cm³），颗粒不规则，但强度较高。生产中耗电多，成本高；焊接时焊剂消耗量较小	熔点较高，松装密度较小（一般 0.9 ～ 1.2g/cm³），颗粒圆滑呈球状（可用管道输送，回收时阻力小），但强度低，可连续生产，成本低；焊接时焊剂消耗较大
焊接工艺性能	高速焊接性能	焊道均匀，不易产生气孔和夹渣	焊缝无光泽，易产生气孔、夹渣
	焊接性能	焊道凸凹显著，易粘渣	焊道均匀，易脱渣
	吸潮性能	比较小，使用前可不必烘干	较大，使用前必须烘干
	抗锈性能	比较敏感	不敏感
焊缝性能	韧性	受焊丝成分和焊剂碱度影响大	比较容易得到高韧性
	成分波动	焊接参数变化时成分波动小、均匀	焊接参数变化时焊剂成分波动较大，不易均匀
	多层焊性能	焊缝金属的成分变动小	焊缝金属成分变动较大
	脱氧能力	较差	较好
	合金剂的添加	几乎不可能	容易

2）按化学成分分类

对于熔炼焊剂，可按照 SiO_2、MnO 和 CaF_2 单独的或组合的含量来分类。例如单独的有：高硅的、中锰的或低氟的焊剂等。组合的有：高锰高硅低氟焊剂（如 HJ431）、低锰中硅中氟焊剂（如 HJ250）和中锰中硅中氟焊剂（如 HJ350）等。也可按照焊剂所属的渣系来分类。如：$MnO\text{-}SiO_2$ 系 $[w(MnO+SiO_2)>50\%]$，即硅锰型；$CaO\text{-}SiO_2$ 系 $[w(CaO+MgO+SiO_2)>60\%]$，即硅钙型；$Al_2O_3\text{-}CaO\text{-}MgO$ 系 $[w(Al_2O_3+CaO+MgO)>45\%]$，即高铝型；$CaO\text{-}MnO\text{-}CaF_2\text{-}MgO$ 系，即氟碱型；等等。

3）按焊剂碱度分类

常用国际焊接学会（IIW）推荐的公式计算焊剂碱度 B

$$B = \frac{CaO + MgO + BaO + Na_2O + K_2O + CaF_2 + 0.5(MnO + FeO)}{SiO_2 + 0.5(Al_2O_3 + TiO_2 + ZrO_2)}$$

式中各组分的含量按质量分数计算。$B<1.0$ 的焊剂称为酸性焊剂，具有良好的焊接工艺性能，焊缝成形美观，但焊缝金属含氧量高，冲击韧度较低。$B>1.5$ 的焊剂称为碱性焊剂，焊后熔敷金属含氧量低，可获得较高的冲击韧度，但工艺性能较差。$B=1\sim1.5$ 的焊剂称为中性焊剂，焊后熔敷金属的化学成分与焊丝的化学成分相近，焊缝含氧量有所降低。

4）按用途分类

有两种分类法，若按焊接方法分，则有埋弧焊用焊剂、堆焊用焊剂和电渣焊用焊剂等；若按被焊金属材料分，则有碳钢用焊剂、低合金钢用焊剂、不锈钢用焊剂和各种非合金钢用焊剂等。

（2）焊剂的型号

GB/T 36037—2018《埋弧焊和电渣焊用焊剂》规定，焊剂型号根据适用焊接方法、制造方法、焊剂成分类型和适用范围等进行划分。

焊剂型号由四部分组成。第一部分指示焊剂适用的焊接方法，"S"表示适用于埋弧焊，"ES"表示适用于电渣焊；第二部分指示焊剂制造方法，"F"表示熔炼焊剂，"A"表示烧结焊剂，"M"表示混合焊剂；第三部分指示焊剂类型及成分，见表2-5；第四部分指示焊剂适用范围，见表2-6。除以上强制分类代号外，焊接型号还有三个可选的附加部分：第一部分指示焊剂的冶金性能特点，用数字、元素符号、元素符号和数字组合等指示焊剂导致的合金元素烧损或增加程度，见表2-7；第二部分指示适用的电流类型，"DC"表示适用于直流焊接，"AC"表示适用于交流和直流焊接；第三部分为字母"H"加一到二位数字表示，用于指示扩散氢含量。

焊剂型号示例：

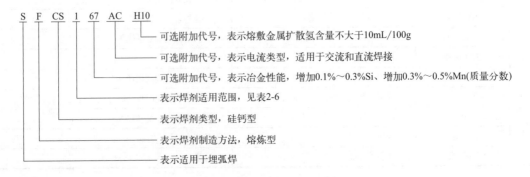

表 2-5　焊剂类型代号及成分

标记	主要化学成分	成分范围 /%	特点
MS 硅锰型	$MnO + SiO_2$	≥ 50	具有比较高的电流承载能力，适合于薄板的高速焊接。具有好的抗气孔性，焊缝外观也很平滑，不易形成咬边。焊缝金属含氧量高，韧性低。不适合于厚截面的多道焊焊接
	CaO	≤ 15	
CS 硅钙型	$CaO + MgO + SiO_2$	≥ 55	酸性 CS 焊剂具有最高的电流承载能力，常用于多丝焊。随着碱性增强，焊剂的电流承载能力逐渐减弱，但焊缝外观平滑、无咬边；碱性较强的 CS 焊剂适合于对焊缝韧性要求高的多道焊焊接；常用于耐磨堆焊
	$CaO + MgO$	≥ 15	
CG 镁钙型	$CaO + MgO$	5 ～ 50	碳酸盐较多，在焊接过程中产生 CO_2 气体，能降低焊缝金属中氮和扩散氢含量。该类焊剂常用于需要高冲击韧性的多道焊或高热输入场合
	CO_2	≥ 2	
	Fe	≤ 10	
CB 镁钙碱型	$CaO + MgO$	30 ～ 80	碳酸盐较多，在焊接过程中产生 CO_2 气体，能降低焊缝金属中氮和扩散氢含量。该类焊剂常用于需要高冲击韧性的多道焊或高热输入场合
	CO_2	≥ 2	
	Fe	≤ 10	
CG-I 铁粉镁钙型	$CaO + MgO$	5 ～ 45	碳酸盐较多，在焊接过程中产生 CO_2 气体，能降低焊缝金属中氮和扩散氢含量。该类焊剂常用于对力学性能要求不高的厚板高热输入焊接
	CO_2	≥ 2	
	Fe	15 ～ 60	
CB-I 铁粉镁钙碱型	$CaO + MgO$	10 ～ 70	碳酸盐较多，在焊接过程中产生 CO_2 气体，能降低焊缝金属中氮和扩散氢含量。该类焊剂常用于对力学性能要求不高的厚板高热输入焊接
	CO_2	≥ 2	
	Fe	15 ～ 60	
GS 硅镁型	$MgO + SiO_2$	≥ 42	添加金属粉进行合金化，特别适用于对化学成分要求比较特殊的堆焊
	Al_2O_3	≤ 20	
	$CaO + CaF_2$	≤ 14	
ZS 硅锆型	$ZrO_2 + SiO_2 + MnO$	≥ 45	常用于洁净板材和薄板的高速、单道焊；能够过渡合金元素
	ZrO_2	≥ 15	
RS 硅钛型	$TiO_2 + SiO_2$	≥ 50	通常匹配中锰或高锰含量的焊丝、焊带。焊缝金属含氧量相对较高，因而韧性受限。该类焊剂常用于单丝和多丝高速双面焊场合
	TiO_2	≥ 20	
AR 铝钛型	$Al_2O_3 + TiO_2$	≥ 40	冶金活性和碱度调整范围较宽，多用于单丝和多丝高速焊接，包括薄壁和角焊缝
BA 碱铝型	$Al_2O_3 + CaF_2 + SiO_2$	≥ 55	焊缝金属含氧量较低，在多道焊应用中可以获得良好韧性
	CaO	≥ 8	
	SiO_2	≤ 20	

续表

标记	主要化学成分	成分范围 /%	特点
AAS 硅铝酸型	Al$_2$O$_3$+SiO$_2$	≥ 50	特别适合于各种堆焊
	CaF$_2$+MgO	≥ 20	
AB 铝碱型	Al$_2$O$_3$+CaO+MgO	≥ 40	冶金活性范围较宽。由于 Al$_2$O$_3$ 含量高，液态熔渣快速凝固，常用于各种单丝或多丝的单道和多道焊
	Al$_2$O$_3$	≥ 20	
	CaF$_2$	≤ 22	
AS 硅铝型	Al$_2$O$_3$ + SiO$_2$ + ZrO$_2$	≥ 40	碱度高，焊缝金属含氧量低，所以韧性较高，应用于各种接头和堆焊
	CaF$_2$ + MgO	≥ 30	
	ZrO$_2$	≥ 5	
AF 铝氟碱型	Al$_2$O$_3$ + CaF$_2$	≥ 70	主要匹配合金焊丝，用于不锈钢和镍基合金等的接头和堆焊
FB 氟碱型	CaO + MgO + CaF$_2$ + MnO	≥ 50	碱度高，焊缝金属含氧量低，所以韧性较高，广泛用于单丝和多丝的接头和堆焊，包括电渣焊
	SiO$_2$	≤ 20	
	CaF$_2$	≥ 15	
G*	其他协定成分		其化学组成范围不做规定，因此同是 G 类型的两种焊剂可能差别较大

* 表中未列出的焊剂类型可用相类似的符号表示，词头加字母 G，化学成分不进行规定，两种分类之间不可替换

表 2-6　焊剂适用范围代号

代号*	适用范围
1	用于非合金钢及细晶粒钢、高强钢、热强钢和耐候钢，适合于焊接接头和 / 或堆焊 在接头焊接时，一些焊剂可应用于多道焊和单 / 双道焊
2	用于不锈钢和 / 或镍及镍合金 主要适用于接头焊接，也能用于带极堆焊
2B	用于不锈钢和 / 或镍及镍合金 主要适用于带极堆焊
3	主要用于耐磨堆焊
4	1 类～ 3 类都不适用的其他焊剂，例如铜合金用焊剂

* 由于匹配的焊丝、焊带或应用条件不同，焊剂按此划分的适用范围代号可能不止一个，在型号中应至少标出一种适用范围代号

（3）焊剂的牌号

《焊接材料产品样本》（1997）采用的焊剂统一牌号，在有关焊剂国家标准之前就已编制，习用至今仍很盛行。熔炼焊剂和烧结焊剂的牌号编制方法各不相同。

表 2-7　焊剂冶金性能代号

1 类使用范围焊剂			
冶金性能	代号	化学成分差值（质量分数）/%	
		Si	Mn
烧损	1	—	> 0.7
	2	—	0.5 ～ 0.7
	3	—	0.3 ～ 0.5
	4	—	0.1 ～ 0.3
中性	5	0 ～ 0.1	
增加	6	0.1 ～ 0.3	
	7	0.3 ～ 0.5	
	8	0.5 ～ 0.7	
	9	> 0.7	

2 类及 2B 类使用范围焊剂					
冶金性能	代号	化学成分差值（质量分数）/%			
		C	Si	Cr	Nb
烧损	1	> 0.020	> 0.7	> 2.0	> 0.20
	2	—	0.5 ～ 0.7	1.5 ～ 2.0	0.15 ～ 0.20
	3	0.010 ～ 0.020	0.3 ～ 0.5	1.0 ～ 1.5	0.10 ～ 0.15
	4	—	0.1 ～ 0.3	0.5 ～ 1.0	0.05 ～ 0.10
中性	5	0 ～ 0.010	0 ～ 0.1	0 ～ 0.5	0 ～ 0.05
增加	6	—	0.1 ～ 0.3	0.5 ～ 1.0	0.05 ～ 0.10
	7	0.010 ～ 0.020	0.3 ～ 0.5	1.0 ～ 1.5	0.10 ～ 0.15
	8	—	0.5 ～ 0.7	1.5 ～ 2.0	0.15 ～ 0.20
	9	> 0.020	> 0.7	> 2.0	> 0.20

1）熔炼焊剂

用汉语拼音字母"HJ"表示埋弧焊及电渣焊用熔炼焊剂；"HJ"后第一位数字表示氧化锰含量，见表 2-8；第二位数字表示二氧化硅与氟化钙含量，见表 2-9；第三位数字为同一类型的不同编号，按 0，1，2，…，9 顺序排列。

同一牌号焊剂生产两种颗粒度时，在细颗粒焊剂牌号后面加短划"-"，再加表示"细"的汉语拼音字母"X"，有些生产厂常在牌号前加上厂标志的代号，中间用圆点"•"分开。

举例：

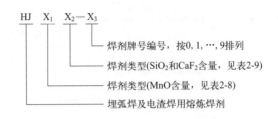

HJ X₁ X₂—X₃

— 焊剂牌号编号，按0,1,…,9排列
— 焊剂类型(SiO₂和CaF₂含量，见表2-9)
— 焊剂类型(MnO含量，见表2-8)
— 埋弧焊及电渣焊用熔炼焊剂

表 2-8　熔炼焊剂牌号中第一位数字含义

X_1	焊剂类型	$w(MnO)/\%$
1	无锰	< 2
2	低锰	$2 \sim 15$
3	中锰	$15 \sim 30$
4	高锰	> 30

表 2-9　熔炼焊剂牌号中第二位数字含义

X_2	焊剂类型	$w(SiO_2)/\%$	$w(CaF_2)/\%$
1	低硅低氟	< 10	< 10
2	中硅低氟	$10 \sim 30$	
3	高硅低氟	> 30	
4	低硅中氟	< 10	$10 \sim 30$
5	中硅中氟	$10 \sim 30$	
6	高硅中氟	> 30	
7	低硅高氟	< 10	> 30
8	中硅高氟	$10 \sim 30$	
9	其他	不规定	不规定

例如：HJ431 表示此为高锰高硅低氟型埋弧焊用熔炼焊剂。

2）烧结焊剂

用汉语拼音字母"SJ"表示埋弧焊用烧结焊剂，后面第一位数字表示焊剂熔渣渣系，见表2-10。第二、第三位数字表示相同渣系焊剂中的不同牌号，按01，02，…，09顺序排列。

举例：

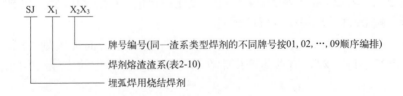

SJ X₁ X₂X₃

— 牌号编号(同一渣系类型焊剂的不同牌号按01, 02, …, 09顺序编排)
— 焊剂熔渣渣系(表2-10)
— 埋弧焊用烧结焊剂

表 2-10　烧结焊剂熔渣渣系

X_1	熔渣渣系类型	主要化学成分（质量分数 /%）组成类型
1	氟碱型	$CaF_2 \geqslant 15\%$ $CaO+MgO+MnO+CaF_2 > 50\%$ $SiO_2 < 20\%$
2	高铝型	$Al_2O_3 \geqslant 20\%$ $Al_2O_3+CaO+MgO > 45\%$
3	硅钙型	$CaO+MgO+SiO_2 > 60\%$
4	硅锰型	$MnO+SiO_2 > 50\%$
5	铝钛型	$Al_2O_3+TiO_2 > 45\%$
6、7	其他型	不规定

2.4.2　埋弧焊焊丝及焊带

（1）埋弧焊实心焊丝的牌号

GB/T 14957—1994《熔化焊用钢丝》规定了钢焊丝的牌号编制方法，如下：第一位符号为"H"，表示焊接用钢丝；在"H"之后的一位（千分数）或两位（万分数）数字表示碳的质量分数的平均数；在碳的质量分数后面的化学元素符号及其后面的数字，表示该元素的大约质量分数，当主要合金元素的质量分数 ≤ 1% 时，可省略数字只记该元素的符号。在牌号尾部标有"A"或"E"，分别表示"高级优质"和"特高级优质"，后者比前者含 S、P 杂质更低。目前，气体保护焊已很少使用焊丝牌号，但埋弧焊仍普遍使用焊丝牌号。

示例：

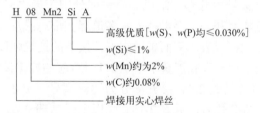

（2）埋弧焊实心焊丝的型号

GB/T 5293—2018《埋弧焊用非合金钢及细晶粒钢实心焊丝、药芯焊丝和焊丝 - 焊剂组合分类要求》、GB/T 12470—2018《埋弧焊用热强钢实心焊丝、药芯焊丝和焊丝 - 焊剂组合分类要求》及 GB/T 36034—2018《埋弧焊用高强钢实心焊丝、药芯焊丝和焊丝 - 焊剂组合分类要求》规定，实心焊丝型号根据化学成分进行划分。

埋弧焊实心焊丝型号由两部分组成，第一部分"SU"表示埋弧焊实心焊丝，第二部分利用数字和字母组合指示焊丝的化学成分，见表 2-11。

实心焊丝型号示例如下：

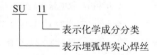

表 2-11　部分非合金钢及细晶粒钢实心焊丝的化学成分及其对应的冶金牌号

焊丝型号	冶金牌号分类	化学成分（质量分数）/%									
		C	Mn	Si	P	S	Ni	Cr	Mo	Cu	其他
SU08	H08	0.10	0.25 ～ 0.60	0.10 ～ 0.25	0.030	0.030	—	—	—	0.35	—
SU08A[c]	H08A[c]	0.10	0.40 ～ 0.65	0.03	0.030	0.030	0.30	0.20	—	0.35	—
SU08E[c]	H08E[c]	0.10	0.40 ～ 0.65	0.03	0.020	0.020	0.30	0.20	—	0.35	—
SU08C[c]	H08C[c]	0.10	0.40 ～ 0.65	0.03	0.015	0.015	0.10	0.10	—	0.35	—
SU10	H11Mn2	0.07 ～ 0.15	1.30 ～ 1.70	0.05 ～ 0.25	0.025	0.025				0.35	—
SU11	H11Mn	0.15	0.20 ～ 0.90	0.15	0.025	0.025	0.15	0.15	0.15	0.40	—
SU111	H11MnSi	0.07 ～ 0.15	1.00 ～ 1.50	0.65 ～ 0.85	0.025	0.030	—			0.35	—
SU12	H12MnSi	0.15	0.20 ～ 0.90	0.10 ～ 0.60	0.025	0.025	0.15	0.15	0.15	0.40	—

（3）埋弧焊焊丝 – 焊剂组合分类

1）非合金钢及细晶粒钢焊丝 - 焊剂组合分类

GB/T 5293—2018《埋弧焊用非合金钢及细晶粒钢实心焊丝、药芯焊丝和焊丝 - 焊剂组合分类要求》规定，实心焊丝 - 焊剂组合类型按照力学性能、焊后状态、焊剂类型和焊丝型号等进行划分。药芯焊丝 - 焊剂组合类型按照力学性能、焊后状态、焊剂类型和熔敷金属化学成分等进行划分。

焊丝 - 焊剂组合类型编号由五部分组成。第一部分用字母"S"表示埋弧焊用焊丝 - 焊剂组合。第二部分为两位数字和一个字母，表示多道焊在焊态或焊后热处理状态下熔敷金属的抗拉强度代号，见表2-12；或表示双面单道焊焊接接头的抗拉强度代号，见表2-13。第三部分为一到二位数字，表示冲击吸收能量不小于27J时对应的冲击试验温度代号，见表2-14。第四部分为焊剂类型代号，见表2-5。第五部分为焊丝型号，见表2-11；或者为药芯焊丝 - 焊剂组合下熔敷金属化学成分代号，见表2-15。除以上强制部分外，组合类型编号中还有两个可选的附加代号，第一个是字母"U"，附加在第三部分冲击试验温度代号后面，表示冲击吸收能量不小于47J；第二部分用H加一位或二位阿拉伯数字来指示熔敷金属中扩散氢的最大含量。

焊丝 - 焊剂组合类型编号示例：

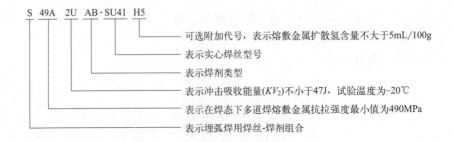

表 2-12 埋弧焊多道焊熔敷金属抗拉强度代号

抗拉强度代号	抗拉强度 σ_b/MPa	屈服强度 σ_s 或 $\sigma_{0.2}$/MPa	断后伸长率 δ_5/%
43X	430 ～ 600	≥ 330	≥ 20
49X	490 ～ 670	≥ 390	≥ 18
55X	550 ～ 740	≥ 460	≥ 17
57X	570 ～ 770	≥ 490	≥ 17

注："X"为"A"或"P"，"A"表示焊态，"P"表示焊后热处理状态。

表 2-13 双面单道焊焊接接头抗拉强度代号

抗拉强度代号	抗拉强度 σ_b/MPa
43S	≥ 430
49S	≥ 490
55S	≥ 550
57S	≥ 570

表 2-14 冲击试验温度代号

冲击试验温度代号	冲击吸收能量不小于 27J 时的试验温度
Z	不要求冲击试验
Y	+20
0	0
2	-20
3	-30
4	-40
5	-50
6	-60
7	-70
8	-80
9	-90
10	-100

表 2-15 药芯焊丝 - 焊剂组合下熔敷金属化学成分代号

化学成分分类	化学成分（质量分数）[a]/%									
	C	Mn	Si	P	S	Ni	Cr	Mo	Cu	其他
TU3M	0.15	1.80	0.90	0.035	0.035	—	—	—	0.35	—
TU2M3[b]	0.12	1.00	0.80	0.030	0.030	—	—	0.40 ～ 0.65	0.35	—

化学成 分分类	化学成分（质量分数）ᵃ/%									
	C	Mn	Si	P	S	Ni	Cr	Mo	Cu	其他
TU2M31	0.12	1.40	0.80	0.030	0.030	—	—	0.40～0.65	0.35	—
TU4M3ᵇ	0.15	2.10	0.80	0.030	0.030	—	—	0.40～0.65	0.35	—
TU3M3ᵇ	0.15	1.60	0.80	0.030	0.030	—	—	0.40～0.65	0.35	—
TUN2	0.12ᶜ	1.60ᶜ	0.80	0.030	0.025	0.75～1.10	0.15	0.35	0.35	Ti+V+Zr：0.05
TUN5	0.12ᶜ	1.60ᶜ	0.80	0.030	0.025	2.00～2.90	—	—	0.35	—
TUN7	0.12	1.60	0.80	0.030	0.025	2.80～3.80	0.15	—	0.35	—
TUN4M1	0.14	1.60	0.80	0.030	0.025	1.40～2.10	—	0.10～0.35	0.35	—
TUN2M1	0.12ᶜ	1.60ᶜ	0.80	0.030	0.025	0.70～1.10	—	0.10～0.35	0.35	—
TUN3M2ᵈ	0.12	0.70～1.50	0.80	0.030	0.030	0.90～1.70	0.15	0.55	0.35	—
TUN1M3ᵈ	0.17	1.25～2.25	0.80	0.030	0.030	0.40～0.80	—	0.40～0.65	0.35	—
TUN2M3ᵈ	0.17	1.25～2.25	0.80	0.030	0.030	0.70～1.10	—	0.40～0.65	0.35	—
TUN1C2ᵈ	0.17	1.60	0.80	0.030	0.035	0.40～0.80	0.60	0.25	0.35	Ti+V+Zr：0.03
TUN5C2M3ᵈ	0.17	1.20～1.80	0.80	0.020	0.020	2.00～2.80	0.65	0.30～0.80	0.50	—
TUN4C2M3ᵈ	0.14	0.80～1.85	0.80	0.030	0.020	1.50～2.25	0.65	0.60	0.40	—
TUN3ᵈ	0.10	0.60～1.60	0.80	0.030	0.030	1.25～2.00	0.15	0.35	0.30	Ti+V+Zr：0.03
TUN4M2ᵈ	0.10	0.90～1.80	0.80	0.020	0.020	1.40～2.10	0.35	0.25～0.65	0.30	Ti+V+Zr：0.03
TUN4M3ᵈ	0.10	0.90～1.80	0.80	0.020	0.020	1.80～2.60	0.65	0.20～0.70	0.30	Ti+V+Zr：0.03
TUN5M3ᵈ	0.10	1.30～2.25	0.80	0.020	0.020	2.00～2.80	0.80	0.30～0.80	0.30	Ti+V+Zr：0.03
TUN4M21ᵈ	0.12	1.50～2.50	0.50	0.015	0.015	1.40～2.10	0.40	0.20～0.50	0.30	Ti：0.03 V：0.02 Zr：0.02
TUN4M4ᵈ	0.12	1.60～2.50	0.50	0.015	0.015	1.40～2.10	0.40	0.70～1.00	0.30	Ti：0.03 V：0.02 Zr：0.02
TUNCC	0.12	0.50～1.60	0.80	0.035	0.030	0.40～0.80	0.45～0.70	—	0.30～0.75	—
TUGᵉ	其他协定成分									

注：表中单值均为最大值。

ᵃ 化学分析应按表中规定的元素进行分析。如果在分析过程中发现其他元素，这些元素的总量（除镁外）不应超过 0.50%。

ᵇ 该分类也列于 GB/T 12470 中，熔敷金属化学成分要求一致，但分类名称不同。

ᶜ 该分类当 C 最大含量限制在 0.10% 时，允许 Mn 含量不大于 1.80%。

ᵈ 该分类也列于 GB/T 36034 中。

ᵉ 表中未列出的分类可用相类似的分类表示，词头加字母"TUG"。化学成分范围不进行规定，两种分类之间不可替换。

2）热强钢焊丝-焊剂组合分类

GB/T 12470—2018《埋弧焊用热强钢实心焊丝、药芯焊丝和焊丝-焊剂组合分类要求》

规定，实心焊丝 - 焊剂组合类型按照力学性能、焊剂类型和焊丝型号等进行划分。药芯焊丝 - 焊剂组合类型按照力学性能、焊剂类型和熔敷金属化学成分等进行划分。

　　焊丝 - 焊剂组合类型编号由五部分组成。第一部分用字母"S"表示埋弧焊用焊丝 - 焊剂组合；第二部分为两位数字，表示焊后热处理状态下熔敷金属的抗拉强度代号；第三部分为一到二位数字，表示冲击吸收能量不小于 27J 时对应的冲击试验温度代号；第四部分为焊剂类型代号；第五部分为焊丝型号，或者为药芯焊丝 - 焊剂组合下熔敷金属化学成分代号。

　　焊丝 - 焊剂组合类型编号示例：

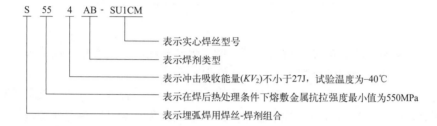

3）高强钢焊丝 - 焊剂组合分类

GB/T 36034—2018《埋弧焊用高强钢实心焊丝、药芯焊丝和焊丝 - 焊剂组合分类要求》规定，实心焊丝 - 焊剂组合类型按照力学性能、焊后状态、焊剂类型和焊丝型号等进行划分。药芯焊丝 - 焊剂组合类型按照力学性能、焊后状态、焊剂类型和熔敷金属化学成分等进行划分。

　　焊丝 - 焊剂组合类型编号由五部分组成。第一部分用字母"S"表示埋弧焊用焊丝 - 焊剂组合；第二部分为两位数字和一个字母，表示焊态或焊后热处理状态下熔敷金属的抗拉强度代号；第三部分为一到二位数字，表示冲击吸收能量不小于 27J 时对应的冲击试验温度代号；第四部分为焊剂类型代号；第五部分为焊丝型号，或者为药芯焊丝 - 焊剂组合下熔敷金属化学成分代号。除以上强制部分外，组合类型编号中还有两个可选的附加代号：第一个是字母"U"，附加在第三部分冲击试验温度代号后面，表示冲击吸收能量不小于 47J；第二部分用 H 加一位或二位阿拉伯数字来指示熔敷金属中扩散氢的最大含量。

　　焊丝 - 焊剂组合类型编号示例：

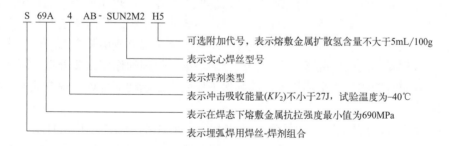

4）埋弧焊用不锈钢焊丝 - 焊剂组合分类

GB/T 17854—2018《埋弧焊用不锈钢焊丝 - 焊剂组合分类要求》规定，不锈钢埋弧焊用焊丝 - 焊剂组合类型按照熔敷金属化学成分和力学性能进行划分。

焊丝 - 焊剂组合类型编号由四部分组成。第一部分用字母"S"表示埋弧焊用焊丝 - 焊剂组合；第二部分为熔敷金属分类代号；第三部分为焊剂类型代号；第四部分为 GB/T 29713—2013 规定的焊丝型号。

焊丝 - 焊剂组合类型编号示例：

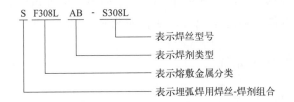

（4）焊带

焊带是表面自动堆焊用的填充材料，其功能与焊丝相同，只是形状为扁平等宽的连续金属带。焊带主要用于带极埋弧堆焊和带极电渣堆焊。

焊带也和焊丝一样，分实心焊带和药芯焊带两类。焊带中合金元素和含碳量越高，加工制造就越困难，药芯焊带则解决了这个难题，因为这些合金元素可以通过药芯过渡到熔敷金属中去。

焊带的尺寸方面，国产实心焊带的厚度在 0.4 ～ 0.5mm，标准宽度有 30mm、60mm、90mm 和 120mm 等几种；进口（如从日本）的厚度为 0.4mm，宽度有 25mm、37.5mm、50mm、75mm 和 150mm 等多种。药芯焊带的厚度为 1 ～ 4mm 不等，其宽度在 10 ～ 45mm。

标准 NB/T 47018.5—2017《承压设备用焊接材料订货技术条件 第 5 部分：堆焊用不锈钢焊带和焊剂》规定的焊带型号命名方法如下：

由于带极堆焊的生产效率高，被广泛用于化工、核电压力容器的内表面耐蚀层堆焊，也用于轧辊、连铸辊和高炉料钟等产品的外表面大面积的耐磨堆焊。

注意，选用焊带的同时也要选择焊剂，两者应配合使用。堆焊层所要求的性能（如耐蚀性、耐热性或耐磨性等）主要是由堆焊层所含的化学成分和组织结构所决定的，其中化学成分是决定性的。因此，选用焊带时主要是按焊带所含的化学成分或熔敷金属的化学成分进行选择，影响堆焊层化学成分的因素很多，如成分的烧损、焊剂的作用以及母材金属对熔敷金属的稀释等。这里焊剂的作用影响最大，既起保护作用又能起到配合焊带调节堆焊层的化学成分的作用。

焊剂中，熔炼焊剂主要用于耐蚀钢带极堆焊，如 HJ107、HJ107Nb 和 HJ151 等，其中含 Nb 的焊剂可解决 Nb 元素的烧损问题，适于与含 Nb 的钢带相配合使用。烧结焊剂或黏结焊剂既适于耐蚀钢带极堆焊（包括埋弧堆焊和电渣堆焊），也适于耐磨钢带极堆焊。特别是焊带成分不变而依靠焊剂调整堆焊层化学成分时，必须采用专用的配套烧结焊剂。当堆焊层成分依靠焊带合金成分来调整时，宜采用通用型烧结焊剂，如 SJ203 可配合 H1Cr13 焊带用于堆焊连铸辊等，SJ303 可配合 H00Cr21Ni10、H00Cr25Ni12 等焊带用于堆焊耐蚀不锈钢，SJ524 和 SJ606 用于超低碳不锈钢带极埋弧堆焊，SJ602 用于不锈钢带极电渣堆焊等。

2.5　埋弧焊工艺

埋弧焊工艺包括：接头设计及焊前准备、选择适合于母材的焊丝与焊剂、选择正确的焊接工艺参数及热处理规范等。

2.5.1　接头设计及焊前准备

（1）接头及焊缝坡口设计

1）坡口形式

埋弧焊最常用的接头形式是对接接头、T 形接头、搭接接头和角接头。采用的具体接头类型一般根据产品结构特点、工件厚度、母材类型，并结合埋弧焊工艺特点来确定。每一种接头的焊缝坡口形式和尺寸一般应根据国家标准来确定。碳钢和低合金钢埋弧焊焊接接头的坡口设计标准是 GB/T 985.2—2008《埋弧焊的推荐坡口》。

① I 形坡口。板厚不超过 20mm 时可不开坡口设计，或者说开 I 形坡口，如图 2-30（a）。在不留间隙、不加衬垫的情况下，单面焊双面成形工艺可焊的最大厚度为 8mm，双面单道焊工艺可焊的最大厚度为 16mm。在留一定间隙且背面采用合适的衬垫的情况下，单面焊双面成形工艺可焊透 12mm 以上厚度的工件，随间隙加大，一次可焊厚度也随之增加，最大厚度可达 20mm。由于厚度越大，所采用的热输入越大，焊接热影响区及其晶粒尺寸越大，因此，厚度 12mm 以上的工件较少采用单面焊双面成形工艺进行焊接。

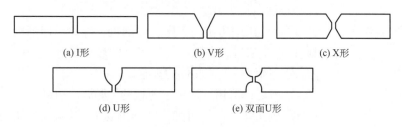

(a) I形　　　(b) V形　　　(c) X形

(d) U形　　　(e) 双面U形

图 2-30　埋弧焊对接接头常用坡口形式

② V 形和 U 形坡口。板厚为 10 ～ 35mm 时，可开单 V 形坡口，如图 2-30（b）；板厚为 30 ～ 50mm 时，可开双面 V 形（即 X 形）坡口，如图 2-30（c）；板厚 30 ～ 50mm 时也可开 U 形坡口，如图 2-30（d）；板厚 50mm 以上可开双面 U 形坡口，如图 2-30（e）。开坡口的目的主要是使焊丝很好地接近接头根部，保证熔透。此外，还可改善焊缝成形、调整母材的熔合比和焊缝金属结晶形态等。相同条件下，U 形坡口消耗的填充金属少于 V 形坡口，板愈厚这种差距愈大；但 U 形坡口加工费较高。

无论是开坡口的对接焊缝还是角焊缝的焊接，在装配时一般都留出一定的根部间隙，如图 2-31。主要是为了保证根部熔透和改善焊缝外形。间隙大小一般根据坡口形状和尺寸以及背面有无衬垫等情况来确定。一般情况下，间隙不大于焊丝直径。过小的间隙会导致根部未焊透或夹渣缺陷，双面焊时就会增加背面清根的工作量。而过大的间隙会增加填充金属用量，这不仅增加焊接成本，还会增大焊件的变形，严重时还会导致烧穿缺陷。

坡口的角度较小时，应适当加大装配间隙。对于多道焊的第一道焊缝，如果背面使用衬垫，其间隙可以加大，坡口角可相应减小。

钝边主要是用来补充金属的厚度，可避免烧穿的倾向，如果采用永久性焊接衬垫单面焊时，建议不用钝边。

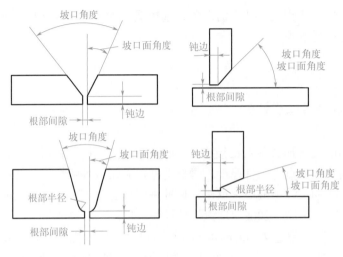

图 2-31　坡口的形状尺寸示意图

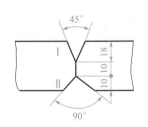

图 2-32　双面单道开坡口
　　　对接接头的设计
Ⅰ（先焊面）I=1250A
U=38V　20cm·min^{-1}
Ⅱ（后焊面）I=1250A
U=38V　20cm·min^{-1}

③ 双面不对称坡口。双面单道开坡口对接接头焊接时，如果先焊面与后焊面采用同样的参数，则其坡口形状和尺寸要作适当调整，如图 2-32 所示的实例。

2）坡口加工方法

坡口可用刨边机、车床、气割机、等离子切割机、剪切机和专用坡口加工机等设备加工。加工后的坡口尺寸及表面粗糙度等必须符合设计图纸或工艺文件的规定。

① 剪切机剪切。适用于薄板的 I 形坡口边缘加工。

② 刨边机刨削。可加工任何形状的坡口。加工的坡口面光滑、精度高。对于薄钢板的 I 形坡口，可将多张钢板叠在一起，一次完成加工，提高工作效率。

③ 车床加工。具有圆形或圆环形截面的工件可在立式车床上加工各种形状的坡口。

④ 气割机切割。低碳钢和低合金钢可用气割机切割各种形状的坡口边缘，特别适合于厚板的坡口加工。

⑤ 等离子切割机。等离子切割机用于不锈钢、高合金钢等的坡口边缘加工。

⑥ 碳弧气刨。用碳弧气刨加工坡口时，坡口面容易渗碳，焊前必须用砂轮机将表面打磨一遍，去除渗碳层。

⑦ 专用坡口加工机。平板坡口加工机用于加工平板的坡口，管端加工机用于加工管子的坡口。

（2）焊前准备

1）待焊部位的清理

焊前应将坡口以及坡口两侧 20 ～ 50mm 区域内的铁锈、氧化皮、油污、水分等清理干净，以防止含氢物质进入焊接区，降低焊缝中的含氢量，避免出现氢气孔。

对于小型焊件，坡口及其附近的氧化皮及铁锈可用砂布、钢丝刷、角向磨光机打磨；对于大型焊件，通常采用喷砂、抛丸等方法处理。油污及水分一般用氧 - 乙炔火焰烘烤。

2）焊接材料的清理

埋弧焊丝与焊剂参与焊接冶金反应，对焊缝的成分、组织和力学性能影响极大，因此，焊前应确保焊丝清洁，并烘干焊剂。

目前市售的焊丝一般有防锈铜镀层。使用前，应注意去除掉焊丝表面的油及其它污物。

焊剂使用前应严格按要求烘干。通常按照焊剂的技术说明进行烘干和保存。如无技术说明，则按照表 2-16 中的要求进行烘干。低碳钢埋弧焊熔炼焊剂在使用前放置时间不得超过 24 小时；低合金钢埋弧焊熔炼焊剂在使用前放置时间不得超过 8 小时；烧结焊剂经高温烘干后，应转入 100 ～ 150℃的低温保温箱中，随用随取。

表 2-16　埋弧焊用焊剂的烘干要求

焊剂类型	烘干温度 /℃	保温时间 /h
熔炼焊剂	150 ～ 350	1 ～ 2
烧结焊剂	200 ～ 400	2

3）工件装配

工件装配质量直接影响接头质量、强度和变形。应严格按照图纸要求进行装配，严格控制根部间隙大小，保证整个焊缝长度上间隙均匀、平整、无错边。一般情况下，错变量应符合表 2-17 中的要求。如果局部部位出现间隙过大现象，应利用焊条电弧焊或熔化极气体保护焊进行修补，焊条或焊丝的力学性能应与母材相同。

表 2-17　埋弧焊错变量控制要求

序号	接头示意图	焊缝等级	错边允差 /mm
1		重要焊缝	$d < 0.1t$，且 < 2.0
		普通焊缝	$d < 0.15t$，且 < 3.0
2		重要焊缝	$d < 0.1t$，且 < 1.5
		普通焊缝	$d < 0.15t$，且 < 2.0

4）定位焊

定位焊是为了固定已装配的工件，并增加焊件的刚度，防止因焊接变形而使工件间隙发生变化。定位焊缝通常采用手工电弧焊或熔化极气体保护焊进行焊接，定位焊缝原则上应与母材等强，且应表面平整，没有气孔、夹渣等缺陷。

定位焊缝的位置一般在第一道埋弧焊缝的背面。有焊缝交叉的部位不宜进行定位焊；对称的焊缝，定位焊缝也要对称布置。

由于焊缝短，冷却速度快，定位焊缝的焊接电流应比正常焊接电流大一些，或焊接速度应小一些。对于淬硬倾向较大的材料，应进行预热，防止出现冷裂纹。收弧时注意填满弧坑，防止弧坑裂纹。

定位焊缝尺寸通常根据板厚来选择，并考虑刚性要求，在满足强度和刚性要求的条件下，尺寸尽量小一些。尽量采用短焊缝，小间距。普通焊接结构的定位焊缝尺寸见表2-18。

表2-18 普通焊接结构的定位焊缝尺寸

板厚 /mm	焊缝高度 /mm	焊缝长度 /mm	焊缝间距 /mm
≤ 4	<4	5 ~ 10	50 ~ 100
4 ~ 12	3 ~ 6	10 ~ 20	100 ~ 200
>12	6	15 ~ 50	100 ~ 300
12 ~ 25	8	50 ~ 70	300 ~ 500
>25	8	70 ~ 100	200 ~ 300

5）引弧板与熄弧板

引弧点和熄弧点附近10 ~ 30mm的范围内，熔深较浅，容易出现未焊透、未熔合、气孔、夹渣、弧坑等缺陷，如图2-33。通过使用引弧板和熄弧板并在焊后予以切除，可方便地防止这些缺陷出现在产品的焊缝上，保证产品质量。因此，埋弧焊时，一般要求加引弧板与熄弧板。另外，引弧板与熄弧板还可增加焊件刚度。

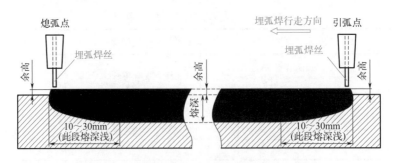

图2-33 埋弧焊焊缝不同位置处的熔深示意图

引弧板和熄弧板宜用与母材同质材料，以免影响焊缝化学成分，其坡口形状和尺寸也应与母材相同。引弧板和熄弧板的尺寸一般应取（120 ~ 150）mm×（120 ~ 150）mm，厚度与母材相同。如果两个工件的厚度不一致，则引弧板和熄弧板的厚度与较薄工件的厚度一致。引弧板上的引弧长度和熄弧板上的引出长度一般应为50 ~ 60mm；如果开坡口则可减小到30 ~ 50mm，其坡口尺寸形状也应与母材相同，如图2-34所示。由于定位焊缝增大了工件拘束度，致使焊缝终端易产生裂纹，因此，板厚在 25mm 以下的焊件，推荐采用开槽的熄弧板，如图 2-35 所示。对于特殊位置的焊缝，应注意引弧板及熄弧板的安装方法，见图 2-36。图 2-37 给出了 T 形接头引弧板及熄弧板的装配方法及要求。焊后，应利用气割割除引弧板与熄弧板，注意不要损伤母材。

图 2-34　引弧板和熄弧板示意图

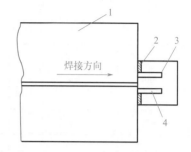

图 2-35　开槽熄弧板及其连接方式

1—焊件；2—连接焊缝；3—熄弧板；4—通槽

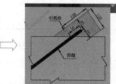

图 2-36　特殊位置的引弧板和熄弧板

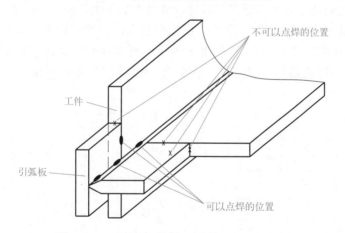

图 2-37　T 形接头引弧板（或熄弧板）的装配

2.5.2　焊接工艺参数对焊缝成形尺寸及质量的影响规律

影响焊缝形状尺寸和力学性能的埋弧焊工艺参数包括：焊接电流、电弧电压、焊接速度、电流的种类及极性、焊丝直径、焊丝干伸长度、焊剂颗粒度、焊剂堆积厚度等。其中，前三者为主要的参数，其他为次要参数。

（1）焊接电流

焊接电流是决定焊缝熔深的主要因素。其他条件不变时，焊接电流增大，焊缝的熔深 H

及余高 a 均增大，而焊缝的宽度（熔宽）B 变化不大，熔合比 γ 稍有增大。图 2-38 示出了熔深与焊接电流的关系，可见熔深与电流成正比：

$$H = k_{m}I$$

k_{m} 为电流系数，取决于电流种类、极性接法及焊丝直径等。表 2-19 给出了不同焊接条件下的 k_{m} 值。

表 2-19　不同焊接条件下的 k_{m} 值

焊丝直径 /mm	电流种类	焊剂牌号	k_{m} 值 /（mm/100A）	
			T 形焊缝及开坡口的对接焊缝	堆焊及不开坡口的对接焊缝
5	交流	HJ431	1.5	1.1
2	交流	HJ431	2.0	1.0
5	直流正接	HJ431	1.75	1.1
5	直流正接	HJ431	1.25	1.0
5	交流	HJ430	1.55	1.15

通常情况下，根据熔深要求选择合适的焊接电流值。焊接电流过大时，焊接热影响区宽度增大，并易产生过热组织，使接头韧性降低；此外电流过大还易导致咬边、焊瘤或烧穿等缺陷。焊接电流过小则易产生未熔合、未焊透、夹渣等缺陷。

选择焊接电流时还应适当考虑其对焊缝成分及力学性能的影响。焊接电流影响焊剂熔化比率（焊剂熔化量 / 焊丝熔化量）。焊剂熔化比率越大，焊接过程中冶金反应程度越大，向焊缝过渡的合金元素越多。图 2-39 示出了焊接电流对焊剂熔化比率的影响。可见，随着焊接电流的增大，焊剂熔化比率降低，向焊缝中过渡的合金元素量降低，焊缝力学性能下降。

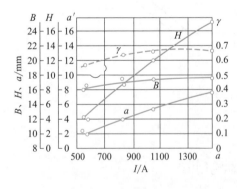

图 2-38　焊接电流对焊缝尺寸的影响

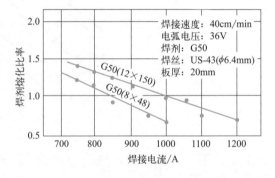

图 2-39　焊接电流对焊剂熔化比率的影响

交流电，焊丝直径为 5mm，电弧电压为 36 ～ 38V，焊速为 40m/h

（2）电弧电压

电弧电压对熔深的影响很小，主要影响熔宽，随着电弧电压的增大，熔宽 B 增大，而熔深 H 及余高 a 略有减小，熔合比 γ 稍有增大，如图 2-40 所示。为保证电弧的稳定燃烧及合适的焊缝成形系数,电弧电压与焊接电流应保持适当的关系,如图 2-41 所示。焊接电流增大时,应相应提高电弧电压,与每一焊接电流对应的焊接电压的允许变化范围不超过 10V(图中阴影部分)。当电弧电压取下限时,焊道窄;取上限时,焊道宽。若电弧电压超出该合适范围,焊缝成形将变差。

电弧电压对焊剂熔化比率具有显著的影响,如图 2-42 所示。随着电弧电压的增大,焊剂的熔化比率增大,过渡到熔敷金属中的合金元素会有所增加,焊缝力学性能提高。

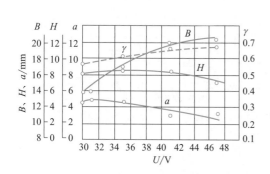

图 2-40　电弧电压对焊缝形状尺寸的影响

交流电,焊丝直径为 5mm,焊接电流为 800A,焊速为 40m/h

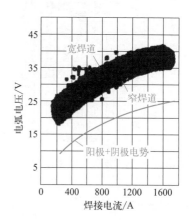

图 2-41　电弧电压与焊接电流的合适匹配关系

(3) 焊接速度

焊接速度对熔深、熔宽及余高均有明显的影响。焊接速度增大时,熔深 H、熔宽 B 和余高 a 均减小,熔合比 γ 基本不变,如图 2-43 所示。因此,为了保证焊透,提高焊接速度时,应同时增大焊接电流及电弧电压。但电流过大、焊速过高时,电弧焊易引起咬边等缺陷。因此焊接速度不能过高。

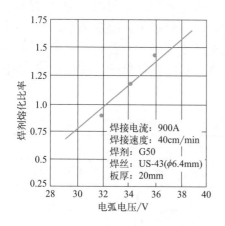

图 2-42　电弧电压对焊剂熔化比率的影响

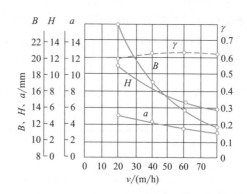

图 2-43　焊接速度对焊缝尺寸的影响

交流电,焊丝直径为 5mm,焊接电流为 800A,电弧电压为 36~38V

焊接电流与焊接速度的匹配关系见图 2-44。对于一定的焊接电流,有一合适焊接速度范围,在此范围内焊缝成形美观,当焊接速度大于该范围上限时,将出现咬边等缺陷。

焊接速度也会影响焊剂熔化比率，随着焊接速度的增大，焊剂熔化比率稍有降低，如图 2-45 所示。因此，焊接速度增大，焊缝中过渡的合金元素量稍有下降，焊缝力学性能有可能会下降。

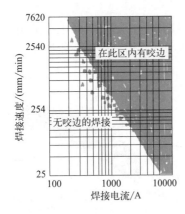

图 2-44　焊接速度与焊接电流的匹配关系

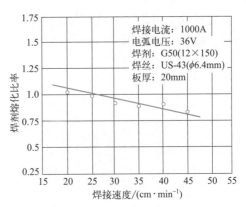

图 2-45　焊接速度对焊剂熔化比率的影响

（4）电流种类与极性

采用直流反接（DCRP）时，熔敷速度稍低，但熔滴过渡稳定，熔深较大，焊缝成形好。因此，埋弧焊一般情况下都采用直流反接。

采用直流正接（DCSP）时，熔敷速度比反接高 30% ～ 50%，而熔深较浅，降低了母材对熔敷金属的稀释率，因此特别适合于堆焊。焊接热裂纹倾向较大的材料时，采用直流正接可降低母材在焊缝金属中的含量，防止热裂纹。

采用交流电进行焊接时，熔深处于直流正接与直流反接之间。

（5）焊丝直径及干伸长度

一定焊接电流下，焊丝直径会引起电流密度及电弧集中程度的变化，进而引起焊缝形状尺寸的变化。表 2-20 给出了焊接电流、电弧电压和焊接速度一定时电流密度对焊缝形状尺寸的影响。可见，其他条件不变，焊丝直径越小，熔深越大，熔宽越小，焊缝成形系数越小。然而对于一定的焊丝直径，使用的电流范围不宜过大，否则将使焊丝因电阻热过大而发红，影响焊丝的性能及焊接过程的稳定性。不同直径焊丝的许用电流范围见表 2-21。

表 2-20　焊丝直径对焊缝形状尺寸的影响（电弧电压为 30 ～ 32V，焊接速度为 33cm/min）

参数	焊接电流 /A							
	700 ～ 750			1000 ～ 1100			1300 ～ 1400	
焊丝直径 /mm	6	5	4	6	5	4	6	5
平均电流密度 /（A·mm^{-2}）	26	36	58	38	52	84	48	68
熔深 H/mm	7.0	8.5	11.5	10.5	12.0	16.5	17.5	19.0
熔宽 B/mm	22	21	19	26	24	22	27	24
焊缝成形系数 B/H	3.1	2.5	1.7	2.5	2.0	1.3	1.5	1.3

表 2-21　不同直径焊丝的焊接电流允许范围

焊丝直径 /mm	2	3	4	5	6
电流密度 /(A·mm⁻²)	63 ～ 125	50 ～ 85	40 ～ 63	35 ～ 50	28 ～ 42
焊接电流 /A	200 ～ 400	350 ～ 600	500 ～ 800	700 ～ 1000	800 ～ 1200

干伸长度越大，焊丝熔化量越大，余高越大，而熔深略有减小。焊丝的电阻率越大，这种影响越大。

(6) 坡口及间隙的形状及尺寸

其他条件不变时，坡口及间隙尺寸增大，熔深增大，熔宽减小，余高减小，熔合比减小，如图 2-46 所示。因此，可通过开坡口或留间隙来调整余高及熔合比，从而调节焊缝金属的化学成分和力学性能。此外，通过开坡口还可改善熔池的结晶条件。

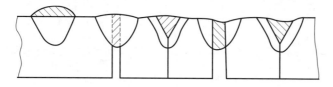

图 2-46　坡口及间隙对焊缝形状尺寸的影响

(7) 焊丝倾角

焊丝倾斜方向有前倾和后倾两种：焊丝端头指向焊接方向（指向待焊部分）称为前倾，见图 2-47 (a)；焊丝端头指向焊接方向之反方向（指向已焊部分）称为后倾，见图 2-47 (b)。倾斜的方向和大小不同，电弧对熔池的吹力和加热作用不同，因此，焊缝成形尺寸不同。焊丝前倾时，电弧力有一个指向熔池前方的分力，熔池金属向后流动速度降低，电弧下面熔池金属增厚，不利于对熔池底部的加热，故熔深减小。电弧对熔池前方的母材预热作用加强，故熔宽增大。倾角越小这种作用越明显，如图 2-47 (c)。焊接生产中，焊丝后倾用得较多，而焊丝前倾只在某些特殊情况下使用，例如焊接小直径圆筒形工件的环缝等。

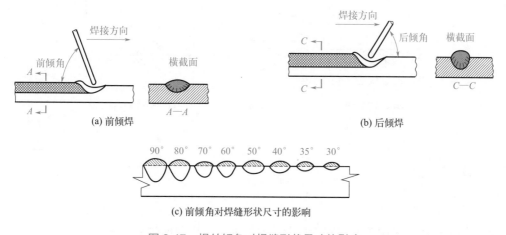

(a) 前倾焊　　　　　　　　　　　(b) 后倾焊

(c) 前倾角对焊缝形状尺寸的影响

图 2-47　焊丝倾角对焊缝形状尺寸的影响

（8）工件倾斜度

工件倾斜时熔池金属重力沿工件表面的分力影响熔池金属向后运动，因此影响焊缝形状尺寸。工件倾斜时，焊接方式有上坡焊和下坡焊两种，见图2-48。上坡焊时［见图2-48（a）］，重力作用下熔池金属向后排开，电弧下面液态金属层变薄，有利于电弧对熔池底部的加热，因此熔深增大，余高增大，熔宽减小。随着倾斜角的增大，这种影响越来越明显。若倾斜角β过大（大于6°～12°），则焊缝余高过大，两侧出现咬边，焊缝成形变差［见图2-48（b）］。实际工作中应避免采用上坡焊。下坡焊［见图2-48（c）］正好与上坡焊相反，随着倾斜角的增大，熔深减小，熔宽增大，倾斜角过大时会出现未焊透和满溢缺陷［见图2-48（d）］。

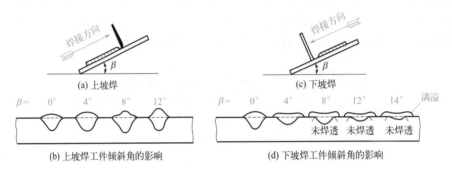

图2-48 工件倾斜度对焊缝形状尺寸的影响

（9）焊剂颗粒度及堆积厚度

焊剂密度越大、颗粒尺寸越小，堆积厚度越大，电弧压力就越大，熔深增大，熔宽减小，余高增大。

埋弧焊焊剂堆积厚度一般在25～40mm范围内，应保证在焊丝或焊带附近有足够的焊剂，以完全埋住电弧和熔池。焊剂堆积过高，焊缝表面波纹粗大，余高过大，且凹凸不平，甚至有"麻点"。焊剂堆积层高度太低，电弧外露，焊缝表面会变得粗糙。图2-49示出了焊剂层厚度对焊缝形状的影响。烧结焊剂的密度小，焊剂堆积高度可比熔炼焊剂高出20%～50%。

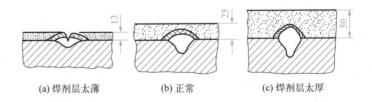

图2-49 焊剂层厚度对焊缝形状的影响

2.5.3 焊缝成形控制

（1）平板对接

薄板的平板对接采用单面焊双面成形，厚板通常采用双面焊。

1) 单面焊双面成形

利用该方法可焊接厚度在 20mm 以下的工件。一般不开坡口，但需留有一定的间隙。通常采用较大的电流，因此需要采用成形衬垫。这种方法的优点是不用反转工件，一次将工件焊好，焊接生产率较高。缺点是焊接热输入大，焊缝及热影响区晶粒粗大，接头韧性较差。板厚越大，该问题越严重，因此这种方法一般不用于焊接厚度 12mm 以上的钢板（微合金钢除外）。通常采用焊剂垫、龙门压力架 - 焊剂铜衬垫、移动式水冷铜滑块和热固化焊剂垫等强制成形方法。

① 焊剂垫成形法。利用焊剂垫支撑熔池。焊剂垫有自重式及气压式两种，如图 2-50 所示。自重式焊剂垫利用工件的自重使焊剂与工件紧密贴合；而气压式通常借助于气囊，利用气压及施加在工件上的压力使焊剂与工件紧密贴合。

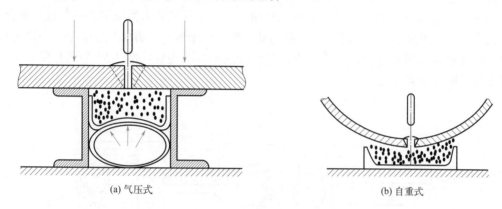

(a) 气压式　　　　　　　　　　　　(b) 自重式

图 2-50　焊剂垫的典型结构

用这种衬垫焊接时，要求整个焊缝长度上间隙均匀，而且焊剂垫在整个焊缝长度上均匀地贴紧工件底部，贴紧力要适当。贴紧力过小，熔池金属下陷；贴紧力过大，焊缝反面凹陷，如图 2-51 所示。

② 龙门压力架 - 焊剂铜衬垫成形法。这种方法采用带沟槽的铜衬垫支撑熔池，铜衬垫的布置及尺寸见图 2-52。铜衬垫上开有一成形槽以保证背面成形。焊接时，焊件之间需留有一定的间隙，以使焊剂均匀填入成形槽中，保护背面焊缝。间隙中心线应对准成形槽中心线。焊接时，利用气缸带动压紧装置将焊件均匀压紧在铜衬垫上。铜衬垫的两侧通常各配有一块同样长度的水冷铜块，用于冷却铜衬垫。铜衬垫的成形槽的尺寸需根据板厚来选择，如表 2-22 所示。

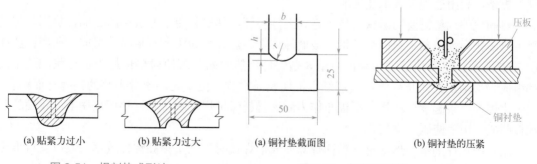

(a) 贴紧力过小　　　　(b) 贴紧力过大　　　　(a) 铜衬垫截面图　　　　(b) 铜衬垫的压紧

图 2-51　焊剂垫成形法　　　　　　　图 2-52　焊剂铜衬垫

表 2-22　铜衬垫的尺寸

焊件厚度 /mm	槽宽 b/mm	槽深 h/mm	槽的曲率半径 r/mm
4～6	10	2.5	7.0
6～8	12	3.0	7.5
8～10	14	3.5	9.5
12～14	18	4.0	12

　　这种工艺对工件装配质量、焊剂铜衬垫托力均匀与否较敏感。装配间隙过大、焊剂铜衬垫承托力不足、成形槽中未填满焊剂等会导致凹陷、背面凸起、背面焊瘤等缺陷。

　　③ 移动式水冷铜滑块成形法。该方法利用一个一定长度的水冷铜滑块贴紧在焊缝背面。水冷铜滑块装在焊接小车上跟随电弧一起移动，始终位于熔池下方承托住熔池，滑块的长度取决于焊接电流和焊接速度，以保证焊接熔池凝固不焊漏为宜。图 2-53 为典型移动式水冷铜滑块的结构及安装方式。

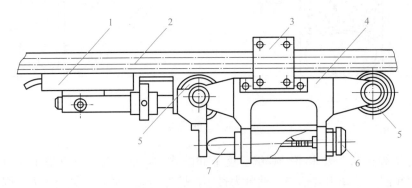

图 2-53　典型移动式水冷铜滑块的结构及安装方式
1—铜滑块；2—工件；3—拉片；4—拉紧滚轮架；5—滚轮；6—夹紧调节装置；7—顶杆

　　该方法适合于焊接 6～20mm 厚的平板对接接头。装配间隙控制在 3～6mm。该方法优点是生产效率高，缺点是铜滑块易磨损，而且不适合于环焊缝的焊接。

　　④ 热固化焊剂垫成形法。该方法利用一个由焊剂和热固化物质制成的热固化焊剂垫承托熔池。焊剂中加入热固化物质（4.5％的酚醛或苯醛树脂 +35％的铁粉 +17.5％的硅铁粉），在 80~100℃下软化或液化，将焊剂黏结在一起，升高到 250℃，树脂固化，形成具有一定刚性的板条，利用这种板条承托熔池。

　　热固化焊剂垫需要用磁铁夹具固定到工件底部，其安装使用方法见图 2-54。热固化焊剂垫由热固化焊剂板条、双面粘贴带、玻璃纤维带、热收缩薄膜和石棉布等组成，典型构造如图 2-55 所示。双面粘贴带用来使衬垫紧贴焊件；热收缩薄膜使衬垫保持预定形状，防止内部组成物移动，并防止受潮；玻璃纤维带使表面柔软，便于与不十分平整的接缝背面贴合；热固化焊剂板条起承托作用；石棉布作为耐火材料保护焊剂垫；弹性垫用瓦楞纸或较硬的石棉板制成，用来使压力均匀化。

　　用热固化焊剂垫成形法进行单面焊双面成形焊接时，为了提高焊接效率，坡口中可堆敷一定厚度的金属粉末。

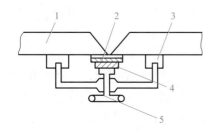

图 2-54　热固化焊剂垫的安装方法

1—焊件；2—热固化焊剂垫；3—磁铁；

4—托板；5—调节螺钉

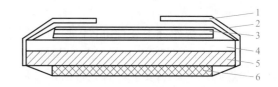

图 2-55　热固化焊剂垫的结构

1—双面粘贴带；2—热收缩薄膜；3—玻璃纤维带；

4—热固化焊剂板条；5—石棉布；6—弹性垫

⑤ 其他成形方法。如果焊件结构允许焊后保留永久性垫板，则可采用永久性垫板进行单面焊。永久性钢垫板的尺寸如表 2-23 所示。垫板与工件背面间的间隙不得超过 $0.5 \sim 1mm$。

表 2-23　对接用的永久性钢垫板尺寸

板厚 δ/mm	垫板厚度 /mm	垫板宽度 /mm
$2 \sim 6$	0.5δ	$4\delta+5$
$6 \sim 10$	$(0.3 \sim 0.4)\delta$	

对于厚度不等的工件，还可采用锁底接头法进行焊接，如图 2-56 所示。这种方法常用于小直径厚壁圆筒形工件的环缝焊接。

2）双面焊

双面焊适用于厚度为 $10 \sim 40mm$ 工件的焊接，根据成形方式可分为悬空法和衬垫成形法两种。

① 悬空法。利用悬空法焊接时，工件背面不加衬

图 2-56　锁底接头法

垫，不需要任何辅助设备和装置。为防止液态金属从间隙中流失或烧穿，要求严格控制间隙，装配时一般不留间隙或间隙 ≤ 1mm。正面的焊接电流应较小，使熔深小于焊件厚度的一半；翻转工件后焊反面时，为保证焊透，应适当增大焊接电流，保证熔深达到焊件厚度的 $60\% \sim 70\%$。

② 衬垫成形法。焊前应根据工件厚度预留一定间隙或开 V 形或 X 形坡口，以保证焊剂充分进入到间隙中。

焊正面焊缝时，可采用焊剂垫或临时工艺垫板，以防止烧穿或焊漏。工艺参数必须保证使熔深大于工件厚度的 $60\% \sim 70\%$。焊反面前应首先挑焊根，采用与正面相同的焊接线能量或稍小的焊接线能量进行焊接。

采用焊剂垫法时，要求工件下面的焊剂在整个焊缝长度上与工件紧密贴合，并且压力均匀。若背面的焊剂过松，会引起漏渣或液态金属下淌。焊前最好将间隙或坡口均匀塞填焊剂，然后施焊，这样可减少产生夹渣的可能性，并可改善焊缝成形。

采用临时工艺垫板法时，焊接反面前，需去除临时工艺垫板并挑焊根后再进行焊接。

（2）平板角接

角接焊缝有两种焊接方法：平角焊及船形焊。平角焊时，两个工件中有一个位于水平位

置，而熔池不在水平位置。船形焊时，熔池位于水平位置。船形焊具有较好的工艺性能，因此，应尽可能利用该方法焊接角焊缝。

1）船形焊

船形焊时，焊丝处于竖直位置，熔池处于水平位置，如图 2-57 所示，这种焊接方法最有利于焊缝成形，不易产生咬边或满溢等缺陷。而且可通过调整工件的倾斜角度来控制腹板和翼板的焊脚尺寸。当要求焊脚相等时，应使两个工件与垂直位置均成45°。船形焊的工艺要求如下：

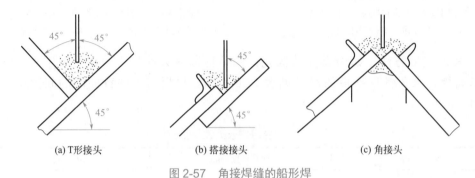

| (a) T形接头 | (b) 搭接接头 | (c) 角接头 |

图 2-57　角接焊缝的船形焊

① 将间隙尺寸控制在 1.5mm 以下，否则易出现烧穿或焊漏现象。如果无法控制间隙，则应采用适当的防漏措施。如图 2-58 所示。

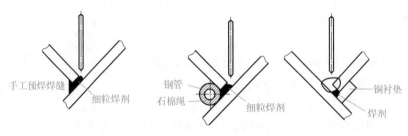

图 2-58　船形焊的防漏措施

② 电弧电压不宜太高，以免产生咬边。

2）平角焊

当工件不能反转至船形位置时，必须采用平角焊法，如图 2-59 所示。这种方法的优点是对间隙不敏感，缺点是对单道焊焊脚及焊丝位置要求很严格。该方法的工艺要求如下：

① 单道焊焊脚不得大于 8mm，以防止咬边。当要求焊脚大于 8mm 时，应根据焊脚尺寸采用多层焊或多层多道焊，如图 2-60 所示，从下向上进行焊接。

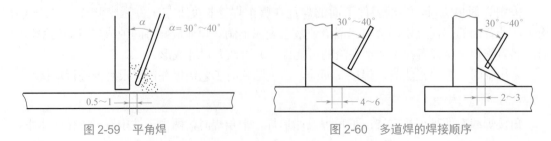

图 2-59　平角焊　　　　　　　　图 2-60　多道焊的焊接顺序

② 焊丝偏角 α（如图 2-59）应适当，一般应在 30°～ 40°，否则易产生咬边及腹板未焊合缺陷。

③ 电弧电压不宜太高，以防熔渣流溢。

（3）环缝焊接工艺及技术

锅炉及压力容器上的筒节与筒节以及筒节与封头间的对接环缝，通常采用悬臂式埋弧焊机进行焊接。焊接时焊头固定，通过筒体在滚轮架上转动来完成整条焊缝的焊接。一般采用双面焊。

环缝双面焊时通常先焊内环缝，采用如图 2-61（a）所示的焊剂垫。焊剂垫由焊剂、滚轮和撑托焊剂的皮带组成，利用圆筒形工件与焊剂间的摩擦力带动皮带，不断向焊缝背面添加新焊剂。焊好内环缝后，先刨焊根再焊外环缝。外环缝焊接时无需采用衬垫。

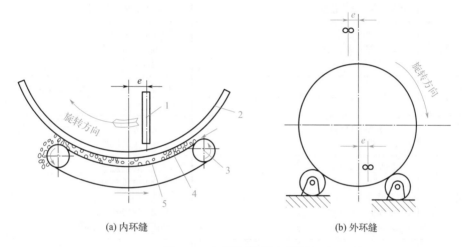

(a) 内环缝　　　　　　　　　　　　(b) 外环缝

图 2-61　环缝埋弧焊示意图

1—焊丝；2—筒体；3—滚轮；4—焊剂；5—传送带（皮带）

由于在焊接过程中熔池的位置不断发生变化，为了防止熔池金属的流溢，保证焊缝成形，内环缝焊接时，焊丝应逆着转到方向偏离 6 点位置一段距离，如图 2-61（a）；外环缝焊接时，焊丝需要逆着工件转到方向偏离 12 点位置一定的距离，如图 2-61（b）。这个距离叫偏移量，一般用 e 表示。其大小应能保证使熔池在旋转到水平位置时凝固成焊缝，以防止熔池金属流溢。

偏移量的大小应根据工件的直径、焊接速度、工件转速及工件厚度来选择。工件的直径越大，焊接速度越大，偏移量也应越大。表 2-24 给出了焊丝偏移量的参考值。应注意的是，对厚壁圆筒形工件进行多层焊时，虽然滚轮架的速度不变，但随着焊缝厚度的增加，焊内环缝时焊速逐层减小，因此应逐层减小偏移量；焊外环缝时，焊速逐层递增，因此应逐层加大偏移量。

表 2-24　焊丝偏移量参考值

筒体直径 /mm	800 ～ 1000	1000 ～ 1500	1500 ～ 2000	2000 ～ 3000
偏移量 e/mm	20 ～ 50	30	35	40

2.6 埋弧焊常见缺陷及防止措施

常见的埋弧焊焊接缺陷有焊缝成形不良、未焊透、咬边、气孔、未熔合、裂纹、夹渣等，其产生原因及预防措施见表 2-25。

表 2-25 埋弧焊常见缺陷、产生原因及预防措施

缺陷类型	产生原因	预防措施
余高过大或过小	① 焊接电流过大或过小 ② 电弧电压过低或过高 ③ 焊接速度过慢或过快 ④ 干伸长度过大 ⑤ 装配间隙不合适 ⑥ 焊件非水平位置	① 调整焊接电流 ② 调整电弧电压 ③ 调整焊接速度 ④ 减小干伸长度 ⑤ 调整装配间隙 ⑥ 将焊件放到水平位置
焊缝金属满溢	① 焊接速度过慢 ② 焊接电流过大 ③ 电弧电压太低	① 提高焊接速度 ② 降低焊接电流 ③ 提高电弧电压
焊缝中间凸起，两边凹陷	焊剂圈太低，焊接过程中将部分液态熔渣刮走	提高焊剂圈高度，使焊剂覆盖高度达到 30 ～ 40mm
焊缝不直	① 导电嘴孔磨损严重 ② 干伸长度过大	① 更换导电嘴 ② 减小干伸长度
咬边	① 焊接速度过大 ② 电弧电压过高 ③ 焊剂垫与工件间隙过大 ④ 焊接电流过大 ⑤ 焊丝位置或角度不合适	① 降低焊接速度 ② 降低电弧电压 ③ 减小间隙 ④ 减小焊接电流 ⑤ 调整焊丝位置或角度
夹渣	① 焊件倾斜，熔渣流到熔池前方 ② 多层焊时，焊丝离坡口面的距离过小，出现咬边现象 ③ 多层焊时，层间清渣不干净 ④ 焊接电流过小 ⑤ 焊丝对中位置不对，多层焊焊道形状不好，表面不平	① 将工件放到水平位置 ② 调整好焊丝与坡口间间距离 ③ 加强层间清渣 ④ 提高焊接电流 ⑤ 调整焊丝对中位置及焊接工艺参数
未焊透或未熔合	① 焊接电流过小 ② 焊接速度过快 ③ 装配间隙过小 ④ 焊丝未对准坡口中线，电弧偏向一边	① 提高焊接电流 ② 降低焊接速度 ③ 加大装配间隙 ④ 调整焊丝对中位置，使电弧对准间隙中心
烧穿	① 焊接电流过大 ② 焊接速度过低 ③ 装配间隙过大 ④ 焊剂垫过松	① 降低焊接电流 ② 提高焊接速度 ③ 减小装配间隙 ④ 使焊剂垫与工件贴合紧密
气孔	① 焊接区未清理干净 ② 焊剂潮湿 ③ 焊剂中混有脏物 ④ 焊剂层过薄或焊剂斗阻塞送不出焊剂 ⑤ 焊丝过脏 ⑥ 电弧电压过高	① 加强焊前清理 ② 按要求烘干焊剂 ③ 去除焊剂中的脏物 ④ 将焊剂圈高度提高至 30 ～ 40mm，确保焊剂正常输送 ⑤ 清理焊丝 ⑥ 降低电弧电压

续表

缺陷类型	产生原因	预防措施
裂纹	① 焊丝、焊剂选择不当 ② 焊后冷却速度过大，热影响区产生淬硬组织 ③ 焊接工艺参数不合适，焊缝成形系数过小 ④ 焊后未进行热处理或处理方法不合适	① 选择合适的焊丝与焊剂，焊前进行预处理 ② 加大线能量或焊前预热 ③ 减小焊接电流、提高电弧电压，将焊缝成形系数控制在 1～2 ④ 进行正确的焊后热处理
麻点	① 焊接区未清理干净 ② 焊剂过潮 ③ 焊剂过厚	① 加强焊前清理 ② 烘干焊剂 ③ 将焊剂铺敷高度降低到 40mm 以下
焊缝表面粗糙	① 焊剂过厚 ② 焊剂粒度不合适	① 将焊剂铺敷高度降低到 40mm 以下 ② 根据焊接电流选择正确的焊剂粒度

2.7　高效埋弧焊焊接方法及工艺

2.7.1　双丝及多丝埋弧焊

（1）双丝及多丝埋弧焊的分类、特点及应用

1）分类

利用两根或多根焊丝产生的两个或多个电弧同时焊接一条焊缝的埋弧焊方法称为双丝或多丝埋弧焊。根据使用的焊丝数量，多丝埋弧焊可分为三丝埋弧焊、四丝埋弧焊等等。目前工业上最常用的为双丝埋弧焊，三丝埋弧焊也有较多的应用。因此，本节主要介绍双丝埋弧焊。

根据焊丝的排列方式，双丝埋弧焊分为横列双丝埋弧焊和纵列双丝埋弧焊，如图 2-62 所示。

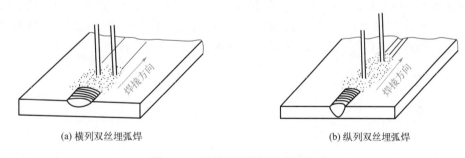

(a) 横列双丝埋弧焊　　　　　　　　　　　　(b) 纵列双丝埋弧焊

图 2-62　双丝埋弧焊焊丝排列方式

两根焊丝沿着焊接方向并列前进的埋弧焊称为横列双丝埋弧焊或并列双丝埋弧焊，如图 2-62（a）所示。这种方法的特点是熔宽较大，适合于表面堆焊。用于普通焊接时，焊丝间距的可调范围很窄，如果两个焊丝之间的间距过小，两个电弧形成一个熔池，焊道表面不均匀，容易产生咬边；如果两根焊丝之间的间距过大，熔宽大熔深浅，容易产生未焊透和咬边。因此，横列双丝埋弧焊很少用于焊接，一般用于表面耐磨或耐蚀堆焊。

两根焊丝沿着焊接方向一前一后排列的埋弧焊称为纵列双丝埋弧焊，如图 2-62（b）所

示。前面的焊丝称为前丝或前电极，后面的焊丝称为后丝或后电极。纵列双丝埋弧焊适合于进行高速埋弧焊，是目前应用最广泛的双丝埋弧焊方法。除非特别说明，本节中提到的双丝埋弧焊均指纵列双丝埋弧焊。

2）双丝埋弧焊的优点

① 双丝埋弧焊适合于大电流高速焊。单丝埋弧焊采用大电流高速焊时极易出现咬边、未熔合和驼峰等缺陷。而双丝埋弧焊采用更大的电流和速度时也可通过合适匹配两根焊丝的焊接参数来避免上述缺陷，改善焊缝成形，提高焊缝质量。

② 双丝埋弧焊的熔池体积大、熔池存在时间长，冶金反应更充分，既有利于气体逸出，又有利于焊缝的合金化和微量元素的扩散，因此焊缝气孔敏感性低，力学性能好。

3）双丝埋弧焊的应用

双丝埋弧焊具有良好的焊接质量和极高的焊接生产率，目前已广泛用于钢管、大型钢结构、容器及船舶制造等行业。可焊接单丝埋弧焊能焊接的所有材料。

（2）双丝埋弧焊设备

双丝埋弧焊一般采用两台电源，每根焊丝都有各自的弧焊电源、送丝机、导电嘴。两台电源可以是直流＋直流，也可以是直流＋交流。采用这种配置方式时，双丝埋弧焊的调节参数显著增多，例如，丝间距、前后丝倾斜角、前后丝的电流种类及极性、前后丝的电流和电弧电压等，这样焊接工艺参数调节方便，易于得到良好的焊缝成形。

一般情况下，前电极由直流电源供电，采用较大的焊接电流和较低的电弧电压，充分发挥直流电弧的穿透力，获得较大熔深；后电极由直流电源或交流电源供电，采用相对较小的焊接电流和较高的电弧电压，保证较大的熔宽，并消除前电极大电流可能会导致的熔化金属堆积过高、咬边、未熔合和气孔等缺陷，获得最高的焊接速度和最理想的焊缝成形。

双丝埋弧焊也可采用一台电源。这种情况下，电源的连接方式有两种，如图 2-63 所示。图 2-63（a）为并联接法，两根焊丝从各自的焊丝盘输送到同一个焊接机头中，两根焊丝靠得很近，形成一个熔池，这种方法的熔敷率比一般单丝焊提高 40%，焊接速度比单丝焊提高 25%；同样焊接速度下可降低热输入，减小焊接变形，适合于焊接热敏感性高的材料。图 2-63（b）为串联接法，串联接法通常用两个焊接机头，分别接电源的正负两个电极，电弧在两根焊丝之间产生，因此具有熔深浅、稀释率低、熔敷速度大的特点，特别适合于堆焊。

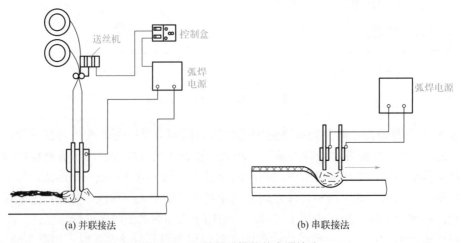

(a) 并联接法　　　　　　　　　　(b) 串联接法

图 2-63　双丝埋弧焊的单电源接法

（3）双丝埋弧焊工艺

双丝埋弧焊工艺参数除了各个焊丝的焊接电流、电弧电压、焊接速度等外，还有双丝间距、焊丝倾斜角等。

① 双丝间距及倾斜角。图 2-64 示出了双丝焊时焊丝布置情况。前丝一般采取后倾（焊丝端部指向已焊部分），后倾角度控制在 $0°\sim5°$；后丝一般采用前倾（焊丝端部指向待焊部分），角度控制在 $5°\sim25°$。无论是纵列双丝埋弧焊还是横列双丝埋弧焊，两根焊丝的间距对焊接工艺过程影响均较大。

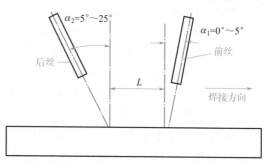

图 2-64　焊丝的布置

纵列双丝埋弧焊焊丝间距对熔池形态的影响见图 2-65。两丝间距小于 10mm 时，两根焊丝产生的两电弧形成一个熔池和一个弧坑［如图 2-65（a）所示］；由于距离较近，两个电弧的磁场相互干扰严重，致使电弧不稳定，焊缝成形差。当两丝间距在 $10\sim30$mm 时，两根焊丝产生的两电弧仍形成一个熔池和一个弧坑［如图 2-65（b）所示］；电弧之间的电磁相互作用较小，熔池波动较小，焊缝成形良好；这是最佳焊丝间距。当两丝间距在 $35\sim50$mm 时，两个电弧形成一个熔池两个弧坑，熔池中心液态金属凸起［如图 2-65（c）所示］，该凸起使电弧稳定性变差，尤其是采用双直流电源时，因此焊缝成形不如焊丝间距为 $10\sim30$mm 时。焊丝间距为 $50\sim100$mm 时，形成两个独立的熔池［如图 2-65（d）所示］，电弧之间的相互作用较小，焊缝成形良好。两丝间距大于 100mm 时，两个熔池间距过大，后丝熔池不能充分利用前丝焊缝的高温，两个熔池之间几乎无相互作用。这样，后丝熔池就不能消除前丝焊缝产生的咬边、未熔合、夹渣及驼峰等缺陷。工程上常用的焊丝间距为 $10\sim30$mm，或者为 $50\sim100$mm。

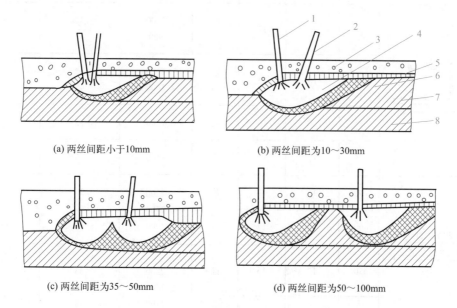

(a) 两丝间距小于10mm　　　　　　(b) 两丝间距为10～30mm

(c) 两丝间距为35～50mm　　　　　　(d) 两丝间距为50～100mm

图 2-65　纵列双丝埋弧焊焊丝间距对熔池形态的影响

1，2—焊丝；3—焊剂；4—电弧空腔；5—渣壳；6—熔池；7—焊缝；8—母材

② 电流的种类及极性。当焊丝间距为 10 ～ 30mm 时，一般采用 DCRP+AC 配置（即前丝电弧采用直流反接，后丝电弧采用交流），也可采用 AC+AC 配置（即两个电弧均采用交流）。这两种配置方法可防止两个电弧之间的电磁相互作用，改善焊缝成形。当焊丝间距为 50 ～ 100mm 时，可采用 DCRP+AC 配置和 AC+AC 配置，也可采用 DCRP+DCRP 配置（即两个电弧均采用直流反接）。

③ 焊接电流和电弧电压。每个电弧通常采用不同的焊接电流及电弧电压，前丝电弧采用较大的电流及较小的电压，目的在于保证足够的熔深；后丝电弧采用较小的电流及较大的电压，目的在于使焊缝具有适当的熔宽，改善焊缝成形，防止焊接缺陷。

④ 焊丝直径和干伸长度。两根焊丝可采用不同的直径，通常前丝直径大于后丝直径。后丝干伸长度一般不小于前丝。

坡口可采用小角度坡口，也可采用大角度坡口。表 2-26 给出了大角度坡口双丝和三丝埋弧焊的典型焊接工艺参数。表 2-27 给出了小角度坡口双丝和三丝埋弧焊的典型焊接工艺参数。表 2-28 给出了非全熔透角焊缝双丝埋弧焊的典型焊接参数。表 2-29 给出了全熔透角焊缝双丝埋弧焊的典型焊接参数。

表 2-26　大角度坡口双丝及三丝埋弧焊的焊接工艺参数

板厚 /mm	焊丝数	坡口			焊接参数			
		α /(°)	h_1 /mm	h_2 /mm	焊丝	焊接电流 /A	电弧电压 /V	焊接速度 /(cm·min^{-1})
20		90	8	12	前 后	1400 900	32 45	60
25	双丝	90	10	15	前 后	1600 1000	32 45	60
32		75	16	16	前	1800	33	50
35		75	17	18	后	1100	45	43
20		90	11	9	前 中 后	2200 1300 1000	30 40 45	110
25	三丝	90	12	13				95
32		70	17	15	前 中 后	2200 1400 1100	33 40 45	70
50		60	30	20				40

表2-27 小角度坡口双丝及三丝埋弧焊的典型焊接工艺参数

成形方法	焊丝数	焊道数	板厚与坡口形状 /mm	焊丝位置	焊丝直径 /mm	焊接电流 /A	电弧电压 /V	焊丝间距 /mm	焊接速度 /(cm·min⁻¹)	备注
焊剂-铜衬垫法	2	1	50° 20 3	前丝	4.8	1170	38	110	52	前丝后倾13°、交流
				后丝	4.8	870	43			后丝交流
	3	1	45° 32 6	前丝	4.8	1400	35	前丝与中丝35,中丝与后丝为110	43	前丝后倾15°、交流
				中丝	6.4	1170	42			中丝交流
				后丝	6.4	1230	48			后丝交流
焊剂垫法	2	1	60° 16 3	前丝	4.8	900	28	110	40	前丝后倾10°、直流反接
				后丝	6.4	1720	38			后丝交流
	3	1	40° 32 5	前丝	4.8	1400	28	前丝与中丝为80,中丝与后丝100	55	前丝后倾10°、直流反接
				中丝	6.4	1200	40			中丝前倾4°、交流
				后丝	6.4	1250	50			后丝前倾5°、交流
热固化焊剂垫法	2	1	50° 25 2~3		4.8	960	35	70	23	前、后丝用交流电
					6.4	840	38			

表2-28 非全熔透角焊缝双丝埋弧焊的典型焊接参数（前丝直流反接，后丝交流）

腹板厚度/mm	焊接位置及焊丝倾角示意图	焊丝位置	焊丝直径/mm	焊接电流/A	电弧电压/V	焊丝间距/mm	焊接速度/(cm·min⁻¹)	电极倾斜角度	焊丝干伸长度/mm	焊脚尺寸/mm
8		前丝	4.8	750	28	16	170	0	25	6.5
		后丝	4.8	550	30			12	25	
10		前丝	4.8	825	30	16	127	0	32	8
		后丝	4.8	600	33			12	32	
12		前丝	4.8	900	32	19	100	0	38	10
		后丝	4.8	700	34			12	38	
16		前丝	4.8	1075	34	19	74	0	45	13
		后丝	4.8	750	36			12	45	
18		前丝	4.8	1100	37	19	54	0	50	16
		后丝	4.8	850	39			12	50	
24		前丝	4.8	1100	37	22	37	0	50	19
		后丝	4.8	850	39			12	50	

表2-29 全熔透焊角缝双丝埋弧焊的典型焊接参数（前丝直流反接，后丝交流）

腹板厚度/mm	焊接位置及焊丝倾角示意图	焊丝位置	焊丝直径/mm	焊接工艺参数						焊脚尺寸/mm
				焊接电流/A	电弧电压/V	焊丝间距/mm	焊接速度/(cm·min⁻¹)	电极倾斜角度	焊丝干伸长度/mm	
10		前丝	4.8	850	30	16	127	0	25	6.5
		后丝	4.8	575	32			15	25	
12		前丝	4.8	950	32	19	102	0	32	8
		后丝	4.8	650	33			15	32	
14		前丝	4.8	1000	33	19	90	0	38	10
		后丝	4.8	700	34			12	38	
16		前丝	4.8	1025	34	19	76.2	0	45	11
		后丝	4.8	750	36			12	45	
18		前丝	4.8	1075	36	19	61	0	50	14
		后丝	4.8	850	38			12	50	
22		前丝	4.8	1100	37	22	45	0	50	16
		后丝	4.8	850	39			10	50	

2.7.2 窄间隙埋弧焊

窄间隙焊接是指利用间隙较窄的 I 形坡口代替 V 形、双 V 形、U 形或双 U 形等坡口进行焊接的一种方法。根据焊接方法的不同，有窄间隙埋弧焊（SAW-NG）、窄间隙熔化极气体保护焊（GMAW-NG）、窄间隙钨极气体保护焊（GTAW-NG）等多种形式。窄间隙埋弧焊（SAW-NG）坡口角度一般为 0°～5°，坡口宽度为 20～30mm，通常选用直径为 3mm 左右的焊丝。

（1）窄间隙埋弧焊的特点及应用

1）SAW-NG 的特点

窄间隙埋弧焊的优点是：

① 由于采用窄间隙，焊接厚板接头时无需采用 U 形或双 U 形坡口，因而大大节省了填充金属。

② 在窄而深的坡口中进行多层焊，热输入较低，因而减小了残余应力及工件变形，还可防止再热裂纹。

③ 由于采用了多层焊，后续焊道对前一焊道具有很好的回火作用，加之每层的厚度较薄，因此，焊缝金属及热影响区的晶粒细小，韧性好。

④ 板厚大于 50mm，窄间隙埋弧焊的生产率、生产成本等经济指标超过埋弧焊。

⑤ 与窄间隙气体保护焊相比，窄间隙埋弧焊的焊丝较粗，电弧较大，对跟踪控制系统的精度要求较低，因此不易产生未焊透及夹渣等缺陷。

与普通埋弧焊相比，窄间隙埋弧焊的缺点是：

① 对装配质量要求高，需要保证精确的焊丝位置。

② 要求焊剂具有很好的脱渣性。

③ 对于焊接缺陷，难以进行修补。

2）SAW-NG 的技术要点

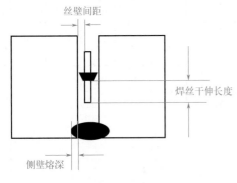

图 2-66 窄间隙埋弧焊焊丝位置示意图

① 每层焊道均要求良好的侧壁焊透，因此需要保证精确的焊丝位置，如图 2-66 所示。丝壁间距（焊丝端部与侧壁之间的距离）应保持适当的值，并且焊丝干伸长度也应适当。这就要求焊机应配有横向及高度方向的跟踪系统，以保证焊丝的精确定位。

钢板厚度方向（Z 轴）及间隙宽度方向（Y 轴）均应装有传感器，通常采用接触式机械 - 电气传感器。Z 向传感器的作用是：①控制并保持焊丝的干伸长度，稳定焊接参数；②控制导电嘴从坡口一侧摆向另一侧所用的时间；③通过速度反馈控制使焊接速度始终保持稳定。

Y 向传感器的作用是控制导电嘴与侧壁的距离，并使之保持不变，以保证均一的侧壁焊透并避免咬边和夹渣。

② 由于 SAW-NG 是在很窄的间隙中进行多层焊，因此脱渣是一个重要问题，一般要求焊剂须有良好的脱渣性。

③ 焊接过程中，如发现缺陷，应及时利用合适的方法磨掉，并进行修补。

3）窄间隙埋弧焊的应用

目前，窄间隙埋弧焊主要用于厚壁容器、厚壁管道、重型机械厚板构件等大型焊接结构和重要焊接结构的焊接。也用于背面不可达或反转困难的大厚度工件或厚壁工件的焊接。

（2）窄间隙埋弧焊设备

窄间隙埋弧焊可使用普通埋弧焊的弧焊电源，焊接机头和导电嘴必须采用扁平结构，便于插入到窄间隙中。焊嘴表面应涂以绝缘层，防止因偶然与焊件接触而烧坏。为连续完成整个接头的焊接，焊头应具有随焊层增加而自动提升的功能；焊枪导电嘴应随焊道的切换而自动偏转。

窄间隙埋弧焊机有单丝、双丝两种配置方式，一般采用微机控制，可实现焊接电流、电弧电压及焊接速度的闭环控制。焊机通常还配有横向自动跟踪、高度自动跟踪、焊接参数自动存储打印、焊接参数超差自动报警等功能。

（3）窄间隙埋弧焊工艺

1）坡口尺寸

一般开 0°～5° 的坡口。坡口的关键尺寸是坡口宽度，通常根据焊件的厚度、焊丝直径、焊剂的脱渣难易程度以及焊件的结晶裂纹敏感性来确定。焊件厚度越大，焊丝直径越大，脱渣越难，结晶裂纹敏感性越大，则坡口宽度应适当增大。而且要求坡口宽度具有良好的精度。在焊缝全长范围内，坡口宽度的误差应不超过 3mm，否则将很难保证焊缝质量。

窄间隙埋弧焊常用的几种坡口形式见图 2-67。图 2-67（a）为带永久衬垫的坡口，图 2-67（b）为带陶瓷衬垫的坡口，这两种坡口形式适合于平板对接。图 2-67（c）和图 2-67（d）所示的坡口形式适合于容器的窄间隙焊接。

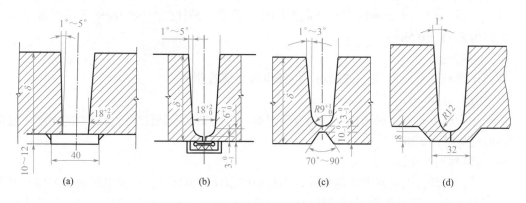

图 2-67 窄间隙埋弧焊常用的几种坡口形式

2）窄间隙埋弧焊工艺方案

窄间隙埋弧焊工艺方案有 3 种，如图 2-68 所示。图 2-68（a）为每层一道焊缝，适用于板厚为 70～150mm 的工件。该方案有省时省料的特点，但必须严格控制坡口精度和焊接工艺参数。由于单道焊根部容易产生热裂纹，因此当焊接含碳量较高的钢材时，应该采用较低的焊接电流和速度，从而获得较大的成形系数，减小裂纹倾向。

图 2-68（b）为每层两道焊缝，适用于板厚为 150～300mm 的工件。该方案的特点是，

易焊透，焊渣易清除，工艺参数允许范围大。由于线能量小，用这种方案焊接的焊缝具有良好的韧性。

图 2-68（c）为每层三道焊缝，适用于板厚大于 300mm 的工件。

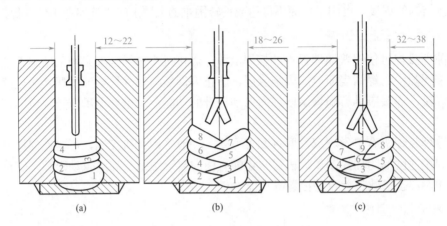

图 2-68　窄间隙埋弧焊工艺方案

3）焊丝直径

焊丝直径通常根据板厚来选择，板厚小，选择的焊丝直径也应较小。

4）电弧电压

电弧电压一般取 25 ～ 35V，若小于 25V，焊缝上凸严重，易引起焊道间未焊透缺陷；若大于 35V，易产生咬边及夹渣，且清渣困难。

5）丝壁间距

丝壁间距（焊丝端部与侧壁之间的距离）是影响焊缝质量和性能的一项重要参数，它决定了侧壁熔深、焊接热影响区大小及晶粒尺寸。通常，最佳的丝壁间距等于所用焊丝的直径，允许偏差为 ±0.5mm。

6）干伸长度

焊丝干伸长度常取为 50 ～ 75mm，以获得较高熔敷速率。

7）焊剂

应采用颗粒度较细、脱渣性很好的专用焊剂。为满足高强韧性焊缝金属性能要求，通常采用高碱度烧结型焊剂。

8）电流种类及极性

在窄坡口内焊接时极易产生磁偏吹，为避免磁偏吹，通常采用交流电弧而不采用直流电弧。对于双丝窄间隙埋弧焊，可采用 AC（交流）+AC（交流）匹配方式，也可采用 DCRP（直流反接）+AC（交流）匹配方式。

典型的窄间隙自动埋弧焊工艺参数见表 2-30。

表 2-30　典型窄间隙自动埋弧焊工艺参数

方法	焊道数	焊丝数	焊接电流 /A	焊接电压 /V	焊接速度 /(cm·min^{-1})	线能量 /(kJ·cm^{-1})
中心单道焊	1	单丝	500	33	30	33.0
	≥2		500 ～ 550	33 ～ 34	25 ～ 30	33.0 ～ 44.9

续表

方法	焊道数	焊丝数		焊接电流/A	焊接电压/V	焊接速度/(cm·min⁻¹)	线能量/(kJ·cm⁻¹)
中心单道焊	≥2	双丝	前丝	500	26	40～50	31.2～42.9
			后丝	500	26	40～50	31.2～42.9
每层双道焊	1.2	单丝		500	27	25	32.4
	≥2	双丝	前丝	550	29	50	36.9
			后丝	550	27	50	36.9

2.7.3　带极埋弧焊

（1）带极埋弧焊的特点及应用

带极埋弧焊利用矩形截面钢带代替圆截面焊丝作电极。焊接过程中，电弧的弧根沿带极的宽度方向做快速往返运动，均匀加热带极和带极下面的母材，带极熔化并过渡到熔池中，凝固后形成焊缝，如图 2-69 所示。带极较宽的带极埋弧焊用于埋弧堆焊，带极较窄的则用于埋弧焊接。

1）带极埋弧焊的特点

① 带极埋弧焊可采用比圆截面焊丝更大的电流，因此熔敷速度大，效率高。采用圆截面焊丝时，如果采用很大的电流，则焊缝熔深增加、熔宽减小，焊缝的形状系数减小，易导致裂纹、咬边等缺陷。采用带极时，因电弧的加热宽度增大，即使采用更大的焊接电流，焊缝的形状系数仍然较高，焊缝抗裂纹能力较强。

② 电弧的加热宽度增大，熔深浅，稀释率低，特别适合于堆焊。

③ 带极埋弧焊对气孔和裂纹的敏感性显著低于丝极埋弧焊。

④ 易于控制焊缝成形。带极焊接时，由于熔化的钢带金属的流动方向与电极宽度方向呈直角，如图 2-70 所示，将电极偏转一个较小的角度，就可使焊道产生较大的位移。因此可方便地控制焊道的形状和熔深。在坡口中进行多层焊时，交替地、对称地改变电极偏转角，就可获得均匀分布的焊道。

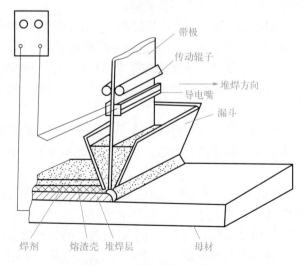

图 2-69　带极堆焊示意图

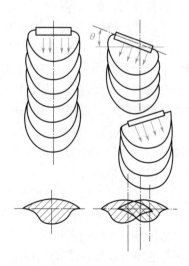

图 2-70　熔化带极金属的流动方向

2）带极埋弧焊的应用

带极埋弧焊主要用于低碳钢和低合金钢的耐磨层和耐蚀层的堆焊，也可用于低碳钢、低合金钢坡口焊缝和角焊缝的焊接。

（2）带极埋弧焊设备

带极埋弧焊机和丝极埋弧焊机的主要区别是送丝机构变为送带机构，另外导电嘴也需要做适当的调整。图2-71为典型国产带极埋弧焊小车的结构。带极埋弧焊机可使用交流电源，也可使用直流电源。采用交流的优点是磁偏吹小，但使用正弦波交流电源时，电弧不太稳定，因此最好使用方波交流电源。

图2-71 带极埋弧焊小车

（3）带极埋弧焊工艺

1）带极埋弧堆焊工艺

① 带极厚度。带极厚度一般控制在0.4～1.0mm的范围内，其他参数一定，带极厚度增大时，熔深增大，熔宽减小。

② 带极宽度。常用的带极宽度为25～150mm。其他参数一定时，带极宽度越大，熔深越小，熔宽越大。

③ 焊接电流。电流大小要与带极宽度相匹配，带极宽度增大，焊接电流也应增大。带极宽度一定时，电流减小，熔深减小。堆焊时总是希望熔深小一些，因此尽量采用较小的焊接电流，但电流过小时，熔合线附近会出现未熔合和夹渣缺陷。

④ 电弧电压。带极埋弧堆焊时，电弧电压通常选择为25V左右。电弧电压过高，边缘带会产生不规则的凸起，难以彻底脱渣；电弧电压较低时，易导致夹渣，且易产生中间低两侧高的弧形焊道。

⑤ 焊接速度。焊接速度通常根据所需的堆焊层厚度来选择。随着焊接速度的增大，堆焊层厚度减小。每层堆焊层厚度应控制在3～5.5mm，以3.5～4.5mm为最佳。

⑥ 焊接位置。最好采用轻微上坡焊（角度控制在1°～5°左右），如果倾斜角过大，则焊道容易凸起，而且容易产生咬边。下坡焊则易于产生熔合不良缺陷。

⑦ 堆焊材料的选择。带极堆焊通常采用烧结焊剂，因为这类焊剂可大量添加所需的合金元素；带极材料要根据堆焊层成分要求来选择。堆焊时，可通过焊接线能量来调节熔深，但由于线能量太小时，电弧不稳定，因此仅靠降低线能量来减小熔深并不是很有效。焊剂的成分对带极的熔化速度、焊缝的几何形状及成分具有重要的影响。实验证明，当焊剂中的氧化铁含量降低时，带极的熔化速度增大，熔深减小。

⑧ 焊剂堆高。焊剂堆高决定了对熔池的保护效果，通常选择15～25mm左右，需根据焊接电流大小和带极伸出长度来调整。堆高过大，焊道凸起严重，易产生咬边和夹渣；堆高过小则保护效果不好。

⑨ 焊道搭接量。一般控制在5～15mm范围内。搭接量过小，易在搭接处产生夹渣或凹槽，而且还会使母材熔化量增多，稀释率提高。搭接量过大，易产生咬边。

带极埋弧堆焊过程中，由于焊道宽度大，如果出现磁偏吹，则会导致较大的焊道偏移量和严重的堆焊层厚度不均匀现象。因此防止磁偏吹尤其重要。应尽量采用交流电源；采用直流电源时，工件应在多个部位接地，同时还要防止周围有不对称的铁磁性物质。

表 2-31 给出了典型的不锈钢带极埋弧堆焊的焊接参数。

表 2-31 不锈钢带极埋弧堆焊的焊接参数

带极尺寸 /mm	焊接电流 /A	电弧电压 /V	焊接速度 /(cm·min⁻¹)	带极伸出长度 /mm	焊接位置	焊剂铺撒高度 /mm
25×0.4	350～450	25±3	15～23	30～40	水平或上坡1°	15～25
37.5×0.4	550～650	25±3	15～23	30～40	水平或上坡1°	15～25
50×0.4	750～850	25±3	15～23	30～40	水平或上坡1°	15～25
75×0.4	1200～1300	25±3	15～23	30～40	水平或上坡1°	15～25
150×0.4	2500±50	25±3	15～23	30～40	水平或上坡1°	15～25

2）带极埋弧焊焊接工艺

除了用于堆焊外，带极埋弧焊还可用于碳钢和低合金钢的坡口焊缝和角焊缝的焊接。

① 带极厚度。为了得到较大的熔深，焊接用带极厚度比堆焊用带极厚度要大，一般控制在 1.0～2.0mm。其他参数一定，带极厚度增大时，熔深增大，熔宽减小。

② 带极宽度。为了得到较大的熔深，焊接用带极宽度比堆焊用带极宽度小得多，常用的带极宽度为 8～25mm。其他参数一定时，带极宽度越大，熔深越小，熔宽越大。

③ 焊接电流。电流大小要根据带极尺寸来选择，表 2-32 给出了不同尺寸带极的电流适用范围。

表 2-32 不同尺寸带极的电流适用范围

带极尺寸 /mm	1.2×8	1.2×11	1.2×15	1.2×20	1.2×25
焊接电流 /A	500～800	700～1200	800～1700	1100～2000	1200～2200

④ 电弧电压。带极埋弧焊焊接时，电弧电压通常控制在 30～35V 的范围内。

表 2-33 给出了典型带极埋弧焊焊接参数。

表 2-33 典型带极埋弧焊焊接参数

板厚 /mm	坡口形状及尺寸					焊接 顺序	焊接 电流 /A	电弧 电压 /V	焊接速度 /(cm·min⁻¹)
	坡口示意图		A/mm	N/mm	B/mm				
16	90°		7	4	5	1	1200	32	50
						2	1040	31	55
24			8	8	8	1	1400	33	50
						2	1300	32	50
32	90°		10	12	10	1	1500	34	42
						2	1500	25	42

第 3 章
钨极氩弧焊

钨极氩弧焊是利用燃烧于钨极与工件之间的电弧进行焊接的一种电弧焊方法，简称氩弧焊、TIG 焊或 GTAW。通常利用氩气、氦气或氩＋氦等惰性气体进行保护，因此又称钨极惰性气体保护焊。由于在焊接过程中钨极不熔化，因此又称非熔化极惰性气体保护焊。

3.1 钨极氩弧焊分类、特点及应用

3.1.1 钨极氩弧焊基本原理和分类

（1）基本原理

钨极氩弧焊利用在钨极与焊件之间燃烧的电弧熔化母材金属和填充焊丝，从喷嘴喷出的氩气在电弧及熔池周围形成连续封闭的气流隔离层，保护钨极及熔池不被氧化，焊枪前行后，熔池凝固形成焊缝，如图 3-1 所示。

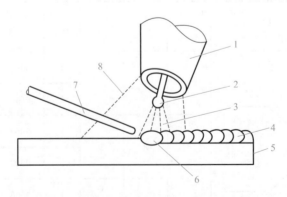

图 3-1　钨极氩弧焊的基本原理图

1—喷嘴；2—钨极；3—电弧；4—焊缝；5—工件；6—熔池；7—焊丝；8—保护气流

（2）钨极氩弧焊的分类

钨极氩弧焊的分类方法有多种。按操作方式分类，可分为手工钨极氩弧焊、半自动钨极氩弧焊和自动钨极氩弧焊等三种。手工钨极氩弧焊时，焊工一手持焊丝，一手持焊枪，边送丝边移动焊枪进行焊接。半自动焊时焊工手持装有送丝导嘴的焊枪进行焊接，焊丝由送丝机送入送丝导嘴，然后送入熔池前部边缘。而自动焊时，焊枪行走也由机械装置拖动。按所用电源类型分类，可分为直流钨极氩弧焊、交流钨极氩弧焊及脉冲钨极氩弧焊三种。

3.1.2 钨极氩弧焊的特点及应用

（1）特点

1）优点

与其他焊接方法相比，钨极氩弧焊具有如下优点：

① 适用面广。几乎可焊接所有金属及合金，适合于各种位置的焊接。

② 焊接过程稳定。氩弧燃烧非常稳定，而且焊接过程中钨棒不熔化，弧长变化干扰因素相对较少，因此焊接过程非常稳定。

③ 焊接质量好。氩气是一种惰性气体，它既不溶于液态金属，又不与金属起任何化学反应；而且氩气容易形成良好的气流隔离层，有效地阻止氧、氮等侵入焊缝金属。

④ 适于薄板焊接、全位置焊接。即使是用几安培的小电流，钨极氩弧仍能稳定燃烧，而且热量相对集中，因此可焊接 0.3mm 厚的薄板；采用脉冲钨极氩弧焊电源，还可进行全位置焊接及不加衬垫的单面焊双面成形焊接。

⑤ 焊接过程易于实现自动化。钨极氩弧焊的电弧是明弧，焊接过程参数稳定，易于检测及控制，是理想的自动化乃至机器人化的焊接方法。

⑥ 焊缝区无熔渣，焊工可清楚地看到熔池和焊缝成形过程。

2）缺点

钨极氩弧焊的缺点如下：

① 抗风能力差。钨极氩弧焊利用气体进行保护，抗侧向风的能力较差。侧向风较小时，可降低喷嘴至工件的距离，同时增大保护气体的流量；侧向风较大时，必须采取防风措施。

② 对工件清理要求较高。由于采用惰性气体进行保护，无冶金脱氧或去氢作用，为了避免气孔、裂纹等缺陷，焊前必须严格去除工件上的油污、铁锈等。

③ 生产率低。由于钨极的载流能力有限，尤其是交流焊时钨极的许用电流更低，致使钨极氩弧焊的熔透能力较低，焊接速度小，焊接生产率低。

（2）钨极氩弧焊的应用

1）材料范围

钨极氩弧焊几乎可焊接所有的金属和合金，但因其成本较高，生产中主要用于焊接不锈钢、耐热钢、有色金属（铝、镁、钛、铜等）及其合金以及重要结构的打底焊焊道。

2）焊接接头和位置范围

TIG 焊主要用于对接、搭接、T 形接、角接等接头的焊接，薄板对接时（≤ 2mm）可采用卷边对接接头。适用于所有焊接位置。

3）板厚范围

可焊的厚度范围见表 3-1，从生产率及成本方面考虑，钨极氩弧焊一般用于厚度 3mm 以下的薄板的焊接及重要结构的打底焊。

表 3-1 钨极氩弧焊适用的板厚范围

厚度/mm	0.13 0.4 1.6 3.2 4.8 6.4 10 12.7 19 25 51 102
不开坡口单道焊	⟵⟶
开坡口单道焊	⟵⟶
开坡口多层焊	⟵------------⟶

这种焊接方法特别适用于对焊接质量要求较高的场合，目前已广泛用于航空、航天、原子能、石油、化工、机械制造、仪表、电子等工业部门中。

3.2 钨极氩弧焊的焊接材料

钨极氩弧焊的焊接材料主要有：保护气体、填充金属和电极材料等。

3.2.1 保护气体

钨极氩弧焊一般采用氩气、氦气、氩氦混合气体或氩氢混合气体作为保护气体。

（1）氩气

氩气是一种无色无味的单原子惰性气体。作为保护气体，它具有如下特点：

① 其密度为空气的 1.4 倍，是氦气的 4 倍，能够很好地覆盖在熔池及电弧的上方，且流动速度较低，因此保护效果比氦气好。

② 由于电离后产生的正离子重量大，动能也大，对阴极斑点的冲击力大，能够很好地去除工件上的氧化膜（这就是所谓的阴极雾化作用），因此，特别适合于焊接铝、镁等活泼金属。

③ 氩气是单原子分子，且具有较低的热导率，对电弧的冷却作用较小，因此电弧稳定性好，电弧电压较低。

④ 成本低，实用性强。

⑤ 与采用氦气时相比，引弧较容易。

焊接过程中通常使用瓶装氩气。氩气瓶的容积为 40L。外面涂成灰色，用绿色漆标以"氩气"二字。满瓶时的压力为 15MPa。

氩气的纯度要求与所焊的材料有关。我国生产的焊接用氩气有 99.99% 及 99.999% 两种纯度，均能满足各种材料的焊接要求，其成分见表 3-2。

表 3-2 国产焊接用氩气的成分　　　　　　　　　　　　　　　　　　　单位：%

氩气纯度	N_2	O_2	H_2	C_nH_m	H_2O
≥99.99	<0.01	<0.015	<0.0005	<0.001	30mg/m³
≥99.999	≤10^{-4}	≤10^{-5}	≤$5×10^{-6}$	10^{-5}	≤$2×10^{-5}$

（2）氦气

氦气也是一种无色无味的单原子惰性气体，其密度比氩气低得多，大约只有空气的1/7，因此焊接时所用的流量通常比氩气高1 ～ 2 倍。

采用氦气保护时，相同电流下，电弧电压较大，如图 3-2 所示。因此，电弧的产热功率大且集中，适合于焊接厚板、高热导率或高熔点金属、热敏感材料及高速焊。其他条件相同时，钨极氦弧焊的焊接速度比钨极氩弧焊的焊接速度高 30% ～ 40%。

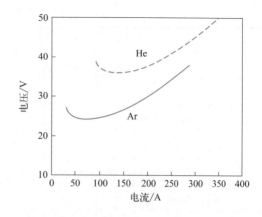

图 3-2　相同弧长下钨极氦弧和钨极氩弧的静特性

氦气的缺点是阴极雾化作用小，价格比氩气高得多。

焊接过程中通常使用瓶装氦气。氦气瓶的容积为 40L。外面涂成灰色，并用绿色漆标以"氦气"二字。满瓶时压力为 14.7MPa。

焊接用氦气的纯度一般要求在 99.8% 以上。我国生产的焊接用氦气的纯度可达99.999%，能满足各种材料的焊接要求，其成分见表 3-3。

表 3-3　国产焊接用氦气（99.999%）的成分

成分	Ne	H_2	O_2+Ar	N_2	CO	CO_2	H_2O
含量 /ppm（0.0001%）	≤ 4.0	≤ 1.0	≤ 1.0	2.0	0.5	0.5	3

（3）氩氦混合气体

氩弧具有电弧稳定、柔和、阴极雾化作用强、价格低廉等优点，而氦弧具有电弧温度高、熔透能力强等优点。采用氩氦混合气体时，电弧兼具氩弧及氦弧的优点，特别适合于对焊缝质量要求很高的场合。采用的混合比一般为：（75% ～ 80%）He+（25% ～ 20%）Ar。

（4）氩氢混合气体

氢气是双原子分子，且具有较高的热导率，因此，采用氩氢混合气体时，可提高电弧的温度，增大熔透能力，提高焊接速度，防止咬边。此外，氢气具有还原作用，可防止 CO 气孔的形成。氩氢混合气体主要用于镍基合金、镍 - 铜合金、不锈钢等的焊接。但氢的含量应控制在 6% 以下，否则易产生氢气孔。

3.2.2　电极材料

电极的作用是导通电流、引燃电弧并维持电弧稳定燃烧。由于焊接过程中要求电极不熔化，因此电极必须具有高的熔点，此外为了保证引弧性能好、焊接过程稳定，还要求电极具有较低的逸出功、较大的许用电流、较小的引燃电压。

钨极氩弧焊使用的电极有：纯钨极、钍钨极、铈钨极、镧钨极等。表 3-4 给出了国产钨极的种类及成分。表 3-5 给出了这些常用钨极材料的电子发射性能。表 3-6 给出了利用不同电极焊接不同材料时所需要的空载电压。

表 3-4　国产钨极的种类及成分

种类和牌号		化学成分 /%						
		ThO$_2$	CeO	SiO$_2$	Fe$_2$O$_3$+Al$_2$O$_3$	CaO	Mo	W
钨	W	—	—					
钍钨	W$_{Th}$-7	0.7 ～ 0.99	—	0.06	0.02	0.01	0.01	余量
	W$_{Th}$-10	1.0 ～ 1.49						
	W$_{Th}$-15	1.5 ～ 2.0						
	W$_{Th}$-30	3.0 ～ 3.5						
铈钨	W$_{Ce}$-5	—	0.5	<0.1				余量
	W$_{Ce}$-13	—	1.3					
	W$_{Ce}$-20	—	2.0					

表 3-5　常用钨极材料的电子发射性能

电极材料		W	Th-W	Zr-W	Ce(La、Y)-W
逸出功 /eV		4.5	2.7	3.1	2.7
饱和热发射电流密度 /(A·cm^{-2})	电极温度 /K				
	1500	2.3×10^{-7}	3×10^{-3}	0.4×10^{-3}	6×10^{-3}
	2000	1.2×10^{-3}	1.2	0.3	2.4
	2500	0.38	51	16.5	102
	3000	16.3	670	280	1340
	3500	274	4450	1970	8900
	3600	453	5740	2900	11480

表 3-6　常用电极材料所需的空载电压

电极种类	电极牌号	所需的空载电压 /V		
		铜	不锈钢	硅钢
纯钨极	W	95	95	95
钍钨极	W$_{Th}$-10 W$_{Th}$-15	40 ～ 65 35	50 ～ 70 40	70 ～ 75 40
铈钨极	W$_{Ce}$-20	—	30 ～ 35	—

① 纯钨极。纯钨极熔点为 3387℃，沸点为 5900℃，是最早使用的一种电极材料。但纯钨极发射电子的电压较高，要求电源具有很高的空载电压。另外，纯钨极电流容量小、易烧损，因此目前基本不用。

② 钍钨极。钍钨极含不超过 3% 的氧化钍，其逸出功比纯钨极显著降低，因此，引弧更容易、阴极压降小、载流能力大、使用寿命长。用于交流电时，其许用电流值比同直径的纯钨极提高 1/3，要求的电源空载电压可大大降低。但钍钨极的粉尘具有微量的放射性，在磨

削电极时，需注意防护。

③铈钨极。铈钨极中含 2% 以下的氧化铈，其逸出功比钍钨极小、引弧更容易、阴极压降小、载流能力大、使用寿命长；而且几乎没有放射性。在焊接电流相同的条件下，铈钨极直径可进一步减小，电弧直径减小、热量集中、能量密度和稳定性提高；电极烧损率低，寿命长；因此，目前应用最广泛。

钨极的规格有 0.25mm、0.5mm、1.0mm、1.6mm、2.0mm、2.5mm、3.2mm、4.0mm、5.0mm、6.3mm、8.0mm、10.0mm 等十几种，供货长度通常为 76 ～ 610mm。

钨极的表面不允许有裂纹、疤痕、毛刺、缩孔、夹渣等。

3.2.3　填充金属

采用钨极氩弧焊焊接厚板时，需要开 V 形坡口，并添加必要的填充金属。填充金属的主要作用是填满坡口，并调整焊缝成分，改善焊缝性能。图 3-3 示出了正确的填丝方式。焊丝端部应搭在熔池前部边缘或尾部边缘，使得熔化的焊丝金属从熔池前壁直接流入熔池，避免干扰电弧和污染钨极。

目前我国尚无专用钨极氩弧焊丝标准，一般选用熔化极气体保护焊用焊丝或焊接用钢丝。

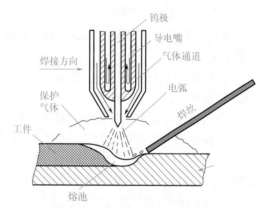

图 3-3　钨极氩弧焊的填丝方式

（1）钢焊丝

焊接低碳钢及低合金高强度钢时一般按照等强度原则选择焊接用钢丝。焊接不锈钢时一般按照等成分原则选择焊丝。焊接异种钢时，如果两种钢的组织不同，则选用焊丝时应考虑抗裂性及碳的扩散问题；如果两种钢的微观组织相同，而力学性能不同，则最好选用成分介于两者之间的焊丝。焊丝的选用可参照 GB/T 8110—2008《气体保护电弧焊用碳钢、低合金钢焊丝》。

（2）铝焊丝

焊接铝时一般按照等成分原则选择熔化极气体保护焊焊丝。可按照 GB/T 10858—2008《铝及铝合金焊丝》选择合适的焊丝。

（3）铜焊丝

焊接铜时一般按照等成分原则选择熔化极气体保护焊焊丝。可按照 GB/T 9460—2008《铜及铜合金焊丝》选择合适的焊丝。

3.3　不同电流及极性 TIG 焊的工艺特点

3.3.1　直流钨极氩弧焊

直流钨极氩弧焊采用直流电源。焊接时有两种接法：直流正接及直流反接。

（1）直流正接（DCSP）

直流正接时，工件接电源的正极，钨棒接电源的负极，又称直流正极性接法。具有如下工艺特点：

① 电弧引燃后，钨极发射电子，钨极的电子发射能力强，同样直径的钨棒就可允许通过较大的电流。

② 在同样的焊接电流下，直流正接可采用较小直径的钨棒，电流密度大、电弧稳定性高，并在工件上形成窄而深的熔池。

③ 钨极氩弧焊时，阴极区的产热仅占30%，而阳极区的产热占70%，因此熔深大、焊接变形小、热影响区小。

④ 钨极作为阴极，受热量小，不易过热，使用寿命长。

实际生产中这种接法广泛用于除铝、镁及其合金以外的其它金属的焊接。

（2）直流反接（DCRP）

直流反接时，工件接电源的负极，钨棒接电源的正极，又称直流反极性接法。具有如下工艺特点：

① 电弧引燃后，电子从工件的熔池表面发射，经过电弧加速撞向电极，易使钨极过热，钨极寿命短。

② 与直流正接相比，同样直径的钨极，允许使用的电流显著减小（降低大约90%）。

③ 在电流一定时，不得不选用直径较粗的钨极，电弧不稳定、熔深浅、热影响区大。

④ 直流反接时，工件接焊接电源的阴极，阴极斑点在工件表面自动寻找氧化膜，氧化膜因大量发射电子并受到质量较大的正离子的冲击而破碎清除，如图3-4所示，这种作用称为"阴极清理作用"，这对于铝、镁及其合金的焊接来说是十分重要的。

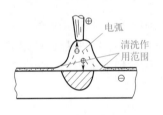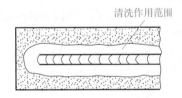

(a) 原理示意图　　　　　　　　　　(b) 实际焊接过程中的清理

图 3-4　焊接过程中的阴极清理作用

直流反接钨极氩弧焊在实际生产中基本上不用。

3.3.2　交流钨极氩弧焊

（1）工艺特点

交流钨极氩弧焊分为正弦波交流及方波交流两种。利用交流钨极氩弧焊焊接时，焊接电弧的极性发生周期性变化，因此，工艺上兼有直流正接及直流反接的特点。在负半波（工件为负极）时，氩弧对工件产生阴极雾化作用；在正半波时，电弧的热量主要集中于工件上，既增大熔深，又使钨极得以冷却。

交流钨极氩弧焊广泛用于铝、镁及其合金的焊接。图3-5比较了不同电流种类及极性时钨极氩弧焊的工艺特点。

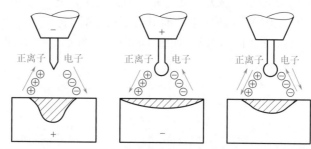

	直流正接	直流反接	交流
两极热量的近似比例	焊件70%，钨极30%	焊件30%，钨极70%	焊件50%，钨极50%
焊缝形状特征	深、窄	浅、宽	中等
钨极许用电流	最大(ϕ3.2mm, 400A)	较小(如ϕ6.4mm, 120A)	较大(如ϕ3.2mm, 225A)
稳弧措施	不需要	不需要	需要
阴极清洗(破碎)作用	无	有	有(当焊件为负半波时)
消除直流分量装置	不需要	不需要	需要

图 3-5　不同电流种类及极性时钨极氩弧焊的工艺特点

（2）直流分量及稳弧

交流钨极氩弧焊存在电弧不稳及直流分量等问题，因此在焊接设备上应采取专门的措施予以解决。

1）直流分量的消除

由于钨极与工件的电、热物理性能以及几何尺寸相差很大，交流钨极氩弧焊正负半波的电导率、电弧电压、再引燃电压存在很大的差别。正极性半波时钨极发射的电子数量多，电弧的电导率大；反极性半波时工件发射的电子数量少，电弧电导率低。因此，正负半波电流、电弧电压及再引燃电压都不对称，从而导致直流分量，如图 3-6 所示。直流分量既影响焊缝成形，又恶化设备的工作条件，因此设备中通常配置消除直流分量的装置。

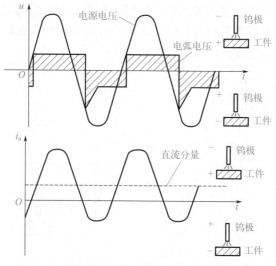

图 3-6　正弦波交流钨极氩弧焊直流分量的产生

正弦波交流钨极氩弧焊机通常通过在焊接主回路串接大容量无极性电容器的方法来消除直流分量,如图 3-7 所示。该方法既可完全消除直流分量,又不额外损耗能量。

方波交流钨极氩弧焊在正负半波通电量不对称时也会产生直流分量,可通过调节正负半波的极性比 $[t_{SP}/(t_{SP}+t_{RP})]$ 来消除,如图 3-8 所示,当 $i_{SP}t_{SP}=i_{RP}t_{RP}$ 时,直流分量为零。

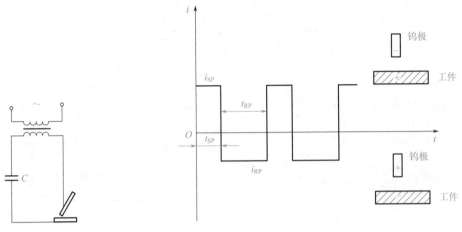

图 3-7 正弦波交流钨极氩弧焊
　　　　直流分量的消除

图 3-8 通过调节极性比来消除方波交流
　　　　钨极氩弧焊的直流分量

2)稳弧

利用交流钨极氩弧焊焊接时,极性的交替变化使电弧周期性地熄灭和引燃。而电弧的重新引燃要求外加电压大于再引燃电压。正弦波交流电弧的电流、电压过零时速度较慢,电源电压达到再引燃电压所需要的时间较长,因此存在较长的熄弧时间,电弧不稳定;特别是从正半波向负半波转变时,由于母材发射电子的能力很弱,电弧的重新引燃特别困难,所以正弦波交流钨极氩弧焊机必须采取稳弧措施。通常通过在焊接回路中串接一高压脉冲发生器来实现稳弧。稳弧脉冲一般施加在电流极性发生变化的瞬间,如图 3-9 所示。

方波交流电弧的电压及电流过零时,电流及电压的变化在瞬间内完成(见图 3-8),因此在较低的电压下(20 ~ 40V)就可使电弧再引燃,基本上无熄弧时间,电弧稳定性很好。所以,方波交流钨极氩弧焊机无需任何稳弧措施。方波交流钨极氩弧焊机特别适于铝合金、镁合金、铝基复合材料以及热敏感性强的材料的焊接。

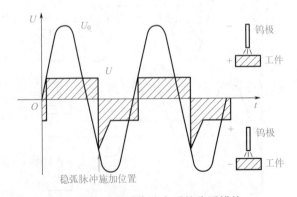

图 3-9 正弦波交流电弧的稳弧措施

3.3.3 脉冲钨极氩弧焊

脉冲钨极氩弧焊的焊接电流是脉冲直流或脉冲交流，其波形图见图 3-10。焊接电流参数衍变为如下几个参数：基值电流 I_b、脉冲电流 I_p、脉冲持续时间 t_p、脉冲间歇时间 t_b、脉冲频率 f、脉冲幅比 $F(=I_p/I_b)$ 和脉冲宽比 $K[=t_p/(t_b+t_p)]$。

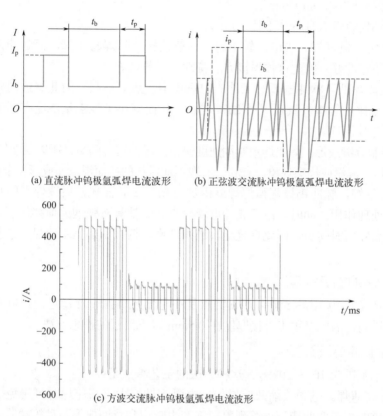

(a) 直流脉冲钨极氩弧焊电流波形　　　(b) 正弦波交流脉冲钨极氩弧焊电流波形

(c) 方波交流脉冲钨极氩弧焊电流波形

图 3-10　脉冲钨极氩弧焊电流波形示意图

I_b—直流钨极氩弧焊基值电流；I_p—直流钨极氩弧焊脉冲电流；t_p—脉冲持续时间；t_b—脉冲间歇时间；
i_b—交流钨极氩弧焊基值电流；i_p—交流钨极氩弧焊脉冲电流

根据电流的种类，脉冲钨极氩弧焊可分为直流脉冲钨极氩弧焊及交流脉冲钨极氩弧焊两种，前者用于焊接不锈钢，后者主要用于焊接铝、镁及其合金。根据脉冲频率范围，脉冲钨极氩弧焊分为高频脉冲钨极氩弧焊、中频脉冲钨极氩弧焊及低频脉冲钨极氩弧焊三种。不同的频率决定了不同的工艺特点。

（1）低频脉冲钨极氩弧焊

电流的频率范围为 0.1 ～ 15Hz。这是目前应用最广泛的一种脉冲钨极氩弧焊。在脉冲电流持续期间，焊件上形成点状熔池；脉冲电流停歇期间，利用基值电流维持电弧的稳定燃烧，降低加热焊件的线能量，并使熔池金属凝固，因此焊缝事实上是由一系列焊点组成。

为了获得连续、气密的焊缝，两个脉冲焊点之间必须有一定的相互重叠，这要求脉冲频率 f 与焊接速度 v_w 之间必须满足下式：

$$f = \frac{v_{\mathrm{w}}}{60L_{\mathrm{d}}} \tag{1}$$

式中　L_{d}——相邻两焊点的最大允许间距，mm；

　　　f——脉冲频率，Hz；

　　　v_{w}——焊接速度，mm·min^{-1}。

低频脉冲钨极氩弧焊具有如下特点：

① 电弧稳定、挺度好。当电流较小时，一般钨极氩弧焊易飘弧，而脉冲钨极氩弧焊的电弧挺度好，稳定性好，因此这种焊接方法特别适于薄板焊接。

② 电弧线能量低。脉冲电弧对工件的加热集中，热效率高。因此焊透同样厚度的工件所需的平均电流比一般钨极氩弧焊低 20% 左右，从而减小了线能量，这有利于缩小热影响区和减小焊接变形。

③ 易于控制焊缝成形。焊接熔池凝固速度快，高温停留时间短，所以既能保证一定熔深，又不易产生过热、流淌或烧穿现象，有利于实现不加衬垫的单面焊双面成形及全位置焊接。

④ 焊缝质量好。脉冲钨极氩弧焊焊缝由焊点相互重叠而成，后续焊点的热循环，对前一焊点具有热处理作用；同时，由于脉冲电流对点状熔池具有强烈的搅拌作用，且熔池的冷却速度快，高温停留时间短，因此焊缝金属组织细密，树枝状晶体不明显。这些都使得焊缝性能得以改善。

（2）中频脉冲钨极氩弧焊

电流的频率范围为 10 ～ 500Hz，其特点是小电流下电弧非常稳定，且电弧力不像高频钨极氩弧焊那样高，因此是手工焊接厚度在 0.5mm 以下薄板的理想方法。

（3）高频脉冲钨极氩弧焊

电流的频率范围为 10 ～ 20kHz。这种方法的工艺特点是：

① 适合于高速焊。电磁收缩效应增加，电弧刚性增大，高速焊时可避免因阳极斑点的黏着作用而造成的焊道弯曲或不连续现象；不产生咬边和背面成形不良等缺陷。因此，特别适用于薄板的高速自动焊。

② 熔深大。电弧压力大，电弧熔透能力增大。

③ 焊缝质量好。熔池受到超声波振动，其流动性增加，焊缝的物理冶金性能得以改善，有利于焊缝质量的提高。

④ 适合于大坡口焊缝。直流钨极氩弧焊时，如果填充焊丝较多，熔池与坡口侧面的熔合不良，焊道凸起，并偏向一侧。在焊接下一个焊道时，焊道两侧的熔化不良，易于导致熔合不良，而高频脉冲钨极氩弧焊可很好地克服这种缺陷。

高频脉冲钨极氩弧焊的许多特性介于一般钨极氩弧焊及等离子弧焊之间，见表 3-7。

表 3-7　高频脉冲钨极氩弧焊工艺性能与一般钨极氩弧焊及等离子弧焊的比较

电弧参数	焊接方法			电弧参数	焊接方法		
	高频 TIG 焊	一般 TIG 焊	等离子弧焊		高频 TIG 焊	一般 TIG 焊	等离子弧焊
电弧刚性	好	不好	好	电弧电流密度	中	小	大
电弧压力	中	低	高	焊炬尺寸	小	小	大

3.4　钨极氩弧焊设备

3.4.1　设备组成

钨极氩弧焊设备通常称为钨极氩弧焊机，一般由弧焊电源及控制系统、焊炬、水冷系统及供气系统组成。自动钨极氩弧焊机还配有行走小车、焊丝送进机构等。图 3-11 为手工钨极氩弧焊机的结构图。

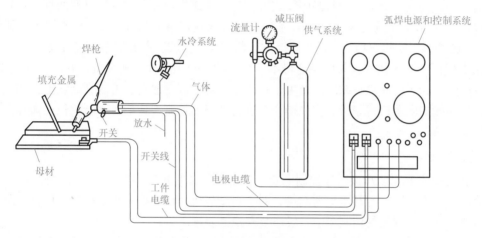

图 3-11　手工钨极氩弧焊机的配置

交流钨极氩弧焊机所需的引弧和稳弧装置、隔直装置和控制系统通常也安装在电源中。

自动钨极氩弧焊机比手工钨极氩弧焊机多了一个焊枪移动装置和一个送丝机构，通常两者结合在一台可行走的焊接机头（小车）上。

自动 TIG 焊焊枪与导丝嘴的调节见图 3-12。

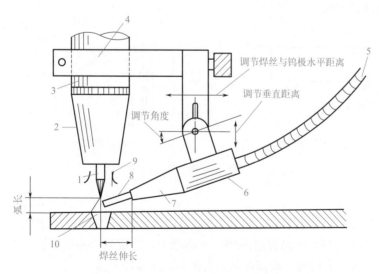

图 3-12　自动 TIG 焊焊枪与导丝嘴的调节

1—钨极；2—喷嘴；3—焊枪体；4—焊枪夹；5—焊丝导管；6—导丝装置；7—导丝嘴；8—焊丝；9—保护气流；10—熔池

3.4.2 钨极氩弧焊设备的主要组成部分

（1）焊接电源

为了稳定焊接电流，获得均匀的焊缝成形，钨极氩弧焊一般使用具有陡降（恒流）外特性的电源。钨极氩弧焊机的电源有直流、交流和脉冲电源三种。目前常用的直流电源有晶闸管式弧焊整流器和弧焊逆变器两种，通常都带有低频脉冲功能。

交流电源有正弦波交流电源及方波交流电源两种。正弦波交流电源有弧焊变压器和弧焊逆变器两种，而方波交流电源有晶闸管式方波电源和弧焊逆变器式方波电源两种。近年来迅速发展的数字化弧焊逆变器（WSME 系列）不仅兼具焊条电弧焊、交/直流钨极氩弧焊和交/直流脉冲钨极氩弧焊功能，而且能提供三角波、正弦波和方波等多种交流波形。

结束焊接时，收弧处容易因熔池得不到足够的填充金属而形成弧坑，并产生弧坑裂缝、气孔等缺陷。为了防止这种缺陷的产生，钨极氩弧焊电源一般具有电流衰减功能。如果使用没有这种功能的电源进行焊接，应在操作上进行适当的控制，比如，逐渐拉长电弧并多填充一些焊丝。

（2）控制箱

控制箱中主要安装焊接时序控制电路。其主要任务是控制提前送气、滞后停气、引弧、电流通断、电流衰减、冷却水流通断等。对于自动焊机，还要控制小车行走机构行走及送丝机构送丝。在交流焊机的控制箱中一般还装有稳弧装置。

在焊接前，首先应提前送保护气（即提前送气），将输气管中及焊接区的空气排开；然后接通引弧装置，电弧引燃后切断引弧装置。以预定的焊接电流及焊接速度进行焊接。收弧时，处于高温下的钨极和工件需要保护，要求在电弧熄灭后还要继续输送一段保护气（即滞后停气）。另外，为了填满弧坑防止火口裂纹，还要实现电流的衰减。这些动作均由顺序控制系统来实现。

图 3-13（a）（b）分别示出了手工和自动 TIG 焊的一般控制程序，焊接时由工人和焊机的控制系统配合完成。

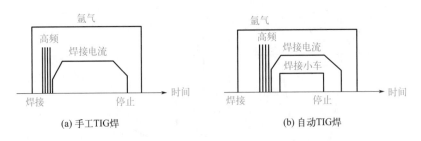

(a) 手工TIG焊

(b) 自动TIG焊

图 3-13　钨极氩弧焊的一般控制程序

（3）引弧装置

大电流钨极氩弧焊机一般不采用接触引弧。因为接触引弧时，强大的短路电流不但使钨极因发生熔化而烧损，而且还易使液态钨进入熔池中，造成焊缝夹钨，影响焊缝力学性能。常用的非接触引弧方式有两种：高频振荡器引弧和高压脉冲引弧。

① 高频振荡器引弧。通常将高频振荡器串接在焊接回路中，如图 3-14 所示。当高频振荡器的输入端接通电源后，高压变压器 T_1 升压并对电容器 C_k 充电，火花放电器 P 两端电压

升高到一定数值后被击穿。这一方面使 T_1 的次级回路短路，中止对 C_k 充电，另一方面使电容 C_k 与电感 L_k 组成振荡回路。所产生的高频高压电经 T_2 输入焊接回路，其振荡频率 $f = 1/(2\pi\sqrt{L_kC_k})$。电源为正弦波时，每半波振荡一次，振荡是衰减的，每次能维持 $2 \sim 6\text{ms}$。高频振荡器输出的电压一般为 $2500 \sim 3000\text{V}$，频率为 $150 \sim 260\text{Hz}$，功率约 $100 \sim 200\text{W}$。该电压施加在钨极和工件上，击穿两极间的气隙，引燃电弧。引燃后自动关闭。由于相位难以准确控制，高频振荡器一般不用于稳弧。

高频振荡器的高频信号对于控制装置中的电子器件及无线电通信具有强烈的干扰作用。

② 高压脉冲引弧。在焊接回路中串接一高压脉冲发生器，在引弧时，该发生器将 $2000 \sim 3000\text{V}$ 的高压脉冲施加到钨极和工件上，击穿气隙引燃电弧。对于直流钨极氩弧焊机来说，高压脉冲发生器与焊接回路的连接比较简单，只需通过一隔离变压器串接至焊接回路即可。对于交流钨极氩弧焊机来说，应通过一定的方式控制高压脉冲，使之叠加在反极性半波中空载电压最大的相位处，以有利于电弧的引燃。高压脉冲引弧装置也广泛用作交流钨极氩弧焊的稳弧装置，不过稳弧时，高压脉冲应施加在正半波向负半波转变的相位处。

图 3-15 为典型的高压脉冲发生器的电路。T_1 是与焊接变压器同步的升压变压器，在正半波时经 VD_1 及 R_1 对 C_1 充电，在负半波的 $\pi/2$ 处，由引弧信号电路触发晶闸管 VTH_1 及 VTH_2，C_1 立即向高压脉冲变压器 T_2 放电，T_2 的二次线圈产生 $2 \sim 3\text{kV}$ 的高压电，它串接在焊接回路中，使钨极与工件之间的气隙击穿而引燃电弧。电弧引燃后，每当交流电从正半波向负半波过渡瞬间，即过零点，电弧熄灭须再次引燃时，焊接电流产生的触发信号触发 VTH_1 及 VTH_2，高压脉冲发生器又发出高压脉冲，使电弧重新引燃而起到稳弧作用。

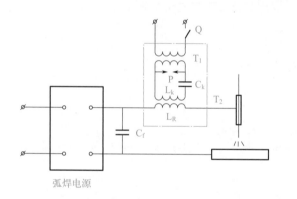

图 3-14　高频振荡器与焊接回路的串接

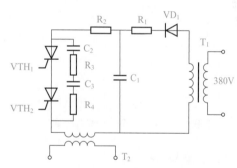

图 3-15　高压脉冲发生器电路

利用高压脉冲引弧时，必须使所输送的高压脉冲与焊接电流严格同步，即正好在焊接电流过零点的瞬间送给电弧，才能起到稳弧的作用。

（4）焊接电流衰减装置

焊接电流衰减装置的作用是当停止焊接时，使焊接电流逐渐减小，以填满弧坑，降低熔化金属在凝固时的冷却速度，避免焊缝结尾处出现弧坑裂纹等缺陷。

电流衰减的方法与所用的弧焊电源类型有关。磁放大器式弧焊整流器是利用控制绕组中的电流衰减来实现焊接电流的衰减，图 3-16 是其中之一。图中 Q 为控制绕组，在正常焊接时，JC_1 合上，电容 C_1 充电，停止焊接时，JC_1 断开，电容 C_1 放电，使 VT_1、VT_2 保持导通，流过 Q 的电流按 C_1 的放电过程呈指数曲线下降，达到衰减焊接电流的目的。

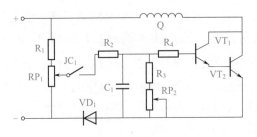

图 3-16　电流衰减器线路

晶闸管式直流弧焊电源，是通过改变晶闸管整流桥触发角大小来实现焊接电流的衰减。

（5）焊炬

焊炬又叫焊枪，是钨极氩弧焊机的关键组成部件之一。

1）焊炬的作用

钨极氩弧焊炬又称钨极氩弧焊枪，其主要作用是：

① 夹持钨极；

② 传导焊接电流；

③ 向焊接区输出保护气体。

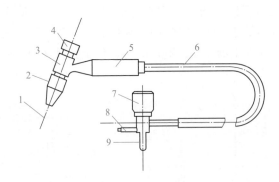

图 3-17　焊炬的典型结构

1—钍钨极；2—陶瓷喷嘴；3—焊炬体；4—短帽；5—把手；6—电缆；7—气路开关；8—气路接头；9—电缆接头

2）类型与结构

① 类型。依据冷却方式可分为水冷和空冷两种。水冷焊炬用水对焊接电缆及喷嘴进行冷却，因此能够承受较大的电流。空冷焊炬结构简单、质量小、便于操作，但允许通过的电流较小。一般来说，电流在 160A 以上的设备必须采用水冷焊炬。

另外，按照焊炬的外部形状及特征，钨极氩弧焊炬又可分为笔式及手把式两种。

② 结构。图 3-17 示出了典型手把式钨极氩弧焊炬的简图。焊炬主要由钨极、喷嘴、焊炬体、短帽、把手、电缆、气路开关、气路接头和电缆接头等部分组成。

喷嘴的形状和尺寸对气体保护效果的影响很大。为了取得良好保护效果，通常使出口处获得较厚的层流层，在喷嘴下部为圆柱形通道，通道越长保护效果越好，通道直径越大，保护范围越宽。但喷嘴不可能做得很长，否则可达性变差，且影响视线。通常圆柱形通道内径 D_n（mm）、长度 l_0（mm）和钨极直径 d_w（mm）之间的关系约为

$$D_n = (2.5 \sim 3.5) d_w$$

$$l_0 = (1.4 \sim 1.6) D_n + (7 \sim 9)$$

有时在气流通道中加设多层铜丝网或多孔隔板（称气筛）以限制气体横向运动，有利于形成层流。喷嘴内表面应保持清洁，若喷嘴沾有其他物质，将会干扰保护气柱或在气柱中产生紊流，影响保护效果。

常用的喷嘴材料有陶瓷、纯铜和石英三种。高温陶瓷喷嘴既绝缘又耐热，应用最广泛，但焊接电流一般不超过 300A；纯铜喷嘴使用电流可达 500A，需用绝缘套与导电部分隔离；石英喷嘴透明，焊接可见度好，但较贵。

有些金属如钛等在高温下对空气污染很敏感，焊接时应使用带拖罩的喷嘴。

（6）气路系统

钨极氩弧焊机的气路系统由气瓶、减压阀、流量计、软管及气阀等组成，如图 3-18 所示。气瓶用于盛放氩气或氦气。减压阀用于将瓶中的高压气体压力降低至焊接所需要的压力，并在工作过程中保持气体压力及流量的稳定。流量计是用于控制气体流量的一种表计，通过它可任意调节气体的流量。流量计有玻璃转子式、浮子式及同体型浮标式三种。电磁气阀是用于控制气流关断的装置，由延时继电器控制提前送气时间及延迟停气时间，其电源电压通常为 24V 或 36V。

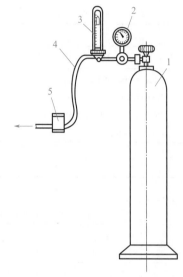

图 3-18　气路系统
1—高压气瓶；2—减压阀；3—浮子流量计；
4—软管；5—电磁气阀

（7）冷却系统

冷却系统就是水路系统，用于冷却焊炬及电缆。通常水路中设有水压开关，当水压太低或断水时，水压开关将断开控制系统电源，使焊机停止工作，以保护焊炬不被损坏。

（8）行走小车及送丝机

自动钨极氩弧焊机还配有行走小车及送丝机，以实现电弧的自动移动及焊丝的自动送进。

3.5　钨极氩弧焊工艺

3.5.1　焊枪准备及接头设计

（1）焊前清理

氩气、氦气均是惰性气体，焊接过程中不与液态金属发生任何化学反应，因此钨极氩弧焊没有去氢、脱氧作用。为了保证焊接质量，必须去除焊接接头附近的氧化膜、油脂及水分。焊接铝、镁、钛等活泼金属时，这种处理尤其重要。清理方法主要有机械清理、化学清理及化学机械清理三种。

1）机械清理

采用钢丝刷、刮刀、砂布、喷砂或喷丸等机械方法去除工件表面上的氧化膜、油污等。对于铝及铝合金，通常采用刮刀或钢丝刷进行清理。对于大型钢质工件，可采用喷砂或喷丸

103

法进行清理。而较小的不锈钢工件通常采用砂布打磨。

2）化学清理

利用化学反应去除工件及焊丝表面的氧化膜及油污。特别适合于铝合金、钛合金、镁合金母材及焊丝的焊前处理。表3-8给出了铝及铝合金除油配方及工艺条件。表3-9给出了铝及铝合金氧化膜的化学清理配方及工艺条件。

表3-8 铝及铝合金除油配方及工艺条件

除油			冲洗时间 /min		干燥
除油配方 /（g·L^{-1}）	除油温度 /℃	除油时间 /min	30℃	室温	
Na_3PO_4 40～50 Na_2CO_3 40～50 Na_2CO_3 20～30 水　余量	60	5～8	2	2	干布擦干

表3-9 铝及铝合金氧化膜的化学清理配方及工艺条件

材料	碱液			冲洗	中和光化			冲洗	干燥
	溶液	温度 /℃	时间 /min		溶液	温度 /℃	时间 /min		
纯铝	NaOH 6%～10%	40～50	≤20	清水	HNO_3	室温	1～3	清水	100～110℃ 烘干，再置 于低温干燥 箱中
铝合金	同上	同上	≤7	同上	同上	同上	同上	同上	同上

（2）常用接头及坡口类型

钨极氩弧焊常用的接头形式有对接、搭接、角接、T形接头、卷边对接、端接及夹条对接等七种，后面三种适用于薄板焊接。

坡口类型及尺寸根据材料类型、板厚等来选择。一般情况下，板厚小于3mm时，可开I形坡口；板厚在3～12mm时，可开V或Y形坡口。表3-10给出了铝及铝合金焊接接头的坡口形状及尺寸。关于各种钢的具体坡口形状及详细尺寸，请参照GB/T 985.1—2008《气焊、焊条电弧焊、气体保护焊和高能束焊的推荐坡口》。

表3-10 铝及铝合金焊接接头的坡口形状及尺寸

接头及 坡口类型		示图	板厚 δ /mm	坡口尺寸		
				间隙 b /mm	钝边 P /mm	坡口角度 α
对接	卷边		≤2	<0.5	<2	—
	I形 坡口		1～5	0.5～2	—	—

续表

接头及坡口类型		示图	板厚 δ/mm	坡口尺寸		
				间隙 b/mm	钝边 P/mm	坡口角度 α
对接	V 形坡口		3～5	1.5～2.5	1.5～2	60°～70°
			5～12	2～3	2～3	60°～70°
	X 形坡口		>10	1.5～3	2～4	60°～70°
搭接			<1.5	0～0.5	$L \geqslant 2\delta$	—
			1.5～3		$L \geqslant 2\delta$	
角接	I 形坡口		<12	<1		—
	V 形坡口		3～5	0.8～1.5	1～1.5	60°～70°
			>5	1～2	1～2	60°～70°
T 形接头	I 形坡口		3～5	<1	—	—
			6～10	<1.5	—	—
	K 形坡口		10～16	<1.5	1～2	60°

3.5.2　工艺参数的选择原则

钨极氩弧焊的工艺参数主要有：电流的种类及极性、焊接电流的大小、焊接速度、钨极直径及端部形状、保护气体流量等。

（1）电流的种类及极性

不同的电流种类及极性具有不同的工艺特点，适用于不同材料的焊接。因此应首先根据工件的材料选择电流的种类及极性。铝及其合金、镁及其合金一般选用交流，而气体金属及其合金均选用直流正极性接法。如果氦气做保护气体，在严格去除氧化膜的情况下，也可以采用直流正接焊接铝及其合金。

（2）电流大小

焊接电流的大小决定熔深，因此，在选定了电流的种类及极性后，要根据板厚来选择电流的大小，此外还要适当考虑接头的形式、焊接位置等的影响。

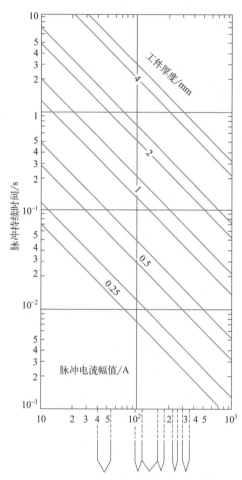

图 3-19　各种材料的板厚与脉冲电流
及脉冲持续时间的关系

对于脉冲钨极氩弧焊，焊接电流衍变为基值电流 I_b、脉冲电流 I_p、脉冲持续时间 t_p、脉冲间歇时间 t_b、脉冲周期 $T=t_p+t_b$、脉冲频率 $f=1/T$、脉冲幅比 $F(=I_p/I_b)$、脉冲宽比 $K[=t_p/(t_b+t_p)]$ 等参数。这些参数的选择原则如下：

① 脉冲电流 I_p 及脉冲持续时间 t_p。

脉冲电流与脉冲持续时间之积 $I_p t_p$ 被称为通电量，通电量决定了焊缝的形状尺寸，特别是熔深，因此，应首先根据被焊材料及板厚选择合适的脉冲电流及脉冲持续时间。各种材料的板厚与脉冲电流及脉冲持续时间的关系如图 3-19 所示。

焊接厚度低于 0.25mm 的板时，应适当降低脉冲电流值并相应地延长脉冲持续时间。焊接厚度大于 4mm 的板时，应适当增大脉冲电流值并相应地缩短脉冲持续时间。

② 基值电流 I_b。

基值电流的主要作用是维持电弧的稳定燃烧，因此在保证电弧稳定的条件下，尽量选择较低的基值电流，以突出脉冲钨极氩弧焊的特点。但在焊接冷裂倾向较大的材料时，应将基值电流选得稍高一些，以防止火口裂纹。

基值电流一般为脉冲电流的 10% ～ 20%。

③ 脉冲间歇时间 t_b。

脉冲间歇时间对焊缝的形状尺寸影响较小。但过长时会显著降低热输入，形成不连续焊道。

④ 脉冲幅比 F 及脉冲宽比 K。

脉冲幅比越大，脉冲焊特征越明显。但过大时，焊缝两侧易出现咬边。因此脉冲幅比一般取 5 ～ 10；空间位置焊接时或焊接热裂倾向较大的材料时，脉冲幅比选得大一些，平焊时选得小一些。

　　脉冲宽比越小，脉冲焊特征越明显。但太小时熔透能力降低，电弧稳定性差，且易产生咬边。因此，脉冲宽比一般取 20% ～ 80%，空间位置焊接时或焊接热裂倾向较大的材料时应选得小一些，平焊时应选得大一些。

（3）焊接速度

　　焊接速度影响焊接线能量，因此影响熔深及熔宽。通常根据板厚来选择焊接速度，而且为了保证获得良好的焊缝成形，焊接速度应与焊接电流、预热温度及保护气流量适当匹配。焊接速度太快时，易出现未焊透、咬边等缺陷；而焊接速度太慢时会出现焊缝太宽、烧穿等缺陷。

　　低频脉冲钨极氩弧焊时，焊接速度与脉冲频率间要满足式（1），以保证形成连续致密的焊缝。表 3-11 给出了直流低频脉冲钨极氩弧焊的常用脉冲频率范围。

表 3-11　直流低频脉冲钨极氩弧焊的常用脉冲频率范围

焊接方法	手工焊	自动焊接速度 /(cm·min⁻¹)			
		20	28	36	50
频率 /Hz	1 ～ 2	≥ 3	≥ 4	≥ 5	≥ 6

（4）钨极的直径及端部形状

　　钨极的直径及端部形状是重要的钨极氩弧焊参数之一。通常根据电流的种类、极性及大小来选择。

　　钨极直径的选择原则是，在保证钨极许用电流大于所用焊接电流的前提下，尽量选用直径较小的钨极。钨极的许用电流取决于钨极直径、电流的种类及极性。钨极直径越大，其许用电流越大。直流正接时，钨极载流能力最大，直流反接时载流能力最小，交流时载流能力居于直流正接与反接之间。交流焊时，电流的波形对载流能力也具有重要的影响。表 3-12 给出了不同条件下各种钨极的许用电流。

表 3-12　常用电极的许用电流

电极直径 /mm	直流 /A		交流 /A					
	正极性	反极性	非对称波形			对称波形		
	EWP EWTh-1 EWTh-2 EWTh-3	EWP EWTh-1 EWTh-2 EWTh-3	EWP	EWTh-1 EWTh-2 EWZr	EWTh-3	EWP	EWTh-1 EWTh-2 EWZr	EWTh-3
0.26	≥ 15	*	≥ 15	≥ 15	*	≥ 15	≥ 15	*
0.51	5 ～ 20	*	5 ～ 15	5 ～ 20	*	10 ～ 20	5 ～ 20	10 ～ 20
1.02	15 ～ 80	*	10 ～ 60	15 ～ 80	10 ～ 80	20 ～ 30	20 ～ 60	20 ～ 60
1.59	70 ～ 150	10 ～ 20	50 ～ 100	70 ～ 150	50 ～ 150	30 ～ 80	60 ～ 120	30 ～ 120
2.38	150 ～ 250	15 ～ 30	100 ～ 160	140 ～ 235	100 ～ 235	60 ～ 130	100 ～ 180	60 ～ 180
3.18	250 ～ 400	25 ～ 40	150 ～ 210	225 ～ 325	150 ～ 325	100 ～ 180	160 ～ 250	100 ～ 250

电极直径/mm	直流/A		交流/A					
	正极性	反极性	非对称波形			对称波形		
	EWP EWTh-1 EWTh-2 EWTh-3	EWP EWTh-1 EWTh-2 EWTh-3	EWP	EWTh-1 EWTh-2 EWZr	EWTh-3	EWP	EWTh-1 EWTh-2 EWZr	EWTh-3
3.97	400～500	40～55	200～275	300～400	200～400	160～240	200～320	160～320
4.76	500～750	55～80	250～350	400～500	250～500	190～300	290～390	190～390
6.35	750～1000	80～125	325～450	500～630	325～630	250～400	340～525	250～525

注：所有数据均为纯氩气作保护气体时的数据；* 表示一般不采用。

电极的端部形状对焊接过程稳定性及焊缝成形具有重要影响，通常应根据电流的种类、极性及大小来选择，表 3-13 给出了钨极各种端部形状所适用的范围及其对电弧稳定性及焊缝成形的影响。

脉冲钨极氩弧焊时，由于在基值电流期间钨极受到冷却，所以直径相同的钨极许用电流值明显提高，见表 3-14。

表 3-13　电极的不同端部形状的适用范围及其对电弧稳定性及焊缝成形的影响

钨极端部形状	适用范围	电弧稳定性	焊缝成形
锥台形	直流正接，大电流； 脉冲钨极氩弧焊	好	良好
圆锥形	直流正接，小电流	好	焊道不均匀
球面形	交流	一般	焊缝不易平直
平面形	一般不用	不好	一般

表 3-14 脉冲钨极氩弧焊推荐用的钨极端部形状尺寸及许用电流

钨极直径/mm	锥角/(°)	平顶直径/mm	恒定电流许用范围/A	脉冲电流许用范围/A
1.0	12	0.12	2～15	2～25
	20	0.25	5～30	5～60
1.6	25	0.50	8～50	8～100
	30	0.75	10～70	10～140
2.4	35	0.75	12～90	12～180
	45	1.10	15～150	15～250
3.6	60	1.10	20～200	20～300
	90	1.50	25～250	25～350

(5) 喷嘴孔径及氩气流量

喷嘴孔径越大，保护区越大，但太大时，熔池及电弧的可观察性变差。对于一定的喷嘴孔径，保护气流量有一个合适的范围，流量太小时，气体挺度差，保护效果不好；流量太大时，气流层中出现紊流，空气易卷入，保护效果也不好。喷嘴孔径及氩气流量通常根据电流的种类、极性及大小来选择，见表 3-15。

表 3-15 喷嘴孔径及氩气流量的选择

焊接电流/A	直流正接		直流反接	
	喷嘴孔径/mm	氩气流量/(L·min⁻¹)	喷嘴孔径/mm	氩气流量/(L·min⁻¹)
10～100	4～9.5	4～5	8～9.5	6～8
101～150	4～9.5	4～7	9.5～11	7～10
151～200	6～13	6～8	11～13	7～10
201～300	8～13	8～9	13～16	8～15
301～500	13～16	9～12	16～19	8～15

① 保护效果的评定。

可以通过观察焊接区正反面颜色大致评定。表 3-16 和表 3-17 分别表示不锈钢和钛合金焊接区的颜色与保护效果的关系。

表 3-16 不锈钢焊接区颜色与保护效果的关系

焊接区颜色	保护效果	焊接区颜色	保护效果
银白、金、黄	最好	灰	不良
蓝	良好	黑	最坏
红灰	较好		

表 3-17　钛合金焊接区颜色与保护效果的关系

焊接区颜色	保护效果	焊接区颜色	保护效果
亮银白色	最好	青灰色	不良
橙黄色	良好	白色氧化钛粉末	最坏
蓝紫色	较好		

对于铝及铝合金 TIG 焊，可通过焊缝两侧阴极清洗区的宽度（见图 3-4）所反映的有效保护范围大小来评定其保护效果。

② 加强保护的措施。

工件外观质量要求较高时，对于活泼金属（如铝及其合金、钛及其合金等）或散热慢、高温停留时间长的金属（如不锈钢等），一般都要求加强保护。

焊缝正面加强保护通常通过在焊枪后面附加通有保护气体的拖罩来实现，如图 3-20 所示。拖罩的长度和宽度应保证 400℃以上的焊缝和热影响区均处于有效保护之下。

背面的保护是在焊缝背面通上惰性气体，其方式有气体垫板（图 3-21 中 5）、气体保护罩（图 3-21 中 2）和焊件内部密闭气腔（由图 3-21 中 4 围成）充气。

图 3-21 中的压板 6、垫板 5 和挡板 4 通常用阴极铜制成，有时在垫板内通冷却水，它们之间除起到夹紧焊件以防止变形的作用外，还起到加速焊缝和热影响区冷却，以缩短其高温停留时间的作用。在垫板上开槽既起背面成形的承托焊缝作用，也是为了能从背面充进保护气体。

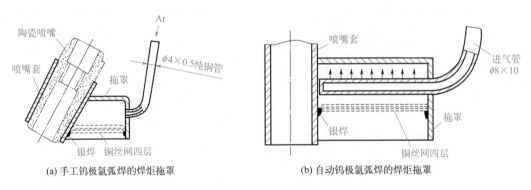

(a) 手工钨极氩弧焊的焊炬拖罩　　　(b) 自动钨极氩弧焊的焊炬拖罩

图 3-20　钨极氩弧焊的焊炬拖罩

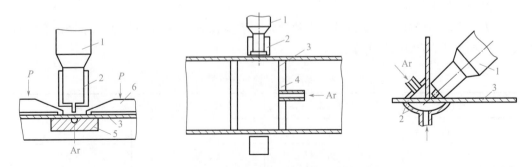

图 3-21　钨极氩弧焊时焊缝的背面保护
1—焊炬；2—气体保护罩；3—焊件；4—挡板；5—气体垫板；6—压板

（6）钨极伸出长度

钨极伸出长度通常是指露在喷嘴外面的钨极长度，如图3-22所示。伸出长度过大时，钨极易过热，且保护效果差；而伸出长度太小时，喷嘴易过热。因此钨极伸出长度必须保持一适当的值。对接焊时，钨极的伸出长度一般保持在 5 ～ 6mm；焊接 T 形焊缝时，钨极的伸出长度最好为 7 ～ 8mm。

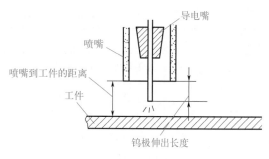

图 3-22　钨极伸出长度

（7）喷嘴到工件的距离

喷嘴到工件的距离要与钨极伸出长度相匹配。一般应控制在 8 ～ 14mm。距离过小时，影响工人的视线，且易导致钨极与熔池的接触，使焊缝夹钨并降低钨极寿命；距离过大时，保护效果差，电弧不稳定。

3.6　钨极氩弧焊中常见的问题及缺陷

3.6.1　钨极氩弧焊中常见的问题及解决措施

钨极氩弧焊中常见的问题及解决措施见表 3-18。

表 3-18　钨极氩弧焊中常见的问题及解决措施

常见问题	可能的原因	解决措施
电极消耗过大	① 保护气体的流量不足 ② 电极的极性接法不对 ③ 电极尺寸与使用的焊接电流不匹配 ④ 焊枪过热 ⑤ 电极受到污染 ⑥ 电极在冷却过程中被氧化 ⑦ 保护气体中含有 CO_2 或 O_2	① 增大保护气体流量 ② 采用正确的电极极性 ③ 使用直径较大的电极 ④ 检查冷却水系统是否正常 ⑤ 清除电极上的污染物 ⑥ 熄弧后保持气体流动 10 ～ 15s ⑦ 使用正确的保护气体
电弧漂移	① 母材被污染或有油污 ② 坡口尺寸过小 ③ 电极被污染 ④ 电弧过长	① 对工件表面进行清理 ② 适当增大坡口尺寸，使电极接近工件，降低电压 ③ 清除电极上的污染物 ④ 压低焊枪，缩短弧长
工件被钨污染	① 对于非接触引弧式焊机，引弧时工件与电极发生接触 ② 电极在焊接过程中熔化 ③ 电极在焊接过程中与熔池意外短路	① 采用高频振荡器进行引弧，或在工件与电极之间加碳棒进行接触引弧 ② 降低电流或增大电极尺寸 ③ 防止意外短路

3.6.2　钨极氩弧焊常见焊接缺陷

钨极氩弧焊常见缺陷及解决措施见表 3-19。

表 3-19　钨极氩弧焊常见缺陷及解决措施

焊接缺陷		
焊缝外形尺寸不均匀	① 焊接参数选择不当 ② 焊枪移动速度不均匀 ③ 送丝方法不当或不熟练	① 选择正确的焊接参数 ② 焊枪移动速度要均匀 ③ 使用正确的送丝方法
烧穿	① 焊接电流过大 ② 焊接速度太慢 ③ 送丝不及时 ④ 根部间隙太大	① 降低焊接电流 ② 适当提高焊接速度 ③ 正确地送丝 ④ 缩小根部间隙
未焊透	① 焊接电流太小 ② 焊接速度太快 ③ 根部间隙太小 ④ 坡口角度太小及钝边太大 ⑤ 电弧长度过大或未对准焊缝 ⑥ 焊前清理不干净	① 适当增大焊接电流 ② 适当降低焊接速度 ③ 增大根部间隙 ④ 增大坡口角度，减小钝边尺寸 ⑤ 缩短电弧长度，对准焊缝 ⑥ 焊前进行仔细清理
咬边	① 焊接电流过大、速度过快，致使熔化金属冷却过快 ② 焊枪角度不当 ③ 焊缝正面氩气流量太大 ④ 钨极磨得过尖 ⑤ 送丝速度过慢	① 降低焊接电流、减小焊接速度 ② 采用正确的焊枪角度 ③ 缩小焊缝正面氩气流量 ④ 适当增大钨极尖角 ⑤ 适当提高送丝速度
气孔	① 气路中残存气体杂质（H_2、N_2、空气、水蒸气等） ② 输气软管损坏或接头处连接不紧 ③ 母材的被连接部位有油污 ④ 风过大	① 清除气路中残存的气体杂质 ② 修复损坏的输气软管或拧紧接头 ③ 清理被连接部位的油污 ④ 采取挡风措施
裂纹	① 焊件或焊丝中含 S 量过大，熔池凝固过程中产生热裂纹 ② 焊件表面清理不干净 ③ 焊接参数选择不当，致使熔池深而窄，或使熔化金属冷却速度过大 ④ 焊件刚度过大	① 选用含 S 量低的焊接材料 ② 严格清理焊件表面 ③ 选择合理的焊接参数，使熔池形状尽量合理；熔池凝固速度不要太快 ④ 对结构刚度较大的焊件可更改结构或采取焊前预热、焊后去氢处理等方法

3.7　高效熔化极氩弧焊

钨极氩弧焊（TIG 焊）受钨极载流能力的限制，电弧功率小，熔透能力小，焊接速度低。为了克服这一缺陷，提出了许多新技术，如活性 TIG 焊、旋转电弧 TIG 焊和热丝 TIG 焊等，其中热丝 TIG 焊是应用最多的一种新技术。

3.7.1　热丝 TIG 焊

（1）热丝 TIG 焊工艺原理

热丝 TIG 焊的原理如图 3-23 所示。利用一专用电源对填充焊丝进行加热，该电源称为热丝电源。送入到熔池中的焊丝载有低压电流，该电流对焊丝进行有效预热，因此，进入熔池的焊丝具有很高的温度，接触熔池后迅速熔化，提高了熔敷速度。另外，高温焊丝降低了对电弧热的消耗，有利于提高熔深或焊接速度。

由于热丝必须始终与熔池接触并保持一定的角度，以导通预热电流，因此这种焊接方法只能采用自动操作方式。

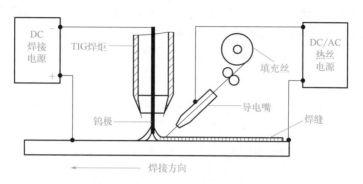

图 3-23　热丝 TIG 焊的原理图

焊丝的加热效果取决于热丝电流、焊丝干伸长度和送丝速度。干伸长度一般控制在 15 ～ 50mm。在焊丝干伸长度一定时，送丝速度必须与热丝电流适当匹配，热丝电流过高，焊丝很快熔断，焊丝与熔池脱离接触，热丝电流中断，形成不连续焊缝；电流过小，热丝电流过低，会使焊丝插入熔池，发生固态短路。

焊丝中导通的电流会产生磁场，该磁场容易导致电弧发生偏吹，为了避免这种磁偏吹，应采用如下几个措施：

① 减小焊丝与钨极之间的夹角。冷丝 TIG 焊时冷丝与钨极之间的夹角接近 90°，热丝 TIG 焊要控制在 40°～ 60°，如图 3-24 所示。

② 热丝电流和焊接电流都采用脉冲电流，并将两者的相位差控制在 180°，如图 3-25。焊接电流为峰值电流时，热丝电流为零，不产生磁偏吹，电弧热量用来加热工件，形成熔池；焊接电流为基值电流时，热丝电流为峰值电流，电弧在焊丝磁场的吸引下偏向焊丝。尽管此时产生磁偏吹，但基值电流主要起稳弧作用，对熔深和熔池行为影响很小。

(a) 热丝TIG焊　　(b) 冷丝TIG焊

图 3-24　热丝和冷丝 TIG 焊填丝角度

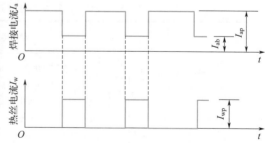

图 3-25　热丝电流和焊接电流相位匹配

（2）热丝 TIG 焊的特点

与传统 TIG 焊相比，热丝 TIG 焊具有如下优点：

① 熔敷速度大。在相同电流条件下，熔敷速度最多可提高 60%，如图 3-26 所示。

② 焊接速度大。在相同电流条件下，焊接速度最多可提高 100% 以上。

③ 熔敷金属的稀释率低，最多可降低 60%。

④ 焊接变形小。由于用热丝电流预热焊丝，在同样熔深下所需的焊接电流小，有利于降低热输入，减小焊接变形。

⑤ 气孔敏感性小。热丝电流的加热使得焊丝在填入熔池之前就达到很高的温度，有机物等污染物提前挥发，使焊接区域中氢气含量降低。

⑥ 合金元素烧损少。在同样熔深下所需热输入小，降低了熔池温度，减少了合金元素烧损。

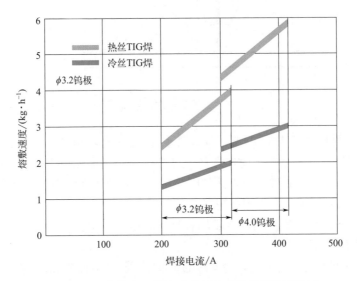

图 3-26　热丝 TIG 焊和冷丝 TIG 焊的熔敷速度比较

（3）热丝 TIG 焊的应用

热丝 TIG 焊适用于碳钢、合金钢、不锈钢、镍基合金、双相或多相钢、铝合金和钛合金等的薄板及中厚板焊接。特别适用于钨铬钴合金系表面堆焊。表 3-20 给出了不锈钢热丝 TIG 焊典型焊接工艺参数。

表 3-20　不锈钢热丝 TIG 焊典型焊接工艺参数

| 接头及坡口形式 | 焊接位置 | 焊道 | 焊接电流 | | | | 热丝电流 /A | 电弧电压 /V | 送丝速度 /(m·min⁻¹) | 焊接速度 /(m·min⁻¹) |
			峰值电流 /A	基值电流 /A	脉冲持续时间 /s	脉冲间歇时间 /s				
	横焊	1	160	120	0.3	0.5	—	10	0.5	0.09
		2	280	200	0.5	0.7	—	12	0.9	0.13
		其余	220	160	0.4	0.4	90 ～ 120 (2～4V)	10	0.8	0.11
			380	330	0.6	0.6		12	1.8	0.15

续表

| 接头及坡口形式 | 焊接位置 | 焊道 | 焊接电流 | | | | 热丝电流/A | 电弧电压/V | 送丝速度/(m·min⁻¹) | 焊接速度/(m·min⁻¹) |
			峰值电流/A	基值电流/A	脉冲持续时间/s	脉冲间歇时间/s				
（图）	立焊	1	200	70	0.3	0.3	—	11	0.5	0.06
		2	280	100	0.5	0.6	—	12	0.9	0.10
		其余	220	160	0.4	0.4	90～120 (2～4V)	11	0.8	0.08
			380	230	0.6	0.6		12	1.8	0.13

3.7.2　TOP-TIG 焊

（1）TOP-TIG 焊工艺原理

TOP-TIG 焊是通过集成在喷嘴侧壁上的送丝嘴进行送丝的一种 TIG 焊方法，如图 3-27 所示。焊丝直接从喷嘴的侧壁送入电弧，焊丝穿过电弧进入熔池。焊丝与钨极轴线之间的夹角保持在 20° 左右，控制钨极端部锥角角度，使焊丝平行于相邻的钨极锥面。焊丝通过送丝嘴时被高温喷嘴预热，进入电弧中温度最高的区域（钨极端部附近）后进一步被加热，因此其适用的送丝速度和电弧能量利用率显著提高。如图 3-27 和图 3-28 所示。

TOP-TIG 焊熔滴过渡方式主要有自由滴状过渡、接触滴状过渡和连续接触过渡等三种，如图 3-29 所示。主要影响因素是送丝速度，焊接电流和送丝方向对熔滴过渡方式也有一定影响。送丝速度较低时，熔滴过渡为滴状过渡。随着送丝速度的提高，滴状过渡频率增大；当送丝速度提高到一定程度时，自由滴状过渡转变为接触滴状过渡，继续增大送丝速度到一定程度，接触滴状过渡转变为连续接触过渡。一定电流下，送丝速度对熔滴过渡的影响方式见图 3-30。

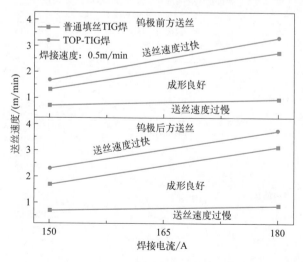

图 3-27　TOP-TIG 焊与普通填丝 TIG 焊的送丝速度适用范围

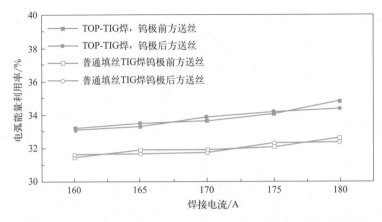

图 3-28　不同电流下 TOP-TIG 焊与普通填丝 TIG 焊的电弧能量利用率

(a) 自由滴状过渡(焊接电流180A、送丝速度0.3m/min、焊接速度0.5m/min)

(b) 接触滴状过渡(焊接电流180A、送丝速度1.3m/min、焊接速度0.5m/min)

(c) 连续接触过渡(焊接电流150A、送丝速度1.7m/min、焊接速度0.5m/min)

图 3-29　钨极前方送丝时 TOP-TIG 焊的熔滴过渡

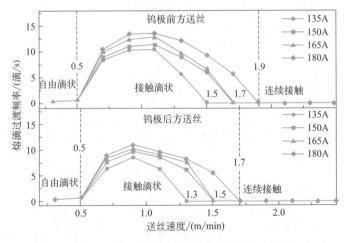

图 3-30　送丝速度对熔滴过渡的影响方式

（2）TOP-TIG 焊的特点及应用

1）TOP-TIG 焊优点

① 与普通填丝 TIG 焊相比，操作方便灵活，焊缝方向变化时无需改变焊丝的送进方向。

② 焊接速度快，能量利用率高。高温喷嘴和钨极附近高温弧柱区对焊丝进行了强烈的预热，这显著提高了电弧能量利用率，提高了熔敷速度和焊接速度。

③ 与 MIG/MAG 焊相比，焊缝质量好、无飞溅、噪声小。

④ 钨极到工件的距离对焊接质量影响不像 TIG 焊那样大，拓宽了工艺窗口。

2）TOP-TIG 焊缺点

TOP-TIG 焊对钨极端部形状要求极其严格，因此只能采用直流正极性接法进行焊接，不能采用交流电弧。

3）应用

TOP-TIG 焊可用来焊接镀锌钢、不锈钢、钛合金和镍合金等，焊接薄板时效率高于 MIG /MAG 焊。由于不能采用交流电流，因此这种方法一般不用于铝、镁等活泼金属及其合金的焊接。

（3）TOP-TIG 焊工艺

TOP-TIG 焊的主要工艺参数有丝极间距（钨极到焊丝端部的距离）、钨极直径、焊丝直径、焊接电流、送丝速度和焊接速度等。丝极间距一般取焊丝直径的 1 ～ 1.5 倍。常用的钨极直径为 2.4mm 和 3.2mm，电流上限分别为 230A 和 300A。常用的焊丝直径为 0.8mm、1.0mm 和 1.2mm 三种。TOP-TIG 焊主要焊接参数对焊缝成形的影响规律见表 3-21。表 3-22 给出了几种材料的典型 TOP-TIG 焊焊接工艺参数。

表 3-21　主要焊接参数对焊缝成形的影响规律

参数	变化趋势	焊缝成形变化趋势		
		熔深	熔宽	余高
焊接电流	增大	增大	增大	减小
	减小	减小	减小	增大
电弧电压	增大	减小	增大	减小
	减小	增大	减小	增大
送丝速度	增大	减小	减小	增大
	减小	增大	增大	减小
焊接速度	增大	减小	减小	减小
	减小	增大	增大	增大

表 3-22　几种材料的典型 TOP-TIG 焊焊接工艺参数

工件		接头形式	焊丝		焊接电流 /A	焊接速度 /(m·min⁻¹)	保护气体	
材料	厚度 /mm		材料	直径 /mm			类型	流量 /(L·min⁻¹)
镀锌钢板	1.0		CuAl	1.0	180	1.75	Ar	15
	0.8		CuSi	1.0	80	1.3	Ar	15
	1.0		CuSi	1.2	155	1.0	Ar	15
	1.0		CuSi	1.2	140	1.0	Ar	15
	1.5		CuSi	1.0	130	1.0	Ar	15
304L 不锈钢	1.0		Nic50	0.8	150	1.0	Ar	15
	2.0		Nic50	1.2	210	1.5	Ar	15
	2.0		Nic50	1.2	200	0.7	Ar	15
	2.0		Nic50	1.2	200	1.0	Ar	15

3.7.3　匙孔 TIG 焊

（1）匙孔 TIG 焊工艺原理

　　匙孔 TIG 焊（K-TIG 焊）是一种采用 6mm 以上粗钨极、300A 以上大电流的钨极氩弧焊。焊接过程中，强大的焊接电流使电磁收缩力和等离子流力显著提高，电弧挺度提高，电弧穿透力也大大加强，工件熔透后在电弧正下方的熔池部位产生一个贯穿工件厚度的小孔，如图 3-31 所示。匙孔稳定存在的条件为金属蒸气的蒸发反力、电弧压力、熔池金属表面张力三力平衡。匙孔的形状主要受焊接电流、焊接材料的密度、表面张力、热导率等参数的影响，理想的匙孔形状如图 3-32 所示。

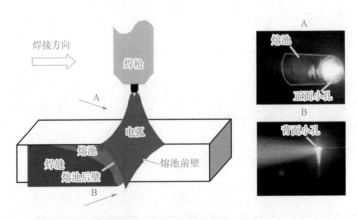

图 3-31　K-TIG 焊原理示意图

（2）匙孔 TIG 焊设备

因为焊接电流大，匙孔 TIG 焊电源不能用传统的 TIG 焊电源，需要采用大额定电流的特制电源或采用埋弧焊电源，采用埋弧焊电源时需要增加高频或高压发生器，以保证电弧引燃及稳定燃烧。

与普通焊枪相比，匙孔 TIG 焊焊枪体积和重量要大得多。图 3-33 示出了匙孔 TIG 焊结构示意图。喷嘴一般采用铜质喷嘴，必须保证良好的气体保护效果。钨极直径在 6mm 以上，而且需要强力水冷。冷却水尽量包围大部分钨极，保证钨极最大程度地冷却，使得钨极发射电子点集中在一个直径 1mm 的区域内，显著增加电流密度实现"电弧冷压缩"，从而增加电弧穿透力，保证焊接过程匙孔的稳定形成。

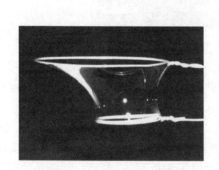

图 3-32　理想的匙孔形状

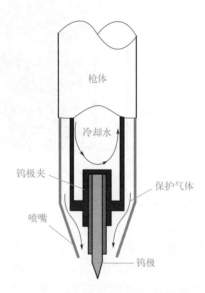

图 3-33　匙孔 TIG 焊结构示意图

（3）匙孔 TIG 焊的工艺特点

匙孔 TIG 焊具有如下优点：

① 熔深能力大，常规速度下（0.2 ～ 0.3m/min），在不开坡口、不填焊丝的情况下一次可焊透 12mm 厚不锈钢或钛合金。

② 焊接速度快，焊接 3mm 厚不锈钢时，焊接速度可达 1m/min。

③ 焊缝成形好，焊接变形小。

④ 电弧热效率系数高，能量利用率高。由于电流大，钨极的热发射能力强，其导电机理接近于理想的热发射型阴极，阴极压降极低，钨极上消耗的电弧热量很少，因此电弧热效率系数提高。

匙孔 TIG 焊的缺点是只能焊接不锈钢、钛合金、锆合金等热导率较低的金属；对于铝合金、铜合金等热导率较高的金属，匙孔根部宽度较大，熔池稳定性很低，难以获得良好的成形。

（4）焊接工艺

匙孔 TIG 焊常用电流范围为 300 ～ 1000A、电弧电压 16 ～ 20V、钨极直径 6.0 ～ 8.0mm、

钨极的锥角为 60°。

3.7.4 A-TIG 焊

（1）A-TIG 焊工艺原理

A-TIG 焊（activating flux TIG welding）即指"活性化 TIG 焊"，是一种通过焊前在焊道上涂敷活性剂来增大焊接熔深、提高焊接速度的 TIG 焊方法。图 3-34 示出了活性剂对焊缝熔深及熔宽的影响。

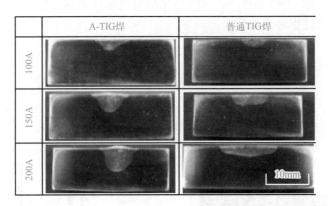

图 3-34 活性剂对焊缝熔深及熔宽的影响

活性剂的成分主要为氧化物、卤化物等。不同成分的活性剂适用于不同的母材，具有不同的熔深增大机理。

不锈钢的活性剂主要是金属和非金属氧化物，如 SiO_2、TiO_2、Fe_2O_3 和 Cr_2O_3；钛合金的活性剂主要是卤化物，如 CaF_2、NaF、$CaCl_2$ 和 $A1F_3$；碳锰钢的活性剂主要为氧化物和氟化物的混合物，其活性剂的配方（质量分数）大致为 SiO_2（57.3%）、NaF（6.4%）、TiO_2（13.6%）、Ti 粉（13.6%）、Cr_2O_3（9.1%）。

1）电弧收缩机理 - 负离子形成理论

电弧收缩机理适用于卤化物活性剂（图 3-35）。

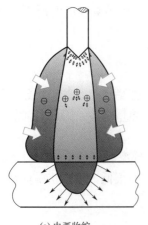

(a) 电弧收缩

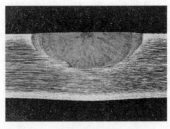

(b) 普通TIG焊

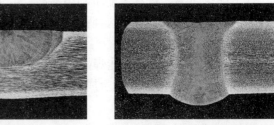

(c) 使用了卤化物的A-TIG焊

图 3-35 电弧收缩机理

电弧高温下卤化物活性剂分解出 F 或 Cl 原子。由于电弧周边区域温度较低，活性剂蒸发原子捕捉该区域中的电子形成负离子并散失到周围空间。负离子虽然带的电量和电子相同，但因为它的质量比电子大得多，不能有效担负传递电荷的任务，使得电弧有效断面面积减小，导致电场强度增大，电弧电压增加，热量集中，从而使焊接熔深增大、熔宽减小。

2）阳极斑点收缩

该理论适用于硫化物、氧化物和氯化物。添加活性剂使得熔池产生的金属蒸气受到抑制。由于金属粒子更容易被电离，在金属蒸气减少的情况下，只能形成较小范围的阳极斑点，电弧导电通道紧缩，如图 3-36 所示。这在激活了熔池内部电磁对流的同时，熔池表面的等离子弧对流受到抑制，从而形成较大的熔深。

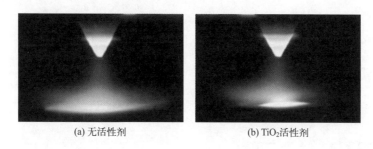

(a) 无活性剂　　　　　　　　　　　　　(b) TiO₂活性剂

图 3-36　阳极斑点收缩（母材为 304 不锈钢，焊接电流 200A，氩气保护）

通过测试电弧电压可验证阳极斑点收缩。采用图 3-37（a）所示的不锈钢试件在试件右半区域涂敷活性剂 SiO_2，在相同的电弧参数下从左向右焊接，测得的电弧电压的变化如图 3-37（b）所示，可以看出电弧从无活性剂区进入有活性剂区后电弧电压有明显增加。

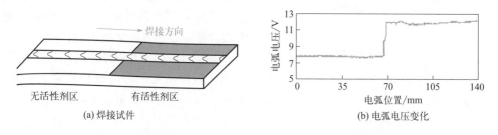

(a) 焊接试件　　　　　　　　　　　　　(b) 电弧电压变化

图 3-37　SiO_2 活性剂对电弧电压的影响

3）表面张力梯度变化机理

主要适用于金属氧化物活性剂。

熔池中没有表面活性元素时，表面张力主要取决于温度，表面张力温度系数是负的，熔池中心部位液态金属温度高、表面张力小，周边处液态金属温度低、表面张力大。在这种表面张力梯度作用下，熔池金属沿着表面从中心向四周流动，把中心处的高温液态金属热量带到熔池边缘，使得熔宽增大；熔池金属再沿着熔池侧壁流到熔池底部时已经没有多余的热量，不能使得熔深增大，因此熔宽大、熔深小，如图 3-38（a）所示。如果活性剂能分解出 O 等表面活性物质，表面活性元素将使得熔池金属的表面张力从负的温度系数转变为正的温度系数。这是因为温度高的熔池表面中心处，O 元素因蒸发出熔池表面而含量较低；而周边温度低的部位 O 含量较高，表面张力显著降低。在这种温度梯度作用下，熔池金属沿着表面从四周向中心流动，流动到中心后被电弧中心的高温加热，然后沿着熔池中心线向下流动，把热量带到熔池底部，使焊接熔深增大，如图 3-38（b）所示。

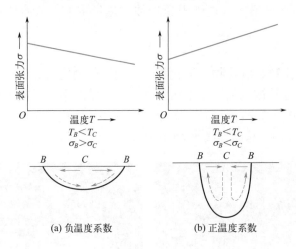

图 3-38　表面张力梯度对熔池对流及形状的影响

（2）A-TIG 焊的特点及应用

1）特点

A-TIG 焊具有如下优点：

① 熔透能力显著提高，常规 TIG 焊能够一次焊透 3mm 厚的不锈钢，而 A-TIG 焊可一次焊透 12mm 厚的不锈钢，这显著提高了焊接效率，如图 3-39 所示。

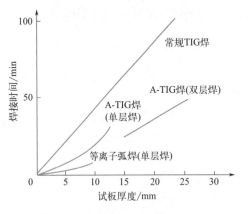

图 3-39　不同焊接方法焊接 1m
长度焊缝所需的时间比较

② A-TIG 焊得到的焊缝，其正反面熔化宽度比例更趋合理，厚度方向熔宽均匀。

③ 焊接变形小，这是因为 A-TIG 焊熔深能力大，同样板厚所需的焊道数和热输入均降低，而厚度方向熔宽变化小，进一步降低了角变形。

④ 活性剂可提高溶质中活性元素的含量，可消除微量元素差异造成的焊缝熔深差异。

⑤ 可避免焊件散热条件变化或者夹具压紧程度不一致所导致的背面蛇形焊道、熔透不均匀、非对称焊缝，提高焊缝成形质量。

⑥ 通过调整活性剂的成分，可以改善焊缝的组织和性能。例如，对于表面清理不当、保护不当或者在潮湿气候下焊接钛合金时，常规 TIG 焊焊缝中容易出现气孔，而采取 A-TIG 焊后，气孔不会出现。

A-TIG 焊的缺点是活性剂的使用增加了焊接成本，而且焊缝表面质量比常规 TIG 焊明显变差。

2）A-TIG 焊的应用

A-TIG 焊适用的材料有不锈钢、碳素钢、钛合金、镍基合金、铜镍合金等。目前主要用于核电管道、压力容器等的焊接。

3.7.5　双钨极氩弧焊（TETW 焊）

（1）双钨极氩弧焊的工艺原理

双钨极氩弧焊是利用安装在同一把焊枪中的两根相互绝缘的钨极与工件之间产生的电弧进行焊接的一种钨极氩弧焊，如图 3-40 所示。两根钨极各自连接独立的电源，电流可以单独控制，钨极可沿着焊接方向并列布置，也可前后纵列布置。钨极的间距和电流大小对电弧形态、电弧静特性和电弧压力分布具有显著影响。

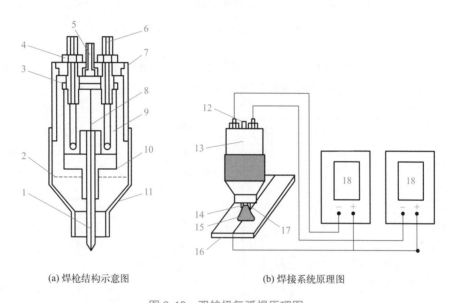

(a) 焊枪结构示意图　　　　　　　　(b) 焊接系统原理图

图 3-40　双钨极氩弧焊原理图

1,14,17—钨极；2—铜丝网；3—散气片；4—锁紧螺母；5,12—进气口；6—导电极；7,13—焊枪本体；
8—绝缘层；9—导电体；10—钨极夹；11—喷嘴；15—耦合电弧；16—焊件；18—电源

图 3-41 为钨极间距对双钨极氩弧形态的影响，焊接电流（$I_L + I_T$）为 100A+100A，弧长为 3mm，钨极间距分别为 2mm、3mm、4mm、5mm。可看出，两根钨极与工件之间仅产生一个电弧，而不是二个电弧。随着钨极间距的增大，电弧断面直径增大，钨极尖端之间的电弧有上升趋势。

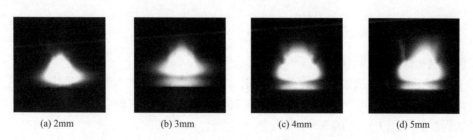

(a) 2mm　　　　　(b) 3mm　　　　　(c) 4mm　　　　　(d) 5mm

图 3-41　不同钨极间距下双钨极氩弧形态

图 3-42 示出了不同焊接电流下双钨极氩弧形态。焊接时钨极间距为 5mm，弧长为

3mm，焊接电流（$I_L + I_T$）分别为 100A+100A、120A+120A、150A+150A。随着焊接电流的增大，钨极间电弧向上"爬升"，电弧体积增大，同时，电弧下端向外部扩展，电弧形态由小电流的"钟罩形"逐渐转变为大电流的"锥形"，电弧挺度增大。

(a) 100A+100A　　　　　(b) 120A+120A　　　　　(c) 150A+150A

图 3-42　不同焊接电流下双钨极氩弧形态

图 3-43 比较了不同焊接电流下 TIG 电弧与双钨极氩弧的电弧压力分布。相同焊接电流下，双钨极氩弧的最大压力比 TIG 电弧最大压力小得多，而且压力分布较平缓。

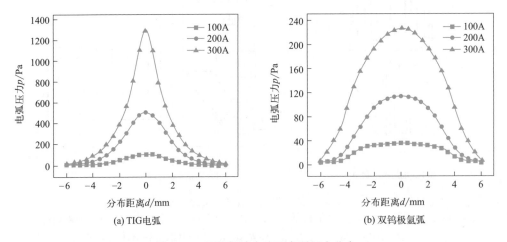

(a) TIG电弧　　　　　　　　　　　(b) 双钨极氩弧

图 3-43　不同焊接电流下电弧压力分布

双钨极氩弧的静特性显著低于普通 TIG 电弧，也就是说，在相同电流下的双钨极氩弧电压均低于 TIG 电弧，如图 3-44 所示。这是因为电弧中存在两个钨极，钨极的热发射能力增大、阴极压降减小。钨极间距对静特性形状具有明显的影响，间距为 2mm 和 4mm 时，静特性的变化趋势与 TIG 电弧基本相同；间距为 6mm 时，大电流呈现出明显的上升特性。

（2）特点及应用

1）特点

双钨极氩弧焊具有如下优点：

① 熔敷速度高。双钨极氩弧焊既可填充一根焊丝，也可同时填充两根焊丝。填充一根焊丝时，熔敷速度比普通冷丝 TIG 焊可提高 20%。填充两根焊丝时，双钨极氩弧焊的熔敷速度可达到普通冷丝 TIG 焊的 3～5 倍。

② 适用于坡口焊接。由于采用了两根钨极，焊接电流可显著提高，在某些场合下可替代埋弧焊进行厚板焊接，而且所需的坡口尺寸小，比如 X 形坡口仅需 40° 左右，比埋弧焊坡口横截面积减小了 15%，从而减少了所需的熔敷金属量。

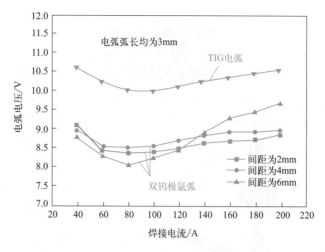

图 3-44　双钨极氩弧的静特性

③ 通过控制电流波形和摆动可适合于厚板的平焊、立焊和横焊等焊接位置。

④ 焊接过程稳定、焊缝表面成形好。双钨极氩弧焊钨极不熔化，电弧中没有熔滴的影响，因此电弧和焊接过程稳定性好，焊缝表面成形良好，不需要背面清根及焊后打磨等工序。

⑤ 电弧压力下，两根钨极纵列布置的双钨极氩弧焊适合于薄板的高速焊接。

2) 应用

双钨极氩弧焊主要用来在某些不能使用埋弧焊的场合对不锈钢、耐热钢、含镍钢厚板进行坡口焊接。例如大型的 9% Ni 钢液化天然气储罐的焊接需要进行非平衡位置的焊接，无法使用埋弧焊，利用热丝双钨极氩弧焊具有很大的优势。

（3）双钨极氩弧焊工艺

厚板通常采用热丝双钨极氩弧焊进行焊接，如图 3-45 所示。为了减小磁偏吹并控制熔池，每根钨极的电流和热丝电流均采用脉冲电流，并根据焊接位置进行适当的相位控制。钨极采用截面为矩形（厚度 2 ～ 3mm，宽度 5 ～ 6mm）的板极，为了使电弧集中，将端部削尖，如图 3-46 所示。焊接 32mm 厚钢板时，两个钨极并列布置，各自电流均为 350A 时，通过 5 层 5 道焊即可完成焊接，最大熔敷率达到 90g/min。

平焊位置焊接时，通常采用 40°～ 45° 的 V 形坡口。焊接时，焊枪不摆动，两个钨极的电流幅值相同，相位差设置为 180°，如图 3-47 所示。如果采用相同的相位，焊接过程稳定性和焊缝成形均变差。

横焊位置焊接时，通常采用正反面对称的 40° X 形坡口。焊接时，焊枪不摆动，两个钨极的电流幅值不同，下钨极的电流幅值要适当大一些，以防止熔池金属流出熔池，两个钨极电流的相位差设置为 180°，如图 3-48 所示。

立焊位置焊接时，通常采用正反面不对称的 X 形坡口，正面坡口角度为 40°，反面为 45°。焊接时，焊枪摆动，摆动到左侧时左钨极电流切换为峰值，右钨极电流保持基值；摆动到右侧时右钨极电流切换为峰值，左钨极电流保持基值；摆动到中间时两个钨极的电流均为基值电流，如图 3-49 所示。这样有利于保证侧壁熔透，并可靠地控制熔池金属不发生流失。

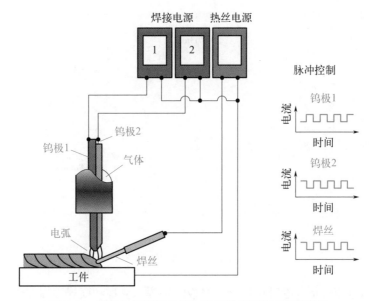

图 3-45　双钨极氩弧焊的坡口厚板焊接工艺控制示意图

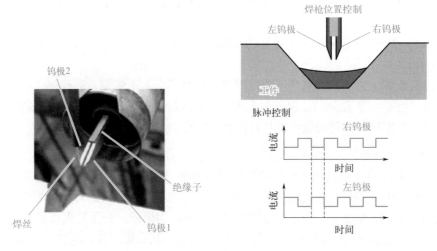

图 3-46　双钨极氩弧焊的钨极

图 3-47　平焊位置焊接时焊枪位置及脉冲控制

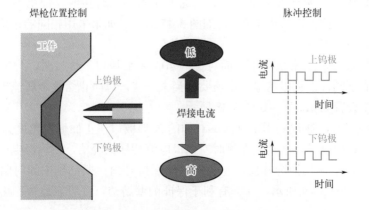

图 3-48　横焊位置焊接时焊枪位置及脉冲控制

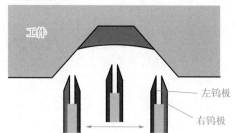

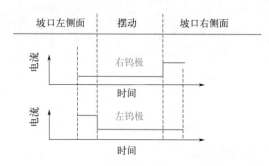

图 3-49　立焊位置焊接时焊枪位置及脉冲控制

第 4 章
熔化极气体保护焊

4.1 基本原理、特点及应用

4.1.1 基本原理及分类

（1）基本原理

熔化极气体保护焊是一种利用燃烧在焊丝与工件之间的电弧作热源熔化焊丝和工件，利用从焊枪喷嘴中喷出的气体对电弧、熔滴和熔池进行保护的电弧焊方法。熔化的焊丝金属从焊丝端部过渡到熔池，与熔化的母材金属共同构成熔池，电弧前移，熔池尾部结晶成焊缝，如图 4-1 所示。熔化极气体保护焊的缩写代号为 GMAW。

（2）分类

按使用保护气体性质的不同，熔化极气体保护焊可分为熔化极惰性气体保护焊（MIG 焊）、熔化极活性气体保护焊（MAG 焊）和 CO_2 气体保护焊（简称 CO_2 焊）。各种方法所用的保护气体如图 4-2 所示。

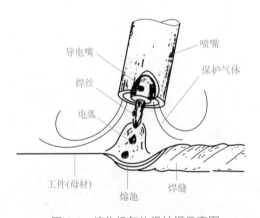

图 4-1 熔化极气体保护焊示意图

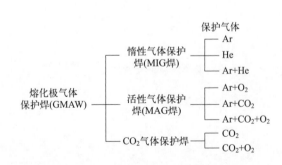

图 4-2 根据保护气体类型进行的熔化极气体保护焊分类

另外根据操作方式，熔化极气体保护焊可分为自动焊和半自动焊两种。焊枪移动通过手工实现的称为半自动焊；焊枪的移动通过机械装置拖动实现的则称为自动焊。

4.1.2 特点及应用

(1) 特点

1) 优点

① 适用范围广。熔化极气体保护焊几乎可焊接所有的金属。MIG 焊适用于铝及铝合金、钛及钛合金、铜及铜合金以及不锈钢的焊接；MAG 焊和 CO_2 焊适合于各种钢的焊接。既可焊接薄板又可焊接中等厚度和大厚度的板材，而且可适用于所有焊接位置的焊接。

② 生产率较高、焊接变形小。由于使用焊丝作电极，允许使用的电流密度较高，母材的熔深大，填充金属熔敷速度快。用于焊接厚度较大的铝、铜等金属及其合金时，GMAW 焊生产率比 TIG 焊高，焊件变形比 TIG 焊小。

③ 焊接过程易于实现自动化和质量控制。熔化极气体保护焊的电弧是明弧，焊接过程参数稳定，易于检测及控制，因此容易实现自动化。

④ 对氧化膜不敏感。熔化极气体保护焊一般采用直流反接，焊接铝及铝合金时具有很强的阴极雾化作用，因此焊前对去除氧化膜的要求很低。

2) 缺点

① 受环境制约。气体保护对风速很敏感，室外焊接时为了确保焊接区获得良好的气体保护，需有防风装置。

② 半自动焊枪比焊条电弧焊钳重，操作灵活性较差、焊枪可达性差。

(2) 应用

1) 适用的材料

MIG 焊适用于铝、铜、钛及其合金耐热钢的焊接，MAG 焊适用于各种钢的焊接，而 CO_2 焊主要用于焊接碳钢、低合金高强度钢。对于碳钢、低合金高强度钢，MAG 焊常焊接较为重要的金属结构，CO_2 焊则广泛用于普通的金属结构。

2) 适用的焊接位置

熔化极气体保护焊适应性较好，适合于各种焊接位置，其中以平焊位置和横焊位置焊接效率最高，其他焊接位置的效率也比焊条电弧焊高。

3) 可焊厚度

表4-1 给出了熔化极气体保护焊适用的厚度范围。原则上开坡口多层焊的厚度是无限的，它仅受经济因素限制。

表 4-1 熔化极气体保护焊适用的厚度范围

焊件厚度/mm	0.13	0.4	1.6	3.2	4.8	6.4	10	12.7	19	25	51	102	203
单层无坡口细焊丝		⟵		⟶									
单层带坡口			⟵			⟶							
多层带坡口CO_2焊				⟵					⟶	---	---	---	---

4.2 熔化极气体保护焊的熔滴过渡

熔化极气体保护焊的熔滴过渡形式取决于保护气体的种类、焊丝的种类及焊接工艺参数，常见形式是短路过渡、滴状过渡、细颗粒过渡、喷射过渡和脉冲喷射过渡等几种。对于钢的 MAG 焊，喷射过渡表现为射流；对于铝的 MIG 焊，喷射过渡表现为射滴。图 4-3 给出了钢的 MAG 焊、铝的 MIG 焊及 CO_2 焊工艺参数对熔滴过渡的影响。

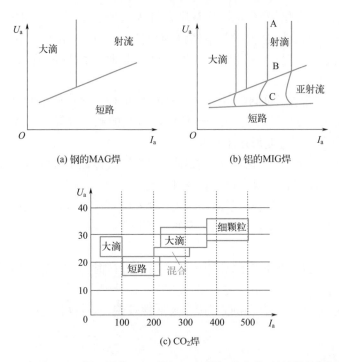

图 4-3　钢的 MAG 焊、铝的 MIG 焊及 CO_2 焊工艺参数对熔滴过渡的影响

大滴过渡产生在电弧电压较高、焊接电流较小的情况下。由于这种过渡工艺很不稳定，而且焊接的焊缝易出现熔合不良、未焊透、余高过大等缺陷，因此在实际焊接中一般不用。CO_2 焊的混合过渡飞溅大、电弧稳定性差，实际焊接过程一般也不用。

4.2.1　短路过渡

采用细丝（焊丝直径一般不大于 1.6mm），并配以小电流、低电压进行焊接时，熔滴过渡为短路过渡。其工艺特点是熔池体积小、凝固速度快，因此易于保持、不易流失，适合于薄板焊接及全位置焊接，这是 CO_2 焊最常用的过渡方法。MAG 焊和 MIG 焊较少使用短路过渡，一般使用脉冲喷射过渡进行薄板和空间位置的焊接。

由于电弧电压小、弧长短，熔滴在长大过程中就与熔池发生短路。短路后，熔滴金属在表面张力及电磁收缩力的作用下流散到熔池中，形成短路小桥；同时短路电流以一定的速度 di/dt 上升。短路小桥在不断增大的短路电流作用下快速缩颈，缩颈处的局部电阻迅速增大，在较大的短路电流作用下产生较大的电阻热。当短路小桥达到临界缩颈状态时，电阻热使缩颈部位汽化爆断，将熔滴推向熔池，完成一次过渡，图 4-4 示出了短路过渡图像及电弧电流与电压的变化规律。

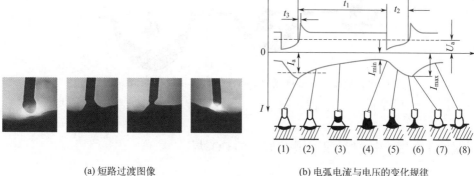

(a) 短路过渡图像　　　　　　(b) 电弧电流与电压的变化规律

图 4-4　短路过渡图像及电弧电流与电压的变化规律

T—短路过渡周期；t_1—燃弧时间；t_2—短路时间；t_3—空载电压恢复时间；U_a—电弧电压；
I_a—电弧电流；I_{min}—最小电流；I_{max}—最大电流

短路过渡是一个电弧周期性地"燃烧 - 熄灭"的动态过程，其稳定性取决于短路周期和熔滴的尺寸。短路周期越短（短路频率越大），熔滴尺寸越小，短路过渡过程越稳定。为了保证该动态过程的稳定性并减少飞溅，所用的 CO_2 焊电源应满足如下动特性要求：（a）电源的空载电压上升速度要快，以保证过渡完成后，电弧能够顺利引燃；（b）短路电流上升速度 di/dt 要适当。短路小桥的位置及爆破能量直接决定了飞溅的大小。当 di/dt 过小时，在很长的时间内短路小桥达不到临界缩颈状态，继续送进的焊丝与熔池底部的固态金属短路，导致焊丝弯曲；弯曲部位爆断后电弧重燃，重燃的电弧对熔滴和熔池形成很大的冲击作用，导致大颗粒飞溅，甚至是固体焊丝飞溅。当 di/dt 过大时，熔滴与熔池一短路，短路电流就增长到一个很大的数值，使缩颈产生在熔滴与熔池的接触部位，该部位的爆破力使大部分熔滴金属飞溅出来。di/dt 可通过在焊接回路中加一适当的电感来调节。

$$di/dt = (U_0 - iR)/L$$

式中　U_0——电源空载电压；

　　i——瞬时电流；

　　R——焊接回路中的电阻；

　　L——焊接回路中的电感。

4.2.2　细颗粒过渡

采用粗丝（焊丝直径一般不小于 1.6mm）、大电流、高电压进行 CO_2 焊时，熔滴过渡为细颗粒过渡，如图 4-5 所示。这种过渡方式的特点是：

① 电弧大半潜入或全部潜入工件表面之下（取决于电流大小），熔池较深。

② 熔滴以细小的尺寸、较大的速度沿轴向过渡到熔池中。

③ 正常情况下，过渡过程中不发生短路，对电源的动特性没有特殊要求。但是由于 CO_2 焊电弧对称性差，偶尔会发生意外短路，这种意外短路会导致很大的飞溅，因此焊接时最好也要接入一个适当的电感。

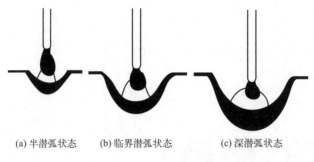

(a) 半潜弧状态　　　(b) 临界潜弧状态　　　(c) 深潜弧状态

图 4-5　细颗粒过渡

这种过渡主要用于中等厚度及大厚度板材的 CO_2 焊。

4.2.3　喷射过渡

　　MIG/MAG 焊的喷射过渡产生在电弧电压较高、焊接电流大于某一临界值的条件下。图 4-6 示出了 MAG 焊焊接电流对熔滴体积及过渡频率的影响。随着电流增大，熔滴尺寸逐渐变小，过渡频率逐渐增大；当电流达到某一特定值时，滴状过渡尺寸和频率发生突变，如图 4-6 所示。熔滴尺寸和过渡频率发生突变预示着滴状过渡形式发生变化，小尺寸高频率的熔滴过渡称为喷射过渡，由滴状过渡向喷射过渡转变的最小电流称为喷射过渡临界电流 I_{cr}。对于铝及铝合金的 MIG 焊来说，当电流大于临界电流时，喷射过渡是一滴一滴地进行的，这种过渡称为射滴过渡，如图 4-7（a）所示。而钢的 MAG 焊，喷射过渡的熔滴非常细小，细小的熔滴汇集成束流状，如图 4-7（b）所示。这是由钢熔滴表面张力大、密度大造成的。由于熔滴金属表面张力大，焊接时第一个熔滴不容易脱落，长时间保持在焊丝端部的熔滴在较大的重力作用下被拉长，在电磁收缩力和金属蒸发反力作用下产生缩颈，熔滴长大并缩颈到一定程度后才能脱落，如图 4-8 所示。第一滴熔滴脱落后，残留在焊丝端部的液态金属在电磁收缩力、金属蒸发反力和等离子流力的作用下被冲刷成铅笔尖状，此后，细小的熔滴从铅笔尖端部脱落，以很高的速度向熔池过渡。随着电流的增大，过渡熔滴直径减小，熔滴之间的间隙变小，逐步变为束流状，这种过渡形式称为射流过渡，如图 4-7（b）所示。

　　图 4-7 示出了射滴过渡和射流过渡的典型图像。

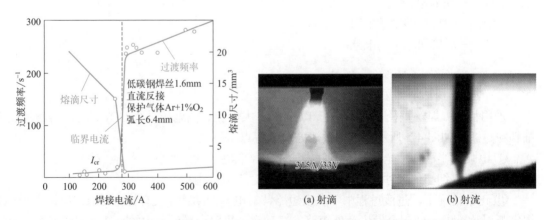

图 4-6　MAG 焊熔滴尺寸和过渡频率与焊接电流的关系　　　图 4-7　射滴过渡和射流过渡的典型图像

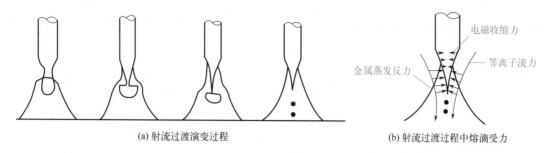

(a) 射流过渡演变过程　　　　　　　　(b) 射流过渡过程中熔滴受力

图 4-8　钢的 MAG 焊熔滴过渡的演变过程及受力分析

临界电流取决于电弧气氛、焊丝种类、焊丝直径等。

（1）气体成分的影响

利用纯氩气进行保护时，喷射过渡临界电流最小，熔滴细小，过渡速度快，高速的熔滴对熔池形成较大的冲击力，易于导致指状熔深，因此熔化极气体保护焊一般不用纯氩气作保护气体。而在 CO_2 气体保护下焊接时，要获得细颗粒过渡，就必须使用较大的焊接电流。图 4-9 比较了两种气体下焊接电流对熔滴过渡频率的影响。在氩气中加入适量活泼性气体会影响喷射过渡临界电流值。当 Ar 中加入少量 O_2 时，O_2 使钢表面张力降低，减小过渡阻力，从而减小射流过渡的临界电流，更易获得射流过渡；但加入 O_2 量增大到一定程度时，因解离吸热弧柱电场强度提高，电弧收缩，临界电流反而提高，如图 4-10 所示焊接电流。当 Ar 中加入 CO_2 时，因 CO_2 能提高弧柱电场强度，临界电流会显著增大，熔滴过渡的加速度降低，有利于防止指状熔深。

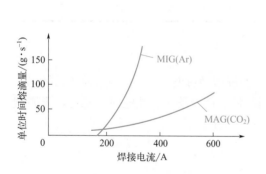

图 4-9　不同保护气体对熔滴过渡的影响

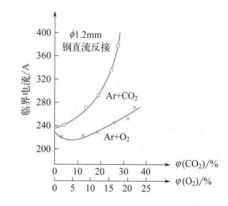

图 4-10　气体成分对射流过渡临界电流的影响

在 CO_2 焊中采用短路过渡时，若加入 20%～25%Ar，就会使得焊接过程更为稳定和减少飞溅。

（2）焊丝类型和直径的影响

相同焊丝直径下，铝焊丝的喷射过渡临界电流显著小于钢焊丝。这是由于铝的表面张力小，焊丝端部的球状熔滴容易从焊丝端部脱落。

临界电流随焊丝直径减小而增大，两者几乎呈直线关系。表 4-2 给出了常用焊丝的喷射过渡临界电流。

表 4-2　常用焊丝的喷射过渡临界电流

焊丝类型与直径		保护气体	临界电流 /A	脉冲喷射过渡临界平均电流 /A
类型	直径 /mm			
低碳钢	0.8	Ar+2%O$_2$	150	—
	0.9	Ar+2%O$_2$	165	48
	1.1	Ar+2%O$_2$	220	68
	1.6	Ar+2%O$_2$	275	
不锈钢	0.9	Ar+2%O$_2$	170	57
	1.1	Ar+2%O$_2$	225	104
	1.6	Ar+2%O$_2$	285	
铝	0.8	Ar	95	
	1.1	Ar	135	44
	1.6	Ar	180	84
脱氧铜	0.9	Ar	180	
	1.1	Ar	210	
	1.6	Ar	310	
硅青铜	0.9	Ar	165	107
	1.1	Ar	205	133
	1.6	Ar	270	—

（3）焊丝干伸长度的影响

焊丝干伸长度增大，焊丝的电阻热作用加强，促进熔滴过渡，因此，可降低临界电流。过大的干伸长度会导致旋转射流过渡，而且还会引起伸长部分软化，使电弧不稳定，飞溅增大。所以一般情况下，干伸长度的适用范围为 12 ～ 25mm。

4.2.4　亚射流过渡

亚射流过渡是介于短路过渡与射流过渡之间的一种过渡形式，是铝及铝合金焊接中特有的一种熔滴过渡方式。它产生于弧长较短、电弧电压较小的情况下。由于弧长较短，尺寸细小的熔滴在即将以射滴形式过渡到熔池中时与熔池接触短路，如图 4-11 所示。尽管有短路现象发生，但这种过渡短路时间极短，短路期间不发生爆破，通过电磁收缩力实现过渡。亚射流过渡工艺具有如下特点：

①电弧具有很强的固有自调节作用，采用等速送丝机配恒流特性的电源即可保持弧长稳定，焊缝外形及熔深非常均匀。

②熔深呈碗形，可避免指状熔深。

③电弧呈蝴蝶形状，阴极雾化作用强。

④ 在电磁收缩力的拉断作用下过渡，无飞溅。

这种过渡形式主要用于平焊及横焊位置的铝及铝合金焊接。

　　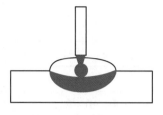

(a) 亚射流过渡过程图像　　　　　　　　　　　(b) 亚射流过渡示意图

图 4-11　亚射流过渡过程图像及示意图

4.2.5　脉冲喷射过渡

脉冲喷射过渡仅产生在熔化极脉冲氩弧焊中。只要脉冲电流大于临界电流时，就可产生喷射过渡。根据脉冲电流及其维持时间的不同，熔化极脉冲氩弧焊有三种过渡形式：一个脉冲过渡一滴（简称一脉一滴）、一个脉冲过渡多滴（简称一脉多滴）及多个脉冲过渡一滴（多脉一滴）。熔滴过渡方式主要取决于脉冲电流及脉冲持续时间，如图 4-12 所示。三种过渡方式中，一脉一滴的工艺性能最好，多脉一滴是工艺性能最差的一种过渡形式。目前数字化脉冲 MIG/MAG 电源一般都能实现一脉一滴过渡。这种电源通常是一体化调节电源，焊接时只需选择平均焊接电流或送丝速度，电源自动匹配脉冲参数。一脉一滴是通过固定脉冲电流大小和持续时间来实现的，平均电流大小通过脉冲频率来调节。

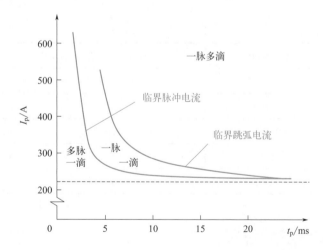

图 4-12　熔滴过渡方式与脉冲电流及脉冲持续时间之间的关系

脉冲喷射过渡工艺具有如下优点：

① 焊接参数的调节范围增大。能在高至几百安培，低至几十安培的范围内获得稳定的喷射过渡。表 4-3 给出了不同焊丝脉冲喷射过渡的最小电流值。这一范围覆盖了一般熔化极氩弧焊的短路过渡及射流过渡的电流范围，因此，熔化极脉冲氩弧焊利用射流过渡工艺既可焊厚板，又可焊薄板。

表 4-3　脉冲喷射过渡的最小电流值（平均电流值）

焊丝材料	焊丝直径 /mm			
	ϕ1.2	ϕ1.6	ϕ2.0	ϕ2.5
钢	20～25	25～30	40～45	60～70
LF-6 铝镁合金	25～30	30～40	50～55	75～80
铜	40～50	50～70	75～85	90～100
1G18Ni9Ti 不锈钢	60～70	80～90	100～110	120～130
钛	80～90	100～110	115～125	130～145
08Mn2Si 低合金钢	90～110	110～120	120～135	145～160

② 可有效地控制热输入。熔化极脉冲氩弧焊的可控参数较多，电流参数 I 由原来的一个变为四个：基值电流 I_b，脉冲电流 I_p，脉冲持续时间 t_p，脉冲间歇时间 t_b。通过调节这四个参数可在保证焊透的条件下，将热输入控制在较低的水平，从而减小了焊接热影响区及工件的变形。这对于热敏感材料的焊接是十分有利的。

③ 有利于实现全位置焊接。由于可在较小的热输入下实现喷射过渡，熔池的体积小，冷却速度快，因此，熔池易于保持，不易流淌。而且焊接过程稳定，飞溅小，焊缝成形好。

④ 焊缝质量好。脉冲电弧对熔池具有强烈的搅拌作用，可改善熔池的结晶条件及冶金性能，有助于消除焊接缺陷，提高焊缝质量。

不同的熔滴过渡方式适用于不同的实际生产条件，表 4-4 给出了不同熔滴过渡工艺的应用情况。

表 4-4　不同熔滴过渡工艺的应用情况

	Ar 或 Ar+He	$Ar+O_2$、$Ar+CO_2$ 或 $Ar+CO_2+O_2$	CO_2
短路过渡	一般不使用	宜用	最宜使用
射流 / 射滴过渡	最宜使用	最宜使用	宜使用
脉冲喷射过渡	最宜使用	最宜使用	不使用
滴状过渡	不使用	不使用	不使用
亚射流过渡	Al 焊丝时最宜使用	不使用	不使用

4.3　熔化极气体保护焊设备

4.3.1　熔化极气体保护焊设备的组成

图 4-13 所示为半自动熔化极气体保护焊设备示意图，其主要组成部分有焊接电源、焊枪、送丝系统、供气系统、水冷系统和控制系统等。自动熔化极气体保护焊设备还包括行走机构，行走机构可以是拖动焊枪及送丝机的焊接小车（机头），也可以是拖动工件行走的专用焊机。

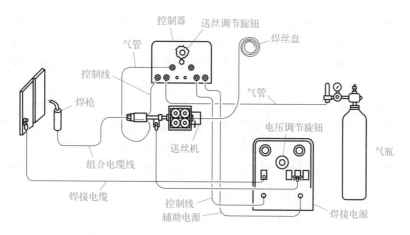

图 4-13　半自动熔化极气体保护焊设备示意图

4.3.2　熔化极气体保护焊设备对各个组成部分的要求

（1）焊接电源

1）电流类型

熔化极气体保护焊一般采用直流电源。负载持续率在 60% ~ 100%，额定焊接电流一般为 400 ~ 600A。空载电压一般为 60 ~ 80V。

2）电源外特性

与埋弧焊相类似，熔化极气体保护焊电源外特性需根据焊丝直径大小选择。焊丝直径小于 ϕ3.2mm 时，采用等速送丝系统配平外特性电源，要求下倾率 < 8V/100V。这样的配合下，通过改变电源外特性来调节电弧电压，通过改变送丝速度来调节焊接电流。焊丝直径不小于 ϕ3.2mm 时，采用弧压反馈送丝系统匹配陡降外特性电源。这样的配合下，通过改变电源外特性来调节焊接电流，通过改变送丝系统的给定信号来调节电弧电压。

3）电源动特性

短路过渡 CO_2 焊的电弧是一个动态变化的负载，对焊接电源动特性具有如下要求：

① 要求电源的空载电压上升速度要快。熔滴与熔池短路时，电弧熄灭，过渡完成后，电弧又重新引燃。为了保证电弧能够顺利引燃，要求电源空载电压上升速度快，一般情况下，要求电源电压上升到 25V 所需的时间不超过 0.05s。目前采用的 CO_2 焊电源都能满足要求。

② 合适的短路电流上升速度 di/dt。di/dt 影响短路小桥的位置和爆破能量，直接决定了飞溅的大小。di/dt 合适时，短路小桥产生在焊丝与熔滴之间，爆破能量较小且能够及时爆断，飞溅较小。可通过在焊接回路中加一适当的电感来调节。di/dt 过大或过小，均产生较大飞溅。根据焊丝成分和直径的不同对短路电流增长速度 di/dt 大小的要求不同，因此还必须根据焊丝直径对电感进行调节。随着焊丝直径的减小，熔滴过渡频率增大，要求较大的 di/dt，因此附加的电感量应小一点。

（2）焊枪

1）焊枪分类

按照操作方式，熔化极气体保护焊焊枪分为自动焊枪和半自动焊枪两类。半自动焊枪又分为鹅颈式及手枪式两类，图 4-14 示出了这两种焊枪的典型结构。按照冷却方式，熔化极

137

气体保护焊焊枪可分为气冷式和水冷式两种，额定电流在 400A 以下的焊枪通常为气冷式，适用于细丝熔化极气体保护焊。400A 以上的通常为水冷式，适用于粗丝熔化极气体保护焊。对于大电流 MIG 焊或 MAG 焊，为了节省保护气体并提高保护效果，有时会采用有双层保护气流的焊枪。

2）焊枪结构

熔化极气体保护焊焊枪由焊枪本体和软管组件（包括送丝软管、送气管、焊接电缆、控制电缆等）组成。其作用是送丝、导通电流并向焊接区输送保护气体等。

焊枪本体主要组成部件是导电嘴、喷嘴、焊枪体、帽罩及冷却水套等，其中最重要的部件为喷嘴和导电嘴，如图 4-14 所示。

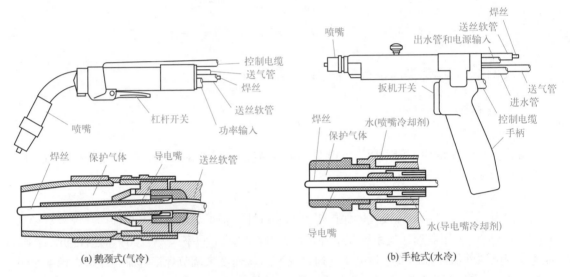

图 4-14　熔化极气体保护焊半自动焊枪

① 喷嘴。保护气体通过喷嘴流出，覆盖在电弧和熔池上方形成一良好的保护气罩。喷嘴通过绝缘套装在枪体上，所以即使它碰到工件也不会造成打弧。使用过程中应随时检查喷嘴是否被堵塞。

② 导电嘴。主要作用是将电流导入焊丝，采用紫铜或耐磨铜合金制成。导电嘴的孔径应比对应的焊丝直径稍大（大 0.1 ～ 0.2mm 左右）。喷嘴在焊接过程中不断与焊丝摩擦，因此容易受到磨损。磨损过大时会导致电弧不稳，应及时调换。导电嘴安装后，其前端应缩至喷嘴内 2 ～ 3mm。

（3）送丝系统

1）组成

送丝系统的组成与送丝方式有关，应用最广的推丝式送丝系统是由焊丝盘、送丝机构（包括电动机、减速器、校直轮、送丝轮等）和送丝软管组成。工作时，盘绕在焊丝盘上的焊丝先经校直轮校直后，再经过安装在减速器输出轴上的送丝轮，最后经过送丝软管送向焊枪。

2）送丝方式

熔化极气体保护焊设备所用的送丝方式有三种，如图 4-15 所示。

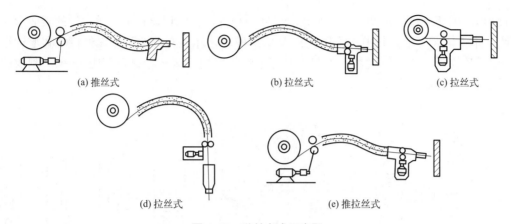

(a) 推丝式   (b) 拉丝式   (c) 拉丝式

(d) 拉丝式   (e) 推拉丝式

图 4-15　送丝方式示意图

① 推丝式。图 4-15（a）所示为推丝式送丝机的原理示意图。这种送丝方式的焊枪结构简单、轻便，操作维修都比较容易。但焊丝进入焊枪前要经过一段较长的软管，阻力较大。随着软管加长，送丝的稳定性变差，特别对较细或较软材料的焊丝更是如此。故送丝软管不能太长，一般在 3 ～ 5m 范围。

② 拉丝式。有三种不同形式的拉丝式送丝机，图 4-15（b）所示的送丝机中，送丝电动机安装在焊枪上，焊丝盘与焊枪通过送丝软管连接；图 4-15（c）所示的送丝机中，焊丝盘直接安装在焊枪上。这两种送丝方式主要用于细丝（$\phi \leqslant 0.8mm$）半自动熔化极气体保护焊。前者操作较轻便；后者去掉了送丝软管，增加了送丝的可靠性和稳定性，适用于铝或较软的细丝的输送，但其重量较大（其中焊丝盘重约 0.5 ～ 1kg），操作灵活性较差。送丝电动机一般为微型直流电动机，功率在 10W 左右。图 4-15（d）所示送丝机中，焊丝盘与焊枪分开。这种送丝方式通常用于自动熔化极气体保护焊。

③ 推拉丝式。如图 4-15（e）所示，推拉丝式是采取后推前拉的方式进行送丝，在两个力共同作用下可以克服软管的阻力，从而可以扩大半自动熔化极气体保护焊的操作距离，其送丝软管最大距离可达 15m 左右。推丝和拉丝两个动力在调试过程中要有一定配合，拉丝速度稍快，主要起到拉直的作用；推丝电动机提供主要动力，这样既保证了送丝稳定性，又降低了焊枪的体积和重量，保证了焊枪的操作灵活性。

3）送丝机构

送丝机构是送丝系统中核心部分，通常由送丝电动机、传动机构和送丝轮等组成。目前常用的送丝机构是平面式送丝机构，基本特点是送丝轮旋转面与焊丝输送方向在同一平面上，如图 4-16 所示。

从焊丝盘出来的焊丝，经校直轮校直后进入两只送丝轮之间，利用送丝轮与焊丝间的摩擦力驱动焊丝沿切线方向移动。而送丝轮由电动机通过传动机构驱动。根据焊丝直径和材质，送丝轮可以是一对或 2 ～ 3 对。每对轮又有单主动和双主动之分，如图 4-17 所示。前者结构简单，缺点是从动轮易打滑，送丝不够稳定。后者靠齿轮啮合而转动，增大了送进力，减小焊丝偏摆，焊丝

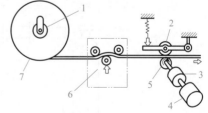

图 4-16　平面式送丝机构示意图

1—焊丝盘转轴；2—送丝轮（压紧轮）；3—传动机构；
4—电动机；5—送丝轮（主动轮）；6—焊丝校直机构；
7—焊丝盘

指向性强，因而送丝稳定性好；两主动轮尺寸须相等，否则焊丝打滑。送丝轮的表面形状有多种，如图 4-18 所示。其中轮缘压花且带 V 形槽，这样能有效地防止焊丝打滑和增加送进力，但易压伤焊丝表面，增加送丝阻力和导电嘴的磨损。送丝轮材料常用 45 钢，制成后淬火达 45 ～ 50HRC，以增强耐磨性。

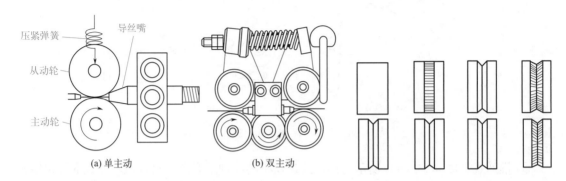

图 4-17　送丝轮　　　　　　　　图 4-18　V 形槽送丝轮的不同组合

4）送丝软管

送丝软管有两种，一种是用弹簧钢丝绕制，另一种是用四氟乙烯或尼龙等制成。前者适用于不锈钢、碳钢、合金钢焊丝，后者适用于铝及铝合金焊丝。

推丝式送丝机构的送丝软管长度一般在 3 ～ 4m，个别可达到 6m。弹簧管在使用过程中易被焊丝磨损，并易受铜屑等杂质污染，使送丝不稳定，应定期清理，必要时应更换。

（4）供气与水冷系统

1）供气系统

MIG 焊的供气系统与钨极氩弧焊基本相同，不过，采用混合气体时需要采用配比器。但对于 CO_2 气体保护焊一般还需在 CO_2 气瓶出口处安装预热器和高压干燥器，前者用以防止 CO_2 从高压降至低压时吸热而引起气路结冰堵塞，后者用以去除气中水分，有时在减压之后再安装一个低压干燥器，再次吸收气体中的水分，以防止焊缝中产生气孔，如图 4-19 所示。通常将预热和干燥整合成一体构成预热干燥器，如图 4-20 所示。预热是由电阻丝加热，一般用 36V 交流电，功率约 75 ～ 100W。干燥剂常用硅胶或脱水硫酸铜。吸水后其颜色会发生变化，经加热烘干后可重复使用。

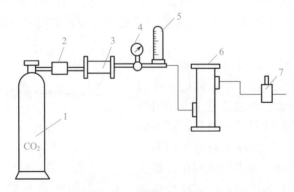

图 4-19　CO_2 焊供气系统示意图

1—气瓶；2—预热器；3—高压干燥器；4—气体减压阀；5—气体流量计；6—低压干燥器；7—气阀

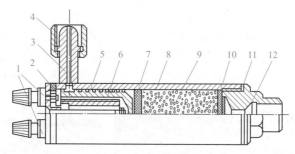

图 4-20　一体式预热干燥器的结构

1—电源接线柱；2—绝缘垫；3—进气接头；4—接头螺母；5—电热器；6—导气管；
7—气筛垫；8—壳体；9—硅胶；10—毡垫；11—铅垫圈；12—出气接头

2）水冷系统

水冷系统用于冷却焊枪，一般由水箱、水泵和冷却水管及水压开关组成。其水路与 TIG 焊水冷系统相同。冷却水可循环使用。水压开关的作用是保证当冷却水没流经焊枪时，焊接系统不能启动，以达到保护焊枪的目的。

（5）控制系统

熔化极气体保护焊的控制系统由基本控制系统和程序控制系统两部分组成。前者的作用主要是在焊前或焊接过程中调节焊接参数，如焊接电源输出调节系统、送丝速度调节系统、小车（或工作台）行走速度调节系统和气体流量调节系统等；后者的主要作用是对控制设备的各组成部分按照预定顺序进入并退出工作状态，以便协调而又有序地完成焊接。

图 4-21 分别示出了半自动和自动 CO_2 焊的焊接程序。目前焊接设备上的程序控制通常采用单板机或微机来实现。

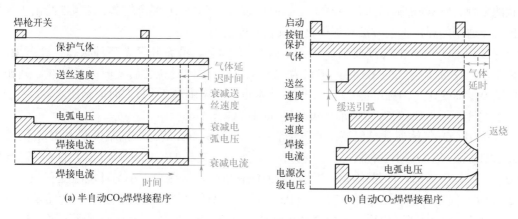

(a) 半自动CO_2焊焊接程序　　(b) 自动CO_2焊焊接程序

图 4-21　CO_2 焊的焊接程序

4.4　熔化极气体保护焊焊接材料

4.4.1　保护气体

在熔化极气体保护焊中常用富氩混合气体或单一的 CO_2 气体。MIG/MAG 焊通常不采用纯氩气进行焊接，因为纯氩气会导致以下几个问题：

① 出现指状熔深，这是因为纯氩气保护下的电弧会导致强烈的喷射过渡。

② 焊接低碳钢及低合金钢时，液态金属的黏度高、表面张力大，易导致气孔、咬边等缺陷。

③ 焊接低碳钢、低合金钢时，电弧阴极斑点不稳定，易于导致熔深及焊缝成形不均匀、蛇形焊道，图 4-22 比较了采用纯 Ar 和 Ar+2% O_2 混合气体焊接的不锈钢焊缝形貌。

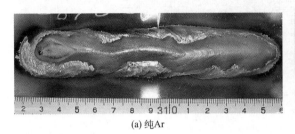

(a) 纯Ar   (b) Ar+2%O_2混合气体

图 4-22　采用不同气体焊接的不锈钢焊缝形貌

熔化极气体保护焊通常采用 Ar+He、Ar+H_2、Ar+O_2、Ar+N_2、Ar+CO_2 和 CO_2+O_2 等二元混合气体或 Ar+CO_2+O_2 三元混合气体进行保护。氩气中加入其他气体首要目的是防止指状熔深。而焊接低碳钢、低合金高强钢或不锈钢时，在氩气中加入少量 O_2 或 CO_2 还能使熔池表面产生一层薄薄的连续氧化膜，可靠地稳定阴极斑点，改善电子发射能力和抑制电弧飘荡，防止产生焊道弯曲或不连续缺陷。另外，氧还能降低熔滴和溶池的表面张力，防止咬边和气孔缺陷。采用 Ar+He+CO_2+O_2 四元混合气体作保护时，在大电流下焊接能获得稳定的旋转熔滴过渡，进行大电流、高焊速、高熔敷率的熔化极气体保护焊，这种工艺称为 T.I.M.E. 焊。

MIG 焊焊接铝及其合金时通常采用氩与氦混合气体。加入氦气后不但可避免指状熔深，还能提高焊接速度并改善焊缝成形。图 4-23 为焊接铝合金时，氩和氦不同混合比例对焊缝形状的影响。MAG 焊通常采用 Ar+O_2、Ar+CO_2 或 Ar+CO_2+O_2 混合气体。表 4-5 给出了常用保护气体适用的焊接工艺方法和焊件材料及其厚度范围。

焊接用 CO_2 气体的纯度要求 > 99.5%。CO_2 有固态、液态和气态三种状态。气态无色，易溶于水，密度为空气的 1.5 倍，沸点为 -78℃。CO_2 气体受压力后变成无色液体，其相对密度随温度而变化。当温度低于 -11℃时，比水重；当温度高于 -11℃时，则比水轻。在 0℃和一个大气压下，1kg CO_2 重的液体可蒸发 509L CO_2 气体。

焊接用 CO_2 气体通常是以液态装于钢瓶中，容量为 40L 的标准钢瓶可灌入 25kg 的液态 CO_2，25kg 液态 CO_2 约占钢瓶容积的 80%，其余 20% 左右的空间充满汽化了的 CO_2。气瓶压力表上所指压力值，即是这部分汽化气体的饱和压力，该压力大小与环境温度有关，室温为 20℃时，气体的饱和压力约 57.2×10^5Pa。注意，该压力并不反映液态 CO_2 的储量，只有当瓶内液态 CO_2 全部汽化后，瓶内气体的压力才会随 CO_2 气体的消耗而逐渐下降。这时压力表读数才反映瓶内气体的储量。故正确估算瓶内 CO_2 储量是采用称钢瓶质量的办法。

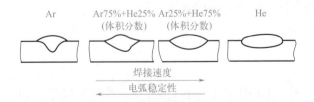

图 4-23　MIG 焊（长弧）焊接铝合金，随着 He 增加焊缝形状的变化

表 4-5 各种保护气体适用的焊接工艺方法和焊件材料及其厚度范围

保护气体成分（体积分数）	适用焊接方法	常用焊丝直径/mm	适用的金属材料	焊件厚度/mm	施焊方式	焊接位置	备注
纯 Ar	TIG 焊		有色金属，奥氏体不锈钢，高温合金		手工，自动		
	MIG 喷射过渡	0.8～1.6		3～5	半自动，自动	全位置	向下立焊
		1.6～5.0		5～40		平焊	
	MIG 脉冲喷射过渡	0.8～2.0		1.5～5		全位置	向下立焊
		1.6～5.0		6～40		平焊	
纯 He	TIG 焊		有色金属，奥氏体不锈钢，高温合金	—	手工，自动	—	
	MIG 喷射过渡	0.8～1.0		4～6	半自动，自动	全位置	向下立焊
		1.2～4.0		6～40	自动	平焊	—
	MIG 脉冲喷射过渡	0.8～1.2		2～5	半自动，自动	全位置	向下立焊
		2.0～4.0		8～40	自动	平焊	
纯 N₂ 或 Ar+75% N₂	MIG 滴状兼短路过渡	0.8～1.2	铜及其合金，用氮合金化的奥氏钢	3～5	半自动	全位置	向下立焊
		1.6～4.0		5～30	自动	平焊	—
纯 CO₂	MAG 短路过渡	0.5～1.6	碳钢，合金结构钢	0.5～5	半自动	全位置	向下立焊
	MAG 滴状兼短路过渡	1.6～4.0		4～10	自动	平焊	—
Ar+ ≤ 75% He	TIG 焊	—	铝及其合金，钛及其合金，铜及其合金	—	手工，自动	—	
	MIG 喷射过渡	1.6～4.0		8～40	自动	平焊	
Ar+（5%～15%）H₂	TIG 焊	—	不锈钢，镍基合金	—	手工，自动	—	
Ar+（1%～5%）O₂	MAG 焊 脉冲 MAG 焊	0.8～1.6	不锈钢，耐热钢	1～10	半自动，自动	各种位置	
Ar+5%CO₂ 或 Ar+20%CO₂	MAG 焊 脉冲 MAG 焊	0.8～1.6	低碳钢，低合金钢	1～10	半自动，自动	各种位置	
Ar+20%CO₂+5%O₂	MAG 焊 脉冲 MAG 焊	0.8～1.6	低碳钢，低合金钢	1～10	半自动，自动	各种位置	

一瓶装有 25kg 液化 CO_2 的钢瓶，若焊接时的流量为 20L/min，则可连续使用 10h 左右。装 CO_2 气体的钢瓶外表涂成黑色并写有黄色 "CO_2" 字样。

瓶装液态 CO_2 可溶解约 0.05%（质量分数）的水，其余的水则成自由状态沉于瓶底。这些水分在焊接过程中随 CO_2 一起挥发，以水蒸气混入 CO_2 气体中，影响 CO_2 气体纯度。水蒸气的蒸发量与瓶中压力有关，瓶压越低，水蒸气含量越高，故当瓶压低于 980kPa 时，就不宜继续使用，需重新灌气。

4.4.2 焊丝

焊接时，焊丝既作填充金属又作导电的电极。熔化极气体保护焊用的焊丝直径较小，一般为 1.0 ～ 1.6mm，常制成焊丝卷或焊丝盘供货使用。所用焊接电流却比较大，所以焊丝的熔化速度很高，大约在 40 ～ 340mm·s^{-1}。

（1）焊丝分类

按焊丝的结构，焊丝分为实心焊丝和药芯焊丝两大类。本节介绍实心焊丝。根据适用的金属材料，焊丝分为低碳钢焊丝、低合金钢焊丝、不锈钢焊丝、铜及铜合金焊丝、铝及铝合金焊丝、硬质合金堆焊焊丝和铸铁焊丝等。各种焊丝的型号、牌号及其成分均由相关国家标准来规定。

1）气体保护焊用碳钢、低合金钢焊丝的型号及化学成分

GB/T 8110—2008《气体保护电弧焊用碳钢、低合金钢焊丝》规定，这类焊丝的型号按化学成分和熔化极气体保护电弧焊熔敷金属的力学性能进行分类。

焊丝型号以字母"ER"开头，表示气体保护电弧焊用焊丝；ER 后面用两位数字表示熔敷金属的最低抗拉强度；两位数字后用短划"-"与后面的字母或数字隔开，该字母或数字表示焊丝化学成分的分类代号。如果还附加其他化学成分时，可直接用该元素符号表示，并以短划"-"与前面的字母或数字分开。

型号示例：

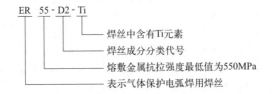

2）不锈钢焊丝及焊带

GB/T 29713—2013《不锈钢焊丝和焊带》规定，不锈钢焊丝和焊带按照化学成分进行划分，型号由两部分组成：第一部分为首字母，用"S"表示焊丝，用"B"表示焊带；第二部分为数字和字母组合，表示化学成分，"L"表示低碳，"H"表示高碳。该标准规定的焊丝型号既适用于气体保护焊，也适用于埋弧焊。

示例：

3）铝及铝合金焊丝的型号、牌号及化学成分

GB/T 10858—2008《铝及铝合金焊丝》规定，焊丝型号由三部分组成。第一部分为字母"SAl"，表示铝及铝合金焊丝；第二部分为四位阿拉伯数字，表示焊丝型号；第三部分为可选部分，表示化学成分代号。这类焊丝既可用于气体保护焊，也可用于气焊。

4）铜及铜合金焊丝的型号及其化学成分

GB/T 9460—2008《铜及铜合金焊丝》规定，焊丝型号由三部分组成。第一部分为字母"SCu"，表示铜及铜合金焊丝；第二部分为四位阿拉伯数字，表示焊丝型号；第三部分为可选部分，表示化学成分代号。这类焊丝既可用于气体保护焊，也可用于气焊。

5）高温合金焊丝的牌号及其化学成分

高温合金焊丝牌号的编制方法是在变形高温合金牌号的前面加"H"字母，表示焊接用的高温合金焊丝。

牌号示例：

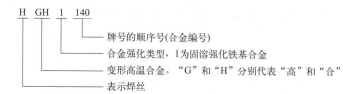

H GH 1 140

牌号的顺序号(合金编号)
合金强化类型，1为固溶强化铁基合金
变形高温合金。"G"和"H"分别代表"高"和"合"
表示焊丝

6）镍基合金焊丝的型号及其化学成分

GB/T 15620—2008《镍及镍合金焊丝》规定，焊丝型号由三部分组成。第一部分为字母"SNi"，表示镍及镍合金焊丝；第二部分为四位阿拉伯数字，表示焊丝型号；第三部分为可选部分，表示化学成分代号。这类焊丝既可用于气体保护焊，也可用于埋弧焊。

（2）焊丝的选用

在焊接过程中，焊丝的化学成分与保护气体相配合，影响焊缝金属的化学成分，而焊缝金属的成分又决定着焊件的化学成分和力学性能。所以在选用焊丝时，首先是考虑母材的化学成分和力学性能，其次是要与所用保护气体相配合。

通常焊丝与母材的成分应尽可能相近，但 MAG 焊和 CO_2 焊时宜选用含 Si、Mn 等脱氧元素较多的焊丝。有时为了能满意地进行焊接和获得所希望的焊缝金属性能而适当改变焊丝的化学成分。例如，常在焊丝中添加脱氧剂或其他净化元素，是为了通过其与氧、氮或氢的反应使焊缝中的气孔减到最少或保证焊缝的力学性能。这些有害气体可能来自保护气体或偶尔从周围气氛侵入焊接区内。采用含氧的保护气体焊接时，在焊丝中应添加适当的脱氧剂。

在钢焊丝中，最经常使用的脱氧剂是锰、硅和铝；对于铜合金可使用钛、硅或磷作脱氧剂；在镍合金中常使用钛和硅作脱氧剂。

4.5　MIG/MAG 焊接工艺

MIG 焊主要用于焊接铝、镁及其合金。MAG 焊主要用于焊接不锈钢、低碳钢、低合金钢等。熔滴过渡主要采用喷射过渡和脉冲喷射过渡。利用 MIG 焊焊接铝时，亚射流过渡是一种最理想的过渡方法，但这种工艺要求送丝速度和焊接电流进行严格的匹配，其工艺窗口很窄，因此在实际生产中应用很少。脉冲熔化极气体保护焊可以焊接薄板和全位置焊接。一般都采用直流反接，这样电弧稳定、熔滴过渡均匀和飞溅少，焊缝成形好。

4.5.1 接头及坡口设计

熔化极气体保护焊可采用的接头形式有对接、角接、T形接头及卷边对接等。坡口形式根据板厚、接头形式及焊接位置确定。图4-24示出了钢的熔化极气体保护焊常用的接头及坡口形式。

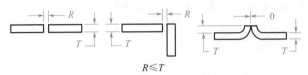

(a) $T \leqslant 1.6$mm，I形坡口，不加衬垫，单面焊接

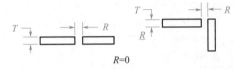

(b) $T \leqslant 3.2$mm，I形坡口，不加衬垫，双面焊接

(c) $T \leqslant 4.8$mm，I形坡口，加衬垫，单面焊接

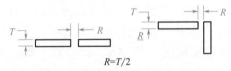

(d) 3.2mm$\leqslant T \leqslant 6.4$mm，I形坡口，不加衬垫，双面焊接

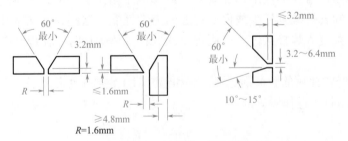

(e) V形坡口，不加衬垫，单面或双面焊接

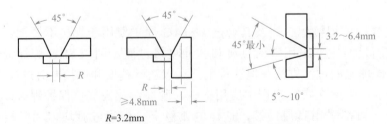

(f) V形坡口，加衬垫，单面焊接

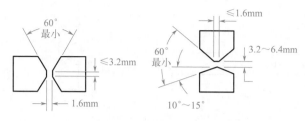

(g) X形坡口，不加衬垫，双面焊接

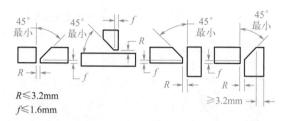

$R \leqslant 3.2mm$
$f \leqslant 1.6mm$

(h) 单边V形坡口，不加衬垫，单面或双面焊接

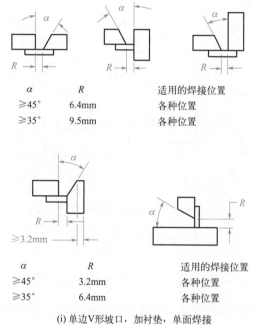

α	R	适用的焊接位置
$\geqslant 45°$	6.4mm	各种位置
$\geqslant 35°$	9.5mm	各种位置

α	R	适用的焊接位置
$\geqslant 45°$	3.2mm	各种位置
$\geqslant 35°$	6.4mm	各种位置

(i) 单边V形坡口，加衬垫，单面焊接

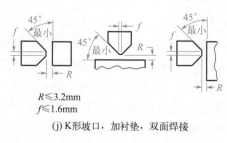

$R \leqslant 3.2mm$
$f \leqslant 1.6mm$

(j) K形坡口，加衬垫，双面焊接

图 4-24

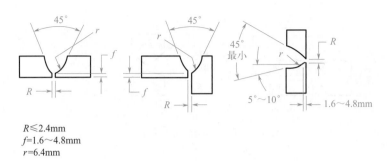

$R \leqslant 2.4mm$
$f = 1.6 \sim 4.8mm$
$r = 6.4mm$

(k) U形坡口，不加衬垫，单面或双面焊接

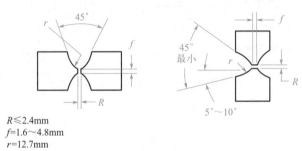

$R \leqslant 2.4mm$
$f = 1.6 \sim 4.8mm$
$r = 12.7mm$

(l) 双U形坡口，不加衬垫，双面焊接

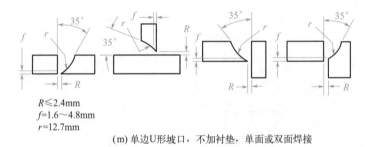

$R \leqslant 2.4mm$
$f = 1.6 \sim 4.8mm$
$r = 12.7mm$

(m) 单边U形坡口，不加衬垫，单面或双面焊接

图 4-24　钢的熔化极气体保护焊常用的接头及坡口形式

4.5.2　焊接工艺参数

MIG/MAG 焊的焊接工艺参数主要有焊接电流、电弧电压、焊接速度、焊丝直径、焊丝干伸长度、保护气体及其流量大小、焊丝倾角、焊接位置和极性等。

（1）焊丝直径和焊接电流

通常是根据焊件厚度首先确定焊丝直径，然后按所需的熔滴过渡形式确定焊接电流。对于熔化极气体保护焊，直径小于 3.2mm 的焊丝属细焊丝，不小于 3.2mm 的属粗焊丝。焊丝直径不同，使用的焊接电流范围和焊接设备也不同。图 4-25 表示不同直径的铝焊丝和不锈钢焊丝的熔滴过渡形式及其对应的电流范围。从图中可看出以下几点。

铝合金粗焊丝大电流的连续喷射过渡其稳定区电流范围的上下限是由两个临界电流值决定的，一个是产生喷射过渡的临界电流，另一个是焊缝产生起皱现象的临界电流，该起皱临界电流也随焊丝直径的增大而增加。

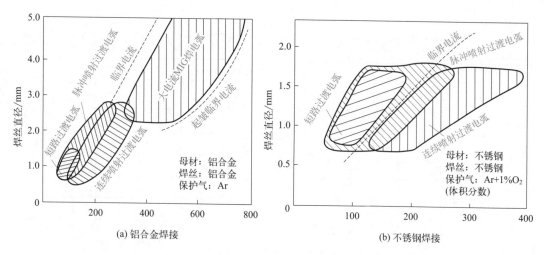

图 4-25　不同焊丝直径下各种熔滴过渡形式对应的电流范围

　　在稳定焊接过程中，其他条件不变的情况下，随着焊接电流（送丝速度）增大，焊缝的熔深和余高明显增大，而熔宽略有增大，如图 4-26 所示。

（2）电弧电压

　　电弧电压对电弧稳定性和熔滴过渡也具有重要的影响。图 4-27 给出了三种基本熔滴过渡形式的最佳焊接电流和电弧电压范围，超出此范围后，如电弧电压过高（即电弧过长），则可能产生气孔和飞溅；如电压过低，即短弧，就可能踏弧短接。

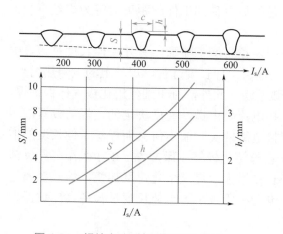

图 4-26　焊接电流对焊缝形状的影响

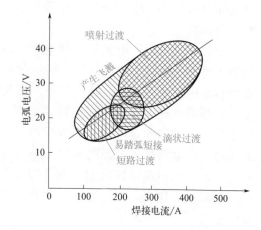

图 4-27　MIG 焊最佳的电弧电压与焊接电流的关系

　　随着电弧电压的增大，熔深和余高减小，而熔宽增大，如图 4-28 所示。

（3）焊接速度

　　随着焊接速度的增大，热输入降低，母材熔化量降低，其熔深和熔宽减小。为了保证熔深，在提高焊接速度时必须增大焊接电流。通过提高焊接电流来提高焊接速度的方法并不是十分有效，因为，高速大电流焊接容易导致咬边、未熔合和驼峰缺陷。若焊速过慢，单位长度上熔敷量增加，熔池体积增大，熔深反而减小而熔宽增加，如图 4-29 所示。

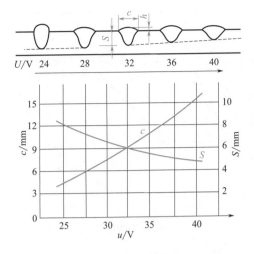

图 4-28　电弧电压对焊缝形状的影响

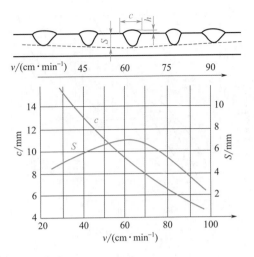

图 4-29　焊接速度的影响

（4）焊丝干伸长度和导电嘴到工件的距离

焊丝干伸长度是指电弧稳定燃烧时伸出在导电嘴之外的焊丝长度 l_s，如图 4-30 所示。该参数并不是一个可独立设定的参数，也就是说，焊前不能直接设定其大小，需要通过设定导电嘴到工件的距离 L_H 和电弧弧长 l_a 来间接确定。由图 4-30 可看出，$l_s=L_H-l_a$，L_H 可直接设定，l_a 可通过设定弧长来设定，设定了这两个参数后就间接地设定了。

一般对于短路过渡焊丝，干伸长度以 6.4 ～ 12mm 较合适。而其他形式的熔滴过渡，合适的干伸长度为 12 ～ 20mm。经验设置方法是将导电嘴到工件的距离设定为焊丝直径的 12 ～ 14 倍。

干伸长度过短，电弧易烧导电嘴，且飞溅颗粒易堵塞喷嘴。另外干伸长度过短，喷嘴到工件的距离过小，还会影响熔池的可观察性。干伸长度过长，焊丝上的电阻热增大，焊丝容易因过热而熔断，导致严重飞溅及电弧不稳。此外，对于细丝熔化极气体保护焊，由于采用等速送丝系统匹配平特性电源，焊接电流是由送丝速度决定的，焊前设置的实际上是一定的送丝速度而不是焊接电流，焊接电流的实际输出值会随焊丝干伸长度的增大而降低，熔深减小，如图 4-31 所示。对于粗丝熔化极气体保护焊，由于采用弧压反馈送丝系统匹配恒流特性电源，随着焊丝干伸长度增大，焊丝熔化速度加快，熔敷金属过多，电弧稳定性变差，焊缝成形恶化，熔深也会有所减小。干伸长度过长还会导致保护效果变差。

（5）焊丝倾斜角

焊丝轴线相对于焊缝轴线的角度和位置会影响焊缝的形状和熔深。

当焊丝轴线和焊缝轴线在一个平面内时，它们相互之间的夹角称行走角，如图 4-32 所示。焊丝端部指向前进方向的倾斜焊接称前倾焊法，焊丝端部指向前进相反方向的倾斜焊接称后倾焊法，焊丝轴线与焊缝轴线垂直称正直焊法。这三种焊接方法对熔深的影响如图 4-33 所示。焊丝从垂直位置变为后倾焊，电弧压力存在一个指向熔池尾部的水平方向分力，该分力使得电弧下方的熔池金属沿熔池尾部方向流动，电弧正下方的熔池金属层较薄，有利于加热熔池底部，因此熔深增大，而焊道变窄，余高增大。这是因为，拖角在 15°～ 20° 时熔深最大，这时一般不推荐大于 25° 的拖角。

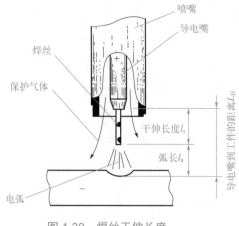

图 4-30　焊丝干伸长度

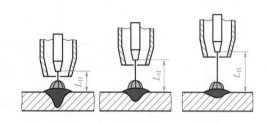

图 4-31　干伸长度对焊缝形状尺寸的影响

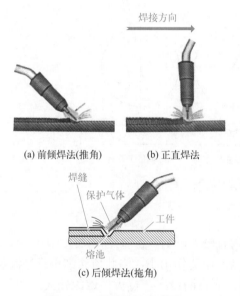

图 4-32　焊丝位置示意图

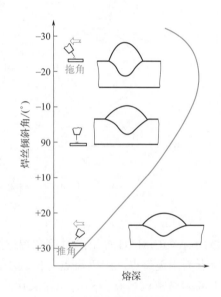

图 4-33　焊丝倾斜角对熔深的影响

（6）工件的倾斜度

喷射过渡焊接适于平焊而不适于立焊和仰焊位置。平焊时，工件相对于水平面的倾斜度对焊缝成形、熔深和焊接速度有影响。图 4-34 示出了工件倾斜对焊缝形状的影响。下坡焊（夹角≤15°）时，熔池金属重力会阻止液态金属后流，电弧下方液态金属层较厚，焊缝熔深和余高减小，焊接速度可以提高，有利于焊接薄板。上坡焊时，熔池金属重力会使液态金属后流，使熔深和余高增加，而熔宽减小。

短路过渡的焊接可用于薄板的平焊和全位置焊接。

圆柱形筒体外环缝平焊时（工件旋转），为了获得良好焊缝成形，焊丝应逆旋转方向偏一定距离，如图 4-35（a）所示。若偏移量过大，则熔深变浅而熔宽增加［图 4-35（b）］；若偏反了方向［图 4-35（c）］则熔深和余高增加而熔宽变窄。

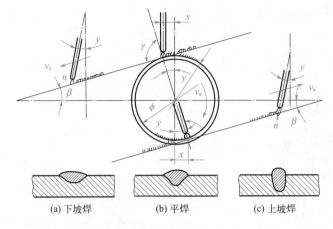

(a) 下坡焊	(b) 平焊	(c) 上坡焊

图 4-34　工件倾斜对焊缝形状的影响

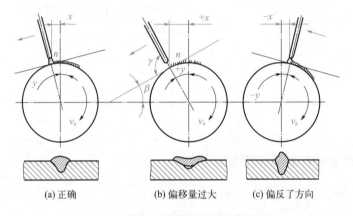

(a) 正确	(b) 偏移量过大	(c) 偏反了方向

图 4-35　筒体外环缝焊接焊丝偏移位置

（7）极性

极性对 MIG/MAG 焊熔滴过渡和焊缝熔深均有较大影响。直流反接（DCRP）时，熔滴上的斑点为阳极斑点，阳极斑点力比较小，对熔滴阻碍作用小，因此熔滴细小且过渡稳定；工件上的阴极斑点具有强烈的去除氧化膜作用，而且阴极区产热大，熔深较大，如图 4-36 所示。因此，熔化极气体保护焊一般采用直流反接进行焊接。

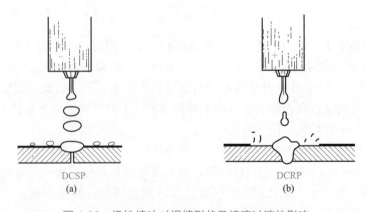

DCSP	DCRP
(a)	(b)

图 4-36　极性接法对焊缝形状及熔滴过渡的影响

综合上述各焊接参数对焊缝形状尺寸及焊接生产率的影响，表 4-6 给出了调整焊缝几何形状及熔敷速度的方法。

表 4-6　调整焊缝几何形状及熔敷速度的方法

要　　求		电弧电压	焊接电流	焊接速度	焊丝倾斜角	焊丝干伸长度	焊丝直径	说明
熔深 S	深些		①增大		③拖角最大 25°	②减小	④小 *	* 假定调整送丝速度而焊接电流恒定 ① 表示第一选择 ② 表示第二选择 ③ 表示第三选择 ④ 表示第四选择
	浅些		①减小		③推角	②增大	④大 *	
余高 h	大些		①增大	②减小		③增大 *		
	小些		①减小	②增大		③减小 *		
熔宽 c	凸且窄	①减小			②拖角	③增大		
	平且窄	①增大			②90°	③减小		
熔敷速度 v	快些		①增大			②增大 *	③小	
	慢些		①减小			②减小 *	③大	

4.5.3　典型 MIG/MAG 焊接工艺参数

（1）铝及铝合金的 MIG 焊

铝及其合金的 MIG 焊接通常采用直流反接，焊接薄板和中厚板时用纯氩气保护，焊厚件时采用 Ar+（50% ～ 60%）He（体积分数）或纯氦气保护。根据板厚和接头形式可以采用射流过渡 MIG 焊、脉冲射流过渡 MIG 焊和粗丝大电流 MIG 焊方法进行焊接。

1）射流过渡 MIG 焊

铝及其合金 MIG 焊最常用的熔滴过渡方式，应采用大于临界电流的焊接电流进行焊接。$\phi 1.2mm$、$\phi 1.6mm$ 和 $\phi 2.4mm$ 焊丝的临界电流分别为 130A、170A 和 220A。图 4-37 给出了铝合金射流过渡 MIG 对接焊的参数范围；表 4-7 示出了不同板厚铝合金的典型焊接参数。

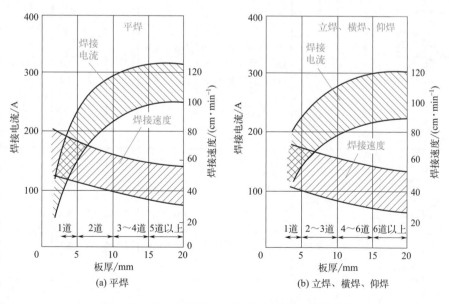

图 4-37　铝合金射流过渡 MIG 对接焊的参数范围

焊接工艺全图解

表 4-7　铝合金射流过渡 MIG 焊的典型焊接参数

板厚/mm	坡口形状及尺寸/mm	焊接位置	焊道顺序	焊接参数 电流/A	电压/V	焊速/(mm·min⁻¹)	焊丝 直径/mm	送丝速度/(m·min⁻¹)	氩气流量/(L·min⁻¹)	备注
6	α=60°　c　0~2	水平横、立、仰	1 1 2（背）	200～250 170～190	24～27 23～26	400～500 60～70	1.6	5.9～7.7 5.0～5.6	20～24	使用垫板
8	c=0~2　α=60°	水平横、立、仰	1 2 1 2 3～4	240～290 190～210	25～28 24～28	450～600 600～700	1.6	7.3～8.9 5.6～6.3	20～24	使用垫板，仰焊时增加焊道数
12	c=1~3　α₁=60°~90°　α₂=60°~90°	水平横、立、仰	1 2 3（背） 1 2 3 1～8（背）	230～300 190～230	25～28 24～28	400～700 300～450	1.6 或 2.4 1.6	7.0～9.3 3.1～4.1 5.6～7.0	20～28 20～24	仰焊时增加焊道数
16	c=1~3　α₁=90°　α₂=90°	水平横、立、仰	4 4 10～12	310～350 220～250 230～250	26～30 25～28 25～28	300～400 150～300 400～500	2.4 1.6 1.6	4.3～4.8 6.6～7.7 7.0～7.7	24～30	焊道数可适当增加或减少正反两面交替焊接，以减少变形
25	c=2~3(7道时)　α₁=90°　α₂=90°	水平横、立、仰	6～7 6 约15	310～350 220～250 240～270	26～30 25～28 25～28	400～600 150～300 400～500	2.4 1.6 1.6	4.3～4.8 6.6～7.7 7.3～8.3	24～30	

2）脉冲射流过渡 MIG 焊

焊接厚度较小的铝合金、热敏感性强的热处理强化铝合金或空间位置的接头时，最好选择脉冲射流过渡工艺。铝合金脉冲射流过渡 MIG 焊的典型焊接工艺参数见表 4-8。

表 4-8　铝合金脉冲射流过渡 MIG 焊的典型焊接工艺参数

板厚 /mm	接头形式	焊接位置	焊丝直径 /mm	焊接电流 /A	电弧电压 /V	焊速 /(cm·min⁻¹)	气体流量 /(L·min⁻¹)
3	对接	水平	1.4～1.6	70～100	18～20	21～24	8～9
		横	1.4～1.6	70～100	18～20	21～24	13～15
		立向下	1.4～1.6	60～80	17～18	21～24	8～9
		仰	1.2～1.6	60～80	17～18	18～21	8～10
4～6	角接	水平	1.6～2.0	180～200	22～23	14～20	10～12
		立向上	1.6～2.0	150～180	21～22	12～18	10～12
		仰	1.6～2.0	120～180	20～22	12～18	8～12
14～25	角接	立向上	2.0～2.5	220～230	21～24	6～15	12～25
		仰	2.0～2.5	240～300	23～24	6～12	14～26

3）粗丝大电流 MIG 焊

为提高厚铝板焊接生产率可以采用粗丝大电流 MIG 焊工艺。对某一直径焊丝，只有在选用不小于喷射过渡临界电流的焊接电流时才能获得稳定的喷射过渡，但当焊接电流超过临界电流过多，达到某一定值（即起皱临界电流）时又会出现焊缝起皱的现象。这是因为当电流过大时，强大的电弧力造成很深的弧坑，阴极斑点被限制在弧坑内不能扩张，从而失去阴极清理作用；另外，在强大的电弧力（如等离子流力、熔滴冲击力）直接作用下，熔池和电弧相继失稳，液体金属会从弧坑底部被猛烈地挖出来，这种剧烈扰动，破坏了气体保护，使液体金属与周围空气接触而产生严重的氧化和氮化，于是造成焊缝表面的起皱现象。通常采用双层气流保护的粗丝 MIG 焊来克服这种缺陷。粗丝降低了电流密度，从而减小电弧压力，稳定了熔池；双层气流保护用来加强保护效果。图 4-38 为铝合金粗丝大电流 MIG 焊的焊接电流范围。表 4-9 为典型双层气流保护粗丝大电流焊接参数。板厚较大时宜采用 Ar+He 混合气体保护，用纯氩时易导致指状熔深（图 4-22），对厚板焊接极易造成冶金

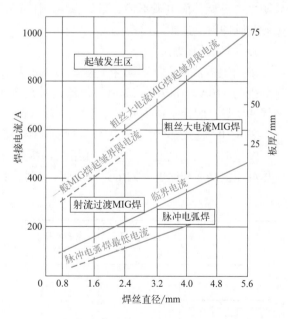

图 4-38　铝合金粗丝大电流 MIG 焊的焊接电流范围

缺陷，故板厚超过一定范围时，通常在 Ar 中加入适量的 He。

表 4-9　铝合金粗丝大电流 MIG 焊的焊接参数

板厚 /mm	坡口形状	坡口参数			焊接材料		层数	焊接参数			
		θ /(°)	a /mm	b /mm	焊丝直径 /mm	气体①		焊接电流 /A	电弧电压 /V	焊接速度 /(mm·min⁻¹)	气体流量 /(L·min⁻¹)
25		90	—	5	3.2	Ar	2	480～530	29～30	30	100
25		90	—	5	4.0	Ar+He	2	560～610	35～36	30	100
38		90	—	10	4.0	Ar	2	630～660	30～31	25	100
45		60	—	13	4.8	Ar+He	2	780～800	37～38	25	150
50		90	—	15	4.0	Ar	2	700～730	32～33	15	150
60		60	—	19	4.8	Ar+He	2	820～850	38～40	20	180
50		60	30	9	4.8	Ar+He	2	760～780	37～38	20	150
60		80	40	12	5.6	Ar+He	2	940～960	41～42	18	180

① Ar+He（体积分数）；内喷嘴 50%Ar+50%He；外喷嘴 100%Ar。

（2）不锈钢的 MIG/MAG 焊工艺

用纯 Ar 进行不锈钢焊接，因存在着液体金属黏度和表面张力大的问题，容易生成气孔，且阴极斑点飘移而电弧不稳。最好在 Ar 中加入 5% 以下的 O_2。采用的熔滴过渡工艺有射流过渡和脉冲射流过渡等形式。

1）射流过渡焊接

采用大电流高电压，对于直径为 0.8mm、1.2mm 和 1.6mm 的焊丝，射流过渡的临界电流分别为 110A、180A 和 220A。射流过渡熔深大，熔敷率高，熔池极易流动，故主要用于平焊和横焊。焊接不锈钢的最小厚度约为 3mm，焊丝直径≤ 1.6mm。

表 4-10 为不锈钢射流过渡 MAG 焊典型焊接参数。

焊接时，为了防止产生蘑菇状熔深，焊丝可作较小的横向摆动。为了提高耐腐蚀性能，应尽可能提高冷却速度。如果是双面焊，与腐蚀介质相接触的工作面应最后焊。

表 4-10　不锈钢射流过渡 MAG 焊典型焊接参数

接 头 形 式	板厚 t /mm	焊丝直径 /mm	层数	焊接电流/A （直流反接）	送丝速度 /(m·min⁻¹)	焊接速度 /(m·min⁻¹)
	3.2	1.6	1	225	3.6	0.48～0.53

续表

接头形式	板厚 t/mm	焊丝直径/mm	层数	焊接电流/A（直流反接）	送丝速度/(m·min⁻¹)	焊接速度/(m·min⁻¹)
	6.4	1.6	2	275	4.5	0.48～0.53
	9.5	1.6	2	300	5.1	0.38～0.43
	12.7	1.6	4	325	5.7	0.38～0.43

注：保护气体为 Ar+1% O_2（体积分数），流量为 16.5L·min⁻¹。

2）脉冲射流过渡焊接

表 4-11 给出了不锈钢脉冲射流过渡 MAG 对接焊的典型焊接参数。

表 4-11　不锈钢脉冲射流过渡 MAG 对接焊的典型焊接参数

板厚 /mm	接头形式	焊丝直径 /mm	平均焊接电流 /A	电弧电压 /V	气体流量			力学性能	
					Ar /(L·min⁻¹)	O_2 /(mL·min⁻¹)	CO_2 /(mL·min⁻¹)	σ_s /MPa	弯曲角 /(°)
4		6	140 140	24 24	25	250	—	>600	180
6		1.6	200 210	28 28	25	250	—	>600	180
6		1.6	180～190 200～210 220	26～27 27～28 28～29	25	250	—	>600	180
8		1.6	210 220～230 200～210	26～27 27～28 28～29	25	250	—	>600	180

续表

板厚/mm	接头形式	焊丝直径/mm	平均焊接电流/A	电弧电压/V	气体流量			力学性能	
					Ar /(L·min⁻¹)	O_2 /(mL·min⁻¹)	CO_2 /(mL·min⁻¹)	σ_s /MPa	弯曲角 /(°)
8		1.6	200	30	25	—	1	>600	180
16		1.6	230 245 250 260	29 30 31 31	25	30	—	>600	180

（3）低碳钢及低合金钢的 MAG 焊

低碳钢及低合金钢的 MAG 焊通常采用 Ar＋(18%～25%)CO_2 或 Ar＋(1%～5%)O_2 做保护气体，采用射流过渡工艺或脉冲射流过渡工艺，也可采用短路过渡工艺进行焊接。

表 4-12、表 4-13 和表 4-14 分别给出了低碳钢短路过渡、射流过渡和脉冲射流过渡 MAG 焊的典型焊接参数。

表 4-12　短路过渡 MAG 焊的典型焊接参数

母材厚度/mm	焊丝直径/mm	焊接电流（DC)/A	电弧电压/V	送丝速度/(m·h⁻¹)	焊接速度/(m·h⁻¹)	保护气体流量/(L·min⁻¹)
0.6	0.8	30～50	15～17	130～152	18～30	7～9
0.8	0.8	40～60	15～17	137～198	27～35	7～9
0.9	0.9	55～85	15～17	107～183	53～61	7～9
1.3	0.9	70～100	16～19	152～244	53～61	7～9
1.6	0.9	80～110	17～20	183～274	46～53	9～12
2.0	0.9	100～130	18～20	244～335	38～46	9～12
3.2	0.9	120～160	19～22	320～442	30～38	9～12
3.2	1.1	180～200	20～24	320～366	41～49	9～12
4.7	0.9	140～160	19～22	320～442	21～29	9～12
4.7	1.1	180～205	20～24	320～373	27～34	9～12
6.4	0.9	140～160	19～22	366～442	17～23	9～12
6.4	1.1	180～225	20～24	320～442	18～27	9～12

注：1. 焊接位置为平焊和船形焊。立焊或仰焊减小电流 10%～15%。

2. 角缝尺寸等于母材厚度，坡口焊缝装配间隙等于板厚的 1/2。

3. 保护气体为 75%Ar＋25%CO_2 或 O_2（体积分数）。

表 4-13　射流过渡 MAG 焊的典型焊接参数

母材厚度/mm	焊缝形式	层数	焊丝直径/mm	焊接电流（DC）/A	电弧电压/V	送丝速度/(m·h⁻¹)	焊接速度/(m·h⁻¹)	保护气体流量/(L·min⁻¹)
3.2	Ⅰ形坡口对缝或角缝	1	1.6	300	24	251	53	19～24
4.8	Ⅰ形坡口对缝或角缝	1	1.6	350	25	351	49	19～24
6.4	角缝	1	1.6	350	25	351	49	19～24
6.4	角缝	1	2.4	400	26	152	49	19～24
6.4	Ⅴ形坡口对缝	2	1.6	375	25	396	37	19～24
6.4	Ⅴ形坡口对缝	1	2.4	325	24	320	49	19～24
9.5	Ⅴ形坡口对缝	2	2.4	450	29	182	43	19～24
9.5	角缝	2	1.6	350	25	351	30	19～24
12.7	Ⅴ形坡口对缝	3	2.4	425	27	168	46	19～24
12.7	角缝	3	1.6	350	25	351	37	19～24
19.1	双面Ⅴ形坡口对缝	4	2.4	425	27	168	37	19～24
19.1	角缝	5	1.6	350	25	351	37	19～24
24.1	角缝	6	2.4	425	27	168	40	19～24

注：1. 表中参数只用于平焊和船形焊。

2. 保护气体是 Ar+（1%～5%）O_2（体积分数）。

表 4-14　脉冲射流过渡 MAG 焊的典型焊接参数

母材厚度/mm	焊丝直径/mm	平均电流/A	峰值电流/A	基值电流/A	电弧电压/V	送丝强度/V	焊接速度/(m·h⁻¹)	保护气体流量/(L·min⁻¹)
0.8	0.9	50	150	20	16	114	45.6	9
0.9	0.9	60	160	20	17	138	45.6	9
1.3	0.9	70	180	20	18	174	45.6	9
1.6	1.2	80	200	25	19	120	30	12
2.0	1.2	90	250	35	21	180	30	12
3.2	1.2	120	250	150	22	300	22.5	12
4.8	1.2	150	250	200	23	350	15	12
6.4	1.3	120	270	90	24	330	13.5	12
9.5	1.3	150	350	150	26	450	12	12

4.6 CO₂气体保护焊工艺

CO₂焊是目前焊接钢铁材料重要的熔焊方法之一，在许多金属结构的生产中已逐渐取代了焊条电弧焊和细丝埋弧焊。

4.6.1 工艺特点

（1）优点

CO₂焊工艺具有如下优点：

① 焊接生产率高。CO₂焊的焊接电流密度大（通常为 $100 \sim 300 A \cdot mm^{-2}$），熔透能力强，焊丝熔化速度快，而且焊后一般不需清渣，所以CO₂焊的生产率比焊条电弧焊高约 $1 \sim 3$ 倍。

② 焊接成本低。所用的CO₂气体和焊丝价格低，而且焊前对焊件清理要求低，因此，焊接成本只有埋弧焊和焊条电弧焊的 $40\% \sim 50\%$。

③ 抗锈能力强，焊缝含氢量低，焊接低合金高强度钢时冷裂纹的倾向小。这是因为CO₂气体在电弧高温下分解出O原子，电弧具有强烈的氧化性，O原子与H易结合成不溶解于熔池的羟基。

④ 适用范围广。采用短路过渡技术可以用于全位置焊接和薄板焊接，采用细颗粒过渡技术可焊接厚板。CO₂气流对焊件起到一定冷却作用，故可防止焊薄件时烧穿和减少焊接变形。

（2）缺点

① 飞溅较大、焊缝表面成形较差，焊接参数匹配不当时尤其严重。

② 电弧气氛有很强的氧化性，不能焊接易氧化的金属材料。抗风能力较弱，室外作业需有防风措施。

③ 劳动条件差。CO₂焊弧光强度及紫外线强度分别为焊条电弧焊的 $2 \sim 3$ 倍和 $20 \sim 40$ 倍，而且操作环境中CO₂的含量较大，对工人的健康不利。

4.6.2 冶金特点

CO₂气体保护焊的主要冶金特点是铁及合金元素易发生氧化烧损，并由此造成气孔和飞溅。

（1）CO₂的氧化性

在电弧高温作用下，保护气体中的大约 $40\% \sim 60\%$ 的CO₂气体会发生分解：

$$CO_2 \Longrightarrow CO + \frac{1}{2}O_2$$

反应生成的CO气体既不溶于金属，也不与之发生作用。但CO₂及其分解产生的O₂皆可与钢中的Fe及合金元素发生氧化反应，造成合金元素烧损，进而导致焊缝力学性能降低。具体氧化反应如下：

① CO₂本身引起的氧化反应：

$$Fe + CO_2 \Longrightarrow FeO + CO$$
$$Si + CO_2 \Longrightarrow SiO + CO$$

$$Mn + CO_2 \rightleftharpoons MnO + CO$$

② CO_2 分解产生的 O_2 引起的氧化反应：

$$Fe + O \rightleftharpoons FeO$$

$$Si + 2O \rightleftharpoons SiO_2$$

$$Mn + O \rightleftharpoons MnO$$

以上两组反应中，后者的激烈程度远远超过前者。与后者相比，前者几乎可以忽略不计。反应生成的 SiO_2 和 MnO 大部分结合成大块疏松的硅酸盐，浮出熔池，形成渣壳。而 FeO 易于熔于液体金属内，与熔池或熔滴内的 C、Si 和 Mn 等元素发生进一步反应：

$$Si + 2FeO \rightleftharpoons SiO_2 + 2Fe$$

$$Mn + FeO \rightleftharpoons MnO + Fe$$

$$C + FeO \rightleftharpoons CO + Fe$$

这组反应中前两者的结果是熔池和熔滴中的 Si 和 Mn 被进一步烧损，一般 CO_2 焊接时，焊丝中约有 $w(Mn)=50\%$ 和 $w(Si)=60\%$ 被氧化烧损。最后一个反应易于造成飞溅和气孔。如果该反应发生在熔滴中，熔滴中生成的 CO 聚集成气泡，在电弧高温作用下压力急剧增大，增大到一定程度后会发生爆破，进而导致金属飞溅。如果发生在熔池中，CO 若逸不出来，会留在焊缝中形成气孔。

综上所述，CO_2 焊电弧的氧化性会造成飞溅、气孔和焊缝金属力学性能降低等三个不利后果。因此，必须在解决氧化性问题后 CO_2 焊这种工艺才能应用到工程实践中。具体解决措施是在焊丝中（或在药芯焊丝的芯料中）加入一定量的脱氧剂。脱氧剂与氧的亲和力必须比 Fe 大。钢中常用的合金元素有 Al、Ti、Nb、Mn、Si、Ni、Cr。其中，Al、Ti、Nb、Mn 和 Si 等元素与氧的亲和力高于 Fe。实践表明，Al、Ti、Nb 虽然脱氧效果好，但填加量稍多就不利于焊缝力学性能，特别是韧性，因此不适合作为主要的脱氧成分。常用的脱氧措施是 Si-Mn 联合脱氧，为此，CO_2 焊焊丝中要加入足量的 Si、Mn，而且 Si、Mn 加入量要保持合适的比例（一般为 Mn/Si=2～4），以保证脱氧产物 MnO 和 SiO_2 能全部结合成硅酸盐而浮出，防止因 MnO 或 SiO_2 单独残留而形成夹渣。另外，CO_2 焊焊丝还要严格控制含碳量，含碳量要求低于 0.15%，主要是为了防止气孔、飞溅和裂纹。加入到焊丝中的 Si 和 Mn，在焊接过程中一部分被直接氧化和蒸发掉，一部分就用于 FeO 的脱氧，其余部分留在焊缝金属中起着提高焊缝力学性能的作用。

（2）气孔问题

CO_2 焊时气流对焊缝有冷却作用，又无熔渣覆盖，故熔池冷却快。此外，所用的电流密度大，焊缝窄而深，气体逸出路程长，因此气孔敏感性较大。可能产生的气孔主要有三种：CO 气孔、N_2 气孔和 H_2 气孔。

① CO 气孔。CO 气孔产生的主要原因是以下反应：

$$FeO + C \rightleftharpoons Fe + CO$$

该反应通常发生于熔池尾部，此处液态金属温度接近结晶温度，存在时间很短，因此，反应生成的 CO 因来不及析出而残留于熔池中形成气孔。只要是选择正确的焊丝，就可有效防止 CO 气孔，因为 CO_2 焊焊丝含有足够的脱氧元素 Si 和 Mn，而且 C 含量较低，该反应发生的可能性极低。

② N_2 气孔。引起 N_2 气孔的可能原因是 CO_2 保护不良或 CO_2 纯度不高。实验表明，保

护气体中含有 3% 以下的 N_2 不会导致 N_2 气孔，而目前常用的 CO_2 气体纯度大于 99.9%，因此产生 N_2 气孔的主要原因是保护效果不良。造成保护效果不好的原因一般是过小的气体流量、喷嘴被堵塞、喷嘴到工件距离过大等。

③ H_2 气孔。H_2 气孔产生是因高温时溶入熔池的 H_2 在结晶过程中未能排出而留在焊缝金属中。CO_2 气体具有氧化性，H_2 和 CO_2 可结合成不溶解于熔池的羟基，故 CO_2 焊对 H_2 气孔的敏感性相对较小。只要是 CO_2 气体中的水分含量不超过规定值，工件及焊丝上的铁锈及油污不很严重，CO_2 焊焊缝一般不会出现 H_2 气孔。

4.6.3　飞溅及其防止措施

飞溅是 CO_2 焊接的主要问题，特别是粗丝大电流焊接时飞溅率更大，最大可达 20%。飞溅降低了焊丝及电能利用率，降低焊接生产率，显著增加了焊接成本。另外，飞溅金属颗粒粘到导电嘴和喷嘴内壁上，造成送丝和送气不畅，进而影响电弧稳定和降低保护作用，恶化焊缝成形。另外，清理焊件表面上的飞溅又增加焊后清理工作量。

（1）飞溅产生的原因

引起金属飞溅的原因很多，大致有下列几个方面。

① 冶金反应引起的飞溅。熔滴中 FeO 与 C 反应生成的 CO 气体聚集成气泡，随着温度升高，CO 气泡压力增大而引起爆破，产生细颗粒飞溅，如图 4-39 所示。

② 焊丝末端熔滴上的受力不对称导致大滴排斥飞溅。CO_2 焊电弧收缩程度大，电弧易偏离焊丝轴线呈不对称分布，使得电弧力也呈现不对称分布，不对称斑点力容易使得熔滴上翘，长大过程中形成上翘运动，熔滴长大到足够大的尺寸脱离时，上翘运动会将熔滴抛出熔池，形成大颗粒飞溅。如图 4-40 所示。

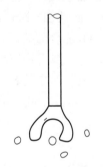

图 4-39　冶金反应引起的飞溅

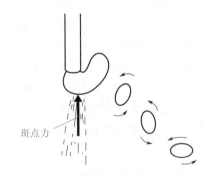

斑点力

图 4-40　受力不对称引起的飞溅

③ 短路过渡时短路小桥缩颈部位爆破导致的飞溅。缩颈部位的爆破不可避免地导致飞溅，如图 4-41 所示。通过控制电源动特性，使短路电流上升速度保持为合适数值，缩颈产生在焊丝与熔滴交界部位并限制最大短路电流，最小飞溅率可控制在 2%。短路电流上升速度过大时，短路一发生电流就上升到很大数值，缩颈立刻产生在熔滴与熔池接触的部位，使得爆破位置位于熔滴下方，爆破力将大部分熔滴金属以细小的颗粒爆出，导致大量的细颗粒飞溅。短路电流上升速度过小时，在较长时间内形不成缩颈爆破，焊丝的继续送进导致焊丝与熔池底部固态金属之间的固体短路，焊丝发生弯曲，弯曲的部位发生熔断，电弧重新引燃后把熔断的固态焊丝抛出，导致大颗粒及固体焊丝飞溅。

④ 意外短路引起的飞溅。大电流细颗粒过渡焊接时，如果熔滴与熔池意外短路，强大的短路电流可能会使熔池爆破，导致大量的小颗粒飞溅，如图 4-42 所示。

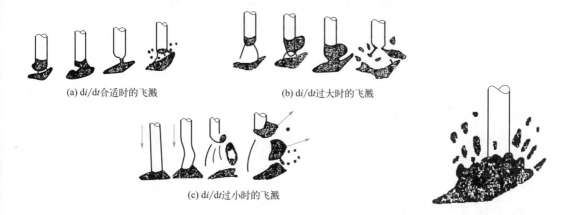

(a) di/dt合适时的飞溅 　　　　(b) di/dt过大时的飞溅

(c) di/dt过小时的飞溅

图 4-41　短路过渡导致的飞溅　　　　图 4-42　意外短路引起的飞溅

（2）飞溅防止措施

焊接过程中尽量降低飞溅率，减少飞溅的措施有以下几种。

① 选用合适的混合气体代替纯 CO_2 气体。细颗粒过渡焊接时，CO_2 气体中加入 20% ～ 30% 的 Ar 气即可显著抑制飞溅，随着 Ar 含量的上升，飞溅率还会进一步下降。这种方法增加了焊接成本，生产中应用较少。

② 在短路过渡焊接时，合理并匹配合适的可调电感来改善焊接电源特性，可显著降低飞溅率，但飞溅率一般仍达到 2%。为了进一步降低飞溅率，可采用焊接电流波形控制法。该方法的控制原理如图 4-43 所示。在短路初始时刻 T_1 把焊接电流切换为一个较小的值，避免缩颈产生在熔滴和熔池间接触部位，待熔滴金属可靠地流散到熔池后（T_2），焊接电流逐渐增大，使得缩颈小桥逐渐缩颈（$T_2 \sim T_3$）。当缩颈达到临界状态时（T_3），焊接电流再切换为较小的数值，这样缩颈部位就因温度迅速下降而不会发生爆破，在表面张力和重力作用下，已经达到临界状态的缩颈部位被机械拉断，熔滴过渡到熔池中，可靠完成过渡后电源电压升高，将电弧重新引燃。由于没有爆破，这种过渡几乎不会出现飞溅。

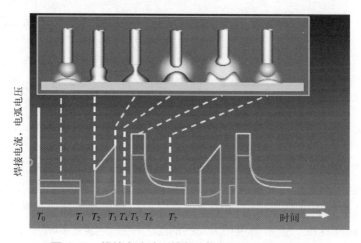

图 4-43　焊接电流波形控制法抑制短路过渡飞溅率

③ 采用活化焊丝或药芯焊丝进行焊接。活化焊丝是指在焊丝表面涂覆一层稳弧剂的焊丝。由于表面的活性剂易在卷丝及穿过导电嘴时被剥落，而且存放过程中容易吸潮，因此这种焊丝生产中极少使用。药芯焊丝是指焊丝芯部装有成分类似于焊条药品的焊药的焊丝，采用这种焊丝进行焊接的方法称为药芯焊丝电弧焊，将在下一章中详细介绍。

4.6.4　CO_2 焊焊接工艺参数的选择

CO_2 焊的焊接工艺参数与 MIG/MAG 焊大体相同。不同的是用短路过渡焊接时，焊丝直径、电弧电压和焊接电流的选择首先要考虑短路过渡的稳定性，其次才考虑熔深能力。需要在焊接回路中加一个合适的电感来控制短路电流峰值 I_{max} 和短路电流增长速度 di/dt。

（1）焊丝直径

1）短路过渡 CO_2 焊

一般采用细丝，以提高过渡频率，稳定焊接电弧和过程。常用的焊丝直径有 0.8mm、1.2mm 及 1.6mm 三种，为了增大生产率，直径为 2.0mm 的焊丝也有采用。焊丝直径越大，熔滴过渡频率越低，焊接过程稳定性越差。图 4-44 示出了焊丝直径对短路过渡频率的影响。

2）细颗粒过渡 CO_2 焊

采用的焊丝直径一般大于 1.2mm，通常采用的焊丝直径有 1.6mm、2.0mm、3.0mm 和 4.0mm 等四种。

（2）电弧电压及焊接电流

1）短路过渡

电弧电压是最重要的焊接参数，因为它直接决定了熔滴过渡的稳定性及飞溅大小，影响焊缝成形及焊接接头的质量。对于一定的焊丝直径，有一最佳电弧电压值，利用该电压焊接时短路过渡最稳定，飞溅最小，如图 4-44 所示。电弧电压过小时，短路小桥不易断开，易导致固体短路（未熔化的焊丝直接穿过熔池金属与未熔化的工件短路），导致很大的飞溅，甚至导致固体焊丝飞溅；电弧电压过大时，易产生大滴排斥过渡，飞溅很大，电弧不稳。

图 4-45 给出了一定焊丝直径及电弧电压下，送丝速度（焊接电流）对短路过渡频率、最大短路电流和短路时间的影响。可看出，存在一定的焊接电流（亦即送丝速度），在该焊接电流下熔滴过渡频率最大，如图 4-45 所示曲线上的 R 点。该曲线上任何一点与原点连线的斜率之倒数表示熔滴尺寸，而从原点向该曲线所做的切线之斜率最大，因此切点 Q 点对应的熔滴尺寸最小，另外，该点对应的最大短路电流和短路时间也最小，而熔滴过渡频率接近最大点 R，所以，利用该点对应的送丝速度（焊接电流）焊接时焊接过程最稳定。表 4-15 给出了不同焊丝直径对应的最佳电弧电压和焊接电流。实际生产中，为了增大焊接速度，通常采用稍大一些的工艺参数，如图 4-46 所示。

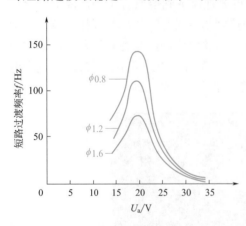

图 4-44　焊丝直径及电弧电压对短路过渡频率的影响

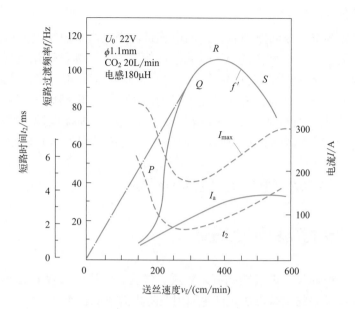

图 4-45　送丝速度（焊接电流）对短路过渡频率、最大短路电流及短路时间的影响

表 4-15　不同焊丝直径对应的最佳电弧电压和焊接电流

焊丝直径 /mm	0.8	1.2	1.6
电弧电压 /V	18	19	20
焊接电流 /A	100～110	120～140	140～180

2）细颗粒过渡

细颗粒过渡焊接时，根据工件板厚选择焊接电流，然后根据焊接电流、焊丝直径选择电弧电压，焊接电流越大，焊丝直径越小，选择的电弧电压也应越大。但电弧电压也不应太高，否则飞溅将显著增大。

图 4-47 中 Ⅱ 为达到细颗粒过渡的焊接电流和电弧电压的范围。

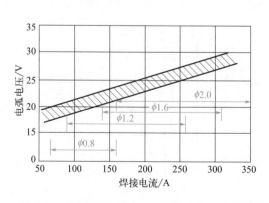

图 4-46　短路过渡焊接时适用的电流和电压范围

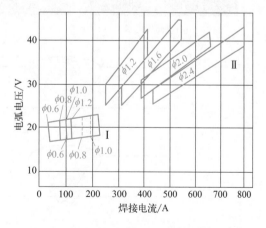

图 4-47　CO_2 焊短路过渡与细颗粒过渡焊接
电流与电弧电压的匹配关系

Ⅰ—短路过渡；Ⅱ—细颗粒过渡；ϕ—焊丝直径（mm）

（3）焊接回路的电感

短路过渡焊接要求焊接回路中有合适的电感量，用以调节短路电流增长速度 di/dt，使焊接过程的飞溅最小。焊丝直径越小，熔滴过渡频率越大，焊丝熔化速度越快，熔滴过渡周期越短，需要的 di/dt 越大，电感越小。反之，粗丝要求 di/dt 小些。此外，通过调节电感，还可以调节电弧燃烧时间，进而控制母材的熔深。增大电感则过渡频率降低，燃弧时间增加，熔深将增大。通常情况下，在熔化极气体保护焊焊接电源上将焊接方式切换为 CO_2 焊时，设备会将电感自动加入到焊接回路中，而选择焊丝直径时设备会自动调节电感量。

其他焊接工艺参数的选择原则与 MIG/MAG 焊相同。

4.7 常见焊接缺陷及其防止措施

熔化极气体保护焊常见焊接缺陷有未焊透、气孔、咬边、裂纹和背部凸起过大等，如图 4-48 所示。这些缺陷的检验方法、产生原因及防止措施见表 4-16。

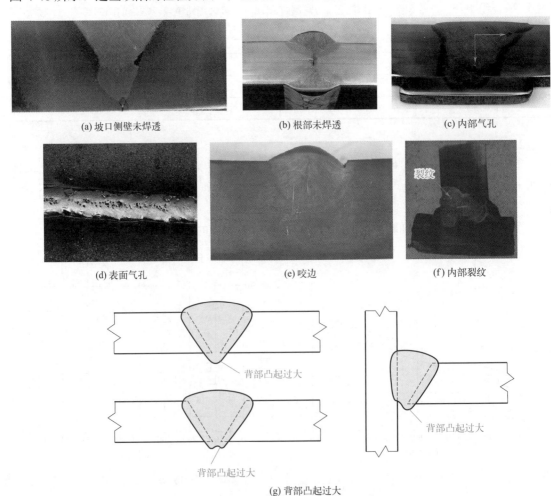

(a) 坡口侧壁未焊透　　(b) 根部未焊透　　(c) 内部气孔

(d) 表面气孔　　(e) 咬边　　(f) 内部裂纹

(g) 背部凸起过大

图 4-48　熔化极气体保护焊常见焊接缺陷

表 4-16 半自动 CO_2 焊常见缺陷及其产生原因

缺陷	产生原因	防止措施	检验方法
背部凸起过大	① 焊接电流过大，或焊接速度过慢 ② 根部间隙过大 ③ 钝边过小	① 降低焊接电流或适当提高焊接速度 ② 减小根部间隙 ③ 增大钝边	目检
气孔	① CO_2 气体不纯或供气不足 ② 焊时卷入空气 ③ 预热器不起作用 ④ 风大、保护不完全 ⑤ 喷嘴被飞溅物堵塞、不通畅 ⑥ 喷嘴与工件的距离过大 ⑦ 焊接区表面被污染，油、锈、水分未清除 ⑧ 电弧过长、电弧电压过高 ⑨ 焊丝含硅、锰量不足	① 更换气体 ② 改善保护效果 ③ 打开或更换预热器 ④ 采取挡风措施 ⑤ 清理喷嘴 ⑥ 减小喷嘴与工件的距离 ⑦ 清理工件 ⑧ 降低电弧电压 ⑨ 采用正确的焊丝	目检、超声、X 射线
咬边	① 电弧太长，弧压过高 ② 焊接速度过快 ③ 焊接电流太大 ④ 焊丝位置不当，没对中 ⑤ 焊丝摆动不当	① 降低电弧电压 ② 降低焊接速度 ③ 降低焊接电流 ④ 使焊丝对准坡口中心 ⑤ 正确摆动焊丝	目检
未焊透	① 焊接电流太小，送丝不均匀 ② 电弧电压过低或过高 ③ 焊接速度过快 ④ 坡口尺寸不合适，间隙过小或钝边过大 ⑤ 焊丝位置不当，对中差	① 适当增大焊接电流，检查并维修送丝机 ② 调整电弧电压 ③ 降低焊接速度 ④ 适当增大坡口角度或间隙，减小钝边 ⑤ 焊丝对准坡口中心	目检、超声、X 射线
焊缝成形不良	① 焊接参数不合适 ② 焊丝位置不当，对中差 ③ 送丝滚轮的中心偏移 ④ 焊丝校直机构调整不当 ⑤ 导电嘴松动	① 选择合适的焊接参数 ② 焊丝对准坡口中心 ③ 维修送丝滚轮 ④ 维修焊丝校直机构 ⑤ 拧紧或更换导电嘴	目检
裂纹	① 焊接电流和电弧电压匹配不合适 ② 坡口过窄 ③ 焊丝位置不当，对中差 ④ 焊丝成分不正确，比如含 Mn 量过低 ⑤ 接头设计不合理，拘束度过大	① 焊接电流和电弧电压匹配合适 ② 增大坡口尺寸 ③ 焊丝对准坡口中心 ④ 选择正确成分的焊丝 ⑤ 正确设计接头形式，减小拘束度	目检、超声、X 射线
飞溅	① 焊接电流和电弧电压配合不当 ② 焊丝和焊件清理不良	① 正确配合焊接电流和电弧电压 ② 清理焊丝和焊件	目检

4.8 窄间隙熔化极气体保护焊

窄间隙熔化极气体保护焊是一种采用Ⅰ形或角度极小的Ⅴ形坡口焊接厚板的熔化极气体保护焊技术。Ⅰ形坡口接头间隙一般为 8～15mm。可焊板厚范围为 30～300mm。采用多层焊，从下而上各层焊道数目相同，通常为 1 或 2 道。保护气体多用具有氧化性的混合气体，如 $Ar+O_2$ 或 $Ar+CO_2$，亦有用纯 CO_2 气体。通常采用小或中等的焊接热输入。一般在平焊和横焊位置进行焊接，但其他位置也可采用。

4.8.1 窄间隙熔化极气体保护焊特点及应用

（1）特点

1）优点

① 焊接成本低。由于坡口尺寸小可以节约焊接材料，减少清渣时间，提高焊接生产率，因此，综合成本低。板越厚，此优点越突出。

② 焊接质量好。焊缝截面小，所需的总热输入小，焊接热影响区、焊接应力与变形小，接头韧性好。

③ 焊件预热或焊后热处理要求低。低热输入多层多道焊使各个焊道受到再回火作用，焊后不用进行任何热处理，一般焊前也无需预热。

2）缺点

① 对设备的可靠性要求很高，目前这样的设备昂贵。

② 对电弧的任何不稳定现象都很敏感，而且焊丝位置（即对中）要求高。装配质量要求高，装配时间较长。

③ 操作人员要具有较高的业务知识和操作技能。

④ 当产生缺陷后，焊接修补困难。

（2）应用范围

可以焊接钢铁材料和有色金属，当前主要用于焊接低碳钢、低合金高强度钢、高合金钢和铝、钛合金等。

可用于平焊、立焊、横焊和全位置焊。

应用领域以锅炉、石油化工行业的压力容器为最多，其次是机械制造和建筑结构，再次是管道、造船和桥梁等。

4.8.2 窄间隙熔化极气体保护焊焊接工艺

（1）送丝技术

窄间隙熔化极气体保护焊目前常用的有细丝窄间隙焊和粗丝窄间隙焊两种形式，如图4-49所示。前者焊丝直径为0.8～1.2mm，坡口间隙在8～12mm，导电嘴顶插在坡口的间隙内，可进行单道或双道焊接；后者焊丝直径为2～3mm，坡口间隙在10～16mm，喷嘴始终在坡口外，焊丝直接插入间隙的底部，并对准焊缝中轴线进行单道多层焊。

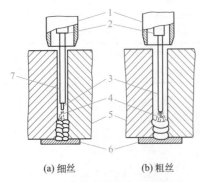

图4-49　窄间隙焊接方法示意图

1—喷嘴；2—导电嘴；3—焊丝；4—电弧；
5—焊件；6—衬垫；7—绝缘导管

窄间隙焊接的热输入较小，易产生侧壁未焊透，因此其技术关键是如何保证一定的侧壁熔深，防止未焊透缺陷。为了保证焊透，一方面要求焊丝与侧壁之间保持适当的距离（丝壁间距），另一方面要通过一定的方法使电弧热量有效地输入到工件侧壁上。

1) 细丝窄间隙焊

对于细丝窄间隙焊，由于焊丝细且软，就必须采用特殊的能插入坡口的水冷导电嘴把焊丝输送到焊接部位及能向窄而深的坡口输送保护气体的装置。图 4-50 示出了几种能够改善侧壁熔合和焊缝成形的送丝方式。

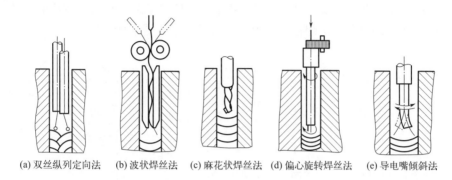

(a) 双丝纵列定向法　(b) 波状焊丝法　(c) 麻花状焊丝法　(d) 偏心旋转焊丝法　(e) 导电嘴倾斜法

图 4-50　窄间隙焊接中几种送丝方式

① 双丝纵列定向法。这种方法采用双丝熔化极气体保护焊进行焊接，两根焊丝前后左右均错开一定距离，分别指向一个侧壁，如图 4-50（a）。每根焊丝保证了侧壁熔透能力。这种技术是多层双道焊技术。

② 波状焊丝法。通过一定的装置使焊丝变成波浪形后再进入导电嘴，波浪形焊丝从导电管出来后端部不断烧熔，端部位置周期性摆动，使得电弧也从坡口一侧向另一侧周期性地摆动，从而保证两侧壁均匀受热而熔透。这种技术属于单道多层焊技术。焊丝波浪化方法有两种：一种是利用摆动板的周期性摆动弯曲作用；另一种是利用焊丝成形齿轮代替一般送丝轮。如图 4-51 所示。

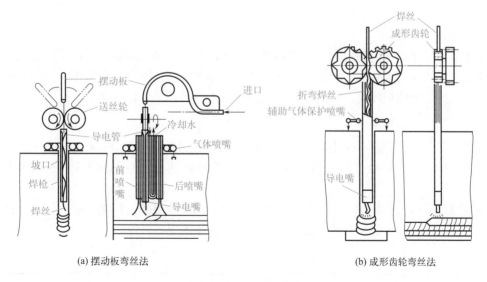

(a) 摆动板弯丝法　　　　　　　　(b) 成形齿轮弯丝法

图 4-51　波状焊丝法

③ 麻花状焊丝法。把两根焊丝绞扭成麻花状进行焊接，如图 4-50（c）。麻花状焊丝向坡口中心输送，当每根焊丝熔化时，电弧就自动地绕麻花状焊丝的中心轴线旋转，使两侧壁

对称均匀受热而熔合。此法不需附加特殊摆动机构，结构简单但必须解决麻花状焊丝需要专门制备的问题，而且导电嘴磨损严重。图 4-52 为麻花状焊丝法焊接装置示意图。

④ 偏心旋转焊丝法。采用偏心导电嘴进行焊接，如图 4-50（d）所示。焊丝经导电嘴的偏心孔使焊丝偏心送出，导电嘴作高速旋转，于是焊丝端部的电弧以导电嘴孔的偏心量为半径在熔池上方旋转，使得电弧周期性地靠近侧壁，保证侧壁熔合。这种方法的焊接装置示意图如图 4-53 所示。用这种方法焊接的焊道呈扁平状，易于保证侧壁熔深。

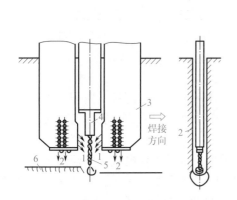

图 4-52　麻花状焊丝法

1—内保护气体；2—外保护气体；3—插入式保护喷嘴；
　4—导电管；5—麻花状焊丝；6—焊道

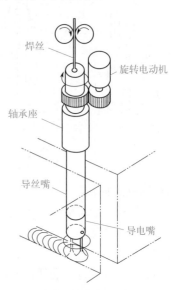

图 4-53　偏心旋转焊丝法

2）粗丝窄间隙焊

粗丝窄间隙焊的导电嘴有时位于坡口外，所用的焊丝干伸长度较大，而且随着板厚的增加而延长，气体保护效果也随板厚增加而变坏，所以可焊厚度受到一定限制，一般厚度小于150mm。又因熔池体积较大，空间位置焊有困难，故主要在平焊位置使用。

（2）焊接工艺参数

焊接工艺参数的选择应根据窄间隙焊接技术的工艺特点、母材性质、焊接位置、焊接热输入、焊缝性能和焊接变形控制等进行。表 4-17 列出钢材窄间隙 MAG 焊接的典型焊接参数。

窄间隙焊可以使用脉冲电源，但最常用的还是普通直流电源，反接，喷射过渡。如果是全位置焊接，焊接速度要快，采用低的热输入来获得小的焊接熔池。

表 4-17　钢材窄间隙 MAG 焊接的典型焊接参数

送丝方式	摆弯送丝	折弯送丝	麻花焊丝	偏转送丝	纵列双丝	摆动送丝
送丝装置	图 4-50b	图 4-50b	图 4-50c	图 4-50d	图 4-50a	图 4-50e
焊接位置	平	平	平	平	横	横

续表

	焊丝种类	实心	实心	实心	实心	实心	实心
焊接材料	焊丝直径/mm	1.2	1.2	2.0×2	1.2	1.2，1.6	1.6
	保护气体（体积分数）	Ar+CO_2（20%）	Ar+CO_2（20%）	Ar+CO_2（10%～20%）	Ar+CO_2（20%）	Ar+CO_2（20%）	CO_2
	焊接电源	DC（脉冲）	DC（脉冲）	DC（下降特性）	DC（脉冲）	DC（脉冲）	DC（下降特性）
焊接工艺参数	坡口形状（间隙）	I 形（9mm）	V 形（1°～4°）	I 形（14mm）	I 形（16～18mm）	I 形（10～14mm）	I 形（13mm）
	极性	DC（反接）	DC（反接）	DC（反接）	DC（反接）	DC（反接）	DC（反接）
	焊接电流/A	280～300	260～280	480～550	300	前丝 170 后丝 140	320～380
	电弧电压/V	28～32	29～30	30～32	33	21～23	32～38
	焊接速度/(cm·min⁻¹)	22～25	18～22	20～35	25	18～20	25～35
	摆动	—	250～900 次/min	—	最大 150Hz	—	45 次/min
	备注	靠摆动板使焊丝成波浪形	靠送丝轮折弯焊丝成波浪形	双丝扭成麻花状	焊丝偏离导电嘴轴心高速旋转	前丝对下侧壁，后丝对上侧壁用低脉冲电流	导电嘴机械波动，使焊丝在双重气体保护中摆动

4.9　气电立焊

气电立焊是利用熔化极气体保护焊在立焊位置对厚板进行对接焊的一种自动焊方法。它结合了普通熔化极气体保护焊和电渣焊的特点。在机械系统和操作方法上与电渣焊方法相似，但焊接的热源是电弧热而不是电渣产生的电阻热。保护介质是保护气体而不是熔渣。

4.9.1　气电立焊工艺原理、特点及应用

（1）原理

气电立焊可采用药芯焊丝也可采用实心焊丝，其工艺原理图如图 4-54 所示。工件安装在立焊位置，两侧挡上水冷铜制成形块（成形块可以是随焊头移动的，也可以是固定的），防止熔池金属流失。焊丝从坡口上方送入坡口内，在焊丝和接头底部的起焊板之间引燃电弧，电弧热使焊丝和坡口表面熔化并汇流到电弧下面的熔池中，熔池凝固便成为焊缝金属。焊丝可沿接头整个厚度作横向摆动，使热量分布均匀并熔敷焊缝金属。随着焊头向上移动，便可从下而上一次完成整条垂直焊缝的焊接。虽然焊缝轴线和焊接行走方向都是垂直的，但却是从下而上作平焊位置的焊接。如用实心焊丝，则需使用外加气体作保护；若用药芯焊丝，其芯料的成分可提供全部或部分保护。成形块内通常用水冷却。

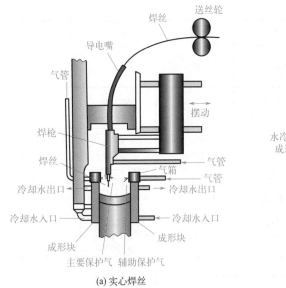

(a) 实心焊丝

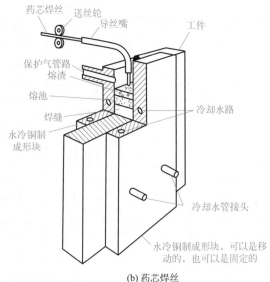

(b) 药芯焊丝

图 4-54　气电立焊原理图

（2）特点

1）优点

气电立焊的运用方式与电渣焊相同，均可进行厚板立焊，但在工艺上各具特点，两者比较，气电立焊的优点如下。

① 重新启动焊接很容易。

② 焊接熔池可见。

③ 焊后有可能不进行热处理，因而可以在现场施工，降低制造成本。

④ 热输入小，焊缝冲击韧度得到改善。

2）缺点

气电立焊的缺点如下。

① 焊接过程中会发生飞溅。

② 缺陷较多，尤其是气孔。

③ 随着板厚的增加，气体保护效果变差。

（3）适用范围

1）可焊金属

主要用于碳钢和合金钢焊接，但也适用于焊接奥氏体不锈钢及其它金属和合金。

2）可焊材料厚度

钢板可焊厚度为 10 ～ 100mm，最适合的厚度为 13 ～ 76mm。

3）可焊的接头形式

一般采用 I 形、V 形坡口。对于 X 形坡口，则需双面焊接且需特殊形状的滑块。

4.9.2　气电立焊设备

气电立焊用的设备，主要有弧焊电源、焊枪及其摆动机构、水冷滑块、送丝系统和送气系统。除电源外，其余都组合在一起构成焊头，焊接时焊头以焊接速度向上移动。

（1）弧焊电源

可用垂降或平特性的直流弧焊电源，一般采用直流反接（焊丝接正极）。采用垂降外特性电源时，通常利用电弧电压反馈来控制焊头行走速度以保持焊丝干伸长度和电弧电压稳定。采用平特性电源时，一般利用检测熔池高度的传感器来控制焊头行走。因焊缝较长，焊接电源需长时间连续工作，故其负载持续率为 100%，额定输出电流在 $750 \sim 1000A$。

（2）焊枪及其摆动机构

焊接时，焊枪插入到两被焊钢板之间的窄间隙内，不仅要随焊头作竖直向上移动，而且要在两水冷滑块之间作横向摆动。为了保证在运动过程中不触及被焊工件，焊枪需要结构紧凑、尺寸小。如果最小间隙为 17mm，则焊枪的宽度常限制在 10mm 左右。焊接厚板时，可用大号焊枪，用水冷或加绝缘套隔绝焊接熔池的热量。

焊接工件厚度小于 32mm 的板材时，通常无需横向摆动。但为了控制母材熔透深度，有时薄板焊接也进行横向摆动。图 4-55 示出典型的焊丝摆动机构。

（3）送丝装置

常采用推丝式送丝。与普通的送丝机相比，气电立焊送丝机对校直机构要求较高，这是因为焊丝干伸长度一般不小于 38mm，对焊丝的平直度要求较高。送丝速度取决于焊丝的规格与类型，一般在 $10 \sim 14m \cdot min^{-1}$ 范围。焊前要储备足够焊丝量，保证不停地供丝完成焊接。

（4）水冷滑块和气罩

焊接过程中，两个水冷滑块随焊头垂直向上移动。水冷滑块的工作面可做成凹形，使焊缝两侧形成适当余高。也可用一个固定铜垫板代替其中一个滑块（见图 4-55）。

气电立焊对气体保护的效果要求较高，除了利用焊枪喷嘴提供保护气体外，还要通过安装在水冷滑块上的气罩提供一定流量的辅助保护气体，以加强对焊丝、电弧和熔池的保护。

（5）控制系统

气电立焊控制系统的主要作用是控制焊头行走、焊枪摆动及类似于普通熔化极气体保护焊的焊接时序。

为了维持弧长和电弧电压恒定，需严格控制焊头在垂直方向上的行走速度。控制方法取决于所用焊接电源类型。对于垂降外特性焊接电源，可通过电弧电压反馈来控制行走速度。如果设定的电弧电压为 35V（在焊机上调节），在电弧电压下降到 35V 之前，整个焊头不会移动；下降到 35V 时，行走机构即自动工作，使焊头向上移动。对于平特性焊接电源，则采用监测传感器，通过监控焊接熔池的上升高度来控制向上移动速度。

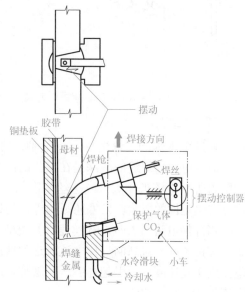

图 4-55　气电立焊焊枪摆动机构

4.9.3 气电立焊焊接材料

（1）焊丝

气电立焊既可用实心焊丝，又可用药芯焊丝。常用的实心焊丝直径为 1.6mm、2.0mm 和 2.4mm；药芯焊丝直径为 1.6 ～ 3.2mm。选用原则与普通熔化极气体保护焊相同，主要根据母材及其厚度决定。气电立焊药芯焊丝芯料中的造渣剂比率一般低于普通药芯焊丝。焊接时，熔池的液体金属表面上浮有一层薄薄的熔渣，熔池与水冷滑块或垫板之间也会存在一层薄的熔渣，使焊缝表面光滑。若熔渣过多会造成电弧熄灭。

（2）保护气体

药芯焊丝气电立焊通常用 CO_2 作保护气体。其流量在 14 ～ 66L·min^{-1} 范围。实心焊丝气电立焊通常采用活性富氩气体，如 80%Ar+20%CO_2（体积分数）。

4.9.4 气电立焊焊接工艺

（1）装配

焊前首先进行严格的装配，典型装配方案见图 4-56。一般情况下需要安装图中所示的起焊槽和引出板，起焊槽也可用引弧板代替。起焊槽的深度和引出板的高度一般不小于 13mm，并随着板厚增加适当增加。工件厚度小于 25mm 时可不用引出板。

通常需采用较多的定位铁将钢板位置固定以获得必要的刚性。定位铁内留出的空间应能容纳背面挡块沿接头作向上移动。

对于 I 形坡口的接头，装配间隙根据焊枪的结构及尺寸确定，常用间隙范围为 16 ～ 19mm。对于其它坡口形式的接头，装配间隙不受焊枪结构及尺寸影响，如图 4-57 所示。允许使用永久性垫板时，可用图 4-57（c）的接头。

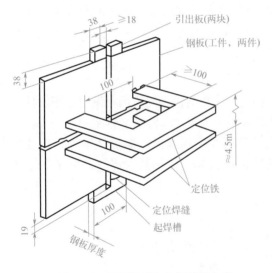

图 4-56 两钢板气电立焊装配方案

（2）焊接工艺参数

普通电弧焊的焊缝熔深与焊丝轴线方向为同一方向，所以熔深随焊接电流的增大而增大，而气电立焊焊缝的熔深是在接头的两个侧壁的熔化深度，它与焊丝轴线成直角。侧壁熔深随着焊接电流的增大（或送丝速度的增加）而减小，如图 4-58 所示。侧壁熔深对接头强度具有决定性的影响，另外还影响焊缝的最终宽度。

当焊接电流增大时，送丝速度、熔敷率和接头的填充速度（即焊接速度）增大。对于给定的焊接条件，过高的焊接电流或送丝速度，会引起焊缝熔宽或侧壁熔深减小；过低的焊接电流或送丝速度，会引起焊缝熔宽增加，既降低了生产率，又使焊缝组织粗大。常用的焊接电流为 750 ～ 1000A。

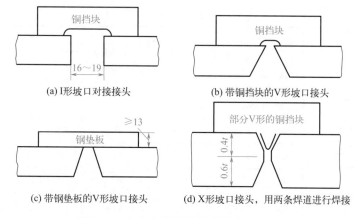

(a) I形坡口对接接头   (b) 带铜挡块的V形坡口接头

(c) 带钢垫板的V形坡口接头   (d) X形坡口接头，用两条焊道进行焊接

图 4-57　气电立焊用的接头构造及其装配

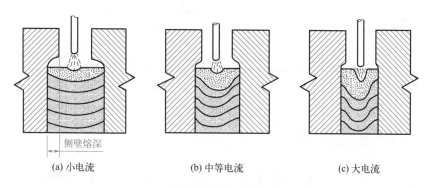

(a) 小电流   (b) 中等电流   (c) 大电流

图 4-58　焊接电流对侧壁熔深的影响

随着电弧电压提高，侧壁熔深增大，即焊缝宽度增大，常用的电弧电压为 30 ～ 55V。见图 4-59。

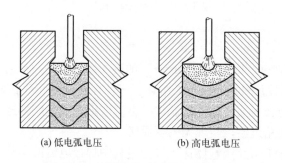

(a) 低电弧电压   (b) 高电弧电压

图 4-59　电弧电压对侧壁熔深的影响

焊丝干伸长度一般为 40mm 左右，比普通熔化极气体保护焊长。随着干伸长度的增大，焊丝熔化速度显著提高，而侧壁熔深会明显减小。

板厚大于 30mm 的焊件一般要作横向摆动，摆动速度约 7 ～ 8mm·s^{-1}。摆动过程中，导电嘴在距每一水冷滑块约10mm处停下，并稍为停留 1 ～ 3s，以抵消水冷滑块的激冷作用，使焊缝表面完全熔合。

表 4-18 给出了典型气电立焊的焊接参数。

表 4-18　典型气电立焊焊接参数

板厚 /mm	坡口	焊接 电流 /A	电弧 电压 /V	焊接速度 /(cm·min⁻¹)	焊接热输入 /(kJ·cm⁻¹)	摆动		保护 气体流量 /(L·min⁻¹)
						频率 /(次·min⁻¹)	宽度 /mm	
12.7		340	36～38	14.5	53.1	—	—	
16		380	38～40	15.0	63.2	50～100	0～4	25～30
25		420	40～42	12.0	88.2	50～100	8～12	
32		420	40～42	9.5	108.2	50～100	15～20	
25		340	37～39	14.5	54.9	50～100	0～2	
		340	37～39	15.5	51.3	50～100	0～2	
36		400	40～42	14.0	72.0	50～100	2～6	
		400	40～42	15.0	67.2	50～100	2～6	

注：t 为板厚，单位为 mm。

4.10　先进熔化极气体保护焊

先进工业国家常规熔化极气体保护焊应用比率已达全部焊接工作量的 1/3 ～ 2/3。但其效率与埋弧焊相比，尚有差距，而且难免有较大的飞溅，因而阻碍了应用范围的扩大。因此，现代的熔化极气体保护焊主要是向着提高效率和减少飞溅的方向发展。下面简要介绍近年推出的几种新的焊接工艺。

4.10.1　冷金属过渡（CMT）熔化极气体保护焊

（1）CMT 熔化极气体保护焊的基本原理

CMT 为冷金属过渡（cold metal transfer）的英文缩写，是一种通过电流波形控制和焊丝抽送控制实现的无飞溅短路过渡。CMT 熔化极气体保护焊基于先进数字式弧焊电源和高性能送丝机，通过监控电弧状态，协同控制焊接电流波形及焊丝的抽送，在熔滴温度很低的条件下通过抽送丝完成短路过渡，实现无飞溅焊接。

图 4-60 示出了 CMT 熔化极气体保护焊接过程中焊接电流波形与抽送丝的配合。电弧燃烧时，焊接回路中通以正常的焊接电流，焊丝送进；随着熔滴的长大和焊丝送进，熔滴与熔池短路；检测装置一检测到短路状态，控制系统立即把焊接回路中的电流切换为接近零的小电流，使得短路小桥处于冷态，同时焊丝回抽，将短路小桥拉断，熔滴在冷态下过渡到熔池中。短路完成后，立即在焊接回路中通以较大的电流，将电弧引燃，焊丝送进；熔滴长大到足够的尺寸后，把焊接电流切换到一个较小的基值，防止发生射滴过渡。焊接过程中利用焊丝送进 - 回抽频率可靠地控制短路过渡频率。焊丝的送进 - 回抽频率高达 80 次 /s。熔滴过渡时电弧电压和焊接电流几乎为零，利用焊丝回抽的机械拉力作用将焊丝抽离熔池，把熔滴过渡到熔池，完全避免了飞溅。整个焊接过程就是高频率的"冷 - 热"交替的过程，大幅降低

了热输入量。

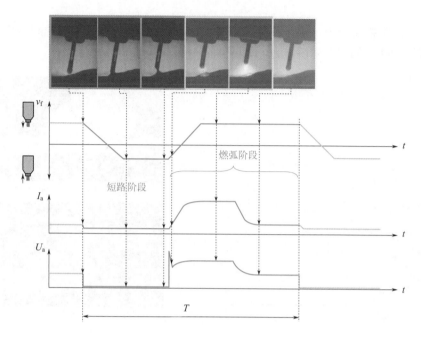

图 4-60　CMT 过渡过程

（2）CMT 熔化极气体保护焊的优点及应用

1）优点

① 短路过渡焊接过程更稳定。电弧噪声小，熔滴尺寸和过渡周期均匀一致，没有任何飞溅。

② 弧长控制更精确。通过机械式监控和调整来调节电弧长度，电弧长度不受工件表面不平度和焊接速度的影响，这使得 CMT 电弧更稳定，即使在很高的焊接速度下也不会出现断弧。

③ 更快的引弧速度。引弧的速度是传统熔化极电弧焊引弧速度的两倍（CMT 熔化极气体保护焊为 30ms，MIG 焊为 60ms），在非常短的时间内即可熔化母材。

④ 焊接质量高。焊缝表面成形均匀、熔深均匀，焊缝成形好且可重复性强，结合 CMT 技术和脉冲电弧可控制热输入量并改善焊缝成形，如图 4-61 所示。

| 0脉冲 | 1脉冲 | 3脉冲 | 5脉冲 | 7脉冲 |

图 4-61　脉冲对焊缝成形的影响

⑤ 热影响区和焊接变形小。在保证一定熔深的情况下，CMT 熔化极气体保护焊可显著降低热输入，因此热影响区和焊接变形小。图 4-62 比较了不同熔滴过渡形式的熔化极电弧

焊焊接参数使用范围，可看到，CMT 熔化极气体保护焊用最小的焊接电流和电弧电压进行焊接。

⑥ 更高的间隙搭桥能力。由于热输入降低，CMT 熔化极气体保护焊的间隙搭桥能力显著高于普通的 MIG 焊的间隙搭桥能力，如图 4-63 所示。

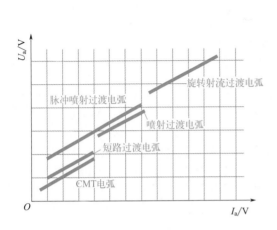

图 4-62 CMT 与普通熔化极电弧焊
的焊接参数使用范围比较

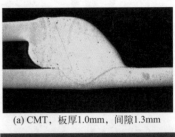

(a) CMT，板厚1.0mm，间隙1.3mm

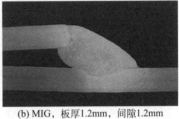

(b) MIG，板厚1.2mm，间隙1.2mm

图 4-63 CMT 和 MIG 焊的间隙搭桥能力比较

2）应用

① CMT 熔化极气体保护焊适用的材料有：

a. 铝、钢和不锈钢薄板或超薄板的焊接（0.3～3mm），无需担心塌陷和烧穿。

b. 可用于电镀锌板或热镀锌板的无飞溅 CMT 钎焊。

c. 用于镀锌钢板与铝板之间的异种金属连接。接头和外观合格率达到 100%。

② CMT 熔化极气体保护焊适用的接头形式有搭接、对接、角接和卷边对接，如图 4-64 所示。

③ CMT 熔化极气体保护焊适用的焊接位置。可用于平焊（PA）、平角焊（PB）、横焊（PC）、仰焊（PE）、向下立焊（PG）和向上立焊（PF）等各种焊接位置，如图 4-65 所示。

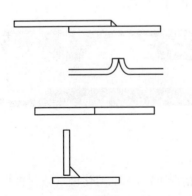

图 4-64 CMT 熔化极气体保护焊适用的接头形式

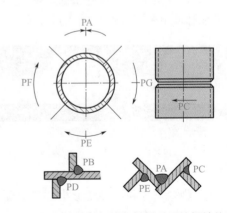

图 4-65 CMT 熔化极气体保护焊适用的焊接位置

（3）CMT 熔化极气体保护焊设备

CMT 熔化极气体保护焊通常采用自动操作方式或机器人操作方式，也可采用手工操作方式。采用机器人操作方式的 CMT 熔化极气体保护焊机由数字化焊接电源、专用 CMT 送丝机、带拉丝机构的 CMT 熔化极气体保护焊枪、机器人、机器人控制器、机器人接口、冷却水箱、遥控器、专用连接电缆以及焊丝缓冲器等组成，如图 4-66 所示。

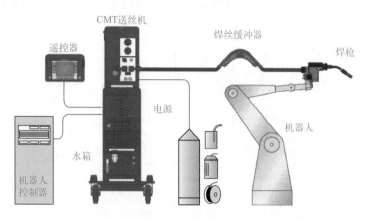

图 4-66　CMT 熔化极气体保护焊机组成

4.10.2　表面张力过渡（STT）熔化极气体保护焊

（1）STT 熔化极气体保护焊的基本原理

STT 熔化极气体保护焊是一种利用电流波形控制法抑制飞溅的短路过渡熔化极气体保护焊方法。短路过渡过程中的飞溅主要产生在两个时刻，一个是短路初期，另一个是短路末期的电爆破时刻。熔滴与熔池开始接触时，接触面积很小，熔滴表面的电流方向与熔池表面的电流方向相反，因此，两者之间产生相互排斥的电磁力。如果短路电流增长速度过快，急剧增大的电磁排斥力会将熔滴排出熔池之外，形成飞溅。短路末期，液态金属小桥的缩颈部位发生爆破，爆破力会导致飞溅。飞溅大小与爆破能量有关，爆破能量越大，飞溅越大。由此可看出，通过将这两个时刻的电流减小，可有效抑制飞溅，这就是 STT 过渡飞溅控制机理。

STT 熔化极气体保护焊的飞溅抑制原理如图 4-67 所示。在熔滴刚与熔池短路时，降低焊接电流，使熔滴与熔池可靠短路。可靠短路后，增大焊接电流，促进缩颈形成；而在短路过程后期临界缩颈形成时，再一次降低电流，使液桥在低的爆炸能量下形成，这样就可获得无飞溅的短路过渡过程。

STT 熔化极气体保护焊短路过渡过程分为以下几个阶段：

① T_0—T_1 为燃弧阶段。在该阶段，焊丝在电弧热量作用下熔化，形成熔滴。应控制该阶段电流大小，防止熔滴直径过大。

② T_1—T_2 为液桥形成段。熔滴刚刚接触熔池后，迅速将电流切换为一个接近零的数值，熔滴在重力和表面张力的作用下流散到熔池中，实现稳定的短路，形成液态小桥。

③ T_2—T_3 为缩颈段。小桥形成后，焊接电流按照一定速度增大，使小桥迅速缩颈，当达到临界缩颈状态后进入下一段。

④ T_3—T_4 为液桥断裂段。当控制装置检测到小桥达到临界缩颈状态时，电流在数微秒

时间内降到较低值，防止小桥爆破，然后在重力和表面张力作用下，小桥被机械拉断，基本上不产生飞溅。

⑤ T_4—T_7 为电弧重燃段和稳定燃烧段。电弧重燃，电流上升到一个较大值，等离子流力一方面推动脱离焊丝的熔滴进入熔池，并压迫熔池下陷，以获得必要的弧长和燃弧时间，保证熔滴尺寸，另一方面保证必要的熔深和熔合。然后电流下降为稳定值。图中看出，在 T_1—T_2 和 T_3—T_4 两个时间段均将电流降低为一个很低的数值，防止发生熔滴爆破；在 T_3—T_5 阶段缩颈依靠表面张力拉断，焊接过程基本上无飞溅。

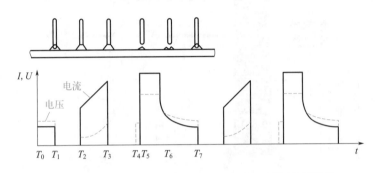

图 4-67　STT 法熔滴过渡的形态和电流、电压的波形图

（2）STT 熔化极气体保护焊的特点及应用

1）优点

① 飞溅率显著下降，最低可控制在 0.2% 左右，焊后无需清理工件和喷嘴，节省了时间，提高了效率。

② 焊缝成形美观，焊缝质量好，能够保证焊缝根部可靠地熔合，因此特别适合于薄板的各种位置的焊接以及厚板或厚壁管道的打底焊。在管道焊接中可替代 TIG 焊进行打底焊，具有更高的焊接速度。

③ 在同样的熔深下，热输入比普通 CO_2 焊低 20%，因此焊接变形小，热影响区小。

④ 具有良好的间隙搭桥能力，例如，焊接 3mm 厚的板材，允许的间隙可达 12mm。

2）缺点

① 只能焊薄板，不能焊接厚板。

② 获得稳定焊接过程和质量的焊接参数范围较窄。例如，直径 1.2mm 的焊丝，焊接电流的适用范围仅仅为 100 ～ 180A。

3）应用

从可焊接的材料来看，STT 熔化极气体保护焊的适用范围广，不仅可用 CO_2 气体焊接非合金钢，还可利用纯 Ar 焊接不锈钢，也可焊接高合金钢、铸钢、耐热钢、镀锌钢等。广泛用于薄板的焊接以及油气管线的打底焊。

4.10.3　T.I.M.E. 熔化极气体保护焊（四元混合气体熔化极气体保护焊）

（1）基本原理

T.I.M.E.（Transferred Ionized Molten Energy）熔化极气体保护焊利用大干伸长度、高送丝速度和特殊的四元混合气体进行焊接，可获得极高的熔敷速度和焊接速度。T.I.M.E. 工艺对焊接设备具有很高的要求，需要使用高性能逆变电源、高性能送丝机及双路冷却焊枪。

T.I.M.E. 熔化极气体保护焊使用的气体为 $0.5\%O_2+8\%CO_2+26.5\%He+65\%Ar$。也可采用如下几种气体：

Corgon He 30：$30\%He+10\%CO_2+60\%Ar$

Mison 8：$8\%CO_2+92\%Ar+0.003\%NO$

T.I.M.E. Ⅱ：$2\%O_2+25\%CO_2+26.5\%He+46.5\%Ar$

（2）T.I.M.E. 熔化极气体保护焊设备

T.I.M.E. 熔化极气体保护焊机由逆变电源、送丝机、中继送丝机、专用焊枪、带制冷压缩机的冷却水箱和混气装置等组成。由于焊接电流和干伸长度均较大，T.I.M.E. 焊工艺对焊枪喷嘴和导电嘴的冷却均有严格要求，需要采用双路冷却系统进行冷却，如图 4-68 所示。混气装置可以准确混合 T.I.M.E. 工艺所需多元混合气，每分钟可以提供 200 升的备用气体，可供应至少 15 台焊机使用。若某种气体用尽混气装置便会终止使用，同时指示灯闪。与传统气瓶比可省气 70%。

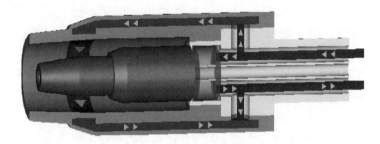

图 4-68　T.I.M.E. 熔化极气体保护焊专业焊枪的水冷系统示意图

（3）T.I.M.E. 焊的优点及应用

1）优点

① 熔敷速度大。同样的焊丝直径，T.I.M.E. 熔化极气体保护焊可采用更大的电流，以稳定的旋转射流过渡进行焊接，因此送丝速度高，熔敷速度大。平焊时熔敷速度可达 10kg/h，非平焊位置也可达 5kg/h。

② 熔透能力大，焊接速度快。

③ 适应性强。T.I.M.E. 焊的焊接工艺范围很宽，可以采用短路过渡、射流过渡、旋转射流过渡等熔滴过渡形式，适合于各种厚度的工件和各种焊接位置。

④ 稳定的旋转射流过渡有利于保证侧壁熔合，氦气的加入提高熔池金属的流动性和润湿性，焊缝成形美观。T.I.M.E. 保护气体降低了焊缝金属的氢、硫和磷含量，提高了焊缝力学性能，特别是低温韧性。

⑤ 生产成本低。由于熔透能力大，可使用较小的坡口尺寸，节省了焊丝用量。而高的熔敷速度和焊接速度又节省了劳动工时，因此生产成本显著降低。与普通 MIG/MAG 焊比，成本可降低 25%。

2）应用

T.I.M.E. 熔化极气体保护焊适用于碳钢、低合金钢、细晶粒高强钢、低温钢、高温耐热钢、高屈服强度钢及特种钢的焊接。应用领域有船舶、钢结构、汽车、压力容器、锅炉制造业及军工企业。

4.10.4　Tandem 熔化极气体保护焊（相位控制的双丝脉冲 GMAW 焊）

（1）基本原理

Tandem 熔化极气体保护焊是一种利用两个协同控制的脉冲电弧进行焊接的高效 GMAW 方法。这种方法使用两台完全独立的数字化电源和一把双丝焊焊枪。焊枪采用紧凑型设计结构，两个导电嘴按一定的角度和距离安装在喷嘴内部，如图 4-69 所示。两根焊丝分别由一台独立的数字化电源供电，形成两个可独立调节所有电参数的脉冲电弧。两个脉冲电弧通过同步器 SYNC 进行控制，保持一定的相位关系，保证焊接过程更加稳定，见图 4-70。两个电弧形成一个熔池，如图 4-71 所示。

与单丝焊相比，影响熔透能力的参数除了焊接电流、电弧电压、焊接速度、保护气体、焊枪倾角、干伸长度和焊丝直径以外，焊丝之间的夹角、焊丝间距及两个脉冲电弧之间的相位差也具有重要的影响。

焊接时，前丝后倾，后丝前倾，后丝电流稍小于前丝，通过后丝的电弧力阻止液态金属快速向后流动，防止驼峰、咬边及未熔合缺陷。两焊丝之间的夹角一般应控制在 10°～26°，焊丝间距应控制在 5～20mm（最常用的间距为 8～12mm），如图 4-72 所示。根据电流的大小适当地匹配两个脉冲电弧的相位差，可有效地控制电弧和熔池，得到良好的焊缝成形质量，并可显著提高熔敷速度和焊接速度。图 4-73 示出了焊接电流大小及相位差对电弧稳定性的影响。当焊接电流较小时，两个脉冲电弧之间的相位差对断弧次数有明显的影响，相位差越大，断弧次数越大。这是因为相位差越大，基值电流电弧因被峰值电流电弧吸引而拉长的时间越长，拉长到一定程度会熄灭，如图 4-74 所示。因此，小电流下两脉冲电弧应保持 0°相位差。焊接电流较大时，断弧次数与相位差无关，两个脉冲电弧之间应保持 180°相位差，当一个电弧作用在脉冲电流时，另一电弧正处于基值电流，两个电弧之间的电磁作用力较小，有效降低了两个电弧间的电磁干扰和两个过渡熔滴间的相互干扰。

图 4-69　典型双丝焊焊枪

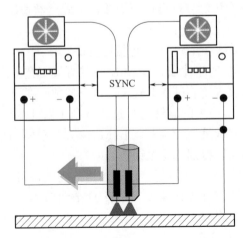

图 4-70　Tandem 熔化极气体保护焊焊接电源配置

图 4-71　Tandem 熔化极气体保护焊焊接过程示意图

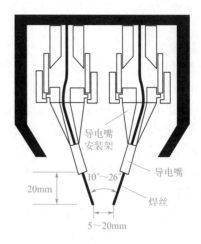

图 4-72　焊丝布置

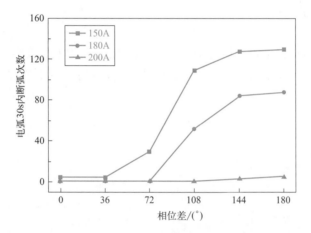

图 4-73　焊接电流、相位差对电弧 30s 内断弧次数的影响

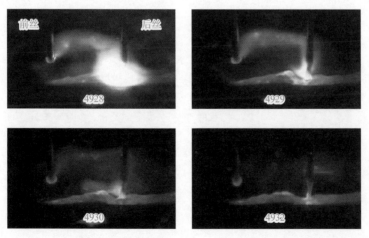

图 4-74　基值电流电弧（前丝电弧）被峰值电流电弧（后丝电弧）

吸引拉长而熄灭（焊接电流为 100A+100A，相位差为 180°）

（2）Tandem 熔化极气体保护焊的优点及应用

1）优点

双丝 GMAW 焊由于具有两个可独立调节的电弧，而且两个电弧之间的距离可调，因此工艺可控性强，其优点如下：

① 显著提高了焊接速度和熔敷速度。两个电弧的总焊接电流最大可达 900A，焊薄板时可显著提高焊接速度，焊厚板时熔敷速度高，可达 30kg/h。焊接速度比传统单丝 GMAW 焊可提高 1 ～ 4 倍。

② 焊接一定板厚的工件时，所需的热输入低于单丝 GMAW 焊，焊接热影响区小、残余变形量小。

③ 电弧极其稳定，熔滴过渡平稳，飞溅率低。

④ 焊枪喷嘴孔径大，保护气体覆盖面积大，保护效果好，焊缝的气孔率低。

⑤ 适应性强。多层焊时可任意定义主丝和辅丝，焊枪可在任意方向上焊接。

⑥ 能量分配易于调节。通过调节两个电弧的能量参数，可使能量合理地分配，适合于不同板厚和异种材料的焊接。

2）应用

双丝 GMAW 焊可焊接碳钢、低合金高强钢、Cr-Ni 合金以及铝及铝合金。在汽车及汽车零部件、船舶、锅炉及压力容器、钢结构、铁路机车车辆制造领域具有显著的经济效益。

第5章
药芯焊丝电弧焊

5.1 药芯焊丝电弧焊的工艺特点及应用

5.1.1 药芯焊丝电弧焊概述

（1）药芯焊丝电弧焊的基本原理

药芯焊丝电弧焊是利用药芯焊丝与工件之间的电弧作为热源的一种焊接方法，英文名称的简写为 FCAW。在电弧热量的作用下，焊丝金属及工件被连接部位发生熔化，形成熔池，电弧前移后熔池尾部结晶形成焊缝，如图 5-1 所示。药芯焊丝是芯部装有焊药的焊丝，又称管状焊丝。焊药的成分与焊条药皮的成分类似。在焊接过程中，焊药中的组分有些发生分解，有些发生熔化。熔化的焊药形成熔渣，熔渣覆盖在熔滴与熔池表面，一方面对液态金属进行保护，另一方面与液态金属发生冶金反应，改善焊缝金属的成分，提高其力学性能。另

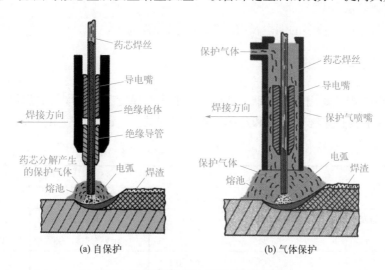

图 5-1 药芯焊丝电弧焊原理示意图

外，覆盖的熔渣还能降低熔池的冷却速度，延长熔池的存在时间，有利于降低焊缝中有害气体的含量和防止气孔。分解的焊药会放出气体，放出的气体提供部分或大部分保护作用，因此，药芯焊丝电弧焊实际上是一种渣气联合保护的焊接方法。

（2）药芯焊丝电弧焊的分类

根据是否使用外部保护气体，药芯焊丝电弧焊分为两种：气体保护焊和自保护焊。

气体保护焊通常利用 CO_2 或 CO_2+Ar 作保护气体，焊丝中的焊药所含的造气剂较少，这种方法主要靠外加保护气体进行保护，焊药产生的熔渣起着一定的辅助保护作用。

自保护焊不用外加保护气体，利用焊药中分解、蒸发或挥发出的各种气体、脱氧脱氮剂及熔渣进行保护，这些气体包括各种金属蒸气及造气剂分解出的 CO_2 气体。脱氧脱氮剂主要采用 Al、Ti、Si、Zr 等元素。

5.1.2 药芯焊丝电弧焊的特点

（1）优点

① 焊接生产率高。熔敷效率高（可达 95%），熔敷速度快；平焊时，熔敷速度为手工电弧焊的 1.5 倍，其他位置的焊接时，约为手工电弧焊的 3～5 倍。

② 飞溅小、焊缝成形好。药芯中加入了稳弧剂，因此电弧稳定，飞溅小，焊缝成形好。由于熔池上覆盖着熔渣，焊缝表面成形显著优于 CO_2 焊。

③ 焊接质量高。由于采用了渣气联合保护，可更有效地防止有害气体进入焊接区；另外，熔池存在时间长，有利于气体的析出，因此焊缝含氢量低，抗气孔能力好。

④ 适应能力强。只需调整焊丝药芯的成分，就可满足不同钢材对焊缝成分的要求。

⑤ 抗风能力强。自保护焊抗风能力强，特别适合于野外焊接。

（2）缺点

① 焊丝成本较高，制造过程复杂。

② 送丝较困难，需要采用夹紧压力能够精确调节的送丝机。

③ 药芯容易吸潮，因此需对焊丝严加保管。

④ 焊后需要除渣。

⑤ 焊接过程中产生较多的烟尘及有害气体，需加强通风。

5.1.3 药芯焊丝电弧焊的应用

药芯焊丝电弧焊主要用于低碳钢、低合金钢的中等厚度和大厚度板的焊接。

表 5-1 比较了实心焊丝 CO_2 焊和药芯焊丝电弧焊的工艺性能和适用范围。

表 5-1 实心焊丝 CO_2 焊和药芯焊丝电弧焊的工艺性能和适用范围比较

焊接方法		实心焊丝 CO_2 焊		药芯焊丝电弧焊	
		粗焊丝	细焊丝	粗焊丝	细焊丝
工艺性能	熔深	最深	最浅	略浅	较深
	熔渣量	少	少	均匀覆盖焊缝，较厚	均匀覆盖焊缝，较薄
	是否清渣	不用	不用	需要，容易清渣	需要，容易清渣

焊接方法			实心焊丝 CO$_2$ 焊		药芯焊丝电弧焊	
			粗焊丝	细焊丝	粗焊丝	细焊丝
工艺性能	飞溅大小		较大	稍大	较小	很小
	咬边敏感性		较敏感	不敏感	不敏感	不敏感
	气孔	风的影响	敏感	敏感	敏感	敏感
			表面不容易出现		表面容易出现	
		母材表面污染	敏感性比焊条电弧焊小			
			表面不容易出现		表面容易出现	
适用范围	适用的钢种		低碳钢、500～600MPa 级低合金高强钢、耐候钢、低合金耐热钢		低碳钢、500～600MPa 级低合金高强钢、低合金耐热钢	低碳钢、500MPa 级低合金高强钢
	适用的板厚		中厚板	薄板	中厚板	中厚板、厚板
	焊接位置		平焊、平角焊	全位置	平焊、平角焊	全位置
	对坡口精度敏感性		敏感	不敏感	略敏感	敏感
	工业部门		汽车、普通容器、工程机械等制造业	汽车、普通容器、管子、薄板构件制造业	对外观要求严格的普通容器、工程机械、桥梁、轮船等制造业	对外观要求严格的普通容器、工程机械、桥梁、轮船等制造业
	最大电流		500A	250A	500A	700A

5.2　药芯焊丝电弧焊设备

5.2.1　药芯焊丝电弧焊设备组成

药芯焊丝电弧焊设备组成与普通的熔化极气体保护焊设备大体相同，主要有弧焊电源、控制系统、焊枪、保护气回路和送丝机构等。

5.2.2　药芯焊丝电弧焊设备对各个组成部分的要求

（1）电源

药芯焊丝电弧焊对弧焊电源动特性及静特性的要求较低，这是因为药粉改善了电弧特性。可采用直流电源，也可采用交流电源。采用直流电源时仍采用直流反极性接法。焊丝直径不超过 3.2mm 时，采用缓降外特性电源，配等速送丝机构；焊丝直径大于 3.2mm 时，采用下降特性的电源，配弧压反馈送丝机构。

（2）送丝机构

由于药芯焊丝是由薄钢带卷成，焊丝较软，刚性较差，因此对送丝机构的要求较高。一方面，送丝滚轮的压力不能太大，以防止焊丝变形；另一方面，要保证送丝稳定性，因此，通常采用两对主动轮进行送丝，以增加送进力。送丝滚轮的表面最好开圆弧形沟槽，如图 5-2 所示。

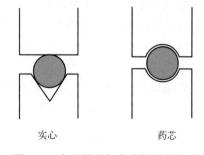

实心　　　　　药芯

图 5-2　实心焊丝与药芯焊丝送丝滚轮表面沟槽比较

（3）焊枪

气体保护药芯焊丝电弧焊焊枪与普通 CO_2 焊焊枪大体相同，大电流采用水冷，而小电流采用空冷。自保护药芯焊丝电弧焊的焊枪则稍有不同，这种焊枪没有喷嘴，而且由于干伸长度较长，为了保持焊丝及电弧稳定，焊枪中通常安装一个绝缘导管，如图 5-3 所示。图 5-4 给出了两种自保护药芯焊丝电弧焊焊枪的典型结构。

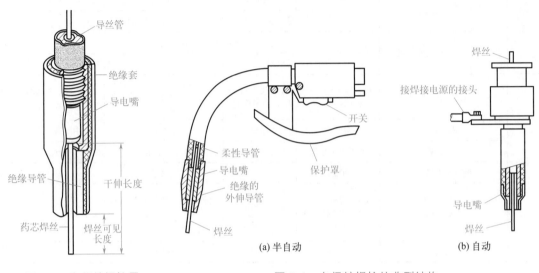

图 5-3 自保护焊枪导电嘴及绝缘导管

图 5-4 自保护焊枪的典型结构

5.3 药芯焊丝电弧焊焊接材料

药芯焊丝电弧焊的焊接耗材有保护气体和药芯焊丝两种。

5.3.1 保护气体

药芯焊丝电弧焊通常使用纯 CO_2 气体或 CO_2+Ar 混合气体作保护气体。需要根据所用的药芯焊丝来选择气体的种类。

氩气容易电离，因此氩弧焊中容易实现喷射过渡。当混合气体中含氩量不小于 75% 时，药芯焊丝电弧焊可实现稳定的喷射过渡。随着混合气体中氩气含量的降低，熔深增大，但电弧稳定性降低，飞溅率增大。因此最佳混合气体为 $75\%Ar+25\%CO_2$。另外混合气体还可采用 $Ar+2\%O_2$。

选用纯 CO_2 气体时，由于 CO_2 气体在电弧热量作用下分解，产生大量的氧原子，氧原子将熔池中的 Mn、Si 等元素氧化，导致合金元素烧损，因此需要配用 Mn、Si 含量较高的焊丝。

5.3.2 药芯焊丝

药芯焊丝是将薄钢带卷成钢管或异形钢管，在管内填满一定成分的药粉，经拉制而成的一种焊丝。药芯的成分与焊条药皮的成分类似，主要有造渣剂、造气剂、合金剂、脱氧剂等。

（1）药芯焊丝的分类

① 按焊丝横截面形状分。根据横截面形状，药芯焊丝可分为简单 O 形截面（见图 5-5）和复杂截面两大类（见图 5-6）。

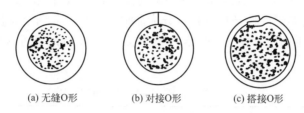

(a) 无缝O形　　　(b) 对接O形　　　(c) 搭接O形

图 5-5　简单 O 形截面药芯焊丝

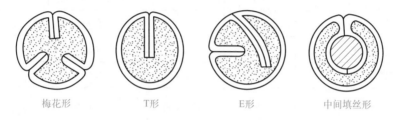

梅花形　　　　T形　　　　E形　　　中间填丝形

图 5-6　复杂截面药芯焊丝

直径在 2.0mm 以下的药芯焊丝通常采用简单 O 形截面。简单 O 形截面药芯焊丝又分为有缝和无缝两种。有缝 O 形截面药芯焊丝又有对接 O 形和搭接 O 形两种。有缝 O 形截面焊丝易于加工，因此目前大部分采用这种焊丝。无缝 O 形截面焊丝制造成本高，但可作镀铜处理，焊丝易于保存。

直径在 2.0mm 以上的药芯焊丝通常采用复杂截面。复杂截面的药芯焊丝有梅花形、T形、E 形和中间填丝形等几种，见图 5-6。这种焊丝刚性好，送丝稳定可靠，具有电弧稳定性好、飞溅小等优点。截面形状越复杂，对称性越好，电弧越稳定，飞溅越少。随着焊丝直径的减小，电流密度的增加，药芯焊丝截面形状对焊接过程稳定性的影响将减小，因此细丝不采用复杂截面。大直径药芯焊丝主要用于平焊、平角焊，不适合于全位置焊接。而 3.0mm 以上的焊丝主要应用于堆焊。

② 按保护方式分。根据外加保护方式，药芯焊丝可分为气体保护焊用药芯焊丝、自保护焊用药芯焊丝和埋弧焊用药芯焊丝等几种。

气体保护焊用药芯焊丝又可细分为：CO_2 气体保护焊用、$Ar+25\%CO_2$ 混合气体保护焊用和 $Ar+2\%O_2$ 混合气体保护焊用药芯焊丝等几种。其中应用最多的为 CO_2 气体保护焊用药芯焊丝。药芯成分通常根据配用的保护气体进行调配，因此不同类型的焊丝是不能相互替代的。

③ 按金属外皮的成分。按照金属外皮的成分，药芯焊丝可分为低碳钢、不锈钢以及镍外皮药芯焊丝等几种。

④ 按药芯性质分。根据药芯性质，药芯焊丝可分为有渣型和无渣型两种。无渣型焊丝不含造渣剂，又称为金属粉芯焊丝，药芯中的主要组分是铁粉、脱氧剂和稳弧剂。

金属粉芯焊丝的特点是可方便地施加合金元素。用这种焊丝焊接时，产渣量与实心焊丝相当，故最适合于厚板多层焊。

有渣型药芯焊丝按熔渣的碱度分为钛型（酸性渣）、钛钙型（中性渣）和钙型（碱性渣）三种。CO_2 气体保护焊用药芯焊丝电弧焊多采用钛型（酸性渣），自保护焊用药芯焊丝电弧焊多采用高氟化物（弱碱性）渣系。钙型焊丝焊接的焊缝韧性和抗裂性好，但工艺性稍差；而钛型焊丝正好相反，工艺性良好，焊缝成形美观，但焊缝韧性和抗裂性较钙型焊丝差。钛钙型焊丝性能介于两者之间。表 5-2 给出了各种药芯焊丝的焊接特性比较。

⑤ 按用途分。药芯焊丝按被焊钢种可分为低碳钢和低合金钢用药芯焊丝、低合金高强钢用药芯焊丝、低温钢用药芯焊丝、耐热钢用药芯焊丝、不锈钢用药芯焊丝和镍及镍合金用药芯焊丝等几种。

表 5-2 各种药芯焊丝的焊接特性比较

项目		填充粉类型			
		钛型	钛钙型	氧化钙-氟化物	金属粉型
工艺性能	焊道外观	美观	一般	稍差	一般
	焊道形状	平滑	稍凸	稍凸	稍凸
	电弧稳定性	良好	良好	良好	良好
	熔滴过渡	细小滴过渡	滴状过渡	滴状过渡	滴状过渡（低电流时短路过渡）
	飞溅	细小、极少	细小、少	粒大、多	细小、极少
	熔渣覆盖	良好	稍差	差	渣极少
	脱渣性	良好	稍差	稍差	稍差
	烟尘量	一般	稍多	多	少
焊缝性能	缺口韧度	一般	良好	优	良好
	扩散氢含量 /[mL·(100g)$^{-1}$]	2～10	2～6	1～4	1～3
	氧质量分数 /（×10^{-6}）	600～900	500～700	450～650	600～700
	抗裂性能	一般	良好	优	优
	X 射线检查	良好	良好	良好	良好
	抗气孔性能	稍差	良好	良好	良好
熔敷效率 /%		70～85	70～85	70～85	90～95

（2）药芯焊丝的型号

① 非合金钢及细晶粒结构钢药芯焊丝的型号。

国标 GB/T 10045—2018《非合金钢及细晶粒钢药芯焊丝》按照熔敷金属力学性能、使用特性、焊接位置、保护类型、焊后状态等对焊丝进行分类标识。型号的第一部分为"T"，表示药芯焊丝；第二部分为两位阿拉伯数字，指示多道焊时熔敷金属在焊态或焊后热处理状态下的抗拉强度，见表 5-3，或单道焊时焊接接头在焊态下的抗拉强度，见表 5-4；第三部分为一位阿拉伯数字，指示对应于 27J 冲击吸收能量的试验温度，见表 5-5，仅适用于单道焊的焊丝没有该部分；第四部分为 T 加一位或二位阿拉伯数字，表示使用特性，见表 5-6；第五部分为一位阿拉伯数字，指示焊接位置，见表 5-7；第六部分指示保护类型，N 表示自保护，其他代号表示保护气体成分，见表 5-8，对于仅适用于单道焊的焊丝，保护类型代号后面添加字母"S"；第七部分指示焊后状态，"A"表示焊态，"P"表示焊后热处理状态，"AP"表示焊态和焊后热处理两种状态均可；第八部分指示熔敷金属化学成分分类，见表 5-9，仅适用于单道焊的焊丝没有该部分；除了以上强制部分外，后面还有二个可选部分：第一部分用"U"表示在规定试验温度下冲击吸收能量不小于 47J；第二部分用 H 加一位或二位阿拉伯数字来指示熔敷金属中扩散氢的最大含量，见表 5-10。

非合金钢及细晶粒结构钢药芯焊丝型号示例如下：

多道焊焊丝牌号示例：

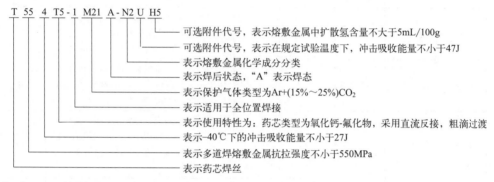

T 55 4 T5-1 M21 A -N2 U H5
可选附件代号，表示熔敷金属中扩散氢含量不大于5mL/100g
可选附件代号，表示在规定试验温度下，冲击吸收能量不小于47J
表示熔敷金属化学成分分类
表示焊后状态，"A"表示焊态
表示保护气体类型为Ar+(15%～25%)CO₂
表示适用于全位置焊接
表示使用特性为：药芯类型为氧化钙-氟化物，采用直流反接，粗滴过渡
表示-40℃下的冲击吸收能量不小于27J
表示多道焊熔敷金属抗拉强度不小于550MPa
表示药芯焊丝

仅适用于单道焊的焊丝牌号示例：

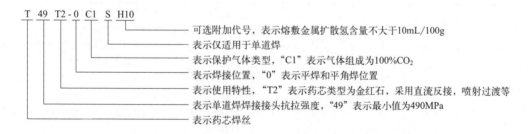

T 49 T2-0 C1 S H10
可选附加代号，表示熔敷金属扩散氢含量不大于10mL/100g
表示仅适用于单道焊
表示保护气体类型，"C1"表示气体组成为100%CO₂
表示焊接位置，"0"表示平焊和平角焊位置
表示使用特性，"T2"表示药芯类型为金红石，采用直流反接，喷射过渡等
表示单道焊焊接接头抗拉强度，"49"表示最小值为490MPa
表示药芯焊丝

表 5-3　非合金钢及细晶粒结构钢药芯焊丝多道焊熔敷金属抗拉强度代号

抗拉强度代号	抗拉强度 σ_b/MPa	屈服强度 σ_s 或 $\sigma_{0.2}$/MPa	断后伸长率 δ_5/%
43	430～600	≥330	≥20
49	490～670	≥390	≥18
55	550～740	≥460	≥17
57	570～770	≥490	≥17

表 5-4　非合金钢及细晶粒结构钢药芯焊丝单道焊焊接接头抗拉强度代号

抗拉强度代号	抗拉强度 σ_b/MPa	抗拉强度代号	抗拉强度 σ_b/MPa
43	≥430	55	≥550
49	≥490	57	≥570

表 5-5　冲击试验温度代号

冲击试验温度代号	冲击吸收能量不小于 27J 时的试验温度	冲击试验温度代号	冲击吸收能量不小于 27J 时的试验温度
Z	不要求冲击试验	5	-50
Y	+20	6	-60
0	0	7	-70
2	-20	8	-80
3	-30	9	-90
4	-40	10	-100

表 5-6　非合金钢及细晶粒结构钢药芯焊丝的使用特性代号

代号	保护气体	电流类型	熔滴过渡形式	药芯类型	焊接位置[①]	工艺特点	焊接类型
T1	要求	DCRP	喷射	金红石	0 或 1	飞溅少，平或微凸焊道，熔敷速度高；大直径焊丝用于平焊和横焊，小直径焊丝可用于全位置焊接	单道和多道焊
T2	要求	DCRP	喷射	金红石	0	与 T1 相似，高锰和 / 或高硅提高性能；用于平焊和横焊位置的角焊缝；可用于氧化严重的钢和沸腾钢	单道焊
T3	不要求	DCRP	大滴	不规定	0	焊接速度极高，适合于平焊、横焊和向下立焊；T 形和搭接接头时板厚不得超过 5mm，对接、角接和端接时板厚不得超过 6mm	单道焊
T4	不要求	DCRP	大滴	碱性	0	熔敷速度极高，抗热裂性能好，熔深小，对间隙变化不敏感	单道和多道焊
T5	要求	DCRP[②]	大滴	氧化钙 - 氟化物	0 或 1	微凸焊道，薄渣不能完全覆盖焊道，冲击性能比 T1 好，抗冷裂和抗热裂性能均较好；用于平焊位置的多道或单道焊以及横焊位置的角焊缝，直流正接时可用于全位置焊接	单道和多道焊
T6	不要求	DCRP	喷射	不规定	0	冲击韧性好，焊缝根部熔透性好，深坡口中仍有优异的脱渣性，适用于平焊和横焊位置	单道和多道焊
T7	不要求	DCSP	细颗粒或喷射	不规定	0 或 1	熔敷速度高，抗热裂性能优异，大直径焊丝用于平焊和横焊，小直径焊丝可用于全位置焊接	单道和多道焊
T8	不要求	DCSP	细颗粒或喷射	不规定	0	良好的低温冲击韧性，适合于全位置焊接	单道和多道焊
T10	不要求	DCSP	细颗粒	不规定	0 或 1	任何厚度材料的平焊、横焊和立焊位置的高速单道焊	单道焊
T11	不要求	DCSP	喷射	不规定	0 或 1	一些焊丝设计仅用于薄板焊接，制造商需要给出板厚限制，用于全位置单道焊和多道焊	单道和多道焊
T12	要求	DCRP	喷射	金红石	0 或 1	与 T1 相似，冲击韧性高，降低了对焊缝含锰要求，焊缝强度和硬度较低	单道和多道焊
T13	不要求	DCSP	短路	不规定	0 或 1	用于有根部间隙焊道的焊接，用于各种壁厚管道的第一道焊缝的焊接，一般不用于其它焊道	单道焊

续表

代号	保护气体	电流类型	熔滴过渡形式	药芯类型	焊接位置①	工艺特点	焊接类型
T14	不要求	DCSP	喷射	不规定	0 或 1	适用于全位置焊接以及涂层、镀层钢薄板的高速焊；T 形和搭接接头时板厚不得超过 4.8mm，对接、角接和端接时板厚不得超过 6mm	单道焊
T15	要求	DCRP	细颗粒或喷射	金属粉型	0 或 1	药芯含有合金和铁粉，熔渣覆盖率低，熔敷速度高，主要采用 Ar+CO₂ 混合气体进行平焊和平角焊；也可在直流正接焊接下采用短路过渡或脉冲过渡进行其它位置焊接	单道和多道焊
TG				供需双方协定			

① 见表 5-7。

② 采用 DCSP（直流正接）时可用于全位置焊接，由制造商推荐电流类型。

表 5-7　焊接位置代号

焊接位置代号	焊接位置
0	PA、PB
1	PA、PB、PC、PD、PE、PF 和 / 或 PG

PA= 平焊、PB= 平角焊、PC= 横焊、PD= 仰角焊、PE= 仰焊、PF= 向上立焊、PG= 向下立焊

表 5-8　保护气体代号

保护气体代号		气体组成成分 /%						一般应用条件	备注
组别	数字代号	氧化性		惰性		还原性	低活性		
		CO_2	O_2	Ar	He	H_2	N_2		
I	1			100				MIG 焊、TIG 焊、等离子弧焊时根部保护	
	2				100				
	3			其余	0.5 ～ 95				
M1	1	0.5 ～ 5		其余①					弱氧化性
	2	0.5 ～ 5	0.5 ～ 3	其余①					
	3	0.5 ～ 5	0.5 ～ 3	其余①		0.5 ～ 5			
	4	0.5 ～ 5		其余①					
M2	0	5 ～ 15		其余①				MAG 焊	
	1	15 ～ 25		其余①					
	2	15 ～ 25	3 ～ 10	其余①					
	3	0.5 ～ 5	3 ～ 10	其余①					
	4	5 ～ 15	0.5 ～ 3	其余①					
	5	5 ～ 15	3 ～ 10	其余①					
	6	15 ～ 25	0.5 ～ 3	其余①					
	7	15 ～ 25	3 ～ 10	其余①					
M3	1	25 ～ 50		其余①					
	2		10 ～ 15	其余①					
	3	5 ～ 50	2 ～ 10	其余①					
	4	5 ～ 25	10 ～ 15	其余①					
	5	25 ～ 50	10 ～ 15	其余					
C	1	100							强氧化性
	2	其余	0.5 ～ 30						

续表

保护气体代号		气体组成成分 /%						一般应用条件	备注
组别	数字代号	氧化性		惰性		还原性	低活性		
		CO_2	O_2	Ar	He	H_2	N_2		
R	1			其余①		0.5～15		TIG 焊、等离子弧焊时根部保护	
	2			其余①		15～35			
N	1						100		
	2			其余①		0.5～15	0.5～5		
	3			其余①		0.5～50	5～50		
	4			其余①			0.5～5		
	5						其余		
O	1		100						
Z②		表中未列出的其它成分的气体							

① 可以使用氦气部分或全部替代氩气。
② 同为 Z 的两种保护气体不能相互替代。

表 5-9 非合金钢及细晶粒结构钢药芯焊丝熔敷金属化学成分代号

化学成分分类	化学成分（质量分数）①/%										
	C	Mn	Si	P	S	Ni	Cr	Mo	V	Cu	Al②
无标记	0.18③	2.00	0.90	0.030	0.030	0.50④	0.20④	0.30④	0.08④	—	2.0
K	0.20	1.60	1.00	0.030	0.030	0.50④	0.20④	0.30④	0.08④	—	—
2M3	0.12	1.50	0.80	0.030	0.030	—	—	0.40～0.65	—	—	1.8
3M2	0.15	1.25～2.00	0.80	0.030	0.030	—	—	0.25～0.55	—	—	1.8
N1	0.12	1.75	0.80	0.030	0.030	0.30～1.00	—	0.35	—	—	1.8
N2	0.12	1.75	0.80	0.030	0.030	0.80～1.20	—	0.35	—	—	1.8
N3	0.12	1.75	0.80	0.030	0.030	1.00～2.00	—	0.35	—	—	1.8
N5	0.12	1.75	0.80	0.030	0.030	1.75～2.75	—	—	—	—	1.8
N7	0.12	1.75	0.80	0.030	0.030	2.75～3.75	—	—	—	—	1.8
CC	0.12	0.60～1.40	0.20～0.80	0.030	0.030	—	0.30～0.60	—	—	0.20～0.50	1.8
NCC	0.12	0.60～1.40	0.20～0.80	0.030	0.030	0.10～0.45	0.45～0.75	—	—	0.30～0.75	1.8
NCC1	0.12	0.50～1.30	0.20～0.80	0.030	0.030	0.30～0.80	0.45～0.75	—	—	0.30～0.75	1.8
NCC2	0.12	0.80～1.60	0.20～0.80	0.030	0.030	0.30～0.80	0.10～0.40	—	—	0.20～0.50	1.8
NCC3	0.12	0.80～1.60	0.20～0.80	0.030	0.030	0.30～0.80	0.45～0.75	—	—	0.20～0.50	1.8

续表

化学成分分类	化学成分（质量分数）^①/%										
	C	Mn	Si	P	S	Ni	Cr	Mo	V	Cu	Al^②
N1M2	0.15	2.00	0.80	0.030	0.030	0.40～1.00	0.20	0.20～0.65	0.05	—	1.8
N2M2	0.15	2.00	0.80	0.030	0.030	0.80～1.20	0.20	0.20～0.65	0.05	—	1.8
N3M2	0.15	2.00	0.80	0.030	0.030	1.00～2.00	0.20	0.20～0.65	0.05	—	1.8
GX^⑤	其他协定成分										

① 如有意添加 B 元素，应进行分析。

② 只适用于自保护焊丝。

③ 对于自保护焊丝，C ≤ 0.30%。

④ 这些元素如果是有意添加的，应进行分析。

⑤ 表中未列出的分类可用相类似的分类表示，词头加字母"G"。化学成分范围不进行规定，两种分类之间不可替换。

注：表中单值均为最大值。

表 5-10　熔敷金属扩散氢含量代号（可选的附加代号）

扩散氢含量代号	扩散氢含量/[mL·(100g)⁻¹]	扩散氢含量代号	扩散氢含量/[mL·(100g)⁻¹]
H15	≤ 15.0	H4	≤ 4.0
H10	≤ 10.0	H2	≤ 2.0
H5	≤ 5.0		

② 热强钢药芯焊丝的型号。国标 GB/T 17493—2018《热强钢药芯焊丝》按照熔敷金属力学性能、使用特性、焊接位置、保护类型、焊后状态等对焊丝进行分类标识。

热强钢药芯焊丝的型号由六部分组成。第一部分为"T"，表示药芯焊丝；第二部分为两位阿拉伯数字，指示熔敷金属抗拉强度，见表 5-11；第三部分为 T 加一位或二位阿拉伯数字，指示使用特性，见表 5-12；第四部分为一位阿拉伯数字，指示焊接位置，见表 5-7；第五部分指示保护类型，N 表示自保护，其他代号表示保护气体成分，见表 5-8；第六部分指示熔敷金属化学成分分类，见表 5-13。除了以上强制部分外，后面还有一个可选部分，该部分为 H 加一位或二位阿拉伯数字，用于指示熔敷金属中扩散氢的最大含量，见表 5-10。

热强钢药芯焊丝型号示例：

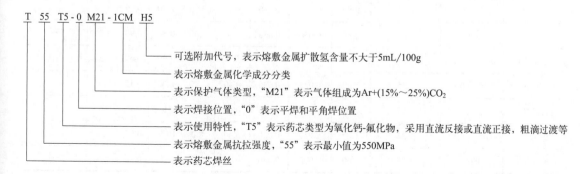

T 55 T5-0 M21-1CM H5

- 可选附加代号，表示熔敷金属扩散氢含量不大于5mL/100g
- 表示熔敷金属化学成分分类
- 表示保护气体类型，"M21"表示气体组成为Ar+(15%～25%)CO₂
- 表示焊接位置，"0"表示平焊和平角焊位置
- 表示使用特性，"T5"表示药芯类型为氧化钙-氟化物，采用直流反接或直流正接，粗滴过渡等
- 表示熔敷金属抗拉强度，"55"表示最小值为550MPa
- 表示药芯焊丝

表 5-11　热强钢药芯焊丝熔敷金属抗拉强度

抗拉强度代号	抗拉强度 σ_b/MPa	抗拉强度代号	抗拉强度 σ_b/MPa
49	490～660	62	620～760
55	550～690	69	690～830

表 5-12　热强钢药芯焊丝的使用特性代号

代号	保护气体	电流类型	熔滴过渡形式	药芯类型	焊接位置[1]	工艺特点
T1	要求	DCRP	喷射	金红石	0 或 1	飞溅少,平或微凸焊道,熔敷速度高;大直径焊丝(直径不小于 2mm)用于平焊和横焊,小直径焊丝(直径不大于 1.6mm)可用于全位置焊接
T5	要求	DCRP 或 DCSP	大滴	氧化钙-氟化物	0 或 1	微凸焊道,薄渣不能完全覆盖焊道,冲击性能比T1好,抗冷裂和抗热裂性能均较好;用于平焊位置的多道或单道焊以及横焊位置的角焊缝,直流正接时可用于全位置焊接
T15	要求	DCRP	细颗粒或喷射	金属粉型	0 或 1	药芯含有合金和铁粉,熔渣覆盖率低,熔敷速度高;主要采用 Ar+CO$_2$ 混合气体进行平焊和平角焊位置焊接;也可在直流正接焊接下采用短路过渡或脉冲过渡进行其他位置焊接
TG						供需双方协定

① 见表 5-7。

表 5-13　热强钢药芯焊丝熔敷金属化学成分代号

化学成分分类	化学成分(质量分数)[1]/%								
	C	Mn	Si	P	S	Ni	Cr	Mo	V
2M3	0.12	1.25	0.80	0.030	0.030	—	—	0.40～0.65	—
CM	0.05～0.12	1.25	0.80	0.030	0.030	—	0.40～0.65	0.40～0.65	—
CML	0.05	1.25	0.80	0.030	0.030	—	0.40～0.65	0.40～0.65	—
1CM	0.05～0.12	1.25	0.80	0.030	0.030	—	1.00～1.50	0.40～0.65	—
1CML	0.05	1.25	0.80	0.030	0.030	—	1.00～1.50	0.40～0.65	—
1CMH	0.10～0.15	1.25	0.80	0.030	0.030	—	1.00～1.50	0.40～0.65	—
2C1M	0.05～0.12	1.25	0.80	0.030	0.030	—	2.00～2.50	0.90～1.20	—
2C1ML	0.05	1.25	0.80	0.030	0.030	—	2.00～2.50	0.90～1.20	—
2C1MH	0.10～0.15	1.25	0.80	0.030	0.030	—	2.00～2.50	0.90～1.20	—
5CM	0.05～0.12	1.25	1.00	0.025	0.030	0.40	4.0～6.0	0.45～0.65	—
5CML	0.05	1.25	1.00	0.025	0.030	0.40	4.0～6.0	0.45～0.65	—
9C1M[2]	0.05～0.12	1.25	1.00	0.040	0.030	0.40	8.0～10.5	0.85～1.20	—
9C1ML[2]	0.05	1.25	1.00	0.040	0.030	0.40	8.0～10.5	0.85～1.20	—

续表

化学成分分类	化学成分（质量分数）^①/%								
	C	Mn	Si	P	S	Ni	Cr	Mo	V
9C1MV^③	0.08～0.13	1.20	0.50	0.020	0.015	0.80	8.0～10.5	0.85～1.20	0.15～0.30
9C1MV1^④	0.05～0.12	1.25～2.00	0.50	0.020	0.015	1.00	8.0～10.5	0.85～1.20	0.15～0.30
GX^⑤	其他协定成分								

① 化学分析应按表中规定的元素进行。如在分析过程中发现其他元素，这些元素的总量（除铁外）不应超过 0.50%。
② Cu ≤ 0.50%。
③ Nb0.02%～0.10%，N0.02%～0.07%，Cu ≤ 0.25%，Al ≤ 0.04%，（Mn+Ni）≤ 1.40%。
④ Nb0.01%～0.08%，N0.02%～0.07%，Cu ≤ 0.25%，Al ≤ 0.04%。
⑤ 表中未列出的分类可用相类似的分类表示，词头加字母 "G"。化学成分范围不进行规定，两种分类之间不可替换。
注：表中单值均为最大值。

③ 高强钢药芯焊丝的型号。国标 GB/T 36233—2018《高强钢药芯焊丝》按照熔敷金属力学性能、使用特性、焊接位置、保护类型、焊后状态等对焊丝进行分类标识。高强钢药芯焊丝的型号由八部分组成。第一部分为 "T"，表示药芯焊丝；第二部分为两位阿拉伯数字，指示熔敷金属抗拉强度，见表 5-14；第三部分为一位阿拉伯数字，指示对应于 27J 冲击吸收能量的试验温度，见表 5-5；第四部分为 T 加一位或二位阿拉伯数字，指示使用特性，见表 5-15；第五部分为一位阿拉伯数字，指示焊接位置，见表 5-7；第六部分指示保护类型，N 表示自保护，其他代号表示保护气体成分，见表 5-8；第七部分指示焊后状态，"A" 表示焊态，"P" 表示焊后热处理状态，"AP" 表示焊态和焊后热处理两种状态均可；第八部分指示熔敷金属化学成分分类，见表 5-16。除了以上强制部分外，后面还有二个可选部分：第一部分用 "U" 表示在规定试验温度下冲击吸收能量不小于 47J；第二部分用 H 加一位或二位阿拉伯数字来指示熔敷金属中扩散氢的最大含量，见表 5-17。

高强钢药芯焊丝型号示例如下：

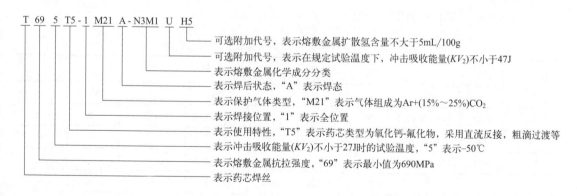

表 5-14　高强钢药芯焊丝多道焊熔敷金属抗拉强度代号

抗拉强度代号	抗拉强度 σ_b/MPa	屈服强度 σ_s 或 $\sigma_{0.2}$/MPa	断后伸长率 δ_5/%
59	590～790	≥490	≥16
62	620～820	≥530	≥15
69	690～890	≥600	≥14

抗拉强度代号	抗拉强度 σ_b/MPa	屈服强度 σ_s 或 $\sigma_{0.2}$/MPa	断后伸长率 δ_5/%
76	760～960	≥680	≥13
78	780～980	≥680	≥13
83	830～1030	≥745	≥12

表 5-15　高强钢药芯焊丝的使用特性代号

代号	保护气体	电流类型	熔滴过渡形式	药芯类型	焊接位置①	工艺特点
T1	要求	DCRP	喷射	金红石	0 或 1	飞溅少，平或微凸焊道，熔敷速度高；大直径焊丝用于平焊和横焊，小直径焊丝可用于全位置焊接
T5	要求	DCRP②	大滴	氧化钙 - 氟化物	0 或 1	微凸焊道，薄渣不能完全覆盖焊道，冲击性能比 T1 好，抗冷裂和抗热裂性能均较好；用于平焊位置的多道或单道焊以及横焊位置的角焊缝，直流正接时可用于全位置焊接
T7	不要求	DCSP	细颗粒或喷射	不规定	0 或 1	熔敷速度高，抗热裂性能优异，大直径焊丝用于平焊和横焊，小直径焊丝可用于全位置焊接
T8	不要求	DCSP	细颗粒或喷射	不规定	0	良好的低温冲击韧性和抗裂性，适合于全位置焊接
T11	不要求	DCSP	喷射	不规定	0 或 1	一般用于全位置单道或多道焊；无预热和层间温度控制时不推荐用于厚度大于 19mm 的钢材
T15	要求	DCRP	细颗粒或喷射	金属粉型	0 或 1	药芯含有合金和铁粉，熔渣覆盖率低，熔敷速度高，主要采用 Ar+CO_2 混合气体进行平焊和平角焊；也可在直流正接焊接下采用短路过渡或脉冲过渡进行其他位置焊接
TG						供需双方协定

① 见表 5-7。

② 采用 DCSP（直流正接）时可用于全位置焊接，由制造商推荐电流类型。

表 5-16　高强钢药芯焊丝熔敷金属化学成分代号

化学成分分类	化学成分（质量分数）①②/%								
	C	Mn	Si	P	S	Ni	Cr	Mo	V
N2	0.15	1.00～2.00	0.40	0.030	0.030	0.50～1.50	0.20	0.20	0.05
N5	0.12	1.75	0.80	0.030	0.030	1.75～2.75	—	—	—
N51	0.15	1.00～1.75	0.80	0.030	0.030	2.00～2.75	—	—	—
N7	0.12	1.75	0.80	0.030	0.030	2.75～3.75	—	—	—
3M2	0.12	1.25～2.00	0.80	0.030	0.030	—	—	0.25～0.55	—
3M3	0.12	1.00～1.75	0.80	0.030	0.030	—	—	0.40～0.65	—
4M2	0.15	1.65～2.25	0.80	0.030	0.030	—	—	0.25～0.55	—
N1M2	0.15	1.00～2.00	0.80	0.030	0.030	0.40～1.00	0.20	0.50	0.05

化学成分分类	化学成分（质量分数）[①②]/%								
	C	Mn	Si	P	S	Ni	Cr	Mo	V
N2M1	0.15	2.25	0.80	0.030	0.030	0.40～1.50	0.20	0.35	0.05
N2M2	0.15	2.25	0.80	0.030	0.030	0.40～1.50	0.20	0.20～0.65	0.05
N3M1	0.15	0.50～1.75	0.80	0.030	0.030	1.00～2.00	0.15	0.35	0.05
N3M11	0.15	1.00	0.80	0.030	0.030	1.00～2.00	0.15	0.35	0.05
N3M2	0.15	0.75～2.25	0.80	0.030	0.030	1.25～2.60	0.15	0.25～0.65	0.05
N3M21	0.15	1.50～2.75	0.80	0.030	0.030	0.75～2.00	0.20	0.50	0.05
N4M1	0.12	2.25	0.80	0.030	0.030	1.75～2.75	0.20	0.35	0.05
N4M2	0.15	2.25	0.80	0.030	0.030	1.75～2.75	0.20	0.20～0.65	0.05
N4M21	0.12	1.25～2.25	0.80	0.030	0.030	1.75～2.75	0.20	0.50	—
N5M2	0.07	0.50～1.50	0.60	0.015	0.015	1.30～3.75	0.20	0.50	0.05
N3C1M2	0.10～0.25	0.60～1.60	0.80	0.030	0.030	0.75～2.00	0.20～0.70	0.15～0.55	0.05
N4C1M2	0.15	1.20～2.25	0.80	0.030	0.030	1.75～2.60	0.20～0.60	0.20～0.65	0.03
N4C2M2	0.15	2.25	0.80	0.030	0.030	1.75～2.75	0.60～1.00	0.20～0.65	0.05
N6C1M4	0.12	2.25	0.80	0.030	0.030	2.50～3.50	1.00	0.40～1.00	0.05
GX	—	≥1.75[③]	≥0.80[③]	0.030	0.030	≥0.50[③]	≥0.30[③]	≥0.20[③]	≥0.10[③]

① 化学分析应按表中规定的元素进行。如在分析过程中发现其他元素，这些元素的总量（除铁外）不应超过 0.50%。

② 对于自保护焊丝，Al≤1.8%。

③ 至少有一个元素满足要求，其他化学成分要求应由供需双方协定。

注：表中单值均为最大值。

④ 不锈钢药芯焊丝。GB/T 17853—2018《不锈钢药芯焊丝》规定，不锈钢药芯焊丝型号是根据熔敷金属化学成分、焊丝类型、保护气体类型和焊接位置进行划分。不锈钢药芯焊丝的型号由五部分组成。第一部分为"TS"，表示不锈钢药芯焊丝；第二部分指示熔敷金属化学成分分类，见表 5-17～表 5-20；第三部分指示焊丝类型，见表 5-21；第四部分指示保护类型，N 表示自保护，其他代号表示保护气体成分，见表 5-8；第五部分指示焊接位置，见表 5-7。

不锈钢药芯焊丝型号示例如下：

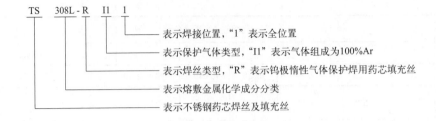

表示焊接位置，"1"表示全位置

表示保护气体类型，"I1"表示气体组成为100%Ar

表示焊丝类型，"R"表示钨极惰性气体保护焊用药芯填充丝

表示熔敷金属化学成分分类

表示不锈钢药芯焊丝及填充丝

表 5-17 气体保护非金属粉型不锈钢药芯焊丝熔敷金属代号

化学成分分类	化学成分（质量分数）/%											
	C	Mn	Si	P	S	Ni	Cr	Mo	Cu	Nb+Ta	N	其他
307	0.13	3.30 ～ 4.75	1.0	0.04	0.03	9.0 ～ 10.5	18.0 ～ 20.5	0.5 ～ 1.5	0.75	—	—	—
308	0.08	0.5 ～ 2.5	1.0	0.04	0.03	9.0 ～ 11.0	18.0 ～ 21.0	0.75	0.75	—	—	—
308L	0.04	0.5 ～ 2.5	1.0	0.04	0.03	9.0 ～ 12.0	18.0 ～ 21.0	0.75	0.75	—	—	—
308H	0.04 ～ 0.08	0.5 ～ 2.5	1.0	0.04	0.03	9.0 ～ 11.0	18.0 ～ 21.0	0.75	0.75	—	—	—
308Mo	0.08	0.5 ～ 2.5	1.0	0.04	0.03	9.0 ～ 11.0	18.0 ～ 21.0	2.0 ～ 3.0	0.75	—	—	—
308LMo	0.04	0.5 ～ 2.5	1.0	0.04	0.03	9.0 ～ 12.0	18.0 ～ 21.0	2.0 ～ 3.0	0.75	—	—	—
309	0.10	0.5 ～ 2.5	1.0	0.04	0.03	12.0 ～ 14.0	22.0 ～ 25.0	0.75	0.75	—	—	—
309L	0.04	0.5 ～ 2.5	1.0	0.04	0.03	12.0 ～ 14.0	22.0 ～ 25.0	0.75	0.75	—	—	—
309H	0.04 ～ 0.10	0.5 ～ 2.5	1.0	0.04	0.03	12.0 ～ 14.0	22.0 ～ 25.0	0.75	0.75	—	—	—
309Mo	0.12	0.5 ～ 2.5	1.0	0.04	0.03	12.0 ～ 16.0	21.0 ～ 25.0	2.0 ～ 3.0	0.75	—	—	—
309LMo	0.04	0.5 ～ 2.5	1.0	0.04	0.03	12.0 ～ 16.0	21.0 ～ 25.0	2.0 ～ 3.0	0.75	—	—	—
309LNb	0.04	0.5 ～ 2.5	1.0	0.04	0.03	12.0 ～ 14.0	22.0 ～ 25.0	0.75	0.75	0.7 ～ 1.0	—	—
309LNiMo	0.04	0.5 ～ 2.5	1.0	0.04	0.03	15.0 ～ 17.0	20.5 ～ 23.5	2.5 ～ 3.5	0.75	—	—	—
310	0.20	1.0 ～ 2.5	1.0	0.03	0.03	20.0 ～ 22.5	25.0 ～ 28.0	0.75	0.75	—	—	—
312	0.15	0.5 ～ 2.5	1.0	0.04	0.03	8.0 ～ 10.5	28.0 ～ 32.0	0.75	0.75	—	—	—
316	0.08	0.5 ～ 2.5	1.0	0.04	0.03	11.0 ～ 14.0	17.0 ～ 20.0	2.0 ～ 3.0	0.75	—	—	—
316L	0.04	0.5 ～ 2.5	1.0	0.04	0.03	11.0 ～ 14.0	17.0 ～ 20.0	2.0 ～ 3.0	0.75	—	—	—

化学成分分类	化学成分（质量分数)/%											
	C	Mn	Si	P	S	Ni	Cr	Mo	Cu	Nb+Ta	N	其他
316H	0.04～0.08	0.5～2.5	1.0	0.04	0.03	11.0～14.0	17.0～20.0	2.0～3.0	0.75	—	—	—
316LCu	0.04	0.5～2.5	1.0	0.04	0.03	11.0～16.0	17.0～20.0	1.25～2.75	1.0～2.5	—	—	—
317	0.08	0.5～2.5	1.0	0.04	0.03	12.0～14.0	18.0～21.0	3.0～4.0	0.75	—	—	—
317L	0.04	0.5～2.5	1.0	0.04	0.03	12.0～14.0	18.0～21.0	3.0～4.0	0.75	—	—	—
318	0.08	0.5～2.5	1.0	0.04	0.03	11.0～14.0	17.0～20.0	2.0～3.0	0.75	8×C～1.0	—	—
347	0.08	0.5～2.5	1.0	0.04	0.03	9.0～11.0	18.0～21.0	0.75	0.75	8×C～1.0	—	—
347L	0.04	0.5～2.5	1.0	0.04	0.03	9.0～11.0	18.0～21.0	0.75	0.75	8×C～1.0	—	—
347H	0.04～0.08	0.5～2.5	1.0	0.04	0.03	9.0～11.0	18.0～21.0	0.5	0.75	8×C～1.0	—	—
409	0.10	0.8	1.0	0.04	0.03	0.6	10.5～13.5	0.75	0.75	—	—	Ti:10×C～1.5
409Nb	0.10	1.2	1.0	0.04	0.03	0.6	10.5～13.5	0.75	0.75	8×C～1.5	—	—
410	0.12	1.2	1.0	0.04	0.03	0.6	11.0～13.5	0.75	0.75	—	—	—
410NiMo	0.06	1.0	1.0	0.04	0.03	4.0～5.0	11.0～12.5	0.4～0.7	0.75	—	—	—
410NiTi	0.04	0.70	0.50	0.03	0.03	3.6～4.5	11.0～12.0	0.5	0.50	—	—	Ti:10×C～1.5
430	0.10	1.2	1.0	0.04	0.03	0.6	15.0～18.0	0.75	0.75	—	—	—
430Nb	0.10	1.2	1.0	0.04	0.03	0.6	15.0～18.0	0.75	0.75	0.5～1.5	—	—
16-8-2	0.10	0.5～2.5	0.75	0.04	0.03	7.5～9.5	14.5～17.5	1.0～2.0	0.75	—	—	Cr+Mo:18.5
2209	0.04	0.5～2.0	1.0	0.04	0.03	7.5～10.0	21.0～24.0	2.5～4.0	0.75	—	0.08～0.20	—
2307	0.04	2.0	1.0	0.03	0.02	6.5～10.0	22.5～25.5	0.8	0.50	—	0.10～0.20	—
2553	0.04	0.5～1.5	0.75	0.04	0.03	8.5～10.5	24.0～27.0	2.9～3.9	1.5～2.5	—	0.10～0.25	—
2594	0.04	0.5～2.5	1.0	0.04	0.03	8.0～10.5	24.0～27.0	2.5～4.5	1.5	—	0.20～0.30	W: 1.0
GX^①	其他协定成分											

① 表中未列出的分类可用相类似的分类表示，词头加字母“G”。化学成分范围不进行规定，两种分类之间不可替换。

注：表中单值均为最大值。

表 5-18　自保护非金属粉型不锈钢药芯焊丝熔敷金属化学成分代号

化学成分分类	化学成分（质量分数）/%											
	C	Mn	Si	P	S	Ni	Cr	Mo	Cu	Nb+Ta	N	其他
307	0.13	3.30～4.75	1.0	0.04	0.03	9.0～10.5	19.5～22.0	0.5～1.5	0.75	—	—	—
308	0.08	0.5～2.5	1.0	0.04	0.03	9.0～11.0	19.5～22.0	0.75	0.75	—	—	—
308L	0.04	0.5～2.5	1.0	0.04	0.03	9.0～12.0	19.5～22.0	0.75	0.75	—	—	—
308H	0.04～0.08	0.5～2.5	1.0	0.04	0.03	9.0～11.0	19.5～22.0	0.75	0.75	—	—	—
308Mo	0.08	0.5～2.5	1.0	0.04	0.03	9.0～11.0	18.0～21.0	2.0～3.0	0.75	—	—	—
308LMo	0.04	0.5～2.5	1.0	0.04	0.03	9.0～12.0	18.0～21.0	2.0～3.0	0.75	—	—	—
308HMo	0.07～0.12	1.25～2.25	0.25～0.80	0.04	0.03	9.0～10.7	19.0～21.5	1.8～2.4	0.75	—	—	—
309	0.10	0.5～2.5	1.0	0.04	0.03	12.0～14.0	23.0～25.5	0.75	0.75	—	—	—
309L	0.04	0.5～2.5	1.0	0.04	0.03	12.0～14.0	23.0～25.5	0.75	0.75	—	—	—
309Mo	0.12	0.5～2.5	1.0	0.04	0.03	12.0～16.0	21.0～25.0	2.0～3.0	0.75	—	—	—
309LMo	0.04	0.5～2.5	1.0	0.04	0.03	12.0～16.0	21.0～25.0	2.0～3.0	0.75	—	—	—
309LNb	0.04	0.5～2.5	1.0	0.04	0.03	12.0～14.0	23.0～25.5	0.75	0.75	0.7～1.0	—	—
310	0.20	1.0～2.5	1.0	0.03	0.03	20.0～22.5	25.0～28.0	0.75	0.75	—	—	—
312	0.15	0.5～2.5	1.0	0.04	0.03	8.0～10.5	28.0～32.0	0.75	0.75	—	—	—
316	0.08	0.5～2.5	1.0	0.04	0.03	11.0～14.0	18.0～20.5	2.0～3.0	0.75	—	—	—
316L	0.04	0.5～2.5	1.0	0.04	0.03	11.0～14.0	18.0～20.5	2.0～3.0	0.75	—	—	—
316LK	0.04	0.5～2.5	1.0	0.04	0.03	11.0～14.0	17.0～20.0	2.0～3.0	0.75	—	—	—
316H	0.04～0.08	0.5～2.5	1.0	0.04	0.03	11.0～14.0	18.0～20.5	2.0～3.0	0.75	—	—	—
316LCu	0.03	0.5～2.5	1.0	0.04	0.03	11.0～16.0	18.0～20.5	1.25～2.75	1.0～2.5	—	—	—
317	0.08	0.5～2.5	1.0	0.04	0.03	13.0～15.0	18.5～21.0	3.0～4.0	0.75	—	—	—
317L	0.04	0.5～2.5	1.0	0.04	0.03	13.0～15.0	18.5～21.0	3.0～4.0	0.75	—	—	—

续表

化学成分 分类	化学成分（质量分数）/%											
	C	Mn	Si	P	S	Ni	Cr	Mo	Cu	Nb+Ta	N	其他
318	0.08	0.5～2.5	1.0	0.04	0.03	11.0～14.0	18.0～20.5	2.0～3.0	0.75	8×C～1.0	—	—
347	0.08	0.5～2.5	1.0	0.04	0.03	9.0～11.0	19.0～21.5	0.75	0.75	8×C～1.0	—	—
347L	0.04	0.5～2.5	1.0	0.04	0.03	9.0～11.0	19.0～21.5	0.75	0.75	8×C～1.0	—	—
409	0.10	0.80	1.0	0.04	0.03	0.6	10.5～13.5	0.75	0.75		—	Ti: 10×C～1.5
409Nb	0.12	1.0	1.0	0.04	0.03	0.6	10.5～14.0	0.75	0.75	8×C～1.5	—	—
410	0.12	1.0	1.0	0.04	0.03	0.6	11.0～13.5	0.75	0.75	—	—	—
410NiMo	0.06	1.0	1.0	0.04	0.03	4.0～5.0	11.0～12.5	0.4～0.7	0.75	—	—	—
410NiTi	0.04	0.70	0.50	0.03	0.03	3.6～4.5	11.0～12.0	0.5	0.50	—	—	Ti: 10×C～1.5
430	0.10	1.0	1.0	0.04	0.03	0.6	15.0～18.0	0.75	0.75	—	—	—
430Nb	0.10	1.0	1.0	0.04	0.03	0.6	15.0～18.0	0.75	0.75	0.5～1.5	—	—
16-8-2	0.10	0.5～2.5	0.75	0.04	0.03	7.5～9.5	14.5～17.5	1.0～2.0	0.75		—	Cr+Mo: 18.5
2209	0.04	0.5～2.0	1.0	0.04	0.03	7.5～10.0	21.0～24.0	2.5～4.0	0.75	～	0.08～0.20	—
2307	0.04	2.0	1.0	0.03	0.02	6.5～10.0	22.5～25.5	0.8	0.50	—	0.10～0.20	—
2553	0.04	0.5～1.5	0.75	0.04	0.02	8.5～10.5	24.0～27.0	2.9～3.9	1.5～2.5	—	0.10～0.20	—
2594	0.04	0.5～2.5	1.0	0.04	0.03	8.0～10.5	24.0～27.0	2.5～4.5	1.5	—	0.20～0.30	W: 1.0
GX[①]	其他协定成分											

① 表中未列出的分类可用相类似的分类表示，词头加字母“G”。化学成分范围不进行规定，两种分类之间不可替换。

注：表中单值均为最大值。

表 5-19　气体保护金属粉型不锈钢药芯焊丝熔敷金属代号

化学成分 分类	化学成分（质量分数）/%											
	C	Mn	Si	P	S	Ni	Cr	Mo	Cu	Nb+Ta	N	其他
308L	0.04	1.0～2.5	1.0	0.03	0.03	9.0～11.0	19.0～22.0	0.75	0.75	—	—	—
308Mo	0.08	1.0～2.5	0.30～0.65	0.03	0.03	9.0～12.0	18.0～21.0	2.0～3.0	0.75	—	—	—

化学成分 分类	化学成分（质量分数）/%											
	C	Mn	Si	P	S	Ni	Cr	Mo	Cu	Nb+Ta	N	其他
309L	0.04	1.0 ~ 2.5	1.0	0.03	0.03	12.0 ~ 14.0	23.0 ~ 25.0	0.75	0.75	—	—	—
309LMo	0.04	1.0 ~ 2.5	1.0	0.03	0.03	12.0 ~ 14.0	23.0 ~ 25.0	2.0 ~ 3.0	0.75	—	—	—
316L	0.04	1.0 ~ 2.5	1.0	0.03	0.03	11.0 ~ 14.0	18.0 ~ 20.0	2.0 ~ 3.0	0.75	—	—	—
347	0.08	1.0 ~ 2.5	0.30 ~ 0.65	0.04	0.03	9.0 ~ 11.0	19.0 ~ 21.5	0.75	0.75	$10 \times C$ ~ 1.0	—	—
409	0.08	0.8	0.8	0.03	0.03	0.6	10.5 ~ 13.5	0.75	0.75	—	—	Ti: $10 \times C$ ~ 1.5
409Nb	0.12	1.2	1.0	0.04	0.03	0.6	10.5 ~ 13.5	0.75	0.75	$8 \times C$ ~ 1.5	—	—
410	0.12	0.6	0.5	0.03	0.03	0.6	11.5 ~ 13.5	0.75	0.75	—	—	—
410NiMo	0.06	1.0	1.0	0.03	0.03	4.0 ~ 5.0	11.0 ~ 12.5	0.4 ~ 0.7	0.75	—	—	—
430	0.10	0.6	0.5	0.03	0.03	0.6	15.5 ~ 18.0	0.75	0.75	—	—	—
430Nb	0.10	1.2	1.0	0.04	0.03	0.6	15.0 ~ 18.0	0.75	0.75	0.5 ~ 1.5	—	—
430LNb	0.04	1.2	1.0	0.04	0.03	0.6	15.0 ~ 18.0	0.75	0.75	0.5 ~ 1.5	—	—
GX[①]	其他协定成分											

①　表中未列出的分类可用相类似的分类表示，词头加字母"G"。化学成分范围不进行规定，两种分类之间不可替换。
注：表中单值均为最大值。

表 5-20　TIG 焊用不锈钢药芯焊丝熔敷金属化学成分代号

化学成分 分类	化学成分（质量分数）/%											
	C	Mn	Si	P	S	Ni	Cr	Mo	Cu	Nb+Ta	N	其他
308L	0.03	0.5 ~ 2.5	1.2	0.04	0.03	9.0 ~ 11.0	18.0 ~ 21.0	0.5	0.5	—	—	—
309L	0.03	0.5 ~ 2.5	1.2	0.04	0.03	12.0 ~ 14.0	22.0 ~ 25.0	0.5	0.5	—	—	—
316L	0.03	0.5 ~ 2.5	1.2	0.04	0.03	11.0 ~ 14.0	17.0 ~ 20.0	2.0 ~ 3.0	0.5	—	—	—
347	0.08	0.5 ~ 2.5	1.2	0.04	0.03	9.0 ~ 11.0	18.0 ~ 21.0	0.5	0.5	$8 \times C$ ~ 1.0	—	—
GX[①]	其他协定成分											

①　表中未列出的分类可用相类似的分类表示，词头加字母"G"。化学成分范围不进行规定，两种分类之间不可替换。
注：表中单值均为最大值。

表 5-21 不锈钢药芯焊丝类型代号

焊丝类型代号	特性
F	非金属粉型药芯焊丝
M	金属粉型药芯焊丝
R	钨极惰性气体保护焊用药芯填充丝

5.4 药芯焊丝气体保护焊工艺

（1）药芯焊丝气体保护焊工艺参数

1）接头及坡口形式

药芯焊丝电弧焊的接头及坡口形式与熔化极气体保护焊基本相同。

2）焊丝直径

药芯焊丝的焊丝直径通常有 1.2mm、1.4mm、1.6mm、2.0mm、2.4mm、2.8mm、3.2mm 等几种。焊丝直径根据板厚来选择，焊丝直径应随着板厚的增大而适当增大。

3）焊接电流及电弧电压

与普通熔化极气体保护焊相比，可采用较大的焊接电流。

电弧电压要与焊接电流适当配合。由于药芯中含有稳弧剂，因此与普通 CO_2 焊相比，同样焊接电流下，电弧电压可适当减小。采用纯 CO_2 作保护气体时，要求的电弧电压为 $25 \sim 35V$，焊接电流为 $200 \sim 700A$。焊接时通常根据熔透要求、焊接位置选用适当直径的焊丝和焊接电流并配以合适的电弧电压，表 5-22 给出了不同直径药芯焊丝可用的焊接电流范围。

表 5-22 不同直径药芯焊丝可用的焊接电流范围

焊丝直径 /mm	平焊		横焊		立焊	
	焊接电流 /A	电弧电压 /V	焊接电流 /A	电弧电压 /V	焊接电流 /A	电弧电压 /V
1.2	$150 \sim 225$	$22 \sim 27$	$150 \sim 225$	$22 \sim 26$	$125 \sim 200$	$22 \sim 25$
1.6	$170 \sim 300$	$24 \sim 29$	$175 \sim 275$	$25 \sim 28$	$150 \sim 200$	$24 \sim 27$
2.0	$200 \sim 400$	$25 \sim 30$	$200 \sim 375$	$26 \sim 30$	$175 \sim 225$	$25 \sim 29$
2.4	$300 \sim 500$	$25 \sim 32$	$300 \sim 450$	$25 \sim 30$	—	—
2.8	$400 \sim 525$	$26 \sim 33$	—	—	—	—
3.2	$450 \sim 650$	$28 \sim 34$	—	—	—	—

4）焊接速度

焊接速度必须与焊接电流相匹配才能保证一定的熔深。焊速过大会导致未焊透、飞溅增大、烟尘增多、熔渣包敷不均匀、咬边等；焊速过低，易导致烧穿、焊缝金属过热等缺陷。焊接速度一般在 $30 \sim 76mm/min$ 的范围内。

5）焊丝干伸长度

药芯焊丝电弧焊所用的焊丝干伸长度比普通 CO_2 焊稍大，一般为 15 ～ 20mm，喷嘴到工件的距离一般取 19 ～ 25mm，喷嘴内部焊丝伸出导电嘴的长度一般为 1 ～ 2mm。干伸长度 l_s 是由导电嘴到工件的距离 L_H 和电弧长度 l_a 决定的（$l_s = L_H - l_a$）。干伸长度增大会导致焊接电流减小，易导致未焊透和熔合不良等缺陷，如图 5-7 所示。同时干伸长度过大还会导致电弧不稳、飞溅增大和气孔。干伸长度减小则会导致焊接电流增大，熔深变大，但喷嘴易被飞溅颗粒堵塞，甚至烧毁。

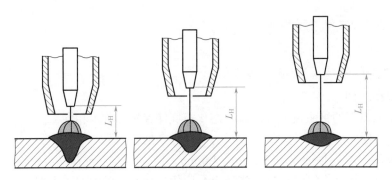

图 5-7　干伸长度对焊缝形状尺寸的影响

6）外加气体流量

对于 CO_2 气体保护药芯焊丝电弧焊，CO_2 气体流量一般应取 14 ～ 26L/min。流量过小，气体的挺度小，焊缝易出现气孔。流量过大会产生紊流，保护效果也不好。有侧向风时，应采取挡风措施，并适当提高保护气体流量。具体流量应根据保护气体成分、焊接电流、焊接速度及接头形式来选择。

（2）典型的药芯焊丝气体保护焊工艺参数

表 5-23 为 ϕ3.2mm 焊丝 CO_2 气体保护药芯焊丝电弧焊的焊接工艺参数。表 5-24 给出了碳钢药芯焊丝电弧焊的典型焊接工艺参数。

表 5-23　ϕ3.2mm 焊丝 CO_2 气体保护药芯焊丝电弧焊的焊接工艺参数

焊件		层数	焊接电流 /A	电弧电压 /V	焊接速度 /（m·h⁻¹）
厚度 /mm	坡口形状				
6	0～2	1	300 ～ 330	22 ～ 24	18 ～ 20
9	0～2	2　1	400 ～ 450	24 ～ 26	17 ～ 18
		2	450 ～ 500	24 ～ 27	15 ～ 17
12	45°～50°　3	2　1	450 ～ 500	24 ～ 28	13 ～ 15
		2	450 ～ 500	24 ～ 28	17 ～ 18

焊件		层数		焊接电流/A	电弧电压/V	焊接速度/(m·h⁻¹)
厚度/mm	坡口形状					
25		4	1	480～530	25～28	14～15
			2	500～550	26～29	14～16
6.4*		1		330～370	23～25	21～24
8.5*		1		360～400	24～26	20～22
12.7		3	1	370～400	24～26	18～21
			2	370～400	24～26	18～21
			3	330～370	23～25	21～24

* 横角焊缝，数字表示焊脚尺寸。

表 5-24 碳钢药芯焊丝电弧焊的典型焊接工艺参数

	接头示意图	板厚/mm	根部间隙/mm	焊层数	焊接直径/mm	焊接电流/A	电弧电压/V	焊接速度/(cm·min⁻¹)
平焊		3.2	0.8	1	2.4	325	24～26	142
		4.8	1.6	1	2.4	350	24～26	122
		6.4	0	1	2.4	375	25～27	104
		12.7	0	2	3.2	550	27～30	46
		19	0	3	3.2	550	27～30	46
		25	0	6	3.2	550	27～30	28
		16	3.2～4.8	第一层	3.2	575	31	36
				第二层	3.2	600	32.5	41
		19	3.2～4.8	第一层	3.2	575	32.5	48
				第二层	3.2	600	32.5	46
				第三层	3.2	600	32.5	38
平焊		3.2	0	1	2.4	300	24～26	135
		6.4	0	1	2.4	400	24～26	61
			0	1	3.2	500	25～27	64
		13	0	2	2.4	525	30～32	41
			0	2	3.2	525	30～32	41

续表

接头示意图		板厚/mm	根部间隙/mm	焊层数	焊接直径/mm	焊接电流/A	电弧电压/V	焊接速度/(cm·min⁻¹)
横焊		3.2	0	1	2.4	350	24～26	152
		6.4	0	1	2.4	400	24～26	61
			0	1	3.2	450	25～27	64
		13	0	3	2.4	400	24～26	51
			0	3	3.2	450	25～27	46
立焊		9.5	0	1	1.1	180	21	7.6～10

第6章
等离子弧焊

6.1 等离子弧焊原理及特性

6.1.1 等离子弧焊的工艺原理

（1）工艺原理

等离子弧焊（PAW）是利用钨极与工件之间的压缩电弧（转移弧）或钨极与喷嘴之间的压缩电弧（非转移弧）进行焊接的一种方法。利用从焊枪中喷出的等离子气以及喷嘴中喷出的辅助保护气体进行保护。焊接过程中一般不填充焊丝，但必要时也可以填充焊丝。图 6-1 所示为转移型等离子弧焊示意图。

（2）等离子弧的产生

等离子弧焊是在钨极氩弧焊的基础上发展形成的，图 6-2 比较了这两种方法。与 TIG 焊相比，等离子弧焊在喷嘴与钨极之间设有一水冷压缩喷嘴，而且钨极内缩到压缩喷嘴内部，而不是像 TIG 焊那样伸出到喷嘴外面。在水冷压缩喷嘴的压缩作用下，电弧电流密度和温度显著提高，其内部的原子绝大部分通过热电离分解成等量的电子和正离子，这种高度电离的电弧称为等离子弧。也就是说，等离子弧本质上是压缩的钨极氩弧，而电弧压缩是依靠水冷压缩喷嘴实现的，如图 6-3 所示。电弧通过直径小于自由电弧直径的压缩孔道时受到以下三种压缩作用：

① 机械压缩。水冷压缩喷嘴利用直径小于自由电弧直径的压缩孔道限制了弧柱截面积，对电弧形成机械拘束作用，这种作用称为机械压缩。

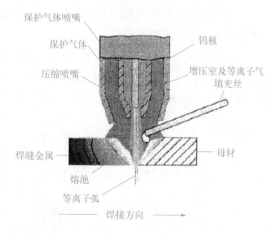

图 6-1　转移型等离子弧焊示意图

（图中标注：保护气体喷嘴、保护气体、压缩喷嘴、钨极、增压室及等离子气、填充丝、焊缝金属、母材、熔池、等离子弧、焊接方向）

② 热压缩。喷嘴中的冷却水使喷嘴内壁附近形成一层成分为等离子气的冷气膜，这层冷气膜进一步减小了弧柱的有效导电截面积；另外，冷却水通过冷气膜对电弧进行冷却，也会使电弧收缩。这两种作用称为热压缩。

③ 电磁压缩。由于以上两种压缩效应，电弧电流密度增大，电弧电流自身磁场产生的电磁收缩力增大，电弧又受到进一步的压缩。电磁收缩力引起的压缩称为电磁压缩。

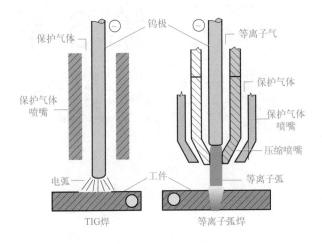

图 6-2　等离子弧焊与 TIG 焊的对比

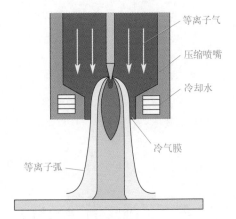

图 6-3　水冷压缩喷嘴的三种压缩作用

6.1.2　等离子弧的特性与类型

（1）等离子弧的特性

等离子弧处于物质的第四种状态——等离子体态。由于物质状态的变化，这种电弧具有不同于自由电弧的如下特性。

① 能量密度高。等离子弧能量密度可达 $10^5 \sim 16^6 W \cdot cm^{-2}$，比自由钨极氩弧（约 $10^5 W \cdot cm^{-2}$ 以下）高，其温度可达 $18000 \sim 24000K$，远高于自由电弧（约 $5000 \sim 8000K$）。图 6-4 比较了两种电弧的温度分布，左侧为自由钨极氩弧，右侧为等离子弧。

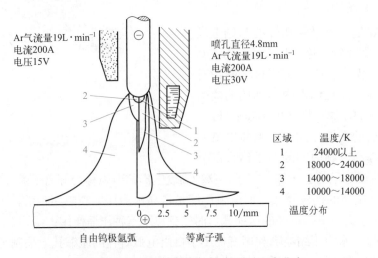

图 6-4　自由钨极氩弧与等离子弧温度分布

② 等离子弧的静特性曲线显著高于钨极氩弧。由于弧柱被强烈压缩，其电场强度明显增大，因此，等离子弧电压比普通的钨极氩弧高。此外，在小电流时，自由钨极氩弧静特性为负阻特性，易失稳。而等离子弧则为缓降或平的，易与电源外特性相交建立稳定工作点，如图 6-5 所示。

③ 等离子弧呈圆柱形。图 6-6 给出了等离子弧与自由钨极氩弧的形态区别。等离子弧呈圆柱形，扩散角约 5°，焊接时，当弧长发生波动时，母材的加热面积不会发生明显变化；而自由钨极氩弧呈圆锥形，其扩散角约 45°，对工作距离变化敏感性大。

④ 等离子弧的刚直性大。由于等离子弧是自由钨极氩弧经压缩而成，故其挺度比自由钨极氩弧好，焰流速度大，可达 $300\mathrm{m \cdot s^{-1}}$ 以上，因而指向性好，喷射有力，其熔透能力强。高速焊接时可避免钨极氩弧焊易出现的焊道弯曲或不连续缺陷。

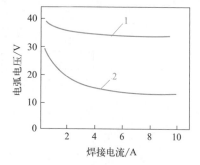

图 6-5 小电流自由钨极氩弧与等离子弧静特性比较

1—等离子弧，弧长 6.4mm，喷嘴孔径 0.76mm；
2—自由钨极氩弧，弧长 1.2mm，钨极直径 1mm

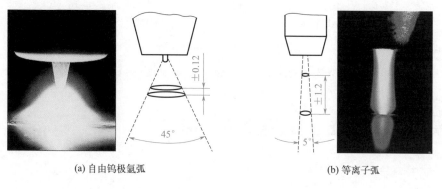

(a) 自由钨极氩弧　　　　　　(b) 等离子弧

图 6-6 自由钨极氩弧与等离子弧形态区别

（2）等离子弧的类型

按电源连接方式和形成等离子弧的过程不同，等离子弧有非转移型、转移型和联合型三种类型，如图 6-7 所示。

① 非转移型。焊接时电源正极接水冷铜喷嘴，负极接钨极，工件不接电源，见图 6-7（a）。非转移型等离子弧燃烧在钨极与喷嘴之间，依靠高速喷出的等离子气将电弧弧柱的热量带出，用于加热并熔化工件，这种电弧适用于喷涂，也可用于焊接或切割较薄的金属及非金属。

② 转移型。喷嘴和工件通过继电器的触点接电源正极，钨极接电源负极，见图 6-7（b）。焊接时先接通喷嘴与钨极间焊接回路，通过高频引弧器引燃钨极与喷嘴间的非转移弧，电弧可靠引燃后，通过继电器动作将电源的正极从喷嘴转移到工件，把电弧转移到钨极与工件之间。在正常焊接过程中，转移型等离子弧燃烧在钨极与工件之间，阳极区热量直接加热工件，因此这种等离子弧用于焊接较厚的金属。

③ 联合型。喷嘴和工件分别接维弧电源和弧焊电源的正极，钨极接电源负极，见图 6-7

（c）。焊接时，转移弧及非转移弧同时存在。联合型等离子弧主要用于小电流（微束）等离子弧焊接和粉末堆焊。

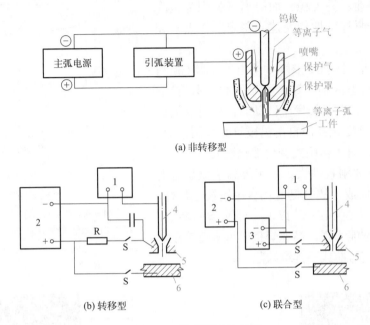

图 6-7　等离子弧的类型

1—高频引弧器；2—弧焊电源；3—维弧电源；4—钨极；5—喷嘴；6—工件

6.2　等离子弧焊的工艺特点与适用范围

（1）工艺特点

1）优点

等离子弧的温度高、能量密度大、刚直性强，这些电弧特性赋予了等离子弧焊显著的工艺特点。与 TIG 焊相比，等离子弧焊的工艺优点如下。

① 熔透能力大、焊接速度快。等离子弧由于弧柱温度高，能量密度大，因而对焊件加热集中，熔透能力提高。表 6-1 给出了不同母材一次可焊透的厚度。在同样熔深下其焊接速度比 TIG 焊高，故可提高焊接生产率。

表 6-1　穿孔型等离子弧焊最大穿孔厚度

材料	不锈钢	钛及其合金	镍及其合金	低合金钢	低碳钢	铝及铝合金	铜及其合金
最大穿孔厚度 /mm	≤ 8	≤ 12	≤ 6	≤ 8	≤ 8	≤ 15.9	≈ 2.5

② 热影响区和焊接变形小。由于熔深能力大，一定板厚所需的热输入较小，而且能量密度的增大使得加热冷却速度显著提高，因此，接头的焊缝深宽比大，热影响区窄，焊接变形也小。焊缝通常呈"酒杯"状，如图 6-8 所示。

③ 焊缝成形一致性好。等离子弧呈圆柱形 [图 6-6（b）]，扩散角小，挺度好，所以焊

接熔池形状和尺寸受弧长波动的影响小，因而容易获得均匀的焊缝成形，而 TIG 焊随着弧长的增加，其熔宽增大，而熔深减小。

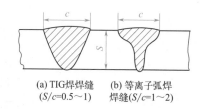

(a) TIG 焊焊缝　　(b) 等离子弧焊
(S/c=0.5～1)　　焊缝(S/c=1～2)

图 6-8　等离子弧焊焊缝截面形状
与 TIG 焊比较

④ 小电流，电弧稳定。采用联合型等离子弧焊接时，小电流小至 0.1A 时，仍具有较平的静特性（图 6-5），利用恒流（垂降）电源可得到非常稳定的焊接过程，可焊接超薄构件。

⑤ 不会发生钨极与焊缝相互污染现象。由于钨极内缩到喷嘴孔道里，可以避免钨极与工件接触，消除了焊缝夹钨缺陷。同时喷嘴至工件距离可以变长，焊丝进入熔池容易。

⑥ 可进行穿孔型焊接。由于能量密度增大，等离子弧焊时可获得稳定的小孔效应，进行穿孔型焊接。这种工艺特别适合于进行单面焊双面成形焊接，但穿孔型焊接所能焊接的最大厚度受到一定限制，一般能稳定焊接的厚度在 3 ～ 8mm 范围，很少超过 13mm。

2）缺点

① 焊枪结构复杂，体积较大，操作过程的可达性和可见性较 TIG 焊差。

② 等离子弧焊设备（如电源、电气控制线路和焊枪等）较复杂，设备成本较高。

③ 焊接工艺参数多，工艺窗口窄，对焊工的理论水平和操作技术水平要求高。

（2）适用范围

与 TIG 焊一样，等离子弧焊可焊接大多数金属，如碳钢、低合金钢、不锈钢、铜合金、镍及其合金、钛及其合金等。高熔点金属钨及低熔点金属如铅、锌等不适于等离子弧焊。

手工等离子弧焊适合于各种焊接位置，而自动等离子弧焊一般用于平焊、横焊和向上立焊位置。

等离子弧焊最适合薄板的焊接，最薄可焊厚度为 0.01mm。厚度不超过 3mm 时采用熔入型等离子弧焊焊接；厚度大于 3mm，而小于表 6-1 所示厚度时，最适合用穿孔型等离子弧焊进行不开坡口、不加衬垫的薄板单面焊双面成形焊接。厚度大于表 6-1 所示厚度时，需要开坡口进行焊接。

6.3　等离子弧焊设备

6.3.1　等离子弧焊设备的组成

手工等离子弧焊设备由弧焊电源、焊枪、控制系统、供气系统和水冷系统等部分组成，如图 6-9 所示。

6.3.2　等离子弧焊设备对各个组成部分的要求

（1）弧焊电源

等离子弧焊电源应采用陡降或垂直下降的恒流特性。应具有电流递增和衰减等功能，以满足起弧和收弧的工艺需要。铝及铝合金焊接时采用变极性（方波交流）电源，其他材料焊接时采用直流电源。

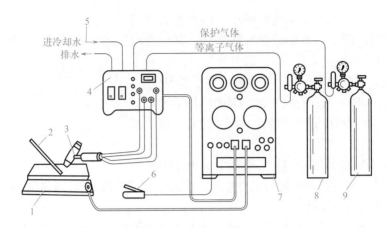

图 6-9　手工等离子弧焊设备

1—焊件；2—填充焊丝；3—焊枪；4—控制系统；5—水冷系统；
6—启动开关（常安装在焊枪上）；7—弧焊电源；8，9—供气系统

　　电源的空载电压一般大于 65V，不同等离子气体所需的空载电压是不同的，用纯 Ar 作保护气体时 65V 的空载电压即可满足要求，而用 $Ar+H_2$ 混合气体、纯 He 或其他混合气体时，通常需要更高的空载电压。

　　电流在 30A 以下的微束等离子弧焊都采用联合型弧，非转移型弧和转移型弧同时存在，需要采用两个独立电源分别供电，其主电路如图 6-7（c）所示。非转移型弧电源应具有较高的空载电压和较小的额定电流，而转移型弧电源应具有较低的控制电压和较高的额定电流。焊接电流大于 30A 的大电流等离子弧焊都采用转移型电弧，由于两个电弧不同时存在，因此采用一个电源，如图 6-7（b）所示。通常采用高频引弧器引燃非转移型弧。

　　（2）焊枪

　　焊枪又称等离子弧发生器，是等离子弧焊设备中关键组成部分，对焊接工艺过程稳定性及焊接质量具有极其重要的影响。

　　1）焊枪的性能要求

　　等离子弧焊焊枪应满足如下几个要求：

　　① 便于引燃电弧并保证使用过程稳定可靠。

　　② 钨极和喷嘴要严格对中，易于更换和调节，具有可靠的绝缘、密封和冷却性能。

　　③ 喷嘴中喷出的保护气体可保证良好的保护作用。

　　④ 具有良好的可达性。

　　2）焊枪的结构

　　① 组成。等离子弧焊焊枪的结构主要由枪体、绝缘帽、钨极、喷嘴几个主要部分组成。喷嘴和钨极是两个关键部件，对焊接工艺过程和焊接质量具有很大的影响。图 6-10 示出了手工等离子弧焊焊枪结构图。

　　② 压缩喷嘴。压缩喷嘴是焊枪中的关键部件，压缩喷嘴及其与钨极的相对位置对等离子弧压缩程度和稳定性起着决定性作用。图 6-11 示出了压缩喷嘴结构尺寸及其与钨极和工件之间的相对位置尺寸。

　　a. 喷嘴孔径 d_n。d_n 的大小直接决定了等离子弧柱的直径和能量密度。对于一定的焊接电

流和等离子气流量，d_n 越大压缩作用越小，若 d_n 过大，则无压缩效果；若 d_n 过小则会引起双弧现象，破坏了等离子弧的稳定性。表 6-2 给出了不同压缩喷嘴孔径 d_n 可用的焊接电流，随着 d_n 的增大，所用的等离子气的流量应相应增大。

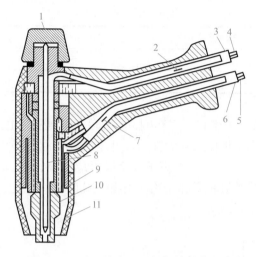

图 6-10　手工等离子弧焊焊枪结构示意图

1—绝缘帽；2—等离子气进口；3—冷却水出口；4，5—电缆；6—冷却水进口；7—保护气进口；
8—钨极；9—保护罩；10—压缩喷嘴；11—枪体

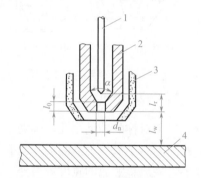

图 6-11　压缩喷嘴结构尺寸及其与钨极和工件之间的相对位置尺寸

d_n—喷嘴孔径；l_0—喷嘴孔道长度；l_r—钨极内缩长度；l_w—喷嘴到工件距离；
α—压缩角；1—钨极；2—压缩喷嘴；3—保护罩；4—工件

表 6-2　不同压缩喷嘴孔径所允许使用的焊接电流

喷嘴孔径 d_n/mm	焊接电流 /A	等离子气（Ar）流量 /（L·min⁻¹）
0.8	1～25	0.24
1.6	20～75	0.47
2.1	40～100	0.92
2.5	100～200	1.89
3.2	150～300	2.36
4.8	200～500	2.83

b. 喷嘴孔道长度 l_0。在一定的喷嘴孔径 d_n 下，l_0 越大，等离子弧的压缩作用越大。常以孔道比（l_0/d_n）表示喷嘴孔道压缩特征，常用的孔道比见表6-3。孔道比超过一定值将导致双弧产生。

表 6-3 等离子弧焊喷嘴的孔道比

等离子弧类型	喷嘴孔径 d_n/mm	孔道比 l_0/d_n	压缩角 α
联合型	$0.6 \sim 1.2$	$2.0 \sim 6.0$	$25° \sim 45°$
转移型	$1.6 \sim 3.5$	$1.0 \sim 1.2$	$60° \sim 90°$

c. 压缩角 α。α 对电弧的压缩有一定影响，α 小时，能增强对电弧的压缩作用。但须与钨极末端形状配合。若 α 小于钨极末端尖锥角，可能在两锥面之间产生打弧现象，使等离子弧不稳定。常用的 α 约 $60° \sim 75°$。等离子气流量和 l_0/d_n 较小时，α 可取 $30° \sim 75°$。

d. 喷嘴结构类型。喷嘴按孔的数量分有单孔和三孔喷嘴；按孔道的形状分有圆柱形孔、扩散形孔和组合型，如图6-12所示。

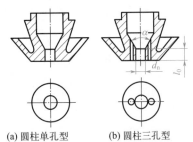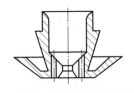

(a) 圆柱单孔型　　(b) 圆柱三孔型　　(c) 收敛扩散单孔型　　(d) 收敛扩散三孔型　　(e) 有压缩段的收敛扩散三孔型

图 6-12　等离子弧焊常用的喷嘴结构类型

d_n—喷嘴孔径；l_0—喷嘴孔道长度；α—压缩角

三孔喷嘴的中心主孔两侧设有二个对称的辅助小孔，辅助小孔中喷出的气流使等离子弧具有二次热压缩作用，使得圆形截面等离子弧变为椭圆形。当椭圆形温度场的长轴平行于焊接方向时，可提高焊接速度和减小焊接热影响区的宽度。另外，三孔喷嘴可增大等离子气流量，能加强对钨极末端的冷却作用，这种喷嘴适用于大电流等离子弧焊。但两侧小孔容易被金属飞溅颗粒堵塞，堵塞后易于导致双弧，因此实际生产中应用较少。

孔道为圆柱形的喷嘴应用最广泛。扩散形孔道减弱了压缩电弧的作用，但可以采用更大的焊接电流，很少产生双弧现象。故扩散形孔喷嘴适用于大电流、厚板的焊接。

e. 喷嘴材料及冷却。喷嘴材料应导电和导热性能好，一般用纯铜。大电流等离子弧焊的喷嘴必须用水冷，为提高冷却效果，一般壁厚不宜大于 $2 \sim 2.5$mm。

③ 电极。

a. 电极材料。等离子弧焊用的电极与 TIG 焊相同，国内主要采用钍钨或铈钨电极。表6-4给出钍钨电极的许用电流，也可供铈钨电极参考。

表 6-4　等离子弧焊钨极许用电流（直流正接）

电极直径 /mm	0.25	0.5	1.0	1.6	2.4	3.2	4.0
电流范围 /A	$\leqslant 15$	$5 \sim 20$	$15 \sim 80$	$70 \sim 150$	$150 \sim 250$	$250 \sim 400$	$400 \sim 500$

b.电极端部形状。钨电极必须是圆柱形，而且要严格与压缩喷嘴同轴。为便于引弧和提高电弧的稳定性，电极尖端应磨成尖锥状，其夹角在 20°～60°，随着电流增大，其尖锥可稍微磨平或变成锥球形、球形等以减慢电极烧损，如图 6-13 所示。

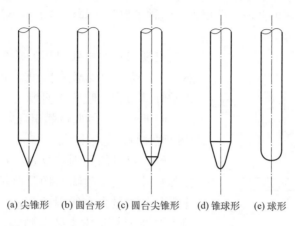

(a) 尖锥形　(b) 圆台形　(c) 圆台尖锥形　(d) 锥球形　(e) 球形

图 6-13　电极端部形状

c.同轴度与内缩长度。电极与喷嘴的同轴度是一个很重要的参数，电极偏心使等离子弧偏斜，影响焊缝成形和喷嘴使用寿命，也是造成双弧的一个主要原因。要保证同轴度除保证焊枪设计与制造所要求的形位公差外，对钨电极圆度和直线度也应有要求，顶端磨尖也应对称。在使用过程中可以通过观测高频引弧的火花在电极四周分布的情况来检查同轴度，如图 6-14 所示。一般高频火花布满四周 75%～80% 以上，其同轴度才满足要求。

80%　　　　50%　　　　25%
良　　　　较好　　　　不好

图 6-14　电极同轴度及高频火花在电极四周分布情况

钨极要内缩到压缩喷嘴内部，钨极端部至压缩喷嘴端部的距离称为钨极的内缩长度 l_g，如图 6-15 所示。内缩长度 l_g 对电弧压缩作用有一定影响。随着 l_g 的增大，压缩作用增大，但 l_g 过长易引起双弧。一般取 $l_g = 10 \pm (0.2 \sim 0.5)$ mm。

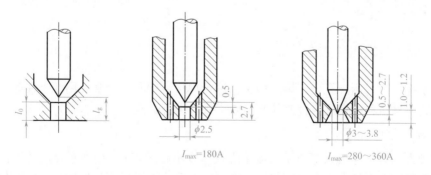

图 6-15　等离子弧焊钨极内缩长度

6.4 等离子弧焊的双弧问题

采用转移型等离子弧焊接时，由于某种原因会产生与正常电弧并联的、燃烧在钨极－喷嘴以及喷嘴－工件之间的两段串联电弧，这种现象叫双弧，如图6-16所示。图中弧2和弧3串联后再与主弧1并联。

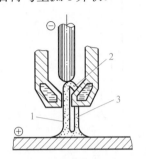

图6-16 等离子弧焊的双弧现象

1—主弧；2—双弧的上半段；3—双弧的下半段

出现双弧时电弧电压通常会降低，焊接电流会突然增大，而主弧电流会降低，电弧飘忽不定，破坏了正常焊接过程。喷嘴本身既是弧2的阳极斑点，又是弧3阴极斑点，因此双弧出现后很短时间内就被烧损。所以双弧现象危害很大。

产生双弧的原因较复杂，影响因素很多，除了焊接参数外，还与喷嘴结构及形状尺寸、传热条件、气体成分与流量大小等因素有关。一般认为，产生双弧的主要原因是正常电弧与喷嘴之间的冷气膜被击穿。例如，压缩喷嘴孔径一定时，焊接电流增大到一定程度后，由于弧柱直径增大，弧柱和喷嘴内壁之间的冷气膜厚度减薄到一定限度后，便被击穿而导电生弧。表6-5给出了双弧常见的原因及防止措施。

表6-5 双弧常见的原因及防止措施

原因	措施
在电流一定的条件下，喷嘴孔径太小或压缩孔道的长度过大	应匹配正确规格的喷嘴
等离子气体的流量过小	应适当增大等离子气体的流量
钨极轴线与喷嘴轴线之间的偏差过大	使钨极轴线与喷嘴轴线对正
金属飞溅物堵塞喷嘴	清理喷嘴
电极内缩长度过大	减小内缩长度
喷嘴至工件的距离过小	增大喷嘴到工件的距离
电源的外特性不正确	选择陡降外特性的电源

6.5 等离子弧焊工艺

6.5.1 等离子弧焊工艺方法

等离子弧焊可采用穿孔型、熔入型工艺进行焊接。铝及铝合金采用变极性等离子弧焊进行焊接，其他材料利用直流或直流脉冲等离子弧焊进行焊接。

（1）穿孔型等离子弧焊

采用较大的焊接电流及等离子气流量焊接厚度不超过表6-1中所示厚度的工件时，工件不仅被完全熔透，而且在强大的等离子流力作用下形成一个贯穿工件的小孔，熔化金属被排挤在小孔周围,如图 6-17 所示。等离子弧穿过小孔从背面喷出,被熔化的金属在电弧吹力、液体金属重力和表面张力的共同作用下保持平衡。随着焊枪前移,小孔也跟随前移,熔化金属沿着小孔两侧向后流动,填满原先的小孔并在熔池尾部凝结成均匀的焊缝,这种焊接方式称为穿孔型等离子弧焊。稳定的小孔效应既需要合适的焊接电流大小,又要求合适的等离子气的流量。流量过大就会把熔化金属吹走而变成金属切割,过小则不能形成小孔。

板厚越大,所需的能量密度也越大,而等离子弧能量密度的提高有一定限制,故穿孔型等离子弧焊只能在有限板厚内进行。

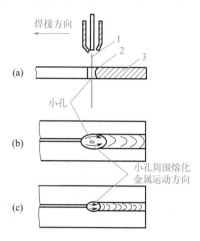

图 6-17　穿孔型等离子弧焊

(a)焊接过程　(b)焊缝正面　(c)焊缝背面
1—等离子弧;2—熔池;3—焊缝金属

（2）熔入型等离子弧焊

采用较小的等离子气流量焊接时,等离子流力不足以穿透工件形成小孔,其焊接过程和一般 TIG 焊相似。这种只熔化工件而不产生小孔效应的焊接工艺称为熔入型等离子弧焊。主要通过母材热传导形成熔池。这种工艺多用于薄板对接、卷边对接或厚板多层焊的第二层及以后各层的焊接。

（3）微束等离子弧焊

焊接电流不大于 30A 的熔入型等离子弧焊称为微束等离子弧焊。为了保持小电流时电弧的稳定,通常采用联合型电弧,一个是燃烧于电极与喷嘴之间的非转移型弧,另一个为燃烧于电极与焊件间的转移型弧。前者弧长较短,稳定性极好,起着引弧和维弧作用,通过为转移型弧提供带电粒子使转移型弧在电流小至 0.5A 时仍非常稳定;后者用于熔化工件。

（4）脉冲等离子弧焊

穿孔型、熔入型和微束等离子弧焊均可采用脉冲电流进行焊接。与一般等离子弧焊相比,脉冲等离子弧焊焊接过程更加稳定、焊接热影响区和焊接变形更小、裂纹的敏感性小。

（5）变极性等离子弧焊

变极性等离子弧焊是一种不对称方波交流等离子弧焊,主要用于铝及铝合金的高效焊接。正负半波的电流幅值及持续时间可独立调节,常用的焊接工艺是正半波时电流幅值小而持续时间长,负半波时电流幅值大而持续时间短,如图 6-18 所示。当负半波电流持续时间低于 2ms 时,焊缝易出现气孔;而当负半波电流持续时间超过 5ms 时,不但钨极烧损严重,而且还易出现双弧,因此,负半波持续时间一般为 2～5ms,正半波持续时间一般为 15～20ms,常用的正负半波比例为 19：3～4。一般负半波电流要比正半波

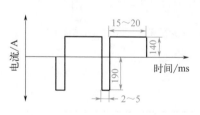

图 6-18　变极性等离子弧焊的
焊接电流波形

电流大 30～80A,主要是为了保证足够的氧化膜清理作用,既要清理焊件,同时还要清理压缩喷嘴孔道的表面。

采用穿孔型向上立焊焊接铝合金可获得良好的焊缝成形,而且还能促进氢气析出,减少

气孔缺陷。这是由于小孔位于熔池上部，熔池中的氢气向上逸出到小孔中，在等离子气流的冲刷下从小孔底部逸出，如图 6-19。变极性等离子弧焊可焊厚度比 TIG 焊大得多，铝合金平板对接时，平焊位置下的一次性可焊厚度可达 8mm，而立焊位置可达 15.9mm，若采用特殊控制措施，一次性熔透厚度可达 25.4mm。

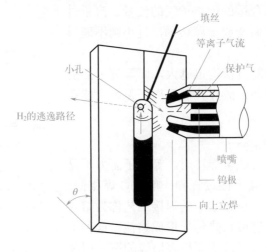

图 6-19　向上立焊时氢气孔抑制机理

6.5.2　等离子弧焊工艺要求

（1）焊接接头及坡口设计

等离子弧焊的通用接头为对接接头，薄板可采用卷边对接，另外还可焊接端接及卷边角接接头，如图 6-20 所示。对于 0.05 ～ 0.25mm 厚的工件一般用卷边角接接头，接头可在折弯机上制备。卷边高度 h 与厚度有关，见表 6-6。

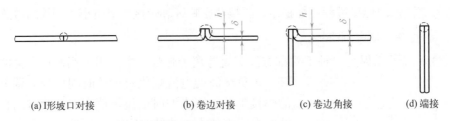

(a) I形坡口对接　　(b) 卷边对接　　(c) 卷边角接　　(d) 端接

图 6-20　薄板（厚度≤ 1.6mm）等离子弧焊接头

表 6-6　超薄板卷边高度

板厚 δ/mm	0.05	0.13	0.25
卷边高度 h/mm	0.10 ～ 0.25	0.25 ～ 0.64	0.51 ～ 1.25

厚度为 0.05 ～ 1.6mm 的工件可采用微束等离子弧焊进行焊接。厚度为 1.6 ～ 3mm 的工件一般不采用等离子弧焊进行焊接，优先采用 TIG 焊。厚度大于 3mm 但小于表 6-1 所列厚

度的焊件,可用 I 形坡口以穿孔型焊接技术单面一次焊成。对于密度较小,或在液态下表面张力较大的金属,如钛合金等,穿孔型技术能焊更厚的截面(可达 15mm)。

等离子弧焊常用的坡口形式为 I 形坡口。厚度大于表 6-1 所列厚度的焊件采用单面 V 形或 U 形及双面 V 形和 U 形坡口,从一侧或两侧进行单道或多道焊。此外,也适合于角接接头和 T 形接头的焊接。因等离子弧焊的熔深比 TIG 焊大,故其接头的钝边可加大,图 6-21 示出了不同板厚的碳钢和低合金钢的常用坡口形式,第一道焊缝采用穿孔型焊接技术,其余填充焊道用熔入型焊接技术来完成。

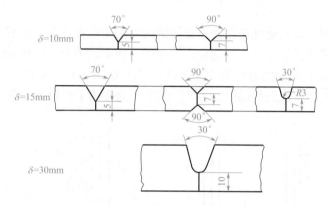

图 6-21 厚板碳钢和低合金钢等离子弧焊常用坡口形状

（2）装配与夹紧

薄板小电流等离子弧焊时,必须严格进行接头装配,其精度要求高于 TIG 焊,这是因为等离子弧焊的电弧加热斑点小、能量密度大。坡口间隙不应超过金属厚度的 10%。若难以保证此公差时,须添加填充金属。图 6-22 和表 6-7 给出了厚度 t 小于 0.8mm 的薄板 I 形坡口对接和卷边对接装配与夹紧要求。图 6-23 示出了端面接头的装配要求。

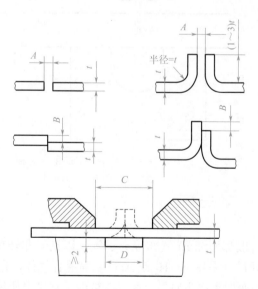

图 6-22 厚度小于 0.8mm 的薄板对接接头装配要求

表 6-7　厚度小于 0.8mm 的薄板对接接头装配要求　　　　　　单位：mm

焊缝形式	间隙 A_{max}	错边 B_{max}	压板间距 C		垫板凹槽宽[①] D	
			C_{min}	C_{max}	D_{min}	D_{max}
I 形坡口焊缝	0.2t	0.4t	10t	20t	4t	16t
卷边焊缝[②]	0.6t	1t	15t	30t	4t	16t

① 背面用 Ar 或 He 保护。
② 板厚小于 0.25mm 的对接接头推荐采用卷边焊缝。

用穿孔型焊接时，焊接熔池是靠液态金属的表面张力来保持住，不需要也不能使用衬垫来支撑熔池，但为了保护工件背面熔化金属不受大气污染，需要在焊缝背面进行保护。焊接时通常利用一中间开有气槽的衬垫来支撑工件，如图 6-24 所示。槽内通入保护气体，利用槽内的保护气体对熔池背面进行保护。另外，该槽还为等离子体射流提供一个排出空间。

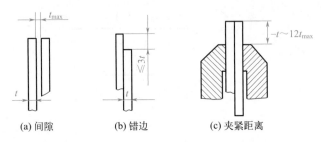

(a) 间隙　　　　　　　(b) 错边　　　　　　　(c) 夹紧距离

图 6-23　厚度小于 0.8mm 的薄板端面接头装配要求

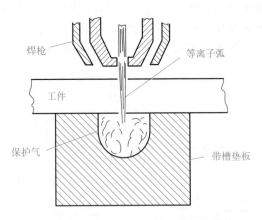

图 6-24　穿孔型焊接对接接头用的带槽垫板

（3）等离子气及保护气的选择

1）等离子气

小电流等离子弧焊一般都用纯 Ar 气作等离子气，以利于非转移型弧（维弧）的引燃和燃烧。大电流等离子弧焊最好采用 Ar+H₂ 或 Ar+He 等混合气体，这样可提高电弧温度、增大热输入，进而提高焊接速度和接头质量。表 6-8 给出了常见金属等离子弧焊的推荐用等离子气。等离子气的流量要根据焊接工艺方法、焊接电流、焊接速度来合适匹配。

表 6-8　大电流等离子弧焊等离子气体的选择[①]

母材	厚度 /mm	焊接工艺方法	
		穿透法	熔透法
碳钢	< 3.2	Ar	Ar
	> 3.2		25%Ar+75%He
低合金钢	< 3.2	Ar	Ar
	> 3.2		25%Ar+75%He
不锈钢	< 3.2	Ar，92.5%Ar+7.5%H_2	Ar
	> 3.2	Ar，95%Ar+5%H_2	25%Ar+75%He
铜	< 2.4	Ar	25%Ar+75%He，He
	> 2.4	不推荐[②]	He
镍合金	< 3.2	Ar，92.5%Ar+7.5%H_2	Ar
	> 3.2	Ar，95%Ar+5%H_2	25%Ar+75%He
活性金属	< 6.4	Ar	Ar
	> 6.4	Ar+He（50% ～ 75%He）	25%Ar+75%He
钛、钽及锆合金	< 6.4	Ar	Ar
	> 6.4	Ar+He（50% ～ 75%He）	25%Ar+75%He

① 等离子气体和保护气体相同。
② 因底部焊道成形不良，只能用于铜锌合金焊接。

2）保护气体

大电流等离子弧焊时，保护气体通常与等离子气相同，否则电弧稳定性受到影响。保护气其流量一般在 15 ～ 30L·min^{-1}。小电流等离子弧焊的保护气体不一定与等离子气相同。表 6-9 给出了小电流等离子弧焊推荐用的保护气体，其流量一般在 10 ～ 15L·min^{-1}。此外，在焊接碳钢、低合金钢时，亦有用 Ar+CO_2 的混合气体作保护气体的，因加入 CO_2 有利于消除焊缝内的气孔和改善焊缝成形。但不能加入过多，否则熔池下塌，飞溅增加，一般 CO_2 加入量在 5% ～ 20%。焊接铜时，可用纯氮作保护气体。

表 6-9　小电流等离子弧焊保护气体的选择[①]

母材	厚度 /mm	焊接技术	
		穿透法	熔透法
铝	< 1.6	不推荐	Ar，He
	> 1.6	He	He
碳钢	< 1.6	不推荐	Ar，75%Ar+25%He
	> 1.6	Ar，25%Ar+75%He	Ar，25%Ar+75%He
低合金钢	< 1.6	不推荐	Ar，He，Ar+H_2［φ（H_2）为 1% ～ 15%］
	> 1.6	Ar+H_2［φ（H_2）为 1% ～ 15%］，25%Ar+75%He	Ar，He，Ar+H_2［φ（H_2）为 1% ～ 15%］
不锈钢	所有厚度	Ar，25%Ar+75%He	Ar，He，Ar+H_2［φ（H_2）为 1% ～ 15%］
		Ar+H_2［φ（H_2）为 1% ～ 15%］	

续表

母材	厚度 /mm	焊接技术	
		穿透法	熔透法
铜	＜1.6	不推荐	75%Ar+25%He 25%Ar+75%He，He
	＞1.6	25%Ar+75%He，He	He
镍合金	所有厚度	Ar，25%Ar+75%He Ar+H₂〔$\varphi(H_2)$ 为 1%～15%〕	Ar，He，Ar+H₂〔$\varphi(H_2)$ 为 1%～15%〕
活性金属	＜1.6	Ar，25%Ar+75%He，He	Ar
	＞1.6	Ar，25%Ar+75%He，He	Ar，25%Ar+75%He

① 所有情况下等离子气均为氩气。

（4）起弧及熄弧

起焊处和终焊处的焊缝质量难以保证，特别是小孔型等离子弧焊，只有小孔达到稳定状态时，焊缝成形才有保证。因此允许的情况下，尽量在焊缝的两端使用引弧板和引出板。对于无法使用引弧板和引出板的环焊缝，为了保证起焊处充分穿透和防止出现气孔等缺陷，应采用焊接电流和等离子气流递增式起弧；为了保证环焊缝终焊处的小孔闭合，应采用电流和气流衰减控制。图 6-25 示出了环焊缝的典型控制程序。焊接过程若发生中断，小孔会留在焊件上，填满的方法是将焊枪后移到小孔后面一定距离处的焊缝上重新起焊，电弧经过原小孔时将该小孔填满。

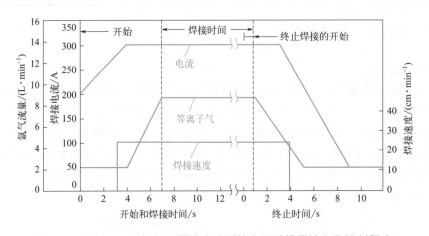

图 6-25　厚 9.5mm 钢板环焊缝穿孔型等离子弧焊焊接参数控制程序

（5）焊接工艺参数的选择

1）穿孔型等离子弧焊焊接参数

大电流等离子弧焊通常采用穿孔型焊接技术。获得优良焊缝成形的前提是确保在焊接过程中熔池上形成稳定的穿透小孔，影响小孔形成与稳定性的焊接参数主要有喷嘴孔径、焊接电流、等离子气流量和焊接速度。此外，喷嘴到工件距离和保护气体成分等也有较大的影响。

① 喷嘴孔径。喷嘴孔径是选择与匹配其他焊接参数的前提，应首先选定。在焊接生产中总是根据焊件厚度初步确定焊接电流的大致范围，然后按此范围参照表 6-2 确定喷嘴孔径，

同时也按表 6-4 确定钨极的直径大小。实际使用的焊接电流，待与其他焊接参数进行匹配与调试后才最后确定。

② 焊接电流、等离子气流量和焊接速度。焊接电流、等离子气流量和焊接速度三个参数不仅影响焊缝形状尺寸，而且还显著影响小孔效应。

其他条件一定的情况下，等离子流力和穿透能力随着等离子气流量的增大而增大。因此，小孔的形成需足够大的等离子气流量。但流量过大时，则小孔直径扩大，当小孔直径大到一定程度后，熔池失稳，熔化金属从背面吹走而形成切割。使熔池失稳的小孔孔径称为临界孔径，其大小与熔池宽度有关，图 6-26 给出了熔池宽度与临界孔径之间的关系。

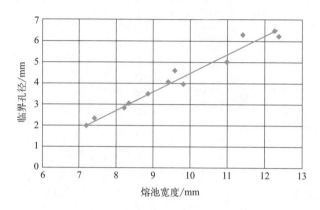

图 6-26　熔池宽度与临界孔径之间的关系

其他条件一定时，等离子弧的穿透能力随着焊接电流的增大而增大。因此，焊接电流要根据焊件厚度或熔透的要求来选定。随着焊件厚度的增加，焊接电流须相应增大。若电流不足，则小孔不能形成，难以保证焊透。若电流过大，则小孔直径变大，液态金属下漏，焊缝不能成形，并且易发生双弧。

其他条件一定时，随着焊接速度的增大，焊接热输入减小，小孔直径也随之减小，甚至消失。反之若焊速太低，则母材过热，熔池金属下坠，焊缝成形不好。

在喷嘴结构形状和尺寸确定后，焊接电流、等离子气流量和焊接速度三个焊接参数之间需合理匹配，才能获得稳定的小孔效应。图 6-27 所示为一定焊接电流下等离子气流量和焊接速度的匹配对焊缝成形的影响。图 6-28 给出了一定等离子气流量下焊接速度与焊接电流的匹配对焊缝成形的影响。图 6-29 给出了一定焊接速度下等离子气流量与焊接电流的匹配对焊缝成形的影响。

③ 喷嘴到工件距离。喷嘴端面到工件之间一般取 3～8mm。在该范围内变化对焊缝成形及焊接过程稳定性基本上没有影响。但距离过大时，熔透能力降低，易产生未焊透和降低保护效果；过小时，焊接过程影响对熔池的观察，易诱发双弧，还会造成喷嘴被飞溅物沾污。

④ 保护气体流量。保护气体的流量比等离子气流量大得多，但应与等离子气流量有一

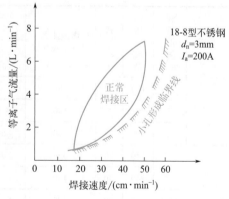

图 6-27　等离子气流量 - 焊接速度匹配

恰当比例，若保护气体流量过大，会造成紊流，影响等离子弧的稳定和保护效果，一般在 $15 \sim 30L \cdot min^{-1}$ 范围内。

⑤ 极性。等离子弧焊对许多金属材料的焊接多采用直流正接法，即钨极接负极。而直流反极法主要是铝、镁合金焊接时采用。

⑥ 填丝速度及位置。对不留间隙的 I 形坡口对接接头进行等离子弧焊，一般可不加填充焊丝。若要求有余高或开坡口或留间隙，则应填充焊丝。由于等离子弧焊多为自动焊，采用自动送丝方式。若送入的是"冷丝"，则从焊接熔池的前沿把焊丝送入熔池；若送入的是经过预热的"热丝"，则焊丝从熔池的后沿送入熔池。

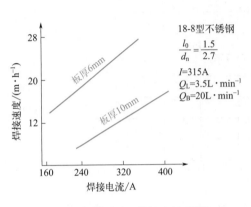

图 6-28　焊接速度 - 焊接电流匹配

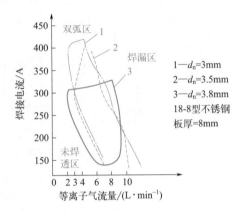

图 6-29　焊接电流 - 等离子气流量匹配（用多孔喷嘴）

送丝速度影响余高的大小，过快可能会出现焊丝从弧柱中穿过而没完全熔化的现象，一般 $\phi 1.0 \sim 1.6mm$ 的焊丝，其送丝速度为 $0.1 \sim 0.2m \cdot min^{-1}$。

自动送丝装置，不仅送丝速度能调节，其送丝角度、位置、伸出长度等均能方便调节。

表 6-10 给出了几种材料采用穿孔型等离子弧焊的焊接参数实例。

表 6-10　穿孔型等离子弧焊的焊接参数

材料	焊件厚度/mm	焊接电流/A	电弧电压/V	焊接速度/(mm·min⁻¹)	等离子气流量/(L·min⁻¹) 基本气流	等离子气流量/(L·min⁻¹) 衰减气流	保护气流量/(L·min⁻¹) 正面	保护气流量/(L·min⁻¹) 尾罩	保护气流量/(L·min⁻¹) 反面	孔道比 l_0/d_n/(mm/mm)	钨极内缩尺寸/mm	备注
低碳钢	3	140	29	260	3		14+1			3.3/2.8	3	保护气为 Ar+CO₂
	5	200	28	190	4	—	14+1	—	—	3.5/3.2	3	
	8	290	27	180	4.5		14+1			3.5/3.2	3	
30CrMnSiA	3.5	140	28	326	1.7	2.3	17			3.2/2.8	3	喷嘴带两个 $\phi 0.8mm$ 小孔，间距 6mm
	6.5	240	30	160	1.3	3.3	17	—		3.2/2.8	3	
	8	310	30	190	1.7	3.3	20			3.2/3	3	
不锈钢	3	170	24	600	3.8	—	25			3.2/2.8	3	
	5	245	28	340	4.0	—	27	8.4	—	3.2/2.8	3	
	8	280	30	217	1.4	2.9	17			3.2/2.9	3	
	10	300	29	200	1.7	2.5	20			3.2/3	3	

2）熔入型等离子弧焊参数选择

熔入型等离子弧焊需要选定的焊接参数与小孔型等离子弧焊相同。采用的等离子气流量显著小于小孔型等离子弧焊，以避免在熔池上形成小孔。其他焊接参数的选择原则，与 TIG 焊大体相同。

表 6-11 是熔入型等离子弧焊的典型焊接工艺参数。表 6-12 为自动微束等离子弧焊的典型焊接工艺参数。

表 6-11　熔入型等离子弧焊的典型焊接工艺参数

材料	焊件厚度/mm	焊接电流/A	电弧电压/V	焊接速度/(mm·min⁻¹)	等离子气流量/(L·min⁻¹)		保护气流量/(L·min⁻¹)			孔道比 l_0/d_n/(mm·mm⁻¹)	钨极内缩尺寸/mm	备注
					基本气流	衰减气流	正面	尾罩	反面			
低碳钢	1	105	—	700	2.5	—	7	—	—	2.5/2.5	1.5	悬空焊
	1.5	85	—	270	0.5		3.5			2.5/2.5	1.5	
	2	100	—	270	1.2		4			3/3	2	
	2.5	130	—	270	1.2		4			3/3	2	
不锈钢	1	60	—	270	0.5	—	3.5			2.5/2.5	1.5	

表 6-12　自动微束等离子弧焊的典型焊接工艺参数

材料	厚度/mm	接头形式	焊接电流/A	焊接速度/(mm·min⁻¹)	焊接电压/V	等离子气（Ar）流量/(L·h⁻¹)	保护气流量（体积分数）/(L·h⁻¹)	喷嘴孔径/mm
碳钢	0.3	对接	8	200	22	25	0	1.0
	0.8	对接	25	250	20	25	100	1.5
	1.0	对接	30	210	20	25	100	1.5
不锈钢	0.025	卷边	0.3	127	—	14.2	566（Ar99%+H₂1%）	0.8
	0.08	卷边	1.6	152	—	14.2	566（Ar99%+H₂1%）	0.8
	0.13	端接	1.6	381	—	14.2	560（Ar99%+H₂1%）	0.8
	0.25	对接	6.5	270	24	36	360（Ar）	0.8
	0.50	对接	18	300	24	36	660（Ar）	1.0
	0.75	对接	10	127	25	14.2	330（Ar99%+H₂1%）	0.8
	1.0	对接	27	275	25	36	660（Ar）	1.2

续表

材料	厚度/mm	接头形式	焊接电流/A	焊接速度/(mm·min⁻¹)	焊接电压/V	等离子气（Ar）流量/(L·h⁻¹)	保护气流量（体积分数）/(L·h⁻¹)	喷嘴孔径/mm
钛	0.08	卷边	3	152	—	14.2	566（Ar50%+He50%）	0.8
	0.2	对接	5	127	26	14.2	566（Ar50%+He50%）	0.8
	0.3	端接	15～20	240	—	16	150（Ar）	1.0
	0.55	对接	10	178	—	14.2	566（He75%+Ar25%）	0.8
镍铜	0.15	对接	5	300	22	24	300（Ar）	0.6
	0.08	卷边	10	152	—	14.2	566（He75%+Ar25%）	0.8

3）脉冲等离子弧焊的焊接参数

脉冲等离子弧焊采用的脉冲频率一般在 0.5～10Hz，其工艺特点与低频脉冲 TIG 焊类似，每一个电流脉冲在焊件上形成一个焊点，各个焊点相互重叠一部分便连成焊缝。表 6-13 给出了脉冲等离子弧焊的典型焊接工艺参数。

表 6-13 脉冲等离子弧焊的典型焊接工艺参数

母材	厚度/mm	基值电流/A	脉冲电流/A	脉冲频率/Hz	λ_t (t_p/t_b)	焊接速度/(mm·min⁻¹)	等离子气流量/(L·min⁻¹)	喷嘴孔道比 l_0/d_n
不锈钢	3	70	100	2.4	12/9	400	5.5	3.2/2.8
	4	50	120	1.4	21/14	250	6.0	3.2/2.8
钛板	6	90	170	2.9	10/7	202	6.5	4/3
	3	40	90	3	10/6	400	6.0	3.2/2.8
不锈钢波纹管膜片	0.05+0.05 内圆	0.12	0.5	10	2/3	45	0.6	3.2/2.8
	0.05+0.05 内圆	0.12	1.2	10	2/3	45	0.6	1.5/0.6
	0.05+0.05 外圆	0.12	0.55	10	2/3	35	0.6	1.5/0.6

4）变极性等离子弧焊工艺参数

变极性等离子弧焊主要用于铝及铝合金的焊接。在平焊位置，当铝及铝合金的厚度小于 3mm 时，可利用熔入型变极性等离子弧焊进行焊接；当厚度为 3～6mm 时，可用穿孔型等离子弧焊进行焊接。在立焊位置，穿孔型焊接的厚度可达 15.9mm。

① 喷嘴孔径和压缩比。喷嘴压缩比应根据板厚来选择，板厚越大，喷嘴孔径应越大，压缩比越小。表 6-14 给出了不同板厚铝合金推荐用喷嘴孔径和压缩比。

表 6-14　不同板厚铝合金推荐用喷嘴孔径和压缩比

板厚 /mm	4	6	8	10
喷嘴孔径 /mm	2.5	4.0	4.0	4.0
最大压缩比	2.0	1.1	0.9	0.7

② 喷嘴到工件的距离和钨极内缩量。喷嘴到工件的距离一般控制在 1.5 ～ 4mm，并随着板厚的增大而增大。钨极内缩量控制在 3.5 ～ 4.5mm。

③ 焊接电流、等离子气流量和焊接速度。

与直流等离子弧焊相同，要保证稳定的小孔效应，焊接电流、等离子气流量和焊接速度之间必须保证合适的匹配。图 6-30 给出了 6mm 厚 LY12 合金穿孔型焊接时焊接电流、等离子气流量和焊接速度的匹配区间。表 6-15 为不同厚度 2A14 铝合金穿孔型变极性等离子弧焊的焊接参数（向上立焊）。

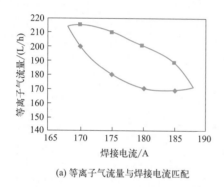

(a) 等离子气流量与焊接电流匹配

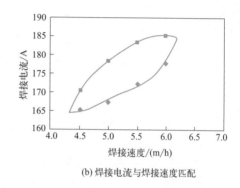

(b) 焊接电流与焊接速度匹配

图 6-30　6mm 厚 LY12 合金穿孔型焊接时焊接电流、等离子气流量和焊接速度的匹配区间

表 6-15　不同厚度 2A14 铝合金穿孔型变极性等离子弧焊的焊接参数

板厚 /mm	焊接电流 /A		持续时间 /s		等离子气（Ar）流量 /(L·min⁻¹)	保护气流量 /(L·min⁻¹)	喷嘴孔径 /mm	钨极直径 /mm	焊接速度 /(mm·min⁻¹)	送丝速度 /(m·min⁻¹)（1.6mm 直径的 BJ-380A 焊丝）
	正极性半波	反极性半波	正极性半波	反极性半波						
4	100	160	19	4	1.8	13	3.0	3.2	160	1.4
6	156	206	19	4	2.0	13	3.2	3.2	160	1.6
8	165	225	19	4	2.5	13	3.2	3.2	160	1.7

6.6　等离子弧焊常见缺陷及其产生原因

等离子弧焊最常见的缺陷是气孔和咬边。

(1) 气孔

气孔多见于焊缝的根部，引起气孔的原因有：①焊件清理不彻底；②焊接速度过高，小

孔焊接时甚至会产生贯穿焊缝的长气孔；③电弧电压过高，弧长过大；④填充焊丝送进过快；⑤起弧和收弧处焊接参数配合不当等。

（2）咬边

咬边多发生在不加填充焊丝的焊接过程，有单侧咬边和双侧咬边。产生咬边的原因有：①焊接参数选择不当，主要是等离子气流量过大、电流过大和焊接速度过高；②操作不当，焊枪向一侧倾斜；③装配质量不高，有错边或坡口两侧边缘高低不平，高的一侧易咬边；④电极与喷嘴不同心，或采用多孔喷嘴时，两侧辅助孔位置偏斜；⑤焊接磁性材料时，出现磁场变化导致磁偏吹等。

焊前彻底清理焊件，提高装配质量，正确选择焊接参数，及时调整电极对中和焊枪的焊接位置等都是防止产生气孔和咬边的有效措施。

第 7 章
电弧螺柱焊

7.1 电弧螺柱焊原理及应用

7.1.1 电弧螺柱焊的工艺原理和分类

（1）电弧螺柱焊的工艺原理

螺柱焊是一种将螺柱状工件垂直地焊接到其他工件表面上的、具有全断面焊合特征的焊接方法。实际上，螺柱焊并不是一种独立的焊接方法，是根据焊件特征命名的一种特殊工艺。螺柱焊可采用的热源有电弧热、电阻焊、摩擦焊等。电弧螺柱焊是采用电弧作为热源加热螺柱和工件待焊部位的一种螺柱焊。螺柱焊无需填充金属，通常需要施加压力，结构钢及不锈钢焊接时一般不使用保护气体或焊剂进行保护，一般采用套在螺柱端部的磁环进行保护；而焊接铝及其合金时有时需要进行气体保护。图 7-1 示出了电弧螺柱焊原理。

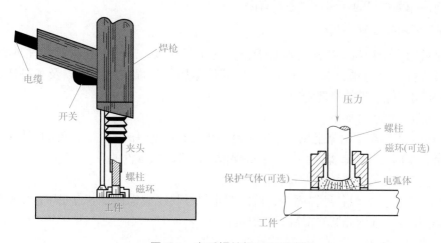

图 7-1　电弧螺柱焊原理示意图

（2）电弧螺柱焊的分类

根据电源类型的不同，电弧螺柱焊分为拉弧式螺柱焊和电容放电螺柱焊两类。

电弧螺柱焊采用陡降外特性的直流弧焊电源，利用短路引弧方式引燃螺柱与工件之间的电弧，电弧燃烧一段时间后通过加压将端部熔化的螺柱压入熔池中，随后液态金属结晶形成焊缝。拉弧式螺柱焊可分为瓷环保护拉弧式螺柱焊和短周期拉弧式螺柱焊等。短周期拉弧式螺柱焊的焊接时间非常短，无需对焊接区进行任何保护。

电容放电螺柱焊利用一个大容量的电容器提供能量，通过螺柱与工件之间接触或接近时产生的短时大电流放电来熔化工件。这种方法的放电时间比短周期拉弧式螺柱焊还要短（约 0.8 ~ 3ms），也不需要采取保护措施。根据电容放电引发方式的不同，电容放电螺柱焊可分为预接触式、预留间隙式和拉弧式三种。

7.1.2 电弧螺柱焊的特点及应用

（1）螺柱焊的特点

1）优点

① 焊接时间短，生产率高。与普通电弧焊相比，电弧螺柱焊的焊接时间要短得多，即使是焊接时间最长的拉弧式螺柱焊，其焊接时长也只有零点几到几秒。

② 焊接热输入低、焊缝及热影响区尺寸小、工件焊接变形小等。

③ 单面定点焊即可实现螺柱全断面焊接，而且焊枪安装无需钻孔、攻螺纹或铆接。

④ 可以焊接小螺柱和薄母材，可进行异种金属焊接，也可把螺柱焊到有金属涂层的母材上。如电容放电螺柱焊和短周期拉弧式螺柱焊都具有清除金属表面涂料层的效果。

⑤ 对工件的清理要求不很高。短周期拉弧式螺柱焊和电容放电螺柱焊由于焊接时间极短，即使焊接非铁金属和不锈钢时也无需采用瓷环或气体保护，节约成本。

2）局限性

① 螺柱的形状和尺寸受焊枪夹持、电源容量和焊接位置等因素限制，螺柱底端尺寸受工件厚度限制。

② 焊后只能从外观来判断焊接质量，无法对内部进行无损检测。

③ 目前能相互焊接的金属材料还很有限。

（2）螺柱焊的应用

螺柱焊只能用于棒料（螺柱）垂直于板件的 T 形连接。适于螺柱焊的螺柱种类很多，包括螺柱紧固件、普通销钉和开口销钉、内螺纹紧固件、扁头紧固件以及各种镦粗的销钉。图 7-2 示出了螺柱焊的典型应用。

螺柱焊常规应用场合如下：

① 舰船甲板上或金属框架上用于安装木制地板或其他材料的螺柱状部件的焊接；

② 储罐、铁棚及其他容器内固定衬里或保温层的螺柱状部件的焊接；

③ 容器上卡紧人孔盖的螺柱状部件的焊接；

④ 高炉、铁合金炉内各种锚固件、桥式起重机导轨压板螺柱、电力变压器上盖压紧螺柱、原子能电站反应堆钢壳圆柱螺钉等的焊接；

⑤ 大型建筑钢结构上为制造钢筋混凝土而需的 T 形钉的焊接；

⑥ 船舶、桥梁等一些紧固螺栓和埋设件的焊接。

螺柱焊还可将手柄、支脚紧固在器具上，用于建筑（泥瓦）的抹子、压子或砌铲等工具的制造。电容放电螺柱焊还用于固定铭牌、电子仪器面盘和汽车装潢压制等。

(a) 建筑钢结构

(b) 压力容器

(c) 家用电器

图 7-2　螺柱焊典型焊接应用

7.2　拉弧式螺柱焊

7.2.1　瓷环保护拉弧式螺柱焊

（1）焊接过程、特点及应用

1）焊接过程

图 7-3 给出了拉弧式螺柱焊焊接过程。首先将螺柱放入焊枪的夹头里并套上瓷环，如图 7-3（a）所示。降低焊枪，使螺柱尖端与工件接触，如图 7-3（b）所示。按下开关接通电源，焊接回路中的电流一方面预热螺柱与工件的接触部位，另一方面触发电磁线圈将螺柱拉起，引燃电弧，如图 7-3（c）所示。电弧热使柱端与母材熔化，如图 7-3（d）所示。燃弧时长由时间控制器控制，达到预定时间后，电磁线圈断电；焊枪内的压紧弹簧把螺柱压入母材熔池而熄弧，进行带电顶锻，熔化的螺柱金属与熔池可靠熔合并向周边流动，如图 7-3（e）所示。液态金属凝固，形成全断面接缝，如图 7-3（f）所示。图 7-4 示出了瓷环保护拉弧式螺柱焊的焊接循环。

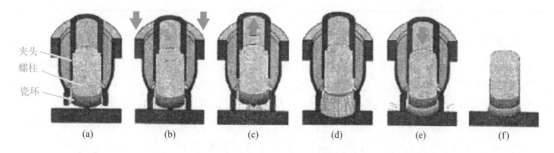

夹头
螺柱
瓷环

(a)　　　(b)　　　(c)　　　(d)　　　(e)　　　(f)

图 7-3　瓷环保护拉弧式螺柱焊的焊接过程示意图

瓷环的作用是：①将电弧热集中于焊接区；②阻止空气进入，对焊接区进行保护；③顶锻过程中将熔化的金属限定在焊接区内，防止飞溅，辅助焊缝成形；④遮挡弧光。瓷环通常是一次性使用。焊接易氧化的金属时，如焊铝、镁及其合金和不锈钢等，不宜采用瓷环，应采用惰性气体保护的方法，这种情况称为气体保护拉弧式螺柱焊。

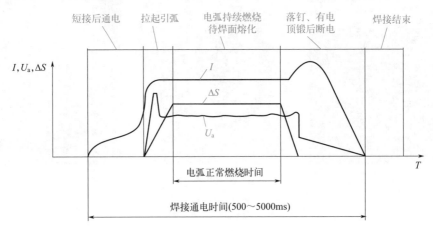

图 7-4　瓷环保护拉弧式螺柱焊的焊接循环图

（I—焊接电流，U_a—电弧电压，ΔS—螺柱位移）

2）工艺特点

瓷环保护拉弧式螺柱焊工艺具有如下特点：①采用接触式引弧；②与其他电弧螺柱焊相比，燃弧时间较长；③焊接时需用瓷环或气体对焊接区进行保护。

3）应用范围

① 焊件材料。螺柱和被焊的板材（这里称工件）可以是相同或不相同的金属材料，适用范围取决于彼此间的焊接性。表 7-1 是较为常用螺柱与母材的材料组合。瓷环保护拉弧式螺柱焊主要用于碳钢的焊接。若用于不锈钢或铝、镁合金焊接，则须采用惰性气体保护。

表 7-1　电弧螺柱焊常用螺柱与母材的材料组合

螺柱	母材
低碳钢、奥氏体不锈钢	低碳钢、耐热钢、奥氏体不锈钢
铝合金	铝合金

② 焊件尺寸范围。可焊接的螺柱直径为 6～30mm，工件厚度为 3～30mm。为了充分利用紧固件（即螺柱）的强度，防止烧穿并减少变形，对于一定的螺柱直径，工件厚度不能太薄。一般情况下，工件厚度 δ 与螺柱直径 d 之比（常用 δ/d 表示）不得小于 1/3。当强度不作为主要要求时，最小 δ/d 可降低到 1/5。表 7-2 为钢板和铝的最小 δ/d 推荐值。

螺柱的最大可焊直径受到焊接位置的限制。对于瓷环保护螺柱焊，平焊时的最大可焊直径为 25mm，而横焊或仰焊时为 ϕ20mm。对于气体保护螺柱焊，平焊时的最大可焊直径为 16mm，仰焊时为 10mm，横焊时只有 8mm。

表 7-2 钢板和铝板电弧螺柱焊时的最小推荐值 单位：mm

螺柱底端直径	钢（无垫板）	铝合金	
		无垫板	有垫板
4.8	0.9	3.2	3.2
6.4	1.2	3.2	3.2
7.9	1.5	4.7	3.2
9.5	1.9	4.7	4.7
11.1	2.3	6.4	4.7
12.7	3.0	6.4	4.7
15.9	3.8	—	—
19.1	4.7	—	—
22.2	6.4	—	—
25.4	9.5	—	—

注：加金属垫板是为了防止烧穿。

③ 应用部门。主要应用于建筑、造船、锅炉、电力、高速公路护栏、化工及热能炉窑等生产部门。

（2）焊接设备

拉弧式螺柱焊用的设备一般由焊枪、控制器和电源等组成，控制器一般集成到电源中，如图 7-5 所示。

① 焊枪。拉弧式螺柱焊焊枪有手持式和固定式两种，两者的结构和工作原理大体相同。图 7-6 所示为手持式焊枪的典型结构。固定式焊枪是为某特定产品而专门设计的，安装固定在支架上，在一定工位上完成焊接。

焊枪通常由机械部分和电气部分组成，如果采用气体保护，还有气体喷嘴和气路。焊枪机械部分由夹持机构、提升机构和弹簧加压机构三部分组成。电气部分由焊接开关、电磁铁、控制电缆和焊接电缆等组成。焊枪的可调参数有：螺柱提升高度、螺柱外伸长度和螺柱与瓷环夹头的同轴度等。螺柱的提升是通过电磁线圈实现的；枪体内的弹簧可用于将螺柱压入熔池并挤出熔化金属而完成焊接。有些焊枪为了减缓螺柱压入（即落钉）速度，减少飞溅，枪内装有阻尼机构。

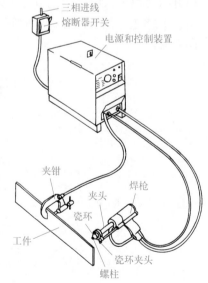

图 7-5 瓷环保护拉弧式螺柱焊设备

② 电源。拉弧式螺柱焊对电源的要求是：a. 需采用直流电源以获得稳定电弧；b. 较高的空载电压，约 70～100V；c. 具有陡降的外特性和良好的动特性；d. 能在短时间内输出大电流并迅速达到设定值。

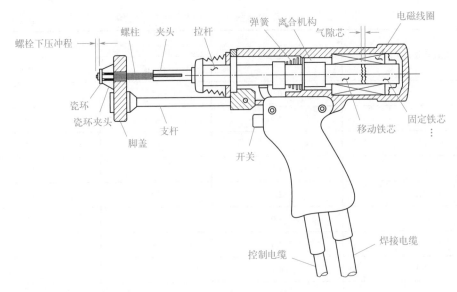

图 7-6 拉弧式螺柱焊焊枪结构

③ 控制系统。图 7-7 所示为电弧螺柱焊机控制系统原理示意图。控制系统由驱动电路、反馈及给定电路、螺柱提升电路、时序控制电路及引弧电路等组成。其中引弧电路与焊接回路并联。驱动电路提供晶闸管同步电压脉冲信号，调节晶闸管的导通角，进而调节焊接电流大小。反馈及给定电路是从输出回路中取出电压信号及电流信号，与给定信号比较后作为输入信号输入至触发及调节电路，从而获得焊接电源的下降外特性。螺柱提升电路为电磁线圈提供 70 ~ 80V 的直流电；该电路接通后，移动铁芯被固定铁芯吸引而提升，螺柱提升引燃电弧。时序控制电路由多个延时电路与继电器组成，作用是控制前述三个电路和引弧电路工作的顺序和持续时间。通过该时序控制电路使焊机输出如图 7-8 所示的控制时序和参数。

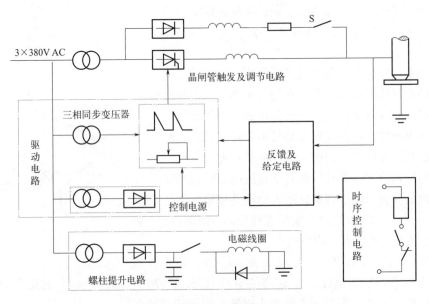

图 7-7 电弧螺柱焊机的控制系统框图

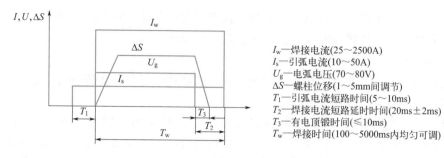

图 7-8　电弧螺柱焊机控制时序图

I_w—焊接电流(25～2500A)
I_s—引弧电流(10～50A)
U_g—电弧电压(70～80V)
ΔS—螺柱位移(1～5mm间调节)
T_1—引弧电流短路时间(5～10ms)
T_2—焊接电流短路延时时间(20ms±2ms)
T_3—有电顶锻时间(≤10ms)
T_w—焊接时间(100～5000ms内均匀可调)

（3）焊接工艺

1）螺柱端部形状设计

螺柱待焊端部一般应为圆形截面，其端径应与工件厚度相匹配，见表 7-2。也可采用正方形或矩形截面；如果是矩形截面，长宽比不得大于 5。螺柱的总长度必须大于 20mm，包括夹持长度、瓷环高度和焊接过程产生的缩短量。长度缩短主要是由焊接时螺柱和母材金属熔化，随后的顶锻使熔化金属从接头处被挤出而引起的。表 7-3 给出了长度缩短量的典型值。

表 7-3　电弧螺柱焊后典型缩短量　　　　　　　　　　　　　　单位：mm

螺柱直径	5 ～ 12	16 ～ 22	≥ 25
长度缩短量	3	5	5 ～ 6

螺柱的待焊端面中心处凸出一个引弧结，用来缩小与工件的初始接触面积，增大接触部位的电阻及预热温度，提高引弧可靠性。引弧结的形状有半球形、圆柱形或尖锥形等几种。

2）瓷环的选择

焊接碳钢时需采用瓷环。焊前套在螺柱待焊端部，由焊枪上的瓷环夹头使其保持适当位置。

瓷环有消耗型和半永久型两种。前者为一次性使用，多用陶质材料（如镁 - 铝酸盐和部分氧化铝等）制成，成本低，焊后易于碎除；后者可重复使用一定次数。一次性使用的瓷环焊后不需经螺柱体滑出，故螺柱的外形不受限制，因而被广为应用。

瓷环一般为圆柱形，底面要与母材待焊表面相配并做成锯齿形，以便燃弧时排出焊接区气体，其内部形状和尺寸应能容纳被挤出的熔化金属而使之在螺柱底端形成焊缝余高。

常用的电弧螺柱焊的螺柱和瓷环形状及尺寸均已标准化，详见 GB/T 902.2—2010《电弧螺柱焊用焊接螺柱》、GB/T 10432.1—2010《电弧螺柱焊用无头焊钉》、GB/T 10433—2002《电弧螺柱焊用圆柱头焊钉》。

3）焊前准备

① 焊件表面清理。焊前必须清理螺柱和工件待焊面的氧化膜、油污和漆层等，少量锈迹是允许的。

② 定位。根据产品设计要求对螺柱与工件的连接部位进行定位。精度要求很高时，推荐采用特殊定位夹具或固定式螺柱焊设备。用手提式螺柱焊枪时，最简单和最常用的定位方法是在工件上用样板划线或打中心冲眼，然后把螺柱尖端对准其位置。此法定位公差可保证

在 ±1.2mm。若螺柱数量大，可直接用样板的孔进行定位焊接，而不必在焊件上打标记。因瓷环本身有制造公差，故螺柱定位的公差一般在 ±0.8mm。

4）预热处理

由于螺柱焊的热输入小，工件的冷却速度快，因此具有较大的冷裂倾向。需要根据母材类型、含碳量及厚度等选择预热温度。

对于碳钢，工件厚度小于 3mm 时或含碳量不大于 0.3% 时一般无需预热。工件厚度大于 3mm 且含碳量超过 0.3% 时，为了防止产生焊接裂纹，一般应适当进行预热；含碳量超过 0.45% 时除进行焊前预热外，还要进行焊后热处理，预热温度为 200 ～ 300℃，热处理温度为 650℃。

对于不锈钢螺柱与低碳钢工件的异种材料焊接，螺柱中的铬会提高焊缝金属的硬度。工件含碳量大于 0.2% 时，这种情况更为严重。这时宜用含镍铬量更高的不锈钢螺柱，例如 309 或 310 不锈钢螺柱。

对于低合金高强度钢，含碳量超过 0.15% 时就需要进行适当的预热，以提高接头的韧性。

5）焊接工艺参数

螺柱焊焊接工艺参数主要有焊接电流、电弧电压、燃弧时间、极性接法、螺柱提升高度等。

① 焊接电流、电弧电压、燃弧时间。一定的电弧电压下，焊接电流和焊接时间决定了电弧能量。电弧电压根据设定的螺柱提升高度来选择，应随着提升高度的增大而适当增大。因此，焊接电流和焊接时间总是根据螺柱待焊端部断面面积（或直径）来选择。

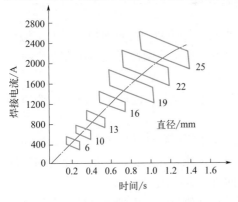

图 7-9 不同直径低碳钢螺柱的拉弧式
螺柱焊焊接电流和焊接时间匹配范围

图 7-9 示出了不同直径低碳钢螺柱的焊接电流与时间匹配范围。对于任一给定直径的螺柱，均存在一个相当宽的工艺参数范围，通常须根据具体情况，在此范围内选定最佳焊接电流和焊接时间。

铝合金电弧螺柱焊时需氩气保护，和低碳钢螺柱焊相比，要求用较长的电弧、较长的焊接时间和较小的焊接电流。

② 极性接法。钢质螺柱焊接采用直流正接，即螺柱通常接电源的负极，工件接正极。铝质或黄铜螺柱焊接通常采用直流反接法。

③ 螺柱提升高度。引弧时须提升螺柱，提升高度正比于螺柱直径，瓷环保护焊时控制在 1.5 ～ 7.0mm 范围内；气体保护焊时控制在 1.0 ～ 4.0mm。提升高度不能过大，否则容易产生电弧漂移和偏吹；若过小，则容易产生短路断弧。

7.2.2 短周期拉弧式螺柱焊

（1）焊接过程及特点

1）焊接过程

短周期拉弧式螺柱焊与瓷环保护拉弧式螺柱焊的工艺原理相同，区别是这种方法通过对焊接电流波形进行主动控制，显著缩短了焊接周期（小于 100ms），焊接过程中无需用瓷环或气体进行保护。

图 7-10 示出了短周期拉弧式螺柱焊的焊接过程示意图和焊接时序，大体上分如下基本阶段。

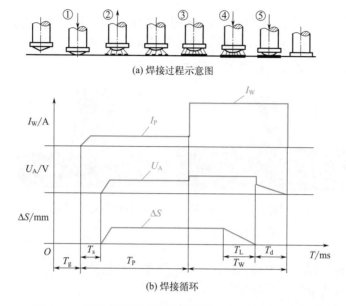

(a) 焊接过程示意图

(b) 焊接循环

图 7-10 短周期拉弧式螺柱焊焊接过程示意图及焊接循环

I_P—引导电弧电流（A）；I_W—焊接电流（A）；U_A—电弧电压（V）；ΔS—螺柱位移（mm）；T_g—焊枪延时时间（ms）；T_s—短路电流时间（ms）；T_P—引导电弧电流持续时间（ms）；T_W—焊接电流持续时间（ms）；T_L—落钉时间（ms）；T_d—带电顶锻时间（ms）

① 螺钉短路阶段。按下焊枪开关，螺柱下落并与工件接触短路，电流接通预热接触部位。

② 拉弧阶段。螺柱提升，引燃小电流（引导电弧电流 I_P）电弧。利用小电流电弧清扫螺柱端面和工件表面，同时对待焊面进行预热。该阶段的持续时间称为引导电弧电流持续时间或拉弧时间（T_P）。

③ 燃弧阶段。预热一定时间（T_P）后，电弧电流切换为较大的焊接电流（I_W），该阶段的电弧熔化螺柱与工件待焊面，该阶段持续时间称为焊接电流持续时间或燃弧时间（T_W）。

④ 落钉阶段。焊枪电磁铁释放，螺柱落下浸入熔池并与工件短路，电弧熄灭。该阶段持续时间称为落钉时间（T_L）。

⑤ 带电顶锻。在焊枪内的弹簧压力作用下，螺柱压向工件，在压力的作用下熔化的螺钉金属与工件金属可靠熔合，冷却后形成焊缝。

2）工艺特点

从上述焊接过程可看出，短周期拉弧式螺柱焊具有如下特点：

① 焊接电流经过波形调制，其各个阶段的幅值和持续时间可调，因此这种方法的可控性和适应性好，易于实现自动化焊接。

② 采用的焊接电流大、焊接时间短。焊接时间仅为瓷环保护螺柱焊的十分之一到几十分之一，焊接时周围的空气还来不及侵入焊接区，焊接即已完成，故无需采用瓷环或气体进

行保护。

③ 由于焊接开始前有小电流电弧清扫工件待焊表面，故可以焊接有涂层的金属板，如镀锌薄板等。

④ 可焊接厚度更小的工件，螺柱直径 d 与被焊工件壁厚 δ 之比（d/δ）可达 $8 \sim 10$，工件最薄可达 0.6mm。

⑤ 由于焊接时间短，冷却速度快，接头脆硬性较大，强度特别是疲劳强度难以保证。

⑥ 由于一般不采用保护措施，短周期拉弧式螺柱焊焊缝易产生气孔，采用外加其他保护措施可显著减少气孔敏感性，如图 7-11 所示。

图 7-11　气体保护对短周期拉弧式螺柱焊气孔敏感性的影响

（2）焊接设备

短周期拉弧式螺柱焊通常为自动操作方式，设备一般包括电源、控制装置、送料机和焊枪等，其中控制装置通常集成在电源内。

1）电源及控制装置

短周期拉弧式螺柱焊目前一般采用逆变器电源。这种电源具有很好的动特性，可在大电流和小电流之间快速切换，分别为引导电弧和焊接电弧供电。引导电弧电流 I_P 一般为 $30 \sim 100A$，引导电弧电流持续时间 T_P 为 $30 \sim 100ms$，焊接电流 I_W 调节范围为 $200 \sim 1000A$，焊接电流持续时间 T_W 为 $6 \sim 100ms$。

2）焊枪和自动送料机

短周期拉弧式螺柱焊用的焊枪有两种，即手动焊枪和半自动（或自动）焊枪。焊枪的基本结构与瓷环保护螺柱焊所用的相似，由螺柱夹持机构、提升机构和弹簧压钉机构组成。手动焊枪装有接近开关，以保证只有在螺柱与工件可靠接触的情况下才能发出启动信号。半自动或自动焊枪上装有一个装钉用气缸。送料机利用压缩空气把螺柱通过软管吹送到焊枪落钉槽中后，气缸活塞衔铁将螺柱推入螺柱夹中。

半自动和自动焊接设备需配置螺柱自动送料机，其结构通常由滚筒装料器和分选器等组成。焊接时，滚筒旋转将螺柱送入滑动导轨，经分选器，由专供送料用的分离机构逐个送料，实现装载循环。送料软管、软管离合器、导轨和分选器需要根据螺柱直径进行更换。

（3）焊接工艺

1）螺柱端部形状设计

螺柱待焊端面一般设计成外凸锥面，以便于引弧，并将电弧集中在螺柱轴线附近。螺柱端部设有直径略大于其他部位的肩部（法兰），目的之一是增大接合面积，提高接头的承载能力；目的之二是便于自动送料机送料。

常用的短周期拉弧式螺柱焊的螺柱形状和尺寸均已标准化，详见 GB/T 902.4—2010《短周期电弧螺柱焊用焊接螺柱》、GB/T 10432.2—2016《短周期电弧螺柱焊用无头焊钉》。

2）焊接工艺参数

主要焊接工艺参数及其可用范围如下：

① 拉弧时螺柱提升高度（螺柱位移）ΔS。常用范围为 0.8～1.5mm，一般取 1.2mm。

② 引导电弧电流 I_p。常用范围为 30～100A，一般取 40A 左右。

③ 焊接电流 I_w。其大小取决于螺柱直径，通常按 $I_w=100d$（单位为 A）确定，d 为螺柱待焊端直径（单位为 mm）。

④ 引导电弧电流持续时间 T_p。常用范围为 40～100ms。

⑤ 焊接电流持续时间 T_w。常用范围为 5～100ms，一般取 20ms，其中包括带电顶锻时间 T_d（约 5～10ms）；焊接一个周期总时间一般不超过 100ms。

7.3 电容放电螺柱焊

电容放电螺柱焊是一种利用储能电容器快速放电产生的电弧来加热螺柱和工件的电弧螺柱焊方法。所用的电源为一电容放电电源，加压方式与瓷环保护拉弧式螺柱焊相同。电容放电螺柱焊适用于所有焊接位置，但在横焊或仰焊时，用稍小的落钉速度才能保证焊接质量。手动焊枪焊接的定位精度约为 ±1mm，数控自动螺柱焊机上的定位精度约为 ±0.2mm。

7.3.1 电容放电螺柱焊的工艺过程

根据电弧引燃方式，电容放电螺柱焊分为预接触式、预留间隙式和拉弧式三种方法。

（1）预接触式电容放电螺柱焊

这种方法通过螺柱与工件焊前预先接触进行引弧。图 7-12 示出了焊接过程及焊接循环。与短周期拉弧式螺柱焊类似，为了增加接头承载能力，螺柱待焊端设计成法兰状以增加接头的接合面积；为了便于引弧并保持对称加热，端面设计成凸锥状，中心处设有一小凸台。

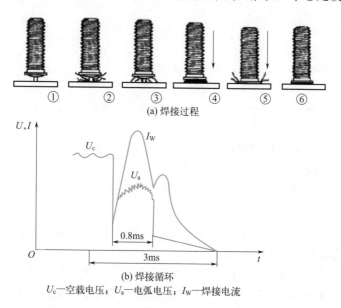

(a) 焊接过程

(b) 焊接循环

U_c—空载电压；U_a—电弧电压；I_w—焊接电流

图 7-12 预接触式电容放电螺柱焊焊接过程及焊接循环

预接触式电容放电螺柱焊焊接过程包括以下几个阶段：

① 定位。螺柱端部凸台与工件接触。

② 引弧。按下开关，瞬时大电流在接触部位产生的电阻迅速熔断小凸台，电弧引燃。

③ 燃弧。电弧燃烧，熔化螺柱和工件的待焊部位。

④ 落钉。在焊枪弹簧压力作用下螺柱压向工件，熄弧的同时熔化金属被挤出。

⑤ 带电顶锻。实现金属再结晶连接。

⑥ 焊接结束，焊枪提起。

预接触式电容放电螺柱焊整个焊接周期大约为 2 ～ 3ms。这个时间比短周期螺柱焊短得多，所以焊接过程无需任何保护。

（2）预留间隙式电容放电螺柱焊

焊前螺柱与工件之间预留一定间隙，电源接通后螺柱再接近工件，接近到一定程度后电弧引燃。图 7-13 示出了预留间隙式电容放电螺柱焊焊接过程及焊接循环。所用螺柱及电源与预接触式电容放电螺柱焊相同。

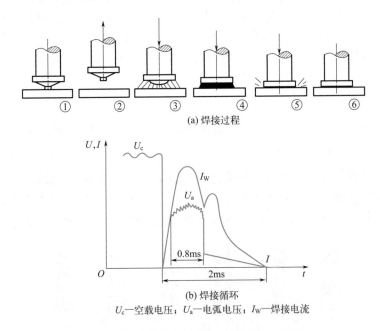

(a) 焊接过程

(b) 焊接循环

U_c—空载电压；U_a—电弧电压；I_W—焊接电流

图 7-13 预留间隙式电容放电螺柱焊焊接过程及焊接循环

预留间隙式电容放电螺柱焊焊接过程包括以下几个阶段：

① 定位。螺柱端部凸台对准工件待焊部位。

② 提升螺柱。按下焊枪扳机，螺柱自动提升，螺柱与工件之间拉出 3 ～ 4mm 的间隙后接通电源。

③ 落钉。螺柱下落，与工件接近到一定距离时，在逐渐增大的电场作用下引燃电弧，电弧加热并熔化螺柱和工件的待焊面。

④ 短路。电弧燃烧一定时间后，螺柱在焊枪弹簧压力作用下压向工件，短路而熄弧。

⑤ 带电顶锻。在短路电流条件下挤出熔化金属而实现金属再结晶连接。

⑥ 焊接结束，焊枪提起。

整个焊接过程由控制系统控制焊枪自动地完成。焊接周期比预接触式电容放电螺柱焊还要短，为 1 ～ 2ms。

（3）拉弧式电容放电螺柱焊

拉弧式电容放电螺柱焊是电容放电螺柱焊和短周期拉弧式螺柱焊的结合形式。电弧引燃方式与拉弧式螺柱焊相同，首先引燃引导电弧，然后切换成电容放电产生的焊接电弧。引导电弧由整流电源供电，焊接电弧由电容器组供电。螺柱待焊端无需设计小凸台，只需加工成锥形或略凸球面。图 7-14 示出了焊接过程和焊接循环。

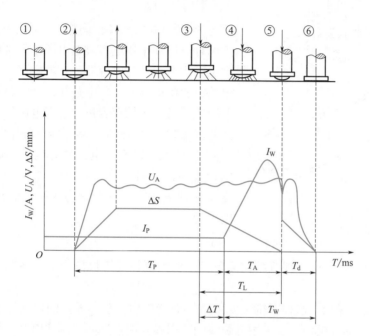

图 7-14　拉弧式电容放电螺柱焊焊接过程及焊接循环

I_P—引导电弧电流（A）；I_W—焊接电流（A）；U_A—电弧电压（V）；ΔS—螺柱位移（mm）；
T_P—引导电弧电流持续时间（ms）；　T_L—落钉时间（ms）；ΔT—延时时间（ms）；
T_A—焊接电弧燃烧时间（ms）；T_d—带电顶锻时间（ms）；T_W—焊接电流持续时间（ms）

焊接过程由以下几个阶段构成：

① 定位。螺柱端部与工件接触并通电。

② 引导电弧燃烧。螺柱提升，引燃小电流的引导电弧，其引导电弧电流 I_P 约 30 ～ 100A，持续时间 T_P 约 40 ～ 100ms，螺柱位移 ΔS 在 0.8 ～ 1.5mm。

③ 引燃焊接电弧。螺柱下降使电弧长度逐渐减小，减小到一定程度时电容器组放电，引燃焊接电弧。

④ 焊接电弧持续燃烧。对两待焊面加热使其熔化，时间约 4 ～ 6ms。

⑤ 带电顶锻，在弹簧压力下螺柱继续下降，与工件接触短路而熄弧，进行带电挤压（约维持 3 ～ 5ms），实现再结晶连接。

⑥ 焊接结束，焊枪提起。

与前述两种电容放电螺柱焊相比，整个焊接时间长很多（长达 100ms）。由于具有引导电弧的清扫和预热功能，因而扩大了螺柱焊的应用范围，如能对镀锌薄板进行焊接等。

7.3.2 电容放电螺柱焊设备

电容放电螺柱焊的设备由电源、控制系统和焊枪三部分组成。控制系统一般安装在电源内。预接触式和预留间隙式电容放电螺柱焊均采用一台电容放电电源，而拉弧式电容放电螺柱焊使用两台电源。

根据操作类型的不同，电容放电螺柱焊设备分为手提式和固定式两种，图 7-15 所示为手提式电容放电螺柱焊设备示意图。

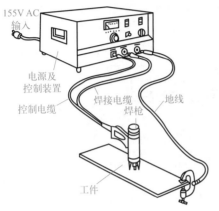

图 7-15 手提式电容放电螺柱焊全套设备的示意图

（1）电源

① 预接触式和预留间隙式电容放电螺柱焊电源。这两种方法均采用电容放电电源，而且可以通用。这类电源主要由储能电容器、充电电路、充电电压调节电路、放电电路、复位电路和控制电路等组成。可调参数主要有额定储存容量、电容电压等。进行不同方式的焊接时，只需修改控制系统的程序即可。

② 拉弧式电容放电螺柱焊电源。这种方法采用两台电源，一台是为引导电弧供电的陡降外特性的直流弧焊电源，另一台是为焊接电弧供电的电容放电电源。

（2）焊枪

① 预接触式焊枪。这种焊枪结构简单，主要由螺柱夹持机构和基于弹簧的螺柱压下机构组成。

② 预留间隙式焊枪。这种焊枪主要由螺柱夹持机构、基于弹簧的螺柱压下机构和提升螺柱的机构组成。提升机构一般采用电磁线圈，引弧和燃弧期间线圈通电，利用电磁吸引力将螺柱提起，熄弧后线圈断电，利用弹簧力使螺柱压向工件。

③ 拉弧式电容放电螺柱焊的焊枪。内部结构与拉弧式电弧螺柱焊焊枪相似，图 7-16 所示为拉弧式手持电容放电螺柱焊的焊枪结构示意图。

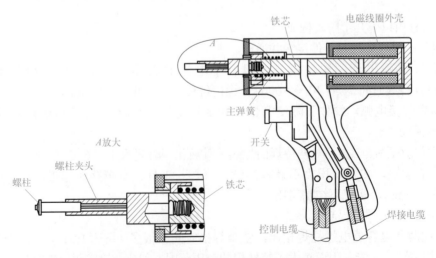

图 7-16 拉弧式手持电容放电螺柱焊的焊枪结构示意图

7.3.3　焊接工艺

（1）螺柱端部形状设计

电容放电螺柱焊用螺柱的待焊端部均应设有直径比螺柱直径大 1.5 ～ 2mm 的法兰，其目的是扩大连接面，保证承载能力。电容放电螺柱焊焊缝的承载能力小于视在能力，因为焊缝中的缺陷经常占 30% ～ 40% 法兰平面。

对于预接触式和预留间隙式电容放电螺柱焊，螺柱端部还应设计成凸锥状，并在中心处设置一小凸台，目的是便于引弧并将电弧集中在螺栓轴线附近。

常用的电容放电螺柱焊的螺柱形状和尺寸均已标准化，详见 GB/T 902.3—2008《储能焊用焊接螺柱》、GB/T 10432.3—2010《储能焊用无头焊钉》。

（2）焊前准备

电容放电螺柱焊对母材和螺柱待焊表面清理、装配、定位的要求与拉弧式螺柱焊基本相同。待焊表面部位的清理应该更严格一些，因为，电容放电焊接时间短。

如果工件表面有涂层，焊前必须将待焊部位涂层彻底清除掉，否则焊接质量无法保证。电容放电螺柱焊适合焊接镀锌钢板。预接触式和预留间隙式电容放电螺柱焊由于焊接时间太短，电弧作用下产生的锌蒸气难以浮出液态金属而形成气孔，因此，只能焊接镀锌层厚度小于 5μm 的工件。镀锌层厚度更大时需利用拉弧式电容放电螺柱焊来焊接。

（3）焊接工艺参数

电容放电螺柱焊焊接参数主要有极性接法、焊接能量（充电电压）、焊接电流、焊接时间等。

1）极性接法

低碳钢、低合金钢和不锈钢焊接时，通常采用直流正接法，即工件接正极，螺柱接负极。铝和铜合金焊接时，通常采用直流反接法。

2）焊接能量

焊接能量直接决定了电容放电螺柱焊焊接质量。由于焊接电源内安装的电容器的容量是固定的，因此实际存储的能量大小取决于充电电压，也就是说，焊接能量大小利用充电电压的设置值来调节。一般情况下，充电电压值根据螺柱材质、直径和所选定的焊接方法来确定。不管采用哪种方法，焊接能量及充电电压值总是随着螺柱直径的增大而增大。

3）焊接电流和焊接时间

焊接时间可由焊接电源本身设定。焊接电流就是放电电流，其大小取决于充电电压和具体的焊接方法。

螺柱材质与直径一定时，不同的电容放电螺柱焊方法的放电电流是不同的。图 7-17

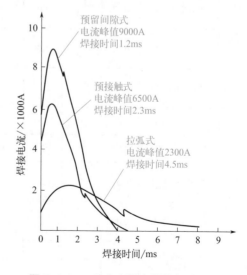

图 7-17　三种电容放电螺柱焊方法的电流与时间的关系

245

所示为 $\phi6.4mm$ 钢螺柱与 1.6mm 厚低碳钢板焊接时，三种不同焊接方法的电流与时间的关系。预留间隙式的焊接电流最大，焊接时间最短；拉弧式的焊接电流最小，焊接时间最长。

7.4 螺柱焊可焊接的材料

电弧螺柱焊不仅可焊接同质螺柱与工件，而且可进行异种金属的焊接。对于普通的气体保护或瓷环保护拉弧式螺柱焊，不同材料组合的焊接性基本上等同于其普通电弧焊焊接性。而对于短周期拉弧式螺柱焊和电容放电螺柱焊，由于工件的熔深很浅，且焊接时间极短，因此，异种材料组合的焊接性更好一些。

7.4.1 螺柱焊用螺柱材料

目前，工业中常用的焊接用钢螺柱材质主要有普通结构钢、奥氏体不锈钢和耐热钢。ISO 14555：2017《焊接——金属材料电弧螺柱焊》标准规定了这三类螺柱的成分，见表 7-4。焊接用有色金属螺柱主要有铝及其合金和铜及其合金等，其化学成分见表 7-5。

表 7-4　钢螺柱的化学成分

类别	钢号	化学成分（质量分数 /%）								
		C	Si	Mn	P	S	Cr	Mo	Ni	其他
结构钢	S235	≤ 0.17	≤ 0.03	≤ 1.4	≤ 0.045	≤ 0.045	—	—	—	N ≤ 0.07
	16Mo3	0.12	0.35	0.4/0.9	0.025	0.025	—	0.25 ～ 0.35	—	Cu ≤ 0.3 Al ≤ 0.5
耐热钢	X10CrA118	0.12	0.8 ～ 1.5	1.0	0.04	0.03	17 ～ 19	—	—	Al: 0.7
	X10CrA124	0.12	0.7 ～ 1.4	1.0	0.04	0.03	23 ～ 26	—	—	Al: 0.7
	X10CrNiSi25-4	0.1/0.2	0.8 ～ 1.5	2.0	0.04	0.03	24 ～ 27	—	3.5 ～ 5.5	—
奥氏体不锈钢	X5CrNi18-10	0.07	1	2	0.045	0.03	17 ～ 19	—	8.5 ～ 10.5	—
	X5CrNi18-12	0.07	1	2	0.045	0.03	17 ～ 19	—	11 ～ 13	—
	X5CrNiMo17-12	0.07	1	2	0.045	0.03	16.5 ～ 18.5	—	10.5 ～ 13.5	—
	X6CrNiTi18-10	0.08	1	2	0.045	0.03	17 ～ 19	—	9 ～ 12	Ti > 5ω（C） ≤ 0.8
	X6CrNiMoTi17-12-2	0.08	1	2	0.045	0.03	16.5 ～ 18.5	—	10.5 ～ 13.5	Ti > 5ω（C） ≤ 0.8

注：表中钢号为德国工业标准（DIN）、欧洲标准（EN）的统一钢号。

表 7-5　有色金属螺柱的化学成分

螺柱材料	化学成分（质量分数 /%)								
	Si	Fe	Cu	Mn	Mg	Cr	Zn	Al	杂质
ISO 290-1 AlMg3	0.04	0.04	0.10	0.50	2.6	0.30	0.20	其余	—
ISO 290-1 AlMg5	0.04	0.05	0.10	0.10/0.60	4.5	0.20	0.20	其余	—
ISO 290-1 Al99.5	0.25	0.04	0.05	0.05	0.05		0.07	99.5	—
ISO 290-1 CrZn37	—	—	60.5	—	—	—	—	—	0.5

7.4.2　螺柱焊可焊接的工件材料

工程上常用于连接螺柱的母材有普通结构钢、正火或热处理的细晶粒钢、奥氏体不锈钢以及铝及铝合金等，对这些母材进行分组，如表 7-6 所示。表 7-7 给出了各种螺柱与母材组合拉弧式螺柱焊的焊接性。表 7-8 给出了各种螺柱与母材组合电容放电螺柱焊的焊接性。

表 7-6　各组母材的成分与性能

材料组别	材料的成分与性能
组 1	普通结构钢，保证最小屈服点 $\sigma_S \leqslant 360\text{N} \cdot \text{mm}^{-2}$，其化学成分：$w(\text{C}) \leqslant 0.20\%$，$w(\text{Si}) \leqslant 0.60\%$，$w(\text{Mn}) \leqslant 1.6\%$，$w(\text{P}) \leqslant 0.045\%$，$w(\text{S}) \leqslant 0.045\%$，$w(\text{Mo}) \leqslant 0.70\%$
组 2	正火或热处理的细晶粒钢，保证最小屈服点 $\sigma_S > 360\text{N} \cdot \text{mm}^{-2}$
组 3	热处理细晶粒结构钢，保证最小屈服点 $\sigma_S > 500\text{N} \cdot \text{mm}^{-2}$
组 4	钢材，$w(\text{Cr})$ 最大 0.75%、$w(\text{Mo})$ 最大 0.6%、$w(\text{V})$ 最大 0.5%
组 9	奥氏体不锈钢
组 21	纯铝，杂质最大质量分数 1.5%
组 22	非热时效硬化铝镁合金，$w(\text{Mg}) \leqslant 3.5\%$

表 7-7　用于瓷环或气体保护和短周期拉弧式螺柱焊的螺柱材料与母材典型组合的焊接性

螺柱材料种类	母材组别			
	组 1 和组 2[③]	组 3 和组 4	组 9	组 21 和组 22
结构钢	1	2	2[②]	0
耐热钢	3	3	3	0
奥氏体不锈钢	2[①]	2	1	0
铝及其合金	0	0	0	2

表中焊接性数字符号的含义：

0—不适合焊接

1—高焊接性，用于任何用途，例如力传递

2—用于力传递，但焊接性受限制

3—仅用于热传递，但焊接性受限制

①螺柱直径到 10mm 为止，且用保护气体在平焊位置焊接。

②仅用于短周期拉弧式螺柱焊。

③最大屈服点 $\sigma_S > 460\text{N} \cdot \text{mm}^{-2}$。

表 7-8　电容放电螺柱焊螺柱材料和母材典型组合的焊接性

螺柱材料	母　材				
	组 1、2、3、4 和碳素钢 w（C）≤ 0.30%	组 1、2、3、4 和镀锌以及金属镀层钢板，镀层厚度最大 25μm	组 9	铜和铜合金（如 CuZn37）	组 21 和组 22
S235	1	2	1	2	0
1.4301 1.4303	1	2	1	2	0
CuZn37	2	2	2	1	0
Al99.5	0	0	0	0	2
AlMg3	0	0	0	0	1

注：表中焊接性数字符号的含义，同表 7-7。材料型号为 ISO 标准型号。

7.5　螺柱焊方法的选择

不同电弧螺柱焊方法的特点各不相同，其适用范围尽管有一定重叠，但差异性仍较大。因此，实际生产中应根据产品的具体条件和要求选择合适的螺柱焊方法进行焊接。选择的依据主要有工件材质及厚度、螺柱材质及直径、产品的受力状态及质量要求等。

7.5.1　各种螺柱焊方法的特点比较

表 7-9 比较了不同螺柱焊方法的特点。瓷环保护或气体保护拉弧式螺柱焊的焊接时间较长，适合于较粗螺柱和较厚工件的焊接。短周期螺柱焊、电容放电螺柱焊的焊接时间短，适合于薄板焊接、镀锌钢和异种材料的焊接。由于焊接时间极短，既看不到电弧也听不到电弧的声音，因此，电容放电螺柱焊焊接质量控制较拉弧式螺柱焊困难。因此生产中，应尽量采用能够记录焊接过程参数的微机控制电容放电螺柱焊设备进行焊接，可以记录和监视焊接过程数据，获得每个螺柱焊接头的质量信息。另外，还应在生产前先进行焊接工艺评定，严格按照评定合格的焊接工艺进行生产，并在生产过程中每隔一定时间抽检一次焊接质量。

表 7-9　各种螺柱焊方法之间的区别

焊接方法		焊接过程	螺柱直径 d/mm	最大电流 /A	焊接时间 /ms	焊缝与熔深	螺柱端部制备	焊区保护	电源要求	可焊材料	板面镀锌层	最小板厚 /mm
拉弧式螺柱焊	瓷环或气体保护螺柱焊	短接，起弧后加压	3～25	2000	100～2000	焊缝厚，熔深大	做成球锥状或带引弧结	用瓷环或保护气体	弧焊电源	碳钢、不锈钢、铝合金	不能焊	瓷环焊为 d/4，气体焊为 d/8，但不小于 1mm
	短周期螺柱焊	先引燃小弧，后引燃大弧再加压	3～12	1500	5～100	焊缝薄，熔深浅	有法兰的球锥状	无保护或气体保护	弧焊电源	钢铁材料	镀锌层厚度 15～25μm 可焊	d/8，但不小于 0.6mm

续表

焊接方法		焊接过程	螺柱直径 d/mm	最大电流/A	焊接时间/ms	焊缝与熔深	螺柱端部制备	焊区保护	电源要求	可焊材料	板面镀锌层	最小板厚/mm
电容放电电螺柱焊	预接触式电容放电螺柱焊	先接触，通电起弧后加压	钢 3~8 铝 2~6	10000	1~3	焊缝薄，熔深很浅	有法兰的球锥状，顶有小凸台	无保护	电容放电电源	钢铁材料、铝	镀锌层厚度小于等于5μm可焊	$d/10$，但不小于 0.5mm
	预留间隙式电容放电螺柱焊	先通电，落钉后起弧后加压	钢 3~8 铝 2~6	10000	1~3	焊缝薄，熔深很浅	有法兰的球锥状，顶有小凸台	无保护	电容放电电源	钢铁材料、铝	镀锌层厚度小于等于5μm可焊	$d/10$，但不小于 0.5mm
	拉弧式电容放电电螺柱焊	拉起，引燃小弧，放电转为大弧后加压	钢 3~8	5000	3~10	焊缝薄，熔深很浅	有法兰的球锥状，顶无小凸台	无保护	弧焊电源和电容放电电源	钢铁材料、铝、铜	镀锌层厚度15~25μm可焊	$d/10$，约为 0.5mm

7.5.2　螺柱焊方法选择要点

1）螺柱直径 d

电容放电螺柱焊只能焊接直径 8mm 以下的螺柱（固定式设备最大可焊直径为 9.5mm）。直径大于 8mm 的螺柱应采用瓷环保护或气体保护焊来焊接。直径在 8~9.5mm 的螺柱，如果工件厚度较薄，为了防止工件背面形成明显印痕，可选择固定式电容放电螺柱焊来焊接。

2）工件厚度 δ

为了保证接头强度，工件厚度 δ 和螺柱直径 d 之比 d/δ 应保持在一定数值之下，对于瓷环保护或气体保护螺柱焊这个值为 3~4，对电容放电螺柱焊和短周期螺柱焊这个值为 8~10。板厚小于 3mm 时，最好采用电容放电螺柱焊或短周期螺柱焊，而不宜采用电弧螺柱焊。

对于厚度小于 2mm 的不锈钢和铝板，即使用电容放电螺柱焊也无法避免工件背面因焊接变形而形成印痕。而对于 0.5~0.6mm 厚的结构钢钢板，焊后工件背面螺柱中心线位置附近会因熔化金属收缩产生一个凹坑。

3）材料性质

碳钢、不锈钢及铝合金可采用各种电弧螺柱焊来焊接。而铜及涂层钢板或异种金属材料最好选用电容放电螺柱焊。电容放电螺柱焊有三种焊接方法，选用时要注意到它们对不同金属材料适应的程度略有区别。

① 预接触式焊接法仅适用于移动式设备，而且主要适用于碳钢以及碳钢螺柱与镀层钢板的焊接。对于厚度在 1.0mm 以下的薄板，若要求焊后背面没有凸痕，则只有预留间隙式焊接法可以做到。

② 预留间隙式焊接法适用于手提式或固定式设备，可用于焊接碳钢、不锈钢及铝合金

以及异种金属材料。在焊接铝及铝合金的过程中可以不用惰性气体保护。

③ 拉弧式焊接法所能焊接的材料和预留间隙式相同，但螺柱待焊端不需特制凸台，此法最适于带自动送料系统的批量焊接，但焊接铝及其合金时需要惰性气体保护。

7.6 螺柱焊焊接缺陷、防止措施及检验方法

7.6.1 焊接缺陷类型

质量良好的螺柱焊焊缝的周边应具有一定的余高，余高过大或过小均意味着质量问题，图 7-18 示出了合格的螺柱焊焊缝形貌。

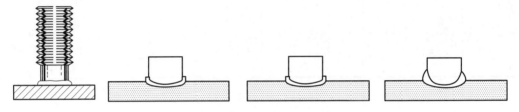

图 7-18 质量合格的螺柱焊焊缝形貌

螺柱焊焊接缺陷主要有未熔合、背面印痕或凸起、气孔、裂纹、未对中、桥接、焊瘤等。图 7-19 给出了常见缺陷及其防止措施。

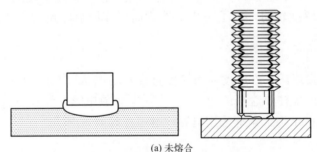

(a) 未熔合
原因：焊接电流过小、焊接时间过短
措施：增大焊接电流或延长焊接时间

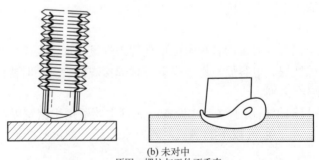

(b) 未对中
原因：螺柱与工件不垂直
措施：焊接时注意调整焊接位置，使螺柱垂直于工件

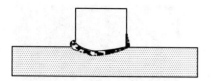
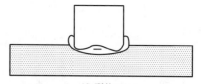

(c) 气孔
原因：焊接电流过小、焊接时间过短
措施：增大焊接电流或延长焊接时间

(d) 裂纹
原因：未预热或预热温度不够高、焊接时间过短或螺柱下压冲程过短
措施：采用正确的预热温度、焊接时间及螺柱下压冲程

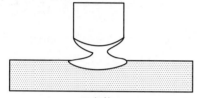
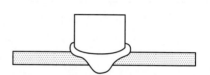

(e) 桥接
原因：螺柱下压冲程过短
措施：适当增大螺柱下压冲程

(f) 工件背面凸起或印痕过严重
原因：焊接电流过大、焊接时间过长
措施：适当降低焊接电流或缩短焊接时间

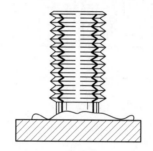

(g) 焊瘤
原因：焊接电流过大、焊接时间过长或螺柱下压冲程过大
措施：适当降低焊接电流、缩短焊接时间和螺柱下压冲程

图 7-19 螺柱焊常见焊接缺陷及防止措施

7.6.2 质量检验方法

螺柱焊常用的质量检验方法为目检和力学性能试验，目前尚不能进行无损检验。目检主要检查焊缝表面成形质量及余高，合格的焊缝应表面成形良好，外周有一定的余高。力学性能试验包括弯曲试验和拉伸试验。弯曲试验可采用锤子锤击螺柱或利用套管套住螺柱进行弯曲，如图 7-20 所示。通常利用破坏前的最大弯曲角度来衡量其弯曲力学性能，一般认为弯曲角度大于 60° 就算合格，如图 7-21 所示。拉伸试验时需要设计一个专用夹具夹紧螺柱，并需要设计一个合适的施加载荷的装置，图 7-22 示出了一个简单高效的拉伸试验装置。该装置由刚性套管、垫片和螺母构成。试验时利用力矩扳手拧螺母，螺母就对焊缝施加一拉伸载荷。拉伸载荷与力矩之间的关系如下：

$$T=kFd$$

式中，T 为施加在螺母上的扭矩，F 为施加在焊缝上的拉伸载荷，d 为螺柱的标称螺纹直径，k 为常数。常数 k 受到螺纹直径、螺栓材质、螺母材质等因素的影响。对于没有涂层的低碳钢螺栓，如果螺母、垫片等也是低碳钢，则 k 可取 0.2。

251

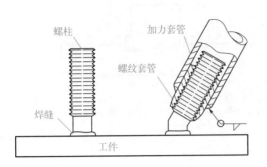

图 7-20　弯曲试验方法

图 7-21　弯曲试验合格的螺柱焊接头

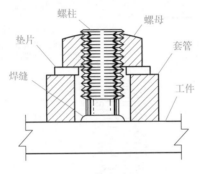

图 7-22　拉伸试验装置

第8章
碳钢的焊接

8.1 碳钢的分类、性能及特点

碳钢是由铁和碳构成的铁基合金，又称碳素钢。合金元素以碳为主，另外还可能会含有少量锰和硅等有益元素，及少量的硫、磷等有害杂质。含碳量不高于1.0%，含Mn量不高于1.2%，Si、Cu、Ni和Cr等元素含量一般不超过0.4%。碳钢具有良好的力学性能和低廉的价格，极高的性价比使得这种材料成为工业中应用最广泛的金属材料。

8.1.1 碳钢的分类

碳钢的分类方法有多种，按照含碳量分，可分为低碳钢、中碳钢和高碳钢三类，如表8-1所示。

表8-1 碳钢按含碳量分类

名称	含碳量/%	典型硬度	典型用途	焊接性
低碳钢	≤ 0.25	60 ～ 90HRB	特殊钢板、型钢、薄板	优良
中碳钢	> 0.25 ～ < 0.60	25HRC	机械零件和工具	中等
高碳钢	≥ 0.60 ～ 1.00	40HRC	弹簧、模具、导轨	差

以有害杂质硫、磷等的含量来分，碳钢可分为普通碳素钢、优质碳素钢和高级优质碳素钢。普通碳素钢的S含量≤ 0.050%、P含量≤ 0.045%；优质碳素钢的S含量控制在≤ 0.035%、P含量控制在≤ 0.035%；高级优质碳素钢的S含量控制在≤ 0.030%、P含量控制在≤ 0.035%。

按脱氧程度分，碳钢可分为沸腾钢、镇静钢和半镇静钢三种。沸腾钢的脱氧不完全，氧含量高，硫、磷杂质元素含量较高，且分布不均，热裂纹和气孔敏感性较大。镇静钢脱氧彻底，含氧量和有害杂质元素含量均较低。

按用途分，碳钢可分为结构钢和工具钢。结构钢用来制造各种金属构件和机器零件，是焊接的主要对象。工具钢用来制造各种工具，如量具、刃具、模具等，通常不用焊接。

8.1.2 碳钢的牌号及力学性能

（1）普通碳素结构钢

1）牌号

GB/T 700—2006《碳素结构钢》规定了普通碳素结构钢的牌号编制方法。碳素钢牌号由Q（屈服强度的首字母）、屈服强度数值、质量等级符号、脱氧方法符号等四个部分组成：

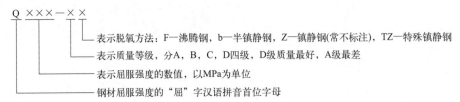

举例：Q235AF 表示屈服强度为 235MPa，质量等级为 A 级的沸腾碳素结构钢。

2）力学性能

对于普通碳素结构钢，其牌号直接示出了其屈服强度的大体数值，准确的数值会随着板厚的变化而有所变化。表 8-2 给出了常用碳素结构钢的拉伸和冲击性能，表 8-3 给出了常用碳素结构钢的弯曲性能。

表 8-2　常用碳素结构钢的力学拉伸和冲击性能

牌号	等级	屈服强度[1]/(N·mm⁻²)，不小于						抗拉强度[2]/(N·mm⁻²)	断后伸长率/%，不小于					冲击试验（V形缺口）	
		厚度（或直径）/mm							厚度（或直径）/mm					温度/℃	冲击吸收功（纵向）/J，不小于
		≤16	>16~40	>40~60	>60~100	>100~150	>150~200		≤40	>40~60	>60~100	>100~150	>150~200		
Q195	—	195	185	—	—	—	—	315~430	33	—	—	—	—	—	—
Q215	A	215	205	195	185	175	165	335~450	31	30	29	27	26	—	—
	B													+20	27
Q235	A	235	225	215	215	195	185	370~500	26	25	24	22	21	—	—
	B													+20	27[3]
	C													0	
	D													-20	
Q275	A	275	265	255	245	225	215	410~540	22	21	20	18	17	—	—
	B													+20	27
	C													0	
	D													-20	

① Q195 的屈服强度值仅供参考，不作交货条件。

② 厚度大于100mm的钢材，抗拉强度下限允许降低20N·mm⁻²。宽带钢（包括剪切钢板）抗拉强度上限不作交货条件。

③ 厚度小于25mm的Q235B级钢材，如供方能保证冲击吸收功值合格，经需方同意，可不作检验。

表 8-3　常用碳素结构钢的力学弯曲性能

牌号	试样方向	冷弯试验 180°　B=2a[①]	
		钢材厚度（或直径）[②]/mm	
		≤ 60	> 60 ～ 100
		弯心直径 /mm	
Q195	纵	0	—
	横	0.5a	
Q215	纵	0.5a	1.5a
	横	a	2a
Q235	纵	a	2a
	横	1.5a	2.5a
Q275	纵	1.5a	2.5a
	横	2a	3a

① B 为试样宽度，a 为试样厚度（或直径），单位为 mm。

② 钢材厚度（直径）大于 100mm 时，弯曲试验由双方协商确定。

（2）优质碳素结构钢

1）牌号

优质碳素结构钢牌号用含碳量 + 化学成分符号 + 质量等级来表示，质量等级指示 S、P 等有害元素的含量，特优级 S、P 含量最小。

举例：

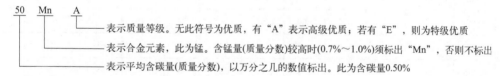

50　Mn　A
— 表示质量等级。无此符号为优质，有 "A" 表示高级优质；若有 "E"，则为特级优质
— 表示合金元素，此为锰。含锰量(质量分数)较高时(0.7%～1.0%)须标出 "Mn"，否则不标出
— 表示平均含碳量(质量分数)，以万分之几的数值标出。此为含碳量0.50%

2）力学性能

表 8-4 给出了常用优质碳素结构钢的力学性能。

表 8-4　常用优质碳素结构钢的力学性能

序号	牌号	试样毛坯尺寸[a]/mm	推荐热处理工艺[c] / ℃			力学性能					钢材交货状态硬度 / HBW	
			正火	淬火	回火	R_m/MPa	R_{eL}/MPa	A/%	Z/%	KV_2/J	不大于	
						不小于					未热处理	退火钢
1	08	25	930	—	—	325	195	33	60	—	131	—
2	10	25	930	—	—	335	205	31	55	—	137	—
3	15	25	920	—	—	375	225	27	55	—	143	—
4	20	25	910	—	—	410	245	25	55	—	156	—

续表

序号	牌号	试样毛坯尺寸ᵃ /mm	推荐热处理工艺ᶜ /℃			力学性能					钢材交货状态硬度 / HBW	
			正火	淬火	回火	R_m /MPa	R_{eL}/ MPa	A/%	Z/%	KV_2/J	不大于	
						不小于					未热处理	退火钢
5	25	25	900	870	600	450	275	23	50	71	170	—
6	30	25	880	860	600	490	295	21	50	63	179	—
7	35	25	870	850	600	530	315	20	45	55	197	—
8	40	25	860	840	600	570	335	19	45	47	217	187
9	45	25	850	840	600	600	355	16	40	39	229	197
10	50	25	830	830	600	630	375	14	40	31	241	207
11	55	25	820	820	600	645	380	13	35	—	255	217
12	60	25	810	—	—	675	400	12	35	—	255	229
13	65	25	810	—	—	695	410	10	30	—	255	229
14	70	25	790	—	—	715	420	9	30	—	269	229
15	75	试样ᵇ	—	820	480	1080	880	7	30	—	285	241
16	80	试样ᵇ	—	820	480	1080	930	6	30	—	285	241
17	85	试样ᵇ	—	820	480	1130	980	6	30	—	302	255
18	15Mn	25	920	—	—	410	245	26	55	—	163	—
19	20Mn	25	910	—	—	450	275	24	50	—	197	—
20	25Mn	25	900	870	600	490	295	22	50	71	207	—
21	30Mn	25	880	860	600	540	315	20	45	63	217	187
22	35Mn	25	870	850	600	560	335	18	45	55	229	197
23	40Mn	25	860	840	600	590	355	17	45	47	229	207
24	45Mn	25	850	840	600	620	375	15	40	39	241	217
25	50Mn	25	830	830	600	645	390	13	40	31	255	217
26	60Mn	25	810	—	—	695	410	11	35	—	269	229
27	65Mn	25	830	—	—	735	430	9	30	—	285	229
28	70Mn	25	790	—	—	785	450	8	30	—	285	229

ᵃ 钢棒尺寸小于试样毛坯尺寸时，用原尺寸钢棒进行热处理。

ᵇ 有加工余量的试样，其性能为淬火＋回火状态下的性能。

ᶜ 热处理温度允许调整范围：正火 ±30℃，淬火 ±20℃，回火 ±50℃。推荐保温时间：正火不少于 30min，空冷；淬火不少于 30min，75、80、85 钢油冷，其他钢棒水冷；600℃回火不少于 1h。

注：1. 表中的力学性能适用于公称直径或厚度不大于 80mm 的钢棒。

2. 公称直径或厚度大于 80 ～ 250mm 的钢棒，允许其断后伸长率、断面收缩率比本表的规定分别降低 2% 和 5%。

3. 公称直径或厚度大于 120 ～ 250mm 的钢棒，允许改锻（轧）成 70 ～ 80mm 的试料取样检验。

（3）专用碳素结构钢

专用碳素结构钢是根据行业的特殊要求而设计的钢种，有锅炉和压力容器用碳素钢、船舶及海洋工程用结构钢、焊接气瓶用结构钢等几种。

1）锅炉和压力容器用碳素钢

锅炉和压力容器受压元件所用碳素钢只有 Q245R 一种，其力学性能见表 8-5。

表 8-5　锅炉和压力容器用碳素钢力学性能

牌号	交货状态	钢板厚度 /mm	抗拉强度 σ_b/MPa	屈服点 R_{eL}/MPa	伸长率 A/%	0℃冲击吸收功 KV_2/J	弯曲 180° d= 弯心直径 a= 钢板厚度
				不小于			
Q245R	热轧控轧或正火	3～16	400～520	245	25	34	d=1.5a
		>16～36	400～520	235	25		d=1.5a
		>36～60	400～520	225	25		d=1.5a
		>60～100	390～510	205	24		d=2a
		>100～150	380～500	185	24		d=2a

2）船舶及海洋工程用结构钢

GB 712—2011《船舶及海洋工程用结构钢》规定了船舶及海洋工程用结构钢的成分并给出性能要求。这类钢分为一般强度钢和高强度钢两类。碳素结构钢属于前者，有 A、B、C、D 四个不同质量等级。表 8-6 给出了船舶及海洋工程用碳素结构钢的力学性能。

表 8-6　船舶及海洋工程用碳素结构钢力学性能

钢号	拉伸试验[①][②]			V 形冲击试验						
	上屈服强度 R_{eH}/MPa	抗拉强度 R_m/MPa	伸长率 A/%	试验温度 /℃	以下厚度（mm）冲击吸收功 KV_2/J					
					≤ 50		>50～70		>70～150	
					纵向	横向	纵向	横向	纵向	横向
					≥					
A[③]	≥235	400～520	≥22	20	—	—	34	24	41	27
B[④]				0	27	20	34	24	41	27
D				−20						
E				−40						

①拉伸试验取横向试样。经船级社同意，A 级钢的抗拉强度可超过上限。
②当屈服不明显时，可测量 $R_{p0.2}$ 代替上屈服强度。强度允许为 220MPa。
③ 冲击试验取纵向试样，但供方应保证横向冲击性能。型钢不进行横向冲击试验。厚度大于 50mm 的 A 级钢，经细化晶粒处理并以正火状态交货时，可不做冲击试验。
④厚度大于 25mm 的 B 级钢、以 TMCP 状态交货的 A 级钢，经船级社同意可不做冲击试验。

3）焊接气瓶用结构钢

焊接气瓶用的钢材中只有两种属碳素结构钢，其力学性能见表 8-7。

4）桥梁用碳素结构钢

桥梁用钢有多种，其中碳素结构钢仅 Q235q 一种。

表 8-7　焊接气瓶用优质碳素结构钢的力学性能

牌号	下屈服强度 R_{eL}/MPa	抗拉强度 R_m/MPa	伸长率 A/%	180°弯曲试验 $b \geqslant 35mm$	冲击试验			
					温度	方向	尺寸 /mm	-40℃冲击吸收功（V形）/J
HP235	≥ 235	380 ～ 500	≥ 29	d=1.5a	常温	横向	5×10×55.5	≥ 18
HP265	≥ 265	410 ～ 520	≥ 27	d=1.5a				
HP295	≥ 295	440 ～ 560	≥ 26	d=2a			10×7.5×55.5	≥ 23

注：d 为弯曲压头直径，a 为钢材厚度。

5）焊接结构用碳素钢铸件

GB/T 7659—2010 规定了五种用于铸 - 焊联合结构的碳素钢铸件，其化学成分和力学性能见表 8-8 和表 8-9。

表 8-8　焊接结构用碳素钢铸件化学成分

牌号	元素质量分数 /%										
	C	Si	Mn	S	P	残余元素					
						Ni	Cr	Cu	Mo	V	总和
ZG200-400H	≤ 0.20	≤ 0.60	≤ 0.80	≤ 0.025	≤ 0.025	≤ 0.40	≤ 0.35	≤ 0.40	≤ 0.15	≤ 0.05	≤ 1.0
ZG230-450H	≤ 0.20	≤ 0.60	≤ 1.20	≤ 0.025	≤ 0.025						
ZG275-480H	0.17 ～ 0.25	≤ 0.60	0.8 ～ 1.2	≤ 0.025	≤ 0.025						
ZG300-500H	0.17 ～ 0.25	≤ 0.60	1.0 ～ 1.6	≤ 0.025	≤ 0.025						
ZG340-550H	0.17 ～ 0.25	≤ 0.80	1.0 ～ 1.6	≤ 0.025	≤ 0.025						

注：1. 铸钢牌号中"ZG"是"铸钢"二字汉语拼音首位字母。

2. 牌号末尾的"H"为"焊"字汉语拼音首位字母，表示焊接用钢。

3. 牌号中二组数字分别代表铸件金属 R_{eL} 和 σ_b 值（MPa）。

表 8-9　焊接结构用碳素钢铸件力学性能

牌号	拉伸性能≥			根据合同选择	
	R_{eH}/MPa	R_m/MPa	A/%	Z/%	KV_2/J
ZG200-400H	200	400	25	40	45
ZG230-450H	230	450	22	35	45
ZG270-480H	270	480	20	35	40
ZG300-500H	300	500	20	21	40
ZG340-550H	340	550	15	21	35

注：当屈服不明显时，可测量 $R_{p0.2}$ 代替上屈服强度。

8.2　碳素钢的焊接性

碳素钢的焊接性较好，焊接过程中容易出现的焊接缺陷主要是结晶裂纹和延迟裂纹，主要取决于含碳量和杂质元素含量。

8.2.1　结晶裂纹敏感性

（1）结晶裂纹的形成机理

由于纯金属的熔点比合金高，因此，熔池结晶时，先结晶的部分所含的合金元素和杂质元素较少，而合金元素和杂质元素被排出到结晶前沿。随着柱状晶的生长，结晶前沿的合金元素及杂质元素含量不断提高，这样，在熔池中心处最后结晶的部位形成了成分偏析，这些偏析元素与金属形成低熔相或低熔共晶组织，呈液膜状散布在晶粒之间。在冷却收缩所引起的拉伸应力作用下，这些远比晶粒脆弱的液态薄膜被拉开，形成了结晶裂纹，如图 8-1 所示。

（2）影响因素

1）母材的成分

硫和磷在钢中的偏析系数极大（分别为 200 和 150），而且极易与 Fe 形成低熔点化合物 FeS 和 Fe_3P（熔点分别为 1190℃和 1166℃）。FeS 和 Fe_3P 与 Fe 进一步形成熔点更低的低熔共晶组织 FeS-Fe 和 Fe_3P-Fe（FeS-Fe 的熔点为 985℃，Fe_3P-Fe 的熔点为 1050℃）。这些共晶组织在结晶后期极易形成液态薄膜。因此，S 和 P（特别是 S）显著增大碳素钢和低合金钢的结晶裂纹敏感性。

碳含量对结晶裂纹的敏感性也具有重要影响。碳能加剧其 S 和 P 的有害作用，这是因为含碳量增加，初生相可由 δ 相转为 γ 相，而硫、磷在 γ 相中的溶解度比在 δ 相中低很多。如果初生相或结晶终了前是 γ 相，硫和磷就会在晶界析出，使结晶裂纹倾向增大。

锰与硫亲和力高，具有脱硫作用，形成的 MnS 的熔点高达 1610℃，因而能显著降低热裂敏感性。适当提高含 Mn 量可防止碳素钢焊缝的结晶裂纹，图 8-2 给出了不同碳含量下 Mn/S 比对结晶裂纹的影响。钛、铈等元素的脱硫作用比 Mn 更好，其形成的硫化物熔点更高，TiS 为 2000 ~ 2100℃，CeS 为 2400℃。

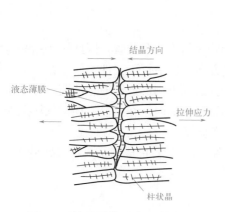

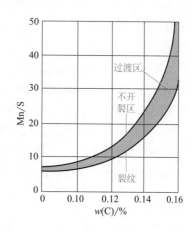

图 8-1　结晶裂纹形成示意图　　　图 8-2　不同碳含量下 Mn/S 比对结晶裂纹的影响

硅是 δ 相形成元素，少量硅有利于提高抗裂性能。但硅含量超过 0.4% 时，会因形成硅酸盐夹杂而降低焊缝金属的抗裂性能。镍是强烈的 γ 相稳定元素，而且易形成 NiS 或 NiS-Ni（其熔点分别为 920℃ 和 645℃），含镍的钢对硫允许含量要求比普通碳钢更低。例如，质量分数为 4% 的 Ni 钢要求 S+P 含量低于 0.01%。

沸腾钢因脱氧不完全，焊缝中含氧量较高，致使焊接接头的韧脆转变温度高。因此，沸腾钢一般不用于制作受动载或在低温下工作的重要结构。另外，沸腾钢中 S 和 P 的含量也较高，而且偏析在钢板中心部位，因此具有较高的结晶裂纹敏感性。

2）结晶温度区间

熔池金属结晶温度区间（即合金相图中液相线到固相线之间的距离）越大，脆性温度区间也越大，产生结晶裂纹倾向越大。在二元合金中，随着第二组元质量分数增加，结晶温度区间及脆性温度区间是增大的，当增大到某一最大点时，产生裂纹的倾向最大。当第二组元进一步增加时，该结晶温度区间和脆性温度区间反而减小，于是产生结晶裂纹的倾向反而降低了。

3）焊缝一次结晶组织的形态

焊缝一次结晶组织的晶粒度越大，结晶的方向性越强，杂质偏析就越严重，在结晶后期就越容易形成连续的液态共晶薄膜，结晶裂纹的倾向增大。通过在焊缝或母材中适量加入晶粒细化元素，如 Mo、V、Ti、Nb、Zr、Al 和 Re 等，既可增大晶界面积，减少杂质的集中，又可打乱柱状晶的结晶方向，破坏液态薄膜的连续性，从而提高抗裂性能。

4）力学因素

结晶裂纹的本质都是高温沿晶断裂，高温沿晶断裂的条件是金属在高温阶段晶间塑性变形能力不足以承受当时所发生的塑性应变量。金属在结晶后期，即处在液相线与固相线温度附近，有一个所谓"脆性温度区"，在该区域范围内其塑性变形能力最低。焊缝金属高温塑性变形是在各种应力综合作用下引起的。这些应力主要是由焊接的不均匀加热和冷却过程导致，如热应力、组织应力和拘束应力等。凡是影响这些应力的因素均影响结晶裂纹。

① 温度分布。焊接接头上温度分布均匀性越差，冷却速度越大，则引起的塑性变形就越大，结晶裂纹敏感性越大。

② 金属的热物理性能。金属的热膨胀系数越大，焊缝塑性变形就越大，结晶裂纹敏感性越大。

③ 焊接接头的刚性或拘束度。当焊件越厚或接头受到拘束越强时，引起的塑性变形也越大，结晶裂纹也越易发生。

5）焊缝形状

焊缝成形系数影响焊缝的结晶方向，从而影响偏析大小和位置，因此影响结晶裂纹敏感性，如图 8-3 所示。焊缝成形系数较小时，结晶方向近似平行于工件表面。在结晶后期，低熔杂质成分聚集在焊缝中心部位，形成垂直于工件表面方向的连续液态薄膜，在残余拉伸应力作用下，该薄膜裂开，形成裂纹。而焊缝成形系数较大时，在结晶后期，低熔杂质成分聚集在焊缝表面附近，而且不连续，裂纹敏感性显著降低。

焊缝成形系数过小也不利于防止结晶裂纹，图 8-4 给出焊缝成形系数对结晶裂纹的影响。

8.2.2 冷裂纹敏感性

冷裂纹主要有淬硬脆化裂纹、低塑性脆化裂纹和延迟裂纹等三类。低碳钢产生的冷裂纹一般为延迟裂纹。这种裂纹不是在焊后立即出现，而是有一定孕育期（又叫潜伏期），具有延迟现象。

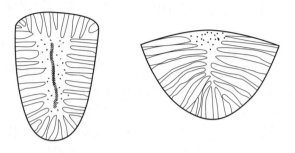

图 8-3 焊缝成形系数对偏析的影响

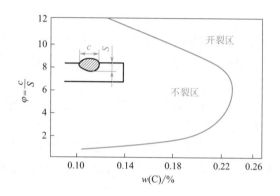

图 8-4 焊缝成形系数（φ）对结晶裂纹的影响

（1）延迟裂纹分类

延迟裂纹按其发生和分布位置的特征可分为三类：

① 焊趾裂纹，裂纹起源于应力集中程度较大的焊趾处（如咬边处）。裂纹从表面萌生，向内部扩展，并终止于粗晶热影响区的边缘，一般沿纵向发展，如图 8-5（a）所示。

② 根部裂纹或称焊根裂纹。裂纹起源于坡口的根部间隙处，在热影响区中大体平行于熔合线扩展，或再进入焊缝金属中。也可能会在焊缝金属的根部萌生，向焊缝中扩展，如图 8-5（a）所示。

③ 焊道下裂纹。裂纹产生在靠近焊道之下的热影响区内部，距熔合线约 0.1～0.2mm 处，该处常常是粗大马氏体组织。裂纹走向大体与熔合线平行，一般不显露于焊缝表面，这是最常见的一种裂纹，如图 8-5（b）所示。

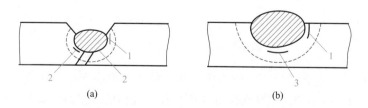

图 8-5 三种冷裂纹分布示意图

1—焊趾裂纹；2—根部裂纹；3—焊道下裂纹

（2）延迟裂纹的形成机理

母材淬硬性、焊缝及热影响区中的含氢量及氢分布、焊接接头的拘束应力状态是形成延迟裂纹的三大因素。当这三大因素共同作用达到一定程度时，在焊接接头上就形成了冷裂纹。

延迟裂纹产生有一个孕育期，其长短取决于焊缝金属中扩散氢的含量与焊接接头的应力状态。一定的应力状态下，焊缝金属含氢量越高，裂纹的孕育期越短，裂纹倾向就越大。一定的含氢量下，应力状态越恶劣，即拉应力水平高时，孕育期越短，裂纹倾向就越大。决定延迟裂纹的产生与否，存在一个临界含氢量与临界应力值。当低于临界含氢量时，只要拉应力低于强度极限，孕育期将无限长，实际上不会产生延迟裂纹；同样，当拉应力低于临界值，孕育期也无限长，即使含氢量相当高，也不易产生延迟裂纹。

（3）影响因素

1）组织的影响

淬硬倾向低的钢材，它的塑性储备高，对应力集中不敏感，诱发裂纹所需的临界含氢量与临界应力值都高，所以延迟裂纹的孕育期长，裂纹倾向低。而影响淬硬性的因素有母材和焊缝的成分及冷却速度。

① 母材和焊缝的成分。随含碳量（碳当量）增大，焊缝及热影响区的淬硬性增大，而被淬硬的焊缝和热影响区的塑性下降，在焊接应力作用下容易引发裂纹。碳素钢的淬硬主要是由马氏体组织的形成引起的。马氏体是碳在α-Fe中过饱和的固溶体，它的硬度既和钢中含碳量有关，又和所形成的马氏体含量有关，马氏体含量越高，硬度越大，如图8-6所示。

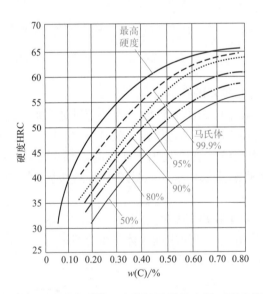

图8-6　不同含碳量下产生的马氏体含量对硬度影响

（最高硬度曲线为小试样剧烈水淬下获得）

② 冷却速度。一定含碳量下，碳钢中马氏体的含量取决于冷却速度。因此，焊接含碳量较高的碳素钢时，就应当注意减缓冷却速度，使马氏体的数量减至最少。焊接的冷却速度受焊接热输入、母材板厚和环境温度的影响。厚板或在低温条件下焊接，其冷却速度加快；预热或加大焊接热输入，可以降低冷却速度。

2）氢的影响

碳素钢的碳质量分数增加到约 0.15% 以上时，对延迟裂纹尤其敏感。因此，焊接碳质量分数高于 0.15% 的碳素钢时，须注意减少氢的来源。例如，减少焊条药皮中或埋弧焊剂里及母材上或大气中的水分，焊前对待焊部位及其附近须清除油污、铁锈等。焊条电弧焊时宜选用低氢型焊条，在其他焊接方法中应制造低氢环境，以减少焊缝周围环境中的含氢量。对已溶入焊缝和热影响区的氢，可采取后热措施使之向外扩散。

3）应力的影响

焊接接头的应力状态是引起冷裂纹的直接原因，而且还影响到氢的分布，加剧氢的不利影响。焊接碳素钢时产生裂纹的力学原因是结构的拘束应力和不均衡的热应力。即使是不易淬硬的低碳钢，在受拘束条件下采用了不正确的焊接程序，也会因这些应力过大而产生裂纹。

对碳素钢的焊接，应针对其碳含量不同而采取相应的工艺措施。当含碳量较低时，如低碳钢，应着重注意防止结构拘束应力和不均衡的热应力所引起的裂纹；当含碳量较高时，如高碳钢，除了防止因这些应力所引起的裂纹外，还要特别注意防止因淬硬而引起的裂纹。

8.3 低碳钢的焊接

低碳钢的含碳量不高于 0.25%，其他合金元素含量也较少，是焊接性最好的钢种。几乎可用所有电弧焊方法进行焊接，焊缝及热影响区一般不会产生淬硬组织或冷裂纹。常用的电弧焊方法有焊条电弧焊、熔化极气体保护焊、埋弧焊等。对于重要的碳钢结构，通常用钨极氩弧焊进行打底焊，以保证根部焊道的质量。

8.3.1 焊条电弧焊

板厚大于 2mm 的低碳钢可用焊条电弧焊进行焊接，以前这种方法是低碳钢的主要焊接方法，但目前已较少使用。

（1）焊条的选择

按焊缝金属强度与母材等强的原则选择焊条。另外，还需要考虑产品结构特点、载荷性质、工作条件、施焊环境等因素，见表 8-10。对于一般的焊接结构，推荐选用工艺性能较好的酸性焊条，如 E4301、E4303、E4313、E4320 等。这类焊条具有焊接过程稳定，焊缝成形好，飞溅较小的优点。尽管所焊焊缝的塑性、韧性及抗裂性不及碱性焊条，但一般都能满足使用性能要求。对于重要的焊接结构或因拘束度较大而易于产生冷裂纹的焊接结构，必须选用低氢型的碱性焊条，如 E4316、E4315、E5016、E5015 等。这类焊条焊接的接头具有较好的抗裂性能和力学性能，其韧性和抗时效性能也很好。但这类焊条工艺性能较差，对油、锈和水很敏感，焊前需在 350 ～ 400℃下烘干 1 ～ 2h，并需对接头坡口作彻底清理。

选择焊条时还应考虑板厚。随着板厚的增大，接头的冷却速度加快，焊缝金属硬化程度增大，接头内残余应力增大，冷裂纹的敏感性提高，因此需要选用抗裂性能好的焊条，如低氢型焊条。另外，厚板为了焊透，须开坡口焊接，这样填充金属量增加，为了提高生产效率，宜选用铁粉焊条。表 8-11 给出了不同板厚时低碳钢焊条的选用原则。

焊接工艺全图解

表 8-10 低碳钢焊条电弧焊的焊条选用

钢号	一般结构（包括壁厚不大的中、低压容器）		动载荷、复杂和厚板结构，重要的受压容器，低温下焊接		施焊条件
	型号	牌号	型号	牌号	
Q235	E4313 E4303 E4301 E4320 E4311	J421 J422 J423 J424 J425	E4303 E4301 E4320 E4311 E4316 E4315	J422 J423 J424 J425 J426 J427	一般不预热 厚板结构预热温度150℃以上
08，10，15，20	E4303 E4301 E4320 E4311	J422 J423 J424 J425	E4316 E4315 E5016 E5015	J426 J427 J506 J507	一般不预热
25	E4316 E4315	E426 E427	E5016 E5015	E506 E507	厚板结构预热温度150℃以上
20g，22g，20R	E4303 E4301	J422 J423	E4316 E4315	J426 J427	一般不预热

表 8-11 按低碳钢板厚选用焊条

焊条牌号	板厚/mm
	10　　20　　30　　40
J421	
J422	
J423 J425	
J424	
J426 J427	
J422Fe J426Fe J427Fe	

接头形式也是焊条选用时要考虑的重要因素之一。同样板厚下，对接接头与 T 形接头的散热条件是不相同的，T 形接头角焊缝的冷却速度更快，冷裂纹的敏感性增大；而且随着焊脚尺寸的加大，填充金属量是以平方数增加，也需相应选用较大的焊条直径。表 8-12 给出了低碳钢角焊缝焊接时焊条选择原则。

表 8-12 按焊脚尺寸来选用低碳钢焊条（单层焊时）

焊条	焊条直径/mm	焊脚尺寸 K/mm
		2　3　4　5　6　7　8　9　10　11　12　13
J421	2 2.5 3.2 4.0	

续表

焊条	焊条直径 /mm	焊脚尺寸 K/mm											
		2	3	4	5	6	7	8	9	10	11	12	13
J422 J423 J426 J427	2.5 3.2 4.0 5 6												
J422Fe J426Fe J427Fe	4 5 6												

（2）焊前工件清理

焊前应将坡口及其附近 20mm 的区域清理干净，去除铁锈、氧化皮、油污及其他污染物，以防止氢气进入焊接区。对于碱性焊条电弧焊，这种清理必须进行；对于酸性焊条电弧焊，在焊缝质量要求不高且铁锈、油污不是很严重的情况下，可不用进行。

（3）焊前预热和焊后热处理

厚度较大的工件或刚性大的构件焊接时，为了防止产生冷裂纹，宜采取焊前预热和焊后消除应力的措施，见表 8-13。

表 8-13　低碳钢焊接时预热及焊后消除应力热处理温度

钢号	材料厚度 /mm	预热温度和层间温度 /℃	消除应力热处理温度 /℃
Q235、08、10、15、20	＜ 50	—	—
	＞ 50 ～ 100	＞ 100	600 ～ 650
25、Q245R	＜ 25	＞ 50	600 ～ 650
	＞ 25	＞ 100	600 ～ 650

在温度低于 -10℃ 的环境下焊接低碳钢结构时，为了减缓冷却速度，也应进行预热，如表 8-14 所示。焊接时还应保持与预热温度相当的层间温度，采用低氢型或超低氢型焊接材料。定位焊时须加大焊接电流，适当加大定位焊的焊缝截面和长度，必要时焊前也须预热。整条焊缝连续焊完，尽量避免中断。熄弧时要填满弧坑。

表 8-14　低碳钢低温下焊接时预热温度

环境温度 /℃	焊件厚度 /mm		预热温度 /℃
	梁、柱、桁架	管道、容器	
-30℃以下	≤ 30	≤ 16	100 ～ 150
-30℃ ～ -20℃	31 ～ 34	17 ～ 30	100 ～ 150
-20℃ ～ -10℃	35 ～ 50	31 ～ 40	100 ～ 150
-10℃ ～ 0℃	51 ～ 70	41 ～ 50	100 ～ 150

（4）焊接工艺参数

低碳钢焊接时，一般首先根据板厚选用一定直径的焊条和焊道数量，根据焊条直径来选择电流，另外还要考虑焊接位置、接头形式等，表 8-15 给出了低碳钢焊条电弧焊的典型焊接参数。

表 8-15　低碳钢焊条电弧焊的焊接参数

焊缝空间位置	焊缝横断面形式	焊件厚度或焊脚尺寸/mm	第一层焊缝		其他各层焊缝		封底焊缝	
			焊条直径/mm	焊接电流/A	焊条直径/mm	焊接电流/A	焊条直径/mm	焊接电流/A
平对接焊缝		2	2	55～60	—	—	2	55～60
		2.5～3.5	3.2	90～120	—	—	3.2	90～120
		4～5	3.2	100～130	—	—	3.2	100～130
			4	160～200	—	—	4	160～210
			5	200～260	—	—	5	220～250
		5～6	4	160～210	—	—	3.2	100～130
							4	180～210
		≥6	4	160～210	4	160～210	4	180～210
					5	220～280	5	220～260
		≥12	4	160～210	4	160～210	—	—
					5	220～280		
立对接焊缝		2	2	50～55	—	—	2	50～55
		2.5～4	3.2	80～110	—	—	3.2	80～110
		5～6	3.2	90～120	—	—	3.2	90～120
		7～10	3.2	90～120	4	120～160	3.2	90～120
			4	120～160				
		≥11	3.2	90～120	4	120～160	3.2	90～120
			4	120～160	5	160～200		
		12～18	3.2	90～120	4	120～160	—	—
			4	120～160				
		≥19	3.2	90～120	4	120～160	—	—
			4	120～160	5	160～200		
横对接焊缝		2	2	50～55	—	—	2	50～55
		2.5	3.2	80～110	—	—	3.2	80～110
		3～4	3.2	90～120	—	—	3.2	90～120
			4	120～160	—	—	4	120～160
		5～8	3.2	90～120	3.2	90～120	3.2	90～120
					4	140～160	4	120～160
		≥9	3.2	90～120	4	140～160	3.2	90～120
			4	140～160			4	120～160

续表

焊缝空间位置	焊缝横断面形式	焊件厚度或焊脚尺寸/mm	第一层焊缝 焊条直径/mm	第一层焊缝 焊接电流/A	其他各层焊缝 焊条直径/mm	其他各层焊缝 焊接电流/A	封底焊缝 焊条直径/mm	封底焊缝 焊接电流/A
横对接焊缝		14~18	3.2	90~120	4	140~160	—	—
			4	140~160			—	—
		≥19	4	140~160	4	140~160	—	—
仰对接焊缝		2	—	—	—	—	2	50~65
		2.5	—	—	—	—	3.2	80~110
		3~5	—	—	—	—	3.2	90~110
							4	120~160
		5~8	3.2	90~120	3.2	90~120	—	—
					4	140~160		
		≥9	3.2	90~120	4	140~160	—	—
			4	140~160			—	—
		12~18	3.2	90~120	4	140~160		
			4	140~160				
		≥19	4	140~160	4	140~160		
横角接焊缝		2	2	55~65	—	—	—	—
		3	3.2	100~120	—	—	—	—
		4	3.2	100~120	—	—	—	—
			4	160~200	—	—	—	—
		5~6	4	160~200	—	—	—	—
			5	220~280	—	—	—	—
		≥7	4	160~200	5	220~230	—	—
			5	220~280			—	—
		—	4	160~200	4	160~200	4	160~220
					5	220~280		
立角接焊缝		2	2	50~60	—	—	—	—
		3~4	3.2	90~120	—	—	—	—
		5~8	3.2	90~120			—	—
			4	120~160				
		9~12	3.2	90~120	4	120~160	—	—
			4	120~160				

续表

焊缝空间位置	焊缝横断面形式	焊件厚度或焊脚尺寸/mm	第一层焊缝 焊条直径/mm	第一层焊缝 焊接电流/A	其他各层焊缝 焊条直径/mm	其他各层焊缝 焊接电流/A	封底焊缝 焊条直径/mm	封底焊缝 焊接电流/A
立角接焊缝		—	3.2	90～120	4	120～160	3.2	90～120
			4	120～160				
仰角接焊缝		2	2	50～60	—	—	—	—
		3～4	3.2	90～120	—	—	—	—
		5～6	4	120～160	—	—	—	—
		≥7	4	140～160	4	140～160		
		—	3.2	90～120	4	140～160	3.2	90～120
			4	140～160			4	140～160

8.3.2　低碳钢的埋弧焊

埋弧焊可焊接的碳素钢厚度为 3 ～ 150mm，但一般板厚在 6mm 以上时才用埋弧焊，板厚较小时通常采用二氧化碳焊来焊接。

(1) 焊丝和焊剂的选择

埋弧焊时，在给定焊接参数条件下，熔敷金属的力学性能主要取决于焊丝和焊剂两者的组合。选择焊接材料也必须保证焊缝金属与母材等强。为了提高焊缝金属的塑性、韧性和抗裂性能，通常选用碳含量低于母材的焊丝，通过焊剂向焊缝中过渡硅、锰来保证强度。因此，选择的方法通常是：首先按接头提出的强度、韧性和其他性能的要求，选择适当的焊丝，然后根据该焊丝的化学成分选配焊剂。例如，当选用 Si 含量小于 0.1% 的焊丝时，如用 H08A 或 H08MnA 等，必须与高硅焊剂（如 HJ431）配用；若用 Si 含量大于 0.2% 的焊丝，则必须与中硅或低硅焊剂（如 HJ350、HJ250 或 SJ101 等）相配。此外，当接头拘束度较大时，应选用碱度较高的焊剂，以提高焊缝金属的抗裂性能；对于一些特殊的应用场合，应选配满足相应要求的专用焊剂。如厚壁窄间隙埋弧焊必须选配脱渣性良好的焊剂，如 SJ101 焊剂。

表 8-16 给出了几种低碳钢埋弧焊常用焊接材料组配。

表 8-16　几种低碳钢埋弧焊常用焊接材料组配

钢号	熔炼焊剂与焊丝组合 焊丝	熔炼焊剂与焊丝组合 焊剂	烧结焊剂与焊丝组合 焊丝	烧结焊剂与焊丝组合 焊剂
Q235	SU08A	HJ430 HJ431	SU08A SU08E	SJ401 SJ402（薄板、中厚板） SJ403
Q275	SU26			

续表

钢号	熔炼焊剂与焊丝组合		烧结焊剂与焊丝组合	
	焊丝	焊剂	焊丝	焊剂
15，20	H08A，SU26	HJ430 HJ431 HJ330	SU08A SU08E SU26	SJ301 SJ302 SJ501 SJ502 SJ503（中厚板）
25	SU26，SU34			
Q245	SU26，SU34，SU44			

（2）焊前工件清理

焊前应将坡口及其附近 50mm 的区域清理干净，去除铁锈、氧化皮、油污及其他污染物，以防止氢气进入焊接区。焊件的预热要求参考焊条电弧焊相关内容。

（3）焊接工艺参数

1）平板对接

平板对接时可采用单面焊双面成形，也可采用双面焊。

① 单面焊双面成形。用该方法可焊接厚度在 20mm 以下的工件。一般不开坡口，但需留有一定的间隙。通常采用较大的电流，因此需要采用成形衬垫。这种方法的优点是不用反转工件，一次将工件焊好，焊接生产率较高。缺点是焊接热输入大，焊缝及热影响区晶粒粗大，接头韧性较差。板厚越大，该问题越严重，因此这种方法一般不用于焊接 12mm 以上厚度的钢板（微合金钢除外）。通常采用焊剂垫、龙门压力架 - 焊剂铜衬垫、移动式水冷铜滑块和热固化焊剂垫等强制成形方法。表 8-17 给出了焊剂垫成形法的单面焊双面成形焊接工艺参数。表 8-18 给出了龙门压力架 - 焊剂铜衬垫成形法的单面焊双面成形焊接工艺参数（交流）。表 8-19 给出了单面焊双面成形热固化焊剂垫成形法的焊接工艺参数。

表 8-17 焊剂垫成形法的单面焊双面成形焊接工艺参数

板厚 /mm	装配间隙 /mm	焊丝直径 /mm	焊接电流 /A	电弧电压 /V		焊接速度 /(cm·min^{-1})	备注
				交流	直流		
10	3～4	5	700～750	34～36	32～34	50	
12	4～5	5	750～800	36～40	34～36	45	
14	4～5	5	850～900	36～40	34～36	42	在焊剂垫上成形（气囊中的压力为 100～150kPa）
16	5～6	5	900～950	38～42	36～38	33	
18	5～6	5	950～1000	40～44	36～40	28	
20	5～6	5	950～1000	40～44	36～40	25	

表 8-18 龙门压力架 - 焊剂铜衬垫成形法的单面焊双面成形焊接工艺参数（交流）

板厚 /mm	装配间隙 /mm	焊丝直径 /mm	焊接电流 /A	电弧电压 /V	焊接速度 /(cm·min^{-1})
3	2	3	380～420	27～29	78.3
4	2～3	4	450～500	29～31	68

续表

板厚 /mm	装配间隙 /mm	焊丝直径 /mm	焊接电流 /A	电弧电压 /V	焊接速度 /(cm·min⁻¹)
5	2～3	4	520～560	31～33	63
6	3	4	550～600	33～35	63
7	3	4	640～680	35～37	58
8	3～4	4	680～720	35～37	53.3
9	3～4	4	720～780	36～38	46
10	4	4	780～820	38～40	46
12	5	4	850～900	39～41	38

表 8-19　单面焊双面成形热固化焊剂垫成形法的焊接工艺参数

焊件厚度 /mm	V 形坡口		焊件倾斜度 /(°)		焊道 顺序	焊接电流 /A	电弧电压 /V	金属粉末 高度 /mm	焊接速度 /(m·h⁻¹)
	角度 /(°)	间隙 /mm	垂直	横向					
9	50	0～4	0	0	1	720	34	9	18
12	50	0～4	0	0	1	800	34	12	18
16	50	0～4	3	3	1	900	34	16	15
19	50	0～4	0	0	1 2	850 810	34 36	15 0	15
19	50	0～4	3	3	1 2	850 810	34 36	15 0	15
19	50	0～4	5	5	1 2	820 810	34 34	15 0	15
19	50	0～4	7	7	1 2	800 810	34 34	15 0	15
19	50	0～4	3	3	1	960	40	15	12
22	50	0～4	3	3	1 2	850 850	34 36	15	15 12
25	50	0～4	0	0	1	1200	45	15	12
32	45	0～4	0	0	1	1600	53	25	12
22	40	2～4	0	0	前丝 后丝	960 810	35 36	12	18
25	40	2～4	0	0	前丝 后丝	990 840	35 38	15	15
28	40	2～4	0	0	前丝 后丝	990 900	35 40	15	15

　　② 双面单道焊。双面单道焊适用于厚度为 10～40mm 的工件的焊接，根据成形方式可分为悬空法和衬垫成形法两种。表 8-20 给出了 I 形坡口悬空双面单道焊工艺参数。表 8-21

给出了 I 形坡口衬垫成形法双面单道焊工艺参数。表 8-22 给出了 V 形坡口焊剂垫法双面单道焊工艺参数。

表 8-20　I 形坡口悬空双面单道焊工艺参数

工件厚度/mm	焊丝直径/mm	焊接顺序	焊接电流/A	电弧电压/V	焊接速度/(cm·min⁻¹)
6	4	正	380～420	30	57.8
		反	430～470	30	54.6
8	4	正	440～480	30	50.1
		反	480～530	31	50.1
10	4	正	530～570	31	46.3
		反	590～640	33	46.3
12	4	正	620～660	35	41.8
		反	680～720	35	41.4
14	4	正	680～720	37	41.1
		反	730～770	40	37.6
15	5	正	800～850	36～38	43.4
		反	850～900	35～37	60.1
17	5	正	850～900	35～37	60.1
		反	900～950	37～39	43.4
18	5	正	850～900	36～38	60.1
		反	900～950	38～40	40.1
20	5	正	850～900	36～38	58.5
		反	900～1000	38～40	40.1
22	5	正	900～950	37～39	53.4
		反	1000～1050	38～40	40.1

表 8-21　I 形坡口衬垫成形法双面单道焊工艺参数

工件厚度/mm	装配间隙/mm	焊丝直径/mm	焊接电流/A	电弧电压/V	焊接速度/(cm·min⁻¹)
6	0+1	3	380～400	30～32	57～60
		4	400～550	28～32	63～73
8	0+1	3	400～420	30～32	53～57
		4	500～600	30～32	63～67
10	2±1	4	500～600	36～40	50～60
		5	600～700	34～38	58～67

工件厚度 /mm	装配间隙 /mm	焊丝直径 /mm	焊接电流 /A	电弧电压 /V	焊接速度 /(cm·min⁻¹)
12	2±1	4	550～580	38～40	50～57
		5	600～700	34～38	58～67
14	3±0.5	4	550～720	38～42	50～53
		5	650～750	36～40	50～57
16	3～4	5	700～750	34～36	45
18	4～5	5	750～800	36～40	45
20	4～5	5	850～900	36～40	45
24	4～5	5	900～950	38～42	42
28	5～6	5	900～950	38～42	33
30	6～7	5	950～1000	40～44	27
40	8～9	5	1100～1200	40～44	20
50	10～11	5	1200～1300	44～48	17

表 8-22　V 形坡口焊剂垫法双面单道焊工艺参数

工件厚度 /mm	坡口形式	坡口尺寸			焊丝直径 /mm	焊接顺序	焊接电流 /A	电弧电压 /V	焊接速度 /(cm·min⁻¹)
		α/(°)	h/mm	g/mm					
14		70	3	3	5	正	830～850	36～38	41.8
					5	反	600～620	36～38	75.2
16		70	3	3	5	正	830～850	36～38	33.4
					5	反	600～620	36～38	75.2
18		70	3	3	5	正	830～860	36～38	33.4
					5	反	600～620	36～38	75.2
22		70	3	3	6	正	1050～1150	36～38	30.1
					5	反	600～620	38～40	75.2
24		70	3	3	6	正	1100	36～38	40.1
					5	反	800	38～40	43.4
30		70	3	3	6	正	1000～1100	36～40	30.1
					6	反	900～1000	36～38	33.4

③ 多层焊。板厚超过 30～50mm 时，一般需要采用多层焊。多层焊时坡口形状一般采用 V 形或 X 形，重要焊缝也可开 U 形或双 U 形坡口。坡口角度一般为 65°左右。注意坡口

角度不得过窄，过窄会出现梨形焊道，如图 8-7 所示。梨形焊道的结晶方向几乎垂直于焊缝中心线，因此中心部位容易聚集低熔点组织，引起热裂纹。钝边过大也会导致这种现象，如图 8-8 所示。表 8-23 给出了多层埋弧焊的典型工艺参数。

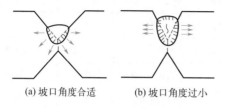

(a) 坡口角度合适　　(b) 坡口角度过小

图 8-7　坡口角度对焊缝质量的影响

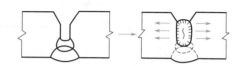

图 8-8　钝边过大引起的根部焊道结晶裂纹

表 8-23　多层埋弧焊的典型工艺参数

焊件厚度 /mm	坡口形式	焊丝直径 /mm	焊接电流 /A	电弧电压 /V	焊接速度 /(m·h⁻¹)	备注
>30	65°　3	5	550～570	34～38	28～30	第一面第一道
			650～800	36～38	32～34	第二面第一道
			550～650	34～36	30～36	中间填充焊
			650～700	36～40	28～30	盖面焊
>30		5	450～650	36～40	30～35	所有焊道用焊条电弧焊打底

④ 薄板埋弧焊。采用细焊丝、细颗粒焊剂时可焊接 1.0～3.0mm 厚的薄板。应严格控制装配间隙，且最好在装有焊剂垫或铜衬垫的平台上进行焊接，如果装配间隙可控制得很小，也可采用悬空法进行焊接，典型的焊接工艺参数见表 8-24。

表 8-24　薄板埋弧焊的工艺参数

工件厚度 /mm	焊缝形式	成形控制方式	间隙 /mm	焊丝直径 /mm	焊接电流 /A	电弧电压 /V	焊接速度 /(cm·min⁻¹)
1.0 1.5	单面焊	铜垫板	0～0.2	1.0	85～90	26	83.5
		悬空焊	0～0.2	1.2	115	26	83.5
		铜垫板	0～0.3	1.6	170	26	83.5～100.2
2	单面焊	悬空焊	0.2～0.3	1.6	130	28	83.5
		焊剂垫	0～1.0	1.6	120	24～28	72.6
		铜垫板	0.5～0.6	1.6	130	28	83.5
	双面焊	悬空焊	0.2～0.3	1.6	正面 120	28	100.2
					反面 120	28	83.5

续表

工件厚度/mm	焊缝形式	成形控制方式	间隙/mm	焊丝直径/mm	焊接电流/A	电弧电压/V	焊接速度/(cm·min⁻¹)
3	单面焊	焊剂垫铜垫板悬空焊	0～1.5	1.6	275～300	28～30	56.8
			0～1.2	2.0	190	30	100.2
			0～1.5	3.0	400～425	25～28	116.9
	双面焊		0～0.8	2.0	正面 160	30	130.1
					反面 160	30	130.1

2）平板角接

角接焊缝有两种焊接方法：平角焊及船形焊。平角焊时，两个工件中有一个位于水平位置，而熔池不在水平位置。船形焊时，熔池位于水平位置。船形焊具有较好的工艺性能，因此，应尽可能利用该方法焊接角焊缝。船形焊的典型工艺参数见表8-25。平角焊的工艺参数见表8-26。

表 8-25　船形焊的工艺参数

焊接尺寸/mm	焊丝直径/mm	焊接电流/A	电弧电压/V	焊接速度/(cm·min⁻¹)
6	2	400～475	34～36	67
8	2	475～525	34～36	47
	3	550～600	34～36	50
	4	575～625	34～36	50
	5	675～725	32～34	53
10	2	475～525	34～36	33
	3	600～650	34～36	38
	4	650～700	34～36	38
	5	725～775	32～34	42
12	2	475～525	34～36	23
	3	600～650	34～36	20
	4	725～755	36～38	33
	5	775～825	36～38	30

表 8-26　平角焊的工艺参数

焊脚尺寸/mm	焊丝直径/mm	焊接电流/A	电弧电压/V	焊接速度/(cm·min⁻¹)	电流种类
3	2	200～220	21～28	100	直流
	2	280～300	28～30	92	交流
4	3	350～370	28～30	89～92	交流
	2	375～400	30～32	92	交流
5	3	450	28～30	92	交流
	4	450	28～30	100	交流
	2	375～400	30～32	46.8	交流
6	3	450～470	28～30	90～96	交流
	4	480～500		97～100	交流
7	3	500	30～32	80	交流
	4	675	32～35	92	交流
8	3	500～530	30～32	74～77	交流
	4	670～700	32～34	80～84	交流

8.3.3 气体保护焊

碳素钢最常用的焊接方法是二氧化碳气体保护焊，质量要求高的情况下也采用MAG焊，重要结构的打底焊采用TIG焊。

（1）焊丝及保护气体的选择

表8-27为低碳钢气体保护焊常用的焊接材料。二氧化碳（CO_2）气体保护焊用焊丝分实心焊丝和药芯焊丝两大类。焊接低碳钢用的实心焊丝目前主要有 H08Mn2Si 和 H08Mn2SiA 两种；药芯焊丝主要是钛钙型渣系和低氢型渣系两类，药芯焊丝中又分气体保护、自保护和其他方式保护等几种。

焊接沸腾钢或半镇静钢时，为防止钢中氧的有害作用，应选用有脱氧能力的焊丝作填充金属，如 H08Mn2SiA 等。

（2）焊前清理

二氧化碳气体保护焊电弧气氛具有较强的氧化性，可把焊接区域的氢气结合成不溶于熔池，也不与熔池金属发生反应的羟基，因此抗氢能力强。在工件表面油污、氧化膜和铁锈不是很严重的情况下，可以不进行清理。

表 8-27　低碳钢气体保护焊用焊接材料的选用

焊接方法	保护气体	焊丝	说明
二氧化碳气体保护焊	CO_2	SU44，H08Mn2SiA，YJ502-1，YJ502R-1，YJ507-1，PK-YJ502，PK-YJ507	目前国产用于 CO_2 焊的实心和药芯焊丝，焊接低碳钢的焊缝金属强度略偏高
自保护药芯焊丝电弧焊	—	YJ502R-2，YJ507-2，PK-YZ502，PK-YZ506	自保护药芯焊丝，一般烟雾较大，适于室外作业用。有较大抗风能力
MAG 焊	Ar+20%CO_2	H08Mn2SiA	混合气体保护焊，用于如锅炉水冷系统
TIG 焊	Ar	H05MnSiAlTiZr	用于 TIG 焊，焊接锅炉集箱、换热器等打底焊缝

（3）焊接工艺参数

① 二氧化碳焊。表8-28和表8-29分别列出细丝半自动、自动 CO_2 焊焊接参数，表8-30 为粗丝自动 CO_2 焊焊接参数。

表 8-28　细丝半自动 CO_2 焊焊接参数

材料厚度 /mm	接头形式	装配间隙 c/mm	焊丝直径 /mm	电弧电压 /V	焊接电流 /A	气体流量 /(L·min^{-1})
≤1.2 1.5		≤0.5	0.6 0.7	18～19 19～20	30～50 60～80	6～7 6～7
2.0 2.5		≤0.5	0.8 0.8	20～21	80～100	7～8
3.0 4.0		≤0.5	0.8～1.0	21～23	90～115	8～10

材料厚度 /mm	接头形式	装配间隙 c/mm	焊丝直径 /mm	电弧电压 /V	焊接电流 /A	气体流量 /(L·min^{-1})
≤ 1.2		≤ 0.3	0.6	19 ～ 20	35 ～ 55	6 ～ 7
1.5		≤ 0.3	0.7	20 ～ 21	65 ～ 85	8 ～ 10
2.0		≤ 0.5	0.7 ～ 0.8	21 ～ 22	80 ～ 100	10 ～ 11
2.5		≤ 0.5	0.8	22 ～ 23	90 ～ 110	10 ～ 11
3.0		≤ 0.5	0.8 ～ 1.0	21 ～ 23	95 ～ 115	11 ～ 13
4.0		≤ 0.5	0.8 ～ 1.0	21 ～ 23	100 ～ 120	13 ～ 15

注：当进行立焊、横焊、仰焊时，电弧电压应取表中下限值。

表 8-29　细丝自动 CO_2 焊焊接参数

钢板厚度 /mm	接头形式	装配间隙 c/mm	焊丝直径 /mm	电弧电压 /V	焊接电流 /A	焊接速度 /(m·h^{-1})	气体流量 /(L·min^{-1})	备注
1.0		≤ 0.5	0.8	20 ～ 21	60 ～ 65	30	7	垫板厚1.5mm
1.5		≤ 0.5	0.8	19 ～ 20	55 ～ 60	31	7	双面焊
1.5		≤ 1.0	1.0	22 ～ 23	110 ～ 120	27	9	垫板厚2mm
2.0		≤ 1.0	0.8	20 ～ 21	75 ～ 85	25	7	单面焊双面成形（反面放铜垫）
2.0		≤ 1.0	0.8	19.5 ～ 20.5	65 ～ 70	30	7	双面焊
2.0		≤ 1.0	1.2	21 ～ 23	130 ～ 150	27	9	垫板厚2mm
3.0		≤ 1.0	1.0 ～ 1.2	20.5 ～ 22	100 ～ 110	25	9	双面焊
4.0		≤ 1.0	1.2	21 ～ 23	110 ～ 140	30	9	双面焊

表 8-30　粗丝自动 CO_2 焊焊接参数

钢板厚度 /mm	焊丝直径 /mm	坡口形式	焊接电流 /A	电弧电压 /V	焊接速度 /(m·h^{-1})	气体流量 /(L·min^{-1})	备注
3 ～ 5	1.6	0.5～2.0	140 ～ 180	23.5 ～ 24.5	20 ～ 26	< 15	
			180 ～ 200	28 ～ 30	20 ～ 22	< 15	焊接层数 1 ～ 2
6 ～ 8	2.0	1.8～2.2	280 ～ 300	29 ～ 30	25 ～ 30	16 ～ 18	焊接层数 1 ～ 2

续表

钢板厚度/mm	焊丝直径/mm	坡口形式	焊接电流/A	电弧电压/V	焊接速度/(m·h⁻¹)	气体流量/(L·min⁻¹)	备注
8	1.6	90°，3	320~350	40~42	<24	16~18	
	1.6	100°，3	450	<41	29	16~18	用铜垫板，单面焊双面成形
	2.0	1.8~2.2	280~300	28~30	16~20	18~20	焊接层数2~3
	2.0		400~420	34~36	27~30	16~18	
	2.0	100°，3	450~460	35~36	24~28	16~18	用铜垫板，单面焊双面成形
	2.5	100°，3	600~650	41~42	24	<20	用铜垫板，单面焊双面成形
3~12	2.0	1.8~2.2	280~300	28~30	16~20	18~20	焊接层数2~3
16	1.6	60°，3	320~350	34~36	<24	<20	
22	2.0	70°~80°，4	380~400	38~40	24	16~18	双面分层焊
32	2.0	70°~80°，4	600~650	41~42	24	<20	
34	4.0	50°，4，1	850~900（第一层）950（第二层）	34~36	20	35~40	

注：焊接电流<350A 时，可采用半自动焊。

② MAG 焊。表 8-31、表 8-32 和表 8-33 分别给出低碳钢短路过渡、射流过渡和脉冲喷射过渡 MAG 焊的焊接工艺参数。

表 8-31　短路过渡 MAG 焊参数

母材厚度 /mm	焊丝直径 /mm	焊接电流（DC） /A	电弧电压 /V	送丝速度 /(m·h⁻¹)	焊接速度 /(m·h⁻¹)	保护气体流量 /(L·min⁻¹)
0.6	0.8	30～50	15～17	130～152	18～30	7～9
0.8	0.8	40～60	15～17	137～198	27～35	7～9
0.9	0.9	55～85	15～17	107～183	53～61	7～9
1.3	0.9	70～100	16～19	152～244	53～61	7～9
1.6	0.9	80～110	17～20	183～274	46～53	9～12
2.0	0.9	100～130	18～20	244～335	38～46	9～12
3.2	0.9	120～160	19～22	320～442	30～38	9～12
3.2	1.1	180～200	20～24	320～366	41～49	9～12
4.7	0.9	140～160	19～22	320～442	21～29	9～12
4.7	1.1	180～205	20～24	320～373	27～34	9～12
6.4	0.9	140～160	19～22	366～442	17～23	9～12
6.4	1.1	180～225	20～24	320～442	18～27	9～12

注：1. 焊接位置为平焊和船形焊。立焊或仰焊减小电流 10%～15%。

2. 角缝尺寸等于母材厚度，坡口焊缝装配间隙等于板厚的 1/2。

3. 保护气体为 75%Ar+25%CO₂ 或 O₂（体积分数）。

表 8-32　射流过渡 MAG 焊参数

母材厚度 /mm	焊缝形式	层数	焊丝直径 /mm	焊接电流（DC）/A	电弧电压 /V	送丝速度 /(m·h⁻¹)	焊接速度 /(m·h⁻¹)	保护气体流量 /(L·min⁻¹)
3.2	I 形坡口对缝或角缝	1	1.6	300	24	251	53	19～24
4.8	I 形坡口对缝或角缝	1	1.6	350	25	351	49	19～24
6.4	角缝	1	1.6	350	25	351	49	19～24
6.4	角缝	1	2.4	400	26	152	49	19～24
6.4	V 形坡口对缝	2	1.6	375	25	396	37	19～24
6.4	V 形坡口对缝	1	2.4	325	24	320	49	19～24
9.5	V 形坡口对缝	2	2.4	450	29	182	43	19～24
9.5	角缝	2	1.6	350	25	351	30	19～24
12.7	V 形坡口对缝	3	2.4	425	27	168	46	19～24
12.7	角缝	3	1.6	350	25	351	37	19～24

母材厚度/mm	焊缝形式	层数	焊丝直径/mm	焊接电流（DC）/A	电弧电压/V	送丝速度/(m·h⁻¹)	焊接速度/(m·h⁻¹)	保护气体流量/(L·min⁻¹)
19.1	双面V形坡口对缝	4	2.4	425	27	168	37	19～24
19.1	角缝	5	1.6	350	25	351	37	19～24
24.1	角缝	6	2.4	425	27	168	40	19～24

注：1. 上列参数只用于平焊和船形焊。

2. 保护气体是 Ar+1%～5%O_2（体积分数）。

表 8-33　脉冲喷射过渡 MAG 焊参数

母材厚度/mm	焊丝直径/mm	平均电流/A	峰值电流/A	基值电流/A	电弧电压/V	送丝强度/V	焊接速度/(m·h⁻¹)	保护气体流量/(L·min⁻¹)
0.8	0.9	50	150	20	16	114	45.6	9
0.9	0.9	60	160	20	17	138	45.6	9
1.3	0.9	70	180	20	18	174	45.6	9
1.6	1.2	80	200	25	19	120	30	12
2.0	1.2	90	250	35	21	180	30	12
3.2	1.2	120	250	150	22	300	22.5	12
4.8	1.2	150	250	200	23	350	15	12
6.4	1.3	120	270	90	24	330	13.5	12
9.5	1.3	150	350	150	26	450	12	12

8.4　中碳钢的焊接

与低碳钢相比，中碳钢的含碳量增大，其淬硬倾向随之增大，在热影响区容易产生低塑性的马氏体组织，因此焊接性较差。当焊件刚性较大或焊接材料、焊接参数选择不当时，容易产生冷裂纹。多层焊焊接第一层焊缝时，由于母材金属熔合到焊缝中的比例大，使其含碳量及硫、磷含量增高，容易产生热裂纹。此外，碳含量高时，气孔敏感性也增大。

8.4.1　焊条电弧焊

（1）焊接材料选择

中碳钢焊条电弧焊时，一般选用低氢型焊条。若要求焊缝与母材等强，应选用强度级别相当的低氢型焊条；若不要求等强时，则选用强度级别约比母材低一级的低氢型焊条，以提高焊缝的塑性、韧性和抗裂性能。

如果选用非低氢型焊条进行焊接，则必须有严格的工艺措施配合，如控制预热温度、减小母材熔合比等。

当工件不允许预热时，可选用塑性优良的铬镍奥氏体不锈钢焊条。这样可以减少焊接接头应力，避免热影响区冷裂纹产生。

表 8-34 给出了各种中碳钢焊接常用焊条。

表 8-34　中碳钢焊接用焊条、预热及消除应力热处理温度

钢号	焊条						板厚/mm	预热及层间温度/℃	消除应力热处理温度/℃
	不要求等强度		要求等强度		要求高塑性、高韧性[①]				
	型号	牌号	型号	牌号	型号	牌号			
25	E4303	J422	E5016	J506	E308-16 E309-16 E309-15 E310-16 E310-15	A102 A302 A307 A402 A407	≤25	>50	600～650
	E4301	J423	E5015	J507					
30	E4316	J426	—	—			25～50	>100	600～650
	E4315	J427							
35	E4303	J422	E5016	J506			50～100	>150	600～650
	E4301	J423	E5015	J507					
ZG270-500	E4316	J426	E5516	J556					
	E4315	J427	E5515	J557					
45	E4316	J426	E5516	J556			≤100	>200	600～650
	E4315	J427	E5515	J557					
ZG310-570	E5016	J506	E6016	J606					
	E5015	J507	E6015	J607					
55	E4316	J426	E6016	J606			≤100	>250	600～650
	E4315	J427	E6015	J607					
ZG340-640	E5016	J506							
	E5015	J507							

①　用铬镍奥氏体不锈钢焊条时，预热温度可降低或不预热。

（2）焊前准备

为了降低冷裂倾向，应减少母材金属熔入焊缝中的比例，因此宜采用 U 形或 V 形坡口。如果是焊补铸件缺陷，所铲挖的坡口外形应圆滑。严格按照要求烘干焊条。

（3）预热和层间温度

多层焊时，要控制层间温度，一般不低于预热温度。为了防止冷裂，要求进行焊前预热以降低焊缝金属和热影响区的冷却速度，抑制马氏体的形成。预热温度取决于碳含量、母材厚度、结构刚性、焊条类型和工艺方法等，见表 8-34。最好是整体预热，若局部预热，其加热范围应为焊口两侧 150～200mm 左右。

（4）焊接工艺参数

可参考低碳钢的焊接工艺参数的下限值。多层焊的第一层焊接时，采用小直径焊条进行

小电流、低焊速工艺焊接。

（5）焊后处理

最好是焊后冷却到预热温度之前就进行消除应力热处理，尤其大厚度工件或大刚性的结构更应如此。消除应力热处理温度一般在 $600 \sim 650℃$。如果焊后不能立即消除应力热处理，则应先进行后热，以便扩散氢逸出。后热温度约 $150℃$，保温 2h。

没有热处理消除焊接应力的条件时，可在焊接过程中用锤击热态焊缝金属的方法去减小焊接应力，并设法使焊缝缓冷。

8.4.2 熔化极气体保护焊

利用二氧化碳气体保护焊进行焊接时，如果含碳量不高于 0.4%，可选择低碳钢用焊丝，见表 8-27；如果含碳量高于 0.4% 或者强度要求高，则应选用 ER502、ER503、……、ER507 等实心焊丝或相当等级的药芯焊丝。

利用 $Ar+20\%CO_2$ 混合气体进行 MAG 焊时，应选用 GHS-60 焊丝。

8.4.3 埋弧焊

（1）焊接材料的选用

中碳钢埋弧焊时，焊丝中的含碳量一般不应大于 0.10%，通常采用 H08、H08E、H08Mn 焊丝，配合 HJ431 焊剂进行焊接。

（2）焊前准备

坡口形式和焊前预热可参考焊条电弧焊的要求进行。

（3）焊接工艺参数

焊接工艺参数可参考低碳钢的焊接工艺参数来选择。

（4）焊后热处理

焊后热处理要求见表 8-34。

8.5 高碳钢的焊接

高碳钢的含碳量大于 0.6%，很容易产生又硬又脆的高碳马氏体，其淬硬性大、冷裂纹敏感性大，难以焊接。故一般都不用这类钢制造焊接结构，而用于制造高硬度或高耐磨性的部件或零件，对它们的焊接多数是破损件的焊补修理。

高碳钢零部件的高硬度或高耐磨性是通过热处理获得，因此，焊补这些零部件之前应先行退火，以减少焊接裂纹，焊后再重新进行热处理。

8.5.1 焊接材料

一般按焊缝性能要求来选用高碳钢的焊接材料，但很难得到与母材性能相同的接头。要求强度高时，焊条电弧焊可选用 E7015（J707）或 E6015（J607）焊条；要求低时，选用 E5016（J506）或 E5015（J507）焊条。也可选用铬镍奥氏体不锈钢焊条，如 E309-16

（A302）、E309-15（A307）等，这时预热温度可以降低或不需预热。气焊时，性能要求高的工件可用与母材成分相近的焊丝；要求不高时，可采用低碳钢焊丝。

8.5.2 焊接工艺要点

高碳钢焊接性差，焊接时必须注意以下几点。

① 应先退火而后焊接。

② 采用结构钢焊条时，焊前必须预热，预热温度和层间温度应在350℃以上。

③ 采取与焊接中碳钢相似的工艺措施，尽量减小熔合比，采用小电流、低焊速工艺，焊接尽可能连续进行，中间不停止。

④ 焊后缓冷，并应立即送入炉中进行消除应力的高温回火，随后再根据需要作相应的热处理。

第 9 章
低合金高强度结构钢的焊接

9.1 低合金高强度结构钢的分类和牌号

9.1.1 低合金高强度结构钢的分类

低合金高强度结构钢是指屈服强度在 294MPa 以上、合金元素总含量为 1.5%～5% 的合金钢，简称低合金钢或低合金高强钢。常用的合金元素有：硅、锰、铬、镍、钼、钨、钒、钛、硼、铌等。这类钢的特点是强度高、塑性和韧性好，广泛用于各种机械构件和工程结构的制造。

GB/T 13304.1—2008《钢分类 第 1 部分 按化学成分分类》规定了低合金高强钢中各种合金元素含量范围，见表 9-1。

表 9-1 低合金高强钢中各种合金元素含量范围（质量分数 /%）

Si	Mn	Ni	Mo	Cr	Cu	Nb	Ti	V	Zr
0.50～ 0.90	1.00～ 1.40	0.30～ 0.50	0.05～ 0.10	0.30～ 0.50	0.10～ 0.50	0.02～ 0.06	0.05～ 0.13	0.04～ 0.12	0.05～ 0.12

钢中加入合金元素的目的是提高钢的强度，改善其韧性，或使其具有特殊的物理、化学性能，如耐热、耐磨或耐蚀性能等。而低合金高强钢交货时主要控制其使用性能，在保证使用性能的前提下，某种或某几种合金元素的含量略有调整。

低合金高强钢的应用领域广、种类繁多，分类方法也有多种。主要的分类方法是按照供货状态来分类。

（1）按供货状态分

按供货状态分，低合金高强钢有非调质钢和调质钢两大类，前者包括热轧与正火钢、控轧控冷（TMCP）钢，后者可分为低碳调质钢和中碳调质钢。不同的供货状态决定了不同的力学性能。

1) 热轧与正火钢

热轧与正火钢是一种在热轧、正火或正火加回火状态下供货的一般用途低合金高强钢，属于非热处理强化钢。屈服强度为 295 ～ 460MPa。钢中主要合金元素是 Mn，辅以 Nb、V、Ti 等。主要是通过固溶强化、沉淀强化和细化晶粒来提高强度和保证韧性，合金元素总量不大于 3%。其显微组织主要是铁素体和珠光体。

2) 控轧控冷钢

控轧控冷钢是一种通过微合金化技术和温度 - 形变控轧控冷（Thermo-Mechanical Controlled Processing，缩写 TMCP）技术生产的具有细晶粒、高强度和高韧性的低合金结构钢，简称 TMCP 钢或热机械轧制钢。其显微组织是以针状铁素体或下贝氏体为主。这类钢性能优异，主要用于重要工程结构中，如油气管线、采油平台、锅炉和压力容器、船体、桥梁、高层建筑等结构。

3) 低碳调质钢

低碳调质钢是在淬火加回火状态下供货的低合金钢，是一种热处理强化钢。屈服强度为 490 ～ 980MPa。其含碳量通常在 0.25% 以下。钢中主要合金元素为 Mn 和 Mo，辅以 Cr、V、Ni、B 等。通过调质处理使得显微组织为贝氏体及回火低碳马氏体。这类钢可以直接在调质状态下焊接，焊后不必进行调质处理，有时需要进行消除应力热处理。由于这类钢强度高、韧性好，焊接热影响区淬硬倾向小，冷裂纹敏感性较低，所以在重大焊接结构中得到广泛应用。

4) 中碳调质钢

中碳调质钢含碳量大于 0.3%，交货状态为淬火 + 高温回火时，中碳调质钢的组织为回火索氏体，屈服强度可达 880MPa；交货状态为淬火 + 低温回火时，组织为回火马氏体，屈服强度高达 1196MPa。中碳调质钢常用于强度要求很高的产品和构件，如火箭发动机壳体、飞机起落架等。由于含碳量较高、强度和硬度很高但韧性较低，这类钢通常需要在退火后进行焊接，焊后再通过整体热处理来达到所需的强度和硬度。

（2）按用途分

按用途分，低合金高强钢分为通用低合金高强钢和专用低合金高强钢。

① 通用低合金高强钢又称为普通低合金高强钢，是用于一般钢结构的一类低合金高强度结构钢。GB/T 1591—2018《低合金高强度结构钢》把这类钢分为 345MPa、390MPa、420MPa、460MPa、500MPa、550MPa、620MPa 和 690MPa 等 8 个强度等级，每个强度等级有 A、B、C、D、E 等 5 个质量等级。

② 专用低合金高强钢是某一行业专用的低合金高强度结构钢，主要有船舶及海洋工程用结构钢（GB 712—2011）、桥梁用钢板（GB/T 714—2015）、锅炉压力容器用钢板（GB 713—2014）、低温压力容器用钢板（GB 3531—2014）、焊接气瓶用钢板和钢带（GB/T 6653—2017）、汽车大梁用热轧钢板和钢（GB/T 3273—2015）、耐候结构钢（GB/T 4171—2008）、建筑结构用钢板（GB/T 19879—2015）。

（3）按显微组织分

按其供货状态下的显微组织分，低合金高强钢有铁素体 - 珠光体钢、针状铁素体钢、低碳贝氏体钢和回火马氏体钢等。金相组织结构的低合金钢具有不同力学性能和焊接性。

（4）按照质量等级

GB/T 13304.2—2008《钢分类　第2部分：按主要质量等级和主要性能或使用特性的分类》把低合金高强钢分为普通质量、优质和特殊质量三类。

1）普通质量低合金钢

这类钢的生产过程中不进行特殊的质量控制，不规定热处理要求，其硫、磷含量最高值 $\geq 0.045\%$，抗拉强度最低值 $\leq 690MPa$、屈服强度 $\leq 360MPa$、伸长率最低值 $\leq 26\%$、冲击吸收功（20℃，V形）最低值 $\leq 27J$ 的钢都属于这一类低合金钢。例如，低合金高强钢中屈服强度 $\leq 360MPa$ 的A、B级钢就属于普通质量类。

2）优质低合金钢

生产控制和质量要求高于普通质量低合金钢，但又不如特殊质量低合金钢严格的钢。这类钢包括可焊接的低合金高强钢，屈服强度大于360MPa而小于420MPa的低合金高强钢，几乎所有专用的低合金高强钢，如锅炉压力容器用低合金钢、船体结构用低合金钢和桥梁用低合金钢等都属于优质低合金钢。

3）特殊质量低合金钢

生产过程中需要特别严格控制质量和性能（特别严格控制硫、磷等杂质含量和纯洁度）的低合金钢。如硫、磷质量分数 $\leq 0.025\%$ 的，具有低温（低于 -40℃）冲击性能的，具有抗层状撕裂性能的，或者屈服强度最低值 $\geq 420MPa$ 的可焊接低合金高强钢等都属于这一类。如核能用低合金钢、舰艇与兵器用钢、铁道低合金车轮钢、低温压力容器用低合金钢和厚度方向性能低合金钢等。

9.1.2　低合金高强度结构钢的牌号

低合金高强钢的牌号命名方法有两种：一种是根据主要化学成分来编制牌号，另一种是根据强度等级来编制牌号。

（1）按照化学成分编制牌号

GB/T 221—2008《钢铁产品牌号表示方法》规定了按照主要化学成分编制低合金钢牌号的方法。前面两位数字表示碳平均质量分数的万分数，后面的元素代号表示该钢所含的合金元素，元素后面的数字表示该元素平均质量分数的百分数。若不注出数字，则表示该元素的质量分数 $< 1.5\%$。若其值 $> 1.5\%$ 则四舍五入，相应注上2、3等。

对于专门用途的钢，在尾部注专用符号。属高级优质钢，则在最后加注"A"；属特级优质钢，则加注"E"。

举例：16Mn是平均含碳量为0.16%，$w(Mn) < 1.5\%$ 的低合金高强钢。

16MnR是专门用于压力容器的16Mn低合金高强钢。

0Cr18Ni9A是 $w(C) < 0.007\%$，$w(Cr) = 18\%$，$w(Ni) = 9\%$ 的高级优质不锈钢。

（2）按照强度等级编制牌号

GB/T 1591—2018 和 GB/T 16270—2009 规定了按照主要钢的屈服强度编制牌号的方法，它类似于碳素结构钢 GB/T 700—2006 的表示方法，利用英文字母和屈服强度数字、质量等级等代号编写牌号。例如：Q355钢是屈服强度为355MPa的低合金高强钢，16Mn钢即属于这一种；而Q620E钢则是屈服强度为620MPa，质量等级为E级的低合金高强度结构钢。

对于专用的低合金高强钢，其牌号需要加注行业专用符号，如 Q355GJC 钢，是表示屈服强度为 355MPa 的高性能建筑结构（GJ）用的低合金高强钢，其质量等级为 C 级。如果它还是具有 Z25 级厚度方向性能的低合金高强钢，则表示为 Q355GJCZ25 钢。但是，船体专用的低合金高强钢的牌号则采用国际通用的表示方法，共有三个（32、36、40）强度级别和四个（A、D、E、F）质量等级，分别表示为 A32、D32、E32、F32、A36、D36、E36、F36、A40、D40、E40、F40 等。

近年随着国民经济发展的需要，研制出许多新的低合金结构钢种，有些是按行业用途另编制牌号，如工程机械用钢有 HQ60、HQ70、……、HQ100 系列，又如油气输送用的管线钢 X52、X60、……、X100 等系列。有些则由钢厂自定牌号，如采油平台用的 Z 向钢 WFG36Z 和耐大气腐蚀钢 WSPA 等。

9.2　热轧钢和正火钢的焊接

9.2.1　热轧钢和正火钢的一般性能特点

（1）热轧钢

热轧钢是 C-Mn 或 Mn-Si 系钢种，其屈服强度为 295～390MPa。热轧钢最常用的合金元素是锰，主要通过合金元素的固溶强化提高强度。另外，还通过添加极少量的 Ti、V 或 Nb 等强碳氮化物形成元素进行沉淀强化，并细化晶粒。

Q355 是应用最广泛的热轧钢。为了保证焊接性和缺口韧性，在热轧状态下供货的焊接用钢的屈服强度一般不高于 345MPa。

（2）正火钢

在热轧钢的基础上进一步沉淀强化和细化晶粒而形成的一类钢，其屈服点一般在 345～690MPa。在提高合金元素，特别是强碳氮化物形成元素，如 V、Nb、Ti 和 Mo 等的基础上，通过正火处理形成细小弥散的碳氮化物沉淀析出相，在细化晶粒的同时起到沉淀强化作用，既提高了钢的强度，又改善了塑性和韧性。

有些含钼的正火钢，在正火之后还须进行回火才能保证良好的塑性和韧性。因此，正火钢又分成如下两种。

1）正火状态下使用的钢

这类钢中除 Q390（15MnTi）外，主要是含 V、Nb 的钢。利用 V 和 Nb 的碳氮化物的沉淀强化和细化晶粒作用，以提高强度和改善韧性，适当降低钢中的含碳量，这对于改变钢材的焊接性和韧性有利。Q420（15MnVN）钢中加入氮后，形成沉淀强化作用强的氮化钒，使其屈服点高达 420MPa，比 15MnV 高出 12.8%。

2）正火 + 回火状态下使用的钢

这类钢属于 Mn-Mo 系列，如 Q490（18MnMoNb）等。钢中加入了 Mo，Mo 是中强碳化物形成元素，其碳化物稳定性强，在细化晶粒、提高强度的同时还提高了钢的中温性能。故这类钢适用于制造中温厚壁压力容器。在 Mn-Mo 钢的基础上加入少量 Nb，通过 Nb 的沉淀强化和细化晶粒的作用，钢的屈服强度可进一步提高，而且 Nb 也能提高钢的热强性。

含钼的钢在较高的正火温度或较大的连续冷却速度下，得到上贝氏体和少量铁素体，故在正火后必须再回火，才能保证具有良好的塑性和韧性。

9.2.2 热轧钢和正火钢的焊接性

热轧钢和正火钢焊接的主要问题是热影响区脆化和裂纹敏感性提高。

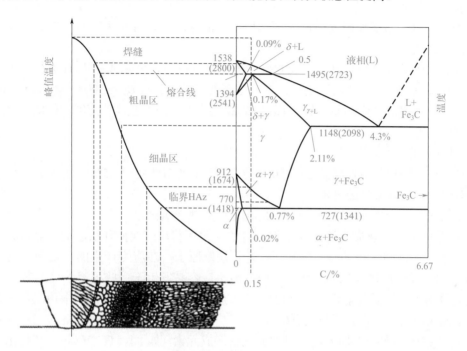

图 9-1 结构钢的熔化焊接头的区域组成

（1）热影响区脆化

1）粗晶区脆化

① 产生部位。粗晶区是指热影响区中被加热到 1100℃以上的区域，又叫过热区，如图 9-1 所示。

② 脆化的原因。

a. 热轧钢粗晶区脆化。热轧钢是 C-Mn、Mn-Si 系的固溶强化钢，是低合金高强钢中合金元素含量最低的一种，其淬透性低，粗晶区中一般不会出现马氏体。仅仅在冷却速度极小时才会出现低碳马氏体，而且转变温度较高，冷却过程中会发生"自回火"，其韧性比高碳马氏体高得多。因此，热轧钢焊接粗晶区淬硬脆化倾向较小。热轧钢粗晶区脆化的主要原因是组织恶化。焊接热输入较高时，该区的奥氏体晶粒严重长大，且稳定性增加，二次组织为魏氏组织及其他塑性低的混合组织（如铁素体、贝氏体、高碳马氏体）和 M-A 组元等，从而使过热区脆化。

b. 正火钢粗晶区脆化。对于 Mn-V、Mn-Nb 和 Mn-Ti 系的正火钢，强度的提高除了依靠固溶强化外，还要依赖 Ti、V、N 等的碳氮化物的沉淀强化作用。如果焊接热输入大，粗晶区的高温停留时间长，在正火状态时析出的弥散分布的 TiC、VC 或 NC 溶解到奥氏体中，失去了抑制奥氏体晶粒长大及细化晶粒的作用；而来不及析出固溶在铁素体内的 Ti-V 又提高了铁素体硬度，降低了韧性。这是造成正火钢过热区脆化的主要原因。焊接热输入越大，高温停留时间越长，Ti、V溶解得越充分，其脆化就越显著。所以用小热输入焊接是避免这类正火钢过热区脆化的有效措施。

③ 防止措施。无论是热轧钢还是正火钢，通常采用适当降低热输入的方法来防止过热区脆化。因为降低热输入，既可抑制粗晶区奥氏体晶粒长大及魏氏组织形成，又可防止弥散强化相的大量溶解。

对于正火钢，如果采用大热输入进行焊接，也可通过焊后 800～1100℃ 的正火热处理来改善接头韧性。

利用 Ti（质量分数为 0.01%～0.02%）和 B 钢进行微合金化或利用 Ti 进行脱氧，形成微小的氮化钛（TiN）或氧化钛质点，具有很高的稳定性。即使在 200～400kJ·cm^{-1} 的大热输入下焊接，粗晶区中的氮化钛（TiN）或氧化钛质点仍不会显著溶解，因此，粗晶区仍具有良好的韧性。

2）热应变脆化

所谓热应变脆化是指较高温度（200～400℃）下的塑性变形（5%～10%）导致的韧性明显下降、脆性明显升高的现象。

① 产生部位。加热温度在 200℃～A_{c1} 的亚临界热影响区。

② 脆化的原因。热应变脆化是由焊接时的热循环和热应变循环引起的。亚临界热影响区发生变形后，钢中游离的碳、氮原子（尤其是氮原子）在应变产生的位错周围迅速形成 Cottrell 气团，导致位错塞积而脆化。热应变脆化最容易发生于一些固溶 N 含量较高的低碳钢和强度级别不高的低合金钢（如 490MPa 级的 C-Mn 钢）中。如果接头中预先存在裂纹或类裂纹平面状缺陷时，热应变脆化更严重。

③ 防止措施。在钢中加入足够量的氮化物形成元素（如 Al、Ti、V 等），其脆化倾向将明显减弱，例如 Q355（16Mn）和 Q420（15MnVN）等钢均具有一定的热应变脆化倾向。其中 Q420（15MnVN）的含氮量虽高，但由于 V 的固氮作用，其热应变脆化倾向却比 Q355（16Mn）小。

焊后退火处理也是消除热应变脆化的有效措施。经 600℃ 左右的消除应力退火后，材料的韧性基本上能恢复到原来水平。

（2）裂纹

1）热裂纹

热轧钢及正火钢的含碳量均较低，而含锰量较高，因此，Mn/C 比值大，热裂纹敏感性较低，正常情况下不会出现热裂纹。但是，如果材料成分不合格或焊缝中出现严重偏析，焊缝局部的碳、硫含量偏高，则易产生热裂纹。

热裂纹的防止措施是控制母材和焊接材料中的碳、硫含量，减小熔合比，增大焊缝的成形系数，等。图 9-2 示出了多道焊焊道形状和布置、焊缝成形系数对热裂纹敏感性的影响。

2）冷裂纹

导致钢材产生焊接冷裂纹的三个主要因素是钢材的淬硬倾向、焊缝中扩散氢含量和接头的拘束应力，其中淬硬倾向是最主要的。

钢材的淬硬倾向一般用碳当量来评定。碳当量 CE 采用下列公式计算：

$$CE=C\times Mn/6+（Cr+Mo+V）/5+（Ni+Cu）/15$$

一般认为，CE ＜ 0.4% 时，低合金高强钢的淬硬倾向很低，焊接性良好。在钢板厚度不是很大、环境温度不是很低的情况下，焊前不预热也不会出现冷裂纹。碳当量 CE 为

0.4% ～ 0.5%（σ_s=440 ～ 490MPa 的正火钢就处于这一范围）时，钢的淬硬倾向较大，焊接性较差。板厚较大、拘束度较高、扩散氢含量较高或环境温度较低时就必须采取一定预热措施才能避免冷裂纹的产生。CE 在 0.5% 以上时，钢的淬硬倾向很大，容易冷裂，必须严格控制焊接热输入和采取预热和后热处理等工艺措施，以防冷裂纹的产生。

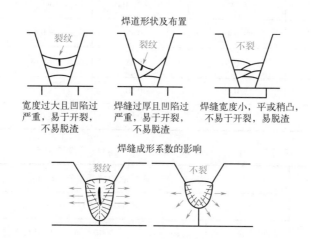

图 9-2　焊道形状及布置和焊缝成形系数对热裂纹敏感性的影响

表 9-2 ～表 9-4 给出了不同交货状态的低合金高强钢的碳当量。

表 9-2　热轧状态交货钢材的碳当量

牌号	质量等级	碳当量 CE（质量分数 /%）				
		公称厚度或直径 /mm				
		≤ 30	> 30 ～ 63	> 63 ～ 150	> 150 ～ 250	> 250 ～ 400
Q355[1]	B	≤ 0.45	≤ 0.47	0.47	0.49[2]	—
	C					—
	D					0.49[3]
Q390	B	≤ 0.45	≤ 0.47	0.49	—	—
	C					
	D					
Q420[4]	B	≤ 0.45	≤ 0.47	0.48	0.49[2]	—
	C					
Q460[4]	C	≤ 0.47	≤ 0.49	≤ 0.49	—	—

① 当需要对硅含量控制时（如热浸镀锌涂层），为达到抗拉强度要求而增加其他元素如碳和锰的含量，表中最大碳当量值的增加应符合下列规定：

对于 Si 含量≤ 0.030%，碳当量可提高 0.02%（质量分数）。

对于 Si 含量≤ 0.25%，碳当量可提高 0.01%（质量分数）。

② 对于塑钢和棒材，其最大碳当量可达 0.54%（质量分数）。

③ 只适用于质量等级为 D 的钢板。

④ 只适用于型钢和棒材。

表 9-3　正火、正火轧制、正火加回火状态交货钢材的碳当量

牌号	质量等级	碳当量 CE（质量分数 /%）			
		公称厚度或直径 /mm			
		≤ 63	> 63 ～ 100	> 100 ～ 250	> 250 ～ 400
Q355	B、C、D、E、F	≤ 0.43	≤ 0.45	≤ 0.45	协议
Q390	B、C、D、E	≤ 0.46	≤ 0.48	≤ 0.49	协议
Q420	B、C、D、E	≤ 0.48	≤ 0.50	≤ 0.52	协议
Q460	C、D、E	≤ 0.53	≤ 0.54	≤ 0.55	协议

表 9-4　热机械轧制（TMCP）或热机械轧制加回火状态交货钢材的碳当量[①]

牌号	质量等级	碳当量 CE（质量分数 /%）				
		公称厚度或直径 /mm				
		≤ 16	> 16 ～ 40	> 40 ～ 63	> 63 ～ 120	> 120 ～ 150
Q355	B、C、D、E、F	≤ 0.39	≤ 0.39	≤ 0.40	≤ 0.40	≤ 0.45
Q390	B、C、D、E	≤ 0.41	≤ 0.43	≤ 0.44	≤ 0.46	≤ 0.46
Q420	B、C、D、E	≤ 0.43	≤ 0.45	≤ 0.46	≤ 0.47	≤ 0.47
Q460	C、D、E	≤ 0.45	≤ 0.46	≤ 0.47	≤ 0.48	≤ 0.48
Q500	C、D、E	≤ 0.47	≤ 0.47	≤ 0.47	≤ 0.48	≤ 0.48
Q550	C、D、E	≤ 0.47	≤ 0.47	≤ 0.47	≤ 0.48	≤ 0.48
Q620	C、D、E	≤ 0.48	≤ 0.48	≤ 0.48	≤ 0.49	≤ 0.49
Q690	C、D、E	≤ 0.49	≤ 0.49	≤ 0.49	≤ 0.49	≤ 0.49

① 只适用于型钢和棒材。

3）再热裂纹

C-Mn 和 Mn-Si 系的热轧钢（如 16Mn 等）因不含强碳化物形成元素，对再热裂纹不敏感，在焊后消除应力热处理时不会产生再热裂纹。

正火钢一般含有强碳化物形成元素，如 14MnMoV 和 18MnMoNb 钢，则有轻微的再热裂敏感性。再热裂纹的预防措施是适当提高预热温度或焊后立即进行后热，例如，对于 18MnMoNb 钢，焊后立即在 180℃下保温 2h 即可避免再热裂纹。

4）层状撕裂

厚板大型结构焊接时，如果在钢板厚度方向受到较大的拉伸应力，就可能在热影响区或母材内部出现沿钢板轧制方向发展的阶梯状的裂纹，这种裂纹称为层状撕裂。层状撕裂一般发生在 T 形接头、角接头和十字接头上，偶尔也会发生在对接接头上，如图 9-3 所示。对接接头上的层状撕裂一般是由于焊趾处冷裂纹诱导而出现的。在一般冶炼条件下生产的热轧及正火钢，都具有不同程度的层状撕裂倾向。

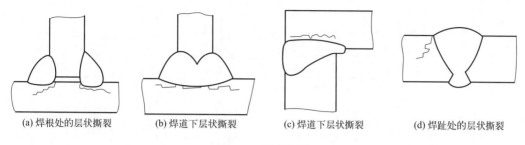

| (a) 焊根处的层状撕裂 | (b) 焊道下层状撕裂 | (c) 焊道下层状撕裂 | (d) 焊趾处的层状撕裂 |

图 9-3　层状撕裂

层状撕裂与钢的强度级别无关，主要与钢中夹杂物的数量及其分布状态有关，在撕裂平台上常发现不同种类的非金属夹杂物。钢的轧制方向上分布的夹杂物是片状 MnS 时，层状撕裂以阶梯状形态出现；以硅酸盐夹杂为主时，层状撕裂常呈直线状；以 Al_2O_3 夹杂为主时，则呈不规则的阶梯状。

层状撕裂的预防措施如下：

① 采用精炼的 Z 向钢，如 D36、WFG36Z 等，因其含硫量很低 $[w(S) \leqslant 0.006]$，Z 向断面收缩率很高（$\psi_z \geqslant 35\%$），才具有优异的抗层状撕裂性能。如果必须采用一般的热轧及正火钢制造较厚的焊接结构时，焊前对钢材应做 Z 向（即厚度方向）拉伸试验，尽量选择 ψ_z 值高的钢种。

② 设计并采用能避免或显著降低 Z 向应力和应变的接头或坡口形式。对于十字接头，单向承载时采用焊缝和板厚方向不承载的接头形式，如图 9-4（b），避免使用图 9-4（a）中的设计；双向承载时，镶入没有层状撕裂倾向的附加件，如图 9-4（c）或图 9-4（d）所示，这样既能避免沿板厚方向承载，又能降低接头应力集中。对于角接头，图 9-5（a）中的设计使板厚方向受拉，易产生层状撕裂；图 9-5（b）、（c）中的坡口形式可以避免沿板厚方向受拉的情况。对于 T 形接头，图 9-6（a）因坡口角过大、焊脚尺寸过小，易产生层状撕裂；通过适当减小坡口角，增大焊脚尺寸，使焊缝受力面积增大，可降低板厚方向的应力值，如图 9-6（b）所示。在强度允许的条件下，还可利用塑性好的焊材施焊来缓解母材在厚度方向上的应力，如图 9-6（c）、（d）所示。

③ 在工艺方面，在满足产品使用要求的前提下可选用强度级别较低的焊接材料或堆焊低强度焊缝作过渡层，以及采取预热和降氢等工艺措施。

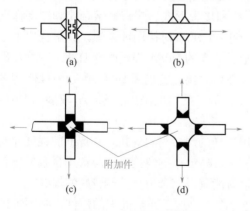

图 9-4　十字接头的设计

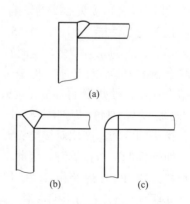

图 9-5　角接头的设计

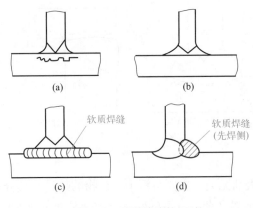

图 9-6　T形接头的设计

9.2.3　热轧钢和正火钢的焊接工艺

热轧及正火钢采用的电弧焊方法有焊条电弧焊、埋弧焊和熔化极气体保护焊。钨极氩弧焊通常用于较薄的板或要求全焊透的薄壁管道和厚壁管道等工件的打底焊。大型厚板结构可以用窄间隙的熔化极气体保护焊和窄间隙埋弧焊，其生产率高，焊接材料和能源消耗低，同时焊接热输入小，热影响区窄，更适用于焊接性较差的低合金高强钢，焊接钢板厚度可达250mm。

（1）焊接材料的选择

焊接热轧及正火钢时，选择焊接材料的主要依据是保证焊缝金属的强度、塑性和韧性等力学性能与母材相匹配，因此，通常按照焊缝与母材力学性能相同的原则来选择焊接材料，而不是按照化学成分与母材相同的原则来选择焊接材料。因为焊缝金属的力学性能不仅取决于化学成分，还取决于金属的组织状态。在焊接条件下，焊缝金属冷却很快，完全脱离平衡状态，如果选用与母材相同成分的焊材，焊后焊缝金属的强度将升高，而塑性和韧性将下降，这对于焊接接头的抗裂性能和使用性能非常不利。因此，往往要求焊缝的合金元素含量低于母材中的含量，其中 w（C）≤ 0.14%。另外还要考虑以下几个因素。

1）工艺条件的影响

主要从焊接工艺和焊后的加工工艺两方面考虑对焊缝金属力学性能的影响。

① 坡口形状和接头形式的影响。坡口形状和接头形式影响焊缝熔合比和冷却速度，从而影响接头力学性能。例如，Q355（16Mn）钢不开坡口对接用埋弧焊，其熔合比大，从母材熔入焊缝金属的元素增多，这时宜采用合金成分少的 H08A 焊丝配合 HJ431 焊剂，即可满足焊缝金属的力学性能要求。但是对于厚板开坡口对接，若仍用 H08A 配合 HJ431 焊剂，则会因熔合比小，使焊缝的合金元素减少或强度偏低。此时应采用合金成分较多的 H08MnA、H10Mn2 焊丝与 HJ431 焊剂配合。

角接头的冷却速度比对接接头大，若采用同样的焊接材料焊接，角焊缝的强度比对接焊缝高，而塑性低于对接焊缝。因此，焊接 Q355（16Mn）钢角接时，应选用合金成分较少的焊接材料，如 H08A 焊丝和 HJ431 焊剂组合，就能获得综合力学性能较好的焊缝。

② 焊后加工工艺的影响。对于焊后要进行冷、热加工或热处理的焊件，必须考虑这些加工工艺对焊缝金属力学性能的影响。如果要进行焊后消除应力热处理，处理后焊缝强度有

所降低，这时宜选用合金成分稍多的焊接材料。例如，焊接大坡口 Q390（15MnV）中厚板，若焊后进行消除应力热处理，须选用 H08Mn2Si 焊丝，若选用 H10Mn2 焊丝则焊缝强度偏低。对于焊后需冷卷或冷冲压的焊件，应使焊缝具有较高的塑性。

2）结构因素的影响

对于厚板、拘束度大或冷裂倾向大的焊接结构，以及重要的产品，应选用低氢或高韧性的焊接材料，例如，厚板结构多层焊，第一层打底焊缝最易产生裂纹，这时应选用强度稍低，但塑性、韧性较好的低氢或超低氢焊接材料。又例如核容器、海上平台、船舶等重要焊接结构，为了确保安全使用，必须选用使焊缝具有较高的低温冲击韧度和断裂韧度的焊接材料。

表 9-5 为热轧及正火钢常用的焊接材料。

表 9-5　热轧及正火钢焊接材料选用

强度等级 σ_s/MPa	钢号	焊条电弧焊焊条		埋弧焊		气体保护焊		自保护焊丝
		型号	牌号	焊丝	焊剂	实心焊丝	药芯焊丝	
295	09Mn2 09MnNb 09MnV 12Mn	E4301 E4303 E4315 E4316	E423 J422 J427 J426	H08A H08MnA	HJ430 HJ431 SJ301	CO_2： ER49-1 ER50-2		
345	16Mn 16MnR 16MnCu 14MnNb EH32 EH36 36Z 16MnRe	E5001 E5003 E5015 E5015-G E5016 E5016-G E5018 E5028	J503， J5032 J502 J507 J507R J506 J506R J506Fe J507Fe J506Fe16 J507Fe16	薄板 H08A H08MnA	SJ501 SJ502	CO_2： ER49-1 ER50-2 ER50-6、7 GH5-50	CO_2： YJ502-1 （EF01-5020） YJ507-1 （EF01-5050） YJ507-1 （EF03-5040） PK-YJ507	YJ502R-2 （EF01-5005） YJ507-2 （EF04-5020）
				不开坡口对接 H08A 中板开坡口对接 H08MnA H10Mn2	HJ430 HJ431 HJ301			
				厚板深坡口 H10Mn2 H08MnMoA	HJ350			
390	15MnV 15MnVR 15MnVRe 15MnTi 15MnVNb 16MnNb 15MnTiCu 14MnMoNb EH40	E5001 E5003 E5015 E5015-G E5016 E5016-G E5018 E5028 E5515-G E5516-G	J503， J503Z J502 J507 J507R J506 J506R J506Fe J507Fe J506Fe16 J507Fe16 J557 J556	不开坡口对接 H08MnA 中板开坡口对接 H10Mn2 H10MnSi	HJ430 HJ431	CO_2： ER50-2 ER50-6、7 GHS-50	CO_2： YJ502-1 （EF01-5020） YJ502K-1 （EF01-5050） YJ507-1 （EF03-5040）	YJ502R-2 （EF01-5002） YJ507-2 （EF04-5020）
				厚板深坡口 H08MnMoA	HJ250 HJ350 SJ101			
440	15MnVN 15MnVNR 15MnVTiRe CF60 CF62 14MnVTiRe	E5515-G E5516-G E6015-D1 E6015-G E6016-D1 E6016-G	J557， J557Mo J557MoV J556， J556RH J607 J607Ni， J607RH J606 J606RH	H10Mn2	HJ431	ER49-1 ER50-2 ER55-D2 GHS-60 CO_2 或 Ar+20%CO_2	CO_2： PK-YJ607	—
				H08MnMoA H08Mn2MoA	HJ350 HJ250 HJ252 SJ101			

续表

强度等级 σ_s/MPa	钢号	焊条电弧焊焊条		埋弧焊		气体保护焊		自保护焊丝
		型号	牌号	焊丝	焊剂	实心焊丝	药芯焊丝	
490	14MnMoV 14MnMoVg 18MnMoNb 14MnMoVN 18MnMoNbg 15MnMoVCu	E6015-D1 E6015-G E6016-D1 E7015-D2 E7015-G	J607 J607Ni, J607RH J608 J707 J707Ni, J707RH J707NiW	H08Mn2MoA H08Mn2MoVA H08Mn2NiMo H0MnMoA	HJ250 HJ252 HJ350 SJ101 SJ102	ER35-D2 H08Mn2SiMoA GHS-60 GHS-60N GHS-70 CO_2 或 Ar+20%CO_2	CO_2: PK-YJ607 YJ707-1	—
414 450	×60 ×65	E4310 E5011 E5015 E5016	J425G J505, J505Mo J507XG, J507 J506XG, J506	H08Mn2MoA H08MnMoA	SJ101 SJ102 SJ301	—	—	—

（2）焊接参数的选择

1）焊接热输入

热轧及正火钢焊接参数的确定原则是避免产生粗晶区脆化和焊接裂纹。由于各种热轧及正火钢的脆化倾向和冷裂倾向不相同，因此对热输入的要求亦不同。

对于 Q295（09Mn2、09MnNb）和含碳量偏下限的 Q355（16Mn）钢，由于其碳当量 CE ＜ 0.4%，其粗晶区脆化敏感性不大，淬硬倾向也较小，因此，焊接热输入无需严格限制。

对于含碳量偏高的 Q355（16Mn）钢，其淬硬倾向增大，为防止冷裂纹，宜用偏大一些的焊接热输入进行焊接。

对于含钒、铌、钛等强度级别较低的正火钢，如 Q420（15MnVN）、15MnVTi 等，为防止沉淀相溶入和晶粒长大引起的脆化，宜选偏小的焊接热输入。焊条电弧焊推荐用 15 ～ 55kJ·cm^{-1}，埋弧焊用 20 ～ 50kJ·cm^{-1}。这类钢因含碳量偏低，用偏小的热输入焊接时得到的是韧性较好的下贝氏体或低碳马氏体组织。

对于含碳和合金元素量较高，屈服点又大于 490MPa 的正火钢，如 18MnMoNb 等，由于其淬硬倾向大，粗晶区脆化敏感性高。偏小的焊接热输入导致冷裂纹，偏大的热输入导致粗晶区脆化。两者难以兼顾，因此，一般应采用偏小的焊接热输入并辅之以预热和后热措施。通过减小热输入来避免过热，防止粗晶区脆化；通过预热和后热来降低冷却速度，防止冷裂。

18MnMoNb 钢的焊条电弧焊宜采用 20kJ·cm^{-1} 以下的热输入，埋弧焊用 35kJ·cm^{-1} 以下的热输入，焊前 150 ～ 180℃预热，层间温度在 300℃以下，焊后立即进行 250 ～ 350℃ 的后热处理，既可以防止裂纹产生，又可获得良好的接头力学性能。

2）预热

预热主要是为了防止裂纹，同时兼有一定的改善接头性能作用。但过高预热温度和层间温度反而会使接头韧性下降。因此，应根据钢材的化学成分、焊件结构形状、拘束度、环境温度和焊后热处理等条件，严格确定预热温度。随着钢材碳当量、板厚、结构拘束度增大和环境温度下降，焊前预热温度也需相应提高。焊后进行热处理时，可以不预热或降低预热温度。

多层焊时，层间温度一般应不低于预热温度。

表9-6给出了几种常用热轧、正火钢的焊前预热温度和焊后热处理温度。

3) 后热及热处理

① 后热是焊后立即对焊件进行整体或局部加热并保温的工艺措施。其主要目的是通过使工件缓冷来消除扩散氢，从而防止延迟裂纹的产生，因此又称消氢处理。去氢的效果取决于后热的温度和时间。温度一般在200～300℃范围内，保温时间取决于板厚，通常为2～6h。板厚一定的情况下，后热温度提高，保温时间可缩短。

强度级别较高的钢种和大厚度的焊接结构需要进行后热处理。

② 焊后热处理。除电渣焊使焊件严重过热而需要进行正火处理外，一般情况下，热轧钢和正火钢焊后不需热处理。但是，要求抗应力腐蚀的焊接结构、低温下使用的焊接结构及厚壁高压容器等，焊后都需要进行消除应力的高温回火。

回火温度不得超过母材的回火温度，以免影响母材的性能，应比母材回火温度低30～60℃。对于含有铬、钼、钒等的低合金钢，在回火时要避开600℃左右的温度区间，以免产生再热裂纹。例如15MnVN钢焊后消除应力热处理温度为550℃或650℃。

表9-6 常用热轧和正火钢的焊前预热温度及焊后热处理温度

强度等级 σ_s/MPa	钢号	厚度/mm	预热温度/℃	焊后热处理温度/℃	
				电弧焊	电渣焊
295	09Mn2 09Mn2Si 09MnV 12Mn	一般无厚板	不预热	无需处理	无需处理
345	16Mn 16MnR 14MnNb EH32 EH36 D36（36Z）	≤40	不预热	不热处理或在600～650回火	900～930正火 600～650回火
		>40	≥100		
390	15MnV 15MnTi 14MnMoNb EH40	≤32	不预热	不热处理或在530～580回火	950～980正火 560～590或 630～650回火
		>32	≥100		
440	15MnVN 14MnVTiRe	≤32	不预热	—	—
		>32	≥100		
	CF60 CF62	≤25	不预热	—	—
		>25	50～100		
490	18MnMoNb 14MnMoV	—	≥150	600～650回火	950～980正火 600～650回火

9.3 TMCP 钢的焊接

9.3.1 TMCP 钢的特点

TMCP 钢是采用先进的精炼技术、微合金化技术、热机械处理技术和冷却技术制造的高性能钢，具有下列特点：

① 含碳量低。与相同强度等级的正火钢相比，TMCP 钢的含碳量低，通过 Nb、V、Ti 等的碳化物或氮化物来细化晶粒，起到提高钢的强度和韧性作用。通过控制轧制和冷却工艺的热变形来进一步细化晶粒，达到在降低碳含量和合金元素含量的基础上同时提高其强韧性的目的。因此，在强度级别相同的情况下，其碳当量（CE）与普通热轧的或正火的低合金结构钢相比为低，约低 0.04% ～ 0.08%，如图 9-7 所示。

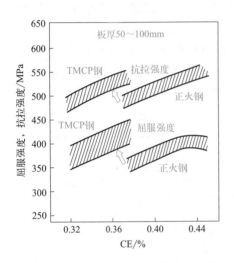

图 9-7　TMCP 钢与正火钢碳当量对比

② 硫、磷、氧、氢等杂质含量很低，对焊接冷裂、热裂、再热裂和层状撕裂都不敏感。

③ 金相组织是以针状铁素体或下贝氏体为主，其晶粒尺寸低达 6 ～ 20μm，无珠光体，共析铁素体和渗碳体都很少。

这种钢具有"三超两高"的特点，即超细晶粒、超洁净度、超均匀性、高强度和高韧性。

9.3.2 TMCP 钢的焊接性

与普通正火钢相比，TMCP 钢的裂纹敏感性低而热输入敏感性高，具体焊接特点如下。

① 对热裂纹、再热裂纹、冷裂纹和层状撕裂均不敏感。

TMCP 钢的洁净度和均匀性高、有害杂质元素含量少、碳当量低，因此各种裂纹的敏感性均较低。

② 粗晶区的一次组织（原始奥氏体晶粒）长大倾向大。

TMCP 钢通过微合金化和热机轧制控制来获得极小的晶粒尺寸；原始晶粒尺寸越小，焊接过程中粗晶区的晶粒长大就越明显，接头性能恶化就越严重。

不同强度级别的 TMCP 钢粗晶区一次组织对热输入的敏感性不同，强度级别越低，长大倾向越大，这是因为其晶粒细化机制不同。例如，400MPa 级 TMCP 钢是在碳素钢基础上靠控轧控冷处理来细化晶粒而获得高的强韧性的，在焊接热循环过程中晶粒长大没有任何阻碍作用。而 800MPa 级 TMCP 钢是以低碳贝氏体钢为基础加入有抑制晶粒长大作用的碳化物、氮化物形成元素，如 Nb、Ti、B 等，再经控轧控冷处理来获得更高的强韧性，这些第二相粒子在焊接过程中对原始奥氏体晶粒长大起着一定的阻碍作用。

③ 强度级别较低的 TMCP 钢粗晶区二次组织对热输入敏感程度也较大。

400MPa 级 TMCP 钢的原始组织以针状铁素体为主，粗晶区在低热输入情况下，如 $t_{8/5}$=3s，会产生马氏体组织；当 $t_{8/5}$=5 ～ 12s 时就会变成下贝氏体组织；当 $t_{8/5}$=20s 时，则变成上贝氏体和侧板条铁素体；随着冷却时间的增加，上贝氏体的含量越来越多。而 800MPa

级 TMCP 钢的原始组织以下贝氏体为主，粗晶区在快速冷却条件下，如 $t_{8/5}$=3 ～ 7s，会产生马氏体组织，但在相当大的热输入范围内，粗晶区组织为贝氏体。只有在 $t_{8/5}$ ≥ 500s 时，粗晶区才会出现少量珠光体组织。

④ 强度级别较高的 TMCP 钢存在热影响区软化问题。

利用小热输入（$t_{8/5}$ ≤ 5s）焊接时，400MPa 级 TMCP 钢焊接热影响区的硬度尽管随着 $t_{8/5}$ 增大和 T_p 的降低而下降，但整个热影响区的硬度都高于母材，说明这种钢用小热输入（$t_{8/5}$ ≤ 5s）焊接时热影响区不会有软化现象，没有失强问题。而 800MPa 级 TMCP 钢的硬度受焊接热输入和 $t_{8/5}$ 影响较显著，随着焊接热输入和 $t_{8/5}$ 的增大，焊接热影响区软化倾向逐渐明显。对 12mm 厚的 800MPa 级 TMCP 钢，当 $t_{8/5}$ 为 38s（相当于 25.5kJ·cm^{-1} 的热输入）时，整个焊接热影响区都发生软化。当 $t_{8/5}$ 低于 38s 时，硬度低于母材的软化区宽度则大大减小。一般情况下，软化区宽度越小拘束效应作用越强，对接头强度的不利影响就越小。

⑤ 焊缝金属形成过程中没有 TMCP 钢母材的控轧控冷的强化条件，其强韧性只能通过合金强化来达到。

9.3.3　TMCP 钢的焊接工艺

（1）焊接方法

TMCP 钢可采用的焊接方法有焊条电弧焊、埋弧自动焊、熔化极气体保护焊、等离子弧焊和激光焊等。对于板厚大于 35mm 的工件，优先采用窄间隙焊来提高接头的冲击韧性，因为这种焊接工艺热输入低，且多重焊道的累积，使焊缝正火程度高而韧性好。

（2）焊接材料的选择

应选择能净化焊接熔池的焊接材料，在保证接头强度的前提下提高其低温韧性。对于焊条电弧焊和埋弧焊等焊接方法，宜选择碱性焊条或高碱度渣系的焊剂，以减少硫、氢、氧等元素的含量，严格控制焊材原料中的硫、磷等杂质含量。熔化极气体保护焊时要注意保护气体纯度，并且选用含硫、磷量低的焊丝。

对于具有高强韧性的 TMCP 钢焊接，焊缝金属形成过程中已没有母材的控轧控冷的强化条件，它的强韧性只能通过合金强化来达到。所以所选填充材料的合金化程度必然高于母材，其类型则根据所需强度和冲击韧性来决定。MAG 焊时，选用硅、锰合金焊丝就可得到在 -40℃ 仍具有较高韧性的焊缝。强度和低温韧性要求更高时，就必须使用具有更高合金元素含量的填充金属，如 Ti、Ni-Cu、Mo、Ni-Mo 等。

（3）预热及后热处理

施焊时应采取减少氢的来源及能降低焊接热应力的工艺措施，对厚大工件可以适当预热。

TMCP 钢焊后不能进行如正火、正火加回火或淬火加回火等的焊后热处理，但可以进行消除应力的热处理，因为后者不会引起钢材组织和性能改变。

（4）焊接工艺参数

焊接工艺参数可参考低碳钢的焊接工艺参数，但应通过适当的实验来优化焊接参数，控制热输入。对于固溶强化的焊缝金属，宜采用低热输入的多层多道焊，这样既减少了热输入，又使焊道间互相热处理产生再结晶起到细化晶粒的作用；对于沉淀强化的焊缝金属由于有第二相析出，多层多道焊未必有利，须作具体分析。

合金元素成分和焊接工艺措施（主要是冷却速度）等是决定焊缝组织的主要因素。应通过焊接热输入来控制焊缝组织。对于低合金高强钢，针状铁素体、下贝氏体或低碳马氏体（即板条马氏体）组织有利于提高焊缝金属的强韧性，而上贝氏体和孪晶马氏体组织则不利于韧性的提高。当含合金元素量少时，以生成针状铁素体为最好；合金元素较多时，以生成下贝氏体为最佳。通常冷却快有利于生成针状铁素体或下贝氏体等组织，但过快又可能得到孪晶马氏体；冷却太慢易生成先共析铁素体、侧板条铁素体或上贝氏体等粗大组织，使韧性下降。

9.4 低碳调质钢的焊接

9.4.1 低碳调质钢的成分与性能

低碳调质钢是含碳量在 0.20% 以下，通过加入适量的 Mn、Si、Mo、Cr、Ni、Cu、V、Nb、Ti 等合金元素并进行调质（淬火＋回火）处理来获得良好综合性能的低合金高强钢，其屈服点在 440 ～ 980MPa。Mn、Si、Mo、Cr、Ni、Cu、V、Nb、Ti 和 B 等合金元素的添加是为了提高淬透性和马氏体的回火稳定性，通过降低含碳量来得到低碳马氏体并保证其"自回火"，这样使得接头的脆性小，易于焊接。含碳量低于 0.09% 的低碳调质钢焊接过程中不会有裂纹发生，称为无裂纹钢（CF 钢）。

表 9-7 和表 9-8 分别为常用低碳调质钢的化学成分和力学性能，表 9-9 为其中几种低碳调质钢的相变点、热处理制度和组织。

抗拉强度为 600MPa 级的低碳调质钢主要为 Si-Mn 系和在 Si-Mn 基础上加少量 Cr、Ni、Mo、V 这两类；700MPa 级的钢主要为 Si-Mn-Cr-Ni-Mo 系，合金元素加入量比 600MPa 级的钢多些，另外还加入少量的 V；800MPa 级的钢主要为 Si-Mn-Cr-Ni-Mo-Cu-V 系，并加入一定量的 B；1000MPa 级的钢合金系列与 800MPa 级的钢基本相同，但合金元素加入量较高，尤其是为了保证韧性加入较多的 Ni。

热处理工艺对低碳调质钢的影响也很大，热处理工艺一般为奥氏体化→淬火→回火，回火温度越低，强度级别越高，但塑韧性有所降低。低合金调质钢为了获得满意的强度和韧性的组合，晶粒尺寸通常非常细小、均匀，而且是等轴晶。普通低合金 C-Mn 钢的铁素体晶粒尺寸为 15 ～ 20μm，而低碳调质钢约为 2 ～ 3μm。

低碳低合金调质高强度钢按其用途可分为：

① 高强度结构钢。抗拉强度为 600 ～ 800MPa 的低碳调质钢，如 14MnMoNbB、15MnMoVNRe、HQ60、HQ70、HQ80 等，这类钢主要用于工程焊接结构，焊缝及焊接区多承受拉伸载荷。

② 高强度耐磨钢。抗拉强度为 1000 ～ 1300MPa 的低碳调质钢，如 HQ100、HQ130 等，主要用于工程结构中要求耐磨、承受冲击的部位。

③ 高强度高韧性钢。抗拉强度为 600 ～ 800MPa 的低碳调质钢，如 12Ni3CrMoV、10Ni5CrMoV 等。

表 9-7　常用低碳调质钢的化学成分

化学成分（质量分数/%）

钢号	C	Si	Mn	P	S	Cr	Ni	Mo	Cu	V	其他	P_{cm}/%	CE (IIW)/%	备注
15MnMoVN	0.12~0.20	0.20~0.50	1.30~1.70	≤0.035	≤0.035	—	—	0.40~0.60	—	0.10~0.20	N0.01~0.02			
15MnMoVNRe	≤0.18	0.20~0.60	1.20~1.70	≤0.035	≤0.035	—	—	0.35~0.60	—	0.03~0.10	N0.02~0.03 Re0.10~0.20			
14MnMoNbB	0.12~0.18	0.15~0.35	1.30~1.80	≤0.03	≤0.03	—	—	0.45~0.70	≤0.40	—	Nb0.02~0.07 B0.0005~0.003	0.275	0.56	
12Ni3CrMoV	0.07~0.14	0.17~0.39	0.30~0.60	≤0.02	≤0.015	0.90~1.20	2.60~3.00	0.20~0.27	—	0.04~0.10	—	0.278	0.669	
WCF-60 WCF-62	≤0.09	0.15~0.40	1.10~1.50	≤0.03	≤0.02	≤0.03	≤0.05	≤0.30	—	0.02~0.06	B≤0.003	0.226	0.40 0.47 0.42	国产无裂纹钢
HQ70A	0.09~0.16	0.15~0.40	0.60~1.20	≤0.03	≤0.03	0.30~0.60	0.30~1.00	0.20~0.40	0.15~0.50	—	V+Nb≤0.1 B0.0005~0.003	0.282	0.52	国产工程机械用钢
HQ80	0.10~0.16	0.15~0.35	0.60~1.20	≤0.025	≤0.015	0.60~1.20	0.30~1.50	0.30~0.60	0.15~0.50	0.03~0.08	B0.0005~0.003	0.297	0.58 0.69	
HQ100	0.10~0.18	0.15~0.35	0.80~1.40	≤0.030	≤0.030	0.60~0.80	0.70~1.50	0.30~0.60	0.15~0.50	0.05~0.08	—		0.65	
T-1	0.10~0.20	0.15~0.35	0.60~1.00	≤0.035	≤0.040	0.40~0.65	0.70~1.00	0.40~0.60	0.15~0.50	0.03~0.08	—	0.295	0.58	美国
HY-130	0.12	0.15~0.35	0.60~0.90	≤0.010	≤0.015	0.40~0.70	4.75~5.25	0.30~0.65	—	0.05~0.10		0.317	0.80	美国
WEL-TEN70	≤0.16	0.15~0.35	0.60~1.20	≤0.03	≤0.03	≤0.60	0.30~1.00	≤0.40	≤0.50	≤0.10B 0.006		0.291	0.57	日本
WEL-TEN80	≤0.16	0.15~0.35	0.60~1.20	≤0.03	≤0.03	0.40~0.80	0.40~1.50	0.30~0.60	0.15~0.50	≤0.10B 0.006		0.29	0.60	日本

表 9-8　常用低碳调质钢的力学性能

钢号	板厚 /mm	拉伸性能			冲击性能		
		R_m/MPa	R_{eL}/MPa	A/%	温度 /℃	缺口形式	冲击吸收功 /J
15MnMoVN	18～40	≥ 690	≥ 590	≥ 15	-40	U	≥ 27
15MnMoVNRe	≤ 16		≥ 588		-40	U	≥ 23.5
14MnMoNbB	< 8	≥ 755	≥ 686	≥ 12	-40	U	≥ 27
12Ni3CrMoV	< 16	记录	588～745	≥ 16	-20	V	54
WCF-60	14～50	590～720	≥ 450	≥ 17	-20	V	≥ 47
WCF-62	14～50	610～740	≥ 490	≥ 17	-20	V	≥ 47
HQ70A	> 18	≥ 685	≥ 590	≥ 17	-40	V	≥ 29
HQ80C	≤ 50	≥ 785	≥ 685	≥ 16	-40	V	≥ 29
HQ100	—	≥ 950	≥ 880	≥ 10	-25	V	≥ 27
T-1	5～64	794～931	≥ 686	≥ 18	-45	V	≥ 27
HY-130	16～100	882～1029	895	≥ 15	-18	V	≥ 68
WEL-TEN70	≤ 50	686～833	≥ 618	≥ 16	-17	V	≥ 39
WEL-TEN80	50	784～931	≥ 686	≥ 16	-15	V	≥ 35

表 9-9　常用低碳调质钢的热处理温度及其组织

钢号	相变点 /℃				热处理制度			组织
	A_{c1}	A_{c3}	A_{r1}	A_{r3}	奥氏体化温度 /℃	淬火介质	回火温度 /℃	
WCF-60 WCF-62	746	923	669	813	940	水	630	板条状回火马氏体、回火索氏体加贝氏体
HQ-70	724	855	616	758	920	水	600～700	具有大量亚结构的铁素体加较大的球状渗碳体
15MnMoVN	715	910	630	820	950	水	640	回火粒状贝氏体
15MnMoVNRe	736	873	674	762	930～940	水	820～830	细小均匀的铁素体加粒状贝氏体及少量上贝氏体
HQ-100	715	850	615	725	920	水	620	回火索氏体
14MnMoNbB	715	870	—	785	930	水	620	回火马氏体或回火马氏体加回火下贝氏体
12Ni3CrMoV	707	820			880	水	680	回火马氏体加回火贝氏体
HY-130	7	—	—		800～830	水	590	回火马氏体加回火贝氏体

9.4.2　低碳调质钢的焊接性

低碳调质钢含碳量都在 0.20% 以下，所以这类钢的焊接性与正火钢基本类似，不同之处在于这类钢是以调质状态供货的，热影响区除了易于脆化外，还会发生软化。

（1）冷裂纹

低碳调质钢的碳当量较高，除了 CF 类钢外，其他都大于 0.5，见表 9-7。尽管其冷裂倾向在理论上很大，但很容易通过缓冷来防止。这是由于其含碳量很低，形成的马氏体是低碳马氏体，且其转变温度 M_S 较高。只要是 M_S 温度附近的冷却较慢，生成的马氏体会得以"自回火"，冷裂纹就可避免；如果马氏体转变时的冷却速度很快，得不到"自回火"，其冷裂倾向必然增大。因此，在高拘束度的厚板结构焊接时，应通过预热和控制热输入等方式来防止冷裂纹。

（2）粗晶区脆化

低碳调质钢粗晶区脆化的原因有两个：一是原始奥氏体晶粒粗化，二是脆性混合组织（上贝氏体和 M-A 组合）的形成。影响脆性混合组织形成的主要因素是合金元素成分及 $t_{8/5}$。通过控制可防止脆性混合组织的形成。每种低碳调质钢均有一最佳 $t_{8/5}$（或 $t_{8/3}$），在这一冷却速度下，其粗晶区可以获得低碳马氏体加少量下贝氏体组织，具有良好的抗裂性能及韧性。如 HQ70B 钢最佳 $t_{8/5}$ 在 23s 左右，WEL-TEN80C 和 T-1 钢最佳 $t_{8/5}$ 在 11s 左右。

（3）热影响区软化

调质状态下的钢材被加热到回火温度以上时，其性能就会发生变化。因此，焊接时由于热的作用使热影响区局部强度和韧性下降几乎是不可避免的。

在调质状态下焊接时，加热温度介于回火温度与 A_{c1} 之间的那部分热影响区中的碳化物粒子会发生聚集长大，致使硬度、强度和韧性降低，这种现象称为热影响区软化。软化程度和宽度取决于母材的强度等级和焊接工艺参数。钢的强度级别越高，热影响区的软化越严重。焊接热输入越大，软化程度越大。

对焊后不再进行调质处理的低碳调质钢来说，软化区是焊接接头一个薄弱位置，因此应严格控制焊接工艺参数。

9.4.3　低碳调质钢的焊接工艺

低碳调质钢焊接工艺制定时考虑的主要问题是如何防止冷裂纹、热影响区的脆化和软化。防止冷裂纹的主要措施是控制马氏体转变时的冷却速度不能太快，保证马氏体获得"自回火"。防止热影响区脆化的主要措施是控制 800 ～ 500℃ 的冷却时间 $t_{8/5}$ 接近最佳值。热影响区软化主要通过降低焊接热输入来防止。

（1）焊接方法的选择

低碳调质钢，可用焊条电弧焊、埋弧焊、钨极氩弧焊和熔化极气体保护焊等电弧焊方法进行焊接。为了防止热影响区脆化和软化，对于焊后不进行调质处理的低碳调质钢结构，应尽量选择能量密度大的焊接方法（如电子束焊）或热输入小的焊接方法（如钨极氩弧焊）。对于屈服强度大于 980MPa 的低碳调质钢，也应采用钨极氩弧焊或电子束焊进行焊接。对于强度级别较低的低碳调质钢，利用焊条电弧焊、钨极氩弧焊和熔化极气体保护焊等焊接时，可采用与低碳钢相当的工艺参数；由于冷却速度较快，焊接热影响区的力学性能接近钢在淬火状态下的力学性能，因而不需进行焊后热处理。采用埋弧焊时，不宜用粗丝大焊接电流、双丝或多丝等大热输入焊接工艺；应采用细丝小电流电弧焊或窄间隙双丝埋弧焊等低热输入焊接工艺，以避免母材过分受热。

（2）焊接材料的选择

由于低碳调质钢有产生冷裂纹倾向，因此，应严格控制焊接材料中氢的含量。焊条电弧焊时应选用低氢或超低氢焊条，焊前按规定要求进行烘干；其他电弧焊方法的焊丝表面要干净，无油锈等污物，保护气体含水量要低，焊剂要严格按照供货商要求烘干。

由于低碳调质钢焊后一般不再进行热处理，应按照等强原则选择焊丝或焊条，确保焊态下的焊缝金属力学性能接近母材。在特殊情况下，如焊接结构的刚度或拘束度很大，冷裂纹倾向很大时，必须选择熔敷金属强度比母材稍低的焊接材料作填充金属。

表 9-10 给出了各种低碳调质钢常用的焊接材料。

（3）焊接参数的选择

控制冷却速度是低碳调质钢焊接的关键问题。较高的冷却速度有利于防止热影响区脆化，但不利于防止冷裂纹；而较慢的冷却速度可防止冷裂纹，但会加剧热影响区脆化。因此，应兼顾热影响区脆化和冷裂纹的防止，选用最佳冷却速度。在工件散热条件一定的情况下，冷却速度主要是由焊接热输入和预热等因素决定。

1）焊接热输入

每种低碳调质钢都有各自的最佳 $t_{8/5}$，在这一冷却速度下，热影响区具有良好的抗裂性能和韧性。$t_{8/5}$ 可以通过试验或者借助钢材的焊接 CCT 图来确定，然后根据该 $t_{8/5}$ 来确定焊接热输入。为了防止冷裂纹的产生，在满足热影响区韧性要求的前提下尽量提高焊接热输入。

2）预热温度

有些情况下，如大厚板焊接、拘束度大的结构的焊接以及强度级别很高的调质钢的焊接，即使采用了允许的最大热输入也会产生冷裂纹，这时就必须采取预热措施，把冷却速度降到低于马氏体自回火极限速度。

通过马氏体的"自回火"作用来提高其抗裂性能，一般都采用较低的预热温度（$\leqslant 200℃$），表 9-11 为 HQ 系列钢的最大焊接热输入及预热温度。若预热温度过高，冷却速度过慢，热影响区会因形成脆性混合组织而脆化。最好通过试验确定出防止冷裂纹的最佳预热温度范围。

3）焊后热处理

低碳调质钢通常在调质状态下焊接，在正常焊接条件下焊缝及热影响区可获得高强度和韧性，焊后一般不需进行热处理。只有在下列情况下才进行焊后热处理：

① 焊缝或热影响区严重脆化或软化区失强过大，这种情况下需进行重新调质热处理。

② 焊件在焊后需进行精密加工，要求保证尺寸稳定；或者焊件要求耐应力腐蚀。这些情况下，需进行消除应力热处理。消除应力热处理的温度应比母材调质处理时的回火温度低 30℃ 左右。

表 9-10　各种低碳调质钢常用的焊接材料

钢号	焊条电弧焊的焊条		埋弧焊		气体保护焊	
	型号	牌号	焊丝	焊剂	气体（体积分数）	焊丝
WCF-60 WCF-62 HQ60	E6015-D1	J607	H08MnMoA	HJ431	CO₂ 或 Ar+20%CO₂	ER55-D2 ER55-D2Ti ER55-G E600T-5
	E6015-G	J607Ni	H10Mn2	SJ201		
	E6016-D1	J607RN	H10Mn2Si	SJ101		
				HJ350		
	E6016-G	J606	H08MnMoTi	SJ104		
HQ70 14MnMoVN 12MnCrNiMoVCu 12Ni3CrMoV	E7015-D2	J707 J707Ni	HS-70A H08Mn2NiMoVA H08Mn2NiMo	HJ350 HJ250 SJ101	CO₂ 或 Ar+20%CO₂	ER69-1 ER69-3 ER69-G E700T-5
	E7015-G	J707RH J707NiW				
14MnMoNbB 15MnMoVNRe WEL-TEN70 WEL-TEN80	E7015-D2	J707	H0Mn2MoA H08Mn2Ni2CrMoA	HJ350	Ar+20%CO₂ 或 Ar + (1% ~ 2%) O₂	ER76-1 ER83-1 ER76-G
		J707Ni				
	E7015-G	J707RH				
		J707NiW				
	E7515-G	J757 J757Ni				
	E8015-G	J807 J807RH				
12NiCrMoV	E8015-G	J807RH J857 J857Cr J857CrNi	—	—	—	—
T-1	E7015-D2	J707 J707Ni	—	—	—	ER76-1 ER83-1 ER76-G
	E7015-G	J707RH				
	E7515-G	J757 J757Ni				
HQ80	—	GHH-80	—	—	Ar+20%CO₂	ER76-G
HQ100		J956	—	—	Ar+20%CO₂	ER83-G

表 9-11　HQ 系列钢的最大焊接热输入和预热温度

钢号	板厚 δ/mm	预热温度 /℃			层间温度 /℃	焊接热输入 / (kJ·cm⁻¹)
		焊条电弧焊	气体保护焊	埋弧焊		
HQ60	$6 \leqslant \delta < 13$	不预热	不预热	不预热	$\leqslant 150$	$\leqslant 30$
	$13 \leqslant \delta < 26$	40 ~ 75	15 ~ 30	25	$\leqslant 200$	$\leqslant 45$
	$26 \leqslant \delta < 50$	75 ~ 125	25	50	$\leqslant 200$	$\leqslant 55$

钢号	板厚 δ/mm	预热温度 /℃			层间温度 /℃	焊接热输入 / (kJ·cm⁻¹)
		焊条电弧焊	气体保护焊	埋弧焊		
HQ70	6≤δ<13	50	25	50	≤150	≤25
	13≤δ<19	75	50	50	≤180	≤35
	19≤δ<26	100	50	75	≤200	≤45
	26≤δ<50	125	75	100	≤200	≤48
HQ80C	6≤δ<13	50	50	50	≤150	≤25
	13≤δ<19	75	50	75	≤180	≤35
	19≤δ<26	100	75	100	≤200	≤45
	26≤δ<50	125	100	125	≤220	≤48
HQ100	≤32	100～150	100～150	—	≤150	≤35

表 9-12 给出了 HQ 系列钢的推荐焊接参数，表 9-13 给出了 14MnMoNbB 钢的推荐焊接参数。

表 9-12　HQ 系列钢的推荐焊接参数

钢号	焊接方法	焊接材料		焊接电流 /A	电弧电压 /V	焊接速度 / (cm·min⁻¹)	气体流量 / (L·min⁻¹)	备注
HQ60	焊条电弧焊	E6015H	φ4	160～180	22～24	12～14	—	热输入 18～22kJ·cm⁻¹ 层间温度 150℃
	气体保护焊	GHS-60N 焊丝 80%Ar+20%CO₂ （体积分数）	φ1.6	360	34	37	—	
HQ70	焊条电弧焊	E7015G	φ4	175	35	—	—	热输入 20kJ·cm⁻¹
	气体保护焊	GHS-70 焊丝 80%Ar+20%CO₂ （体积分数）	φ1.6	350	35	—	20	
HQ100	焊条电弧焊	J956	φ4	170～180	24～26	15～16	—	热输入 15～17kJ·cm⁻¹
	气体保护焊	GHQ-100 焊丝 80%Ar+20%CO₂ （体积分数）	φ1.6	<300	<30		—	热输入 10～20kJ·cm⁻¹

表 9-13　14MnMoNbB 钢的推荐焊接参数

焊接方法	焊接材料		焊接电流 /A	电弧电压 /V	焊接速度 / (m·h⁻¹)	预热温度和层间温度 /℃	后热
焊条电弧焊	J857 焊条	φ4	160～180	24～26	—	150	150℃保温 1～2h
		φ5	230～250				
埋弧焊	H08Mn2MoA 焊丝	φ3	380～400	33～35	21～24	150	150℃保温 2h
	HJ350	φ4	650～700	35～37	23～26		
	HJ431						

9.5　中碳调质钢的焊接

9.5.1　中碳调质钢的化学成分和性能

中碳调质钢的含碳量为 0.25% ～ 0.45%，合金元素（Mn、Si、Cr、Ni、Mo、Cu、V、Nb、Ti 和 B）总含量小于 5% 的，通过调质（淬火＋回火）处理来获得较好的综合性能，其屈服强度可达 880 ～ 1176MPa。

中碳调质钢按其合金系统可分成以下几类。

① Cr 钢。利用含量低于 1.5% 的 Cr 来保证淬透性，提高低温或高温回火稳定性，但这种钢有回火脆性。典型的钢种是 40Cr。

② Cr-Mo 系。是在 Cr 钢基础上发展起来的中碳调质钢，加入少量 Mo（0.15% ～ 0.25%）是为了消除 Cr 钢的回火脆性，进一步提高淬透性和强韧性。此外，Mo 还能提高钢的高温强度。V 可以细化晶粒，提高强度、塑性和韧性，增加高温回火稳定性。典型的钢种有 35CrMoA 和 35CrMoVA 钢等。

③ Cr-Mn-Si 系。利用 Si 来提高低温回火抗力，在退火状态下的组织为铁素体和珠光体，经 870 ～ 890℃淬火、510 ～ 550℃高温回火为回火索氏体（或统称回火马氏体）。典型的这类钢有 30CrMnSiA、30CrMnSiNi2A 和 40CrMnSiMoVA 钢等。这类钢的缺点是在 300 ～ 450℃内出现第一类回火脆性，因此，回火时必须避开该温度范围。另外，这种钢还有第二类回火脆性，因此，高温回火时须采取快冷措施，否则冲击韧度会显著降低。

④ Cr-Ni-Mo 系。利用 Ni 来提高淬透性，同时改善塑性和韧性，尤其是低温冲击韧度。利用 Mo 进一步提高淬透性，又有助于消除回火脆性。典型的这类钢有 40CrNiMoA 和 34CrNi13MoA 钢等。这类钢强度高、韧性好、淬透性大。

表 9-14 和表 9-15 分别列出几种常用中碳调质钢的化学成分及力学性能。

表 9-14　中碳调质钢的化学成分（质量分数 /%）

钢号	C	Mn	Si	Cr	Ni	Mo	V	S	P
30CrMnSiA	0.28 ～ 0.35	0.8 ～ 1.1	0.9 ～ 1.2	0.8 ～ 1.1	≤ 0.30	—	—	≤ 0.030	≤ 0.035
30CrMnSiNi2A	0.27 ～ 0.34	1.0 ～ 1.3	0.9 ～ 1.2	0.9 ～ 1.2	1.4 ～ 1.8	—	—	≤ 0.025	≤ 0.025
40CrMnSiMoVA	0.37 ～ 0.42	0.8 ～ 1.2	1.2 ～ 1.6	1.2 ～ 1.5	≤ 0.25	0.45 ～ 0.60	0.07 ～ 0.12	≤ 0.025	≤ 0.025
35CrMoA	0.30 ～ 0.40	0.4 ～ 0.7	0.17 ～ 0.35	0.9 ～ 1.3	—	0.2 ～ 0.3	—	≤ 0.030	≤ 0.035
35CrMoVA	0.30 ～ 0.38	0.4 ～ 0.7	0.2 ～ 0.4	1.0 ～ 1.3	—	0.2 ～ 0.3	0.1 ～ 0.2	≤ 0.030	≤ 0.035
34CrNi3MoA	0.3 ～ 0.4	0.5 ～ 0.8	0.27 ～ 0.37	0.7 ～ 1.1	2.75 ～ 3.25	0.25 ～ 0.4	—	≤ 0.030	≤ 0.035
40CrNiMoA	0.36 ～ 0.44	0.5 ～ 0.8	0.17 ～ 0.37	0.6 ～ 0.9	1.25 ～ 1.75	0.15 ～ 0.25	—	≤ 0.030	≤ 0.030
4340	0.38 ～ 0.40	0.6 ～ 0.8	0.2 ～ 0.35	0.7 ～ 0.9	1.62 ～ 2.00	0.2 ～ 0.3	—	≤ 0.025	0.025
H-11	0.3 ～ 0.4	0.2 ～ 0.4	0.8 ～ 1.2	4.75 ～ 5.5	—	1.25 ～ 1.75	0.3 ～ 0.5	≤ 0.01	≤ 0.01
D6AC	0.42 ～ 0.48	0.6 ～ 0.9	0.15 ～ 0.35	0.9 ～ 1.2	0.4 ～ 0.7	0.9 ～ 1.1	0.05 ～ 0.10	≤ 0.015	≤ 0.15
30Cr3SiNiMoV	0.32	0.70	0.96	3.10	0.91	0.70	0.11	0.003	0.019

表 9-15 中碳调质钢的力学性能

钢号	热处理规范	σ_s/MPa	σ_b/MPa	δ/%	ψ/%	a_{KV}/(J·cm^{-2})	HB
30CrMnSiA	870～890℃油淬	≥833	≥1078	≥10	≥40	≥49	346～363
	510～550℃回火						
	870～890℃油淬	—	≥1568	≥5	—	≥25	≥444
	200～260℃回火						
30CrMnSiNi2A	890～910℃油淬	≥1372	≥1568	≥9	≥45	≥59	≥444
	200～300℃回火						
40CrMnSiMoVA	890～970℃油淬	—	≥1862	≥8	≥35	≥49	HRC≥52
	250～270℃回火，4小时空冷						
35CrMoA	860～880℃油淬	≥490	≥657	≥15	≥35	≥49	197～241
	560～580℃回火						
35CrMoVA	880～900℃油淬	≥686	≥814	≥13	≥35	≥39	255～302
	640～660℃回火						
34CrNi3MoA	850～870℃油淬	≥833	≥931	≥12	≥35	≥39	285～341
	580～670℃回火						
40CrNiMoA	840～860℃油淬	833	≥980	12	50	79	—
	550～650℃水冷或空冷						
4340	约870℃油淬	<1305	<1480	<14	<50	25	<435
	约425℃回火						
H-11	980～1040℃空淬	<1725	—	—	—	—	—
	约540℃回火	<2070					
	约480℃回火						
D6AC	880℃油淬	≥1470	≥1570	<14	<50	25	—
	550℃回火						
30Cr3SiNiMoVA	910℃油淬 280℃回火	—	≥1666	>9	—	—	—

9.5.2 中碳调质钢的焊接性

中碳调质钢强度高、淬硬性大，因而焊接性较差，焊后必须通过调质处理才能保证接头的性能。

（1）热裂纹

中碳调质钢碳含量及合金元素含量都较高，其结晶温度区间较大，易于出现严重的偏析，因而具有较大的热裂纹倾向。热裂纹常发生在多道焊第一条焊道弧坑和凹形角焊缝中。

为了防止热裂纹，应选择含碳量尽量低，含 S、P 杂质少的填充材料。焊丝含碳量最高不超过 0.25%，S、P 含量低于 0.03% ～ 0.035%。焊接时应注意填满弧坑和良好的焊缝成形。

（2）冷裂纹

中碳调质钢碳含量和合金元素含量均较高，过冷奥氏体具有较大的稳定性，因此，马氏体开始转变温度 M_s 较低。形成的马氏体碳含量高，硬度和脆性大，而且形成温度低，不会发生"自回火"，因此淬硬性较大，冷裂纹倾向较严重，焊接时必须采取措施防止冷裂。

（3）粗晶区脆化

由于中碳调质钢具有相当大的淬硬性，粗晶区内很容易产生硬脆的高碳马氏体。冷却速度越大，生成的高碳马氏体就越多，脆化也就越严重。

通常采用小焊接热输入并辅之以预热、缓冷和后热等工艺措施来降低中碳调质钢粗晶区脆化。降低热输入可缩短高温停留时间，降低了原始奥氏体晶粒尺寸，提高了奥氏体内部成分的不均匀性，从而降低其稳定性，提高了马氏体转变温度。预热和缓冷是为了降低冷却速度，改善过热区的性能。采用大的焊接热输入进行焊接时，不但不能避免马氏体的形成，而且还会增大奥氏体晶粒尺寸和稳定性，形成粗大的马氏体，使粗晶区脆化更为严重。

（4）热影响区软化

在调质状态下焊接，中碳调质钢热影响区软化程度比低碳调质钢更为严重，随着强度级别提高，其软化程度就越显著。热输入越小，加热和冷却速度越快，受热时间越短，其软化程度和宽度就越小。因此，采用热能集中、热输入较小的焊接方法，对减小软化区有利。

中碳调质钢最好在退火或正火状态下焊接，焊后再进行调质处理，这样焊接时只需注意如何防止热裂纹和冷裂纹即可。在调质状态下焊接时，除了裂纹问题外，还有粗晶区中高碳马氏体引起的硬化和脆化问题，以及高温回火区软化问题。高碳马氏体引起的硬化和脆化可以通过焊后回火解决，而软化引起的强度降低，在焊后不能调质处理的情况下是无法解决的。因此，在调质状态下焊接，应重点防止冷裂纹和避免热影响区软化。

9.5.3　中碳调质钢的焊接工艺

1）坡口加工

如果焊前进行退火或正火，焊后再进行调质，则坡口加工方法没有特殊要求。如果在调质状态下焊接且焊后不进行调质处理，为了防止坡口附近的组织发生变化并保证装配精度，中碳调质钢坡口不宜采用热切割方法进行加工，应采用机械加工方法进行加工。

2）焊接方法

可用的焊接方法有焊条电弧焊、熔化极气体保护焊、钨极氩弧焊、等离子弧焊、埋弧自动焊和电子束焊等。如果在调质状态下焊接，最好采用热量集中的脉冲熔化极氩弧焊、脉冲钨极氩弧焊、等离子弧焊和真空电子束焊等方法，这些方法有利于缩小热影响区宽度，获得细晶组织，提高焊接接头的力学性能。

3）焊接材料

焊接材料应采用低碳合金系，并尽量降低焊缝金属的硫、磷杂质含量，以确保提高焊缝金属的抗裂性。合金成分必须能够保证焊缝金属的韧性、塑性和强度。对于焊后需要进行调质热处理的构件，焊缝金属的合金成分应与基体金属相近。

通常根据焊前母材状态、接头性能要求及焊后热处理制度来选择焊接材料。表 9-16 给出了退火状态下焊接时中碳调质钢常用的焊接材料。

表 9-16　退火状态下焊接时中碳调质钢常用的焊接材料

钢号	焊条电弧焊		埋弧焊		气体保护焊	
	焊条型号	焊条牌号	焊丝牌号	焊剂牌号	气体	焊丝牌号
30CrMnSi	E8515-G	J857Cr	H20CrMoA	HJ260	CO_2	ER49-1
	E9815-G	J107Cr	H18CrMoA	HJ431	Ar	H18CrMoA
35CrMo	E9815-G	J107Cr	H20CrMoA	HJ260	Ar	H20CrMoA
35CrMoV	E8515-G E9815-G	J857Cr J107Cr	—	—	Ar	H20CrMoA
40Cr	E8515-G E8815-G E9815-G	J857Cr J907Cr J107Cr	—	—	—	—

调质状态下焊接时，焊后一般不用进行调质处理，因此选择焊接材料时无需考虑热处理对焊缝成分的要求，主要考虑因素是冷裂纹的防止。焊条电弧焊一般选用组织为纯奥氏体的铬镍钢焊条或镍基焊条，以提高焊缝金属的塑性和韧性，从而把焊接变形集中到焊缝金属上，减小了热影响区的残余应力；而且纯奥氏体焊缝金属可溶解更多的氢，避免了焊缝中的氢向熔合区扩散，有利于避免冷裂纹。例如，30CrMnSiA 可用 A507（E1-16-25Mo6N-15）或 A502（E1-16-25Mo6N-16）来焊接。

4）工艺参数

在退火或正火状态下焊接时，工艺参数确定的原则是保证焊后及调质处理过程中不出现裂纹，因此，通常采用较高的预热温度（200 ~ 350℃）和层间温度。如果用局部预热，预热范围距焊缝两侧应不小于100mm。如果焊后不能立即进行调质处理，则必须及时进行一次中间热处理，即焊后在等于或高于预热温度下保持一段时间，目的是去除扩散氢和改善接头组织，以降低冷裂纹的敏感性。也可在焊后进行 680℃回火处理，不但可去氢并改善接头组织，还可消除应力。如果产品结构复杂，有大量焊缝时，应焊完一定数量焊缝后就及时进行一次后热处理。必要时，每焊完一条焊缝都进行后热处理，目的是避免后面焊缝尚未焊完，先焊部位就已经出现延迟裂纹。表 9-17 给出了几种中碳调质钢在退火状态下的典型焊接工艺参数。

表 9-17　几种中碳调质钢在退火状态下的典型焊接工艺参数

母材	板厚 /mm	焊接 方法	焊丝或 焊条直 径 /mm	焊接参数					备注
				焊接电流 /A	电弧电压 /V	焊接速度 /(m·h^{-1})	送丝速度 /(m·h^{-1})	焊剂或气体 及流量 /(L·min^{-1})	
30CrMnSiA	4	焊条电弧焊	3.2	90 ~ 110	20 ~ 25	—	—	—	—
	7	埋弧焊	2.5	290 ~ 400	21 ~ 38	27	—	HJ431	焊 3 层

母材	板厚 /mm	焊接方法	焊丝或焊条直径 /mm	焊接参数					备注
				焊接电流 /A	电弧电压 /V	焊接速度 /(m·h⁻¹)	送丝速度 /(m·h⁻¹)	焊剂或气体及流量 /(L·min⁻¹)	
30CrMnSiNi2A	10	焊条电弧焊	3.2	130～140	21～32	—	—	—	预热 350℃；焊后 680℃回火
			4.0	200～220					
	26	埋弧焊	3.0	280～450	30～35	—	—	HJ350	焊 13 层
			4.0						
30CrMnSi	2	CO₂ 气体保护焊	0.8	75～85	17～19	—	120～150	CO_2, 7～8	短路过渡
	4			85～110		—	150～180	CO_2, 10～14	
45CrNiMoV (H-11)	2.5	TIG	1.6	100～200	9～12	6.75	30～52.5	Ar, 10～20	预热 260℃；焊后 650℃回火
	23		1.6	250～300	12～14	4.5	30～57	Ar14, He5	预热 300℃；焊后 670℃回火

在调质状态下焊接时，一般采用低温预热 - 小热输入 - 焊后立即后热的工艺措施。低预热温度和小热输入是为了缩短高温停留时间，以避免粗晶区的奥氏体晶粒尺寸长大，缓解高温回火区的软化。后热是为了减缓冷却速度，避免冷裂纹。由于焊后不再进行调质处理，因此预热温度、层间温度、中间热处理温度和后热温度均必须比母材的回火温度低 50℃左右。

9.6 耐候钢的焊接

9.6.1 耐候钢的性能特点

耐候钢是具有耐大气腐蚀性能的一类钢。这类钢通过添加适量的 Cu、P、Cr、Ni 等合金元素来形成表面保护层，达到耐大气腐蚀之目的。Cu 和 P 是耐大气、海水侵蚀的最有效元素，Cr 能提高钢的耐腐蚀稳定性，Ni 也可加强耐蚀效果。国产耐候钢以 Cu、P 合金为主。为了降低含 P 钢的冷脆敏感性并改善焊接性，耐候钢的含碳量通常不超过 0.16%。耐候钢分高耐候钢和焊接耐候钢两种，前者具有更好的耐大气腐蚀性能，而后者具有更好的焊接性能。耐候钢主要用于制造车辆、桥梁、建筑、塔架、集装箱或其他金属结构件。

GB/T 4171—2008《耐候结构钢》规定了耐候钢的牌号表示方法。钢的牌号在普通低合金钢基础上加上"GNH"或"NH"，前者表示高耐候钢，后者表示耐候钢。如"Q335GNHC"表示下屈服强度为 335MPa 的高耐候钢，其质量为 C 级。常用耐候钢的化学成分见表 9-18，力学性能见表 9-19 及表 9-20。

表 9-18　常用耐候结构钢的化学成分

牌号	化学成分（质量分数 /%）								
	C	Si	Mn	P	S	Cu	Cr	Ni	其他元素
Q265GNH	≤ 0.12	0.10 ～ 0.40	0.20 ～ 0.50	0.07 ～ 0.12	≤ 0.020	0.20 ～ 0.45	0.30 ～ 0.65	0.25 ～ 0.50[5]	①，②
Q295GNH	≤ 0.12	0.10 ～ 0.40	0.20 ～ 0.50	0.07 ～ 0.12	≤ 0.020	0.25 ～ 0.45	0.30 ～ 0.65	0.25 ～ 0.50[5]	①，②
Q310GNH	≤ 0.12	0.25 ～ 0.75	0.20 ～ 0.50	0.07 ～ 0.12	≤ 0.020	0.20 ～ 0.50	0.30 ～ 1.25	≤ 0.65	①，②
Q355GNH	≤ 0.12	0.20 ～ 0.75	≤ 1.00	0.07 ～ 0.15	≤ 0.020	0.25 ～ 0.55	0.30 ～ 1.25	≤ 0.65	①，②
Q235NH	≤ 0.13[6]	0.10 ～ 0.40	0.20 ～ 0.60	≤ 0.030	≤ 0.030	0.25 ～ 0.55	0.40 ～ 0.80	≤ 0.65	①，②
Q295NH	≤ 0.15	0.10 ～ 0.50	0.30 ～ 1.00	≤ 0.030	≤ 0.030	0.25 ～ 0.55	0.40 ～ 0.80	≤ 0.65	①，②
Q355NH	≤ 0.16	≤ 0.50	0.50 ～ 1.50	≤ 0.030	≤ 0.030	0.25 ～ 0.55	0.40 ～ 0.80	≤ 0.65	①，②
Q415NH	≤ 0.12	≤ 0.65	≤ 1.10	≤ 0.025	≤ 0.030[4]	0.25 ～ 0.55	0.30 ～ 1.25	0.12 ～ 0.65[5]	①，②，③
Q460NH	≤ 0.12	≤ 0.65	≤ 1.50	≤ 0.025	≤ 0.030[4]	0.25 ～ 0.55	0.30 ～ 1.25	0.12 ～ 0.65[5]	①，②，③
Q500NH	≤ 0.12	≤ 0.65	≤ 2.0	≤ 0.025	≤ 0.030[4]	0.25 ～ 0.55	0.30 ～ 1.25	0.12 ～ 0.65[5]	①，②，③
Q550NH	≤ 0.16	≤ 0.65	≤ 2.0	≤ 0.025	≤ 0.030[4]	0.25 ～ 0.55	0.30 ～ 1.25	0.12 ～ 0.65[5]	①，②，③

① 为了改善钢的性能，可以添加一种或一种以上的微量合金元素（质量分数）：Nb0.015% ～ 0.060%，W0.02% ～ 0.12%，Ti0.02% ～ 0.10%，Al ≥ 0.020%。若上述元素组合使用时，应至少保证其中一种元素含量达到上述化学成分的下限规定。

② 可以添加下列合金元素（质量分数）：Mo ≤ 0.30%，Zr ≤ 0.15%。

③ Nb、V、Ti 等三种合金元素的添加总量不应超过 0.22%（质量分数）。

④ 供需双方协商，S 的含量可以不大于 0.008%（质量分数）。

⑤ 供需双方协商，Ni 含量的下限可不做要求（质量分数）。

⑥ 供需双方协商，C 的含量可以不大于 0.15%（质量分数）。

表 9-19　常用耐候结构钢拉伸与弯曲性能

牌号	拉伸试验[1]									180° 弯曲试验 弯心直径		
	下屈服强度 /（N·mm⁻²）不小于				抗拉强度 /（N·mm⁻²）	断后伸长率 /% 不小于						
	≤ 16	>16 ～ 40	>40 ～ 60	>60		≤ 16	>16 ～ 40	>40 ～ 60	>60	≤ 6	>6 ～ 16	>16
Q235NH	235	225	215	215	360 ～ 510	25	25	24	23	a	a	2a
Q295NH	295	285	275	255	430 ～ 560	24	24	23	22	a	2a	3a
Q295GNH	295	285	—	—	430 ～ 560	24	24	—	—	a	2a	3a
Q355NH	355	345	335	325	490 ～ 630	22	22	21	20	a	2a	3a
Q355GNH	355	345	—	—	490 ～ 630	22	22	—	—	a	2a	3a
Q415NH	415	405	395	—	520 ～ 680	22	22	20	—	a	2a	3a
Q460NH	460	450	440	—	570 ～ 730	20	20	19	—	a	2a	3a
Q500NH	500	490	480	—	600 ～ 760	18	16	15	—	a	2a	3a

牌号	拉伸试验[①]								180°弯曲试验 弯心直径		
	下屈服强度/(N·mm⁻²)不小于				抗拉强度 /(N·mm⁻²)	断后伸长率/%不小于						
	≤16	>16~40	>40~60	>60		≤16	>16~40	>40~60	>60	≤6	>6~16	>16
Q550NH	550	540	530	—	620~780	16	16	15	—	a	2a	3a
Q265GNH	265	—	—	—	≥410	27	—	—	—	a	—	—
Q310GNH	310	—	—	—	≥450	26	—	—	—	a	—	—

① 当屈服现象不明显时，可以采用 $R_{p0.2}$。

注：a 为钢材厚度。

表 9-20　耐候结构钢的冲击性能

质量等级	V形缺口冲击试验[①]		
	试样方向	温度/℃	冲击吸收功 KV_2/J
A		—	—
B	纵向	+20	≥47
C		0	≥34
D		-20	≥34
E		-40	≥27[②]

① 冲击试样尺寸为 10mm×10mm×55mm。

② 经供需双方协商，平均冲击吸收功值可以 ≥60J。

9.6.2　耐候钢的焊接性

耐候钢的碳磷总含量通常控制在 0.25% 以下，焊接热影响区的最高硬度不超过 350HV，故钢的冷脆倾向不大；钢中 Cu 的含量低（0.2%～0.4%），热裂纹敏感性不大。焊接性与强度较低（$R_{eL} = 292～343MPa$）的低合金热轧钢基本相同。不同的是，选择焊接材料时除应满足强度要求外，还须使焊缝金属的耐蚀性能与母材相匹配。

9.6.3　耐候钢焊接工艺

耐候钢的常用焊接方法有埋弧焊、焊条电弧焊、CO_2 焊，也可用电阻点焊和塞焊。

焊条电弧焊时，为了使焊缝金属与母材耐蚀性能相匹配，应选用含磷、铜的结构钢焊条；或者选择不含磷的 J×××CrNi 焊条，通过渗 Cr、Ni 来保证耐蚀性和韧性。

埋弧焊常用镀铜的含锰焊丝或含铜的焊丝。

CO_2 焊宜用含适量铜或镍的焊丝。

表 9-21 给出了焊接耐候及耐海水腐蚀用钢常用的焊接材料。

表 9-21　焊接耐候及耐海水腐蚀用钢常用的焊接材料

屈服强度/MPa	钢种	焊条电弧焊	二氧化碳气体保护焊	埋弧焊
≥235	Q235NH Q295NH Q295GNH Q295GNHL	J422CrCu J422CuCrNi J423CuP	H10MnSiCuCrNi Ⅱ GFA-50W[①] GFM-50W[①] AT-YJ502D[②] PK-YJ502CuCr[③]	H08A+HJ431 H08MnA+HJ430

续表

屈服强度 /MPa	钢种	焊条电弧焊	二氧化碳气体保护焊	埋弧焊
≥ 355	Q355NH Q355GNH Q355GNHL Q390GNH	J502CuP J502NiCu J502WCu J502CuCrNi J506NiCu J506WCu J507NiCu J507CuP J507NiCuP J507CrNi J507WCu	H10MnSiCuNiⅡ GFA-50W GFM-50W AT-YJ502D PK-Yj502CuCr	H08MnA+HJ431 H10Mn2+HJ431 H10MnSiCuCrNiⅠ Ⅱ +SJ101
≥ 450	Q460NH	J506NiCu J507NiCu J507CuP J507NiCuP J507CrNi	GFA-55W GFM-55W AT-YJ602D	H10MnSiCuCrNiⅠ Ⅱ +SJ101

① GFA-50W、GFM-50W 及 GFM-55W 为哈尔滨焊接研究所开发的熔渣型和金属芯型药芯焊丝。

② AT-YJ502D、AT-YJ602D 为钢铁研究总院开发的熔渣型药芯焊丝。

③ PK-YJ502CuCr 为北京宝钢焊业有限责任公司开发的耐候钢药芯焊丝。

9.7 低温钢的焊接

9.7.1 低温钢的性能

低温钢又称低温韧性钢，是在低温下仍具有足够韧性的一类钢，主要用于制造石油化工中的低温设备，如液化石油气及液化天然气等生产、储存与运输的容器和管道等。这类钢最主要的性能特点是韧脆转变温度低，具有很强的抗低温脆性破坏的能力和组织结构稳定性。

低温钢通常采用固溶强化、晶粒细化、奥氏体稳定元素合金化和降低硫磷含量等措施来改善低温韧性。采用的固溶强化元素主要是 Ni 和 Mn。晶粒细化的措施是通过加入少量的 Al、Nb、V、Ti 等形成弥散分布的细小碳氮化物来阻止晶粒长大，并通过正火、正火加回火或调质处理来细化晶粒、均化组织。Ni、Mn 均为奥氏体稳定元素，均可显著降低钢的韧脆转变温度；Ni 含量增大到 20％以上时，奥氏体稳定化区域扩展到常温，钢的低温冷脆现象消失。严格限制 S、P 和 C 的含量，提高 Mn/ C 比也有利于降低韧脆转变温度。

根据显微组织的不同，低温钢可分为铁素体型、低碳马氏体型和奥氏体型三类。根据化学成分的不同，低温钢可分为不含 Ni 低温钢和含 Ni 低温钢两种。

（1）铁素体型低温钢

铁素体型低温钢一般存在明显的低温脆性，不宜在其韧脆转变温度以下使用。根据成分的不同，铁素体型低温钢又可分不含 Ni 低温钢和含 Ni 低温钢两类。

1）不含 Ni 低温钢

一般为含碳量为 0.05%～0.28%、含 Mn 量为 0.6%～2% 的碳锰钢，且 Mn/C 比控制在 10 左右，例如 16MnDR、06MnVTi 等。有的还通过加入少量的 Al、Nb、Ti、V 等元素以细化晶粒，例如 09Mn2VDR。

2）含 Ni 低温钢

这类钢主要是低镍钢，例如 Ni3.5% 钢。Ni3.5% 钢一般采用 870℃ 正火和 635℃ 1h 消除应力回火，其最低使用温度达 -100℃，调质处理可提高其强度，改善韧性和降低其韧脆转变温度，其最低使用温度可降至 -129℃。

（2）低碳马氏体型低温钢

低碳马氏体型低温钢含 Ni 量较高，如 Ni9% 钢。淬火状态下，其组织为低碳马氏体；正火状态下，其组织以低碳马氏体为主，还有一定数量的铁素体和少量奥氏体。与铁素体型低温钢相比，这类钢具有更高的强度和韧性，更低的韧脆转变温度，可用于 -196℃ 低温。应该注意的是，这类钢经冷变形后韧性显著降低，应通过 565℃ 消除应力退火来提高其低温韧性。

（3）奥氏体型低温钢

这类钢含有较多的 Ni、Cr 奥氏体稳定元素。典型的奥氏体型低温钢是 18-8 型铬镍奥氏体钢，其使用最为广泛。25-20 型铬镍奥氏体钢可用于超低温条件。Al 和 Mn 也是奥氏体稳定元素，以铝代镍的 15Mn26Al4 低温钢也是奥氏体型，这种钢的使用温度不能低于马氏体相变温度，否则奥氏体转变为马氏体而使韧性下降。

表 9-22 给出几种低温钢的力学性能。

表 9-22　部分低温钢的力学性能

钢号	温度等级 /℃	板厚 /mm	热处理	力学性能					备注
				σ_s /MPa	σ_b /MPa	δ_5 /%	冲击吸收功		
							试验温度 /℃	功 /J	
16MnDR	-40	6～16	正火	≥315	490～620	≥21	-40	34	
		>16～36		≥295	470～600				
		>36～60		≥285	450～580		-30		
		>60～100		≥275	450～580				
15MnNiDR	-70	6～16	正火	≥325	490～630	≥20	-45		摘自 GB 3531—2008
		>16～36		≥315	470～610				
		>36～60		≥305	460～600				
09Mn2VDR	-70	6～16	正火	≥290	440～570	≥22	-50	34	
		>16～36		≥270	430～560				
09MnNiDR	-70	6～16	正火	≥300	440～570	≥23	-70		
		>16～36		≥280	430～560				
		>36～60		≥270	430～560				

续表

钢号	温度等级/℃	板厚/mm	热处理	力学性能					备注
				σ_s/MPa	σ_b/MPa	δ_5/%	冲击吸收功		
							试验温度/℃	功/J	
2.5Ni	-80	6～50	正火	≥270	451～588	≥24	-70	≥20.6	
3.5Ni	-100	6～50	正火	≥300	451～588	≥24	-101	≥20.6	SL2N26 SL3N26 SL3N45 SL9N60 (日)(JIS)
		6～50	调质	≥280	539～686	≥21	-110	≥21.6	
9Ni	-196	6～50	调质	≥260	686～834	≥21	-196	≥20.6	

9.7.2 低温钢的焊接性

（1）不含 Ni 的铁素体型低温钢

不含 Ni 的铁素体型低温钢与热轧及正火钢和低碳调质钢基本相同，而且其碳、硫、磷含量更低，焊接特点如下：

① 由于含碳量低，淬硬倾向和冷裂倾向小。板厚小于 25mm 时无需预热；板厚超过 25mm 或接头刚性拘束较大时，应考虑预热，但预热温度一般在 100～150℃。

② 含硫、磷量低，热裂倾向小。

③ 铁素体型低温钢热影响区晶粒易长大，因此，应严格控制焊接热输入和层间温度，避免因热影响区晶粒长大而导致韧性降低。

④ 铁素体型低温钢回火脆性较大，因此，应严格控制焊后热处理温度，避免回火脆性。当板厚大于 16mm，焊后往往要进行消除应力热处理。对于含有 V、Ti、Nb、Cu、N 等元素的钢种，在进行消除应力热处理时，如果加热温度处于回火脆性敏感温度区间，则会析出脆性相，使低温韧性显著下降。因此，焊后热处理时应避开回火脆性温度区间。

（2）含 Ni 较少的铁素体型低温钢

这类钢的含 Ni 量一般不高于 3.5%，加入的 Ni 尽管提高了淬透性，但由于其含碳量低，因此，冷裂倾向并不严重，焊接薄板时可以不预热，只有厚板时才需进行约 120℃ 的预热，例如，厚度大于 25mm 时，预热温度为 125℃。

（3）低碳马氏体型低温钢

典型的低碳马氏体型低温钢如 9Ni 钢，含 Ni 量为 9%，具有较大的淬透性。这种钢的供货状态是正火＋再高温回火或 900℃ 水淬后再 570℃ 回火，其组织是含碳量很低的马氏体，具有较高的韧性，因此，其冷裂倾向并不大。厚度不大于 50mm 的工件焊接时，无需预热，焊后也可不进行消除应力热处理。

9Ni 钢焊接时应注意以下问题：

① 选择合适的焊接材料。选用的焊接材料应使焊缝金属的低温韧性和线胀系数与母材相近。选用与 9Ni 钢成分相近的焊接材料焊接时，焊缝金属的低温韧性显著低于母材，这是因为

焊缝金属组织接近铸造组织，而且焊缝中含氧量较高。通常采用镍基合金焊接材料进行焊接，焊缝为奥氏体组织，虽然强度较低，但低温韧性好，而且热膨胀系数与9Ni钢较接近。

② 磁偏吹现象。9Ni钢属强磁性材料，用直流电源焊接时极易产生磁偏吹现象，影响焊接质量。最好采用交流电源进行焊接，如果不能采用交流电源，则应进行退磁处理，保证工件的残留磁场低于50A·m^{-1}。

③ 热裂纹。当采用镍基焊接材料时，焊缝金属容易产生热裂纹，尤其是弧坑裂纹。因此，应选用抗裂性能好，线胀系数与母材相近的焊接材料。在工艺上采取一些措施，如收弧时注意填满弧坑等。

④ 严格控制焊接热输入和层间温度，避免焊前预热。这样可避免接头过热和晶粒长大，保证接头的低温韧性。

（4）奥氏体型低温钢

奥氏体型低温钢焊接时要注意以下三个问题。

① 奥氏体型低温钢的热导率约为低碳钢的三分之一，而线胀系数又比低碳钢大50%，焊接时的变形量较大、残余应力较大。为了防止热裂纹，一般应选择与母材线胀系数大致相近的焊接材料。

② 镍铬奥氏体型低温钢焊接时应注意控制焊接热输入，防止因晶粒长大和脆性相析出而使焊接接头塑性和韧性下降，防止接头抗晶间腐蚀能力因晶界上形成碳化铬而降低。

③ 无镍铬的奥氏体型低温钢应采用与母材合金系统大致相同的焊材进行焊接，焊接时应注意防止针状气孔的产生，这种气孔一般分布在焊缝或熔合区。

9.7.3　低温钢的焊接工艺

（1）低温钢焊接工艺要点

低温钢多用于制造低温压力容器，其焊接工艺必须符合国家有关钢制压力容器焊接规程的要求，应特别注意以下几点。

① 焊条、焊剂使用前应严格按照供货商要求烘干，如果没有特殊要求，一般应在350～400℃保温2h。

② 焊前严格清理掉坡口及其附近50mm左右区域的水、锈、油污等。如果焊丝被污染，也应严格清理。

③ 定位焊道长度≥40mm。

④ 焊接电流不宜过大，采用快速焊接；焊条直线运条，多层多道焊时控制好层间温度，防止过热。

⑤ 焊前预热原则：对于3.5Ni钢，如果板厚大于25mm，要求预热125℃以上；对于9Ni钢，可不预热；对于其余低温钢，按340～410MPa级低合金高强钢的预热要求进行预热。

⑥ 焊后消除应力热处理一般原则：对3.5Ni钢和其他铁素体型低温钢，当板厚或结构因素造成不利的焊接残余应力时，一般采用600～650℃的热处理工艺；对于9Ni钢和奥氏体型低温钢，一般不用进行消除应力热处理。

⑦ 为了尽量降低应力集中，应保证：防止碰伤材料，若碰伤应打磨修理；引弧必须在焊缝或坡口内进行，且引弧处应重熔，填满弧坑；焊缝成形应良好，避免咬边；焊缝表面应圆滑向母材过渡；纵焊缝、环焊缝、接管、人孔处的角焊缝必须焊透；当环缝不得不采用残

留垫环进行单面焊时，应特别注意垫环的装配质量，并在装到内壁上后，将垫环本身的对接处焊透；装配用定位铁和楔子去除后，所留在焊件上的焊疤等，必须进行焊补并打磨光滑。返修焊补工艺的制定及施焊应特别严格，避免大面积焊补。

（2）焊接材料和焊接工艺参数选择

低温钢焊接的关键问题是保证焊缝和过热区低温韧性，这需要通过选择合适的焊接材料、焊接方法和热输入来保证。可采用焊条电弧焊、钨极氩弧焊、熔化极气体保护焊和埋弧焊等进行焊接。

1）焊条电弧焊

低温钢焊条电弧焊选用的焊条直径一般不大于 4mm；对于开坡口的对接焊缝、丁字焊缝和角接焊缝封底焊，焊条直径一般不超过 3.2mm。尽量使用较小的焊接电流进行焊接，以减小焊接热输入，保证接头有足够的低温韧性。表 9-23 给出了平焊时低温钢焊条电弧焊常用的工艺参数，立、仰焊时所用的焊接电流应比表中的数值小 10%。

表 9-23　平焊时低温钢焊条电弧焊常用的工艺参数

焊缝金属类型	焊条直径 /mm	焊接电流 /A	焊缝金属类型	焊条直径 /mm	焊接电流 /A
铁素体型	3.2	90 ～ 120	铁 - 锰 - 铝奥氏体型	3.2	80 ～ 100
	4.0	140 ～ 180		4.0	100 ～ 120

① 不含 Ni 的铁素体型低温钢的焊条电弧焊可选用与母材成分相同的低碳钢和 C-Mn 钢高韧性焊条，其焊缝金属在 -30℃仍有足够冲击韧度。若选用 w（Ni）=0.5% ～ 1.5% 的低镍焊条更可靠，如 W707Ni 等。其热输入应控制在 20kJ・cm^{-1} 以下。

② 3.5Ni 低镍铁素体型低温钢焊条电弧焊应选用含镍量略高于母材的焊条。但含镍量不能过高，因过高的含镍量会增加焊缝的回火脆性。加入少量钼有利于减少回火脆性，所以 3.5Ni 钢焊接常选含钼的焊条。添加 Ti 可细化晶粒，改善焊缝的低温韧性。焊接热输入对热影响区低温韧性有较大影响，应控制在 20kJ・cm^{-1} 以下。

③ 9Ni 低碳马氏体型低温钢焊条电弧焊应选用含镍多 [w（Ni）≈ 40% ～ 60%] 的奥氏体钢焊条，其优点是低温韧性好、线胀系数与 9Ni 钢接近；缺点是屈服强度偏低、工艺性能差、成本高。也可选用含镍少的奥氏体钢焊条，其优点是价格低、工艺性能好、屈服强度高；但焊缝金属的低温韧性稍差、线胀系数较大。因此，实际生产中应根据产品要求去选择不同类型焊条。9Ni 钢一般在调质状态下使用，焊接热输入应控制在 45kJ・cm^{-1} 以下，过高会使热影响区低温韧性下降，多层焊层间温度在 150℃以下。

表 9-24 为常用低温钢焊条，表中的几种用于焊接含 Ni 低温钢的日本焊条，其技术性能见表 9-25。

表 9-24　常用低温钢焊条

钢号	焊条电弧焊的焊条	
	型号	牌号
16MnDR	E5015-G E5016-G	J507NiTiB J507GR J507RH J506R J506RH

续表

钢号	焊条电弧焊的焊条	
	型号	牌号
09MnTiCuReDR 09Mn2VDR	E5015-G E5015-C$_1$ E5515-C$_1$ E5515-G	W607 W607H W707 W707Ni W807
06MnNbDR 06AlNbCuR	E5515-C$_2$ E5015-C$_2$L	W907Ni W107 W107Ni
2.5Ni 3.5Ni	E5515-C$_1$ E5515-C$_2$ E5015-C$_2$L	W707Ni W907Ni W107Ni NB-3N[①]
9Ni	—	NIC-70S[①] NIC-70E[①] NIC-1S[①]
15Mn26Al4	E315-15	A407

① 日本焊条，其技术性能见表 9-25。

表 9-25　焊接含 Ni 低温钢的几种日本焊条的技术性能

牌号 （标准）	焊缝金属化学成分（质量分数 /%)									焊缝金属力学性能			
	C	Mn	Si	Ni	Cr	Mo	Nb	W	Fe	$\sigma_{0.2}$ /MPa	σ_b /MPa	δ /%	冲击吸收功 /J
NB-3N （AWSE7016-G）	0.04	0.94	0.33	3.20	—	0.27	—	—	余量	461	539	31	（-100℃） 118
NIC-70S （JISD9Ni-1）	0.08	2.02	0.345	余量	14.3	4.0	1.7	0.6	9.8	420	690	45	（-196℃） 67
NIC-70E （JISD9Ni-1）	0.09	2.58	0.22	余量	12.3	3.2	2.4	—	6.5	430	690	40	（-196℃） 56
NIC-1S （JISD9Ni-2）	0.03	1.60	0.20	余量	1.9	18.3	—	2.8	7.4	440	730	46	（-196℃） 79

2）埋弧焊

低温钢埋弧焊一般采用小直径焊丝（2 ～ 4mm）、小焊接电流（350 ～ 450A）、低电弧电压（26 ～ 32V）进行焊接，焊丝伸出长度一般为 30 ～ 40mm，焊接速度尽量快，以降低热输入，保证接头的低温韧性。

① 不含 Ni 的铁素体型低温钢的埋弧焊可用中性熔炼焊剂配合 Mn-Mo 焊丝或碱性熔炼焊剂配合含 Ni 焊丝，也可采用 C-Mn 钢焊丝配合碱性非熔炼焊剂，由焊剂向焊缝渗入微量 Ti、B 合金元素，以保证焊缝金属获得良好的低温韧性。焊接热输入应控制在 25 ～ 50kJ·cm^{-1}。

② 3.5Ni 低镍铁素体型低温钢埋弧焊可用 3.5Ni+0.3Ti 焊丝，配合烧结焊剂，热输入需要

控制在 30kJ·cm^{-1} 以下。9Ni 钢一般选用镍基焊丝。表 9-26 为常用低温钢埋弧焊所用的焊接材料。

表 9-26　常用低温钢埋弧焊焊接材料

钢号	埋弧焊	
	焊丝	焊剂
16MnDR	H10MnNiMoA H06MnNiMoA H08MnNiA	SJ101 SJ603 HJ250
09MnTiCuReDR 09Mn2VDR	H08MnA H08Mn2 H08Mn2MoVA	SJ102 SJ603 HJ250
06MnNbDR 06AlNbCuR	H08Mn2Ni2A	SJ603
2.5Ni 3.5Ni	H08Mn2Ni2A H05Ni3A	SJ603
9Ni	Ni67Cr16Mn3Ti Ni58Cr22Mo9W	HJ131
15Mn26Al4	12Mn27Al6	HJ173

3）钨极氩弧焊

对于低温钢薄板或薄壁管子，脉冲钨极氩弧焊是最佳焊接方法。重要结构上的厚板及厚壁管子的打底焊一般也采用钨极氩弧焊进行。

表 9-27 给出了低温钢 TIG 焊常用焊丝牌号及化学成分。C-Mn 低温钢选用 Ni-Mo 焊丝；3.5Ni 钢可选用 4NiMo 焊丝；9Ni 钢可选用高镍基焊丝，如 Ni-Cr-Ti、Ni-Cr-NbTi、Ni-Cr-Mo 等，即 Inconel92、Inconel82、Inconel625 等焊丝。采用 10Ni 焊丝焊接 9Ni 钢，所获得的焊缝金属强度达 784MPa，-196℃ V 形缺口的冲击吸收功高达 83.3J，只是塑性和韧性比镍基合金焊缝稍低。

表 9-27　低温钢自动 TIG 焊常用焊丝的化学成分

焊丝牌号	合金系统	主要化学成分含量/%										
		C	Si	Mn	P	S	Cu	Fe	Ni	Cr	Mo	W
A	70Ni-Mo-W	0.02	0.01	0.03	0.002	0.003	0.72	1.0	74.8	—	20.2	2.99
B	60Ni-Mo-W	0.03	0.18	0.25	0.004	0.004	—	5.64	余	14.3	13.8	2.91
TGS-1N MGS-1N	低 NiMo	0.07~0.12	—	1.4~2.1	≤0.0035	≤0.0035	—	余	1.0~1.5	—	0.4~0.6	—
TGS-3N MGS-3N	4NiMo	0.03	≤0.03	0.7~1.2	—	—	—	余	3.5~4.5	—	0.2	—
Inconel92	Ni-Cr-Ti	0.03	—	2.3	—	—	Ti3.2	6.6	71	16.4	—	Nb 2.5
Inconel82	Ni-Cr-Nb-Ti	0.02	—	3.0	—	—	0.55	1.0	72	20.0	Ti≤0.75	2.5

续表

焊丝牌号	合金系统	主要化学成分含量 /%										
		C	Si	Mn	P	S	Cu	Fe	Ni	Cr	Mo	W
Inconel625	Ni-Cr-Mo-Nb	0.05	—	0.25	—	—	0.20	2.5	61.0	21.5	9.0	Nb 3.5
Ni20Cr4MnC	Ni-Cr-Mn-C	0.28	≤ 0.02	4.0	≤ 0.015	≤ 0.015	—	≤ 0.4	余	19.5	—	—
10Ni	10Ni	0.04 ~ 0.08	0.3 ~ 0.4	0.61	≤ 0.007	≤ 0.005	—	余	10.5 ~ 11.0	—	—	—

4）熔化极气体保护焊

低温钢熔化极气体保护焊一般采用 Ar+O$_2$ 混合气体。常用的焊丝见表 9-27，工艺参数见表 9-28。

表 9-28 低温钢 Ar+O$_2$ 混合气体保护焊的工艺参数

板厚 /mm	接头形式	层数	焊丝直径 /mm	焊接电流 /A	电弧电压 /V	送丝速度 / (m·h^{-1})	焊接速度 / (m·h^{-1})	气体流量 / (L·min^{-1})
3.2	对接或角接	1	1.6	300	24	251	31	18 ~ 22
4.8	对接或角接	1	1.6	350	25	351	49	18 ~ 22
6.4	角接	1	1.6	350	25	351	49	18 ~ 22
6.4	角接	1	2.4	400	26	152	49	18 ~ 22
6.4	V 形坡口对接	2	1.6	375	25	396	37	18 ~ 22
6.4	V 形坡口对接	1	2.4	325	24	320	49	18 ~ 22
9.5	V 形坡口对接	2	2.4	450	29	182	43	19 ~ 24
9.5	角接	2	1.6	350	25	351	30	19 ~ 24
12.7	V 形坡口对接	3	2.4	425	27	168	46	19 ~ 24
12.7	角接	3	1.6	350	25	351	37	19 ~ 24
19.1	双面 V 形坡口对接	4	2.4	425	27	168	37	19 ~ 24
19.1	角接	5	1.6	350	25	351	37	19 ~ 24
24.1	角接	6	2.4	425	27	168	40	19 ~ 24

第 10 章
耐热钢的焊接

10.1 耐热钢特点及分类

10.1.1 耐热钢的一般特点

可在高温下持续使用的钢称为耐热钢，这类钢既要有良好的抗高温氧化性能，又要有较高的高温强度。内燃机、汽轮机、燃气轮机、锅炉、工业炉及石油化工设备等长期在高温下工作的零部件需要耐热钢来制造。

耐热钢的耐热性主要通过合金化来实现，即在碳钢的基础上加入可以提高耐氧化性和热强性的合金元素。常用来提高高温耐氧化性的元素有铬、铝、硅等，这些元素在高温下能与氧形成致密的氧化膜，这层氧化膜牢固地覆盖在钢的表面，有效防止钢的继续氧化。钢的高温强度主要通过加入适量铬、钼、钨和镍等合金元素并进行热处理来保证。

10.1.2 耐热钢的高温性能

（1）高温耐氧化和耐腐蚀性能

1）高温耐氧化和耐腐蚀机理

温度越高，金属与大气间的氧化反应越强烈，在腐蚀介质作用下产生的化学腐蚀或电化学腐蚀越严重。合金化是提高钢材高温耐氧化和耐腐蚀性能的基本方法，其主要机理是：

① 氧化膜保护。铬、硅、铝等合金元素可使钢材表面生成一层致密的 Cr_2O_3、SiO_2 和 Al_2O_3 氧化层，这些氧化层有效地隔绝金属与氧进一步接触，从而形成了可靠的保护作用，其中以铬的效果最好。

② 电极电位的提高。普通碳钢的电极电位很低，易被腐蚀。固溶于钢中的铬可大大提高其电极电位，因而提高了抵御电化学腐蚀的能力。

③ 显微组织的单相化。单相组织可减少微电池的数目，而提高耐蚀性能。铬、硅、钼、钛、铌等铁素体稳定元素有利于形成单相的铁素体；镍、锰、氮、铜等有利于形成单相奥氏体。

2）高温组织稳定性

耐热钢在高温下应具有良好的组织稳定性，也就是说，不会因高温作用而使组织发生显著变化。高温下的碳化物球化、石墨化及固溶体中合金元素的贫化是影响组织稳定性的主要方式。

① 珠光体中的碳化物在高温长期运行过程中易发生球化，使钢的抗蠕变能力和持久强度下降。加入铬、钼、钒、钨等合金元素可阻止或减缓球化过程。

② 石墨化是珠光体钢和钼钢组织不稳定的一种最危险形式，在高温和应力长期作用下钢组织中的渗碳体分解为铁和石墨，石墨（即碳）呈游离状态聚集于钢中，使钢材强度和塑性显著下降，脆性增加，铝和硅是促进石墨化元素，因此在热力设备中使用的碳钢和钼钢不用铝、硅脱氧，钢中加入铬、钛、铌、钒等碳化物形成元素，可以有效地阻止钢的石墨化倾向。其中铬的效果最好。

③ 在高温和应力作用下，耐热钢中由于原子扩散能力增加，会导致合金元素在固溶体和碳化物相之间重新分配。固溶体中的合金元素形成碳化物并析出，致使固溶体中合金元素逐渐贫化。钢中加入能强烈形成碳化物的合金元素钒、钛、铌等，可固定碳元素，阻止其他合金元素与碳结合，从而能有效地防止贫化。

（2）热强性

耐热钢的热强性通常用持久强度和蠕变极限表征。持久强度是指在一定温度和规定的持续时间下，引起断裂的最小应力；蠕变极限是指在一定温度和规定的时间内的金属蠕变变形量或蠕变速度不超过某一规定值时所能承受的最大应力。

提高钢材热强性的主要措施是固溶强化、晶界强化和沉淀强化。

① 固溶强化。固溶强化通常采用铬、钼、钨、铌等合金元素，这些元素都能有效地增强铁基固溶体的再结晶温度，使晶格发生强烈畸变并提高扩散激活能，从而显著提高固溶体的热强性。

② 晶界强化。晶界在高温下是薄弱环节，钢中加入微量的硼、锆或稀土元素等，可有效地提高晶界强度。因为这些微量元素能填充晶界结构上的空位等缺陷，使晶界上的原子排列更为紧密，降低晶界表面能，因而减缓了晶界处的扩散过程，同时，这些微量元素还能抑制晶界上一些不稳定相析出，使晶界处于较稳定的状态。晶界强化主要加入的元素是硼，若和钛或铌复合加入，效果更为明显。

③ 沉淀强化。钢中沉淀析出的碳化物相聚集于位错上，通过钉扎作用阻止位错滑移，有效地提高钢的热强性。常用的合金元素是钒、铌和钛等，形成的 V（CN）、Nb（CN）、Ti（CN）等碳氮化物在高温下较稳定，而且不易产生聚集和长大；以细小球状弥散均匀地分布在钢基体上，就可获得高的热强性。通过多元合金化，在钢中可以获得两种或两种以上较为稳定的碳氮化物相，比起单一碳氮化物相具有更好的热强化作用。

（3）高温脆化

耐热钢在高温下长期工作时很容易产生脆化现象。脆化机制主要有：晶粒长大脆化、晶界析出碳化物导致的脆化、475℃脆性和 σ 相脆化。

① 晶粒长大脆化。这种脆化主要发生在高铬铁素体钢中，在高温下长期工作时，高铬铁素体钢的晶粒尺寸不断增大，塑性和强度均下降，导致脆化。

② 晶界析出碳化物导致的脆化。这种脆化发生在铬镍奥氏体钢中。沿晶界析出碳化物降低了固溶体中合金元素的含量，从而造成脆化。

③ 475℃脆性。铬含量大于12%的铁素体钢加热到475℃左右时会变脆，且耐蚀性能下降。含铬量越高脆化就越严重。铬含量大于15%时，还会出现明显硬化现象。其原因是在475℃下会沉淀析出高铬 α' 相。这种脆性可通过热处理来消除，工艺是加热至540℃以上保温一定时间，然后快速冷却。

④ σ 相脆化。铬含量大于16.5%的钢在500～800℃长时间加热或使用，会因 σ 相析出而变脆。σ 相是一种铬含量为43%～50%的铁铬金属间化合物，提高钢中铁素体形成元素铬、钼和硅等的含量，会促进 σ 相的析出。这种脆性可通过热处理来消除，工艺是加热至800℃以上保温一定时间，然后自然冷却。

10.1.3 耐热钢分类

耐热钢可按照用途、合金体系、金相组织等多种方式进行分类。

1）按照用途

按照用途，耐热钢可分为热强钢和抗氧化钢两类。

热强钢在高温下具有较高的强韧性和一定的抗氧化性，其工作温度可高达600～800℃。常用的有高铬镍钢（如Cr18Ni9Ti）等。

抗氧化钢又称不起皮钢或热稳定钢，在高温下能抵抗氧化和其他介质的侵蚀，并有一定的强度，其工作温度可高达900～1100℃；主要用于要求高温抗氧化或耐气体介质侵蚀的场合，对高温强度无特别要求。常用的这类钢有铬镍钢（如Cr25Ni20）和高铬钢（如Cr17、Cr25等）。

2）按照合金体系

按照合金体系，耐热钢可分为高Cr系、Cr-Mo系、Cr-Mo-V系和Cr-Ni系等。

3）按照合金元素含量

按照合金元素含量，耐热钢可分为低、中、高三大类：合金元素总含量低于5%的称为低合金耐热钢，部分Cr-Mo系、Cr-Mo-V系属于这类钢；在5%～12%范围内的称为中合金耐热钢，部分Cr-Mo系、Cr-Mo-V系属于这类钢；大于12%的称为高合金耐热钢，高Cr系和Cr-Ni系等属这类钢。

4）按照供货状态的金相组织

按照供货状态的金相组织，耐热钢可分为以下四类：

① 珠光体耐热钢。这类钢通常以退火或正火＋回火状态供货，合金元素含量为5%～7%，属低、中合金钢。合金元素总含量小于2.5%时，钢的组织为珠光体＋铁素体；合金元素总含量大于3%时，组织为贝氏体＋铁素体（又称贝氏体耐热钢）。珠光体耐热钢合金体系有Cr-Mo系、Cr-Mo-V系、Cr-Mo-W-V系、Cr-Mo-W-V-B系和Cr-Mo-V-Ti-B系等。铬的氧化物比较致密，不易分解，具有很强的保护膜作用，因此铬起到提高耐蚀性和耐氧化性的作用；另外，固溶于 Fe_3C 中的铬还可增强碳化物的热稳定性，阻止碳化物的分解并减缓碳在铁素体中的扩散，能有效地防止石墨化。钼主要起强化作用，钼固溶于钢基体中，

提高钢的热强性；另外，钼还能降低热脆敏感性。钒是强碳化物形成元素，沉淀析出的 V（CN）呈弥散分布，提高钢的高温强度的同时防止钼的沉淀析出，保证了钼的固溶强化作用。此外，加入微量元素 B、Ti、Re 等能吸附于晶界，延长合金元素沿晶界扩散时间，从而强化晶界，增加钢的热强性。但这类钢在高温下长期运行中会出现碳化物球化及碳化物聚集长大等问题。

珠光体耐热钢的工作温度为 350 ～ 620℃，主要用于锅炉、高压容器、汽轮机等耐热零件。表 10-1 为常用珠光体耐热钢的化学成分，表 10-2 为其力学性能。

表 10-1　常用珠光体耐热钢化学成分的质量分数　　　　单位：%

钢号	C	Mn	Si	Cr	Mo	V	W	其他
12CrMo	0.08 ～ 0.15	0.4 ～ 0.7	0.17 ～ 0.37	0.4 ～ 0.7	0.4 ～ 0.55			
15CrMo	0.12 ～ 0.18	0.4 ～ 0.7	0.17 ～ 0.37	0.8 ～ 1.10	0.4 ～ 0.55			
12Cr1MoV	0.08 ～ 0.15	0.4 ～ 0.7	0.17 ～ 0.37	0.90 ～ 1.20	0.25 ～ 0.35	0.15 ～ 0.30		
12Cr2MoWVTiB	0.08 ～ 0.15	0.45 ～ 0.65	0.45 ～ 0.75	1.6 ～ 2.1	0.5 ～ 0.65	0.28 ～ 0.42	0.3 ～ 0.55	Ti0.08 ～ 0.18 B ≤ 0.008
12Cr3MoVSiTiB	0.09 ～ 0.15	0.5 ～ 0.8	0.6 ～ 0.9	2.5 ～ 3.0	1.0 ～ 1.2	0.25 ～ 0.35		Ti0.22 ～ 0.38 B0.005 ～ 0.011

表 10-2　常用珠光体耐热钢的室温力学性能

钢号	热处理制度				抗拉强度 /MPa	屈服强度 /MPa	伸长率 /%	冲击吸收功 /（J·cm⁻²）
	淬火		回火					
	加热温度 /℃	冷却剂	加热温度 /℃	冷却剂				
12CrMo	900	空气	650	空气	≥ 265	≥ 410	≥ 24	≥ 135
15CrMo	900	空气	650	空气	≥ 295	≥ 440	≥ 22	≥ 118
10Cr2Mo1	970	空气	750	空气	≥ 265	440 ～ 590	≥ 20	≥ 78.5
12Cr1MoV	970	空气	750	空气	≥ 245	≥ 490	≥ 22	≥ 59
15Cr1Mo1V	1020 ～ 1050	空气	730 ～ 760	空气	≥ 345	540 ～ 685	≥ 18	≥ 49
12Cr2MoWVTiB	1000 ～ 1035	空气	760 ～ 780	空气	≥ 342	≥ 540	≥ 18	
12Cr3MoVSiTiB	1040 ～ 1090	空气	720 ～ 770	空气	≥ 440	≥ 625	≥ 18	

② 马氏体耐热钢。这类钢一般在淬火＋高温回火下使用，其组织以回火马氏体为主，属于高合金钢。主要用于汽轮机叶片、蒸气管道等。

表 10-3 和表 10-4 分别列出部分马氏体耐热钢的化学成分和力学性能。

表 10-3　部分马氏体耐热钢化学成分的质量分数　　　　　　　　单位：%

新牌号	旧牌号	C	Si	Mn	P	S	Ni	Cr	Mo	Cu	其他元素
12Cr13	1Cr13	0.15	1.00	1.00	0.04	0.03	(0.60)	11.5 ～ 13.0	—	—	—
20Cr13	2Cr13	0.16 ～ 0.25	1.00	1.00	0.04	0.03	(0.60)	12.0 ～ 14.0			
13Cr13Mo	1Cr13Mo	0.08 ～ 0.18	0.60	1.00	0.04	0.03	(0.60)	11.5 ～ 14.0	0.30 ～ 0.60	(0.3)	
12Cr12Mo	1Cr12Mo	0.10 ～ 0.15	0.05	0.30 ～ 0.50	0.04	0.03	0.30 ～ 0.60	11.5 ～ 13.0	0.30 ～ 0.60	(0.3)	
15Cr12WMoV	1Cr12WMoV	0.12 ～ 0.18	0.50	0.50 ～ 0.90	0.035	0.03	0.40 ～ 0.80	11.0 ～ 13.0	0.50 ～ 0.70	—	W0.10 ～ 1.70 V0.15 ～ 0.30
22Cr12NiWMoV	2Cr12NiWMoV	0.20 ～ 0.25	0.50	0.5 ～ 1.0	0.04	0.03	0.5 ～ 1.0	11.0 ～ 13.0	0.75 ～ 1.25		W0.75 ～ 1.25 V0.20 ～ 0.40
14Cr11MoV	1Cr11MoV	0.11 ～ 0.18	0.50	0.60	0.035	0.03	0.6	10.0 ～ 11.5	0.50 ～ 0.70		V0.25 ～ 0.40
13Cr11Ni2W2MoV	1Cr11Ni2W2MoV	0.10 ～ 0.16	0.60	0.60	0.035	0.03	1.40 ～ 1.80	10.5 ～ 12.0	0.35 ～ 0.50		W1.50 ～ 2.00 V0.18 ～ 0.30

注：括号内值为可加入或允许含有最大值。

表 10-4　部分马氏体耐热钢淬火 + 回火后的力学性能

新牌号	屈服强度 /MPa	抗拉强度 /MPa	断面收缩率 /%	冲击吸收功 /J	淬火 + 回火后硬度 HBW	退火后硬度 HBW
	不小于					不大于
12Cr13	345	540	55	78	159	200
20Cr13	440	640	50	63	192	223
13Cr13Mo	490	690	60	78	192	200
12Cr12Mo	550	685	60	78	217 ～ 248	255
15Cr12WMoV	585	735	45	47	—	
22Cr12NiWMoV	735	885	25		≤ 341	269
14Cr11MoV	490	685	55	47		200
13Cr11Ni2W2MoV	735	885	55	71	269 ～ 321	269

③ 铁素体耐热钢。这类钢加入了较多的铁素体形成元素，如铬、硅或铝等。钢中的铬、铝或硅可在钢表面生成 Cr_2O_3、Al_2O_3 或 SiO_2 等致密的氧化膜而具有很好的抗氧化能力，故具有良好的耐腐性和耐热性。常用于要求抗高温氧化或耐高温气体介质腐蚀的场合。

含铬量较高的铁素体钢存在 475℃和 σ 相析出而产生脆性的现象。此外，这类钢缺口敏感性和韧脆转变温度较高，受热后对晶间腐蚀也较敏感。由于是单相的铁素体组织，不存在淬硬问题，但高温停留时间长，易引起晶粒长大。

表 10-5 和表 10-6 分别列出部分铁素体耐热钢的化学成分和力学性能。

表 10-5　部分铁素体耐热钢化学成分的质量分数　　　　　　　　　　单位：%

新牌号	旧牌号	C	Si	Mn	P	S	Cr	Cu	N	其他元素
06Cr13Al	0Cr13Al	0.08	1.00	1.00	0.04	0.03	11.5～14.5	—	—	Al0.1～0.3
022Cr12	00Cr12	0.03	1.00	1.00	0.04	0.03	11.0～13.5	—	—	—
10Cr17	1Cr17	0.12	1.00	1.00	0.04	0.03	16.0～18.0	—	—	—
16Cr25N	2Cr25N	0.20	1.00	1.00	0.04	0.03	23.0～27.0	(0.3)	0.25	—

注：括号内值为可加入或允许含有最大值。

表 10-6　部分铁素体耐热钢经退火处理后的力学性能

新牌号	屈服强度 /MPa	抗拉强度 /MPa	断面收缩率 /%	布氏硬度 HBW
	≥			≤
06Cr13Al	175	410	60	183
022Cr12	195	360	60	183
10Cr17	205	450	50	183
16Cr25N	275	510	40	201

④ 奥氏体耐热钢。高铬镍钢和高铬氮钢均属此类，属高合金钢，具有很好的耐热性能和耐蚀性能，可在 600～810℃范围内工作；若作为抗氧化钢，则工作温度可提高至 1200℃。这类钢的塑性、韧性、加工成形性能及焊接性能也比其他类型耐热钢好。通常是在固溶状态下使用。一般用于燃气轮机、航空发动机、工业锅炉的耐高温构件。

在高铬镍奥氏体钢中，以铬 18 镍 8（即 18-8 型钢）为代表的系列主要用于耐腐蚀场合下；以铬 25 镍 20（即 25-20 型钢）为代表的系列，主要作为氧化钢使用。如果提高它们的碳含量，则可作为热强钢使用。

高铬锰氮奥氏体钢是以锰或锰和氮代替部分镍而获得的奥氏体不锈钢，以节省成本。很多场合下可替代 18-8 型奥氏体钢，其耐蚀性和抗氧化性略低，冷作硬化倾向较大。

表 10-7 和表 10-8 分别为部分奥氏体耐热钢的化学成分与力学性能。

表 10-7　部分奥氏体耐热钢化学成分的质量分数　　　　　　　　　　单位：%

新牌号	C	Si	Mn	P	S	Ni	Cr	Mo	其他元素
06Cr19Ni10	0.08	1.00	2.00	0.045	0.030	8.00～11.00	18.00～20.00	—	—
06Cr23Ni13	0.08	1.00	2.00	0.045	0.030	12.00～15.00	22.00～24.00	—	—
06Cr25Ni20	0.08	1.50	2.00	0.040	0.030	19.00～22.00	24.00～26.00	—	—

新牌号	C	Si	Mn	P	S	Ni	Cr	Mo	其他元素
06Cr17Ni12Mo2	0.08	1.00	2.00	0.045	0.030	10.00～14.00	16.00～18.00	2.00～3.00	—
06Cr19Ni13Mo3	0.08	1.00	2.00	0.045	0.030	11.00～15.00	18.00～20.00	3.00～4.00	—
06Cr18Ni11Ti	0.08	1.00	2.00	0.045	0.030	9.00～12.00	17.00～19.00	—	Ti5C～0.7
12Cr16Ni35	0.15	1.50	2.00	0.040	0.030	33.00～37.00	14.00～17.00	—	—
06Cr18Ni11Nb	0.08	1.00	2.00	0.045	0.030	9.00～12.00	17.00～19.00	—	Nb10C～1.1
16Cr25Ni20Si2	0.20	1.50～2.50	1.50	0.040	0.030	18.00～21.00	24.00～27.00	—	—

表 10-8　部分奥氏体耐热钢的力学性能

新牌号	热处理状态	屈服强度 /MPa	抗拉强度 /MPa	断面收缩 /%	布氏硬度 HBW
		不小于			不大于
06Cr19Ni10	固溶处理	205	520	60	187
06Cr23Ni13	固溶处理	205	520	60	187
06Cr25Ni20	固溶处理	205	520	50	187
06Cr17Ni12Mo2	固溶处理	205	520	60	187
06Cr19Ni13Mo3	固溶处理	205	520	60	187
06Cr18Ni11Ti	固溶处理	205	520	50	187
12Cr16Ni35	固溶处理	205	560	50	201
06Cr18Ni11Nb	固溶处理	205	520	50	187
16Cr25Ni20Si2	固溶处理	295	590	50	187

⑤ 细晶强韧型耐热钢。细晶强韧型耐热钢是通过微合金化和控轧控冷工艺生产的一种新型耐热钢。除了通过化学成分调整进行钢的热强化以外，这种新型耐热钢还通过微合金化和控轧控冷工艺来细化晶粒，同时提高蠕变极限和韧性。细晶强韧型耐热钢有马氏体（铁素体）耐热钢和奥氏体耐热钢两大类，适用于制造超临界或超超临界锅炉。

a. 细晶强韧型马氏体耐热钢的基本特点。

这类钢具有高的纯净度和低的含碳量，硫、磷的质量分数一般控制在 0.01% 以内，且对 Cu、Sb、Sn 等分别进行了限定；其含碳量控制在 0.1% 以下。通过加入微量的 V、Nb、Ti、Al、N、B 等合金元素获得细小弥散分布的碳氮化物，细化晶粒和提高常温、高温力学性能。通过控轧控冷（TMCP）新工艺进一步细化晶粒，提高钢的强度和韧度。

细晶强韧型马氏体耐热钢有 T23/P23、T91/P91、T92/P92 和 T122/P122 钢（均为美国 ASTM 标准规定的型号）等，其化学成分见表 10-9，其常温力学性能见表 10-10。

表 10-9　美国 ASTM 标准规定的部分细晶强韧型马氏体耐热钢化学成分的质量分数　单位：%

钢号	标准	C	Si	Mn	P	S	Cr	Mo	Ti	V	W	Nb	B	N	Ni	Al
T23	A213	0.04~0.10	≤0.50	0.10~0.60	≤0.03	≤0.01	1.90~2.60	0.05~0.30	0.20~0.30	0.20~0.30	1.45~1.75	0.02~0.08	0.005~0.006	≤0.03	—	≤0.03
T24	A213	0.05~0.10	0.15~0.45	0.30~0.70	≤0.02	≤0.01	2.20~2.60	0.90~1.10	0.05~0.10	0.20~0.30	—	—	0.005~0.007	≤0.012	—	≤0.02
T91/P91	SA213/SA335	0.08~0.12	0.20~0.50	0.30~0.70	≤0.02	≤0.01	8.0~9.5	0.85~1.05	—	0.18~0.25	—	0.06~0.10	—	0.06~0.07	≤0.40	≤0.04
T92/P92（NF616）	SA213/SA335	0.07~0.13	≤0.50	0.30~0.60	≤0.02	≤0.01	8.5~9.5	0.30~0.60	—	0.15~0.25	1.50~2.50	0.04~0.09	0.001~0.006	0.03~0.07	≤0.40	≤0.04
T122/P122（HCM12A）	SA213/SA335	0.07~0.14	≤0.50	≤0.70	≤0.02	≤0.01	10.0~12.5	0.25~0.60	Cu0.30~1.70	0.15~0.30	1.50~2.50	0.04~0.10	≤0.005	0.04~0.10	≤0.50	≤0.04

注：ASTM 为美国材料与试验协会。

表 10-10　美国 ASTM 标准规定的部分细晶强韧型马氏体耐热钢常温力学性能

钢号	标准	抗拉强度/MPa	屈服强度/MPa	伸长率/%	冲击吸收功/J	硬度 HBW
T23	ASTM A213	＞510	＞400	＞20	280	≤220
T24	ASTM A213	＞585	＞450	＞20	270	≤250
T91/P91	SA213/SA335	＞585	＞415	＞20	220	
T92/P92（NF616）	SA213/SA335	＞620	＞440	＞25	0℃韧度 225J/cm²	250
T122/P122（HCM12A）	SA213/SA335	＞620	＞400	＞20	≥80	

b. 细晶强韧型奥氏体耐热钢的基本特点。

奥氏体不锈钢（如 06Cr18Ni11Nb 不锈钢等）蠕变断裂极限随温度升高而降低的速度较小、热稳定性好、抗氧化性和抗腐蚀性优良，可作为耐热钢使用。但耐高温蒸气腐蚀、抗高温疲劳和抗蠕变性能较差，细晶强韧型奥氏体耐热钢是为了解决这些问题而开发的。常用的细晶强韧型奥氏体耐热钢有 TP347HFG 钢和 Super304H 钢。表 10-11 列出了这两种新型奥氏体耐热钢的化学成分。表中还列出了它们对应的普通耐热钢，以便于对比。

表 10-11　TP347HFG 钢和 Super304H 钢的化学成分的质量分数　单位：%

钢号	标准	C	Si	Mn	S	P	Cr	Ni	Cu	N	Nb	备注
TP347HFG	—	0.04~0.10	≤0.75	≤2.0	≤0.03	≤0.04	17.00~20.00	9.00~13.00	—	—	Nb+Ta ≥8×c-1.0	控轧控冷工艺
Super304H	—	0.07~0.13	≤0.03	≤1.00	≤0.01	≤0.04	17.00~19.00	7.50~10.50	2.5~3.5	0.05~0.12	0.3~0.6	

续表

钢号	标准	C	Si	Mn	S	P	Cr	Ni	Cu	N	Nb	备注
06Cr18Ni11Nb	GB/T 1221—2007	≤0.08	≤1.0	≤2.0	≤0.05	≤0.04	17.00~19.00	9.00~13.00	—	—	>10×c	
TP347H	TPSA213-92	0.04~0.10	≤0.75	≤2.0	≤0.03	≤0.04	17.00~20.00	9.00~13.00	—	—	Nb+Ta≥8×c-1.0	传统轧制工艺
TP304H	ASTMA213	0.04~0.10	≤0.75	≤2.0	≤0.03	≤0.04	18.00~20.00	8.00~11.00				

注：1. 表中列出 06Cr18Ni11Nb 和 TP347H 的成分是为了与 TP347HFG 钢比较。

2. 表中列出 TP304H 钢的成分是为了与 Super304H 钢比较。

TP347HFG 钢和 TP347H 钢的化学成分相同，区别仅仅是轧制工艺。与 TP347H 钢相比，TP347HFG 钢具有更高的抗高温蒸气腐蚀性能、更优良的抗疲劳和抗蠕变性能。可用于制作蒸气温度 580～600℃，压力为 31.2MPa 的锅炉过热器和再热器管道。

与 TP304H 钢相比，Super304H 钢碳含量略高，Si、Mn、Ni、Cr 含量稍低，增加了 Cu、Nb 和 N。利用 Nb 形成的碳氮化物以及 Cu 时效析出形成的金属间化合物进一步提高蠕变断裂极限，在 600℃、10 万小时时，断裂强度比 TP304H 钢高出 80MPa。其时效倾向不明显，在 550～700℃范围内时效后，冲击韧度基本不变；700℃长时间时效后，冲击韧度仍保持在 100J·cm^{-2}。但其抗高温蒸气腐蚀性能略低于 TP304H 钢。Super304H 钢是用于超超临界锅炉过热器和再热器的首选材料，现已用于温度≤610℃，压力≤25MPa 的过热器和再热器。

10.2　珠光体耐热钢的焊接

10.2.1　珠光体耐热钢的焊接性

珠光体耐热钢的焊接性类似于低碳调质钢，主要问题有热影响区硬化、冷裂纹、再热裂纹和回火脆性等。

（1）热影响区硬化

珠光体耐热钢中的主要合金元素铬和钼均会显著提高钢的淬硬性，钼的作用比铬大 50 倍。这些合金元素降低了马氏体转变的临界冷却速度和温度，奥氏体稳定性增大，冷却到较低温度时才发生马氏体转变，产生淬硬组织，使接头变脆。合金元素和碳的含量越高，淬硬倾向就越大。

（2）冷裂纹

当焊接拘束度较大、冷却速度快、扩散氢含量较高时，在残余应力和扩散氢的作用下，热影响区的淬硬组织就会发生冷裂。焊接过程中通常采用预热、后热方式或使用低氢焊接材料等来避免冷裂纹。

（3）再热裂纹

珠光体耐热钢的再热裂纹敏感性较高，这主要与钢中的铬、钼、钒等碳化物形成元素有关。这种裂纹一般出现在熔合线附近的粗晶热影响区中，其敏感温度区间为 500 ～ 700℃。在焊后热处理或长期高温工作中会发生这种裂纹。

防止再热裂纹的措施如下：

① 选择合适焊接材料，其塑性要高于母材，V、Ti、Nb 等合金元素的含量尽量低；

② 采用 150℃以上的预热温度和层间温度；

③ 采用低热输入的焊接工艺，减小焊接过热区宽度，细化晶粒；

④ 选择合适的热处理制度，避免在敏感温度区间停留较长时间。

（4）回火脆性

铬钼珠光体耐热钢及其焊接接头在 371 ～ 593℃范围内长期工作时，可能会导致严重脆化，这种脆性称为回火脆性。其主要原因是在该温度范围内，P、Sb、Sn、As 等杂质元素易在晶界上偏聚，导致晶界脆化。铬元素会加重上述杂质元素的偏聚，且其自身也发生偏聚，因此铬含量在 2% ～ 3% 的铬 - 钼钢焊缝具有最大脆化倾向。回火脆性可用脆化系数和脆化指数来衡量：

$$脆化系数\ x=(10P+5Sb+4Sn+As)\times 10^2$$
$$脆化指数\ j=(Mn+Si)(P+Sn)\times 10^4 \leqslant 200$$

式中的元素符号表示该元素的质量分数。

脆化系数不大于 20 且脆化指数不大于 200 的耐热钢及焊缝金属一般不会有回火脆性发生。

显然，防止脆化的主要措施是严格控制钢的杂质元素含量，并降低 Mn、Si 元素含量。

10.2.2　珠光体耐热钢的焊接工艺

（1）焊接方法的选择

在工业生产中，珠光体耐热钢常用的焊接方法主要有：埋弧自动焊、熔化极气体保护焊、钨极氩弧焊和焊条电弧焊等。

埋弧自动焊熔深能力大、熔敷速度快，适用于焊接大型的铬 - 钼耐热钢焊接结构，如厚壁压力容器的对接纵缝和环缝的焊接。

熔化极气体保护焊适合于耐热钢厚壁大直径管道自动焊。采用 CO_2 或 CO_2+Ar 混合气体保护，是一种低氢焊接方法。平焊时可采用射流过渡工艺，全位置焊时可用脉冲射流过渡或短路过渡工艺。

钨极氩弧焊采用纯氩气进行焊接，焊接气氛也具有超低氢的特点，用于焊接耐热钢可降低预热温度。但钨极氩弧焊熔敷率低，故一般用于焊接不加填充金属的铬 - 钼钢薄板。如厚壁管道的焊接，利用钨极氩弧焊焊缝背面成形好的特点，进行单面焊背面成形的打底焊，其余填充焊道利用熔化极气体保护焊或埋弧自动焊来完成。对于铬含量大于 3% 的耐热钢管，用钨极氩弧焊作单面焊背面成形工艺时，焊缝背面应同时通入氩气保护，以改善焊缝成形和提高焊缝质量。

焊条电弧焊机动灵活，能进行全位置焊，故在耐热钢管道焊接中应用较广泛，但焊条电弧焊要建立低氢条件较困难，对冷裂倾向大的铬 - 钼耐热钢焊接，其工艺较复杂。

（2）焊接材料的选择

珠光体耐热钢焊接材料的选择原则是保证焊缝金属化学成分和力学性能与母材相当，或达到产品技术条件要求的指标。为提高焊缝金属的抗裂能力和接头韧性，焊接材料的碳含量应略低于母材。

珠光体耐热钢与普通碳钢进行异种钢焊接时，一般选用珠光体耐热钢焊丝进行焊接。

表 10-12 给出了常用珠光体耐热钢的焊接材料。

表 10-12　常用珠光体耐热钢的焊接材料选用

钢号	焊条电弧焊		埋弧焊		气体保护焊	
	焊条牌号	焊条型号	焊丝	焊剂	焊丝	气体
16Mo	R102	E5003Al	H08MnMoA	HJ350	H08MnSiMo	
12CrMo ZG20CrMo	R202 R207 R307	E5503-B1 E5515-B1 E5515-B2	H10MoCrA	HJ350 HJ250	H08CrMnSiMo H08Mn2SiCrMo ER55-B2 ER55-B2L	
15CrMo ZG1SCrMo	R307 A507	E5515-B2 E-16-25-Mo6N-15	H08CrMoA H12CrMo	HJ350 HJ260 HJ250		
12Cr2Mol 2G1SCr2Mol	R407	E6015-B3	H08Cr2Mol H08Cr3MoMnSi	HJ350 HJ260 HJ250	H08Cr2MolA H08Cr3MoMnSi H08Cr2MolMnSi	CO_2 或 $Ar+20\%CO_2$ 或 $Ar+(1\%\sim5\%)O_2$
12CrMoV 12Cr1MoV 2G20CrMoV	R317 A507	E5515-B2-V E16-25-Mo6N-15	H08CrMoVA	HJ350 HJ250	H08Mn2SiCrMoVA H08CrMoVA ER55-B2-MnV	
15Cr1Mo1V 2G15Cr1Mo1V	R327 R337 A507	E5515-B2-VW E5515-B2-Vno E16-25-Mo6N-15	—	—	—	
12Cr2MoWVTiB	R347	E5515-B3-VWB	—	—	H08Cr2MoWVNbB ER62-B3、ER62-B3L	
12Cr3MoVSiTiB	R417 R407VNb	E5515-B3-VNb	—	—	—	

（3）焊前准备

珠光体耐热钢有较大的冷裂纹敏感性，应严格控制氢进入焊接区域。焊前应严格按照焊材制造商或焊接工艺规程规定的技术条件对焊条或焊剂进行烘干；焊丝表面不得有油污或其他污染物；焊接坡口及其两侧 50mm 范围内应严格清理，去除油、水、锈等污物。

定位焊之前应进行预热，预热条件和正式焊接相同。

（4）焊前预热和焊后热处理

焊前预热和焊后热处理主要是为了防止冷裂纹和再热裂纹。

预热温度应根据钢的合金成分、接头的拘束度和焊缝金属内氢含量来确定。碳当量大于 0.45%、HAZ 最高硬度大于 HV350 时，应考虑进行预热。一般情况下，珠光体耐热钢的预热温度和层间温度应控制在 150～350℃。碳当量越高、厚度越大，预热温度越高，但不得高于马氏体转变终了温度 M_f。否则，当焊件完成最终的焊后热处理时，会残留部分未转变的奥氏体，降低接头性能。

焊后热处理既可消除焊接残余应力，又可促使氢气析出，有利于抑制冷裂纹。另外，焊后热处理还可改善接头组织，提高其综合力学性能，包括提高接头的高温蠕变极限和组织的稳定性。

焊后热处理工艺制定原则如下：

① 对于碳当量较低且厚度较薄的珠光体耐热钢焊件，如果焊前进行了预热，且采用了低碳低氢的焊接材料，焊后可不必进行热处理。

② 焊后热处理应尽量避免在回火脆性和再热裂纹的敏感温度范围内进行，而且在该危险温度范围内的加热及冷却速度应尽量快。

③ 对大型焊件整体进行局部热处理时，预热区宽度必须大于焊件壁厚的 4 倍，且至少不能小于 150mm。

表 10-13 给出了几种珠光体耐热钢焊接预热（层间）温度和焊后立即回火处理温度。

表 10-13　珠光体耐热钢焊接预热（层间）温度和焊后回火温度　　　　单位：℃

钢号	预热（层间）温度	推荐焊后回火温度[①]
12CrMo 2G20CrMo	150 ～ 250 200 ～ 300	630 ～ 710
15CrMo 2G15Cr1Mo	150 ～ 250 150 ～ 300	630 ～ 710
12Cr2Mo1 ZG15Cr2Mo1	200 ～ 350	680 ～ 750
12CrMoV 12Cr1MoV ZG20CrMoV	200 ～ 300 250 ～ 350	700 ～ 740
15Cr1Mo1V ZG15Cr1Mo1V	300 ～ 400	710 ～ 740
12Cr2MoWVTiB	250 ～ 350	750 ～ 780
12Cr3MoVSiTiB	300 ～ 350	750 ～ 780

① 以高温抗拉强度为主选下限温度，以持久强度为主选中间温度，为软化焊接接头选上限温度。

（5）焊接工艺参数

珠光体耐热钢冷裂倾向和粗晶区粗化倾向均较大，通常采用较小的焊接热输入来防止热影响区晶粒长大，通过预热和后热来防止冷裂纹。焊接时应采用多道焊、窄焊道，尽量不摆动电弧。见表 10-14 ～表 10-16。

表 10-14　珠光体耐热钢自动焊的工艺参数

工件厚度	坡口形式	焊丝直径 /mm	焊接电流 /A	电弧电压 /V	焊接速度 /(m·h⁻¹)	备注
4 ～ 6		3	300 ～ 500	32 ～ 35	43 ～ 48	
8 ～ 12		3	500 ～ 700	32 ～ 38	35 ～ 40	双面焊
		5	550 ～ 750	32 ～ 38	35 ～ 40	
14 ～ 16		5	650 ～ 850	36 ～ 40	30 ～ 34	

工件厚度	坡口形式	焊丝直径 /mm	焊接电流 /A	电弧电压 /V	焊接速度 /(m·h⁻¹)	备注
6～12	65° 3/4 √	3	350～400	32～34	40～44	焊条电弧焊封底
		4	500～550	32～34	40～44	
14～25		5	600～700	34～38	35～40	
20～30	65° 3/6/12 √	5	550～700	34～38	28～30	第一面第一道
		5	650～800	36～40	32～34	第二面第一道
		5	600～650	34～38	30～36	中间各道
		5	650～700	36～40	36～40	盖面焊
>30		5	550～700	34～38	28～30	第一面第一道
		5	650～800	36～38	32～34	第二面第一道
		5	550～650	34～38	30～36	中间各道
		5	650～700	36～40	28～30	盖面焊

表 10-15　钨极氩弧焊打底焊工艺参数

钨极直径 /mm	填充焊丝直径 /mm	焊接电流 /A	电弧电压 /V	氩气流量/(L·min⁻¹)	喷嘴到工件的距离 /mm
3.0	2～2.5	55～125	10～12	10～15	8～10

表 10-16　珠光体耐热钢焊条电弧焊工艺参数（钨极氩弧焊打底）

工件厚度 /mm	坡口形式	焊道号	焊条直径 /mm	焊接电流 /A	电弧电压 /V
1.5～5	90° 2/1 √	横焊（管子垂直固定）			
		2	2.5	70～90	21～24
		其他	3.2	105～125	21～24
		横焊（管子水平固定）			
		2	2.5	70～90	21～24
		其他	3.2	95～110	21～24
5～16	90° 2/1 √	横焊（管子垂直固定）			
		2	3.2	85～105	21～24
		3 和 4	3.2	105～125	21～24
		其他	4.0	125～150	22～25
		横焊（管子水平固定）			
		2	3.2	85～105	21～24
		其他	3.2	95～110	21～24

续表

工件厚度 /mm	坡口形式	焊道号	焊条直径 /mm	焊接电流 /A	电弧电压 /V
		横焊（管子垂直固定）			
> 30	$\frac{10°}{2}$ 1.5	2 和 3	3.2	85～105	21～24
		4～6	3.2	105～125	21～24
		7～10	4.0	125～150	22～25
		其他	5.0	230～255	23～26
		面层	4.0	125～150	22～25
		横焊（管子水平固定）			
		2	3.2	85～105	21～24
		3 和 4	4.0	105～125	22～25
		其他	4.0	125～150	22～25

10.3　马氏体耐热钢的焊接

10.3.1　马氏体耐热钢的焊接性

马氏体耐热钢焊接的主要问题是冷裂纹、热影响区晶粒粗化、热影响区软化带和回火脆性。

（1）冷裂纹

马氏体耐热钢的冷裂敏感性比珠光体耐热钢大。主要是由于这类钢的淬硬性大，而且其导热性差、焊后残余应力较大，在氢的作用下很容易产生冷裂纹。

（2）热影响区晶粒粗化

Mo、W、V 等合金元素含量较高的 Cr12 型耐热钢具有较大的晶粒粗化倾向，而形成的粗大马氏体组织会显著降低接头塑性和韧性。

（3）热影响区软化带

在调质状态下焊接时，加热温度在 A_{c1} 附近的热影响区部位会出现显著软化，该软化带的高温强度下降。母材的硬度越高，软化带的软化程度越严重，如果接头再在较高温度下进行回火，则软化程度将更加严重，接头持久强度会显著降低。

（4）回火脆性

马氏体钢如 Cr13 钢在加热到 550℃ 左右时会发生脆化，这种现象称为回火脆性。焊接和随后的热处理均会引起回火脆性。若钢中含有 Mo、W 合金元素，可以降低回火脆性。

10.3.2 马氏体耐热钢的焊接工艺

（1）焊接方法及焊接材料的选择

马氏体耐热钢常用的焊接方法有钨极氩弧焊、熔化极气体保护焊、埋弧焊和焊条电弧焊。由于冷裂倾向大，因此，必须选择低氢焊接材料。焊前严格对工件进行清理，严格对焊接材料进行烘干，消除氢的来源，同时还应保持较低的冷却速度。对于拘束度较大的接头，最好采用低氢焊接方法，如钨极氩弧焊和熔化极气体保护焊等。

焊接材料的选择原则如下：

① 按照成分相近的原则选择焊接材料，即焊缝的化学成分与母材成分尽量接近，以保证接头的使用性能要求。

② 焊接材料应能保证焊缝中不会出现铁素体。对于多元合金强化的马氏体耐热钢（例如Cr12），由于含有较多的 Mo、W、V 等铁素体化元素，为了保证焊缝中不出现铁素体组织，焊丝中应含有适量的奥氏体化元素，如 C、Ni、Mn 和 N 等。但要注意，C 和 Mn 会使马氏体开始转变温度（M_s）明显降低，增大了冷裂倾向，故其含量须控制在最佳范围内。

③ 严格控制 C、S、P 和 Si 的含量。降低含碳量有利于降低淬硬性；而降低 S、P 含量可降低热裂和冷裂敏感性；Si 在 Cr13 钢中会促成粗大的铁素体组织。焊丝中加入少量 Ti、N 和 Al 则有利于细化晶粒。

④ 马氏体耐热钢也可选用奥氏体钢焊接材料，使焊缝金属变为奥氏体组织，以提高接头的抗裂性能。但这种异质接头在熔合区会产生较大的热应力。

表 10-17 为马氏体耐热钢常用焊接材料。

表 10-17　马氏体耐热钢常用焊接材料

钢号	焊条电弧焊的焊条		气体保护焊		埋弧焊	
	型号	牌号	气体	焊丝	焊丝	焊剂
1Cr12Mo 1Cr13	E410-16、E410-15 E410-15 E309-16、E410-15 E310-16、E410-15	G202、G207 G217 A302、G307 A402、A407	Ar	H1Cr13 H0Cr14	H1Cr13 H1Cr14 H0Cr21Ni10 H1Cr24Ni13 H0Cr26Ni21	SJ601 HJ151
2Cr13	E410-15 E308-15 E316-15	G207 A107 A207	Ar	H1Cr13 H0Cr14	—	—
1Cr11MoV	E-11MoVNi-15 E-11MoVNi-16 E-11MoVNiW-15	R807 R802 R817	—	—	—	—
1Cr12MoWV 1Cr12NiWMoV	E-11MoVNiW-15 E-11MoVNiW-15	R817 R827	Ar	HCr12WMoV	HCr12WMoV	HJ350

（2）预热和焊后热处理

焊前预热和保持层间温度是防止马氏体耐热钢冷裂的有效措施。预热温度通常根据钢的碳含量、工件厚度、接头拘束度和焊接方法来确定。在保证不裂的情况下预热温度尽可能降低。表 10-18 给出了常用马氏体耐热钢焊前预热温度和焊后热处理温度。

表 10-18　马氏体耐热钢焊前预热温度和焊后热处理温度

钢号	预热温度 /℃		焊后热处理温度 /℃
	焊条电弧焊	TIG 焊	
1Cr12Mo 1Cr13	250 ~ 350	150 ~ 250	680 ~ 730 回火
2Cr13	300 ~ 400	200 ~ 300	680 ~ 730 回火
1Cr11MoV	250 ~ 400	200 ~ 250	716 ~ 760 回火
1Cr12MoWV 1Cr12NiWMoV	350 ~ 400	200 ~ 250	730 ~ 780 回火

马氏体耐热钢通常在调质状态下进行焊接，焊后只需进行回火处理，回火温度不得高于母材调质时的回火温度。回火方法是，焊后先将接头缓冷到 100 ~ 150℃，在该温度下保温 0.5 ~ 2h，然后立即进行回火。不得在接头完全冷却到室温后再进行回火，因为这样会产生延迟裂纹。也不得冷却到 100 ~ 150℃后直接回火，因为这时接头中可能会残留部分奥氏体，直接进行回火时奥氏体晶界上会沉淀析出碳化物，并发生奥氏体向珠光体转变，导致显著脆化。

回火热处理的温度见表 10-14。

如果使用奥氏体钢焊接材料，焊前预热温度可降低到 150 ~ 200℃或不预热，焊后也可不热处理。

10.4　铁素体耐热钢的焊接

10.4.1　铁素体耐热钢的焊接性

铁素体耐热钢主要的焊接问题是粗晶脆化、475℃脆性和 σ 相析出脆化。

这类钢的铬含量通常较高，焊接时不发生 α→γ 相变，无硬化倾向。但在熔合线附近热影响区的晶粒易急剧长大，导致粗晶脆化。铬含量越高，在高温下停留时间越长，则这种粗晶脆化越严重，且这种脆化无法通过热处理来消除。对于大刚性结构，这种脆化易引起裂纹。

如果焊接冷却速度较低，这类钢易出现 475℃脆性和 σ 相析出脆化，致使接头韧性显著降低。

新型铁素体耐热钢通过提高钢的纯度，并加入 Nb 和 Ti 元素来控制间隙元素（C、N）的有害作用来提高焊接性。这种钢焊后即使不热处理仍可获得塑性和韧性良好的焊接接头。

10.4.2　铁素体耐热钢的焊接工艺

（1）焊接方法

铁素体耐热钢焊接的主要问题是接头脆化。为了避免在高温下长时间停留而导致的粗晶脆化和 σ 相析出脆化，应优先采用低热输入焊接方法，例如钨极氩弧焊和焊条电弧焊；也可用 MIG 焊和埋弧焊。

铁素体耐热钢焊接可以采用化学成分与母材相近的同质焊接材料，也可采用奥氏体钢焊接材料，后者用于不允许进行预热或后热处理的场合。对于要求耐高温腐蚀和抗氧化的焊接接头，应优先选用同质焊接材料。表 10-19 给出了常用铁素体耐热钢的焊接材料。

表 10-19　常用铁素体耐热钢的焊接材料

钢号	焊条电弧焊的焊条		气体保护焊		埋弧焊	
	型号	牌号	气体	焊丝	焊丝	焊剂
0Cr11Ti 0Cr13Al	E410-16 E410-15	G202 G207 G217	Ar	E410NiMo ER430[①]	—	—
1Cr17 Cr17Ti	E430-16 E430-15	G302 G307		H1Cr17 ER630[①]	H1Cr17 H0Cr21Ni10 H1Cr24Ni13 H0Cr26Ni21	SJ601 SJ608 HJ172 HJ151
Cr17Mo2Ti	E430-15 E309-16	G307 A302		H0Cr19Ni11Mo3		
Cr25	E308-15 E316-15 E310-16 E310-15	A107 A207 A402 A407		ER26-1[①] H1Cr25Ni13	H0Cr26Ni21 H0Cr26Ni21 H1Cr24Ni13	SJ601 SJ608 SJ701 HJ172 HJ151
Cr25Ti	E309Mo-16	A317				
Cr28	E310-16 E310-15	A402 A407		H1Cr25Ni20 ER26-1[①]		

① ER430、ER630 和 ER26-1 是美国 AWS A 5.9 铬钢焊丝。

（2）预热和焊后热处理

在采用同质焊接材料焊接刚性较大的铁素体耐热钢焊件时，应进行预热。预热温度不宜过高，一般在 150～230℃。母材含铬量越高、板越厚或拘束应力越大，预热温度越高。

铁素体耐热钢多用于要求耐蚀性的焊接结构，为了使其接头组织均匀，提高塑、韧性和耐蚀性，焊后一般需热处理。热处理应在 750～850℃进行，热处理过程中应快速通过 370～540℃区间，以防止 475℃脆性。对于 σ 相析出脆化倾向大的钢种，应避免在550～820℃下长期加热。

用奥氏体钢焊接材料焊接时，可不预热和热处理。为了提高塑性，对 Cr25Ti、Cr28 和Cr28Ti 钢焊后也可以进行热处理。

焊后焊接接头一旦出现了脆化，采取短时加热到 600℃后空冷，可以消除 475℃脆性；加热到 930～950℃后急冷，可以消除 σ 相析出脆化。

10.5　奥氏体耐热钢的焊接

10.5.1　奥氏体耐热钢的焊接性

与马氏体、铁素体耐热钢相比，奥氏体耐热钢具有较好的焊接性，主要问题有热裂纹、接头耐蚀性下降、475℃脆性、σ 相析出脆化及焊缝中析出铁素体等。

控制焊缝金属中的铁素体含量是奥氏体耐热钢焊接的关键，铁素体含量影响焊接接头的抗热裂性、σ 相析出脆化和热强性。从提高抗热裂性角度来看，奥氏体焊缝金属中含有一定量的铁素体（即 δ 相）是有利的，因为铁素体可打乱奥氏体结晶的枝晶方向，细化奥氏体晶粒并抑制低熔点杂质的聚集，从而防止热裂纹的产生。此外，铁素体相有助于抑制奥氏体晶间贫铬现象，提高耐晶间腐蚀性能。但是，从防止 σ 相析出脆化和提高热强性角度来考虑，铁素体的含量愈少愈好。因为铁素体会降低接头热强性，促进 σ 相析出。铁素体越多，σ 相析出的机会越多，脆化也就越明显。加热温度越高和加热时间越长，脆化越严重。一般认为，在高温下长期工作的奥氏体焊缝金属中的铁素体的体积分数控制在 2% ～ 5% 较为适宜。

铬镍焊缝金属在焊态下铁素体含量可以利用 Schaeffler（舍夫勒）相图来确定，如图 10-1 所示。如果考虑氮的影响，可按 Delong（德龙）组织图来确定，如图 10-2 所示。

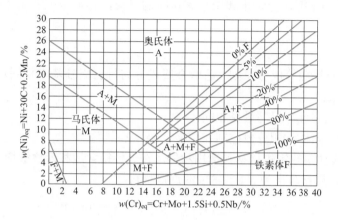

图 10-1　Schaeffler 相图

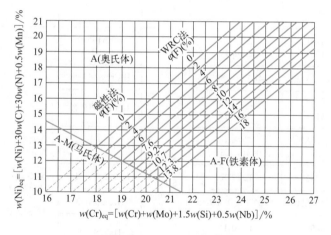

图 10-2　Delong 组织图

10.5.2　奥氏体耐热钢的焊接工艺

（1）焊接方法

奥氏体钢的热导率低而线胀系数大，焊后易产生焊接变形，因此，应选用能量集中的焊接方法。常用的焊接方法有钨极氩弧焊、熔化极气体保护焊、埋弧焊和焊条电弧焊。

钨极氩弧焊的合金过渡系数高、焊缝成分均匀且稳定、热量集中、热影响区较小，因此焊接质量好，是首选的焊接方法。

埋弧焊熔深大、熔敷率高，具有较高经济性，适用于焊接厚度 5mm 以上的奥氏体耐热钢，需要注意的是由于熔深大，母材对焊缝金属的稀释较严重，焊缝金属组织中铁素体含量较难控制。

奥氏体钢电阻率较大，焊条电弧焊时为了避免焊条在焊接过程中发红，药皮开裂脱落，奥氏体钢焊条的长度要比结构钢焊条短。奥氏体钢热导率低，在同样大小焊接电流条件下，可获得比普通低合金钢更大的熔深，同时也易使焊接接头过热。为了防止过热，焊接电流要选得小些，一般比焊接低碳钢时低 20% 左右。奥氏体钢母材和焊材中都含有与氧亲和力大的合金元素，如 Ti、Cr 等，为防止和减小焊接时的烧损，必须尽可能用短弧、不作横向摆动的焊接操作工艺。

（2）焊接材料

奥氏体耐热钢应按照等成分原则（熔敷金属成分与母材成分基本相同）选择焊接材料。应满足以下几点要求：

① 焊缝金属的热强性尽量与母材相同；

② 焊缝金属内铁素体体积分数控制在 2% ～ 5%。

表 10-20 为奥氏体耐热钢焊接材料选用示例。在焊接铬含量和镍含量均大于 20% 的高镍铬耐热钢时，可以选用锰含量为 6% ～ 8% 的焊接材料。

表 10-20　奥氏体耐热钢焊接材料选用示例

钢号	焊条电弧焊的焊条		埋弧焊		气体保护焊[①]	
	牌号	型号	焊剂	焊丝	气体（体积分数）	焊丝
0Cr18Ni9 1Cr18Ni9	A101 A102	E308-16 E308-17	SJ601 SJ605 SJ608 HJ260	H0Cr19Ni9 H0Cr21Ni10	TIG 焊： Ar 或 Ar+He MIG 焊： Ar+2%O₂ 或 Ar+5%CO₂	H0Cr21Ni10
1Cr18Ni9Ti	A112，A132	E347-16，E347-15		HlCr19Ni10Nb		H0Cr20Ni10Ti
0Cr18Ni11Ti 0Cr18Ni11Nb	A132 A137	E347-16 E347-15		H0Cr21Ni10Ti		H0Cr20Ni10Ti H0Cr20Ni10Nb
0Cr17Ni12Mo2 0Cr18Ni13Si4	A201，A202 A232	E316-16 E318-16，E318-15		H0Cr19Ni11Mo3		H0Cr18Ni14Mo2
0Cr19Ni13Mo3	A242	E317-16		H0Cr25Ni13Mo3		H0Cr25Ni13Mo3
0Cr23Ni13	A302，A307	E309-16，E309-15		HlCr25Ni13		H1Cr25Ni13
0Cr25Ni20 1Cr25Ni20Si2	A402 A407	E310-16 E310-15		H1Cr25Ni20		H1Cr25Ni20
1Cr15Ni36W3Ti	A607	—				
2Cr20Mn9Ni2Si2N 3Cr18Mn11Si2N	A402，A407 A707，A717	E16-25MoN-16， E16-25MoN-15 E310-16		—		H1Cr25Ni20

① 0Cr18Ni9、1Cr18Ni9、0Cr18Ni9Ti、1Cr18Ni9Ti 等钢可用药芯焊丝 YA102-1 或 YA107-1+CO₂ 气体保护焊；1Cr18Ni11Nb 钢用 YA132-1 药芯焊丝 +CO₂ 气体保护焊。

（3）焊后热处理

奥氏体耐热钢焊前无需预热。奥氏体钢对过热敏感，多层焊时，每层焊缝的交接处应错开。每层施焊方向与前一层尽可能相反，并待前层焊缝冷至 40 ～ 50℃ 后再焊下一层。避免层间温度过高，必要时可以用喷水或压缩空气吹的办法强制快冷。

对已经产生 475℃脆性和 σ 相析出脆化的焊接接头,可用焊后热处理方法予以消除;短时间加热到 600℃以上空冷可消除 475℃脆性;加热到 930～980℃急冷可消除 σ 相析出脆化。如果需要降低残余应力峰值,提高结构尺寸稳定性,可进行低温(< 500℃)的热处理。

10.6　细晶强韧型耐热钢的焊接

10.6.1　细晶强韧型马氏体耐热钢

(1)焊接性

细晶强韧型马氏体耐热钢焊接的主要问题是冷裂纹、接头脆化、热影响区软化、时效脆化、δ 相脆化和细晶区的蠕变断裂极限降低等。

1)焊接裂纹

细晶强韧型马氏体耐热钢的碳当量低、S 和 P 等杂质含量低,热裂纹敏感性低于传统的马氏体耐热钢。

Cr-Mo 钢中的 Nb、V 合金元素会增加再热裂纹的敏感性,因此,T23 钢再热裂纹的敏感性远高于 T22(2.25Cr1Mo)钢,而 T91 的再热裂纹敏感性则很低。

细晶强韧型马氏体耐热钢的淬硬倾向大、冷裂纹敏感性较大。如果因母材或焊材处理不当或者保护效果不好而使氢气进入焊接区,则会在焊接残余应力下导致冷裂纹的产生。这类钢的冷裂纹敏感性不能盲目套用一般碳当量公式来判断,可靠的办法是通过试验来确定,如用斜 Y 形坡口自拘束试验等方法。T23、T92、T122 和 T91 这几种钢的冷裂纹敏感性依次增大:焊接 T23 钢时可以不预热,焊接 T92 钢时要预热至 100℃,焊接 T122 钢时预热至 150℃,焊接 T91 钢时预热至 180～250℃。

2)焊接接头脆化

细晶强韧型马氏体耐热钢通过控轧控冷进一步细化了晶粒,而焊接过程中没有这种作用。焊接热循环过程中,粗晶热影响区或焊缝金属的原始奥氏体晶粒严重长大,冷却后得到的马氏体组织比母材显著粗大,冲击韧性显著降低,这种现象称为接头脆化。影响接头脆化的因素有:

① 冷却时间 $t_{8/5}$ 的接头韧性影响最大。冷却时间 $t_{8/5}$ 越小,高温停留时间越短,热影响区和焊缝晶粒长大程度越低,脆化程度越低。当工件形状和尺寸确定后,$t_{8/5}$ 取决于焊接热输入、预热温度和层间温度。

② 焊接方法对接头脆化也具有重要影响,TIG 焊接接头的韧性最好,而焊条电弧焊最差。除了焊接热输入不同的影响外,还与 TIG 焊焊缝含氧量低有关。

③ 微合金元素 Nb、Ti、N、V 对母材和焊缝金属韧性具有重要影响;含量合适时,韧性会提高,含量过高则会降低韧性。Nb、Ti、N、V 等元素利用其碳氮化物析出来改善其强韧性,而析出只能在合适的工艺条件下(例如,后焊道对前焊道加热过程中或焊后热处理过程中)才会实现,因此这些元素的加入并不一定会起作用。而 Ni 却总是能提高接头韧性。因此,焊接 T91 钢时焊缝中 Nb 含量控制在 0.05% 以下,V 控制在 0.2%～0.25%,N 控制在 0.03%～0.04%,均比母材低,而 Ni 含量却在 0.5% 左右。

④ 焊后对工件进行热处理是消除接头脆化的有效措施,只要温度在 A_{c1} 以下,提高焊后回火温度和回火时间,就有利于马氏体获得充分回火而提高韧性。

⑤ 焊缝金属脆化还可通过焊接工艺措施消除,例如通过超声波或其他方式加强熔池金

属流动，打碎柱状结晶，细化晶粒。

3）热影响区软化

细晶强韧型马氏体耐热钢供货状态是正火＋回火，即调质处理，这种状态下的钢焊接时易出现细晶区和临界热影响区软化现象。主要原因是细晶区经受温度稍高于 A_{c3}，而临界热影响区所受温度在 $A_{c1} \sim A_{c3}$，在这个区间内金属发生部分奥氏体化，沉淀强化相在这个过程中不能完全溶解到奥氏体中，会发生粗化，从而造成这一区域强度降低。软化对短时高温强度影响不大，但会降低持久强度。长期高温运行后在软化区会产生Ⅳ型裂纹。

影响热影响区软化的主要因素是焊接热输入和预热温度，焊接热输入越大，预热温度和层间温度越高，软化区宽度和软化程度越大。应尽量减小软化区宽度。软化区越窄，其受到的拘束强化作用越强，软化区的影响就越小。

4）时效脆化

部分细晶强韧型铁素体耐热钢在 550～650℃ 范围长期工作时，会析出粗大的 Laves 相，这种 Laves 相是由 Cr、W、Mo 等合金元素与 Fe、Si 形成的脆性金属化合物，会显著降低钢的韧性，这种现象称为时效脆化。时效脆化的影响很大，例如，P92 钢时效前冲击吸收功为 220J，时效后为 70J 左右。除 T24 钢外，T23 钢、T91 钢、T92 钢和 T122 钢等中都具有不同程度的时效脆化倾向，其中以 T122 钢最明显。

与母材成分相近的焊缝金属也有同样的时效脆化倾向。保证焊件运行安全的方法有两种：一种是提高母材或焊缝金属的初始韧性，为时效留足余量；另一种方法是降低时效脆化效应，常用的方法是降低母材和焊缝金属中的 Si 和 P 含量，目前降低 P 的含量较困难，一般是控制 Si 的含量。

5）δ 相脆化

铁素体形成元素 Cr 含量较高的钢在焊接时，焊缝中易形成 δ 铁素体（称为 δ 相），这种 δ 相会明显降低材料的蠕变断裂极限和冲击韧性。焊接时应尽量把 δ 铁素体含量限制在较低范围内，其主要措施是通过选择合适的焊丝降低铬含量。此外，降低预热温度、层间温度和焊接热输入也有利于抑制 δ 相的形成。

6）细晶区的蠕变断裂极限降低

在高温长时间工作条件下，细晶强韧型马氏体耐热钢焊接接头发生蠕变断裂的位置通常为加热温度为 850～1100℃ 左右的热影响区，其特点是断裂时间减短、断裂应力小和断裂塑性降低。表明该区域蠕变断裂极限显著降低，降低最严重的区域为细晶区。造成细晶区蠕变断裂极限降低的原因比较复杂，既有冶金因素也有力学因素。防止措施主要有：采用使热影响区窄小的焊接工艺，尽量减小细晶区的宽度；焊前对母材进行正火，消除母材原始奥氏体晶界层面上碳化物以防止其析聚；利用硼对晶界析出物的稳定作用和对蠕变孔洞的抑制作用等。

（2）T91/P91 钢的焊接工艺

T91/P91 钢的供货状态是正火加回火（730～760℃），显微组织是回火马氏体。其化学成分和常温力学性能见表 10-9 和表 10-10。该钢韧脆转变温度约在 -25℃，600℃时的屈服强度大于 200MPa，在 550～600℃下时效，力学性能变化不大。由于该钢含 Cr 量高，且含有 Nb，其高温抗氧化性能和抗腐蚀性能优于 P22 钢，也优于 T23 钢和 T24 钢。可用于壁温小于或等于 600℃的锅炉过热器和再热器，以及温度小于 600℃的联箱和蒸气管道等。

T91/P91 钢焊接最突出的问题是焊接冷裂纹、焊接接头韧性下降和焊接热影响区软化。这些问题主要是通过合理地选择焊接方法、焊接材料和焊接参数来解决。

1）焊接方法

采用的焊接方法有 TIG 焊、焊条电弧焊、埋弧焊、药芯焊丝电弧焊等。以 TIG 焊打底 + 焊条电弧焊填充和盖面应用最多，也较为成熟。

2）焊接工艺要点

以管道对接环缝焊接为例介绍。

① 焊前准备。坡口形式和尺寸根据管子壁厚确定，如图 10-3 所示。小径管道装配间隙在 1.5 ～ 2.5mm，大径管道在 3 ～ 4mm。间隙过大，填充量大而耗料多；太小则不易熔透。装配定位有两种方法：一种是在坡口内侧用定位块（Q235 钢）定位，此法定位前需用火焰加热进行预热，预热温度难以保证均匀；另一种方法是用专用夹具（图 10-4），利用对称分布的四个螺栓调整和固定，这样能保证定位焊和正式焊的工艺相同。

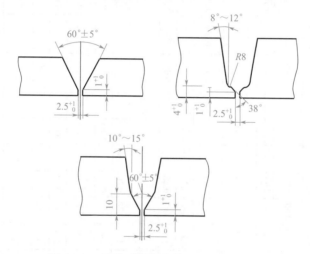

图 10-3　管道对接接头坡口的形式和尺寸

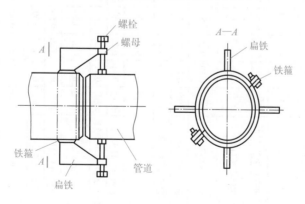

图 10-4　管道组装用夹具示意图

② 焊接材料。填充材料应保证熔敷金属与母材基本相同，尤其是 Cr 和 Mo 含量，以保证焊缝具有与母材相同的高温强度、高温蠕变性能与高温抗氧化和腐蚀性能，以及能起到与母材同样的细化和强化作用。表 10-21 给出了常用焊材。氩气纯度在 99.95% 以上，焊条是低氢型，焊前严格按要求烘干。

341

表 10-21 部分新型马氏体耐热钢焊接材料及其熔敷金属化学成分和力学性能

钢号	焊接方法	名称	牌号	产地	C	Si	Mn	Mo	Cr	Ni	V	W	N	Cu	S	P	Nb	B	PWHT /(℃/h)	屈服强度 /MPa	抗拉强度 /MPa	伸长率 /%	冲击温度 /℃	冲击吸收功 /J
T91/P91	钨极惰性气体保护焊	焊丝	Thermanit MTS3	德国	0.10	0.30	0.50	1.00	9.00	0.70	0.20	—	0.04	—	—	—	0.06	—	SR4	530	620	17	20	50
			OE CrMo91	瑞士	0.09	0.30	1.20	0.90	9.00	0.50	0.20	—	—	—	< 0.02	< 0.01	—	—	750/4	480	600	—	20	70
			9CrMoV-N	英国	0.10	0.25	0.50	1.00	8.70	0.60	0.20	—	0.03	0.03	0.006	0.008	0.05	Al0.01	760/2～3	700	800	19	20	220
	焊条电弧焊	焊条	Thermanit chromoT91	德国	0.09	0.20	0.60	1.10	9.00	0.80	0.20	—	0.04	—	—	—	0.05	—	SR3	530	620	17	20	47
			ALCROMOCORD91	瑞士	0.10	0.30	0.70	1.0	9.0	0.4	0.20	—	0.04	—	0.01	0.01	0.05	—	760/4	550	680	20	20 -20	75 50
			Chrmet 9-B9	英国	0.10	0.25	0.50	1.0	9.0	0.3	0.20	—	0.05	0.05	0.008	0.008	0.04	—	760/2～3	530	620	15	20	75
T92/P92	钨极惰性气体保护焊	焊丝	Thermanit MTS616	德国	0.10	0.38	0.45	0.40	8.80	0.60	0.20	1.6	0.04	—	—	—	0.06	Co0.40	SR3	560	720	15	20	41
			FLUXO TIG 92	瑞士	0.10	0.30	1.0	0.5	9.0	—	0.25	1.7	—	—	0.01	0.01	0.07	—	760/4	600	700	20	20	70
			9CrWV	英国	0.11	0.30	0.70	0.45	9.0	0.5	0.20	1.7	0.05	0.05	0.01	0.01	0.06	0.03 Al0.01	760/2～4	400	620	19	20	220
	焊条电弧焊	焊条	Thermanit MTS616	德国	0.11	0.20	0.60	0.50	8.80	0.70	0.20	1.60	0.05	—	—	—	0.05	—	SR3	560	720	15	20	41
			ALCROMOCOR D92	瑞士	0.11	0.30	1	0.5	9	—	0.25	1.7	0.05	—	0.01	0.01	0.07	Co0.40	760/4	600	700	20	20	70
			Chromet 92	英国	0.11	0.25	0.50	0.45	9.0	0.6	0.20	1.7	0.05	0.05	0.01	0.01	0.05	0.03 Al0.01	760/2～4	440	620	16	20	60
T23/P23	钨极惰性气体保护焊	焊丝	Union I P23	德国	0.07	0.30	0.50	1	2.20	—	0.22	—	0.01	—	—	—	0.05	0.002	SR4	450	585	17	20	120
			OE CrMo2	瑞士	0.07	0.50	0.50	1	2.5	—	—	—	—	—	0.02	0.02	—	—	600/1	470	570	17	-29	70
			2CrWV	英国	0.07	0.30	0.60	0.2	2.3	—	—	1.6	—	—	0.01	0.01	0.03	0.001 Al0.01	740/2	550	640	24	20	120
	焊条电弧焊	焊条	Thermanit P23	德国	0.06	0.2	0.50	0.08	2.3	—	0.22	1.5	—	—	—	—	0.04	—	SR10	520	620	19	20	130
			ALCROMO E223	瑞士	0.05	0.4	0.50	0.20	2.15	0.40	0.25	1.4	—	—	≤ 0.01	≤ 0.01	0.01	—	740/2	500	600	20	20 -29	130 90
			Chromet 23L	英国	0.05	0.25	0.50	0.20	2.2	0.60	0.23	1.6	0.02	—	0.01	0.01	0.03	0.001	AW	870	940	16	20	22

注：1. PWHT 表示焊后热处理制度。

2. SR3 为 760℃/4h，SR4 为 760℃/2h，SR10 为 750℃/2h。

③ 焊接工艺参数。焊前管内需充氩气，以防止 TIG 打底焊道根部氧化。大径管充气流量为 20 ～ 30L·min^{-1}，小径管一般为 10 ～ 15L·min^{-1}。焊前预热 200 ～ 250℃，层间温度控制在 250 ～ 300℃；TIG 打底焊道一般是焊一层，焊接参数可参照表 10-22。

表 10-22　T91/P91 钢 TIG 焊焊接参数

钨极直径 /mm	焊丝直径 /mm	焊接电流 /A	电弧电压 /V	焊接速度 / (mm·min^{-1})	正面氩气保护/(L·min^{-1})
2.25	2.4	95 ～ 115	9 ～ 10	60 ～ 80	10 ～ 12

用焊条电弧焊填充时，推荐采用直径为 ϕ3.2mm 的焊条作多层多道焊，盖面焊可采用 ϕ4mm 的焊条。推荐的焊接参数见表 10-23。应严格控制层间温度。运条方式应保证焊缝宽度不超过焊条直径的 3 倍，焊缝厚度与焊条的直径相当，目的是控制焊接热输入，保证焊缝的冲击韧性。收弧时必须填满弧坑，防止产生弧坑裂纹。焊道间用角磨机或钢丝刷清理熔渣和飞溅，尤其是焊缝接头处和坡口边缘处要清理干净。

表 10-23　T91/P91 钢焊条电弧焊的焊接参数

焊条直径 /mm	2.5	3.2	4.0
焊接电流 /A	80 ～ 90	110 ～ 130	140 ～ 160
电弧电压 /V	20 ～ 22	20 ～ 24	20 ～ 25

④ 焊后热处理。焊后热处理用来提高接头韧性并消除焊接应力。热处理不得在焊后立即进行，也不得在冷却到室温后再进行。应先冷却到 100 ～ 120℃后保温 1h 以上，让残留奥氏体充分地转变为马氏体后才进行热处理。热处理升温速度：当 $\delta <$ 25mm 时，取 220℃·h^{-1}；当 $\delta \geq$ 25mm 时，取 150℃·h^{-1}。降温速度：当 $\delta <$ 25mm 时，取 150℃·h^{-1}；当 $\delta \geq$ 25mm 时，取 100℃·h^{-1}。恒温时间可参照表 10-24 按壁厚范围选取，薄的选下限，厚的选上限。恒温时间越长对提高接头韧性越有利。最佳回火的温度是 760℃±10℃，焊接和热处理温度曲线如图 10-5 所示。

表 10-24　T91/P91 钢焊后热处理的恒温时间

壁厚 /mm	$\delta <$ 12.5	12.5 $\leq \delta <$ 25	25 $\leq \delta <$ 37.5	37.5 $\leq \delta \leq$ 50
恒温时间 /h	1	1.5 ～ 2	2 ～ 3	3 ～ 3.5

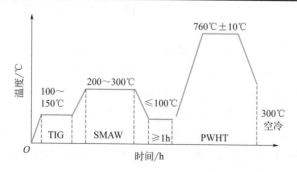

图 10-5　T91/P91 钢焊接和热处理温度曲线

过大的热输入、过高的预热温度和过高的层间温度，都会增大 $t_{8/5}$ 而使焊缝和热影响区韧性下降。例如，对于 T91 钢的厚壁构件，如果多层多道焊的焊道厚度在 3mm 内，预热温度和层间温度在 $200 \sim 300℃$，焊缝韧性通常符合要求。如果预热和层间温度过高，或者焊道厚度超过 4mm，焊缝的韧度很低。

（3）T92/P92 钢的焊接工艺

与 T91/P91 钢相比，T92/P92 钢增加了 $1.5\% \sim 2\%$（质量分数）的 W 和微量的 B，降低了 Mo 含量，将材料的钼当量（Mo+0.5W）从 T91 钢的 1% 提高到 1.5%。其常温力学性能与 T91/P91 钢类似或略高。其化学成分和常温力学性能见表 10-9 和表 10-10。T92/P92 钢是正火加回火状态下供货，是单一回火马氏体组织。这种钢的韧脆转变温度在 -60℃左右；在 600℃ 下的许用应力比 T91 钢高 34%，达到 TP347 奥氏体钢的水平。在 600℃、10 万小时的条件下，持久强度可达 130MPa，抗热疲劳性强于奥氏体不锈钢，可用来制造超临界和超超临界锅炉中的过热器和再热器，并可用来制造壁温小于或等于 620℃ 的主蒸气管道。

T92/P92 钢的总合金含量达 12.253%（质量分数），冷裂倾向较大，焊接热影响区易软化，焊缝韧性低，在 550℃、600℃、650℃ 下有明显的时效倾向。因此，通常采用低焊接热输入、小摆动、薄焊层和多层多道焊工艺，通过焊前预热和焊后热处理来防止冷裂。

1）焊接方法

T92/P92 钢的焊接方法主要有 TIG 焊和焊条电弧焊，薄壁管子可利用 TIG 焊进行焊接，而厚壁管子通常利用 TIG 焊打底，焊条电弧焊填充和盖面。

2）焊接工艺

① 焊前准备。坡口形式和尺寸根据管子壁厚确定，壁厚较大时，通常开复合 V 形坡口，如图 10-6 为 $\phi355.6mm \times 48mm$ 管道的坡口形状及尺寸。

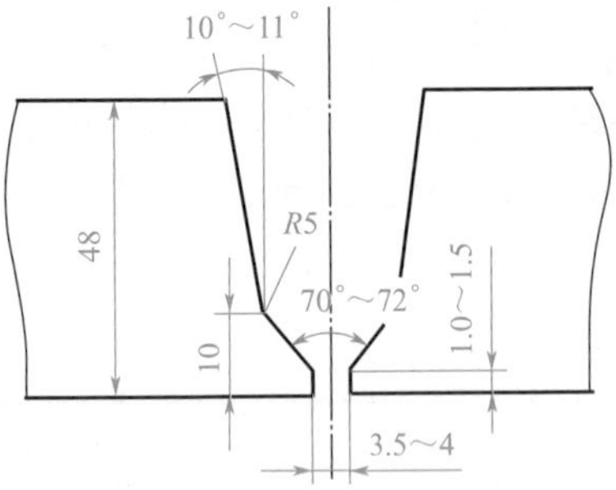

② 焊前预热。为了防止冷裂纹、细化晶粒和提高韧性，需在焊口两侧约 200mm 范围内进行预热。TIG 焊预热温度 $100 \sim 200℃ \times 1h$，焊条电弧焊为 $200℃ \times 1h$，层间温度保持在 $200 \sim 300℃$。预热恒温 1h 是为了使内外壁温差小于 15℃。

③ 焊接材料。焊接材料的选择原则是熔敷金属化学成分、常温和高温力学性能与母材相当，而且熔敷金属的 A_{c1} 和 M_f 温度也要与母材相当。常用的焊接材料见表 10-21。

图 10-6　P92 钢管道对接接头的坡口

④ 焊接工艺参数。TIG 打底焊常用焊接参数见表 10-25。焊丝直径为 $\phi2mm$ 或 $\phi2.4mm$。焊条电弧焊填充和盖面焊应采用小焊接热输入、小摆动、多层多道焊和薄焊层工艺，常用的焊条直径为 $\phi2.5mm$、$\phi3.2mm$ 或 $\phi4.0mm$；热输入控制在 $12 \sim 20kJ \cdot cm^{-1}$。通常是规定每层填充金属厚度约等于焊条直径，每道焊缝宽度约等于焊条直径的 3 倍。

⑤ 焊后热处理。焊后不能立即进行高温回火，而是焊后冷却到 $90℃ \pm 10℃$ 时保温 2h 以使得接头组织全部转变为马氏体。最后再进行 $760℃ \times 6h$ 高温回火热处理，以获得韧性良好的回火马氏体组织。

表 10-25　P92 钢管 TIG 打底焊的焊接参数

电极直径 /mm	焊层	焊接电流 /A	电弧电压 /V	焊接速度 / (mm·min⁻¹)	保护气体流量 / (L·min⁻¹)	
					正面	背面
WCeφ2.0	1	70 ～ 110	9 ～ 12	60 ～ 80	10 ～ 15	25 ～ 30
WCeφ2.5	2	80 ～ 110	9 ～ 12	80 ～ 100	10 ～ 15	25 ～ 30

（4）T23/P23 钢的焊接工艺

这种钢通常以正火＋回火的调质状态供货，用于制作超超临界锅炉水冷壁和过热器部件。其化学成分和常温力学性能见表 10-9 和表 10-10。在 550℃时时效倾向明显，到 600 ～ 650℃时时效倾向消失。T23 钢没有热裂倾向，冷裂倾向是细晶强韧型马氏体耐热钢中最低的，焊后空冷得贝氏体，快冷得贝氏体＋马氏体，硬度 300 ～ 350HV。在 20℃室温焊接可不预热。一般焊后不希望热处理，若必须进行，则要注意防止再热裂的可能。

1）焊接方法

最佳焊接方法是 TIG 焊，焊接接头的蠕变断裂极限与母材相同，不必为此进行热处理。也可采用焊条电弧焊和埋弧焊，焊条电弧焊的焊缝韧性略有不足，埋弧焊则须合理选择焊接材料，并要用小的热输入（或 $t_{8/5}$），焊后需热处理。

2）焊接工艺要点

T23/P23 钢小径管焊接前一般不需预热；但环境温度低于常温时，或焊接大径厚壁管时需进行预热，预热温度在 200 ～ 300℃，层间温度应低于 300℃。焊后一般也不需要进行热处理，但对于大径厚壁管，为了消除焊接应力并提高接头韧性可按 700 ～ 750℃进行热处理。

坡口形式主要采用单面 V 形或复合 V 形。一般采用多层多道焊，以降低热输入；打底焊必须用 TIG 焊单面焊双面成形技术进行焊接。对于薄壁管，填充焊道和最后的盖面焊道一般也采用 TIG 焊；对于厚壁管，为了提高效率和降低成本，填充焊和盖面焊宜采用焊条电弧焊。常用的焊接材料见表 10-21。焊接热输入控制在 15kJ·cm⁻¹ 以内，以每一焊道的厚度不超过 3mm 为宜。

10.6.2　细晶强韧型奥氏体耐热钢的焊接工艺

（1）焊接性

细晶强韧型奥氏体耐热钢焊接的主要问题有三个：焊接裂纹、接头耐蚀性下降和时效脆化。

① 焊接裂纹。这类新型奥氏体耐热钢的焊接裂纹主要是高温裂纹，包括结晶裂纹和高温液化裂纹和高温脆性裂纹。结晶裂纹出现在焊缝上，特别是在焊缝收尾处和弧坑处；高温液化裂纹或高温脆性裂纹出现在热影响区的过热区中。结晶裂纹敏感性大于高温液化裂纹。Super304H 钢裂纹敏感性大于 TP347HFG 钢。这些裂纹都与材料中含 Ni、Nb、C、Si、S、P、Sn、Sb 等元素有关，除 Ni 和 Nb 必须加入外，其余应该严格控制和限制，随着 Cr、Ni 含量提高，对这些元素限制就越严。

② 接头耐蚀性下降。主要是耐应力腐蚀能力降低。耐应力腐蚀能力受工作介质、应力

水平、冷变形程度和接头的化学成分的影响。当高温水中同时溶有氧和氯离子时应力腐蚀极易产生；接头上有较大拉应力和冷变形量大时，应力腐蚀将加剧；在焊缝及热影响区中的 N和 P 对应力腐蚀有促进作用。

③ 时效脆化。Super304H 钢和 TP347HFG 钢均加入了能提高高温蠕变断裂极限的沉淀强化元素，随着时效的进行，这些元素不断沉淀析出，在强化的同时，降低了材料的塑性和韧性。主要防止措施是阻止母材和焊缝金属在高温运行时析出脆化的 σ 相。

（2）焊接工艺要点

这类新型奥氏体耐热钢焊接时既要防止焊接裂纹，又要避免焊缝的 σ 相脆化和接头抗应力腐蚀能力的下降。不得用增大铁素体形成元素含量的方法来防止高温裂纹，因为这种方法会增大焊缝 σ 相脆化的危险。因此，只能采用降低焊接热输入、降低层间温度的工艺措施来防止高温裂纹。

最好采用 TIG 焊进行短道焊和间断焊，以最大限度地降低热输入。对薄壁小口径管子，应尽量采用 TIG 焊完成整个焊接。采用和母材成分相同且杂质含量低的焊接材料或采用镍基焊材。

为了防止发生应力腐蚀，焊接或焊后热处理以后，应避免进行冷变形加工，从焊接到成品的生产过程中如果无法避免氯离子的作用，则需进行焊后固溶处理，以消除焊接应力。

第11章
不锈钢的焊接

11.1 不锈钢的性能及分类

11.1.1 不锈钢的分类

（1）不锈钢的定义

不锈钢是一种耐大气及其他腐蚀介质腐蚀的钢，其铬含量至少为12%。这种钢通过在表面形成一层致密、坚固的富铬的氧化膜来抵抗腐蚀介质的侵蚀和进一步氧化。如果氧化膜被破坏，表面会快速形成新的氧化膜。

铬是不锈钢耐蚀的关键元素，随着铬的增加，钢的化学稳定性也提高。但铬只能在大气中或硝酸等氧化性酸中才能形成氧化膜，达到稳定的钝化状态。对于盐酸、硫酸等非氧化性酸，盐类水溶液及亚硫酸等还原性酸，由于没有氧化作用，钢表面无法形成连续致密的氧化膜，所以很容易被侵蚀。因此，除铬以外，不锈钢中通常还加入 Ni、Mo、Cu 等使腐蚀速度减慢的合金元素，以提高其耐蚀性能。

此外，不锈钢还加入其他一些元素，例如，钴、钼、铌、钛、钨、硅等，用来提高钢的力学性能、工艺性能以及扩大工作温度范围。

不锈钢适于制造要求耐腐蚀、抗氧化、耐高温和超低温的零部件和设备，广泛应用于石油、化工、电力、仪表、食品、医疗、航空及核能等工业部门。

（2）不锈钢的分类

不锈钢分类方法很多，可按成分、用途及组织等分类。

1）按照成分分类

根据成分，不锈钢可分为铬不锈钢、铬镍不锈钢和铬锰氮不锈钢等几种。

① Cr 系不锈钢的含 Cr 量为 12% ～ 30%，其基本类型为 Cr13。

② Cr-Ni 系不锈钢是在 Cr 系不锈钢基础上加入 6% ～ 12% 的 Ni 和少量其他元素，提高了耐蚀性、焊接性和冷变形性能，其基本类型为 Cr18Ni9 钢。

③铬锰氮不锈钢是一种低镍奥氏体不锈钢，基本类型为 12Cr17Mn6Ni5N。

2）按照用途分类

按照用途，不锈钢可分为耐酸不锈钢和耐热不锈钢两种。耐酸不锈钢可抵抗各种酸性介质的腐蚀，耐热不锈钢在高温下具有良好的抗氧化性和高温强度。

3）按室温组织分类

按照室温组织，不锈钢可分为铁素体、马氏体、奥氏体、铁素体＋奥氏体和沉淀硬化型不锈钢五类。

①铁素体型不锈钢铬含量为 12%～30%，不含镍，通常含有少量的铁素体稳定元素，如 Al、Nb、Mo 和 Ti 等。这种不锈钢加热时不会发生相变，因此不能通过热处理方法进行晶粒细化和强化。高铬（17%～30%）铁素体型不锈钢存在 475℃脆性和 σ 相析出脆化倾向。缺口敏感性和韧脆转变温度均较高，热循环后晶间腐蚀敏感性显著提高。低铬铁素体不锈钢在弱腐蚀介质中，如淡水中，有良好的耐蚀性；高铬铁素体有良好的抗高温氧化能力，在氧化性酸溶液，如硝酸溶液中，有良好的耐蚀性，故其在硝酸和化肥工业中广泛使用。

②马氏体型不锈钢铬含量和碳含量均较高（前者一般不低于 13%，后者为 0.1%～0.4%），可采用热处理方法强化，其淬透性较高。这种钢一般在淬火＋回火状态下使用，具有较高的强度、硬度和耐磨性。通常用于制造在弱腐蚀性介质（如海水、淡水、水蒸气等）中服役、工作温度不高于 580℃且受力较大的零件和工具。大部分马氏体耐热钢的焊接性能很差，一般不用作焊接件。只有铬含量为 12% 的马氏体钢具有较好的焊接性，可用来制造在 550～600℃以下及湿热条件下工作的承力件和焊接构件。

③奥氏体型不锈钢。奥氏体型不锈钢是在 18% 铬铁素体型不锈钢中加入 Ni、Mn、N 等奥氏体形成元素而获得的，是应用最广泛的一种不锈钢。铬镍不锈钢可作为低温或超低温钢、耐蚀钢（抗大气或轻微介质腐蚀）、耐酸钢（耐化学介质腐蚀）、热强钢（＜800℃）及热稳定钢（＜1050℃）使用。根据主加元素铬、镍含量，可分为以下几种类型。

a. 18-8 型钢。这是工业中应用最多的一种奥氏体不锈钢。如 022Cr19Ni109 钢可用于超低温结构，添加稳定性元素的 1Cr18Ni9Ti 钢可用于 700～800℃以下受腐蚀介质作用的结构。由于含镍量较低，常温时所形成的奥氏体不稳定，这类钢的冷作硬化倾向较大。

b. 18-12 型钢。这类钢一般含有 2%～3% 的钼和 2%～2.5% 的铜，能够抵抗各类酸（包括有机酸、无机酸、还原性酸）的腐蚀，通常作为耐酸钢使用。由于钼是缩小 γ 相区的元素，为了固溶处理后能得到单一的奥氏体组织，因此把镍含量提高到 12% 左右。钼有明显细化晶粒的作用，能提高抗热裂能力并改善综合力学性能和耐热性能。因此，这类钢也可作为热强钢使用。

c. 25-20 型钢。这类钢具有很好的高温抗氧化性、组织稳定性和耐热性，可以作为在高温（达 1050℃）腐蚀条件下工作的热稳定钢使用。钢中一般加入 2% 左右的硅，以提高高温抗氧化性能和改善铸造性能。其焊接热裂纹倾向较大，σ 相析出脆化倾向也较大。

d. 铬锰低镍型。这是一种在 Cr18Ni9 钢的基础上用奥氏体稳定元素锰和氮代替部分镍而获得的不锈钢，如 1Cr18Mn8Ni5N 钢。这类钢具有良好的塑性、韧性和工艺成形性能，强度较高，焊接性良好，可以代替部分 18-8 型奥氏体不锈钢使用。但耐蚀性和抗氢化性略低，冷作硬化倾向较大。

奥氏体不锈钢不可淬硬，没有磁性。其屈服点较低，只能通过冷作硬化来提高强度。这类钢具有晶间腐蚀倾向。通过在钢中添加钛和铌或降低碳含量来防止铬与碳结合成碳化物，可提高钢的耐晶间腐蚀能力。降低碳含量是最佳措施，如碳含量为 0.02% ~ 0.03% 的超低碳奥氏体不锈钢，不仅没有晶间腐蚀，而且不会产生含钛、铌不锈钢焊后常出现的刀状腐蚀。添加 2% ~ 3% 的钼可提高奥氏体不锈钢的钝化范围，使之在硫酸、尿素、磷酸以及含氯离子介质中也能有较好的耐蚀性，并降低钢的晶间腐蚀倾向，提高耐点蚀能力。

④ 铁素体 - 奥氏体型不锈钢。这类钢是在 18-8 型奥氏体不锈钢的基础上，通过添加较多的铬、钼、硅等铁素体稳定元素或降低含碳量而获得的。δ 铁素体的体积分数为 60% ~ 40%，而 γ 奥氏体的体积分数为 40% ~ 60%，故又称双相不锈钢。这类钢不能淬硬，有磁性，其屈服点为奥氏体型不锈钢的两倍，焊接性良好，韧性较高，应力腐蚀、晶间腐蚀及焊接时的热裂倾向均小于奥氏体型不锈钢。缺点是在 550 ~ 900℃ 的温度下易发生 σ 相脆化。适用于各种工业用的热交换器，能解决化工和石油化工中许多严重的腐蚀问题。

⑤ 沉淀硬化（PH）型不锈钢。这是一类对通过时效处理来析出的硬化相进行强化的不锈钢。有马氏体沉淀硬化钢［如 05Cr17Ni4Cu4Nb（简称 17-4PH）］和半奥氏体（奥氏体 + 马氏体）沉淀硬化钢［如 07Cr17Ni7Al（17-7PH）］等几种。经沉淀硬化处理后钢的强度显著提高；其耐蚀性优于铁素体型不锈钢，但略低于奥氏体型不锈钢。主要用于制造要求强度高、耐蚀性好的容器和构件。

11.1.2　不锈钢的基本特性

（1）不锈钢的耐蚀性能

金属受介质的化学及电化学作用而破坏的现象称腐蚀。不锈钢在一定条件下也会受到腐蚀。腐蚀类型有均匀腐蚀、点蚀、晶间腐蚀和应力腐蚀等几种。

1）均匀腐蚀

均匀腐蚀是指接触腐蚀介质的金属表面发生的整体性均匀腐蚀。表 11-1 给出了各种不锈钢的耐均匀腐蚀能力。

表 11-1　各种不锈钢的耐均匀腐蚀能力

介质	氧化性酸	还原性酸	含氯离子（Cl⁻）的介质中
铁素体不锈钢	好	差	差
马氏体不锈钢	好	差	差
奥氏体不锈钢	好	好	较差

若钢中含有 Mo，则在各种酸中均有改善耐蚀性的作用。

2）点蚀和缝隙腐蚀

点蚀是指金属表面产生的孔状或坑状的腐蚀，其直径一般等于或小于深度，如图 11-1 所示。缝隙腐蚀是在金属结构的各种缝隙处产生的腐蚀。点蚀和缝隙腐蚀主要发生在含有 Cl⁻ 等卤素离子的环境中，都是因"闭塞电池腐蚀"作用所致。

在含有 Cl⁻ 等卤素离子的环境中，不锈钢表面某些点可能会因某种原因形成化学电池，这种电池作用引起点状腐蚀。各种表面机械损伤、组织缺陷及焊缝表面缺陷等都会加速点蚀的产生。而增加材料的均匀性、提高钝化膜的稳定性、降低碳含量、增加铬和钼以及镍的含量则会提高耐点蚀性能。

在含有 Cl⁻ 等卤素离子的环境中，缝隙内沉积的溶液成分和浓度与其他部位通常会有很大差别，这种差别会形成闭塞电池而导致缝隙腐蚀。由于点蚀和缝隙腐蚀具有共同性质，因此，耐点蚀的钢也都有耐缝隙腐蚀的性能。

各种不锈钢均会发生点蚀和缝隙腐蚀，改善运行条件、改变介质成分和结构设计形式是防止点蚀和缝隙腐蚀的主要措施。

3）晶间腐蚀

晶间腐蚀是指介质从金属表面沿晶界向内部扩散，造成沿晶腐蚀破坏。这种腐蚀具有隐蔽性，危害极大，其根源在于金属受热后晶界的物理化学状态发生变化，晶粒晶界之间构成了腐蚀电池。

晶间腐蚀常见于奥氏体不锈钢，其他类型不锈钢基本上不会发生晶间腐蚀。高铬铁素体不锈钢加热到 925℃ 以上急冷后也有晶间腐蚀倾向，但经 650 ～ 815℃ 短时加热便可消除。

该钢对晶间腐蚀的敏感程度与其成分、加热温度和时间有关。图 11-2 是 18-8 型奥氏体不锈钢晶间腐蚀敏感温度 - 时间曲线。可看出，在 450 ～ 850℃ 温度区间内奥氏体不锈钢晶间腐蚀最为敏感，该温度区间称敏化温度区间，在这个区间加热的过程称敏化过程。碳含量愈高出现晶间腐蚀的温度上限愈高，敏化时间愈短。图中阴影线部位是丧失耐晶间腐蚀能力区域，在曲线的左方和右方各有一个不产生晶间腐蚀的区域，分别称一次稳定区和二次稳定区。在这两个区域内短时间加热或较长时间加热，都不出现晶间腐蚀。

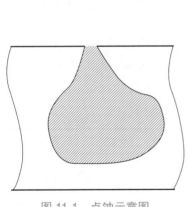

图 11-1　点蚀示意图

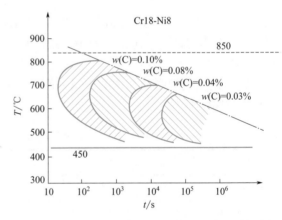

图 11-2　18-8 型钢晶间腐蚀的敏感温度 - 时间曲线

奥氏体不锈钢产生晶间腐蚀的原因主要是晶界贫铬。在敏化温度范围内，γ 中的过饱和固溶碳向晶界扩散，与铬结合成碳化物而沉积析出，晶界及其附近形成贫铬区。这样，在介质作用下，正电位最大的碳化物及负电位最大的贫铬区与 γ 晶粒之间构成多极电池系统，从而在沿晶界贫铬区形成腐蚀通道。

防止晶间腐蚀的主要措施有：

① 降低碳含量，如碳含量降低到 0.03% 以下，则基本上不会发生晶间腐蚀；

② 添加强碳化物形成元素 Ti 或 Nb，使不锈钢中的 C 优先与这些元素结合成碳化物，避免了晶界贫铬；

③ 调整钢的化学成分使之含有体积分数为 5% 左右的一次铁素体 δ 相，以消除单一组织形成的腐蚀通道。

4）应力腐蚀

在拉应力与腐蚀介质共同作用下引起的开裂称为应力腐蚀，又称应力腐蚀开裂。这种开裂往往是在远低于材料屈服点的低应力下发生，而且即使是在微弱的腐蚀环境中，破断应力也远低于屈服点。这种裂纹一旦形成，常以很快速度向前扩展，事先无明显征兆，故危险性很大。产生应力腐蚀有三个主要条件：特定成分及组织的合金、特定的腐蚀环境和足够的拉应力。

纯金属一般不产生应力腐蚀，应力腐蚀发生在合金中。导致不锈钢的应力腐蚀的介质主要有氯离子、高浓度苛性碱、硫酸水溶液等。裂纹类型有晶间裂纹、穿晶裂纹、晶间-穿晶混合裂纹等三种。表 11-2 给出了易引起奥氏体不锈钢应力腐蚀的介质。

表 11-2　易引起奥氏体不锈钢应力腐蚀的介质

介质	断裂性质
硫酸铝	IT
氯化铵	IT
硝酸铵	I
氯化钡	IT
氯化钙	IT
氯化钴	T
氯乙烷	IT
硅氟酸	T
氢氟酸	IT
氯化氢	T
硝酸、盐酸、氢氟酸混合酸溶液	IT
氯化锂	IT
氯化镁	T
氯化汞	IT
氯代甲烷（含水）	T
有机酸＋氯化物	T
有机氯化物	T
氯化钾	IT
氢氧化钾	T
铝酸钠	IT
氢氧化钠	IT
硫酸钠	IT
硫酸溶液	IT

续表

介质	断裂性质
亚硫酸溶液	IT
氯化锌	T

注：I—晶间裂纹；T—穿晶裂纹；IT—晶间 - 穿晶混合裂纹。

奥氏体不锈钢耐氯化物应力腐蚀开裂性能随其含镍量的提高而增大。钼元素降低奥氏体不锈钢的耐应力腐蚀能力，18-8Ti 钢比 18-8Mo 钢耐应力腐蚀性能好。

铁素体不锈钢比奥氏体不锈钢具有更好的耐应力腐蚀性；奥氏体不锈钢中增加铁素体含量时，能增加耐应力腐蚀能力，当铁素体含量大于 60% 时，又有所下降。

（2）不锈钢的力学性能

铁素体不锈钢没有淬硬性，抗拉强度几乎与碳素钢相同，但韧性较低。马氏体不锈钢退火状态下强度低，塑性、韧性好；在淬火状态下，抗拉强度显著提高，而塑性、韧性降低。奥氏体不锈钢的抗拉强度高，塑性、韧性也好，但屈服点较低。表 11-3～表 11-7 分别给出了常用铁素体不锈钢、马氏体不锈钢、奥氏体不锈钢、双相不锈钢及沉淀硬化型不锈钢的常温力学性能。

因为奥氏体的晶粒构造是面心立方晶格，奥氏体不锈钢在极低的温度下也有良好的韧性，所以能用于制造储存液化天然气、液氮、液氧的容器设备。而马氏体和铁素体不锈钢的韧性低，不适于低温使用。

不锈钢的高温强度比碳素钢高、耐氧化性好，其中，铁素体和奥氏体不锈钢可作为耐热钢使用，但必须注意 σ 相析出脆化和 475℃脆性等问题。马氏体不锈钢因会发生相变，故使用温度受到限制。18-8 型奥氏体不锈钢的高温强度优于马氏体和铁素体不锈钢，若再添加 Nb、Mo 等元素或增加 Ni 和 Cr 含量时，则高温强度将进一步提高。

表 11-3　经退火处理的铁素体型钢棒或试样的力学性能[1]

GB/T 20878 中序号	统一数字代号	新牌号	旧牌号	规定非比例延伸强度[2] /(N·mm^{-2})	抗拉强度 /(N·mm^{-2})	断后伸长率/%	断面收缩率[3]/%	冲击吸收功[4] /J	硬度[2] HBW
				不小于					不大于
78	S11348	06Cr13Al	0Cr13Al	175	410	20	60	78	183
83	S11203	022Cr12	00Cr12	195	360	22	60	—	183
85	S11710	10Cr17	1Cr17	205	450	22	50	—	183
86	S11717	Y10Cr17	Y1Cr17	205	450	22	50	—	183
88	S11790	10Cr17Mo	1Cr17Mo	205	450	22	60	—	183
94	S12791	008Cr27Mo	00Cr27Mo	245	410	20	45	—	219
95	S13091	008Cr30Mo2	00Cr30Mo2	295	450	20	45	—	228

①　此表仅适用于直径、边长、厚度或对边距离小于或等于 75mm 的钢棒。大于 75mm 的钢棒，可改锻成 75mm 的样坯检验或由供需双方协商，规定允许降低其力学性能的数值。

②　规定非比例延伸强度和硬度，仅当需方要求时（合同中注明）才进行测定。

③　扁钢不适用，但需方要求时，由供需双方协商确定。

④　直径或对边距离小于或等于 16mm 的圆钢、六角钢、八角钢和边长或厚度小于或等于 12mm 的方钢、扁钢不做冲击试验。

表11-4 经热处理的马氏体型钢的力学性能①

| GB/T 20878中序号 | 统一数字代号 | 新牌号 | 旧牌号 | 组别 | 经淬火回火后试样的力学性能和硬度 | | | | | | | 退火后钢棒的硬度⑤ |
| | | | | | 规定非比例延伸强度/$(N \cdot mm^{-2})$ | 抗拉强度/$(N \cdot mm^{-2})$ | 断后伸长率/% | 断面收缩率/% | 冲击吸收功④/J | HBW | HRC | HBW |
					不小于							不大于
96	S40310	12Cr12	1Cr12		390	590	25	55	118	170	—	200
97	S41008	06Cr13	0Cr13		345	490	24	60	—	—	—	183
98	S41010	12Cr13	1Cr13		345	540	22	55	78	159	—	200
100	S41617	Y12Cr13	Y1Cr13		345	540	17	45	55	159	—	200
101	S42020	20Cr13	2Cr13		440	640	20	50	63	192	—	223
102	S42030	30Cr13	3Cr13		540	735	12	40	24	217	—	235
103	S42037	Y30Cr13	Y3Cr13		540	735	8	35	24	217	—	235
104	S42040	40Cr13	4Cr13		—	—	—	—	—	—	50	235
106	S43110	14Cr17Ni2	1Cr17Ni2		—	1080	10	—	39	—	—	285
107	S43120⑤	17Cr16Ni2	1Cr17Ni2	1	700	900~1050	12	45	25 (a_{KV})	—	—	295
				2	600	800~950	14					
108	S44070	68Cr17	7Cr17		—	—	—	—	—	—	54	255
109	S44080	85Cr17	8Cr17		—	—	—	—	—	—	56	255
110	S44096	108Cr17	11Cr17		—	—	—	—	—	—	58	269
111	S44097	Y108Cr17	Y11Cr17		—	—	—	—	—	—	58	269
112	S44090	95Cr18	9Cr18		—	—	—	—	—	—	55	255
115	S45710	13Cr13Mo	1Cr13Mo		490	690	20	60	78	192	—	200
116	S45830	32Cr13Mo	3Cr13Mo		—	—	—	—	—	—	50	207
117	S45990	102Cr17Mo	9Cr18Mo		—	—	—	—	—	—	55	269
118	S46990	90Cr18MoV	9Cr18MoV		—	—	—	—	—	—	55	269

① 此表仅适用于直径、边长、厚度或对边距离小于或等于75mm的钢棒。大于75mm的钢棒，可改锻成75mm的样坯检验或由供需双方协商，规定允许降低其力学性能的数值。

② 扁钢不适用，但需方要求时，由供需双方协商确定。

③ 采用750℃退火时，其硬度由供需双方协商确定。

④ 直径或对边距离小于或等于16mm的圆钢、六角钢，八角钢和边长或厚度小于或等于12mm的方钢、扁钢不做冲击试验。

⑤ 17Cr16Ni2钢的性能组别应在合同中注明，未注明时，由供方自行选择。

表11-5 经固溶处理的奥氏体型钢型试样或钢棒的力学性能①

GB/T 20878 中序号	统一数字代号	新牌号	旧牌号	规定非比例延伸强度② /(N·mm⁻²) 不小于	抗拉强度 /(N·mm⁻²) 不小于	断后伸长率 /% 不小于	断面收缩率 /%	硬度②		
								HBW	HRB	HV
								不大于		
1	S35350	12Cr17Mn6Ni5N	1Cr17Mn6Ni5N	275	520	40	45	241	100	253
3	S35450	12Cr18Mn9Ni5N	1Cr18Mn8Ni5N	275	520	40	45	207	95	218
9	S30110	12Cr17Ni7	1Cr17Ni7	205	520	40	60	187	90	200
13	S30210	12Cr18Ni9	1Cr18Ni9	205	520	40	60	187	90	200
15	S30317	Y12Cr18Ni9	Y1Cr18Ni9	205	520	40	50	187	90	200
16	S30327	Y12Cr18Ni9Se	Y1Cr18Ni9Se	205	520	40	50	187	90	200
17	S30408	06Cr19Ni10	0Cr18Ni9	205	520	40	60	187	90	200
18	S30403	022Cr19Ni10	00Cr19Ni10	175	480	40	60	187	90	200
22	S30488	06Cr18Ni9Cu3	0Cr18Ni9Cu3	175	480	40	60	187	90	200
23	S30458	06Cr19Ni10N	0Cr19Ni9N	275	550	35	50	217	95	220
24	S30478	06Cr19Ni9NbN	0Cr19Ni9NbN	345	685	35	50	250	100	260
25	S30453	022Cr19Ni10N	00Cr18Ni10N	245	550	40	50	217	95	220
26	S30510	10Cr18Ni12	1Cr18Ni12	175	480	40	60	187	90	200
32	S30908	06Cr23Ni13	0Cr23Ni13	205	520	40	60	187	90	200
35	S31008	06Cr25Ni20	0Cr25Ni20	205	520	40	50	187	90	200
38	S31608	06Cr17Ni12Mo2	0Cr17Ni12Mo2	205	520	40	60	187	90	200
39	S31603	022Cr17Ni12Mo2	00Cr17Ni14Mo2	175	480	40	60	187	90	200
41	S31668	06Cr17Ni12Mo2Ti	0Cr18Ni12Mo3Ti	205	530	40	55	187	90	200
43	S31658	06Cr17Ni12Mo2N	0Cr17Ni12Mo2N	275	550	35	50	217	95	220
44	S31653	022Cr17Ni12Mo2N	00Cr17Ni13Mo2N	245	550	40	50	217	95	220
45	S31688	06Cr18Ni12Mo2Cu2	0Cr18Ni12Mo2Cu2	205	520	40	60	187	90	200
46	S31683	022Cr18Ni14Mo2Cu2	00Cr18Ni14Mo2Cu2	175	480	40	60	187	90	200

续表

GB/T 20878 中序号	统一数字代号	新牌号	旧牌号	规定非比例延伸强度② /(N·mm⁻²)	抗拉强度 /(N·mm⁻²)	断后伸长率 /%	断面收缩率 /%	硬度②		
				不小于	不小于	不小于		HBW	HRB	HV
								不大于		
49	S31708	06Cr19Ni13Mo3	0Cr19Ni13Mo3	205	520	40	60	187	90	200
50	S31703	022Cr19Ni13Mo3	00Cr19Ni13Mo3	175	480	40	60	187	90	200
52	S31794	03Cr18Ni16Mo5	0Cr18Ni16Mo5	175	480	40	45	187	90	200
55	S32168	06Cr18Ni11Ti	0Cr18Ni10Ti	205	520	40	50	187	90	200
62	S34778	06Cr18Ni11Nb	0Cr18Ni11Nb	205	520	40	50	187	90	200
64	S38148	06Cr18Ni13Si4	0Cr18Ni13Si4	205	520	40	60	207	95	218

① 此表仅适用于直径、边长、厚度或对边距离小于或等于 180mm 的钢棒。大于 180mm 的钢棒，可改锻成 180mm 的样坯检验，或由供需双方协商。
② 规定非比例延伸强度和硬度，仅当需方要求时（合同中注明）才进行测定，且供方可根据钢棒的尺寸或状态任选一种方法测定硬度。

表 11-6　经固溶处理的奥氏体 - 铁素体型（双相）钢的力学性能①

GB/T 20878 中序号	统一数字代号	新牌号	旧牌号	规定非比例延伸强度② /(N·mm⁻²)	抗拉强度 /(N·mm⁻²)	断后伸长率① /%	断面收缩率③ /%	冲击吸收功③/J	硬度②		
				不小于	不小于	不小于			HBW	HRB	HV
									不大于		
67	S21860	14Cr18Ni11Si4AlTi	1Cr18Ni11Si4AlTi	440	715	25	40	63	—	—	—
68	S21953	022Cr19Ni5Mo3Si2N	00Cr18Ni5Mo3Si2	390	590	20	40	—	290	30	300
70	S22253	022Cr22Ni5Mo3N		450	620	25	—	—	290	—	—
71	S22053	022Cr23Ni5Mo3N		450	655	25	—	—	290	—	—
73	S22553	022Cr25Ni6Mo2N		450	620	20	—	—	260	—	—
75	S25554	03Cr25Ni6Mo3Cu2N		550	750	25	—	—	290	—	—

① 此表适用于直径、边长、厚度或对边距离小于或等于 75mm 的钢棒。大于 75mm 的钢棒可改锻成 75mm 的样坯检验或由供需双方协商。
② 规定非比例延伸强度和硬度，仅当需方要求时（合同中注明）才进行测定，且供方可根据钢棒的尺寸或状态任选一种方法测定硬度。
③ 扁钢不适用，但需方要求时，由供需双方协商确定。
④ 直径或对边距离小于或等于 16mm 的圆钢、八角钢和边长或厚度小于或等于 12mm 的方钢、六角钢，扁钢不做冲击试验。

表 11-7　沉淀硬化型钢的力学性能①

GB/T 20878 中序号	统一数字代号	新牌号	旧牌号	热处理 类型	组别	规定非比例延伸强度/(N·mm⁻²)	抗拉强度/(N·mm⁻²)	断后伸长率/%	断面收缩率②/%	硬度③ HBW	HRC
						不小于					
136	S51550	05Cr15Ni5Cu4Nb	0Cr17Ni4Cu4Nb	固溶处理	0	—	—	—	—	≤363	≤38
				沉淀硬化 480℃时效	1	1180	1310	10	35	≥375	≥40
				550℃时效	2	1000	1070	12	45	≥331	≥35
				580℃时效	3	865	1000	13	45	≥302	≥31
				620℃时效	4	725	930	16	50	≥277	≥28
137	S51740	05Cr17Ni4Cu4Nb	0Cr17Ni4Cu4Nb	固溶处理	0	—	—	—	—	≤363	≤38
				沉淀硬化 480℃时效	1	1180	1310	10	40	≥375	≥40
				550℃时效	2	1000	1070	12	45	≥331	≥35
				580℃时效	3	865	1000	13	45	≥302	≥31
				620℃时效	4	725	930	16	50	≥277	≥28
138	S51770	07Cr17Ni7Al	0Cr17Ni7Al	固溶处理	0	≤380	≤1030	20	—	≤229	—
				沉淀硬化 510℃时效	1	1030	1230	4	10	≥388	—
				565℃时效	2	960	1140	5	25	≥363	—
139	S51570	07Cr15Ni7Mo2Al	0Cr15Ni7Mo2Al	固溶处理	0	—	—	—	—	≤269	—
				沉淀硬化 510℃时效	1	1210	1320	6	20	≥388	—
				565℃时效	2	1100	1210	7	25	≥375	—

① 此表仅适用于直径、边长、厚度或对边距离小于或等于75mm的钢棒。大于75mm的钢棒可改锻成75mm的样坯检验或由供需双方协商，规定允许降低其力学性能的数值。
② 扁钢不适用，但需方要求时，由供需双方协商确定。
③ 供方可根据钢棒的尺寸或状态任选一种方法测定硬度。

11.2　奥氏体不锈钢的焊接

11.2.1　奥氏体不锈钢的焊接性

奥氏体不锈钢焊接的主要问题是焊接热裂纹、脆化、晶间腐蚀、应力腐蚀和残余变形大等。由于在任何温度下都不发生相变，奥氏体不锈钢对氢脆及冷裂纹不敏感，焊态下的接头也具有良好的塑性和韧性。

（1）焊接热裂纹

奥氏体不锈钢热裂纹敏感性大于普通的结构钢。所有奥氏体不锈钢的结晶裂纹敏感性均较大，个别奥氏体不锈钢的液化裂纹敏感性也较高。这主要是由焊缝的金相组织、化学成分和较大焊接应力决定的。影响热裂纹的主要因素是焊缝化学成分、焊缝金相组织及焊接应力等。

1）焊缝金相组织

奥氏体不锈钢接头结晶裂纹敏感性大的主要原因是焊缝具有单相奥氏体组织，如果焊缝内含有少量铁素体组织，其裂纹敏感性会显著降低。因此，实际生产中尽量使焊缝金相组织中具有一定含量的铁素体，铁素体含量可根据焊缝金属的化学成分，利用 Schaeffler 或 Delong 组织图来确定，如图 11-3 所示。

图中横坐标为铬当量 $[w(\mathrm{Cr})_{\mathrm{eq}}]$，纵坐标为镍当量 $[w(\mathrm{Ni})_{\mathrm{eq}}]$，其计算公式标注在坐标轴上；标注 A（奥氏体）、F（铁素体）、M（马氏体）的区域为这些组元的区域范围。根据母材、填充金属的化学成分及稀释率求出焊缝金属的化学成分，再根据焊缝金属的化学成分可计算出 $w(\mathrm{Cr})_{\mathrm{eq}}$ 和 $w(\mathrm{Ni})_{\mathrm{eq}}$。利用 $w(\mathrm{Cr})_{\mathrm{eq}}$ 和 $w(\mathrm{Ni})_{\mathrm{eq}}$ 可确定 A（奥氏体）、F（铁素体）、M（马氏体）等各种组元的含量。Delong 组织图和 Schaeffler 组织图的区别是考虑 N 因素的影响。该图不仅可预测焊缝组织，而且可反过来按焊缝组织的要求确定对应的铬、镍当量，然后据此选择填充金属或调整焊缝成分。此图还适用于不锈钢与异种钢的焊接。

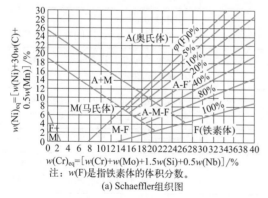

(a) Schaeffler组织图

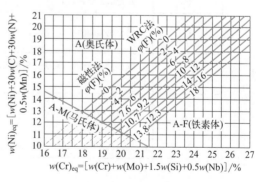

(b) Delong组织图

图 11-3　焊缝组织图

奥氏体不锈钢中硫、磷、铅、锑等杂质易与铝、硅、钛、铅、铌等钢中溶解度很小的元素形成低熔点共晶组织，这是导致结晶裂纹的根本原因。从图 11-3 可看出，镍当量较高时出现单相奥氏体组织，奥氏体稳定化程度提高。而单相奥氏体焊缝易形成方向性强的粗大柱状晶组织，有利于上述有害杂质和元素的偏析，从而形成连续的晶间液态夹层，提高了热裂纹的敏感性。

对于 Ni 含量小于 15% 的奥氏体不锈钢（如 18-8 型奥氏体不锈钢），其镍当量较低，焊缝中含有少量 δ 铁素体（体积分数大约为 5%），其抗结晶裂纹能力较高。这是因为少量 δ 相能阻止奥氏体晶粒长大，细化凝固亚晶组织，打乱枝晶的方向性，增加晶界和亚晶界的面积；液态薄膜更为分散地分布在晶界和亚晶界上，且被 δ 相分隔成不连续状，其有害作用显著降低。此外，δ 相比 γ 相能固溶更多的杂质元素，例如硫在 δ 相中有 0.18%，而在 γ 相中只有 0.05%，磷在 δ 相中的最大溶解度为 2.8%，而在 γ 相中只有 0.25%，这样 δ 相能降低晶间夹层中有害元素的含量，起到冶金净化作用。为了提高低镍奥氏体钢焊缝的抗结晶裂纹性能，希望在焊缝内含有体积分数为 2% ～ 8% 的 δ 相。

对于 Ni 含量大于 15% 的奥氏体不锈钢，则不宜采用上述 γ+δ 双相焊缝来防止结晶裂纹。因为，镍含量很高的奥氏体钢焊缝要获得 δ 相必须采用铁素体化元素含量很高的或镍含量较低的焊丝，否则将造成焊缝与母材的成分及性能差别过大，特别是塑性和韧性显著偏低。此外，高镍钢大多属于高温条件下长期服役的热稳定钢，若焊缝中引入了足以防止结晶裂纹的 δ 相，则高温长期工作时会导致 δ 相析出脆化。因此，这类不锈钢需通过其他途径来改善抗热裂性能。常用的方法是使焊缝变为 γ +C_1 或 γ +B_1 双相组织（C_1 为一次碳化物，B_1 为一次硼化物）。获得 γ +C_1 双相组织的方法是适当提高焊缝含碳量并加入适量的铌等碳化物形成元素，并保持比值 $w(Nb)/w(C)=10$，同时限制含硅量，使 $w(Nb)/w(Si)= 4 ～ 8$，就能较为有效地减少热裂倾向。在焊缝中加入适量的硼，使之形成硼化物，也起到同样的效果。

2）焊缝化学成分

奥氏体（γ+δ 双相）不锈钢中常见合金元素大部分对结晶裂纹敏感性具有一定的影响。表 11-8 归纳了这些元素影响趋势。

表 11-8 常用合金元素对不锈钢焊缝结晶裂纹倾向的影响

元素		γ+δ 双相组织焊缝	γ 单相组织焊缝
奥氏体化元素	Ni	显著增大热裂倾向	显著增大热裂倾向
	C	增大热裂倾向	减小热裂倾向 [w(C)=0.3% ～ 0.5% 并同时有 Nb、Ti 等]
	Mn	减小热裂倾向，若使 δ 相消失，则增大热裂倾向	显著提高抗裂性 [w(Mn)=5% ～ 7%]，有 Cu 时增大热裂倾向
	Cu	增大热裂倾向	影响不大（Mn 极少时）；显著增大热裂倾向 [w(B) ≥ 2%]
	N	提高抗裂性（如能保持 γ+δ 双相组织）	提高抗裂性
	B	—	万分之几时，强烈增大热裂倾向；w(B)=0.4% ～ 0.7% 时减小热裂倾向
铁素体化元素	Cr	提高抗裂性 [w(Cr)/w(Ni) ≥ 1.9 ～ 2.3]	无坏作用，形成 Cr-Ni 高熔点共晶细化晶粒
	Si	减小热裂倾向 [通过焊丝加入 w(Si) ≤ 1.5% ～ 3.5%]	显著增大热裂倾向 [w(Si) ≥ 0.3% ～ 0.7%]
	Ti	影响不大 [w(Ti) ≤ 1.0%] 或细化晶粒，减小热裂倾向	显著增大热裂倾向；当 w(Ti)/w(C)=6 时，减小热裂倾向

续表

元素		$\gamma+\delta$ 双相组织焊缝	γ 单相组织焊缝
铁素体化元素	Nb	易产生区域偏析，减小热裂倾向	显著增大热裂倾向；当 $w(Nb)/w(C)=10$ 时，可减小热裂倾向
	Mo	细化晶粒，减小热裂倾向	显著提高抗裂性
	V	显著提高抗裂性（有细化晶粒和去除 S 的作用）	稍增大热裂倾向；如能形成 VC，可细化晶粒，减小热裂倾向
	Al	减小热裂倾向	强烈增大热裂倾向

对于低镍（Ni 含量 < 15%）奥氏体钢焊缝，增加适量的铁素体化元素可以增多焊缝中的 δ 相数量，能显著提高其抗裂性；而增加奥氏体化元素的含量，则使焊缝中的 δ 相减少甚至消失，则热裂倾向增大。对于高镍（Ni 含量 > 15%）单相奥氏体不锈钢焊缝，加入适量的锰（5% ～ 7%）、钼（2% ～ 2.5%）、钨（2% ～ 2.5%）、氮（0.1% ～ 0.18%）和钒（0.4% ～ 0.8%）均有利于提高焊缝的抗裂性。此外，加入少量铈、锆、钽（≤ 0.01%）等微量元素，能细化焊缝组织净化晶界，也对提高单相奥氏体不锈钢焊缝的抗裂性有显著效果。

3）焊接应力

焊接应力是引起裂纹的力学因素。奥氏体钢的热导率小，而线胀系数大，在焊接热循环的作用下，焊缝在凝固过程就形成较大的拉伸内应力，把还没有凝固的液体薄膜拉开，形成结晶裂纹。显然，焊接应力越大，焊缝热裂纹倾向越大。

4）焊接工艺

采用小的焊接热输入可降低焊缝枝晶和过热区晶粒尺寸，降低偏析程度，从而降低热裂倾向。为了防止热裂，还应降低层间温度。在同样的热输入下，采用低焊速、小焊接电流的工艺也有利于防止热裂纹，因此小电流可减小熔深，增大焊缝成形系数，降低偏析程度。

合理的接头坡口设计、减小接头的拘束度和合理的焊接顺序可降低焊接应力，有利于防止焊接热裂纹。焊接起弧和收弧处容易产生裂纹，有条件的应在焊缝两端加引弧板和收弧板。若不能采用收弧板，最好用衰减电流收弧，并填满弧坑。

（2）晶间腐蚀和应力腐蚀

1）晶间腐蚀

奥氏体不锈钢焊接接头的晶间腐蚀主要出现在三个部位，即焊缝区、HAZ（热影响区）敏化区和过热区，如图 11-4 所示。晶间腐蚀的具体发生，则取决于母材和焊缝的成分。

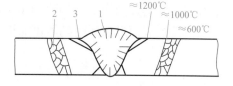

图 11-4　18-8 型不锈钢焊接接头可能出现晶间腐蚀的部位

1—焊缝区　2—HAZ 敏化区　3—过热区

① 焊缝区的晶间腐蚀。普通的 18-8 型钢多层焊过程中，在上一层焊接热影响区的敏化区内的晶界上容易析出铬的碳化物，导致晶界上贫铬。若该区恰好露在接头表面并与腐蚀介质接触，则会发生晶间腐蚀。

焊缝区晶间腐蚀的防止措施是：a. 通过选用合适的焊接材料使焊缝组织变为低碳（< 0.03%）奥氏体；b. 选用含有 Nb 等稳定元素的奥氏体焊接材料，$w(Ti)/[w(C)-0.02] > 8.5 ～ 9.5$，或 $w(Nb) \geqslant 8w(C)$；c. 调整焊缝化学成分，焊缝中产生少量铁素体（δ 相），利用 δ

相散布在奥氏体晶粒边界上，不致形成连续的贫铬层，况且δ相富 Cr，有良好供应 Cr 的条件，可以减少γ晶粒形成贫铬层，焊缝中最佳含δ相的范围是$\varphi(\delta)=4\% \sim 12\%$；d. 合理地选择焊接工艺参数，缩短危险温度范围停留时间；e. 进行焊后固溶处理，使晶界上析出的碳化物重新溶入奥氏体中，释放出铬，固溶处理的温度是加热到 $1050 \sim 1150℃$ 保温合适时间，然后淬火。

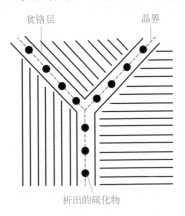

图 11-5　晶界贫铬层的形成

②热影响区敏化区的晶间腐蚀。焊接热影响区敏化区是焊接过程中加热温度达到 $600 \sim 1000℃$ 区域，该温度范围略高于敏化热处理温度范围。晶间腐蚀的原因仍然是奥氏体晶粒边界因铬碳化物的析出而产生了贫铬层，如图 11-5 所示。

热影响区敏化区晶间腐蚀的防止措施有：a. 选用含 Ti 或 Nb 的 18-8Ti 或 18-8Nb 型钢代替普通的 18-8 型不锈钢；b. 选用超低碳 18-8 型钢或含有少量铁素体的双相不锈钢；c. 采用较低的焊接热输入，通过快速冷却来缩短敏化温度持续时间。

③过热区的晶间腐蚀（刀蚀）。在一定腐蚀介质作用下，从工件表面沿着过热区深入内部的似刀削切口状的腐蚀，称为刀状腐蚀，简称刀蚀。腐蚀宽度初期只有 $3 \sim 5$ 个晶粒，逐步扩展到 $1.0 \sim 1.5mm$ 左右。这种腐蚀只发生在含有 Ti 或 Nb 的 18-8Ti 和 18-8Nb 型钢的熔合区上。腐蚀原因是晶界上因沉淀析出 $M_{23}C_6$ 而形成贫铬层。

对于含有 Ti 或 Nb 的奥氏体不锈钢，加热温度超过 $1200℃$ 的焊接过热区内的 TiC 或 NbC 将全部固溶于γ相晶粒内，冷却时将有部分固溶的碳原子扩散并偏聚于γ晶界处。在随后多层焊时加热到 $600 \sim 1000℃$ 的敏化温度区间内，碳原子偏聚的γ晶界上会发生 $Cr_{23}C_6$ 型碳化物沉淀，从而该部位的晶界贫铬，在一定腐蚀介质作用下，从表面开始产生晶间腐蚀，直至形成刀状腐蚀破坏。在这里，高温过热和中温敏化相继作用是刀蚀的必要条件。

过热区的晶间腐蚀防止措施是：a. 降低母材的含碳量，超低碳（$< 0.06\%$）不锈钢不仅不发生敏化区腐蚀，也不发生刀蚀；b. 采用小焊接热输入，避免交叉焊缝，增大焊后冷却速度，尽量减少过热；c. 双面焊时，与腐蚀介质接触的焊缝应最后施焊，或者是调整焊缝形状、尺寸和焊接参数，使第二面焊缝所产生的敏化温度区（$600 \sim 1000℃$）不落在第一面焊缝表面的过热区上，如图 11-6（a）所示。按照图 11-6（b）所示方式焊接时，会因第一面焊缝的表面过热区受到敏化加热而容易发生刀蚀。

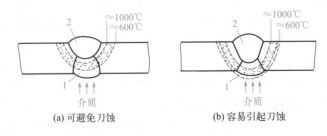

(a) 可避免刀蚀　　　　　　　　(b) 容易引起刀蚀

图 11-6　第二面焊缝的敏化区对刀蚀倾向的影响

2）应力腐蚀开裂

由于热导率小、线胀系数大，奥氏体不锈钢易产生较大的焊接残余应力，因此对应力腐蚀非常敏感。此外，焊接过程中因碳化物析出而导致的敏化也提高了应力腐蚀的敏感性。

预防应力腐蚀开裂的措施有：

① 选用抗应力腐蚀能力好的母材和焊接材料，这是提高抗应力腐蚀开裂的最主要措施之一。对于单相奥氏体不锈钢，含 Ni 量越高，抗应力腐蚀能力越强；铁素体含量高的奥氏体不锈钢和焊接材料也具有高的抗应力腐蚀能力，因为铁素体对应力腐蚀裂纹扩展起到机械屏障作用，阻止裂纹向前扩展或改变扩展方向延缓扩展期。而且在含 Cl⁻ 的介质中，铁素体可作为阳极，对奥氏体起到电化学保护作用。

② 减小或消除残余应力。消除焊接残余应力最有效的办法是退火热处理。18-8 型钢的退火温度为 850 ~ 900℃，含钼奥氏体不锈钢的退火温度为 950 ~ 1000℃。在无法进行退火热处理条件下，通过结构的合理设计、减小接头拘束度和采用合理的焊接顺序等，也可在一定程度上减小焊接残余应力。

③ 表面处理。应力腐蚀裂纹总是从接触敏感介质的表面萌生，逐渐向内部扩展。改变焊件表面状态可以提高其耐蚀性能。常用方法是通过对敏化表面进行抛光、喷丸或锤击处理，使其产生残余压应力。另外，对敏化表面进行电镀或喷涂也能提高其耐蚀性能。涂覆或电镀的铝、锌等金属作为牺牲阳极，对奥氏体不锈钢具有电化学保护作用。

（3）焊接接头脆化

奥氏体不锈钢焊缝中铸态组织的形成、碳化物的析出、晶粒长大及少量铁素体的形成均会造成接头塑性和韧性的降低，导致接头脆化。脆化的主要形式有焊缝低温脆化和 σ 相析出脆化。

1）低温脆化

焊缝的化学成分和组织状态是影响低温韧性的主要因素。对于 18-8 型钢焊缝，铁素体形成元素均会显著降低焊缝塑性和韧性，其中钛、铌最为明显。因此，如果对低温韧性有较高要求时，最好不采用 γ+δ 双相组织的焊缝，而使用能形成单一 γ 相焊缝组织的焊接材料。表 11-9 说明了这种影响。

表 11-9　焊缝化学成分和组织对韧性的影响

部 位	主要化学成分（质量分数 /%)						组织	$a_K / (J \cdot cm^{-2})$	
	C	Si	Mn	Cr	Ni	Ti		+20℃	−196℃
焊缝	0.08	0.57	0.44	17.6	10.8	0.16	γ+δ	121	46
	0.15	0.22	1.50	25.5	18.9	—	γ	178	157
母材（固溶）	≤ 0.12	≤ 1.0	≤ 2.0	17.0 ~ 19.0	8.0 ~ 12.0	≈ 0.7	γ	280	230

2）σ 相析出脆化

奥氏体不锈钢焊缝在一定的高温下发生 σ 相析出，σ 相是一种脆硬的金属间化合物，这种脆硬化合物聚集在奥氏体的柱状晶界上，显著降低了焊缝韧性，这种脆化称为 σ 相析出脆化。为了保证焊缝有必要的塑性和韧性，长期工作在高温下的焊缝中所含的 σ 相的体积分数应小于 5%。

对于已经发生 σ 相析出脆化的工件，通过加热到 1050 ~ 1100℃保温 1h 后水淬可使绝大部分 σ 相重新溶入奥氏体中，消除脆化。

（4）点蚀

奥氏体不锈钢焊接接头点蚀敏感性显著大于母材，其主要原因是发生了耐点蚀元素铬和钼的晶轴负偏析。晶轴负偏析是指某元素在枝晶晶界上的含量高于其在晶界上的含量。奥氏体不锈钢焊接接头的点蚀主要发生在熔合区，焊接材料选择不当时也会发生在焊缝中。

奥氏体不锈钢焊接接头点蚀的主要防止措施是选择合适的焊丝，可采用 Ni 含量高的焊丝或采用铬和钼含量比母材高的焊丝。采用后者的焊接工艺称为"超合金化"焊接。超合金化焊接工艺的效果不如采用高 Ni 含量焊丝效果好，如图 11-7。该图给出了采用不同焊丝焊接的 00Cr20Ni18Mo6 不锈钢 TIG 焊接头的临界点蚀温度（CPT）。图中可见，采用高 Ni 焊丝的 B、C 接头具有最高的临界点蚀温度，耐点蚀性能最好，采用 Cr、Ni、Mo 含量均低于母材的焊丝时接头临界点蚀温度最低。

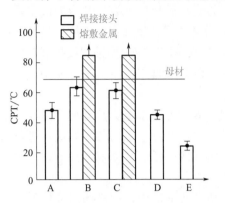

图 11-7 采用不同焊丝焊接的 00Cr20Ni18Mo6
不锈钢 TIG 焊接头的临界点蚀温度（CPT）
A—00Cr23Ni24Mo8.4N0.29；B—00Cr22Ni62Mo8.5N0.11；
C—00Cr22Ni62Mo8.7Nb3.4；D—不填丝；
E—00Cr19Ni13Mo3.7N0.03

11.2.2 奥氏体不锈钢的焊接工艺

（1）焊接方法

由于奥氏体不锈钢具有优良的焊接性，几乎所有焊接方法都可使用。但从经济、实用和技术性能方面考虑，优先采用的方法依次是钨极氩弧焊、MIG/MAG 焊、等离子弧焊、埋弧焊和焊条电弧焊等，见表 11-10。

表 11-10 不锈钢焊接方法的选用

焊接方法		不锈钢类型			适应厚度 /mm	说明
		马氏体型	铁素体型	奥氏体型		
焊条电弧焊		很少应用	较适用	适用	＞1.5	薄板不易焊透，焊缝余高大
手工 TIG 焊		较适用	较适用	适用	0.5～3	大于 3mm 可多层焊，小于 1mm 操作要求严格
自动 TIG 焊		较适用	较适用	适用	0.5～3	大于 4mm 可多层焊
脉冲 TIG 焊				适用	0.5～4	焊接热输入小，焊接参数调节范围宽
					＜0.5	卷边接头
MIG 焊		较适用	较适用	适用	3～8	开坡口，可单面焊双面成形
					＞8	开坡口，多层焊
脉冲 MIG 焊		较适用	较适用	适用	＞2	焊接热输入小，焊接参数调节范围宽
等离子弧焊	穿透法			适用	3～8	开 I 形坡口，可单面焊双面成形
	熔透法				≤3	同手工和自动 TIG 焊

焊接方法	不锈钢类型			适应厚度/mm	说明
	马氏体型	铁素体型	奥氏体型		
微束等离子弧焊			适用	< 0.5	卷边接头
埋弧焊	很少应用	很少应用	适用	> 6	效率高、劳动条件好，但焊缝冷却速度慢

1）钨极氩弧焊（TIG 焊）

钨极氩弧焊是厚度 3mm 以下的不锈钢的首选焊接方法。优点是合金元素过渡系数高、焊缝成分易于控制、焊接热影响区较窄、晶粒长大倾向小、变形小、可全位置焊接和机械化焊接。缺点是生产率较低，成本较高。

TIG 焊最适于 3mm 以下的薄板不锈钢的焊接，在石油、化工中各种压力容器和管道的奥氏体不锈钢管道的对接、换热器管子与管板焊接和厚板焊缝的封底焊等广为应用。对于厚度小于 0.5mm 的超薄板，要求用 10～15A 电流焊接，此时电弧不稳，宜用脉冲 TIG 焊。若厚度大于 3mm 有时须开坡口和采用多层多道焊。由于焊接成本过高，厚度大于 13mm 的不锈钢板不宜用 TIG 焊。为防止背面焊道表面氧化，获得良好成形，底层焊道焊接时，其背面需加氩气保护。

2）MIG/MAG 焊

Ar+5%O$_2$ 保护的 MAG 焊是厚度 3mm 以上的不锈钢的首选焊接方法。厚度小于 3mm 时也可进行焊接，但应采用脉冲喷射过渡或短路过渡工艺，可用于全位置焊接，常用焊丝直径为 0.8mm、0.9mm 和 1.2mm。厚度大于 6mm 的不锈钢宜采用射流过渡形式焊接，焊丝直径通常为 0.9～1.6mm，但只适用于平焊和横焊。薄板宜用短路过渡。

为防止背面焊道表面氧化，获得良好成形，底层焊道焊接时，其背面需加氩气保护。

3）等离子弧焊

等离子弧焊是焊接厚度在 12mm 以下的奥氏体不锈钢板的理想方法。对于 0.5mm 以下的薄板，采用微束等离子弧焊尤其合适。因为等离子弧热量集中，利用小孔效应技术可以不开坡口，不加填充金属单面焊一次成形，很适合于不锈钢管的纵缝焊接。

4）埋弧焊

埋弧焊适于中厚板奥氏体不锈钢的焊接，有时也用于薄板。由于此方法焊接参数稳定，焊缝成分和组织均匀，且表面光洁，无飞溅，因而接头的耐蚀性能高。但是，埋弧焊的热输入大，熔池体积大，冷却速度小，高温停留时间长，均有促进奥氏体不锈钢元素偏析和组织过热倾向，容易导致焊接热裂纹，其热影响区耐蚀性也受到影响。因此，对热裂纹敏感的纯奥氏体不锈钢，一般不推荐用埋弧焊。

5）焊条电弧焊

厚度在 2mm 以上的不锈钢板也可采用焊条电弧焊进行焊接。这种方法可用于各种焊接位置，而且设备简单、操作灵活。但这种方法具有合金元素（特别是与氧亲和力强的元素，如钛、硼、铝等）过渡系数较小、气孔、夹渣、敏感性大等缺陷，因此，目前应用越来越少。

6）激光焊

激光焊适于薄的奥氏体不锈钢板的焊接。它热源集中，能量密度很大和热输入小，而奥氏体不锈钢又具有很高的能量吸收率,因此激光焊的熔化效率很高,焊接速度很快,可以减轻不锈钢焊接时的过热现象,而且焊接变形非常小,可达精密焊接水平。

(2)焊接材料

焊接材料通常根据等成分原则来选用,选用的焊接材料应使焊缝金属的成分与母材相同或相近,另外还要考虑工作条件(工作温度、接触介质)要求。

1)钨极氩弧焊(TIG焊)

TIG焊的焊接材料有保护气体、填充焊丝和电极。奥氏体不锈钢的TIG焊通常采用纯氩气作保护气体,有时可用Ar+He或Ar+(2%～6%)H_2。H_2和He均可提高熔深和焊接速度。在惰性气体保护下,焊接过程合金元素基本不烧损,因此,可选用成分与母材相同或相近的焊丝。采用卷边接头焊接薄板时不需添加焊丝。为了保证焊接电弧稳定,电极宜选用铈钨极,也可选用钍钨极。

2)MAG焊

一般采用Ar+2%O_2(体积分数)混合保护气体进行保护。加入O_2可稳定阴极斑点,提高电弧的稳定性;降低熔池金属的表面张力和黏度,改善焊缝表面成形并抑制气孔。但O_2过大,合金元素易烧损。填充焊丝的成分应与母材相同或相近,其直径在0.8～2.4mm。厚板推荐采用射流过渡进行平焊和横焊,薄板或空间位置焊接宜用脉冲喷射过渡,熔池温度低,易于控制焊缝成形。

也可采用药芯焊丝焊接奥氏体不锈钢。焊丝直径最大达2.4mm,一般推荐1.6mm。焊接时的保护有气体保护和自保护,或者这两者同时兼用。气体保护焊通常用CO_2;自保护是在焊缝的药芯内加入脱氧剂、脱氮剂、造渣剂、造气剂和合金等药粉,焊接时像焊条一样进行自保护。表11-11是当前国内几种奥氏体不锈钢用的药芯焊丝。

表11-11　几种奥氏体不锈钢用药芯焊丝

钢号	药芯焊丝牌号	保护气体
0Cr19Ni9 0Cr19Ni11Ti	YA102-1,YA107-1 PK-YB102,PK-YB107	CO_2
00Cr19Ni10 0Cr18Ni11Ti	YA002-2	自保护
0Cr18Ni11Ti	YA1/32-1,PK-YB132	CO_2

3)埋弧焊

奥氏体不锈钢埋弧焊宜用中性或碱性焊剂进行。Cr、Ni等元素的烧损可通过加入焊丝或焊剂来补偿。熔炼焊剂加入脱氧剂和合金元素较困难,很难调整焊缝金属中δ相的含量,所以不适于奥氏体不锈钢厚板的焊接。烧结焊剂容易将脱氧剂和合金元素加到焊剂中,有利于对焊缝金属中δ相含量的调整和对烧损元素的补充。故烧结焊剂应用日益增多。

4)焊条电弧焊

奥氏体不锈钢焊条电弧焊可依据GB/T 983—1995《不锈钢焊条》选择焊条,该标准给出了各种不锈钢焊条熔敷金属的主要化学成分和力学性能。另外还要考虑以下几个因素:

①选用的焊条熔敷金属含碳量不应高于母材,避免接头耐蚀性能降低。

② 对于高温工作的奥氏体耐热不锈钢，应选用能满足焊缝金属抗热裂性能和接头高温性能要求的焊条。例如，对 $w(Cr)/w(Ni) > 1$ 的奥氏体耐热钢一般应选用 $\gamma+\delta$ 的不锈钢焊条，其中 $\varphi(\delta) \approx 2\% \sim 5\%$；对于 $w(Cr)/w(Ni) < 1$ 的稳定型奥氏体耐热钢，选用的焊条应保证焊缝金属具有与母材相近的化学成分，增加焊缝金属中的钼、钨、锰等元素的含量，在保证焊缝金属热强性的同时，可提高其抗裂性能。

③ 对于在各种腐蚀介质中工作的耐蚀奥氏体不锈钢，应按介质种类和工作温度来选用焊条。如果工作在 300℃以上且介质腐蚀性较强，应选用含有 Ti 或 Nb 稳定元素的超低碳焊条；如果介质含有稀硫酸或盐酸，应选用含钼或铜的焊条；对于常温下工作、腐蚀性弱或仅为避免锈蚀的设备，从降低生产成本角度考虑，可选不含 Ti 或 Nb 的不锈钢焊条。

④ 如果要求焊缝为纯奥氏体组织，或者焊接结构刚性很大、焊缝抗裂性能差，应选用碱性药皮的奥氏体不锈钢焊条。如果要求焊缝为含有一定铁素体的双相奥氏体组织，宜选用焊接工艺性能好的钛型或钛钙型药皮类型的焊条。

表 11-12 为常用奥氏体不锈钢弧焊用焊接材料选例。

表 11-12　常用奥氏体不锈钢弧焊用焊接材料选例

钢号	焊条电弧焊的焊条		氩弧焊丝[①]	埋弧焊	
	型号	牌号		焊丝	焊剂
0Cr18Ni9 0Cr19Ni9	E308L-16	A002	H00Cr21Ni10	H00Cr21Ni10	HJ260，HJ151，SJ601 ～ SJ608
0Cr18Ni9Ti 1Cr18Ni9Ti	E308-16 E347-16	A102 A132	H0Cr20Ni10Ti H0Cr20Ni10Nb	H0Cr20Ni10Ti H0Cr20Ni10Nb	HJ172，SJ608 SJ701
0Cr18Ni11Nb 1Cr18Ni11Nb	E347-16	A132	H0Cr20Ni10Nb	H0Cr20Ni10Nb	HJ172
0Cr18Ni12Mo2Ti 1Cr18Ni12Mo2Ti	E316L-16	A022	H00Cr19Ni12Mo2	H00Cr19Ni12Mo2	HJ260，HJ172，SJ601
0Cr18Ni12Mo3Ti 1Cr18Ni12Mo3Ti	E316L-16 E317-16	A022 A242	H00Cr19Ni12Mo2 H0Cr20Ni14Mo3	H00Cr19Ni12Mo2 H0Cr20Ni14Mo3	HJ260，HJ172，SJ601
00Cr17Ni14Mo2	E316L-16	A022	H00Cr19Ni12Mo2	H00Cr19Ni12Mo2 H0Cr20Ni14Mo3	HJ260，HJ172，SJ601
00Cr17Ni14Mo3 00Cr19Ni13Mo3	E308L-16	A002	H00Cr19Ni12Mo2	H00Cr19Ni12Mo2 H00Cr20Ni14Mo3	HJ260，HJ172，SJ601
00Cr18Ni14Mo2Cu2	E317MoCuL-16	A032	—	—	—
0Cr18Ni18Mo2Cu2Ti		A802	—	—	—
00Cr18Ni10	E308L-16	A002	H00Cr21Ni10	H00Cr21Ni10	SJ601

① TIG 焊时主要用纯 Ar 气体保护，焊稍厚工件可采用 Ar＋He；MIG 焊射流过渡时用 Ar＋2%O$_2$（体积分数），短路过渡时用 Ar＋5%CO$_2$（体积分数）。

（3）焊接工艺要点

1）焊前工件的清理

奥氏体不锈钢焊缝受到污染，其耐蚀性能和强度会变差。污染源主要有碳、氮、氧、水等。碳污染能引起裂纹和改变力学性能并降低抗蚀性能。碳来自车间尘土、油脂、油漆、作标记用的材料和工具中。因此，焊前必须对焊接区表面（坡口及其附近）做彻底的清理，清除全部碳氢化合物及其他污染物。薄的氧化膜可用浸蚀（酸性）方法清除，也可用机械方法，如利用没有使用过的不锈钢丝刷或砂轮、喷丸等工具和手段。

层间若有焊渣必须清除后再焊，以防止产生夹渣，盖面焊焊道表面也应清渣，最好用钢丝刷或机械抛光去除。

2）焊接工艺参数的选择

奥氏体不锈钢焊接应采用尽量低的热输入，通常比碳钢低 20%～30%。过高的焊接热输入会造成焊缝开裂、抗蚀性能降低、变形严重和接头力学性能恶化。因此，通常采用小电流、低电压、窄焊道工艺进行焊接，必要时可采用适当的急冷措施来防止接头过热。

① TIG 焊。TIG 焊适于焊接薄板或进行打底焊。焊接时背面也应同时吹送保护气体，以避免第一道焊缝背面被氧化。1mm 以下的薄板焊接时，一般应用琴键式压板压紧工件，以防止因工件变形而发生烧穿现象，琴键式压板如图 11-8 所示。背面采用带成形槽铜垫板，内通氩气进行焊缝背面保护，铜垫通水冷却，加速接头散热。

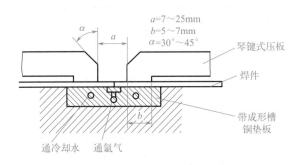

图 11-8　薄板对接焊压紧装置

氩气纯度应在 99.6% 以上，重要结构甚至达 99.99%。流量一般在 5～20L·min⁻¹，过小保护不良，过大出现紊流，保护也不良，电弧不稳。焊时风速应小于 0.5m·s⁻¹，否则要有挡风设施。

采用直流正接（钨极接负极）法进行焊接，采用陡降外特性直流或直流脉冲电源。尽量用短弧焊，薄板的无间隙对接或封底焊时，经常不加填充焊丝进行焊接。

表 11-13 给出了不锈钢板手工 TIG 焊对接的典型坡口形式和焊接参数。表 11-14 给出了不锈钢管子对接和管板焊接自动 TIG 焊典型参数。表 11-15 给出了不锈钢管子对接和管板焊接自动脉冲 TIG 焊典型参数。

② MAG 焊。MAG 焊电流密度大，熔深能力强，焊接速度和熔敷速度快，适合于中厚板或厚板的焊接。一般选用 1.2～1.6mm 直径焊丝，采用平特性电源和等速送丝机进行焊接。通常采用直流反接（焊丝接正极），利用直流电源进行喷射过渡焊接，或利用脉冲电源进行脉冲喷射过渡焊接。保护气体根据流量大小选择，一般在 18L·min⁻¹ 以上。风大的地方（0.5m·s⁻¹ 以上）应有挡风措施。不锈钢脉冲 MAG 焊通常采用一脉一滴过渡工艺进行焊接。目前的脉冲 MAG 焊电源大都可实现一元化调节，在电源上选定了平均电流或板厚后，控制系统自动匹配最佳工艺参数。

表 11-16 给出了不锈钢板 MAG 对接焊用典型坡口形式和焊接参数。

表 11-13 不锈钢板板手工 TIG 焊对接的典型坡口形式和焊接参数

坡口形状代号	坡口形状	板厚/mm	使用坡口形式	钨极直径/mm	焊接电流/A	焊接速度/(cm·min⁻¹)	焊条直径/mm	氩气 流量/(L·min⁻¹)	氩气 喷嘴直径/mm	备注
A		1	A（但间隙为0mm）	1.6	50~80	10~12	1.6	4~6	11	单面焊接气体焊垫
		2.4	A（但间隙为0~1mm）	1.6	80~120	10~12	1.6	6~10	11	单面焊接气体焊垫
		3.2	A	2.4	105~150	10~12	1.6~3.2	6~10	11	双面焊
B		4	A	2.4	150~200	10~15	1.4~4.0	6~10	11	双面焊
		6	B	2.4	150~200	10~15	2.4~4.0	6~10	11	清根
C			C	2.4	180~230	10~15	2.4~4.0	6~10	11	垫板
D			D	2.4	140~160	12~16	2.4~4.0	6~10	11	单面焊接气体焊垫
E		12	E	1.6 2.4	110~150 150~200	6~8 10~15	2.4~3.2	6~10	11	可熔镶块焊接
			B	2.4	150~200	15~20	2.4~4.0	6~10	11	清根
			C	2.4 3.2	200~250	10~20	2.2~4.0	6~10	11~13	垫板

续表

坡口形状代号	坡口形状	板厚/mm	使用坡口形式	钨极直径/mm	焊接电流/A	焊接速度/(cm·min⁻¹)	焊条直径/mm	氩气 流量/(L·min⁻¹)	氩气 喷嘴直径/mm	备注
F	60°~90° 0~1	22	F	2.4 3.2	200~250	10~20	3.2~4.0	6~10	11~13	清根
G	2~3 0~2 V形	38	C	2.4 3.2	250~300	10~20	3.2~4.0	10~15	11~13	清根

表 11-14 不锈钢管子对接和管板焊接自动 TIG 焊典型参数

接头种类	坡口形式	管子尺寸/mm	钨极直径/mm	层次	焊接电流/A	电弧电压/V	焊接速度/(s/周)	填充丝直径/mm	送丝速度/(mm·min⁻¹)	氩气流量/(L·min⁻¹) 喷嘴	氩气流量/(L·min⁻¹) 管内
管子对接（全位置）	管子扩口	φ18×1.25	2	1	60~62	9~10	12.5~13.5	—	—	8~10	1~3
	管子扩口	φ32×1.5	2	1	54~59	9~10	18.6~21.6	—	—	10~13	1~3
	V形	φ32×3	2~3 2~3	1 2~3	110~120 110~120	10~12 12~14	24~28 24~28	φ0.8	760~800	8~10 8~10	4~6 4~6
管板	管板开槽	φ13×1.25 φ18×1.25	2 2	1 1	65 90	9.6 9.6	14 19	—	—	7 7	—

表 11-15　不锈钢管子对接和管板焊接自动脉冲 TIG 焊典型参数

接头种类	坡口形式	管子尺寸/mm	钨极直径/mm	层次	平均电流/A 基本	平均电流/A 脉冲	频率/s⁻¹	脉冲宽度/%	焊接速度/(s/周)	氩气流量/(L·min⁻¹) 喷嘴	氩气流量/(L·min⁻¹) 管内	备注
管子对接	管子扩口	φ8×1 φ15×1.5	1.6 1.6	1 1	9 27	36 80	2 2.5	50 50	12 15	6～8 6～8	1～3 1～3	
管板	管板开槽	φ13×1.25 φ25×2	2 2	1 1	8 25	70～80 100～130	3～4 3～4	50 50～75	10～15 16～17	8～10 8～10	—	

表 11-16　不锈钢板 MAG 对接焊用典型坡口形式和焊接参数（平焊）

坡口形状代号	坡口形式	板厚/mm	使用的坡口形状	层数	焊丝直径/mm	焊接条件 电流/A	焊接条件 电压/V	焊接条件 速度/(cm·min⁻¹)	备注
A		3	B	1	1.2	220～250	23～25	40～60	垫板
		4	B	1	1.2	220～250	23～25	30～50	垫板
B		6	A	2	1.2	230～280	23～26	30～60	清根
					1.6	250～300	25～28	30～60	
			B	2	1.2	230～280	23～26	30～60	垫板
					1.6	250～300	25～28	30～60	
C			C	2	1.2	230～280	23～26	30～60	清根
					1.6	250～300	25～28	30～60	

续表

坡口形状代号	坡口形式	板厚/mm	使用的坡口形状	层数	焊丝直径/mm	焊接条件 电流/A	焊接条件 电压/V	焊接条件 速度/(cm·min⁻¹)	备注
D	60°~90°，0~2，0~2	6	D	2	1.2	230~280	23~26	30~60	垫板
					1.6	250~300	25~28	30~60	垫板
E	60°~90°，3~5	12	C	4	1.6	280~330	27~30	25~55	清根
			D	4	1.6	280~330	27~30	25~55	垫板
F	60°~90°，0~1		E	4	1.6	280~330	27~30	25~55	垫板
			F	4	1.6	280~330	27~30	25~55	清根
G	60°~90°，1，1	6	G	2	1层 1.2	180~200	16~18	30~50	单面打底焊
					2层 1.2	250~280	24~26	30~50	

③ 埋弧焊。奥氏体不锈钢埋弧焊既可用交流电源也可用直流电源。利用细丝（$\phi1.6 \sim 2mm$）焊接薄板时多用直流电源。碳钢埋弧焊用接头设计和焊接条件大致也适用于奥氏体不锈钢。由于奥氏体不锈钢的电阻率较高、熔化温度较低，因而类似条件下，焊接电流要比碳钢低 20% 左右。这种高电阻率的焊丝干伸长度对焊接过程稳定性和熔深具有很大影响，因此干伸长度需要严格控制。

为了防止焊接热裂纹，一般要求焊缝金属中有 $\varphi(\delta\text{-Fe})= 4\% \sim 10\%$ 的 δ 铁素体。δ 相含量过低则抗热裂能力不足，过高则导致耐蚀性下降和 σ 相析出脆化。控制 δ 相含量是保证奥氏体不锈钢埋弧焊焊接质量的关键，除了要正确选择焊丝和焊剂之外，还要求母材的稀释率低于 40%。一般通过控制焊接参数和接头坡口设计来保证稀释率。

烧结焊剂比熔炼焊剂容易吸潮，开罐后应立即使用。若开罐后放置时间较长或已吸潮时，应在 $250℃ \times 1h$ 的条件下烘干。

表 11-17 给出了奥氏体不锈钢埋弧焊典型焊接参数。注意，焊接不锈钢的电流不能过大，否则，会造成热影响区耐腐蚀性能降低和晶粒粗大。

④ 焊条电弧焊。不锈钢焊条电弧焊一般采用小电流快速焊工艺进行焊接，以防接头过热。平焊时，弧长一般控制在 $2 \sim 3mm$，直线焊不作横向摆动，目的是减少熔池热量，防止铬等有利元素烧损。多层焊时，层间温度不宜过高，可待冷却到 60℃ 以下再清理焊渣和飞溅物，然后再焊。其层数不宜多，每层焊缝接头相互错开。不在非焊部位引弧，焊缝收弧一定要填满弧坑，否则会产生弧坑裂纹成为腐蚀起源点，有条件的尽量使用引弧板和收弧板。

焊条用前必须按规定烘干。

表 11-18 和表 11-19 分别给出了奥氏体不锈钢焊条电弧焊对接和角接用典型焊接参数。

⑤ 等离子弧焊。厚度在 $0.05 \sim 1.6mm$ 时，等离子弧焊常用的接头形式有卷边对接、对接、卷边角接和端接，使用的坡口形式为 I 形，如图 11-9 所示。通常利用微束等离子弧进行焊接。板厚在 $0.05 \sim 0.25mm$ 的工件一般采用卷边接头，卷边的高度 h 通常为 $(2 \sim 5)\delta$。

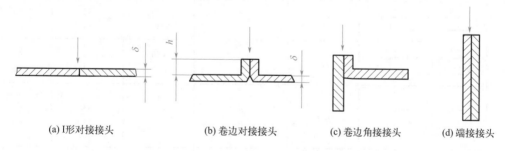

(a) I 形对接接头　　(b) 卷边对接接头　　(c) 卷边角接接头　　(d) 端接接头

图 11-9　不锈钢薄板等离子弧焊的接头形式

板厚大于 1.6mm 但小于 8mm，可在不开坡口（I 形坡口）、不加填充焊丝、不使用衬垫的情况下进行单面焊双面成形焊接。采用穿孔型等离子弧焊焊接第一道焊缝，采用熔入型等离子弧焊或其他电弧焊方法焊接其他焊道。由于等离子弧焊的熔透能力较大，与 TIG 焊相比，钝边可留得较大，而坡口角度可开得小一些，图 11-10 比较了 10mm 厚不锈钢 TIG 焊和等离子弧焊的坡口尺寸。

表 11-20 和表 11-21 分别给出了奥氏体不锈钢等离子弧焊和微束等离子弧焊用典型焊接参数。

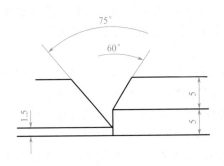

图 11-10　10mm 厚不锈钢 TIG 焊（左）和
等离子弧焊（右）的坡口尺寸比较

3) 预热和焊后热处理

奥氏体不锈钢焊接一般不进行预热。为防止热裂纹和铬碳化物析出，层间温度希望低一些，通常在 250℃ 以下。

焊后一般也不推荐进行热处理。只有在焊后进行冷加工或热加工场合以及用于易发生应力腐蚀的环境时，才进行以下热处理。

① 固溶化处理。目的是使铬碳化物、σ 相、焊缝金属中的铁素体固溶，以恢复耐蚀性、韧性和塑性，并可消除由加工和焊接产生的内应力。方法是在 1000 ~ 1150℃ 下以板厚 2min·mm^{-1} 以上的比例保温后，用水（薄板可用空气）急速冷却。热处理时，在产生铬碳化物的 500 ~ 900℃ 温度区域内尽快地冷却。但是，在要求以强度为主的场合和虽然要求耐蚀性但已使用稳定化钢或低碳不锈钢的场合，一般不进行这样的热处理。

② 消除应力处理。在 800 ~ 1000℃ 的温度下，按板厚 2min·mm^{-1} 以上的比例保温后再进行空冷的热处理。在接近 900℃ 的温度消除应力效果较好。

注意，进行这种热处理应充分考虑钢种、使用条件、过去的经验等因素，除非不得已必须进行的情况外，一般以不进行为好。例如，在注重耐腐蚀性的场合和易析出 σ 相的焊缝金属（18-8Nb 系、18-12Mo 系），这种处理往往反而有害。

表 11-17　奥氏体不锈钢埋弧焊典型焊接参数

板厚 /mm	坡口形式	焊丝直径 /mm	焊道 A：外面 B：里面	焊接条件		
				电流 /A	电压 /V	速度 /(cm·min^{-1})
6	A B	3.2	A B	350 450	33 33	65 65
9	A B	4.0	A B	450 520	33 33	65 65
9	90° 2 5 2 90° A B	4.0	A B	400 520	33 33	65 65
12	90° 3 6 3 90° A B	4.0	A B	450 550	33 33	60 50
16	90° 5 6 3 90° A B	4.0	A B	550 650	34 34	40 47

续表

板厚/mm	坡口形式	焊丝直径/mm	焊道 A:外面 B:里面		焊接条件 电流/A	电压/V	速度/(cm·min⁻¹)
16	60° 10 6 清根约4 A B	4.0	A	1	550	33	45
				2	550	33	40
			B		650	33	43
20	90° 6 7 7 90° A B	4.8	A		650	33	30
			B		800	35	35
	60° 14 6 清根约4 A B	4.0	A	1	500	33	45
				2	550	35	40
				3	600	35	40
			B		650	35	35
24	90° 8 8 8 90° A B	4.8	A		720	32	20
			B		950	34	27
	60° 17 7 清根约4 A B	4.0	A	1	500	33	40
				2	600	34	35
				3	600	35	30
			B		700	34	35
24以上	1~2 1~3层焊条电弧焊或TIG焊	4.0	—		450～600	32～36	25～50

表 11-18　不锈钢焊条电弧焊对接的典型坡口形式及焊接参数

板厚/mm	坡口形式	层数	坡口尺寸 间隙 c/mm	钝边 f/mm	坡口角度 α	焊接电流/A	焊接速度/(mm·min⁻¹)	焊条直径/mm	备注
2	c	2	0～1	—	—	40～60	140～160	2.5	反面铲焊根
	c	1	2	—	—	80～110	100～140	3.2	加垫板
	c	1	0～1	—	—	60～80	100～140	2.5	

板厚/mm	坡口形式	层数	坡口尺寸			焊接电流/A	焊接速度/(mm·min⁻¹)	焊条直径/mm	备注
			间隙 c/mm	钝边 f/mm	坡口角度 α				
3		2	2	—	—	80～110	100～140	3.2	反面铲焊根
		1	3	—	—	110～150	150～200	4.0	加垫板
		2	2	—	—	90～110	140～160	3.2	
5		2	3	—	—	80～110	120～140	3.2	反面铲焊根
		2	4	—	—	120～150	140～180	4.0	加垫板
		2	2	2	75°	90～110	140～180	3.2	
6		4	0	0	80°	90～140	160～180	3.2、4.0	反面铲焊根
		2	4	—	60°	140～180	140～150	4.0、5.0	加垫板
		3	2	2	75°	90～140	140～160	3.2、4.0	
9		4	0	3	80°	130～140	140～160	4.0	反面铲焊根
		3	4	—	60°	140～180	140～160	4.0、5.0	加垫板
		4	2	2	75°	90～140	140～160	3.2、4.0	
12		5	0	4	80°	140～180	120～180	4.0、5.0	反面铲焊根
		4	4	—	60°	140～180	120～160	4.0、5.0	加垫板
		4	2	2	75°	90～140	130～160	3.2、4.0	

续表

板厚/mm	坡口形式	层数	坡口尺寸			焊接电流/A	焊接速度/(mm·min⁻¹)	焊条直径/mm	备注
			间隙 c/mm	钝边 f/mm	坡口角度 α				
16		7	0	6	80°	140～180	120～180	4.0、5.0	反面铲焊根
		6	4	—	60°	140～180	110～160	4.0、5.0	加垫板
		7	2	2	75°	90～180	110～160	3.2、4.0、5.0	
22		7	—	—	—	140～180	130～180	4.0、5.0	反面铲焊根
		9	4	—	45°	160～200	110～175	5.0	加垫板
		10	2	2	45°	90～180	110～160	3.2、4.0、5.0	
32		14	—	—	—	160～200	140～170	4.0、5.0	反面铲焊根

表 11-19 不锈钢焊条电弧焊角接用典型坡口形式及焊接参数

板厚/mm	坡口形式	焊脚 L/mm	焊接位置	焊接层数	坡口尺寸		焊接电流/A	焊接速度/(mm·min⁻¹)	焊条直径/mm	备注
					间隙 c/mm	钝边 f/mm				
6		4.5	平焊	1	0～2	—	160～190	150～200	5.0	
		6	立焊	1	0～2	—	80～100	60～100	3.2	
9		7	平焊	2	0～2	—	160～190	150～200	5.0	
12		9	平焊	3	0～2	—	160～190	150～200	5.0	
		10	立焊	2	0～2	—	80～110	50～90	3.2	
16		12	平焊	5	0～2	—	160～190	150～200	5.0	
22		16	立焊	9	0～2	—	160～190	150～200	5.0	

续表

板厚/mm	坡口形式	焊脚 L/mm	焊接位置	焊接层数	间隙 c/mm	钝边 f/mm	焊接电流/A	焊接速度/(mm·min⁻¹)	焊条直径/mm	备注
6		2	平焊	1~2	0~2	0~3	160~190	150~200	5.0	
		2	立焊	1~2	0~2	0~3	80~110	40~80	3.2	
12		3	平焊	8~10	0~2	0~3	160~190	150~200	5.0	
		3	立焊	3~4	0~2	0~3	80~110	40~80	3.2	
22		5	平焊	18~20	0~2	0~3	160~190	150~200	5.0	
		5	立焊	5~7	0~2	0~3	80~110	40~80	3.2、4.0	
12		3	平焊	3~4	0~2	0~2	160~190	150~200	5.0	
		3	立焊	2~3	0~2	0~2	80~110	40~80	3.2、4.0	
22		5	平焊	7~9	0~2	0~2	160~190	150~200	5.0	
		5	立焊	3~4	0~2	0~2	80~110	40~80	3.2、4.0	
6		3	平焊	2~3	3~6	—	160~190	150~200	5.0	加垫板
		3	立焊	2~3	3~6	—	80~110	40~80	3.2、4.0	加垫板
12		4	平焊	10~12	3~6	—	160~190	150~200	5.0	加垫板
		4	立焊	4~6	3~6	—	80~110	40~80	3.2、4.0	加垫板
22		6	平焊	22~25	3~6	—	160~190	150~200	5.0	加垫板
		6	立焊	10~12	3~6	—	80~110	40~80	3.2、4.0	加垫板

表 11-20　不锈钢等离子弧焊典型焊接参数

焊透方式	焊件厚度/mm	焊接电流/A	电弧电压/V	焊接速度/(mm·min⁻¹)	等离子气流量/(L·min⁻¹) 基本气流	衰减气流	保护气体流量/(L·min⁻¹) 正面	尾罩	反面	孔道比 l/d /(mm/mm)	钨极内缩/mm	备注
熔透法	1	60	—	270	0.5	—	3.5	—	—	2.5/2.5	1.5	悬空焊
穿透法	3	170	24	600	3.8	—	25	8.4	—	3.2/2.8	3	喷嘴带两个 ϕ0.8mm 小孔，间距 6mm
	5	245	28	340	4.0	—	27			3.2/2.8	3	
	8	280	30	217	1.4	2.9	17			3.2/2.9	3	
	10	300	29	200	1.7	2.5	20			3.2/3	3	

表 11-21　不锈钢超薄板微束等离子弧焊典型焊接参数

接头形式	板厚 /mm	焊接电流 /A	焊接速度 /(cm·min⁻¹)	喷嘴孔径 /mm	等离子气及其流量 /(L·min⁻¹)	保护气体（体积分数）及其流量 /(L·min⁻¹)	备注
对接接头	0.025	0.3	125				带卷边对接
	0.075	1.6	150				
	0.125	2.4	125				
	0.255	6.0	200	0.8	Ar 0.2	Ar+1%H₂ 9.5	
	0.760	1.0	125				
端接接头	0.025	0.3	125				
	0.125	1.6	380				
	0.255	4.0	125				

11.3　铁素体不锈钢的焊接

11.3.1　铁素体不锈钢的焊接性

（1）普通铁素体不锈钢的焊接性

普通铁素体不锈钢焊接的主要问题有冷裂倾向和焊接接头的脆化。

① 冷裂倾向。Cr 含量大于 16% 的铁素体不锈钢焊接时，近缝区会因晶粒急剧长大而脆化，而且常温韧性较低。如果接头刚性较大，则很容易引起冷裂。为了防止过热脆化和冷裂纹，焊前通常要进行低温预热，在接头处于富韧性状态下进行焊接。

② 焊接接头的脆化。加热到 900℃ 以上，这类钢的晶粒极易粗化；加热至 475℃ 附近或自高温缓冷至 475℃ 附近，或者在 550 ~ 820℃ 温度区间停留（形成 σ 相）均使接头的塑性、韧性降低而脆化。

接头上一旦出现晶粒粗化就难以消除，因为热处理无法细化铁素体晶粒。因此，焊接时尽量采取小的热输入和较快的冷却速度，多层焊时严格控制层间温度，避免过热。若已在接头上产生 σ 相和 475℃ 脆性，可通过热处理方法消除。

（2）高纯铁素体不锈钢的焊接性

高纯铁素体不锈钢的含碳量小于 0.015%，含 N 量也很低，因此，普通铁素体钢具有更好的抗裂性能和耐蚀性能，并且不再存在室温脆性问题。因此，其焊接性比普通铁素体好，但要注意以下几点。

① 防止焊缝金属被污染。在焊接过程中必须防止 C、N、O 等杂质进入焊缝。应采用带背面保护的 TIG 焊或双层气流保护焊，并用高纯度氩气保护，以获得高纯焊缝金属。最好采用尾气保护刚刚凝固的焊缝，多层焊尤其需要。

② 多层多道焊要防止产生敏化。宜选用含有 Ti、Nb 的高纯铁素体不锈钢焊丝（焊条），以防止多层多道焊时产生敏化。这种焊丝（焊条）还可防止因 C 和 N 含量升高而造成焊缝晶间腐蚀。

③ 控制焊缝中 Ni、Cu 和 Mo 的含量。退火状态的高纯铁素体不锈钢在含 Cl⁻ 介质中一般不产生应力腐蚀，但是当钢或焊缝金属中 Ni、Cu 和 Mo 含量超过临界值时，会出现应力腐蚀倾向。

高纯铁素体不锈钢也存在 475℃脆性，且与杂质（C、N、O 等）含量无关，故焊接时，也应采取小焊接热输入、窄焊道并控制层间温度等措施。

11.3.2 铁素体不锈钢的焊接工艺

（1）焊接方法和焊接材料

铁素体不锈钢焊接通常采用 TIG 焊、MAG 焊和焊条电弧焊。普通铁素体钢有时也用埋弧焊，对耐蚀性和韧性要求高的高纯铁素体钢不推荐埋弧焊，以防止过热和碳、氮的污染。

常用的焊丝（焊条）有两类：同质的铁素体型和异质的奥氏体型。同质铁素体型焊丝（焊条）的优点是焊缝颜色与母材相同，线胀系数和耐蚀性大体相似。但同质焊缝的抗裂性能稍差。

在不能进行预热和焊后热处理的情况下，一般应采用异质的奥氏体型焊丝（焊条）来防止裂纹。但要注意：①焊丝应是低碳的；②焊后不可退火处理，因铁素体钢退火温度（780～850℃）正好在奥氏体钢敏化温度区间，易引起晶间腐蚀和脆化；③奥氏体钢焊缝的颜色和性能与母材不同。

表 11-22 给出了铁素体不锈钢常用焊接材料。

表 11-22　铁素体不锈钢常用焊接材料

钢号	焊条电弧焊的焊条		氩弧焊焊丝	预热及层间温度 /℃	焊后热处理温度 /℃	选择原则
	型号	牌号				
0Cr13	E410-16 E410-15	G202 G207 G217	H0Cr14	—	700～760	耐蚀、耐热
	E309-16 E309-15 E310-16 E310-15	A302 A307 A402 A407	H0Cr21Ni10 H0Cr18Ni12Mo2	—	—	高塑、韧性
1Cr17 0Cr17Ti 1Cr17Ti 1Cr17Mo2Ti	E430-16 E430-15	G302 G307	H1Cr17	70～150	700～760	耐蚀、耐热
	E308-15 E316-15 E309-15	A107 A207 A307	H0Cr21Ni10 H0Cr18Ni12Mo2	70～150	—	高塑、韧性
1Cr25Ti	E308-15 E316-15	A107 A207	H0Cr24Ni13 H0Cr26Ni21	—	—	高塑、韧性
1Cr28	E310-15	A407	H0Cr26	—	—	高塑、韧性

（2）焊接热输入

由于铁素体不锈钢的晶粒长大倾向较大，而且易在焊接过程中析出有害的中间相，因此，应尽量采用低热输入、窄焊道工艺进行焊接，并采取适当措施，提高焊缝的冷却速度以控制接头的过热。

（3）预热与焊后热处理

普通铁素体不锈钢有冷裂倾向，其韧脆转变温度常在室温以上。为了防止冷裂纹，焊前预热是必要的。然而这种钢热敏感性也较高，因此，预热温度和层间温度不能过高，必须控制在 150℃ 以下，否则会产生晶粒长大和 475℃ 脆性。

采用同质焊接材料焊接时，宜进行焊后热处理，其目的是使接头的组织均匀化，提高其塑性和耐蚀性，消除焊接残余应力。热处理温度应低于使晶粒粗化或形成奥氏体的亚临界温度，见表 11-22。必须避免在 370～570℃ 缓冷，以免产生 475℃ 脆性。

如果产生 475℃ 脆性，可通过短时加热到 600℃ 以上空冷来消除。如果产生 σ 相析出脆化，可通过加热到 930～980℃ 急冷来消除。

采用奥氏体钢焊接材料时，不必预热和焊后热处理。

11.4　马氏体不锈钢的焊接

11.4.1　马氏体不锈钢的焊接性

马氏体不锈钢的焊接性类似于调质的中低合金钢，主要问题是冷裂纹。

马氏体不锈钢焊接接头总会形成淬硬的马氏体组织。当焊接接头刚度大或含氢量高时，在焊接应力作用下很容易引起冷裂纹，特别是从高温直接冷至 120℃ 以下时。含碳量越高，焊缝及热影响区硬度就越高，冷裂纹敏感性就越大。低碳、超低碳马氏体不锈钢的冷裂纹敏感性相对较小。

防止形成冷裂纹的最有效方法是预热和控制层间温度；为了获得最佳的使用性能和防止延迟裂纹，焊后要求热处理。

此外，要注意防止接头中形成铁素体。高碳马氏体不锈钢，如 2Cr13、3Cr13 等，经加热冷却后都可以形成完全马氏体组织。但是，对于奥氏体形成元素碳或镍含量较低，或铁素体形成元素铬、钼、钨或钒含量较高的马氏体钢，如 1Cr13、1Cr17Ni2 等，其铁素体稳定性偏高，加热到高温后铁素体不能全部转变为奥氏体，淬火后除了得到马氏体外，还会残留一部分铁素体。在粗大的铸态焊缝组织及过热区中的铁素体，往往分布在粗大的马氏体晶间（即原奥氏体晶界上），严重时可呈网状分布。这使接头对冷裂更加敏感，高温力学性能恶化。

另外，马氏体不锈钢的铁素体形成元素含量越高，晶粒长大倾向越大。热输入较大时，近缝区会出现粗大的铁素体和晶界碳化物，降低焊接接头塑性。

11.4.2　马氏体不锈钢的焊接工艺

（1）焊接方法和焊接材料

各种电弧焊方法均可用于马氏体不锈钢的焊接。

① TIG 焊。TIG 焊的焊接质量最好，常用于薄板焊接或多层焊的封底焊。由于裂纹倾向小，薄板焊接可不预热，厚板可预热 120～200℃。一般选用与母材成分和组织相近的焊丝，

以保证与母材匹配。

② CO_2 气体保护焊。接头含氢量低，其冷裂倾向比焊条电弧焊小，可用较低的预热温度焊接，可用实心焊丝（如 H1Cr13）或药芯焊丝（如 PK-YB102、PK-YB107 等）。

③ 焊条电弧焊。一般采用与母材同质的低氢型焊条，焊条在焊前须经过高达 350～400℃温度烘干。焊后需要进行热处理。如果不能进行焊后热处理，应选用抗裂性能好的铬镍奥氏体钢焊条。应根据焊缝组织图来选择合理的奥氏体钢焊条类型，并严格控制母材对焊缝的稀释。

但要注意，当焊缝金属为奥氏体组织时，焊接接头在强度上通常为低匹配，焊缝金属在化学成分、金相组织和热物理性能及力学性能等方面与母材有较大差别，焊接残余应力难以避免。这些都要对接头的使用性能产生不利影响。例如，由于热物理性能的差异，高温时就会产生热应力，焊接应力会引起腐蚀或高温蠕变破坏等。因此，在选焊接材料时尽量使焊缝金属与母材热膨胀系数接近，如采用镍基的焊接材料等。

④ 埋弧焊。马氏体不锈钢导热性差，易过热，在热影响区产生粗大组织，故不常用埋弧焊。选取同质或异质焊缝的焊接材料。均采用碱性焊剂如 SJ601 和 HJ151 等。

表 11-23 为几种马氏体钢焊条电弧焊和 TIG 焊常用焊接材料。

表 11-23　几种马氏体钢焊条电弧焊和 TIG 焊常用焊接材料

钢号	焊条电弧焊的焊条		氩弧焊的焊丝	预热及层间温度 /℃	焊后热处理	选择原则
	型号	牌号				
1Cr13 2Cr13	E410-15	G207 G217	H0Cr14 H1Cr13	300～350	700～750℃ 空冷	耐蚀、耐热
	E309-16/15 E310-16/15	A302 A307 A402 A407	H0Cr21Ni10 H0Cr18Ni	200～300	—	高塑、韧性
1Cr17Ni2 2Cr13Ni2	E430-16 E430-15	G302 G307	H0Cr14 H1Cr3	300～350	700～750℃ 空冷	耐蚀、耐热
	E308-16/15 E309-16/15 E310-16/15	A107 A302 A307 A402 A407	H0Cr21Ni10 H0Cr18Ni	200～300	—	高塑、韧性

（2）预热与层间温度

使用同质焊接材料焊接马氏体不锈钢时，为防止冷裂纹，焊前需预热。预热温度通常为 200～400℃范围。含碳量越高，焊件厚度越大，预热温度也越高，但最好不要高于 M_s 点。多层焊时层间温度应保证不低于预热温度，以防止在熔敷后续焊缝前就发生冷裂纹。

（3）焊后热处理

为了降低焊缝和热影响区硬度，改善其塑性和韧性，并降低焊接残余应力，焊后应进行整体或局部高温回火（730～790℃）热处理。对于某些多元合金的马氏体不锈钢，不容许焊后直接回火处理，应在冷却到 150～200℃后保温 2h，使奥氏体大部分转变成马氏体，然后及时地进行高温回火热处理。

如果马氏体不锈钢是在退火状态下焊接，则焊后需进行整体调质处理，处理规范与母材相同。

（4）焊接工艺要点

工艺要点与调质状态的低合金高强钢基本相同。与调质状态的低合金高强钢相比，焊接热输入应稍大些，以利于减小冷裂纹倾向，但热输入不宜增大过多，否则会导致晶粒粗化。

11.5　铁素体 - 奥氏体不锈钢的焊接

11.5.1　铁素体－奥氏体不锈钢的焊接性

铁素体 - 奥氏体不锈钢是由铁素体（体积分数约占 40% ～ 60%）和奥氏体（体积分数约占 60% ～ 40%）两相组成的双相不锈钢。它兼备了奥氏体钢和铁素体钢的优点，故具有强度高、耐蚀性好和易于焊接的特点。

这种钢中 Cr 含量为 17% ～ 30%，Ni 含量为 3% ～ 7%，此外含有 Mo、Cu、Ni（Ti）等元素。含碳量较低时，还会加入强奥氏体形成元素 N。当前已发展有 Cr18 型、Cr21 型和 Cr25 型三类双相不锈钢。

与纯奥氏体不锈钢相比，铁素体 - 奥氏体不锈钢的热裂倾向较低。与纯铁素体不锈钢相比，铁素体 - 奥氏体不锈钢的脆化倾向较低，热影响区铁素体粗化倾向也较低。因此，铁素体 - 奥氏体不锈钢焊接性较好。

但是，双相不锈钢的两相比例不仅与成分有关，而且与加热温度也有关。在焊接热循环作用下会发生明显的相比例变化。当加热温度足够高时，就会发生 γ—α 的转变，铁素体增多、奥氏体减少，甚至可能完全变成纯铁素体组织，使接头的力学性能和耐蚀性能下降。因此，应控制母材和焊接材料的成分（可通过舍夫勒的不锈钢组织图估计）和焊接参数，使接头能形成足够数量的 γ 相，以保证接头所需的力学性能和耐蚀性能。

11.5.2　铁素体－奥氏体不锈钢的焊接工艺

由于铁素体 - 奥氏体不锈钢焊接性能良好，焊时可不预热和后热。

薄板宜用 TIG 焊，中厚板可用焊条电弧焊。焊条电弧焊时宜选用成分与母材相近的专用焊条或含碳量低的奥氏体钢焊条。对于 Cr25 型双相钢也可选用镍基合金焊条。表 11-24 给出了几种双相不锈钢常用焊接材料。

表 11-24　几种铁素体 - 奥氏体不锈钢常用焊接材料

钢号	焊条电弧焊的焊条		氩弧焊的焊丝	埋弧焊	
	型号	牌号		焊丝	焊剂
00Cr18Ni5Mo3Si2 00Cr18Ni5Mo3Si2Nb	E316L-16 E309MoL-16 E309-16	A022Si A042 A302	H00Cr18Ni14Mo2 H00Cr20Ni12Mo3Nb H00Cr25Ni13Mo3	H1Cr24Ni13	HJ260 HJ172 SJ601

续表

钢号	焊条电弧焊的焊条		氩弧焊的焊丝	埋弧焊	
	型号	牌号		焊丝	焊剂
0Cr21Ni5Ti 1Cr21Ni5Ti 0Cr21Ni6Mo2Ti 00Cr22Ni5Mo3N	E308-16 E309MoL-16	A102 A042 或成分相近的 专用焊条	H0Cr20Ni10Ti H00Cr18Ni14Mo2		
00Cr25Ni5Ti 00Cr26Ni7Mo2Ti 00Cr25Ni5Mo3N	E309L-16 E308L-16 ENI-0 ENiCrMo-0 ENiCrFe-3	A072 A062 A002 Ni112 Ni307 Ni307A	H0Cr26Ni21 H00Cr21Ni10 或 同母材成分相近的焊丝 或镍基焊丝		

双相钢中因有较大比例铁素体存在，铁素体钢固有的 475℃脆性、σ 相析出脆化和晶粒粗化倾向依然存在，只是因有奥氏体的平衡作用而获得一定缓解，因此，焊接时仍需注意防止脆化产生。无 Ni 或低 Ni 双相不锈钢的热影响区有单相铁素体化及晶粒粗化倾向，焊接时应注意控制焊接热输入，尽量用小电流、高焊速、窄焊道和多层多道焊工艺，以防止热影响区晶粒粗化和单相铁素体化。层间温度不宜太高，最好冷却后再焊下一层。

11.6 沉淀硬化不锈钢的焊接

沉淀硬化不锈钢是在不锈钢中加入 Cu、Ti、Nb 和 Al 等元素中的一种或多种形成的，通过这些元素实现沉淀硬化。这些元素在固溶退火或奥氏体化期间溶解到基体中，在时效热处理期间发生亚显微沉淀，提高基体的硬度和强度。根据室温组织和性能，沉淀硬化不锈钢分为马氏体、半奥氏体和奥氏体等几类。

这类钢强度高、韧性好，又有很好的耐蚀性能，一般限于在 318℃以下长期使用。短期使用时，马氏体和半奥氏体沉淀硬化不锈钢在高达 486℃下仍有较好的力学性能。

如果焊后的结构不能进行完整的热处理，则可以在焊前进行固溶退火处理，然后在使用前进行时效处理。

（1）马氏体沉淀硬化不锈钢（如 0Cr17Ni4Cu4Nb）

这类钢的室温组织以马氏体为主。按韧性要求可选择低温回火（426～454℃）或中温回火（675℃）进行时效硬化处理。中等强度马氏体沉淀硬化不锈钢的组织并不是纯马氏体，而是含有体积分数为 10% 的铁素体。其耐蚀性和普通奥氏体不锈钢相当，但受热处理的影响很小，而且价格较便宜。

马氏体沉淀硬化不锈钢具有良好的焊接性能，焊接时既不需预热，也不需后热。焊接材料的选择取决于对焊缝性能的要求，若要求焊缝韧性好，可选用奥氏体不锈钢焊接材料，但因没有时效强化作用，接头强度低于母材；为了获得等强接头，应采用与母材成分相同的焊接材料，并按母材热处理制度进行焊后低温回火时效硬化处理。多层焊时，各层焊缝和热影响区的组织和性能有差别，经退火可消除其差别。然后再进行回火时效硬化处理，即可得等强接头。

这类钢可用焊条电弧焊和填丝或不填丝的 TIG 焊。其焊接工艺和一般奥氏体不锈钢基本相似。

（2）半奥氏体沉淀硬化不锈钢（如 1Cr17Ni7Al）

在固溶或退火状态下，这类钢组织是奥氏体 +（5% ～ 20%）δ 铁素体。经过一系列热处理或机械变形处理后，奥氏体转变成马氏体。再通过时效析出硬化可达到所需的强度。

半奥氏体沉淀硬化不锈钢通常在退火状态下焊接，其焊接性与奥氏体不锈钢相似。如果在经相变形成的马氏体组织下焊接时，因其是韧性好的低碳马氏体，无论采用奥氏体焊接材料，还是与母材成分相同的焊接材料焊接，焊缝和热影响区均不产生裂纹。只有弧坑未填满时，才可能会产生弧坑裂纹。所以可采用奥氏体不锈钢的焊接工艺进行焊接。

当不要求接头等强度或等耐蚀性能时，可以选用奥氏体焊接材料焊接。

当采用与母材成分相同的焊接材料焊接时，焊接接头区铁素体含量可能会增加。此外，焊缝及近缝区的 M_s 点会有所降低。为了控制焊缝中的 δ 铁素体，可适当调整焊接材料成分，如降低铬或提高镍。

应采用惰性气体保护以防焊丝中铝的氧化。为了达到接头与母材等性能，一般焊后须进行整体复合热处理：调整处理，746℃加热 3h 空冷；低温退火，930℃加热 1h 水淬；冰冷处理，在 -73℃保持 3h 以上后自然升至常温；时效硬化处理。

（3）奥氏体沉淀硬化不锈钢（如 17-10P 钢系）

这类钢的铬、镍含量高，固溶后奥氏体极为稳定，经冷变形后仍为奥氏体组织。高温回火（648 ～ 760℃）后析出金属间化合物。可用于较高温度和极低温度的工作环境，具有与18-8 型、18-12-2Mo 型奥氏体不锈钢相似的耐蚀性能。表 11-25 介绍了两种奥氏体沉淀硬化不锈钢的化学成分。这两种钢含有大量硬化元素，其焊接性能都比普通奥氏体不锈钢差，两者的表现却不完全相同。

表 11-25　奥氏体沉淀硬化不锈钢的典型成分的质量分数　　　　　　　　单位：%

钢号	C	Mn	P	S	Si	Cr	Ni	Mo	Al	V	Ti	B
A-286	0.05	1.45	0.03	0.02	0.50	14.75	25.25	1.30	0.15	0.30	2.15	0.005
17-10P	0.10	0.60	0.30	≤ 0.04	0.50	17.00	10.00	—	—	—	—	—

A-286 钢中含有较多的铝、钛，焊缝易产生热裂纹，一般应采用 TIG 焊并控制焊接热输入，以降低热裂倾向。

17-10P 钢中 P 含量高达 0.3%，在被加热到约 1175℃以上时，在晶界上形成富磷化合物，呈热脆性，所以熔化焊极为困难。可用闪光焊进行焊接，因为顶锻时把热脆材料以毛刺形式挤出去，从而形成致密的焊缝。

第 12 章
铝合金的焊接

12.1 铝及铝合金的特点及分类

12.1.1 铝及铝合金的基本特点

铝具有密度低（密度为 2.7g/cm³）、电导率和热导率高、熔点低（纯铝为 658℃）等特点。具有面心立方结构，无同素异构转变。纯铝的化学活泼性强，表面极易生成一层致密的 Al_2O_3 薄膜，这层氧化膜可防止冷的硝酸及乙酸的腐蚀，但在碱类和含有氯离子的盐类溶液中被迅速破坏而引起强烈腐蚀。纯铝中含杂质愈少，形成氧化膜能力愈强。随着杂质的增加，其强度增加，而塑性、导电性和耐蚀性下降。铝合金是通过在纯铝中加入适量合金元素如镁、锰、硅、铜、锌等后获得的某些性能得以改善的金属材料。

表 12-1 比较了铝及铝合金与碳钢物理性能。

铝及铝合金具有良好的塑性和冷热加工性能，尽管强度较低，但比强度较大。在焊接过程中，铝和铝合金熔化后没有颜色变化。

表 12-1 铝及铝合金与碳钢物理性能对比

牌号或代号	$\rho/(g \cdot cm^{-3})$	比热容 C /$[J \cdot (kg \cdot K)^{-1}]$	热导率 λ /$[W \cdot (m \cdot K)^{-1}]$	线胀系数 α_l /$(\times 10^{-6}K^{-1})$	电阻率 ρ /$(\times 10^{-6}\Omega \cdot cm)$
		373K	298K	295 ~ 373K	293K
15 钢	7.85	468.9	50.24	11.16	12
1035	2.71	946	218.9	24	2.922
5A03	2.67	880	146.5	23.5	4.96
5A06	2.64	921	117.2	23.1	6.73
3A21	2.73	1009	180.0	23.2	3.45

牌号或代号	$\rho/(\mathrm{g \cdot cm^{-3}})$	比热容 C /$[\mathrm{J \cdot (kg \cdot K)^{-1}}]$	热导率 λ /$[\mathrm{W \cdot (m \cdot K)^{-1}}]$	线胀系数 α_l /$(\times 10^{-6}\mathrm{K^{-1}})$	电阻率 ρ /$(\times 10^{-6}\Omega \cdot cm)$
		373K	298K	295～373K	293K
2A12	2.78	921	117.2	22.7	5.79
2A16	2.84	880	138.2	22.6	6.10
6A02	2.70	795	175.8	23.5	3.70
2A14	2.80	836	159.1	22.5	4.30
7A04	2.85	921	155	23.1	4.20
ZL101	2.66	879	155	23.0	4.57
ZL201	2.78	837	121	19.5	5.95

12.1.2　铝及铝合金的种类

铝的基本分类方法如图 12-1 所示。

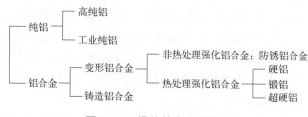

图 12-1　铝的基本分类方法

（1）纯铝

纯铝又分为高纯铝和工业纯铝两大类。高纯铝主要用作导电元件和制作要求高的铝合金。工业纯铝含铝在 99% 以上，其中主要杂质为铁和硅。可制作电缆、电容器，铝箔可作垫片，很少直接制作受力结构零件。

（2）铝合金

加入适量合金元素的铝金属为铝合金，铝合金在强度或其他性能方面优于纯铝。其分类方法有多种。

1）按加入的合金元素分类

铝及铝合金可分为九个系列，如表 12-2 所示。

表 12-2　铝及铝合金系列及其牌号表示法

系列	主要合金元素	特点及应用
1	无，铝含量不小于 99.00%	用于电气和化学工业
2	Cu	通过适当的热处理可获得很高的强度。其抗腐蚀性能较差，因此通常在其表面覆盖一层纯铝或特殊成分的铝合金。主要用于飞机制造业

续表

系列	主要合金元素	特点及应用
3	Mn	不可热处理，Mn 的含量不超过 1.5%，具有中等强度并易于加工
4	Si	熔点低，可作为硬钎料和焊丝。这类铝合金通常不经过热处理
5	Mg	具有中等强度、良好的焊接性和抗腐蚀性，但冷变形量不可过大
6	Mg 和 Si	可热处理，中等强度并具有良好的抗腐蚀性能
7	Zn，大部分还有 Mg	可热处理获得高强度，主要用于航空器机架结构
8	Fe、Ni 或 Li 元素	铝锂合金具有更高的强度，比强度比其他铝合金可提高 10%，主要用于航天航空工业
9	备用合金组	

2）按工艺性能特点分类

可分为变形铝合金（又称加工铝合金）和铸造铝合金两大类。

① 变形铝合金。变形铝合金为单相固溶体组织，特点是变形能力好，适于锻造及压延。它又分为非热处理强化和热处理强化两种类型的铝合金。

a. 非热处理强化铝合金。非热处理强化铝合金通过加入锰、镁等元素后产生的固溶强化作用及加工硬化作用来提高强度。有铝锰合金和铝镁合金两种。由于其耐蚀性能好，又称防锈铝合金。这类铝合金塑性好、压力加工和焊接性能优，是目前铝合金中应用最广的一种。但这种类型的铝合金不能通过热处理提高其力学性能，只能用冷变形强化。

b. 热处理强化铝合金。这种类型铝合金是通过固溶、淬火时效等工艺提高其力学性能的。共有锻铝、硬铝和超硬铝三类。

锻铝有铝镁硅锻铝和铝镁硅铜锻铝两种，具有良好的高温塑性，适于制造锻件及冲压件，可以进行淬火时效强化。铝镁硅锻铝的耐蚀性好、无晶间腐蚀倾向、焊接性能好，但强度不高。铝镁硅铜锻铝强度较高，但耐蚀性随强度增强而变差。

硬铝的主要成分是铝、铜、镁；超硬铝成分则是在硬铝基础上又增添了锌。这些元素可有限地固溶于铝中形成铝基固溶体，多余元素与铝形成一系列金属间化合物。通过淬火时效热处理，可有效地控制合金元素在铝中的固溶度和化合物的弥散度，实现对合金力学性能的控制。硬铝和超硬铝具有高强度的同时还具有较高的塑性，主要缺点是耐蚀性较差。焊接性也随着强度的提高而变差。合金中含锌量较多则晶间腐蚀及焊接热裂纹倾向较大。

② 铸造铝合金。铸造铝合金为共晶组织，特点是流动性好，适于铸造，有铝硅、铝铜、铝镁和铝锌合金四类，其中铝硅合金用量最大。与变形铝合金相比，铸造合金的最大优点是铸造性能优良，耐蚀性较好，机械加工性能好，但塑性低，不宜进行压力加工。

12.1.3　铝及铝合金的牌号、状态、成分和力学性能

（1）铝及铝合金的牌号

1）变形铝及铝合金的牌号

国标 GB/T 16474—2011《变形铝及铝合金牌号表示方法》规定的变形铝及铝合金牌号

表示原则是：①凡是化学成分与变形铝合金国际牌号注册协议命名的合金相同的所有合金，其牌号直接采用国际四位数字体系牌号；②未与国际四位数字体系牌号接轨的，采用四位字符牌号。四位字符牌号的第一位、第三位、第四位为阿拉伯数字，第二位为英文大写字母（C、I、L、N、O、P、Q、Z 字母除外）。第一位数字表示铝合金组别，第二位的字母表示原始纯铝或铝合金（用 A 表示）或其改型情况（用 B～Y 表示），第三、第四位数字用以标识同一组中不同的铝合金或表示铝的纯度。

2）铸造铝合金的牌号

国标 GB/T 1173—2013《铸造铝合金》规定的铸造铝合金的牌号表示方法是：由"铸"的汉语拼音第一个字母"Z"和基体金属的化学元素符号、主要合金元素符号以及表明合金元素名义百分含量的数字组成，举例：

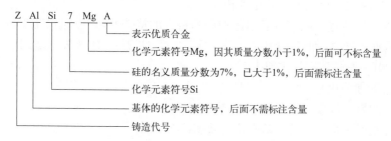

（2）铝及铝合金的状态及其代号

铝及铝合金的状态是指其供货时所处的变形强化或热处理强化状态，对于铝合金组织、力学性能及焊接性均具有重要影响。

国标 GB/T 16475—2008《变形铝及铝合金状态代号》规定，状态代号分为基础状态代号和细分状态代号：基础状态代号用一个英文大写字母表示；细分状态代号用基础状态代号后缀一位或多位阿拉伯数字或英文大写字母表示，而这些阿拉伯数字或英文大写字母表示影响产品特性的基本处理或特殊处理。

1）基础状态代号

有五个基础状态，其代号为：

F—自由加工状态。适用于在成形过程中对加工硬化和热处理条件无特殊要求的产品，这种状态的产品对力学性能不作规定。

O—退火状态。适用于经完全退火后处于最低强度的产品状态。该状态下合金充分软化，延性高，强度最低。

H—加工硬化状态。适用于通过加工硬化提高强度的产品，有不同硬化程度，用代号 H 后面的数字表示。

W—固溶热处理状态。适用于经固溶热处理后，在室温下自然时效的一种不稳定状态。该状态不作为产品交货状态。

T—不同于 F、O 或 H 状态的热处理状态。合金固溶时效后有不同的强化程度，用 T 代号后面的数字表示。

2）O 状态的细分代号

有如下三个状态代号：

O1—高温退火后慢速冷却状态；

O2—热机械处理状态；

O3—均匀化状态。

3）H 状态的细分代号

用 H 后面若干个阿拉伯数字表示，第一位数字表示获得该状态的基本工艺，用数字 1～4 表示：

H1—表示单纯加工硬化状态，未经附加热处理；

H2—表示加工硬化后不完全退火状态；

H3—表示加工硬化后稳定化处理状态；

H4—表示加工硬化后涂漆（层）处理状态。

在 H 后面第二位数字（从 1 到 9）表示产品最终加工硬化程度，如 H18 表示单纯加工硬化到硬状态，H19 表示单纯加工硬化到超硬状态。

在 H 后面第三位数字或字母表示影响产品特性的特殊处理，例如 H111 表示最终退火后又进行了适量加工硬化，但其硬化程度又不及 H11 的状态；H112 表示适用于热加工成形的合金制品，对其力学性能有规定要求。

4）T 状态的细分代号

用 T 后面的第一位数字 1～10 表示热处理状态，有：

T1—高温成形 + 自然时效至基本稳定状态；

T2—高温成形 + 冷加工 + 自然时效至基本稳定状态；

T3—固溶热处理 + 冷加工 + 自然时效至基本稳定状态；

T4—固溶热处理 + 自然时效至基本稳定状态；

T5—高温成形 + 人工时效至基本稳定状态；

T6—固溶热处理 + 人工时效至基本稳定状态；

T7—固溶热处理 + 过时效至基本稳定状态；

T8—固溶热处理 + 冷加工 + 人工时效至基本稳定状态；

T9—固溶热处理 + 人工时效 + 冷加工至基本稳定状态；

T10—高温成形 + 冷加工 + 人工时效至基本稳定状态。

在 T1～T10 的后面附加的数字表示影响产品特性的特殊处理后的状态，如：

T42—自 O 或 F 状态固溶处理后自然时效至充分稳定状态；

T62—自 O 或 F 状态固溶处理后再进行人工时效的状态。

若在 T 状态代号后面再加第四位或第五位数字，则表示经过不同的消除应力处理的状态。

状态代号对于铝合金的焊接极为重要，因为焊接本身就是一次受热过程，并使热影响区的特性发生改变。焊接 H、W、T 状态的铝合金时，必须十分小心。焊接过程中要考虑其冶金特点，以确定是否经过热处理以获得需要的性能。

不同的产品供货状态使用不同的状态代号，如薄板、板材、管材、型材、棒材。另外，不同成分的合金其轧制状态不同。换句话说，并不是任何产品包含所有的成分种类，或者说某种产品不可能以所有的状态供货。

含有 Cu 或 Zn 元素的热处理合金的抗腐蚀性能低于非热处理合金。为提高 Cu、Zn 热处理合金薄板和板材的抗腐蚀性能，通常在其正反表面涂覆一层高纯铝，涂层厚度应为板厚的 2.5%～4%，这就是所谓的镀铝或铝衣合金产品。

（3）铝及铝合金的化学成分及力学性能

变形铝及铝合金化学成分规定见国标 GB/T 3190—2020《变形铝及铝合金化学成分》，铸造铝合金成分规定见国标 GB/T 1173—2013《铸造铝合金》。国标 GB/T 3880.2—2012 规定了铝及铝合金板和带材的力学性能，表 12-3 只列出部分常用铝及铝合金的力学性能。

表 12-3　部分常用铝及铝合金的力学性能

牌号	包铝分类	供应状态	试样状态	厚度 /mm	室温拉伸试验结果				弯曲半径	
					抗拉强度 R_m/MPa	规定非比例延伸强度 $R_{p0.2}$/MPa	断后伸长率 /%			
							A_{50mm}	A	90°	180°
					不小于					
1050	—	O	O	> 0.20 ~ 0.50	60 ~ 100	—	15	—	0t	—
				> 0.50 ~ 0.80			20	—	0t	—
				> 0.80 ~ 1.50			25	—	0t	—
				> 1.50 ~ 6.00		20	30	—	0t	—
				> 6.00 ~ 50.00			28	28	—	—
1060	—	H12	H12	> 0.20 ~ 0.30	80 ~ 120	—	2	—	0t	—
				> 0.30 ~ 0.50			3	—	0t	—
				> 0.50 ~ 0.80			4	—	0t	—
				> 0.80 ~ 1.50			6	—	0.5t	—
				> 1.50 ~ 3.00		65	8	—	0.5t	—
				> 3.00 ~ 6.00			9	—	0.5t	—
		H12	H12	> 0.50 ~ 1.50	80 ~ 120	60	6	—	—	—
				> 1.50 ~ 6.00			12	—	—	—
		H22	H22	> 0.50 ~ 1.50	80	60	6	—	—	—
				> 1.50 ~ 6.00			12	—	—	—
1070	—	H14	H14	> 0.20 ~ 0.30	85 ~ 120	—	1	—	0.5t	—
				> 0.30 ~ 0.50			2	—	0.5t	—
				> 0.50 ~ 0.80			3	—	0.5t	—
				> 0.80 ~ 1.50			4	—	1.0t	—
				> 1.50 ~ 3.00		65	5	—	1.0t	—
				> 3.00 ~ 6.00			6	—	1.0t	—

续表

牌号	包铝分类	供应状态	试样状态	厚度 /mm	室温拉伸试验结果				弯曲半径	
					抗拉强度 R_m/MPa	规定非比例延伸强度 $R_{p0.2}$/MPa	断后伸长率 /%			
							A_{50mm}	A	90°	180°
					不小于					
1070A	—	H26	H26	> 0.20 ～ 0.50	110 ～ 150	80	3	—	0.5t	—
				> 0.50 ～ 1.50			3	—	1.0t	—
				> 1.50 ～ 4.00			4	—	1.0t	—
1200	—	H22	H22	> 0.20 ～ 0.50	95 ～ 135	65	4	—	0t	0.5t
				> 0.50 ～ 1.50			5	—	0t	0.5t
				> 1.50 ～ 3.00			6	—	0.5t	0.5t
				> 3.00 ～ 6.00			10	—	1.0t	1.0t
2A14	工艺包铝	O	O	0.50 ～ 10.00	≤ 245	—	10	—	—	—
		T6	T6	0.50 ～ 10.00	430	340	5	—	—	—
		T1	T62	> 4.50 ～ 12.50	430	340	5	—	—	—
				> 12.50 ～ 40.00	430	340	—	5	—	—
		F	—	> 4.50 ～ 150.00	—			·	—	—
包铝 2219 2219	正常包铝、工艺包铝或不包铝	T81	T81	> 0.50 ～ 1.00	340	255	6	—	—	—
				> 1.00 ～ 2.50	380	285	7	—	—	—
				> 2.50 ～ 6.30	400	295	7	—	—	—
		T87	T87	> 1.00 ～ 2.50	395	315	6	—	—	—
				> 2.50 ～ 6.30	415	330	6	—	—	—
				> 6.30 ～ 12.50	415	330	7	—	—	—
包铝 2A12 2A12	正常包铝或工艺包铝	T1	T42	> 4.50 ～ 10.00	410	265	12	—	—	—
				> 10.00 ～ 12.50	420	275	7	—	—	—
				> 12.50 ～ 25.00	420	275	—	7	—	—
				> 25.00 ～ 40.00	390	255	—	5	—	—
				> 40.00 ～ 70.00	370	245	—	4	—	—
				> 70.00 ～ 80.00	345	245	—	3	—	—
2A14	工艺包铝	O	O	0.50 ～ 10.00	≤ 245	—	10	—	—	—
		T6	T6	0.50 ～ 10.00	430	340	5	—	—	—

续表

牌号	包铝分类	供应状态	试样状态	厚度 /mm	抗拉强度 R_m/MPa	规定非比例延伸强度 $R_{p0.2}$/MPa	断后伸长率 /% A_{50mm}	断后伸长率 /% A	弯曲半径 90°	弯曲半径 180°
					不小于					
2A14	工艺包铝	T1	T62	> 4.50 ~ 12.50	430	340	5	—	—	—
				> 12.50 ~ 40.00	430	340	—	5	—	—
		F	—	> 4.50 ~ 150.00	—					
3003	—	H28	H28	> 0.20 ~ 0.50	190	160	2	—	1.5t	
				> 0.50 ~ 1.50			2	—	2.5t	
				> 1.50 ~ 3.00			3	—	3.0t	
3004	—	H19	H19	> 0.20 ~ 0.50	270	240	1	—	—	—
				> 0.50 ~ 1.50			1	—	—	—
		H112	H112	> 4.50 ~ 12.50	160	60	7	—	—	—
				> 12.50 ~ 40.00			—	6	—	—
				> 40.00 ~ 80.00			—	6	—	—
3A21	—	H14	H14	> 0.80 ~ 1.30	145 ~ 215	—	6	—	—	—
				> 1.30 ~ 4.50			6	—	—	—
		H24	H24	> 0.20 ~ 1.30	145	—	6	—	—	—
				> 1.30 ~ 4.50			6	—	—	—
4006	—	H14	H14	> 0.20 ~ 0.50	140 ~ 180	120	3	—	—	2.0t
				> 0.50 ~ 1.50			3	—	—	2.0t
				> 1.50 ~ 3.00			3	—	—	2.0t
		F	—	2.50 ~ 6.00	—	—	—	—	—	—
4007	—	O H111	O H111	> 0.20 ~ 0.50	110 ~ 150	45	15	—	—	—
				> 0.50 ~ 1.50			16	—	—	—
				> 1.50 ~ 3.00			19	—	—	—
				> 3.00 ~ 6.00			21	—	—	—
				> 6.00 ~ 12.50			25	—	—	—
5A06	工艺包铝或不包铝	O	O	0.50 ~ 4.50	315	155	16	—	—	—

续表

牌号	包铝分类	供应状态	试样状态	厚度 /mm	室温拉伸试验结果				弯曲半径	
					抗拉强度 R_m/MPa	规定非比例延伸强度 $R_{p0.2}$/MPa	断后伸长率 /%		90°	180°
							A_{50mm}	A		
					不小于					
5A06	工艺包铝或不包铝	H112	H112	> 4.50 ～ 10.00	315	155	16	—	—	—
				> 10.00 ～ 12.50	305	145	12	—	—	—
				> 12.50 ～ 25.00	305	145	—	12	—	—
				> 25.00 ～ 50.00	295	135	—	6	—	—
		F	—	> 4.50 ～ 150.00		—			—	—
5050	—	O H111	O H111	> 0.20 ～ 0.50	130 ～ 170	45	16	—	0t	0t
				> 0.50 ～ 1.50			17	—	0t	0t
				> 1.50 ～ 3.00			19	—	0t	0.5t
				> 3.00 ～ 6.00			21	—	1.0t	—
				> 6.00 ～ 12.50			20	—	2.0t	—
				> 12.50 ～ 50.00			—	20	—	—

12.2 铝及铝合金的焊接特点

12.2.1 铝及铝合金熔化焊特点

(1) 极易氧化

铝与氧亲和力极大，任何温度下都会与空气中的氧发生反应，在表面生成一层致密的氧化铝薄膜。氧化铝薄膜厚度约 0.1 ～ 0.2μm，熔点高达 1926℃（几乎是纯铝的 3 倍，纯铝的熔点为 660℃）。焊接时该氧化膜妨碍母材熔化和熔合，易导致焊接缺陷；氧化膜密度（约为铝的 1.4 倍）大，不易浮出熔池表面，容易在焊缝中形成夹渣缺陷。另外，氧化铝薄膜可吸收空气中的水分，尤其是当薄膜较厚时。水分中含有 H，焊接过程中可能导致焊缝中出现气孔。因此，焊前须清除氧化膜，焊时需加强保护以防止焊接区被氧化，并不断破除可能新生的氧化膜。

(2) 热导率及电导率高

铝及铝合金热导率、电导率高，热容量大，其热导率约为钢的 4 倍，焊接时比钢的热损失大。因此，需要用能量集中的热源进行焊接。若要达到与钢相同的焊接速度，则焊接热输入应为钢的 2 ～ 4 倍。较大的构件通常需要预热。由于导电性好，电阻焊时比钢需要更大容量的电源。

（3）易产生气孔和夹渣

铝及铝合金焊缝中的气孔主要是氢气孔。在焊接时，氢气将进入熔池并溶于液态铝中，当熔池金属开始凝固时，氢气的溶解度变小，熔池中的氢气便开始逸出。如果冷却速度极快，熔池中游离态的氢来不及逸出便聚集在焊缝中形成气孔。铝及铝合金母材中本身有一定的氢气含量，但大部分氢气是焊接过程中侵入熔池的。氢的来源主要有母材及焊丝氧化铝表面薄膜吸附的水分、油污、空气中的湿气等。

如果焊接过程中氧化膜不能有效去除且不能浮出表面，则形成夹渣。

（4）易形成热裂纹

铝高温强度低、塑性差（纯铝在 $640 \sim 656℃$ 的伸长率 $< 0.69\%$），热膨胀系数和结晶收缩率却比钢大一倍。焊接时在焊件中会产生较大热应力和变形，在脆性温度区间内易产生热裂纹。这是铝合金，尤其是高强度铝合金焊接中常见缺陷之一。此外，焊后内应力大，将影响结构长期使用的尺寸稳定性。

根据裂纹的产生机理和位置，铝及铝合金热裂纹又分为结晶裂纹和液化裂纹两种不同类型。结晶裂纹产生在焊缝中心部位，是结晶过程中低熔点组分在应力作用下拉开引起的。液化裂纹形成于热影响区，是焊接高温阶段近缝区低熔点组分液化后被热应力拉开引起的。合金成分对热裂纹敏感性具有非常大的影响，如图 12-2。

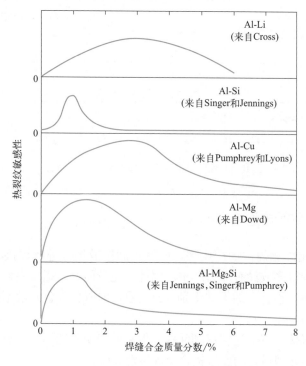

图 12-2　合金成分对热裂纹敏感性的影响

（5）合金元素易蒸发和烧损

铝合金含的低沸点合金元素，如镁、锌、锰等，在焊接电弧和火焰作用下，极易蒸发和烧损，从而改变了焊缝金属的化学成分和性能。

（6）固、液态无色泽变化

铝及铝合金从固态转变为液态时，无明显颜色变化，加上高温下强度和塑性低，使操作者难以掌握加热温度，有时会引起熔池金属的塌陷与焊穿。

（7）接头易软化

非热处理强化铝合金若在冷作硬化状态下焊接，热影响区的峰值温度超过再结晶温度（200～300℃），冷作硬化效果消失而出现软化；热处理强化铝合金无论是在退火状态还是时效状态下焊接，焊后不经热处理，其接头强度均低于母材。这种弱化在焊缝、熔合区和热影响区中都可能产生，如图12-3所示。焊接热输入越大，性能降低的程度也越严重。

焊接热输入对不同铝合金焊接接头强度降低的程度不相同。一般而言，工业纯铝和防锈铝合金在退火状态下焊接，焊接接头强度可达到母材的95%以上，但在冷作硬化状态下焊接时，接头强度只有母材的70%～85%，焊前母材冷作硬化程度越高，软化越严重；热处理强化的铝合金，除Al-Zn-Mg合金外，在固溶加时效状态下焊接时，接头强度一般只能达到母材的60%～70%；超硬铝的接头只有母材的50%左右。所以铝及铝合金的焊接宜选用能量集中的焊接方法和较小的焊接热输入来减小接头软化区的宽度和软化程度。

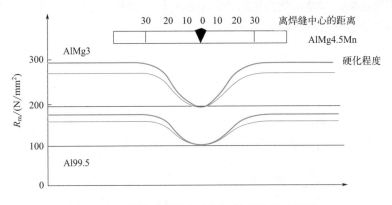

图12-3　纯铝及铝镁合金焊接接头软化示意图

12.2.2　铝及铝合金的固相焊特点

铝及铝合金也可用固相焊，如冷压焊、摩擦焊和扩散焊等进行焊接。因焊接过程温度低，可能出现的问题少得多或没有那么严重。因此，比较而言，铝及铝合金对固相焊的适应性要好于熔化焊。当然，铝合金的不同组别（合金系）因所含合金元素不同，对各种焊接方法的适应性是有区别的。

尽管铝及铝合金焊接时有上述特点和问题，但总的来说，纯铝、非热处理强化的变形铝合金的焊接性良好，热处理强化的变形铝合金焊接性较差。

12.2.3　铝及铝合金的焊接方法

铝及铝合金常用的焊接方法有钨极氩弧焊（TIG焊）、熔化极氩弧焊（MIG焊）、等离子弧焊、摩擦焊等等。电阻焊、钎焊、真空电子束焊、超声波焊、储能焊、激光焊、爆炸焊等也采用。值得注意的是，搅拌摩擦焊（FSW）在铝及铝合金中应用越来越广泛，有逐渐替代熔化焊方法生产的趋势。

表 12-4 列出部分铝及铝合金对几种主要焊接方法的适应性。

表 12-4 铝及铝合金对常用焊接方法的适应性

焊接方法	材料牌号及其相对焊接性					适用厚度范围/mm	
	工业纯铝	铝-锰合金	铝-镁合金		铝-铜合金		
	1070A（L1）1035（L4）1200（L5）	3A21（LF21）	5A05（LF5）5A06（LF6）	5A02（LF2）5A06（LF6）	2A12（LY12）2A16（LY16）	适用范围	一般界限
钨极氩弧焊	好	好	好	好	差①	1～10	0.9～25②
钨极脉冲氩弧焊	好	好	好	好	尚可	1～10	0.9～25②
熔化极氩弧焊	好	好	好	好	尚可	≥1	≥1
熔化极脉冲氩弧焊	好	好	好	好	尚可	≥2	≥0.8
电阻焊（点焊、缝焊）	较好	较好	好	好	较好	—	铝箔～4
电子束焊③	好	好	好	好	较好	3～75	
等离子弧焊	好	好	好	好	尚可	1～10	—
搅拌摩擦焊	好	好	好	好	好	1.2～7.5	—
焊条电弧焊④	较好	较好	差	差	差	3～8	—

① 特殊情况下，要求采取特殊工艺措施，改善其焊接质量。

② 厚度大于 10mm 时，推荐采用熔化极氩弧焊。

③ 焊接过程可在真空室中或在氦气保护气氛中进行。

④ 目前已较少采用。

12.3 铝及铝合金的钨极氩弧焊

钨极氩弧焊是应用最广泛的铝及铝合金的焊接方法。主要焊接 1～20mm 厚的重要焊接结构。其主要优点是热量集中、电弧稳定、焊缝成形美观、接头强度和塑性高。脉冲钨极氩弧焊可降低焊接热输入，减小焊接变形，热影响区更窄，适于焊接更薄的铝板和全位置焊接。

12.3.1 焊前准备

（1）接头形式和坡口准备

钨极氩弧焊焊接铝及铝合金的接头形式有对接、搭接、角接和 T 形接头等。由于铝及铝合金的流动性好，为了防止熔池金属流失，一般都采用较小的根部间隙和较大的坡口角度。

表 12-5 列出几种常用坡口形式和尺寸。

表 12-5 钨极氩弧焊的坡口形式及尺寸

焊件厚度 /mm	坡口形式	坡口尺寸			备注
		间隙 b/mm	钝边 p/mm	角度 α /（°）	
1～2		<1	2～3	—	不加填充焊丝
1～3		0～0.5	—	—	双面焊，反面铲焊根
3～5		1～2	—	—	
3～5		0～1	1～1.5	70±5	
6～10		1～3	1～2.5	70±5	
12～20		1.5～3	2～3	70±5	
14～25		1.5～3	2～3	α_1: 80±5 α_2: 70±5	双面焊，反面铲焊根，每面焊 2 层以上
管子壁厚≤3.5		1.5～2.5	—	—	用于管子可旋转的平焊
3～10（管子外径 30～300）		<4	<2	75±5	管子内壁可用固定垫板
4～12		1～2	1～2	50±5	共焊 1～3 层
8～25		1～2	1～2	50±5	每面焊 2 层以上

坡口加工方法包括剪切、锯切、机加工、碳弧气刨等。厚度在 12mm 以下铝板可剪切，

但剪切刃应保持清洁和锋利，以提供清洁光滑的边缘。

板边可用等离子弧切割，其切割速度高且精确。用水喷射等离子弧切割更是如此。碳弧气刨加工的坡口表面质量低，且有残余碳，必须用钢丝刷清除。

复杂的坡口，如 T 形或 U 形用机械加工，如铣或靠模铣等。

坡口角度、钝边高和间隙三者要相互匹配，一定厚度下，坡口角度较小时，间隙就要适当增大；坡口角度较大、钝边较小时，间隙应适当减小，以防止烧穿。

（2）焊前清理

焊前必须严格清除焊接区和焊丝表面的氧化膜和油污等。生产上常用化学清洗和机械清理两种方法。

首先去除油污，油污通常用丙酮或四氯化碳等有机溶剂来清理，两侧坡口的清理范围不应小于 50mm。

清除油污后，坡口及其附近（包括焊接垫板等）不小于 50mm 的表面，可用弓弧锉刀、钢丝刷、电（风）动铣刀、电动钢丝轮等清理至露出金属光泽，使用的工具应定期进行脱脂处理。

对焊丝去油污后，应采用化学方法去除氧化膜。可用浓度为 5% ～ 10% 的 NaOH 溶液，在温度为 70℃下浸泡 30 ～ 60s，然后水洗，再用浓度为 15% 左右的 HNO_3 在常温下浸泡 2min，然后用温水洗净，并使其干燥。

清理好的焊件和焊丝不得有水迹、碱迹或被沾污。

经清理后的焊件和焊丝应尽快投入焊接使用，因存放过程中表面又会重新产生氧化膜。如果在气候潮湿情况下，应在清理后 4h 内施焊，若存放时间过长，需重新清理。

（3）焊接衬垫（板）

铝及铝合金在高温时强度低，液态流动性能好，单面对接平焊时焊缝金属容易下塌。为了保证焊透同时又不致引起塌陷，焊前在接头反面采用带槽的衬垫（板），以便焊接时能托住熔化金属及附近金属。衬垫（板）可用石墨、纯铜或不锈钢等制成，衬垫（板）尺寸设计如图 12-4 所示。

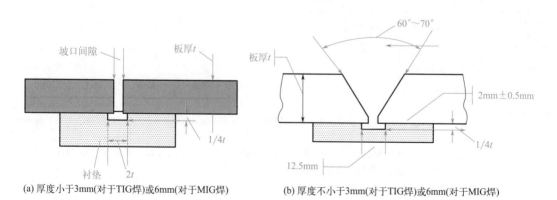

(a) 厚度小于3mm(对于TIG焊)或6mm(对于MIG焊)　　(b) 厚度不小于3mm(对于TIG焊)或6mm(对于MIG焊)

图 12-4　铝合金焊接用衬垫设计

（4）预热

薄板或小件一般不必预热。厚度超过 5 ～ 10mm 的厚大铝件，适当预热可以减少焊接所需热输入，对大型复杂焊件还可以减少其焊接应力，防止裂纹和气孔的产生。预热温度不宜过高，一般在 100 ～ 300℃，多数不超过 150℃。镁含量为 3% ～ 5.5% 的铝合金预热温度不应高于 120℃，其层间温度也不应超过 150℃，否则会降低其耐应力腐蚀性能。预热方法可用氧 - 乙炔火焰或喷灯对焊件局部加热。

12.3.2 焊接材料的选择

铝及铝合金钨极氩弧焊一般选用纯氩气作为保护气体，如果对接头性能有要求，也可采用氦气，或氩气＋氦气混合气体。氦气有利于增大熔深和焊接速度，并可降低气孔敏感性。

焊丝一般按照表 12-6 来选择。如果对焊缝性能有特殊要求，可结合表 12-7 进行选择。

表 12-6　一般用途焊接时焊丝选用指南

母材之二 ＼ 母材之一	7005	6A02 6061 6063	5083 5086	5A05 5A06	5A03	5A02	3A21 3003	2A16 2B16	2A12 2A14	1070 1060 1050
	与母材配用的焊丝[①][②][③]									
1070 1060 1050	SAlMg-5[④]	SAlSi-1[④]	ER5356	SAlMg-5 LF14	SAlMg-5[④]	SAlMg-5[④]	SAlMn[⑤]	—	—	SAl-1 SAl-2 SAl-3
2A12 2A14	—	—	—	—	—	—	—		SAlSi-1[⑨] BJ-380A	
2A16 2B16	—	—	—	—	—	—	SAlCu			
3A21 3003	SAlMg-5[⑧]	SAlSi-1	SAlMg-5[⑥]	SAlMg-5[⑥]	SAlMg-5[⑥]	SAlSi-1[⑥]	SAlMn SAlMg-3			
5A02	SAlMg-5[⑧]	SAlMg-5[⑦]	SAlMg-5[⑥]	SAlMg-5 LF14	SAlMg-5[⑥]	SAlMg-5[⑧]				
5A03	SAlMg-5[⑥]	SAlMg-5[⑥]	SAlMg-5[⑥]	SAlMg-5 LF14	SAlMg-5[⑥]					
5A05 5A06	SAlMg-5[⑥] LF14	SAlMg-5[⑥]	SAlMg-5 LF14	SAlMg-5 LF14						
5083 5086	SAlMg-5[⑥]	SAlMg-5[⑥]	SAlMg-5[⑥]							
6A02 6061 6063	SAlMg-5 SAlSi-1[⑧]	SAlSi-1[⑧]								
7005	X5180[⑨]									

①　不推荐 SAlMg-3、SAlMg-5、ER5356、SAlMg-2 在淡水或盐水中接触特殊化学物质，或在持续高温（超过 65℃）的环境下使用。

②本表中的推荐意见适用于惰性气体保护焊接方法。氧燃气火焰气焊时，通常只采用 SAl-1、SAl-2、SAl-3、SAlSi-1。

③本表内未填写焊丝的母材组合不推荐用于焊接设计或需通过试验选用焊丝。

④某些场合可用 SAlMg-3。

⑤某些场合可用 SAl-1 或 SAl-2、SAl-3。

⑥某些场合可用 SAlMg-3。

⑦某些场合可用 SAlSi-1。

⑧某些场合也可采用 SAlMg-1、SAlMg-2、SAlMg-3，它们或者可在阳极化处理后改善颜色匹配，或者可提供较高的焊缝延性，或者可提供较高的焊缝强度。SAlMg-1 适于在持续的较高温度下使用。

⑨X5180 焊丝的成分（质量分数）见表 12-7。

表 12-7　对焊缝性能有特殊要求时焊丝的选择

材料	按不同性能要求推荐的焊丝				
	要求高强度	要求高延性	要求焊后阳极化处理后颜色匹配	要求抗海水腐蚀	要求焊接时裂纹倾向低
1100	SAlSi-1	SAl-1	SAl-1	SAl-1	SAlSi-1
2A16	SAlCu	SAlCu	SAlCu	SAlCu	SAlCu
3A21	SAlMn	SAl-1	SAl-1	SAl-1	SAlSi-1
5A02	SAlMg-5	SAlMg-5	SAlMg-5	SAlMg-5	SAlMg-5
5A05	LF14	LF14	SAlMg-5	SAlMg-5	LF14
5083	ER5183[①]	ER5356[②]	ER5356	ER5356	ER5183
5086	ER5356	ER5356	ER5356	ER5356	ER5356
6A02	SAlMg-5	SAlMg-5	SAlMg-5	SAlSi-1	SAlSi-1
6063	ER5356	ER5356	ER5356	SAlSi-1	SAlSi-1
7005	ER5356	ER5356	ER5356	ER5356	X5180[③]
7039	ER5356	ER5356	ER5356	ER5356	X5180

① ER5183 为美国铝合金焊丝型号，其主要化学成分（质量分数）：Si=0.4%，Fe=0.4%，Cu=0.1%，Mn=0.1%～0.5%，Mg=4.3%～5.2%，Cr=0.05%～0.25%，Zn=0.25%，Ti=0.15%，其他=0.15%，Al=余量。

② ER5356 为美国铝合金焊丝型号，其主要成分（质量分数）：Si=0.25%，Fe=0.40%，Cu=0.10%，Mn=0.2%～0.5%，Mg=4.5%～5.5%，Cr=0.05%～0.20%，Zn=0.10%，Ti=0.06%～0.20%，其他=0.15%，Al=余量。

③ X5180 焊丝的成分（质量分数）：Mg=3.5%～4.5%，Mn=0.2%～0.7%，Cu≤0.1%，Zn=1.7%～2.8%，Ti=0.06%～0.20%，Zr=0.08%～0.25%，其余 Al。

通过选择合适的焊丝可以降低裂纹敏感性，但代价是焊缝强度的降低。图 12-5 示出了焊丝对各种铝合金焊接裂纹敏感性的影响。

12.3.3　焊接工艺参数的选择

（1）电流种类及极性

铝合金表面氧化膜去除后，又会立即开始形成新的氧化膜。焊接过程中必须利用阴极破碎作用去除这层氧化膜，否则氧化膜覆盖在熔池上面，既恶化了焊缝成形，又阻止了电弧热量向母材传递，导致未焊透、未熔合和夹渣缺陷。

直流正接 TIG 焊没有阴极破碎作用，直流反接 TIG 焊具有强烈阴极破碎作用，但电弧不稳定、熔深浅，因此直流 TIG 焊不适合铝及铝合金焊接，只能采用交流 TIG 焊进行焊接。交流 TIG 焊有正弦交流（50Hz）、方波交流和脉冲交流等类型。

如果采用交流电焊接铝及铝合金，由于电极正负交替，就可以在获得良好净化作用的同时又获得满意的熔深。但是用正弦交流电，其设备需有消除直流分量的隔直装置。若采用方波交流电，尤其是采用可变频率和可变脉冲宽度的方波交流电时，就可以不需隔直装置和稳弧装置，焊接时电弧稳定而且热效率高，根据需要可以调节净化作用和所需熔深。

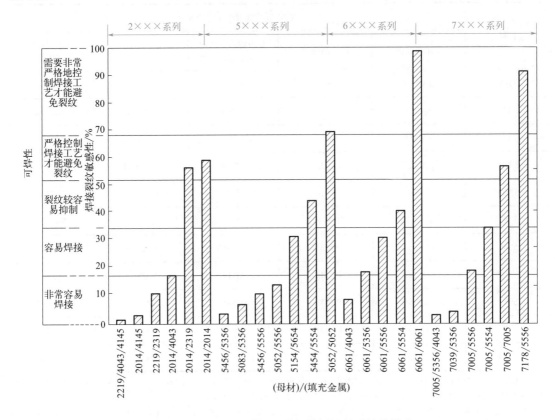

图 12-5　焊丝对各种铝合金焊接裂纹敏感性的影响

脉冲交流 TIG 焊可降低热输入，这有利于控制焊接熔池、减小焊接变形和热影响区。因此，脉冲交流 TIG 焊不仅适合于铝合金的薄板或全位置焊接，而且可提高接头强度、塑性和抗裂性。

（2）焊接工艺参数

表 12-8 给出了铝及铝合金对接手工交流 TIG 焊常用的焊接参数。表 12-9 给出了铝合金管对接手工交流 TIG 焊常用焊接参数。表 12-10 给出了铝合金自动交流钨极氩弧焊的常用焊接参数。表 12-11 给出了两种铝合金脉冲交流 TIG 焊的焊接参数。

表 12-8　纯铝、铝镁合金手工交流 TIG 焊的常用焊接参数

板材厚度/mm	焊丝直径/mm	钨极直径/mm	预热温度/℃	焊接电流/A	氩气流量/(L·min⁻¹)	喷嘴孔径/mm	焊接层数（正面/反面）	备注
1	1.6	2	—	45～60	7～9	8	正 1	卷边焊
1.5	1.6～2.0	2	—	50～80	7～9	8	正 1	卷边或单面对接焊
2	2～2.5	2～3	—	90～120	8～12	8～12	正 1	对接焊
3	2～3	3	—	150～180	8～12	8～12	正 1	V 形坡口对接

续表

板材厚度/mm	焊丝直径/mm	钨极直径/mm	预热温度/℃	焊接电流/A	氩气流量/(L·min⁻¹)	喷嘴孔径/mm	焊接层数（正面/反面）	备注
4	3	4	—	130～200	10～15	8～12	1～2/1	V 形坡口对接
5	3～4	4	—	180～240	10～15	10～12	1～2/1	V 形坡口对接
6	4	5	—	240～280	16～20	14～16	1～2/1	V 形坡口对接
8	4～5	5	100	260～320	16～20	14～16	2/1	V 形坡口对接
10	4～5	5	100～150	280～340	16～20	14～16	3～4/1～2	V 形坡口对接
12	4～5	5～6	150～200	300～360	18～22	16～20	3～4/1～2	V 形坡口对接
14	5～6	5～6	180～200	340～380	20～24	16～20	3～4/1～2	V 形坡口对接
16	5～6	6	200～220	340～380	20～24	16～20	4～5/1～2	V 形坡口对接
18	5～6	6	200～240	360～400	25～30	16～20	4～5/1～2	V 形坡口对接
20	5～6	6	200～260	360～400	25～30	20～22	4～5/1～2	V 形坡口对接
16～20	5～6	6	200～260	300～380	25～30	16～20	2～3/2～3	双 V 形坡口对接
22～25	5～6	6～7	200～260	360～400	30～35	20～22	3～4/3～4	双 V 形坡口对接

　　TIG 焊电弧电压不能直接设定，由弧长确定，因此弧长控制非常重要。不加焊丝对接焊时，弧长应控制在 0.5～3.0mm，一般应等于钨极直径，钨极伸出长度控制在 3.0～5.0mm；加焊丝时，弧长在 4～7mm，钨极伸出长度控制在 6.0～10.0mm。

　　填丝时，必须注意控制焊枪、焊丝与工件三者的相对空间位置。平板对接焊时，手工焊焊枪与工件间的角度在 70°～80°，以利于观察熔池，而自动焊焊枪一般与工件保持垂直；焊丝与工件间的角度约 10°，一般采用左向焊法，如图 12-6 所示。可旋转的铝管对接平焊时，焊嘴应处于上坡焊的位置，如图 12-7 所示，以利于焊透。厚壁管子焊接第一层时不填丝，直接用焊炬熔透根部，以后几层再填充焊丝。

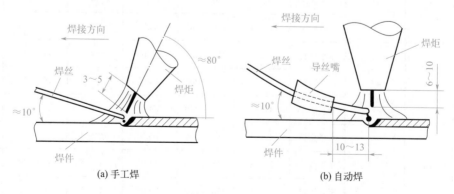

图 12-6　平板对接焊时 TIG 焊焊枪、焊丝和工件间的相对位置

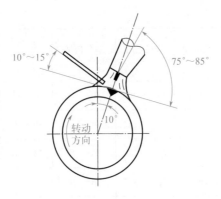

图 12-7　可旋转管子对接平焊时 TIG 焊焊枪、

焊丝和工件间的相对位置

表 12-9　铝合金管对接手工交流 TIG 焊的常用焊接参数

管子尺寸 /mm		衬环厚度 /mm	焊件位置	焊接层数	焊接电流 /A	钨极直径 /mm	焊丝直径 /mm	氩气流量 /(L·min⁻¹)	喷嘴直径 /mm
外径	壁厚								
$\phi25$	3	2.0	水平旋转	1～2	100～115	$\phi3.0$	$\phi2$	10～12	$\phi12$
			水平固定	1～2	90～110	$\phi3.0$	$\phi2$	12～16	$\phi12$
			垂直固定	1～2	95～115	$\phi3.0$	$\phi2$	10～12	$\phi12$
$\phi50$	4	2.5	水平旋转	1～2	125～150	$\phi3.0$	$\phi3$	12～14	$\phi14$
			水平固定	1～2	120～140	$\phi3.0$	$\phi3$	14～18	$\phi14$
			垂直固定	2～3	125～145	$\phi3.0$	$\phi3$	12～14	$\phi14$
$\phi60$	5	2.5	水平旋转	2	140～180	$\phi3.0$	$\phi3～4$	12～14	$\phi16$
			水平固定	2	130～150	$\phi3.0$	$\phi3～4$	14～18	$\phi16$
			垂直固定	3～4	135～155	$\phi3.0$	$\phi3～4$	12～14	$\phi16$
$\phi100$	6	3.0	水平旋转	2	170～210	$\phi4.0$	$\phi4$	14～15	$\phi8$
			水平固定	2	160～180	$\phi4.0$	$\phi4$	16～20	$\phi8$
			垂直固定	3～4	165～185	$\phi4.0$	$\phi4$	14～16	$\phi8$
$\phi150$	7	4.5	水平旋转	2	210～250	$\phi4.0$	$\phi4$	14～16	$\phi18$
			水平固定	2	195～205	$\phi4.0$	$\phi4$	16～20	$\phi18$
			垂直固定	3～5	200～220	$\phi4.0$	$\phi4$	14～16	$\phi18$
$\phi300$	10	5.0	水平旋转	2～3	250～290	$\phi5.0$	$\phi4～5$	14～16	$\phi20$
			水平固定	2～3	245～255	$\phi5.0$	$\phi4～5$	16～20	$\phi20$
			垂直固定	3～5	250～270	$\phi5.0$	$\phi4～5$	14～16	$\phi20$

表 12-10　铝合金自动交流钨极氩弧焊的焊接参数

板厚 /mm	坡口 形式	钨极直径 /mm	焊丝直径 /mm	焊接电流 /A	焊接速度 /(m·h⁻¹)	送丝速度 /(m·h⁻¹)	氩气流量 /(L·min⁻¹)	焊接 层数
2	I	$\phi 3 \sim 4$	$\phi 1.6 \sim 2.0$	$170 \sim 180$	19	$18 \sim 22$	$16 \sim 18$	1
3	I	$\phi 4 \sim 5$	$\phi 2$	$200 \sim 220$	15	$20 \sim 24$	$18 \sim 20$	1
4	I	$\phi 4 \sim 5$	$\phi 2$	$210 \sim 235$	11	$20 \sim 24$	$18 \sim 20$	1
6	V（60°）	$\phi 4 \sim 5$	$\phi 2$	$230 \sim 260$	8	$22 \sim 26$	$18 \sim 20$	2
$8 \sim 10$	V（60°）	$\phi 5 \sim 6$	$\phi 3$	$280 \sim 300$	$6 \sim 7$	$25 \sim 30$	$20 \sim 22$	$3 \sim 4$

表 12-11　两种铝合金脉冲交流 TIG 焊的焊接参数

材料	厚度 /mm	焊丝直径 /mm	脉冲电流 /A	基值电流 /A	脉冲频率 /Hz	脉宽比 /%	电弧电压 /V	气体流量 /(L·min⁻¹)
5A03	1.5	2.5	80	45	1.7	33	14	5
	2.5	2.5	95	50	2	33	15	5
5A06	2.0	2	83	44	2.5	33	10	5

12.4　铝及铝合金的熔化极气体保护焊

熔化极气体保护焊通常用于焊接较厚的铝及铝合金，其焊接效率高于钨极惰性气体保护焊。熔化极气体保护焊焊铝时，电源和送丝装置的配合通常采用以下两种方式：陡降外特性电源配合弧压反馈送丝机、缓降外特性电源配合等速送丝机。前者焊接厚板并使用大直径焊丝，后者用于焊接薄板并使用小直径焊丝，这种系统的起弧性能和调节性能较好。

12.4.1　焊前准备

铝及铝合金熔化极气体保护焊焊前清理和预热类似于钨极氩弧焊。

由于熔化极气体保护焊熔透能力强，铝板厚度小于 6mm 时不需开坡口，间隙应小于 0.5mm；厚度在 6mm 以上时需加工成 V 形或 X 形坡口。图 12-8 给出了铝及铝合金熔化极气体保护焊建议的坡口形式。

12.4.2　焊接工艺参数的选择

MIG 焊的主要焊接参数有：焊丝直径、焊接电流、电弧电压、送丝速度、焊接速度、喷嘴孔径、氩气流量、喷嘴端部至焊件间的距离等。通常是先根据焊件厚度选择坡口形状和尺寸，再选焊丝直径和焊接电流。喷嘴端部至焊件间的距离应保持在焊丝直径的 12 倍左右。距离过大，气体保护不良；过低则会恶化焊缝成形。

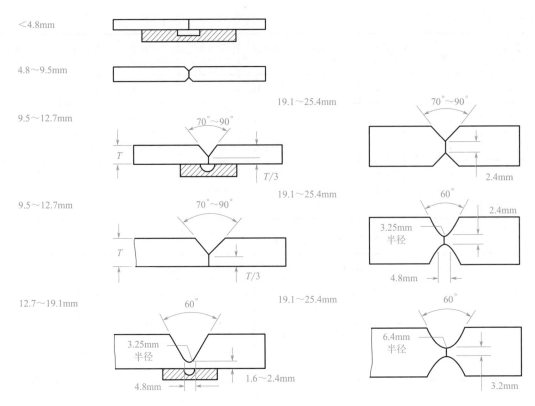

图 12-8　铝及铝合金熔化极气体保护焊建议的坡口形式

　　为了获得优质焊接接头，自动熔化极氩弧焊焊接铝合金时，尽量采用较低的电弧电压（27～31V）和较大的电流，使熔滴呈亚喷射状过渡，即介于喷射过渡与短路过渡之间的一种过渡形式。这种过渡形式可使电弧稳定、飞溅少、熔深大、阴极破碎区宽、焊缝成形美观等。由于焊接电流和焊接速度较大，氩气流量也相应加大。

　　表 12-12 给出了纯铝和部分铝合金自动熔化极氩弧焊的焊接参数。表 12-13 给出了纯铝和部分铝合金半自动熔化极氩弧焊的焊接参数。

　　铝及铝合金可采用普通直流电源进行焊接，也可采用脉冲直流电源进行焊接。采用脉冲直流电源可有效控制焊丝熔化和熔滴过渡，既可在小于平均焊接电流下实现熔滴喷射过渡和全位置焊接，又可降低焊接热输入。因此，目前铝及铝合金更多地采用脉冲直流电源进行焊接。

　　脉冲 MIG 焊的焊接参数主要有：脉冲电流、基值电流、脉冲通电时间、脉冲休止时间、焊丝直径、送丝速度、焊接速度和氩气流量等。这些参数的合适匹配非常困难。但目前新型的脉冲 MIG 电源一般为可实现一脉一滴的一元化调节电源，脉冲形状（脉冲电流及维持时间不变）基本固定，通过调频方式来调节平均电流，较大的平均电流通过较大的频率，即较大的脉冲占空比来获得，另外基值电流也较大，如图 12-9 所示。焊接时只需在电源上选择保护气体、焊丝类型、焊丝直径及焊接电流（实际为平均焊接电流），焊接电源会自动匹配最优脉冲电流、基值电流、脉冲通电时间、脉冲休止时间及电弧电压，使用起来非常方便。

表 12-12 纯铝、铝合金、铝镁合金、硬铝的自动熔化极氩弧焊焊接参数

板材牌号	焊丝牌号	板材厚度/mm	坡口形式	坡口尺寸			焊丝直径/mm	喷嘴孔径/mm	氩气流量/(L·min⁻¹)	焊接电流/A	电弧电压/V	焊接速度/(m·h⁻¹)	备注
				钝边/mm	坡口角度/(°)	间隙/mm							
5A05	SAlMg-5	5	—	—	—	—	2.0	22	28	240	21~22	42	单面焊双面成形
1060、1050A	1060	6	—	—	—	0~0.5	2.5	22	30~35	230~260	26~27	25	
		8	V 形	4	100	0~0.5	2.5	22	30~35	300~320	26~27	24~28	
		10	V 形	6	100	0~1	3.0	28	30~35	310~330	27~28	18	
		12	V 形	8	100	0~1	3.0	28	30~35	320~340	28~29	15	
		14	V 形	10	100	0~1	4.0	28	40~45	380~400	29~31	18	
		16	V 形	12	100	0~1	4.0	28	40~45	380~420	29~31	17~20	
		20	V 形	16	100	0~1	4.0	28	50~60	450~500	29~31	17~19	
		25	V 形	21	100	0~1	4.0	28	50~60	490~550	29~31	—	
		28~30	双 V 形	16	100	0~1	4.0	28	50~60	560~570	29~31	13~15	正反面均焊一层
5A02 5A03	5A03 5A05	12	V 形	8	120	0~1	3.0	22	30~35	320~350	28~30	24	
		18	V 形	14	120	0~1	4.0	28	50~60	450~470	29~30	18.7	
		20	V 形	16	120	0~1	4.0	28	50~60	450~700	28~30	18	
		25	V 形	16	120	0~1	4.0	28	50~60	490~520	29~31	16~19	
2A11	SAlSi-5	50	双 V 形	6~8	75	0~0.5	4.2	28	50	450~500	24~27	15~18	也可采用双面 U 形坡口,钝边 6~8mm

注:1. 正面焊完后必须清根,然后进行反面焊接。
2. 焊炬向前倾斜 10°~15°。

表 12-13 铝及铝合金半自动熔化极氩弧焊的焊接参数

板厚 /mm	坡口形式			焊丝直径 /mm	氩气流量 /(L·min⁻¹)	焊接电流（直流反接）/A	电弧电压 /V	焊道数
	形式	钝边 /mm	间隙 /mm					
3.2	I	—	0～3	1.2	14	110	20	1
4.8	60° V形	1.6	0～1.6	1.2	14	170	20	1
6.4	60° V形	1.6	0～3	1.6	19	200	25	1
9.5	60° V形	1.6	0～4	1.6	24	290	25	2
12.7	60° V形	1.6	0～3	2.4	24	320	25～31	2
19	60° V形	1.6	0～4.8	2.4	28	350	25～29	4
25.4	90° V形	3.2	0～4.8	2.4	28	380	25～31	6

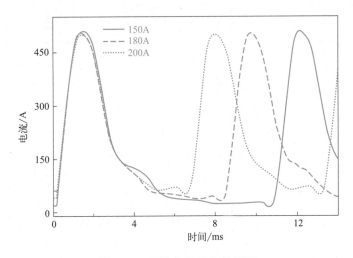

图 12-9 平均电流的调节原理

12.5 搅拌摩擦焊

12.5.1 焊接特点

搅拌摩擦焊是专门为铝及铝合金开发的一种固相焊方法。它利用搅拌头与母材的摩擦热及搅拌头顶锻压力进行焊接，如图 12-10 所示。首先，搅拌头高速旋转，搅拌针钻入被焊材料的接缝处，搅拌针与接缝处的母材金属摩擦生热，轴肩与被焊表面摩擦也产生部分热量，这些热量使搅拌头附近的金属形成热塑性层。搅拌头前进时，搅拌头前面形成的热塑性金属转移到搅拌头后面，填满后面的空隙，形成焊缝。焊缝形成是金属被挤压、摩擦生热、塑性变形、迁移、扩散、再结晶的过程。可焊铝及铝合金的厚度在 1.2～75mm 范围。

搅拌摩擦焊焊接铝及铝合金具有如下优势。

① 接头质量高。搅拌摩擦焊属于固相焊接，不会产生与材料熔化和凝固相关的缺陷，如气孔、偏析和夹渣等。接头各个区域的晶粒细、组织致密、夹杂物弥散分布。接头性能

好、质量稳定、可重复性好。

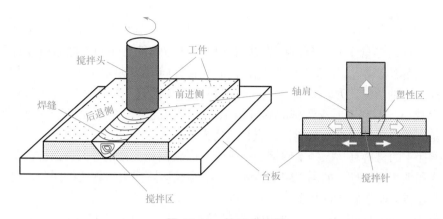

图 12-10 搅拌摩擦焊

② 生产率高，生产成本低。搅拌摩擦焊不需填充材料和焊剂，也不需保护气体，工件留余量少，焊前无需特殊清理，也不需要开坡口，焊后接头也无需去飞边，与电弧焊相比，成本可降低 30% 左右。

③ 焊接尺寸精度高。由于焊接温度低，焊接变形小，搅拌摩擦焊可以实现高精度焊接。

④ 自动化程度高。整个焊接过程由自动焊机或机器人控制，就可以避免操作人员造成人为因素缺陷，而且焊接质量不依赖于操作人员的技术水平。

⑤ 环境清洁。焊接时不会产生烟尘、弧光辐射以及其他有害物质，因而无需安装排烟、换气装置。

12.5.2　接头形式

搅拌摩擦焊可焊接的接头形式有对接、搭接、角接和 T 形接头，如图 12-11 所示。目前主要用在航天航空、高铁、铝制压力容器、游艇制造等行业。

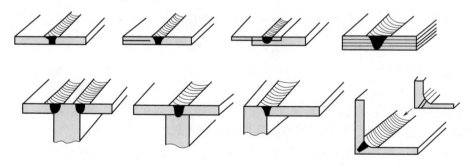

图 12-11　搅拌摩擦焊可用的接头形式

焊接时，接头背面需有衬板；焊后搅拌针和轴肩同时回抽时，在焊缝尾部留下针孔，为此需使用引焊板和出焊板，否则采用特殊设计的搅拌头；当焊缝出现焊接缺陷时，为了保证相同质量的焊缝，需用固相焊接方法进行焊补。

12.5.3 焊接工艺

（1）搅拌头的选择

搅拌摩擦焊的热量主要来自搅拌头轴肩和搅拌针与焊件之间的摩擦，搅拌针尺寸过大时，焊接区断面面积增大，热影响区变宽，同时搅拌针向前移动时阻力增大；搅拌针尺寸过小时，摩擦产生的热量不足，焊接区热塑性材料的流动性差，搅拌针向前移动时所产生的侧向挤压力减小，不利于形成致密的焊缝组织。一般情况下，搅拌针直径应为焊件厚度的 $0.9 \sim 1.1$ 倍，搅拌头轴肩直径与搅拌针直径之比为 3 : 1。

常用搅拌头的材料有马氏体不锈钢、中碳钢、高碳钢和工具钢等。目前搅拌头的形状有柱状、锥状和爪状螺纹形，如图 12-12 所示。爪状螺纹形搅拌头在旋转的同时，可产生向下锻压力，更有利于焊缝金属的焊合。

厚度小于 12mm 的铝合金一般采用柱状螺纹搅拌头，如图 12-12（a）所示，厚度大于 12mm 的铝合金通常采用锥状螺纹搅拌头或爪状螺纹搅拌头，如图 12-12（b）、（c）所示。后两种搅拌头可运行较大的焊接速度。

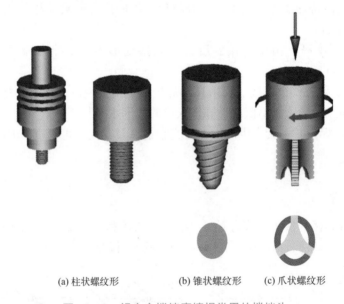

(a) 柱状螺纹形　　　　　(b) 锥状螺纹形　　　(c) 爪状螺纹形

图 12-12　铝合金搅拌摩擦焊常用的搅拌头

（2）焊接工艺参数

搅拌摩擦焊的焊接参数有旋转速度、搅拌头的倾角、焊接速度、插入深度、插入速度、插入停留时间、焊接压力、回抽停留时间和回抽速度等。

① 旋转速度。搅拌头的转速是主要焊接参数之一，需要与焊接速度相匹配。对于任何材料，一定的焊接速度对应着一定的旋转速度适用范围，在此范围内可取得高质量的接头。转速过低，摩擦热不足，不能形成良好的热塑性层，焊缝中形成孔洞缺陷。但转速过高，搅拌针附近母材温度过高，高温母材粘连搅拌头，也难以形成良好的接头。

根据搅拌头的旋转速度不同，搅拌摩擦焊可以分为冷规范、弱规范和强规范，各种铝合金材料焊接规范分类如表 12-14 所示。

表 12-14　铝合金材料焊接规范的分类

规范类别	搅拌头旋转速度 /(r·min^{-1})	适合的铝合金材料
冷规范	< 300	2024、2214、2219、2519、2195、7005、7050、7075
弱规范	300 ~ 600	2618、6082
强规范	> 600	5083、6061、6063

② 搅拌头的倾角。搅拌头一般要倾斜一定角度，其主要目的是减小前行阻力并使搅拌头轴肩的后沿能够对焊缝施加一定的顶锻力。对于厚度为 1 ~ 6mm 的薄板，搅拌头倾角通常选 1° ~ 2°（搅拌头指向焊接方向）；对于厚度大于 6mm 的中厚板，一般取 3° ~ 5°。

③ 焊接速度。是指搅拌头与工件之间沿接缝移动的速度。主要根据工件厚度来确定，此外还须考虑生产效率及搅拌摩擦焊工艺柔性等因素。

表 12-15 给出了不同厚度铝合金材料搅拌摩擦焊时的焊接速度。

表 12-15　不同厚度铝合金材料搅拌摩擦焊时的焊接速度

板材厚度 /mm	焊接速度 /(mm·min^{-1})	适用材料
1 ~ 3	30 ~ 2500	5083、6061、6063
3 ~ 6	30 ~ 1200	6061、6063
6 ~ 12	30 ~ 800	2219、2195
12 ~ 25	20 ~ 300	2618、2024、7075
25 ~ 50	10 ~ 80	2024、7075

④ 插入深度。搅拌头的插入深度一般指搅拌针插入被焊材料的深度，但是，考虑到搅拌针的长度一般为固定值，所以搅拌头的插入深度也可以用轴肩后沿低于板材表面的深度来表示。对于薄板材料一般为 0.1 ~ 0.3mm，对于中厚板材料，此深度一般不超过 0.5mm。

⑤ 插入速度。指搅拌针在插入工件过程中所用的旋转速度，一般根据搅拌针类型和板厚来选择。若插入过快，在被焊材料尚未完全达到热塑性状态的情况下会对设备主轴造成极大损害。若插入过慢，则会造成温度过高而影响焊接质量。

搅拌针为锥形时，插入速度约为 15 ~ 30mm·min^{-1}；搅拌针为柱形时，插入速度应适度降低，约为 5 ~ 25mm·min^{-1}。焊接厚板（> 12mm）时，插入速度约为 10 ~ 20mm·min^{-1}；焊接薄板（厚度为 0.8 ~ 12mm）时，插入速度约为 15 ~ 30 mm·min^{-1}。

⑥ 插入停留时间。指搅拌针插入工件达预定深度后、搅拌头开始横向移动之前的这段时间，根据工件材料及板厚选择。若停留时间过短，焊缝温度尚未达到平衡状态就开始横向移动，则会导致隧道形孔洞缺陷；若停留时间过长，则被焊材料过热，易导致成分偏聚、焊缝表面渣状物、S 形黑线缺陷等。

对于薄板、塑性好的材料或者对热敏感材料，插入停留时间宜短一些，一般取 5 ~ 20s。

⑦ 焊接压力。焊接时搅拌头向焊缝施加的轴向顶锻压力，通常根据工件的强度和刚度、搅拌头的形状、搅拌头压入深度等选择。搅拌摩擦焊的焊接压力在正常焊接时一般是保持恒定的。

⑧ 回抽停留时间。是指搅拌头横向移动停止后，搅拌针尚未从工件中抽出的停留时间。若此时间过短，焊接部位热塑性流动尚未完全达到平衡状态，将会在焊缝尾孔附近出现孔洞；若停留时间过长，则焊缝过热易发生成分偏聚，影响焊缝质量。

⑨ 回抽速度。是指搅拌针从焊件抽出的速度，其数值主要根据搅拌针的类型及母材厚度选择。若回抽过快，母材上的热塑性金属会随搅拌针回抽而形成惯性向上运动，从而造成焊缝根部的金属缺失，出现孔洞。

对于锥形搅拌针，回抽速度通常为 15 ～ 30mm·min^{-1}；对于柱形搅拌针，回抽速度应适度降低，约为 5 ～ 25mm·min^{-1}。

12.6 等离子弧焊

12.6.1 铝及铝合金等离子弧焊特点

变极性等离子弧焊对于铝及铝合金厚板焊接具有很大的优势，单道焊厚度可达 25.4mm。变极性等离子弧焊的工艺特点是正极性电流（DCEN）幅值、反极性电流（DCEP）幅值、正反极性电流持续时间的比例可以分别独立调节，这样可便于更好地平衡熔透能力和清理铝合金氧化膜的能力。焊接位置不仅影响熔深还影响缺陷敏感性，小孔型向上立焊工艺既有利于在较大的熔深下获得良好焊缝成形，又有利于熔池中氢的逸出，减少铝合金的气孔缺陷，因此焊接过程中通常采用向上立焊工艺进行焊接。

12.6.2 焊接工艺

变极性等离子弧焊的工艺参数有钨极直径、正极性电流（DCEN）幅值、反极性电流（DCEP）幅值、正极性电流持续时间、反极性电流持续时间、弧长、喷嘴直径、等离子气流量、保护气流量等。焊接时一般根据板厚来首先选择钨极直径、正极性电流（DCEN）幅值、反极性电流（DCEP）幅值、正极性电流持续时间、反极性电流持续时间。正极性电流持续时间和反极性电流持续时间一般采用 19∶3 或 19∶4，正极性电流幅值一般比反极性电流幅值小 50A 左右。表 12-16 给出了几种常用的铝合金穿孔向上立焊焊接参数。弧长为 6.5mm，喷嘴直径为 3.2mm，钨极内缩量为 0.5mm。

表 12-16　几种常用的铝合金穿孔向上立焊焊接参数

板厚 /mm	6	8	4
材料	2A14	2A14	2B16
接头形式	平头对接	平头对接	平头对接
ϕ1.6mm 焊丝	BJ-380A	BJ-380A	ER-2319
送丝速度 / (m/min)	1.6	1.7	1.4

DCEN 电流 /A	156	165	100
DCEN 时间 /ms	19	19	19
DCEP 电流 /A	206	225	160
DCEP 时间 /ms	4	4	4
标准状态等离子气流量 / (L/min)	Ar: 2.0	Ar: 2.5	Ar: 1.86
保护气流量 / (L/min)	Ar: 13	Ar: 13	Ar: 13
钨极直径 /mm	3.2	3.2	3.2
焊接速度 / (mm/min)	160	160	160
喷嘴直径 /mm	3.2	3.2	3.0

12.7　其他焊接方法

焊条电弧焊也可用于焊接铝及铝合金，焊条药皮为低氢型并密封保存。焊缝表面的焊渣可防止焊缝发生氧化，焊后应清理焊渣。这种方法的电弧稳定性较差，且铝合金焊条的型号较少，因此一般不用焊条电弧焊。

气焊可采用氧 - 乙炔焰或氢 - 氧焰，无论哪种方法，都应保证火焰为中性焰，并使用焊剂和填充材料。这种方法由于热输入低且需要清除焊剂，通常也不使用。

电渣焊可用于焊接纯铝，但现在还不能焊接铝合金。有些国家使用埋弧焊方法焊接铝及铝合金，保护气体使用惰性气体，但在北美不使用这种方法。

所有的电阻焊方法可用于焊接铝。点焊和缝焊时，要求待焊材料表面异常清洁。电阻焊方法可使用不同型号的电源，且焊接效率较高，因而广泛应用于航空航天工业。

大多数固态焊接方法，如摩擦焊、超声波焊、冷焊及铆焊等也可用于焊接铝。铝也可使用硬钎焊和软钎焊方法焊接，硬钎焊时可使用高硅合金填充材料。

电子束焊和激光焊也可用于焊接铝，这些方法应用范围相对较小。

第13章
铜及铜合金的焊接

13.1 铜及铜合金的特点及分类

13.1.1 铜的基本特性

纯铜密度为 $8.89g \cdot cm^{-3}$，熔点为 1083℃，具有面心立方晶格的晶体结构，它有以下基本特性。

① 优异的导电性能，在金属中仅次于银，纯度越高导电性越好。

② 导热性好，仅次于金和银，约为铝的 1.5 倍。

③ 在大气、海水中有良好的耐蚀性。

④ 有良好的常温和低温塑性，而在 400 ～ 700℃高温下，其强度和塑性显著降低。

⑤ 退火状态强度和硬度低，经冷加工变形后强度可成倍增加而塑性降低。再经 500 ～ 600℃退火，又能恢复其塑性。

由于纯铜强度低，一般不用作结构元件，主要用于制造导线和导电元件，以及散热器、热交换器中的传热元件。

13.1.2 铜及铜合金的分类

纯铜中加入合金元素后就成为铜合金。根据金属的颜色和成分，铜及铜合金可分为紫铜（纯铜）、黄铜（铜 - 锌合金）、白铜（铜 - 镍合金）、青铜（铜 - 锡合金、铜 - 铝合金等）等四大类。

（1）纯铜

1）特性

纯铜中的杂质元素主要是磷、铅、铋、硫和氧，这些元素对纯铜的性能具有重要的影响。极少的铅、铋量就会使纯铜产生热脆性，显著提高焊接裂纹敏感性；硫和氧在铜中以硫化亚铜（Cu_2S）和氧化亚铜（Cu_2O）脆性化合物形式存在，这些化合物大大降低了铜的塑性，恶化热加工和焊接性。所有杂质都会降低铜的导电性，其中磷最显著。但磷却是铜及铜合金的良好脱氧剂。

对于需要进行焊接的铜材，一般要求其杂质 Pb 含量小于 0.03%、Bi 含量小于 0.003%、O 含量小于 0.03%、S 含量小于 0.01%。

2）牌号、化学成分和性能

纯铜有工业纯铜、磷脱氧铜和无氧铜等三种。工业纯铜的牌号以"T"为首，后接纯度级别数字，如 T_1、T_2、T_3 等；其纯度随顺序号增加而降低，其 O 含量在 0.02%～0.1%。磷脱氧铜的牌号以"TP"为首，后接顺序号，如 TP_1、TP_2 等，这种纯铜以磷、硅、锰等元素作脱氧剂，O 含量小于 0.01%。无氧铜的牌号以"TU"为首，后接顺序号，如 TU_1、TU_2 等，是用高纯度铜经真空熔炼而获得，其 O 含量为 0.003%。

表 13-1 给出了纯铜的物理性能。从表中看出纯铜在退火状态（软态）具有高的塑性，但强度低。经冷加工后（硬态）能提高强度，但塑性下降很多。

表 13-1　纯铜的力学与物理性能

性能指标	力学性能		物理性能							
	抗拉强度 σ_b/MPa	伸长率 δ/%	密度 /(g·cm^{-3})	熔点 T_m/℃	弹性模量 E/MPa	热导率 λ/[W·(m·K)$^{-1}$]	比热容 C/[J·(g·K)$^{-1}$]	电阻率 ρ/(×10^{-8}Ω·m)	线胀系数 α_l/(×$10^{-6}$$K^{-1}$)	表面张力 /(×10^{-5}N·cm^{-1})
软态	196～235	50	8.89	1083	128700	391	0.384	1.68	16.8	1300
硬态	392～490	6								

（2）黄铜

黄铜是以锌为主要合金元素的铜合金，因其颜色为淡黄色，故称黄铜。其强度、硬度和耐蚀性均高于纯铜，并具有良好的冷、热加工性能，因此在工业上应用广泛。

仅含锌一种合金元素的黄铜称简单（普通）黄铜。Zn 含量为 30% 时，普通黄铜为单一的 α 相组织，塑性最好；Zn 含量大于 39% 时，形成金属间化合物 β 相，强度提高而塑性下降。含有铅、锡、锰、铝、硅、铁等第二种合金元素的黄铜称为复杂黄铜，这些元素的加入量均不大于 4%，大都固溶在铜中，并未改变黄铜的基本组织，加入的目的是提高力学性能、耐蚀性能、铸造或切削的工艺性能等。

按工艺性能、力学性能和用途不同，可将黄铜分为加工黄铜和铸造黄铜两类。加工黄铜的代号表示方法为：简单黄铜用"H"加铜的平均含量表示，如 H68 是平均 Cu 含量为 68% 的黄铜；复杂（三元以上）黄铜用"H"加第二个主添元素符号及 Cu 和除锌以外的成分名义百分含量的数字表示，如 HMn58-2 为 Cu 含量为 58%、Mn 含量为 2% 的复杂黄铜。

铸造黄铜牌号由"Z"和基体金属的化学元素符号、主要合金元素符号以及表明合金元素名义百分含量的数字组成。例如：

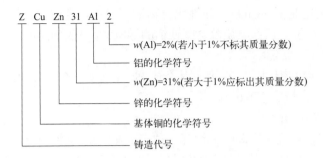

常用加工黄铜的代号、化学成分、力学性能及用途见表13-2。常用铸造黄铜的牌号、化学成分、力学性能和用途见表13-3。

表 13-2　常用加工黄铜的代号、成分、性能及用途

组别	牌号	化学成分（质量分数/%）		力学性能			用途举例
		Cu	其他①	σ_b/MPa	δ/%	HBS	
铜锌合金	H95	94.0～96.0	Zn余量	450	2		冷凝管、散热器管及导电零件
	H90	89.0～91.0	Zn余量	480	4	130	奖章、双金属片、供水和排水管
	H85	84.0～86.0	Zn余量	550	4	126	虹吸管、蛇形管、冷却设备制件及冷凝器管
	H80	78.5～81.5	Zn余量	640	5	145	造纸网、薄壁管
	H70	68.5～71.5	Zn余量	660	3	150	弹壳、造纸用管、机械和电气用零件
	H68	67.0～70.0	Zn余量	660	3	150	复杂的冷冲件和深冲件、散热器外壳、导管
	H65	63.5～68.5	Zn余量	700	4	—	小五金、小弹簧及机械零件
	H62	60.5～63.5	Zn余量	500	3	164	销钉、铆钉、螺母、垫圈导管、散热器
	H59	57.0～60.0	Zn余量	500	10	103	机械、电气用零件，焊接件，热冲压件
铜锌铅合金	HPb63-3	62.0～65.0	Pb=2.4～3.0，Zn余量	650	4	—	钟表、汽车、拖拉机及一般机器零件
	HPb63-0.1	61.5～63.5	Pb=0.05～0.3，Zn余量	600	5	—	钟表、汽车、拖拉机及一般机器零件
	HPb62-0.8	60.0～63.0	Pb=0.5～1.2，Zn余量	600	5	—	钟表零件
	HPb61-1	58.0～62.0	Pb=0.6～1.0，Zn余量	610	4	—	结构零件
	HPb59-1	57.0～60.0	Pb=0.3～1.9，Zn余量	650	16	140	适于热冲压及切削加工零件，如销子、螺钉、垫圈等
铝黄铜	HA167-2.5	66.0～68.0	Al=2.0～3.0，Fe=0.6，Pb=0.5，Zn余量	650	12	170	海船冷凝器管及其他耐蚀零件

续表

组别	牌号	化学成分（质量分数 /%）		力学性能			用途举例
		Cu	其他[①]	σ_b/MPa	δ/%	HBS	
铝黄铜	HAl60-1-1	58.0～61.0	Al=0.7～1.5, Fe=0.7～1.5, Mn=0.1～0.6, Zn 余量	750	8	180	齿轮、蜗轮、衬套、轴及其他耐蚀零件
	HA159-3-2	57.0～60.0	Al=2.5～3.5, Ni=2.0～3.0, Fe=0.5, Zn 余量	650	15	150	船舶电动机等常温下工作的高强度耐蚀零件
锡黄铜	HSn90-1	88.0～91.0	Sn=0.25～0.75, Zn 余量	520	5	148	汽车、拖拉机弹性套管等
	HSn62-1	61.0～63.0	Sn=0.7～1.1, Zn 余量	700	4	—	船舶、热电厂中高温耐蚀冷凝器管
	HSn60-1	59.0～61.0	Sn=1.0～1.5, Zn 余量	700	4	—	与海水和汽油接触的船舶零件
铁黄铜	HFe59-1-1	57.0～60.0	Fe=0.6～1.2, Mn=0.5～0.8, Sn=0.3～0.7, Zn 余量	700	10	160	在摩擦及海水腐蚀下工作的零件,如垫圈、衬套等
锰黄铜	HMn58-2	57.0～60.0	Mn=1.0～2.0, Zn 余量	700	10	175	船舶和弱电用零件
硅黄铜	HSi80-3	79.0～81.0	Si=2.5～4.0, Fe=0.6, Mn=0.5, Zn 余量	600	8	160	耐磨锡青铜的代用品
镍黄铜	HNi65-5	64.0～67.0	Ni=5.0～6.5, Zn 余量	700	4	—	压力计管、船舶用冷凝管

① 本项中元素含量为单值（不是表示为范围）者，均为允许的最大值。

表 13-3　常用铸造黄铜的牌号、成分、性能及用途

牌号	化学成分（质量分数 /%）		铸造方法	力学性能（不低于）			应用举例
	Cu	其他		σ_b/MPa	δ/%	HBW	
ZCuZn38	60.0～63.0	Zn 余量	S J	295 295	30 36	590 685	一般结构件和耐蚀零件,如法兰、阀座、支架、手柄和螺母等
ZCuZn25Al6Fe3Mn3	60.0～66.0	Al=1.5～7.0, Fe=1.0～2.0, Mn=1.5～4.0, Zn 余量	S J	725 740	10 7	1570 1665	高强、耐磨零件,如桥梁支承板、螺母、螺杆、耐磨板、滑块和蜗轮等

续表

牌号	化学成分（质量分数 /%）		铸造方法	力学性能（不低于）			应用举例
	Cu	其他		σ_b/MPa	δ/%	HBW	
ZCuZn26A14Fe3Mn3	60.0～66.0	A1=2.5～5.0，Fe=1.5～4.0，Mn=1.5～4.0，Zn 余量	S J	600 600	18 18	1175 1275	要求强度高、耐蚀的零件
ZCuZn31A12	66.0～68.0	A1=2.0～3.0，Zn 余量	S J	295 390	12 15	785 885	适用于压力铸造，如电动机、仪表等压铸件，以及造船和机械制造业的耐蚀零件
ZCuZn38Mn2Pb2	57.0～65.0	Pb=1.5～2.5，Mn=1.5～2.5，Zn 余量	S J	245 315	10 18	685 785	一般用途的结构件，船舶、仪表等使用的外形简单的铸件如套筒、衬套、轴瓦、滑块等
ZCuZn40Mn2	57.0～60.0	Mn=1.0～2.0，Zn 余量	S J	345 390	20 25	785 885	在空气，淡水、海水蒸气（＜300℃）和各种液体燃料中工作的零件和阀体、阀杆、泵、管接头等
ZCuZn40Mn3Fe1	53.0～58.0	Mn=3.0～4.0，Fe=0.5～1.5，Zn 余量	S J	440 490	18 15	980 1080	耐海水腐蚀的零件，以及在300℃以下工作的管件，船舶螺旋桨等大型铸件
ZCuZn16Si4	79.0～81.0	Si=2.5～4.5，Zn 余量	S J	345 390	15 20	885 980	接触海水工作的管配件，以及水泵、叶轮、旋塞和在空气、淡水中工作的零部件

注：S—砂模铸造；J—金属型铸造。

（3）白铜

白铜是以镍为主要合金元素的铜合金，因其颜色为白色故名白铜。镍与铜无限固溶，因此白铜具有单一的 α 相组织。仅含镍一种合金元素（通常还有一定量的 Co）的白铜称普通白铜，加入锰、铁、锌、铝等第二种合金元素的白铜称为锰白铜、铁白铜、锌白铜和铝白铜等。

二元白铜的牌号用"B"加镍含量表示，例如 B30 为平均 Ni+Co 含量为 30% 的普通白铜。三元以上的白铜牌号则用"B"加第二个主添合金元素符号及铜以外的成分名义百分含量数字表示，BA113-3 为平均 Ni+Co 含量为 13%、Al 含量为 3% 的铝白铜。

镍可提高铜的强韧性、耐蚀性和电阻率，并降低电阻温度系数，因此，白铜是优良的电阻材料。通常应用于结构和电工两个方面。其中力学性能和耐蚀性能较好的白铜广泛用于制造精密机械、化工机械和船舶零件。表 13-4 列出了常用白铜的力学性能。

白铜热导率接近碳钢，因此，焊接时可不用预热。但白铜对硫、磷很敏感，易形成热裂纹，故应严格控制杂质含量。

表 13-4　常用白铜的力学性能

牌号	半成品种类	尺寸 /mm	材料状态	σ_b/MPa $\geqslant$	δ_{10}/% $\geqslant$
B5	冷轧板	0.5 ～ 10	软（M）	220	32
			硬（Y）	380	10
B19	冷轧板	0.5 ～ 10	软（M）	300	30
			硬（Y）	400	3
BFe10-1-1	管材	外径 10 ～ 35 壁厚 0.75 ～ 30	软（M）	300	25
			硬（Y₂）	340	8
BFe30-1-1	管材		软（M）	372	25
			硬（Y₂）	490	6
BMn3-12	冷轧板	0.5 ～ 10	软（M）	353	25
BZn15-20	冷轧板	0.5 ～ 10	软（M）	343	35
			硬（Y₂）	441 ～ 568	5
BAl6-1.5	冷轧板	0.5 ～ 12	硬（Y）	539	3
BAl13-3	冷轧板	0.5 ～ 12	淬火后人工时效	637	5

（4）青铜

除铜 - 锌基、铜 - 镍基合金外，所有其他铜合金均称为青铜。按主要合金元素可分为锡青铜、铝青铜、硅青铜、铍青铜等等。有些青铜还在上述合金元素的基础上加入少量其他合金元素，以提高某一性能。青铜中所有合金元素含量都控制在 α 铜的溶解度范围内，所得的合金基体是单相组织，在加热和冷却过程中无同素异构转变。与纯铜和黄铜相比，具有较高的强度、耐磨性、耐蚀性和铸造性能，并具有一定的塑性。除铍青铜外，其他青铜的导热性比纯铜和黄铜低很多，并具有较窄的结晶区间，因而具有较好的焊接性。因此，青铜在机械制造业中应用很广泛。

青铜也可分为加工青铜和铸造青铜两类。加工青铜代号是用"Q"加第一种主添合金元素符号及除铜外的成分名义百分含量数字表示，例如，QSn4-3 表示平均锡含量为 4%、平均锌含量为 3% 的锡青铜，QA19-2 为平均铝含量为 9%、平均锰含量为 2% 的铝青铜。铸造青铜的牌号表示方法和铸造黄铜相类似。

在工业上用得较多的是铸造青铜，常用来铸造各种耐磨、耐蚀（耐酸、碱、蒸汽等）的零件，如轴瓦轴套、阀体、泵壳、蜗轮等。

常用加工青铜的化学成分和力学性能见表 13-5，常用铸造青铜的化学成分和力学性能见表 13-6。

表 13-5　常用加工青铜的成分、性能及用途

组别	牌号	化学成分（质量分数）（%）		力学性能			用途举例
		主添元素	其他	σ_b/MPa	δ_1/%	HBS	
锡青铜	QSn4-3	Sn 3.5~4.5	Zn 2.7~3.3；Cu 余量	550	4	160	弹性元件，化工机械耐磨零件和抗磁元件
	QSn4-4-2.5	Sn 3.0~5.0	Zn 3.0~5.0，Pb 1.5~3.5；Cu 余量	600	2~4	160~180	航空、汽车、拖拉机用承受摩擦的零件，如轴套等
	QSn4-4-4	Sn 3.0~5.0	Zn 3.0~5.0，Pb 3.5~4.5；Cu 余量	600	2~4	160~180	航空、汽车、拖拉机用承受摩擦的零件，如轴套等
	QSn6.5-0.1	Sn 6.0~7.0	P 0.1~0.25；Cu 余量	750	10	160~200	弹簧接触片，精密仪器中的耐磨零件和抗磁元件
	QSn6.5-0.4	Sn 6.0~7.0	P 0.26~0.4；Cu 余量	750	7.5~12	160~180	金属网，弹簧及耐磨零件
铝青铜	QAl5	Al 4.0~6.0	Cu 余量	750	5	200	弹簧
	QAl7	Al 6.0~8.0	Cu 余量	980	3	154	弹簧
	QAl9-2	Al 8.0~10.0	Mn 1.5~2.5，Zn1.0；Cu 余量	700	4~5	160~180	海轮上的零件，在250℃以下工作的管配件和零件
	QAl9-4	Al 8.0~10.0	Fe 2.0~4.0，Zn1.0；Cu 余量	900	5	160~200	船舶零件及电气零件
	QAl10-3-1.5	Al 8.5~10.5	Fe 2.0~4.0，Mn 1.0~2.0；Cu 余量	800	9~12	160~200	船舶用高强度耐蚀零件，如齿轮、轴承等
	QAl10-4-4	Al 9.5~11.0	Fe 3.5~5.5，Ni 3.5~5.5；Cu 余量	1000	9~15	180~200	高强度耐磨零件和在400℃以下工作的零件，如齿轮、阀座等
	QAl11-6-6	Al 10.0~11.5	Fe 5.0~6.5，Ni 5.0~6.5；Cu 余量				高强度耐磨零件和在500℃以下工作的零件
硅青铜	QSi3-1	Si 2.7~3.5	Mn 1.0~1.5；Cu 余量	700	1~5	180	弹簧、耐蚀零件、蜗轮、齿轮、制动杆等
	QSi1-3	Si 0.6~1.1	Ni 2.4~3.4，Mn 0.1~0.4；Cu 余量	600	8	150~200	发动机和机械制造中的结构零件，在300℃以下工作的摩擦零件

表 13-6 常用铸造青铜的化学成分及力学性能

合金牌号	主要化学成分（质量分数/%），其余为Cu								铸造方法	力学性能，不低于			
	Sn	Zn	Pb	P	Ni	Al	Fe	Mn		抗拉强度 σ_b/MPa（kgf·mm^{-2}）	屈服强度 $\sigma_{0.2}$/MPa（kgf·mm^{-2}）	伸长率 δ_5/%	布氏硬度 HB
ZCuSn10Pbl	9.0~11.5			0.5~1.0					S	220（22.4）	130（13.3）	3	785
									J	310（31.6）	170（17.3）	2	885
ZCuSn10Zn2	9.0~11.0	1.0~3.0							S	240（24.5）	120（12.2）	12	685*
									J	245（25.0）	140（14.3）	6	785*
ZCuSn3Zn8Pb6Ni1	2.0~4.0	6.0~9.0	4.0~7.0		0.5~1.5				S	175（17.8）		8	590
									J	215（21.9）		10	685
ZCuSn5Pb5Zn5	4.0~6.0	4.0~6.0	4.0~6.0						S、J	200（20.4）	90（9.2）	13	590
									Li、La	250（25.5）	100（10.2）*	13	635*
ZCuPb15Sn8	7.9~9.0	—	13.0~17.0	—	—	—	—	—	S	170（17.3）	80（8.2）	5	590*
									J	200（20.4）	100（10.2）	6	635*
ZCuAl9Mn2						8.0~10.0		1.5~2.5	S	390（39.8）		20	835
									J	440（44.9）		20	930
ZCuAl10Fe3Mn2						9.0~11.0	2.0~4.0	1.0~2.0	S	490（50.0）		15	1080
									J	540（55.1）		20	1175

注：1. 有"*"符号的数据为参考值。
2. 布氏硬度试验力的单位为N。
3. S—砂型铸造；J—金属型铸造；Li—离心铸造；La—连续铸造。

419

13.2 铜及铜合金的焊接性

13.2.1 铜及铜合金熔化焊的主要问题

（1）熔深浅、焊缝表面成形差

铜的热导率大（在20℃时纯铜比铁大7倍多，1000℃时大11倍多），因此，焊接时电弧热量容易散失到熔池周围的母材中，因此熔深浅、热影响区大，严重时出现未熔合和未焊透缺陷。焊件厚度越大，这种现象越严重。为此，焊接时需使用大功率的热源，而且焊前需预热。

铜在熔化时，表面张力比铁小1/3，流动性比钢大1～1.5倍，因此，熔池金属易流失，焊缝表面成形质量较差，而用大功率熔化极气体保护焊或埋弧焊时，熔化金属更易流失。

（2）焊接应力与残余变形大

铜的热膨胀系数比铁大15%，而收缩率比铁大1倍以上，而且铜的热导率高；因此，冷却凝固过程中产生的焊接残余变形大。当焊接刚性大的焊件或焊接变形受阻时，就会产生很大的焊接残余应力。

（3）热裂纹敏感性大

在焊缝和热影响区上均可能产生热裂纹。主要原因是铜在液态下易氧化生成氧化亚铜（Cu_2O），与铜生成熔点略低于铜的Cu_2O+Cu共晶（熔点为1064℃）；铜中的杂质元素铋（Bi）和铅（Pb）等也会与Cu生成低熔点共晶组织Cu+Bi（熔点270℃）、Cu+Pb（熔点326℃）。在冷却过程中，这些低熔点共晶组织分布在刚刚结晶的枝晶间或晶界处，在焊接残余应力的作用下导致焊缝结晶裂纹。热影响区中这类低熔点共晶物在焊接过程中重新熔化，在焊接应力作用下会在热影响区上产生再热裂纹。铜和铜合金在加热过程中无同素异构转变，晶粒易长大，有利于低熔点共晶薄膜的形成，从而增大了热裂倾向。

热裂纹防止措施如下：

① 严格限制铜母材及填充材料中杂质元素的含量，增强对熔池的脱氧能力；

② 选用可获得双相焊缝组织的焊接材料，细化晶粒并打乱柱状晶的方向，破坏低熔点共晶薄膜的连续性；

③ 应尽量减小焊接应力。

（4）气孔敏感性大

纯铜焊缝的气孔敏感性比钢严重得多，一方面是由于铜熔池中气体种类较多、含量较大，另一方面是由于铜熔池的凝固速度比较快，气体难以逸出。

焊接过程中液态铜中存在有溶解性气体和氧化还原反应产生的气体。溶解性气体主要为氢气，氢在铜中的溶解度随温度降低而降低，并在液-固态转变时产生突变，如图13-1所示。因此，熔池冷凝时会析出大量扩散性氢，同时熔池中的Cu_2O也在凝固时析出，Cu_2O与氢或CO反应生成水蒸气或CO_2气体。

$$Cu_2O+2H \longrightarrow 2Cu+H_2O \uparrow$$

$$Cu_2O+CO \longrightarrow 2Cu+CO_2 \uparrow$$

另一方面，铜的热导率比铁大7倍以上，焊缝金属的结晶速度快，液态金属中析出的氢

和反应生成的 H_2O、CO_2 难以上浮逸出，困在焊缝中形成了气孔。

铜焊缝气孔的预防措施如下：

① 通过焊前清理和加强对焊接区保护等措施，减少氢和氧的来源；

② 采用预热等方法延长熔池存在时间，便于气体逸出；

③ 在焊接材料中加入脱氧剂。

（5）接头性能下降

焊接过程中铜及铜合金一般不发生相变，焊缝和热影响区晶粒极易长大，晶界上易聚集各种脆性低熔点共晶组织，致使接头的塑性和韧性显著下降。另外，焊缝中的杂质和合金元素使得焊接接头导电性能下降。铜合金的耐蚀性依赖于锌、铝、锰、镍等合金元素的加入，而这些元素在焊接过程中蒸发、烧损，都不同程度上使接头的耐蚀性能下降。

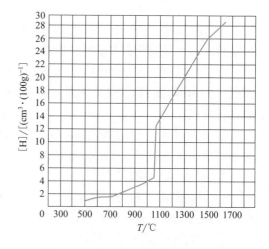

图 13-1　氢在铜中的溶解度与温度的
关系（p_{H_2}=105Pa）

改善接头性能的主要措施是：

① 控制杂质含量可提高接头导电性能；

② 通过合金化对焊缝进行变质处理可提高接头力学性能；

③ 加强焊接区的保护以减少合金元素的烧损；

④ 减少热的作用和焊后消除应力处理等。

13.2.2　各种铜合金的焊接特点

铜及铜合金的种类繁多，其成分和性能差别很大，因而焊接性表现各异。除了上述共性问题外，不同类型的铜合金还存在各自的其他问题：

1）黄铜的焊接特点

① 锌极易蒸发。黄铜中锌元素的沸点只有 960℃，焊接时锌极易蒸发，锌蒸气氧化产生白色氧化锌烟，既妨碍了焊接操作，又对人体有害，焊接时要求有较好通风条件。锌的蒸发还导致焊缝含锌量减少，致使接头耐蚀性能和力学性能下降。为防止黄铜中锌的氧化与蒸发，宜选用含硅的填充金属。通过在熔池表面形成一层致密的 SiO_2 薄膜来阻碍锌的蒸发和氧化，并有效地防止氢的溶入。另外，适当降低焊接热输入，减少熔池处于高温的时间，也可以减少锌的蒸发。

② 氢气孔倾向低。黄铜焊接时氢的溶解和熔池金属的氧化问题不突出，因此氢气孔倾向较低。

③ 热裂纹倾向较低。黄铜的结晶区间小，在焊接过程中不易引起偏析及低熔点共晶，所以形成热裂纹的敏感性比纯铜和青铜低。但铅黄铜不适于焊接，因其具有热脆性，焊接裂纹几乎不可避免。

④ 较大的冷裂纹敏感性。黄铜线胀系数大，易引起较大的焊接残余应力，厚大焊件焊接或在刚性拘束下焊接易引起冷裂纹。

⑤ 应力腐蚀倾向大。黄铜焊后在海水或氨气等腐蚀性介质中工作，会产生应力腐蚀。

因此，这类焊件焊后须加热到 350 ～ 400℃退火处理，以消除焊接应力。

另外，黄铜热导率比纯铜小，焊时预热温度比纯铜低得多。黄铜的导热性随含锌量的增加而降低，因此，焊接高锌黄铜要求的预热温度比低锌黄铜低。

2）硅青铜的焊接特点

① 硅青铜的热导率比其他铜合金低（约为纯铜的 1/12），硅还有脱氧作用，因此硅青铜焊接性良好，是铜合金中最易焊接的一种，焊前无需预热。

② 硅青铜在 800 ～ 955℃的温度区间内具有热脆性，焊缝和热影响区在此温度区间受到过大应力时会引起裂纹。因此，应限制这段温度区间内的停留时间，采用能量集中的热源进行焊接。

③ 硅元素易于引起氧化硅薄膜，影响焊接质量。TIG 焊时应采用交流，以去除氧化膜，多层焊时应注意层间氧化膜的去除。

3）锡青铜的焊接特点

① 锡在高温下容易被氧化，生成的 SnO_2 溶解于熔池中，而结晶后在焊缝金属中往往会存在较大的偏析现象，降低了锡青铜的强度和耐腐蚀性能。

② 锡青铜的结晶温度区间大，约为 150 ～ 160℃，结晶时，液体金属难以充分填满树枝晶粒间隙，易形成疏松、结晶裂纹、气孔等缺陷。锡青铜高温强度和塑性低，具有较大热脆性，热裂纹倾向大。

③ 锡青铜多数为铸件，其高温强度和塑性较低，焊接时，需将铸件垫平，严防撞击铸件。壁厚和结构刚性较大的铸件，焊前应进行 100 ～ 200℃的预热。

4）铝青铜

① 铝青铜中的铝在高温下极易与氧生成致密的 Al_2O_3 薄膜，具有一定的吸水性。如果焊前不清理，焊缝中易出现气孔、夹渣和未熔合等缺陷。为了减少和防止缺陷的产生，在焊接铝青铜前必须清理表面的 Al_2O_3 膜。因此，TIG 焊时应采用交流，通过负半波的阴极破碎作用，清除焊接区内的氧化膜。

② Al 含量小于 7% 的单相铝青铜具有热脆性，极易产生热影响区裂纹，难以焊接。Al 含量不低于 7% 的单相合金和双相合金，采取一些防裂措施是可以焊接的。

（1）铜及铜合金压力焊及钎焊焊接性

铜及铜合金具有较好塑性，压力焊过程中易于变形，因此摩擦焊、搅拌摩擦焊、超声波焊等压力焊焊接性较好。由于电阻率较小，而热导率较高，因此电阻焊较为困难。

（2）焊接方法

纯铜对各种焊接方法的适应性见表 13-7。

表 13-7　纯铜对各种焊接方法的适应性

焊接方法 （热效率 η）	纯铜	黄铜	锡青铜	铝青铜	硅青铜	白铜	简要说明
	焊接性						
钨极气体保护焊 （0.65 ～ 0.75）	好	较好	较好	较好	较好	好	用于薄板（厚度小于 12mm），纯铜、黄铜、锡青铜、白铜采用直流正接，铝青铜用交流，硅青铜用交流
熔化极气体保护焊（0.70 ～ 0.80）	好	较好	较好	好	好	好	板厚大于 3mm 可用，板厚大于 15mm 优点更显著，电源极性为直流反接

续表

焊接方法 （热效率 η）	纯铜	黄铜	锡青铜	铝青铜	硅青铜	白铜	简要说明
	焊接性						
等离子弧焊 （0.80 ～ 0.90）	较好	较好	较好	较好	较好	好	板厚在 3 ～ 6mm 可不开坡口，一次焊成，最适合 3 ～ 15mm 中厚板焊接
焊条电弧焊 （0.75 ～ 0.85）	差	差	尚可	较好	尚可	好	采用直流反接，操作技术要求高，适用板厚 2 ～ 10mm
埋弧焊 （0.80 ～ 0.90）	较好	尚可	较好	较好	较好	—	采用直流反接，适用于 6 ～ 30mm 中厚板
电阻焊	差	较差	较差	较差	较差	较差	点焊和缝焊主要用于厚度≤ 1.5mm 板材，而且是电导率和热导率较低的铜合金。纯铜或高铜合金，因其电导率和热导率高，电阻焊需要很高的焊接电流密度，这样高的电流密度，电极容易过热并产生粘连，损坏很快。所以一般不推荐采用。铜或大多数黄铜不宜采用凸焊，因为凸点强度不足以承受电极压力而过早被压溃。闪光对焊几乎可以焊接所有铜及铜合金的棒材、管材、板材或型材
钎焊	好	好	好	差	较好	好	软、硬钎焊都可以很容易地连接铜及铜合金，而且可以采用任何一种加热方式
摩擦焊、扩散焊、超声波焊等	好	好	好	好	好	好	管材和棒材的对接主要是用普通摩擦焊，所用设备和工艺比较简单，易于实现。板材的连接则采用新的搅拌摩擦焊方法，实现焊接所需的设备和焊接工艺程序较为复杂。焊接质量的关键是焊接参数的合理选配，接头的强度系数一般都在 0.75 以上
电子束焊	好	好	好	好	好	好	由于电子束焊加热和冷却速度快，非常适合于铜的焊接
激光焊	差	差	差	差	差	差	尽管激光束的功率密度很大，但由于铜对激光的反射率高，因此极难焊接

13.3　铜及铜合金的焊条电弧焊

（1）焊前准备

一般按照铜板厚度制备不同类型的坡口。对于纯铜，厚度小于 5mm 的不开坡口，厚度大于 5mm 可开 V 形或双 Y 形坡口，见表 13-8。

焊前对工件待焊部位进行清理，清理方法见表 13-9。当板厚超过 3mm 时，焊前必须预热，预热温度一般为 400 ～ 600℃，随板厚和外形尺寸增大而相应提高，最高可达 750 ～ 800℃。由于液态铜的流动性大，为了控制焊缝背面成形，接头背面常用衬垫。

铜焊条都是碱性低氢型的，用前须经 350 ～ 400℃烘干 1 ～ 2h。

纯铜和锡青铜工件预热温度一般控制在 100 ～ 200℃，层间温度控制在 150 ～ 200℃。黄铜薄焊件一般不预热，厚度大于 10mm 时需预热。低锌黄铜推荐用 100 ～ 300℃预热，高锌黄铜预热温度要低些。铝青铜热导率较低，接近碳钢，厚度≤ 6mm 时一般不用预热；厚板预热温度和层间温度可适当提高，控制在 250℃。

表 13-8   纯铜焊条电弧焊对接接头的坡口形式与尺寸

板厚 /mm	坡口形式与尺寸
2 ～ 4	
5 ～ 10	
10 ～ 20	

表 13-9   铜及铜合金焊前清理方法

清理项		要求、方法及措施
油污		① 去除氧化膜之前，将待焊处坡口及两侧各 30mm 内的油污、脏物等杂质用汽油、丙酮等有机溶剂进行清理 ② 用 10% 氢氧化钠水溶液加热到 30 ～ 40℃对坡口进行除油→用清水冲洗干净→置于 35% ～ 40% 的硝酸（或硫酸 10% ～ 15%）水溶液中浸渍 2 ～ 3min，然后用清水洗刷干净，烘干
氧化膜	机械清理	用风动钢丝轮或钢丝刷或砂布打磨焊丝和焊件表面，直至露出金属光泽
	化学清理	置于 70mL/L HNO_3+100mL/L H_2SO_4+1mL/L HCl 混合溶液中进行清洗后，用碱水中和，再用清水冲净，然后用热风吹干

（2）焊条电弧焊工艺要点

1）焊条的选择

所有焊条均采用低氢型药皮，直流反接（焊条接正极）。通常在焊条的涂料中加入硅铁、锰铁、钛铁、铝铁、铝铜等，目的是向焊接熔池过渡硅、锰、钛、铝等脱氧元素，以获得良好的焊缝金属力学性能。可按照表 13-10 选择焊条类型。

表 13-10　铜及铜合金焊条主要性能及用途

牌号	型号	药皮类型	电源种类	熔敷金属主要化学成分的质量分类 /%	σ_b/MPa ≥	δ_5/% ≥	特点及主要用途
T107	ECu	低氢型	直流	Cu ≥ 95　Si ≤ 0.5 Mn ≤ 3.0　Pb ≤ 0.02 Fe+Al+Ni+Zn ≤ 0.5	170	20	对大气、海水等介质有良好耐蚀性，可用来焊接脱氧铜及无氧铜；用于焊接导电铜排、铜制热交换器、船用海水导管等铜结构件，也可用于堆焊
T207	ECuSi-B	低氢型	直流	Cu ≥ 92　Si=2.5～4.0 Mn ≤ 3.0　Pb ≤ 0.02 Al+Ni+Zn ≤ 0.50	270	20	具有一定的强度、良好的塑性和韧性，以及耐磨性和耐蚀性。适用于纯铜、硅青铜及黄铜的焊接，化工机械管道内衬的堆焊
T227	ECuSn-B	低氢型	直流	Sn=7.0～9.0　P ≤ 0.3 Pb ≤ 0.02　Cu 余 Si+Mn+Fe+Al+Zn ≤ 0.5	270	12	具有一定的强度、良好的塑性和韧性，以及耐磨性和耐蚀性。适用于焊接纯铜、黄铜、磷青铜等同种及异种金属，也可用于堆焊
T237	ECuAl-C	低氢型	直流	Al=6.5～10.0　Mn ≤ 2.0 Si ≤ 1.0　Fe ≤ 1.5　Cu 余　Ni ≤ 0.50 Zn+Pb ≤ 0.5　Pb ≤ 0.02	390	15	强度、耐磨性和耐蚀性最高的一种铜合金焊条。用于铝青铜及其他铜合金、钢的焊接以及铸铁的补焊等
T307	ECuNi-B	低氢型	直流	Ni=29.0～33.0　Cu 余 Si ≤ 0.5　Mn ≤ 2.5　Fe ≤ 2.5 Ti ≤ 0.5　P ≤ 0.02	350	20	工艺性能好，具有较好的强度和良好的塑、韧性和耐蚀性。主要用于焊接 70-30 铜镍合金及 645-Ⅲ钢做覆层等

2）焊接工艺参数

表 13-11 为铜及铜合金焊条电弧焊的常用焊接参数。随着预热温度的提高，焊接电流可取低值。

表 13-11　铜及铜合金焊条电弧焊的常用焊接参数

母材类型	板厚 /mm	焊条直径 /mm	焊接电流 /A
纯铜	2	3.2	110～150
	3	3.2 或 5	120～200
	4	4	150～220
	5	4 或 5	180～300
	6	5～7	200～350
	8	5～7	250～380
	10	5～7	250～380
黄铜	2.0	2.5	42～46

母材类型	板厚 /mm	焊条直径 /mm	焊接电流 /A
黄铜	2.5	2.5	65 ～ 70
	3	3.2	70 ～ 75
锡青铜	1.5	3.2	60 ～ 100
	3.0	3.2 或 4.0	80 ～ 160
	4.5	3.2 或 4.0	160 ～ 280
	6.0	4.0 ～ 5.0	280 ～ 320
	12	6.0	380 ～ 400

采用直流反接进行焊接。焊接时应用短弧窄焊道工艺，焊条不宜做横向摆动。纯铜焊接时最好沿焊接方向做往复直线运动，使熔池存在时间较长，有利于气体逸出。黄铜焊接时不宜做横向和焊接方向的摆动，焊条尽量与工件垂直，以尽量避免锌的蒸发和氧化。长焊缝应采用逆向分段退焊法，焊接速度尽可能快，以减少焊件变形和接头过热。更换焊条的动作要快，应在熔池后（距弧坑 10 ～ 20mm 处）重新引弧，然后逐渐填满弧坑再向前焊接。多层焊时应彻底清除层间熔渣。结束时要缓慢熄弧以填满弧坑。焊后最好用平头锤锤击焊缝，以消除焊接应力和改善接头性能。

13.4 铜及铜合金的 TIG 焊

（1）焊前准备

TIG 焊受钨极载流能力限制，其熔透能力小，因此，一般只用于薄板焊接和厚件打底焊。对接板厚小于等于 3mm 时，不开坡口；板厚在 4 ～ 10mm 时，一般开 V 形坡口；板厚大于 10mm 时开双 Y 形坡口，见表 13-12。其他准备工作同焊条电弧焊。

表 13-12　纯铜 TIG 焊的坡口形式与尺寸

板厚 /mm	坡口形式与尺寸
≤ 3	0～2
4 ～ 10	70°～80°　0～2　0～3
> 10	80°～90°　1～3

（2）焊丝选择

铜及铜合金焊丝适用于熔化极、非熔化极惰性气体保护焊和埋弧焊。GB/T 9460—2008《铜及铜合金焊丝》规定焊丝型号由三部分组成：第一部分为 SCu，表示铜及铜合金焊丝；第二部分为四位阿拉伯数字，表示焊丝型号；第三部分为化学成分代号，为可选部分。

① 纯铜和白铜。纯铜和白铜不含脱氧元素，一般选择含有 0.5%Si+0.15%P 或 0.5%～3% 脱氧剂的无氧铜焊丝或白铜焊丝，如 SCu1898（HS201）、ECu、RCuSi 等，它们还具有电导率和颜色与母材相同的特点。对于白铜，为了防止气孔和裂纹的产生，即使焊接较小的薄板，也要求采用加填焊丝来控制熔池的脱氧反应。

② 黄铜。黄铜 TIG 焊最好选用不含锌的焊丝，以减少锌的蒸发及烟雾。普通黄铜宜采用锡青铜焊丝 HSCuSn，高强度黄铜宜采用硅青铜或铝青铜焊丝如 HSCuSi 和 HSCuAl 等。引弧后使电弧偏向填充金属而不是偏向母材，这有利于减少母材中锌的烧损。

③ 青铜。青铜的合金元素本身就具有较强的脱氧能力，选择焊丝时无需考虑脱氧问题。硅青铜 TIG 焊选用 SCu6065 或 SCu6100A 焊丝，锡青铜选用 SCu5210 焊丝，铝青铜使用 SCu6100A 焊丝。

（3）电流工艺参数

① 纯铜。纯铜一般采用直流正接（钨极接负极），这种接法钨极的载流能力大，同样电流下可适用较小直径的钨极，具有电弧稳定、熔深大、钨极烧损程度轻等优点。通常采用左向焊法，焊枪、焊丝及工件相对位置如图 13-2 所示。喷嘴与工件之间的距离以 8～12mm 为宜，既便于操作、观察，又获得良好保护。不填充焊丝时，弧长一般控制在 1～3mm，填充焊丝时，弧长一般取 3～5mm，焊丝一般不离开熔池，但不能接触钨极，钨极表面沾了铜会影响电弧稳定。层间温度不应低于预热温度，焊下一层前，要用钢丝刷清理焊缝表面的氧化物。

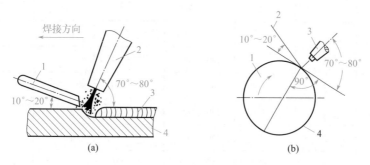

图 13-2　手工钨极氩弧焊焊丝、焊枪与工件之间的相对位置
（a）平板对接　1—焊丝；2—焊枪；3—焊缝；4—工件
（b）环缝焊接　1—工件转动方向；2—焊丝；3—焊枪；4—工件

② 黄铜。黄铜 TIG 焊采用直流正接或交流，用交流焊接时锌的蒸发比直流正接轻些。焊接时焊丝尽量置于电弧与母材之间，避免电弧对母材直接加热，母材主要靠熔池金属的传热来加热熔化，目的也是减少锌的蒸发。尽可能单层焊，板厚小于 5mm 的接头，最好一次焊成。

③青铜。硅青铜和铝青铜 TIG 焊一般采用交流电源。利用负半波的阴极破碎作用去除工件或覆盖在熔池表面的氧化硅或氧化铝薄膜。

表 13-13 给出了铜及铜合金 TIG 焊典型焊接参数。

表 13-13　铜及铜合金手工 TIG 焊的焊接参数

	板厚/mm	钨极直径/mm	焊丝直径/mm	电流/A	Ar 气流量/(L·min⁻¹)	预热温度/℃	备注
纯铜	0.3～0.5	1	—	30～60	8～10	不预热	卷边接头
	1	2	1.6～2.0	120～160	10～12	不预热	—
	1.5	2～3	1.6～2.0	140～180	10～12	不预热	—
	2	2～3	2	160～200	14～16	不预热	—
	3	3～4	2	200～240	14～16	不预热	单面焊双面成形
	4	4	3	220～260	16～20	300～350	双面焊
	5	4	3～4	240～320	16～20	350～400	双面焊
	6	4～5	3～4	280～360	20～22	400～450	—
	10	5～6	4～5	340～400	20～22	450～500	—
	12	5～6	4～5	360～420	20～24	450～500	—
黄铜	＜1	1.6	1.6	170～190	10～12	不预热	单面焊
硅青铜	1.6	1.6	1.6	100～120	7	不预热	I 形坡口，交流
	3.2	1.6	1.6	130～150	7	不预热	I 形坡口，直流正接
	6.4	3.2	3.2	250～350	9	不预热	I 形坡口，直流正接
	9.5	3.2	3.2	230～280	9	不预热	V 形坡口，直流正接
	12.7	3.2	3.2	250～300	9	不预热	V 形坡口，直流正接
锡青铜	3	3	3	100～150	12～14		1 层
	5	4	4	160～240	14～16		1 层
	7	4	4	240～250	16～20		2 层
	12	5	5	260～340	20～24		2 层
	19	5	6	310～380	22～26		3～4 层
	25	6	6	400～450	26～30		3～4 层
铝青铜	＜1.6	1.6	1.6	交流 25～80	10～12	不预热	I 形坡口，交流，单面焊
	3～6	3～4	3～4	交流 150～250	12～16	不预热	V 形坡口，交流，单面多层焊
	9～12	4～5	4～5	交流 250～350	12～16	150℃	V 形坡口，交流，单面多层焊，反面封底焊

13.5　铜及铜合金的 MIG 焊

MIG 焊比 TIG 焊可用更大的焊接电流，因而电弧功率大、熔敷率高、熔深大、焊接速度快。

MIG 焊的坡口形式与 TIG 焊相似，由于 MIG 焊的穿透力强，不开坡口的厚度极限尺寸及钝边尺寸比 TIG 焊可增大，坡口角度可减小，一般不留间隙。

保护气体可选用纯氩气、$Ar+N_2$ 或 Ar+He 混合气体，采用 $Ar+N_2$ 或 Ar+He 混合气体可提高熔深，降低预热温度要求；Ar+He 还可改善焊缝成形。焊丝选用原则与 TIG 焊相同。铜及铜合金 MIG 焊采用直流反接，选用平特性电源配等速送丝机，利用喷射过渡工艺进行焊接。表 13-14 为纯铜 MIG 焊喷射过渡最低焊接参数。

尽量采用大电流高速焊工艺，这样可提高电弧的稳定性，避免硅青铜、磷青铜的热脆性和近缝区晶粒长大。对于硅青铜和铍青铜，根据其脆性及高强度的特点，焊后应进行消除应力退火和 500℃ 保温 3h 的时效硬化处理。表 13-15 为纯铜 MIG 焊的典型焊接参数。表 13-16 为黄铜 MIG 焊的典型焊接参数。表 13-17 为青铜 MIG 焊的典型焊接参数。

表 13-14　纯铜 MIG 焊喷射过渡最低焊接参数（SCu1898 焊丝）

焊丝直径 /mm	最小焊接电流 /A	电弧电压 /V	送丝速度 /（mm·s⁻¹）	最小电流密度 /（A·mm⁻²）
0.9	180	26	146	296
1.1	210	25	106	208
1.6	310	26	63	157

表 13-15　纯铜 MIG 焊的典型焊接参数

板厚 /mm	坡口形式及尺寸				焊丝直径 /mm	电流 /A	电压 /V	Ar 气流量 /（L·min⁻¹）	焊速 /（m·h⁻¹）	层数	预热温度 /℃
	形式	间隙 /mm	钝边 /mm	角度 α/(°)							
3	I	0	—	—	1.6	310～350	25～30	16～20	40～45	1	
5	I	0～1	—	—	1.6	350～400	25～30	16～20	30	1～2	100
6	V	0	3	70～90	1.6	400～425	32～34	16～20	30	2	250
6	I	0～2	—	—	2.5	450～480	25～30	20～25	30	1	100
8	V	0～3	1～3	70～90	2.5	460～480	32～35	25～30	25	2	250～300
9	V	0	2～3	80～90	2.5	500	25～30	25～30	21	2	250
10	V	0	2～3	80～90	2.5～3	480～500	32～35	25～30	20～23	2	400～500
12	V	0	3	80～90	2.5～3	550～650	28～32	25～30	18	2	450～500
12	X	0～2	2～3	80～90	1.6	350～400	30～35	25～30	18～21	2～4	350～400
15	X	0	3	30	2.5～3	500～600	30～35	25～30	15～21	2～4	450
20	V	1～2	2～3	70～80	4	700	28～30	25～30	23～25	2～3	600
22～30	V	1～2	2～4	80～90	4	700～750	32～36	30～40	20	2～3	600

表 13-16　黄铜 MIG 焊的典型焊接参数

板厚 /mm	坡口形式	焊丝		焊接电流（直流正接）/A	电弧电压 /V	氩气流量 / (L·min⁻¹)	预热温度 /℃
		牌号	直径 /mm				
3 ～ 6	V	HSCuSi 或 HSCuSn	1.6	270 ～ 300	25 ～ 28	12 ～ 14	不预热
9 ～ 12	V		1.6	270 ～ 300	25 ～ 28	12 ～ 14	不预热

表 13-17　青铜 MIG 焊的典型焊接参数

	厚度 /mm	坡口形式	焊丝直径 /mm	焊接电流 /A	电弧电压 /V	氩气流量 / (L·min⁻¹)	备注
硅青铜		I	1.6 ～ 2.0	180 ～ 200	26 ～ 27	18 ～ 20	钝边 2.0mm、间隙 2.0mm
		V	2.0 ～ 2.5	280 ～ 340	26 ～ 27	20 ～ 25	钝边 2.0 ～ 2.5mm、间隙 2.0mm
		V	2.5	320 ～ 340	27 ～ 28	22 ～ 26	钝边 4.0 ～ 5.0mm、间隙 2.0 ～ 3.0mm
		不对称双 V 形	2.5	350 ～ 380	27 ～ 28	26 ～ 30	钝边 4.0 ～ 5.0mm、间隙 2.0 ～ 3.0mm
锡青铜	1.5	I	0.8	130 ～ 140	25 ～ 26	16 ～ 20	1.3mm 根部间隙
	3.3	I	0.9	140 ～ 160	26 ～ 27	16 ～ 20	2.3mm 根部间隙
	6.4	V	1.1	165 ～ 185	27 ～ 28	16 ～ 20	1.5mm 根部间隙
	12.7	V	1.6	315 ～ 335	29 ～ 30	16 ～ 20	2.3mm 根部间隙
	19	X 或双 U	2.0	365 ～ 385	31 ～ 32	16 ～ 20	0 ～ 2.3mm 根部间隙
	25.4	X 或双 U	2.4	440 ～ 460	33 ～ 34	16 ～ 20	0 ～ 2.3mm 根部间隙
铝青铜	3 ～ 6	V	1.6	280 ～ 300	27 ～ 30	16 ～ 20	不预热
	9 ～ 12	V	1.6	300 ～ 320	27 ～ 30	16 ～ 20	不预热
	＞ 16	V，X	1.6	300 ～ 350	27 ～ 30	16 ～ 20	预热 150 ～ 200℃

13.6　铜及铜合金的等离子弧焊

　　等离子弧的能量密度比自由电弧的能量密度高 1 ～ 2 个数量级，其温度比自由电弧也高得多，因此很适合高热导率、线胀系数大、热敏感性强的铜及铜合金的焊接。具有焊接速度快、热影响区和变形小的优点。

　　焊接 0.1 ～ 1mm 的超薄件可采用微束等离子弧焊，工件的变形极小。厚度 6 ～ 8mm 的焊件对接可在不预热、不开坡口的情况下一次焊透，接头质量达到母材水平。厚度 ＞ 8mm 的可采用大钝边的 V 形坡口，用不填丝的等离子弧焊焊根部焊道，然后用 MIG 焊或填丝 TIG 焊工艺焊满坡口。

　　等离子气和保护气体一般均采用氩气，加入 30% 的 He 可提高焊接速度和熔深。

　　铜及铜合金等离子弧焊采用直流正接的转移型电弧，通过熔入型等离子弧焊工艺进行焊接。因铜液表面张力小、自重大，穿孔型焊接时铜液极易流失，小孔效应不稳定，因此一般不采用穿孔型工艺。为防止烧穿，常用平面石墨衬垫于焊缝背面施焊。

表 13-18 为纯铜等离子弧焊的焊接参数。表 13-19 给出了不同铜合金管子的微束等离子弧焊的焊接参数。

表 13-18　纯铜等离子弧焊的焊接参数

铜材厚度/mm	钨极直径/mm	钨极内缩量/mm	喷嘴孔径/mm	保护罩与焊件间的距离/mm	保护气流量/(L·min⁻¹)	等离子气流量/(L·min⁻¹)	焊接电流/A	备注
6	5	3～3.5	4	8～10	12～14	正：4～4.5 反：4.5～5	正：140～170 反：160～190	开I形坡口的对接焊，正反面各焊1层
10	5	3～3.5	4	8～10	20～22	正：4～4.5 反：4.5～5	正：210～220 反：220～240	V形坡口，角度60°，钝边（2±0.5）mm，正反面各焊3层
16	6	3～3.5	4	8～10	21～23	5～5.5	正：210～240 反：240～260	正面焊4层反面焊3层

由于等离子束加热斑点小，因此对焊件坡口加工精度、装配精度以及薄件所用夹具的精度要求很高，工件越薄要求就越严格。对接间隙的均匀性、错边和背面垫板紧贴度的误差一般不允许超过1mm，薄件不超过0.3～0.5mm。

表 13-19　不同铜合金管子的微束等离子弧焊的焊接参数

	管子规格/mm	气体流量/(L·min⁻¹)			焊接电流/A	焊接速度/(m·h⁻¹)
		等离子气	保护气	背面保护气		
纯铜	φ6.0×0.5	0.5	1.5	4	29	60
H62黄铜		0.4	1.7	0.2	26	140
H68黄铜	φ8.8×0.3	0.4	1.5	0.2	28	135
H90黄铜		0.4	1.4	0.3	29	110
青铜		0.2	1.5	0.3	26	90

13.7　铜及铜合金的埋弧焊

埋弧焊具有热输入大、热量集中、穿透力强、熔深大、变形小、焊接生产率高等特点，特别适合铜及铜合金中厚板的长焊缝焊接。坡口紫铜、青铜埋弧焊的焊接性较好，黄铜焊接性尚可。

（1）焊前准备

板厚小于8mm的纯铜不开坡口单面焊也可获得良好的双面成形。厚度在8mm以上的焊件最好开V形或U形坡口。厚度在20mm以下可不预热，超过20mm可以局部预热到

300 ～ 400℃左右进行焊接。

　　埋弧焊的热输入大，焊缝熔化金属量大，为防止铜液流失和获得良好反面成形，单面焊或双面焊的第一面，焊前均应在反面使用衬垫，如石墨垫板、不锈钢垫板、型槽焊剂垫、布带焊剂垫等。型槽焊剂垫由碳钢槽作支承，槽内填满焊剂；使用时要求通过一定压力，使焊剂垫能与焊缝背面紧密接触贴合。衬垫与工件之间也不能压得过紧，否则会使背面焊缝产生内凹现象。为了保证焊剂垫层有一定的透气性，宜选用颗粒稍粗的焊剂（约 2 ～ 3mm）作垫层，其厚度一般不应小于 30mm。

　　焊接时尽量采用引弧板和收弧板，引弧板和收弧板可用与工件同质材料，也可采用石墨板。引弧板和收弧板与工件接合要好，间隙不大于 1mm，其尺寸一般取 100mm×100mm 见方，厚度与母材相同。

（2）焊接材料的选择

　　铜及铜合金埋弧焊可用 HJ431、HJ260、HJ150、SJ570 等焊剂。高硅高锰的 HJ431 工艺性能较好，但氧化性强，硅、锰向焊缝过渡的量较大，使接头导电性能降低。对接头导电性能要求高时，可选用氧化性小些的 HJ260 焊剂，配纯铜焊丝。纯铜焊接的焊丝一般选用 SCu1898（即 HS201），也可以用硅青铜焊丝，如 SCu6560 等。表 13-20 给出了铜及铜合金埋弧焊焊剂及焊丝的选用。

表 13-20　铜及铜合金埋弧焊焊剂及焊丝的选用

	牌号	焊剂	焊丝
纯铜	T2 T3 T4	HJ431 HJ260 HJ150 SJ570	SCu1898 SCu6560
黄铜	H68 H62 H59		SCu6800 SCu6560 SCu5210
青铜	QSn6.5-0.4 QAl9-2 QSi-1		SCu6100A SCu6560 SCu5210

（3）焊接参数

　　由于纯铜的热导率高、热容量大，埋弧焊时宜选用大电流、高电压进行焊接，以降低冷却速度，使熔池有较长时间进行还原反应，提高焊缝质量。

　　黄铜埋弧焊时，应选用较小电流（比紫铜焊接时减小约 15% ～ 20%）和较低的电弧电压，以减小锌的蒸发烧损。表 13-21 为铜及铜合金埋弧焊的焊接参数。

　　铜及铜合金埋弧焊一般选用陡降外特性的直流电源，采用反接法（DCRP），即工件接负极。纯铜的电阻率很小，所以纯铜焊丝的熔化速度与焊丝的伸出长度无关，选择范围较大，可取 35 ～ 40mm。黄铜、青铜焊丝的熔化速度随干伸长度变化较大，一般取 20 ～ 30mm。焊丝与焊件表面互相垂直，为了提高熔透能力，也可将焊丝向前倾斜 10°。通常将焊件置于水平或倾斜（5°～ 10°）位置进行焊接。在倾斜位置进行焊接时，一般采用上坡焊，这时铜液在重力作用下向下流，电弧易深入熔池底部，有利于根部焊透。

表 13-21　铜及铜合金埋弧焊的焊接参数

| 板厚 /mm | | 坡口形式及尺寸 | | | | | 焊丝直径 /mm | 焊接层数 | 焊接电流 /A | 电弧电压 /V | 焊接速度 /(m·h⁻¹) | 备注 |
	坡口形式	间隙 /mm	钝边 /mm	角度 /(°)								
纯铜	3~4	I 形	1	—	—			2.5~3	1	320~380	34~36	23~26	采用垫板的单面单层焊
	5~6	I 形	2.5	—	—			2.5~3	1	380~420	34~38	22~24	采用垫板的单面单层焊
	8	V 形	2.5	3	60~70			4	2	460~500	34~38	18~23	在焊剂垫上进行双面自动焊
	10	V 形	2.5~3.0	3	60~70			4	2	460~540	34~38	18~20	在焊剂垫上进行双面自动焊
	12	V 形	0~3	3	60~70			4	1	510~580	40~42	17~19	采用单面单层焊，也可采用双面焊
	14	V 形	0~3	3	60~70			4	1	530~620	40~42	18~20	采用垫板的单面单层焊，也可开 I 形坡口进行焊接
	16	V 形	2~3	3	60~70			4	1	580~650	40~42	14~18	采用垫板，预热温度 400~500℃
	21~25	V 形	1~3	4	80			4~5	3~4	650~700	36~42	18~22	预热温度 400~500℃，可开 I 形坡口进行焊接
	20	双 V 形	1~2	2	60~65			4~5	3~4	600~650	40~42	12~16	U 形坡口加工较困难，为便于加工亦可采用双面双 V 形坡口
	35~40	U 形	0~1.5	1.5~3	5~15			5	7~8	680~720	40~42	—	
H62	6	I 形						1.2	1	290~300	20	40	700℃退火提高接头塑性

第14章
焊接工艺评定

14.1 焊接质量的可靠性保证

　　焊接产品上的接头质量必须可靠，这是产品质量和性能可靠的基础。生产上利用各种技术来控制接头焊接质量，其中焊接工艺评定和焊工技能认定是焊接质量控制的关键措施。

　　焊接工艺为"焊接生产过程中所涉及的方法和做法之详细说明"。这种广义的定义包含两个方面的含义：首先，焊接工艺应遵守一部规范或标准的法律要求；其次，焊接工艺应给出一个具体焊件的焊接指南。编写焊接工艺的目的是说明如何使制造的焊件质量保持一致性。

　　按照相关焊接标准和产品规范评定合格的焊接工艺称为焊接工艺规程（WPS）。很多产品的产品规范或标准要求利用焊接工艺规程（WPS）进行焊接。焊接工艺规程（WPS）规定了加工具体焊件的具体步骤及焊件的合格标准。焊工技能认定是通过一系列试验确定焊工具备根据某一焊接工艺规程加工合格焊接接头的能力。认定过程形成的文件通常称为"焊工技能认定试验记录"。

　　某一制造商根据某一具体标准评定的 WPS 通常不能用作另一制造商或承包商的 WPS。但也有例外，如管道安装现场，评定合格的焊接工艺可供所有承包商用作 WPS，而且经过此工艺认定的合格焊工可以从一个成员公司转移到另一成员公司，而无需重新认定。

　　选用评定合格的 WPS 和具备相应资质的焊工进行焊接生产，并不能确保制造出的产品质量就完全合格。要想确保焊件的每一条焊缝都是合格的，生产实践中还必须采用适当的质量保证方法，例如焊接质量检验。产品质量是由生产过程涉及的全体人员共同决定的，各个岗位的人员应相互配合，密切合作，各负其责。管理层的责任是协调设计人员、焊工、监督人员及质检人员，确保各个阶段的质量要求合理并得以满足。生产高质量焊件是焊工的责任，每个焊工必须承担起这个责任。焊接监督人员对焊工及其技能负有责任。焊接检查人员必须确认是否达到质量标准。焊接标准及方法是焊接质量的基础，引用适当焊接标准及方法以及焊件设计是设计人员、焊接工程师及质量保证人员的责任。设计人员和焊接工程师应随时就现场要求及问题与现场工作人员保持密切的联系。必须对生产现场的变化需求非常敏感，必须根据要求做出响应。焊接监督人员及生产经理必须随时注意检查是否有不合格工件。

14.2　焊接工艺评定的相关焊接标准

焊接生产中必须遵循相关的焊接标准以及所生产产品之产品规范、标准或规程中包含的焊接条款。有些焊接标准是普适性的，不针对具体产品，而有些标准针对具体产品。焊接工艺评定也必须遵守相关标准，国际标准和中国国家标准均包含焊接工艺评定标准，这些标准是：

GB/T 19866—2005 焊接工艺规程及评定的一般原则（对应于 ISO 15607：2019）；

GB/T 19868.1—2005 基于试验焊接材料的工艺评定（对应于 ISO 15610：2003）；

GB/T 19868.2—2005 基于焊接经验的工艺评定（对应于 ISO 15611：2003）；

GB/T 19868.3—2005 基于标准焊接规程的工艺评定（对应于 ISO 15612：2004）；

GB/T 19868.4—2005 基于预生产焊接试验的工艺评定 （对应于 ISO 15613：2004）；

GB/T 19869.1—2005 钢、镍及镍合金的焊接工艺评定试验（对应于 ISO 15614-1：2004）。

这 6 个标准规定了 5 种工艺评定方法，其应用范围及说明见表 14-1。

表 14-1　焊接工艺评定方法及应用说明

评定方法	应用范围说明
利用焊接工艺评定试验	应用普遍。当焊接接头的性能对焊接产品结构具有关键影响时，一般必须采用该方法，工艺试验应采用 GB/T 19869.1—2005 标准中规定的试验方法
利用焊接材料试验	仅限于需要使用填充金属的焊接方法。适用于焊接热影响区性能不会明显降低的母材。焊接材料试验应包括生产中使用的母材。有关材料和其他参数的详细规定见 GB/T 19868.1—2005
基于焊接经验	限于生产实践中已经在产品上用过的焊接工艺，新产品上的接头形式和材料类型与以前产品应完全相似。只有从以前经验中获知焊接工艺确实可靠时才能用此法。具体要求参见 GB/T 19868.2—2005
基于标准的焊接规程	与利用焊接工艺评定试验进行评定相似。在相关焊接工艺评定试验基础上，以 WPS 形式发布的规程，且经审审官或评定机构批准。详细规定参见 GB/T 19868.3—2005
利用预生产焊接试验	在生产条件下制作试件，经过评定合格后用于批量生产。具体要求参见 GB/T 19868.4—2005

本章主要介绍基于焊接工艺试验的焊接工艺评定方法。

14.3　焊接工艺评定程序

14.3.1　焊接工艺评定一般要求

凡是产品规范或标准要求进行焊接工艺评定的均必须按照相关标准和规范进行焊接工艺

评定。除了遵守产品规范或标准外，还应遵守上节列出的关于焊接工艺评定的 6 个标准。另外还应满足如下要求：

①工艺评定过程中的所有焊接试验在本生产单位进行；
②试验所用的所有设备、仪器及仪表均处于完好状态；
③试验所用母材和焊接材料必须是产品制造中使用的材料且应符合相应标准；
④焊接试验必须由持证焊工进行；
⑤焊接检验和质量评定必须由具有相应资质的人员进行。

14.3.2 焊接工艺评定一般程序

焊接工艺过程流程图如图 14-1 所示。生产单位可结合本单位的实际情况灵活地进行规划。

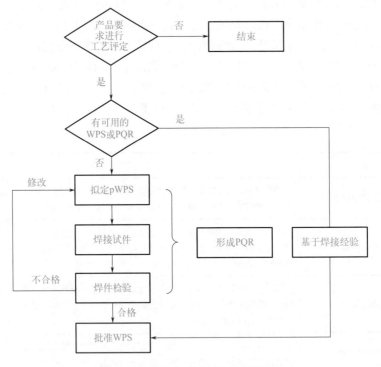

图 14-1　焊接工艺评定过程流程图

（1）焊接工艺评定立项

新产品的产品规范或标准需要进行工艺评定时，投产之前需要先进行工艺评定。设计部门和工艺部门首先判断新产品在结构、材料类型及厚度、接头形式和拟用的焊接方法等方面相对于原有产品的变化情况，如果变化不大，可采用基于经验的工艺评定进行评定，如果有重大变化，则需要重新按照工艺评定试验进行评定，提出焊接工艺评定项目立项。

（2）编写焊接工艺评定任务书

焊接工艺评定项目经过批准后，首先根据产品标准和规范编写焊接工艺评定任务书。该任务书应包含产品订货号、接头形式、母材金属牌号与规格、接头性能要求、检验项目和合格标准等。表 14-2 示出了工艺评定任务书的推荐格式。

（3）编制焊接工艺指导书

焊接工艺指导书，即预焊接工艺规程（又称焊接工艺草稿 pWPS），由焊接工艺工程师根据金属材料的焊接性，按照焊接工艺评定任务书提出的条件和技术要求进行编制，推荐的格式见表 14-3。

（4）编制焊接工艺评定试验执行方案

执行方案中应详细列出焊接工艺评定试验包含的全部工作，包括试件备料、坡口加工、试件组装及焊接、焊后热处理、无损检测和理化检验等的计划进度，另外，还应指定各个环节的执行人、责任部分、监督人及技术要求。

（5）试件的准备和焊接

试验方案经批准后即按焊接工艺指导书领料、加工试件、组装试件、焊接材料烘干和焊接。试件的焊接应由具备相应资质的焊工按焊接工艺指导书（即 pWPS）规定的焊接参数进行焊接。焊接全过程在焊接工程师监督下进行，并记录焊接参数的实测数据。如试件要求进行焊后热处理，还应记录热处理过程的实际温度和保温时间。

（6）焊件的检验

试件焊完后先进行外观检查，然后进行规定的无损检测，最后进行接头的力学性能试验。如检验不合格，则分析原因，重新编制焊接工艺指导书，重焊焊件后再进行检验，直到各种检验均合格为止。

（7）编写焊接工艺评定报告（PQR）

PQR 是记录焊接工艺规程（WPS）评定过程中制造合格试件所用的实际焊接参数以及焊件检验所进行试验之试验结果的文件。报告内容由两大部分构成：第一部分是记录焊接工艺评定试验的条件，包括试件材料类别号、牌号、接头形式、焊接位置、填充材料、保护气体、预热温度、焊后热处理制度、焊接能量参数等；第二部分是记录各项检验结果，其中包括拉伸、弯曲、冲击、硬度、宏观金相、无损检验和化学成分分析结果等。表 14-4 给出了焊接工艺评定报告（PQR）的推荐格式，报告由完成该项评定试验的焊接工程师填写并签字。

焊接工艺评定报告经审批后，一般要复印两份，一份交企业质量管理部门供安全技术监督部门或用户核查，一份交焊接工艺部门，作为编制焊接工艺规程的依据。评定报告原件存企业档案部门。

表 14-2　工艺评定任务书的推荐格式

任务书编号＿＿＿＿＿＿

任务来源			
产品名称		产品令号	
部（组）件名称		部（组）件图号	
零件名称		焊接方法	

焊接工艺全图解

续表

被评接头	母材钢号	母材类（组）别	规 格	接头形式	

母材力学性能

	钢号	试件规格	屈服点 σ_s /MPa	抗拉强度 σ_b/MPa	冲击吸收功 A_{KV}/J	伸长率 δ_5 /%	收缩率 ψ /%	冷弯角 /（°）($D=3S$)	标 准
产品									
试件									

评定标准

试件无损检查项目　外观　□ MT[①]　□ PT　□ RT　□ UT

试件理化性能试验项目

项目	拉伸		弯 曲			冲击	金相		硬度	化学分析
	接头	全焊缝	面弯	背弯	侧弯		宏观	微观		
试样数量										

补充试验项目（不作考核）

性能试验合格标准（按试件母材）

要求完成日期：

　制订＿＿＿＿＿＿＿＿＿＿＿日期＿＿＿＿＿＿＿＿＿校对＿＿＿＿＿＿＿日期＿＿＿＿＿＿＿
　① 焊缝无损检验代号。

表 14-3　焊接工艺指导书（又称焊接工艺草稿 pWPS）推荐格式

单位名称＿＿＿＿＿＿＿＿＿＿＿＿＿＿　　　　　　　　　　批准人签字＿＿＿＿＿＿＿＿＿＿＿＿
焊接工艺指导书编号＿＿＿＿＿＿＿＿＿＿＿＿日期＿＿＿＿＿＿　焊接工艺评定报告编号＿＿＿＿＿＿＿＿
焊接方法＿＿＿＿＿＿＿＿＿＿＿＿＿＿　机械化程度（手工、半自动、自动）＿＿＿＿＿＿＿＿＿＿＿

焊接接头：
坡口形式＿＿＿＿＿＿＿＿＿＿＿＿＿＿＿＿＿＿＿
垫板（材料及规格）＿＿＿＿＿＿＿＿＿＿＿＿＿＿＿
其他＿＿＿＿＿＿＿＿＿＿＿＿＿＿＿＿＿＿＿
应当用简图、施工图、焊缝代号或文字说明接头形式、坡口尺寸、焊缝层次和焊接顺序

438

母材：

类别号_____组别号_____与类别号_____组别号_____相焊

或标准号_____钢号_____与标准号_____钢号_____相焊

厚度范围：

母材：对接焊缝_____角焊缝_____

管子直径、壁厚范围：对接焊缝_____角焊缝_____组合焊缝_____

焊缝金属_____

其他

_____

焊接材料：

焊条类别_____其他_____

焊条标准_____牌号_____

填充金属尺寸_____

焊丝、焊剂牌号_____

焊剂商标名称_____

焊条（焊丝）、熔敷金属化学成分（质量分数 /%）

C	Si	Mn	P	S	Cr	Ni	Mo	V	Ti

注：对每一种母材与焊接材料的组合均需分别填表。

焊接位置：	焊后热处理：
对接焊缝的位置_____	加热温度_____℃ 升温速度_____
焊接方向：向上_____ 向下_____	保温时间_____ 冷却方式_____
角焊缝位置_____	
预热：	气体：
预热温度（允许最低值）_____℃	保护气体_____
层间温度（允许最高值）_____℃	混合气体组成_____
保持预热时间_____	流量_____
加热方式_____	

电特性：_____

电流种类_____极性_____

焊接电流范围（A）_____ 电弧电压（V）_____

（应当对每种规格的焊条所焊位置和厚度分别记录电流和电压范围，这些数据列入下表中）

焊缝层数	焊接方法	填充金属		焊接电流		电弧电压范围 /V	焊接速度 /(cm·min⁻¹)	热输入
		牌号	直径 /mm	极性	电流 /A			

钨极规格及类型（钍钨极或铈钨极）_____

熔化极气体保护焊熔滴过渡形式（喷射过渡、短路过渡等）_____

焊丝送进速度范围_____

续表

技术措施：

摆动焊或不摆动焊＿＿＿＿＿＿＿＿＿＿＿＿＿＿＿＿＿＿

摆动参数＿＿＿＿＿＿＿＿＿＿＿＿＿＿＿＿＿＿＿＿＿＿＿

喷嘴尺寸＿＿＿＿＿＿＿＿＿＿＿＿＿＿＿＿＿＿＿＿＿＿＿

焊前清理或层间清理＿＿＿＿＿＿＿＿＿＿＿＿＿＿＿＿＿＿

背面清根方法＿＿＿＿＿＿＿＿＿＿＿＿＿＿＿＿＿＿＿＿＿

导电嘴至工件距离（每面）＿＿＿＿＿＿＿＿＿＿＿＿＿＿＿

多道焊或单道焊（每面）＿＿＿＿＿＿＿＿＿＿＿＿＿＿＿＿

多丝焊或单丝焊＿＿＿＿＿＿＿＿＿＿＿＿＿＿＿＿＿＿＿＿

锤击＿＿＿＿＿＿＿＿＿＿＿＿＿＿＿＿＿＿＿＿＿＿＿＿＿

其他（环境温度、相对湿度）＿＿＿＿＿＿＿＿＿＿＿＿＿＿

编制		日期		审核		日期	

表 14-4　焊接工艺评定报告（PQR）的推荐格式

单位名称 ＿＿＿＿＿＿＿＿＿批准人签字＿＿＿＿＿＿＿＿＿＿

焊接工艺评定报告编号＿＿＿＿＿＿＿日期＿＿＿＿＿＿＿焊接工艺书编号＿＿＿＿＿＿＿＿＿

焊接方法＿＿＿＿＿＿＿＿＿机械化程度（手工、半自动、自动）＿＿＿＿＿＿＿＿＿

接头：

用简图画出坡口形式、尺寸、垫板、焊缝层次和顺序等

母材： 钢材标准号＿＿＿＿＿＿＿＿＿＿＿＿ 钢号＿＿＿＿＿＿＿＿＿＿＿＿ 类、组别号＿＿＿＿＿＿＿＿＿＿＿与类、组别号 ＿＿＿＿＿＿＿＿＿相焊 厚度＿＿＿＿＿＿＿＿＿＿＿＿＿＿ 直径＿＿＿＿＿＿＿＿＿＿＿＿＿＿ 其他＿＿＿＿＿＿＿＿＿＿＿	焊后热处理： 温度＿＿＿＿＿＿＿＿＿＿＿＿ 保温时间＿＿＿＿＿＿＿＿＿＿＿＿ 气体＿＿＿＿＿＿＿＿＿＿＿＿ 气体种类＿＿＿＿＿＿＿＿＿＿＿＿＿ 混合气体成分＿＿＿＿＿＿＿＿＿＿＿
填充金属： 焊条标准＿＿＿＿＿＿＿＿＿＿＿＿＿ 焊条牌号＿＿＿＿＿＿＿＿＿＿＿＿ 焊丝钢号、尺寸＿＿＿＿＿＿＿＿＿＿ 焊剂牌号＿＿＿＿＿＿＿＿＿＿＿＿＿ 其他＿＿＿＿＿＿＿＿＿＿＿＿＿	电特性： 电流种类＿＿＿＿＿＿＿＿＿＿＿＿ 极性＿＿＿＿＿＿＿＿＿＿＿＿＿＿＿ 焊接电流（A）＿＿＿＿电压（V）＿＿＿＿＿＿＿ 其他＿＿＿＿＿＿＿＿＿＿＿＿＿＿＿
焊接位置： 对接焊缝位置＿＿＿＿＿＿＿方向（向上、向下）＿＿＿＿＿ 角焊缝位置＿＿＿＿＿＿＿＿＿ 预热： 预热温度（℃）＿＿＿＿＿＿＿＿＿＿ 层间温度（℃）＿＿＿＿＿＿＿＿＿＿ 其他＿＿＿＿＿＿＿＿＿＿＿＿＿	技术措施： 焊接速度＿＿＿＿＿＿＿＿＿＿＿＿＿ 　摆动或不摆动＿＿＿＿＿＿＿＿＿＿＿＿ 摆动参数＿＿＿＿＿＿＿＿＿＿＿＿＿＿ 多道焊或单道焊（每面）＿＿＿＿＿＿＿＿＿ 单丝焊或多丝焊＿＿＿＿＿＿＿＿＿＿＿ 其他＿＿＿＿＿＿＿＿＿＿＿＿＿＿＿

焊缝外观检查：

＿＿＿＿＿＿＿＿＿＿＿＿＿＿＿＿＿＿＿＿＿＿

＿＿＿＿＿＿＿＿＿＿＿＿＿＿＿＿＿＿＿＿＿＿

＿＿＿＿＿＿＿＿＿＿＿＿＿＿＿＿＿＿＿＿＿＿

＿＿＿＿＿＿＿＿＿＿＿＿＿＿＿＿＿＿＿＿＿＿

＿＿＿＿＿＿＿＿＿＿＿＿＿＿＿＿＿＿＿＿＿＿

续表

无损检测：

着色检测（标准号、结果）＿＿＿＿＿＿＿＿＿＿＿＿　超声波检测（标准号、结果）＿＿＿＿＿＿＿＿＿＿＿＿

磁粉检测（标准号、结果）＿＿＿＿＿＿＿＿＿＿＿＿　射线检测（标准号、结果）＿＿＿＿＿＿＿＿＿＿＿＿

其他＿＿

拉伸试验					报告编号：	
试样号	宽	厚	面积	断裂载荷	抗拉强度 /MPa	断裂特点和部位

弯曲试验			报告编号：
试样编号及规格	试样类型	弯轴直径	试验结果

冲击试验				报告编号：
试样号	缺口位置	缺口形式	试验温度	冲击吸收功 /J

角焊缝试验和组合焊缝试验

检验结果：

焊透＿＿＿＿＿＿＿＿＿＿＿＿　未焊透＿＿＿＿＿＿＿＿＿＿＿＿

裂纹类型和性质：（表面）＿＿＿＿＿＿＿＿＿（金相）＿＿＿＿＿＿＿＿＿

两焊脚尺寸差＿＿＿＿＿＿＿＿＿＿＿＿＿＿＿＿＿＿＿＿＿＿＿＿＿＿

其他检验：

检查方法（标准、结果）＿＿＿＿＿＿＿＿＿＿＿＿＿＿＿＿＿＿＿＿

焊缝金属化学成分分析（结果）＿＿＿＿＿＿＿＿＿＿＿＿＿＿＿＿＿＿

其他＿＿＿＿＿＿＿＿＿＿＿＿＿＿＿＿＿＿＿＿＿＿

结论：本评定按 GB ×××—×× 规定焊接试件检验试样，测定性能，确认试验记录正确，评定结果（合格、不合格）

＿＿＿＿＿＿＿＿＿＿＿＿＿＿＿＿＿＿＿＿＿＿＿＿＿＿＿＿＿＿＿

施焊	（签字）	焊接时间	标记
填表	（签字）	日期	
审核	（签字）	日期	

14.4　焊接工艺评定因素及规则

　　焊接工艺评定因素是焊接工艺评定时应考虑的焊接工艺因素，不同产品要求评定的焊接工艺因素是不相同的，本节将以钢制锅炉和压力容器的焊接工艺评定（基于标准 NB/T 47014—2011《承压设备焊接工艺评定》）为例进行介绍。其他产品的焊接工艺评定规则、方法与程序基本相同，只是具体评定因素及要求有所不同。

14.4.1　焊接工艺评定因素

（1）通用因素

　　通用因素是各种焊接工艺评定中均要考虑的因素，主要有焊接方法、母材、焊接材料及焊后热处理等。

1) 焊接方法

钢制锅炉及压力容器所用的焊接方法有焊条电弧焊、埋弧焊、钨极氩弧焊、熔化极气体保护焊（含药芯焊丝电弧焊）、电渣焊、等离子弧焊、摩擦焊、气电立焊和螺柱电弧焊等。工艺评定时这些都是可能要考虑的因素。

2) 母材

锅炉及压力容器制造所用的金属材料有几十种，NB/T 47014—2011《承压设备焊接工艺评定》标准根据其化学成分、力学性能和焊接性，对这些材料进行了分类分组。钢材被分为13类，分别为 Fe-1、Fe-2、Fe-3、Fe-4、Fe-5A、Fe-5B、Fe-5C、Fe-6、Fe-7、Fe-8、Fe-9B、Fe-10I、Fe-10H。每种类别又分为多个组，例如，Fe-1 类又分为 Fe-1-1 ~ Fe-1-4 四个组。类别和组别号越大，其强度或合金元素含量越大。铝及铝合金被分为 A1-1 ~ A1-5 等 5 类，钛合金被分为 Ti-1、Ti-2 等两类，铜及铜合金被分为 Cu-1 ~ Cu-5 等 5 类，镍及镍合金被分为 Ni-1 ~ Ni-5 等 5 类。

3) 焊接材料

焊接材料有焊条、焊丝、填充丝、焊带、焊剂、预置填充金属、金属粉、板极、熔嘴等。对于每种焊接材料也进行分类。钢焊条和焊丝的类别号与母材号对应，例如 FeT-5A 焊条、FeS-5A 气保焊焊丝和 FeMS-5A 埋弧焊焊丝为 Fe-5B 类钢用焊丝。钢焊接材料的类别号越高，强度级别越高。

4) 热处理

钢材的热处理类别分为下列几种：

① 不进行焊后热处理。

② 低于下转变温度进行焊后热处理。

③ 高于上转变温度进行焊后热处理（如正火）。

④ 先在高于上转变温度，而后在低于下转变温度进行焊后热处理（正火或淬火后回火）。

⑤ 在上下转变温度之间进行焊后热处理。

（2）各种焊接方法的专用焊接工艺评定因素

不同焊接方法的焊接工艺评定因素是不同的。表 14-5 列出了可能需要评定的所有专用焊接工艺评定因素，这些因素分为接头因素、填充金属因素、焊接位置因素、热处理因素、气体因素、电特性因素和技术措施因素等几类，每一类有多个具体的因素。对于每个具体的因素，表中还列出需要对该因素进行评定的工艺方法。另外，各个需要评定的因素之重要程度是不同的，根据重要程度，专用焊接工艺评定因素分为重要因素、补加因素和次要因素。重要因素是指影响焊接接头力学性能和弯曲性能的焊接工艺评定因素；补加因素是指影响焊接接头冲击韧性的焊接工艺评定因素，当规定进行冲击试验时，需增加补加因素；次要因素是指对要求测定的力学性能和弯曲性能无明显影响的焊接工艺评定因素。

表 14-5 专用焊接工艺评定因素

类别	专用焊接工艺评定因素	需要评定该因素的工艺方法[①]		
		重要	补加	次要
接头	① 改变坡口形式		P	A、M、S、G、T、P、E

类别	专用焊接工艺评定因素	需要评定该因素的工艺方法[①]		
		重要	补加	次要
接头	② 增加或取消衬垫或改变衬垫的尺寸			A、T、P
	③ 改变坡口根部间隙			A、M、S、G、T、P、E
	④ 取消单面焊时的衬垫（双面焊按有衬垫的单面焊考虑）			A、S、G
	⑤ 增加或取消非金属或非熔化的焊接熔池金属成形块（或焊缝背面成形块）	E		M、S、G、T、P
	⑥ 改变螺柱焊端部的尺寸和形状		D	
	⑦ 改变电弧保护瓷环型号或焊剂型号		D	
	⑧ 两工件待焊端面与旋转轴线夹角变化大于评定值 ±10°		F	
	⑨ 焊接接头横截面积的变化大于评定值 10%，或两工件相焊处，从实心截面改变为空心截面，或反之		F	
	⑩ 管 - 管相焊处的外径变化超出评定试件 ±10%		F	
填充金属	① 改变焊条直径			M
	② 改为直径大于 6mm 焊条[②]		M	
	③ 改变焊丝直径			S、G、E
	④ 改变混合焊剂的混合比例	S		
	⑤ 增加或取消填充金属	T、P		
	⑥ 添加或取消附加的填充丝：与评定值比，其体积改变超过 10%	S、G		
	⑦ 改变填充金属横截面尺寸			A、T、P
	⑧ 实心焊丝、药芯焊丝、金属粉之间变更	G、T、P、E		
	⑨ 增加或取消可熔性嵌条			T、P
	⑩ 若焊缝金属合金含量主要取决于附加填充金属，当焊接工艺改变时引起焊缝金属中重要合金元素超出评定范围	S、G、P		
焊接位置	① 与评定试件相比，增加焊接位置	D		A、M、S、G、T、P
	② 需做清根处理的根部焊道向上立焊或向下立焊			
	③ 从评定合格的焊接位置改变为向上立焊[②]	M、G、T、P		
热处理	① 预热温度比已评定合格值降低 50℃以上	M、S、G、T、P、D、F		A、E
	② 道间最高温度比评定记录值高 50℃以上[②]		M、S、G、T、P	
	③ 施焊结束后至焊后热处理前，改变后热温度和保温时间			M、S、G

类别	专用焊接工艺评定因素	需要评定该因素的工艺方法^①		
		重要	补加	次要
气体	① 改变可燃气体种类	A		
	② 改变气体保护方式（如真空、惰性气体等）	F		
	③ 改变单一保护气体种类，改变混合保护气体规定配比，从单一保护气体改用混合保护气体或反之，增加或取消保护气体	G、T、E、D		
	④ 当类别号为 Fe-10Ⅰ、Ti-1、Ti-2、Ni-1～Ni-5 时，取消焊缝背面保护气体，或背面保护气体从惰性气体改变为混合气体	G、T、P		
	⑤ 当焊接 Fe-10Ⅰ、Ti-1、Ti-2 类材料时，取消尾部保护气体，或尾部保护气体从惰性气体改变为混合气体，或尾部保护气体流量比评定值减少 10% 或更多	G、T、P		
	⑥ 改变喷嘴和保护气体的流量和组成	P		
	⑦ 增加或取消尾部保护气体或改变尾部保护气体成分			G、T、P
	⑧ 保护气体流量改变超出规定范围			G、T、E
	⑨ 增加或取消背面保护气体，改变背面保护气体规定的流量和组成			G、T、P
电特性	① 改变电流种类或极性		M、S、G、T、P、E、D	M、S、G、T、E
	② 增加线能量或单位长度焊道的熔敷金属体积超过评定合格值^②		M、S、G、T、P、E	
	③ 改变焊接电流范围，除焊条电弧焊、钨极氩弧焊外改变电弧电压范围			M、S、G、T、P、E、D
	④ 在直流电源上叠加或取消脉冲电流		T	
	⑤ 钨极的种类或直径			T、P
	⑥ 从喷射弧、熔滴弧或脉冲弧改变为短路弧，或反之	G		
	⑦ 与评定值相比，改变电弧时间超过 ±0.16s	D		
	⑧ 与评定值相比，改变电流超过 ±10%	D		
	⑨ 改变焊接电源类型	D		
技术措施	① 从氧化焰改为还原焰，或反之			A
	② 左焊法或右焊法			A
	③ 不摆动焊或摆动焊			A、M、S、G、T、P
	④ 改变焊前清理和层间清理方法			A、M、S、G、T、P、E
	⑤ 改变清根方法			M、S、G、T、P
	⑥ 机动焊、自动焊时，改变电极（焊丝、钨极）摆动幅度、频率和两端停留时间			S、G、T、P、E

类别	专用焊接工艺评定因素	需要评定该因素的工艺方法[①]		
		重要	补加	次要
技术措施	⑦ 改变导电嘴至工件的距离			S、G、E
	⑧ 由每面多道焊改为每面单道焊[②]		M、S、G、T、P、E	M、S、G、T、P、E
	⑨ 机动焊、自动焊时，单丝焊改为多丝焊，或反之[②]	E	S、G、T、P	S、G、T、P
	⑩ 机动焊、自动焊时，改变电极间距			S、G、T、P、E
	⑪ 从手工焊、半自动焊改为机动焊、自动焊，或反之			M、S、G、T
	⑫ 有无锤击焊缝			A、M、S、G、T、P、E
	⑬ 喷嘴尺寸			G、T、P
	⑭ 改变螺柱焊枪型号：与评定变化值相比，提升高度变化超过 0.8mm	D		
	⑮ 与评定值相比，工件外表面线速度变化量大于评定值 ±10%	F		
	⑯ 顶锻压力变化量大于评定值 ±10%	F		
	⑰ 转动能量变化量大于评定值 ±10%	F		
	⑱ 顶锻变形量变化量大于评定值 ±10%	F		
	⑲ 填丝焊改为小孔焊，或反之，或改为两者兼有		P	
	⑳ 对于纯钛、钛铝合金、钛钼合金，从在密封室内焊接，改变为在密封室外焊接	T、P		

① 各种焊接方法的代号为：A—气焊；M—焊条电弧焊；S—埋弧焊；G—熔化极气体保护焊；T—钨极氩弧焊；P—等离子弧焊；E—气电立焊；F—摩擦焊；D—螺柱焊。

② 当采用高于上转变温度的焊后热处理时或奥氏体母材焊后进行固溶处理时该因素不作为补加因素。

14.4.2　焊接工艺重新评定规则

对于必须使用焊接工艺规程（WPS）的产品，如果生产中某一焊接工艺因素需要变更，则有可能需要对变更后的焊接工艺重新进行评定。本节介绍对接接头和角接接头焊接工艺的重新评定规则。

（1）通用焊接工艺评定因素的变更

1）焊接方法变更

如果要改变焊接方法，则必须重新进行焊接工艺评定。

2）母材变更

① 钢材类别变更。钢材的类别号变更后，焊条电弧焊、埋弧焊、熔化极气体保护焊、钨极氩弧焊、等离子弧焊和气电立焊等焊接工艺必须重新进行评定。

关于 Fe-1 ～ Fe-5A 这 5 个类别钢材的异种钢焊条电弧焊、埋弧焊、熔化极气体保护焊以及填丝钨极氩弧焊和等离子弧焊，可按如下原则确定是否重新进行焊接工艺评定：

a. 评定合格的高类别号母材的焊接工艺规程适用于该高类别号母材与低类别号母材的异种钢焊接。

b. 如果所拟定的预焊接工艺规程（pWPS）与评定合格的两种母材各自的焊接工艺规程均相同，且评定过程中进行了接头热影响区冲击试验，则该 pWPS 不需要重新进行焊接工艺评定。

c. 经评定合格的异种钢的焊接工艺也适用于这两种钢的同种钢焊接。异种金属焊接涉及 Fe-1 ～ Fe-5A 以外的其他材料时，即使两种母材各自的焊接工艺都已评定合格，也仍需对异种材料焊接工艺重新进行评定。

② 钢材组别号的变更。除螺柱焊、摩擦焊外，某一母材评定合格的焊接工艺，适用于同类别号、同组别号的其他母材的同种钢焊接及异种钢焊接；某一母材评定合格的焊接工艺适用于该母材与同类别中低组别号母材之间的异种钢焊接；评定合格的 Fe-1-2 组母材的焊接工艺也适用于 Fe-1-1 组的母材。

除上述规定以外，母材组别号改变时都要重新进行焊接工艺评定。

③ 摩擦焊母材的变更。当母材标称成分或抗拉强度等级改变时，要重新进行焊接工艺评定；若成分或抗拉强度等级不同的两种母材进行异种钢焊接，即使两种母材各自的焊接工艺均已评定合格，异种钢焊接工艺仍需重新进行评定。

3）填充金属的变更

填充金属类别号变更时需重新进行焊接工艺评定。但当用强度级别高的填充金属代替强度级别低的填充金属焊接 Fe-1、Fe-3 类母材时，可以不用重新进行焊接工艺评定。

埋弧焊、熔化极气体保护焊、等离子弧焊的焊缝合金含量若主要取决于附加填充金属时，在焊接工艺改变引起焊缝金属中主要合金元素成分超出评定范围的情况下，需重新进行焊接工艺评定。

对于埋弧焊和熔化极气体保护焊，如果增加、取消附加填充金属或填充金属体积变化超过 10%，则需重新进行焊接工艺评定。

在同一类别填充金属中，当规定进行冲击试验时，则用非低氢型药皮焊条代替低氢型（含 EXX10、EXX11）药皮焊条及用冲击试验合格指标较低的填充金属代替较高的填充金属（冲击试验合格指标较低时仍符合设计文件规定的除外），作为补加因素，要重新进行焊接工艺评定。

对于 Fe-1 类钢材的多层埋弧焊，如果改变焊剂类型（中性焊剂、活性焊剂），则需重新进行焊接工艺评定。

4）焊后热处理的变更

如果焊后热处理类别发生变更，则必须重新进行焊接工艺评定。如果改变焊后热处理保温温度或保温时间，对于评定时要求进行冲击试验的焊接工艺规程，必须重新进行焊接工艺评定（气焊、螺柱电弧焊、摩擦焊工艺除外）。重新评定时，试件的焊后热处理应与焊件在制造过程中拟采用的焊后热处理基本相同，低于下转变温度进行焊后热处理时，试件保温时间不得少于焊件在制造过程中累计保温时间的 80%。

5）评定试验所用试件厚度与焊件厚度

① 利用一定厚度的试件评定的焊接工艺通常适用于一定的焊件母材厚度范围和焊件焊缝金属厚度范围，表 14-6 和表 14-7 给出了对接焊缝试件厚度与适用的焊件母材厚度范围和焊件焊缝金属厚度范围之间的关系。

表 14-6　对接焊缝试件厚度与适用的焊件母材厚度范围和焊件焊缝金属厚度范围
（试件进行拉伸试验和横向弯曲试验）

试件厚度 T/mm	适用的焊件母材厚度范围 /mm		适用的焊件焊缝金属厚度范围 /mm	
	最小值	最大值	最小值	最大值
< 1.5	T	$2T$	不限	$2t^{②}$
$1.5 \leqslant T \leqslant 10$	1.5	$2T$	不限	$2t$
$10 < T < 20$	5	$2T$	不限	$2t$
$20 \leqslant T < 38$	5	$2T$	不限	$2t$ $(t < 20)$
$20 \leqslant T < 38$	5	$2T$	不限	$2T$ $(t > 20)$
$38 \leqslant T \leqslant 150$	5	$200^{①}$	不限	$2t$ $(t < 20)$
$38 \leqslant T \leqslant 150$	5	$200^{①}$	不限	200 $(t \geqslant 20)$
> 150	5	$1.33T^{①}$	不限	$2t$ $(t < 20)$
> 150	5	$1.33T^{①}$	不限	$1.33T^{①}$ $(t \geqslant 20)$

① 限于焊条电弧焊、埋弧焊、钨极氩弧焊、熔化极气体保护焊。其余按表 14-8 和表 14-9 或 $2T$ 或 $2t$。
② t 为试件焊缝金属厚度。

表 14-7　对接焊缝试件厚度与适用的焊件母材厚度范围和焊件焊缝金属厚度范围
（试件进行拉伸试验和纵向弯曲试验）

试件厚度 T/mm	适用的焊件母材厚度范围 /mm		适用的焊件焊缝金属厚度范围 /mm	
	最小值	最大值	最小值	最大值
< 1.5	T	$2T$	不限	$2t$
$1.5 \leqslant T \leqslant 10$	1.5	$2T$	不限	$2t$
> 10	5	$2T$	不限	$2t$

　② 如果评定要求进行冲击试验，那么评定合格的焊条电弧焊、埋弧焊、钨极氩弧焊、熔化极气体保护焊、等离子弧焊和气电立焊等焊接工艺所适用的焊件母材厚度范围最小值另有规定：a. 在评定试件厚度不小于 6mm 时所适用的焊件母材厚度范围最小值为试件厚度 T 与 16mm 中的最小值；b. 试件厚度小于 6mm 时所适用的焊件厚度最小值为 $T/2$；c. 如果试件在高于上转变温度的条件下进行了焊后热处理或奥氏体材料试件焊后进行固溶处理，则遵守表 14-7 和表 14-8 中的规定。

　③ 表 14-8 给出了特殊焊件焊接条件下，试件母材厚度与评定合格的焊接工艺适用的焊件母材厚度范围之间的关系。

　④ 表 14-9 给出了特殊试件焊接条件下，评定合格的焊接工艺适用的焊件母材厚度范围与焊件厚度范围最大值之间的关系。

　⑤ 用对接焊缝试件评定合格的焊接工艺用于角焊缝焊接时，焊件厚度的有效范围不限；用角焊缝试件评定合格的焊接工艺用于非受压焊件之角焊缝焊接时，焊件厚度的有效范围不限。

表 14-8　特殊焊件焊接条件下试件母材厚度与适用的焊件母材厚度范围

序号	焊接条件	试件母材厚度 T/mm	适用的焊件母材厚度范围 /mm	
			最小值	最大值
1	焊条电弧焊、埋弧焊、钨极氩弧焊、熔化极气体保护焊和等离子弧焊用于打底焊，当单独评定时	≥ 13	按表 14-6、表 14-7 中相关规定执行	按后续填充焊缝的其余焊接方法的焊接工艺评定结果确定
2	部分焊透的对接焊缝焊件	≥ 38		不限
3	返修焊、补焊	≥ 38		不限
4	不等厚对接焊缝焊件，用等厚的对接焊缝试件来评定	≥ 6（类别号为 Fe-8、Ti-1、Ti-2、Ni-1、Ni-2、Ni-3、Ni-4、Ni-5 的母材，不规定冲击试验）		不限（较厚工件母材厚度）
		≥ 38（除类别号为 Fe-8、Ti-1、Ti-2、Ni-1、Ni-2、Ni-3、Ni-4、Ni-5 的母材外）		不限（较厚工件母材厚度）

表 14-9　特殊试件焊接条件下焊件母材厚度与适用的焊件厚度范围

序号	焊接条件	适用的焊件厚度范围最大值 /mm	
		母材	焊缝金属
1	除气焊、螺柱电弧焊、摩擦焊外，试件经超过上转变温度的焊后热处理	$1.1T$	按表 14-6、表 14-7 中相关规定执行
2	试件为单道焊或多道焊时，若其中任一焊道的厚度大于 13mm	$1.1T$	
3	气焊	T	
4	短路过渡的熔化极气体保护焊，试件厚度小于 13mm	$1.1T$	
5	短路过渡的熔化极气体保护焊，试件焊缝金属厚度小于 13mm	按表 14-6、表 14-7 中相关规定执行	$1.1t$

（2）专用焊接工艺评定因素变更

专用焊接工艺评定因素变更时，是否需要进行工艺评定按照如下原则确定：

① 任何一个重要因素变更时，都要重新进行工艺评定。

② 增加或变更任一补加因素时，则根据增加或变更的补加因素焊接冲击韧性用试件，进行冲击韧性评定试验。

③ 增加或变更次要因素时，无需重新进行焊接工艺评定。

14.5　焊接工艺评定方法

14.5.1　焊接工艺评定的主要工作内容

焊接工艺评定包含的主要工作环节如下：

① 按焊接工艺指导书，即预焊接工艺规程（pWPS）的要求准备材料，制备并清理试件。

② 如果有要求，对试件进行焊前预热处理。

③ 按规定的焊接方法、焊接位置和给定的焊接参数对试件进行焊接。

④ 按规定的要求对焊接试件进行焊后热处理。

⑤ 对焊接试件进行无损检验。

⑥ 按规定从试件上截取力学性能检测用的各种试样并对其进行力学性能检测试验。

⑦ 把检测的结果与合格的标准作对比，符合标准要求则评为合格。若有不合格的，则需改变焊接工艺，重新进行试验，直至全部合格为止。

⑧ 最后把评定合格的工艺记录、检测结果写成焊接工艺评定报告（即 PQR）报批，整个焊接工艺评定试验工作结束。

14.5.2　试件的制备

不同产品焊接工艺要求的试件类型是不同的。对于钢制压力容器焊接工艺评定，试件类型有板状和管状两种形式，如图 14-2 所示。对接焊缝试件只有板状对接和管状对接两种，而角焊缝试件有板板角接、管板角接和管管角接三种。摩擦焊试件接头形式应与产品规定一致。

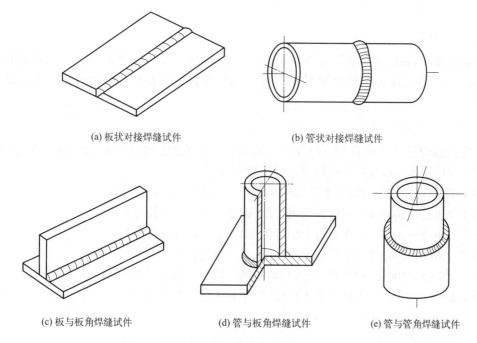

(a) 板状对接焊缝试件　　　　　(b) 管状对接焊缝试件

(c) 板与板角焊缝试件　　　　(d) 管与板角焊缝试件　　　　(e) 管与管角焊缝试件

图 14-2　对接焊缝和角焊缝试件形式

应按照如下要求制备焊接工艺评定用试件：

① 母材类型都必须满足拟定的预焊接工艺规程（即 pWPS）的要求。

② 试件的数量和尺寸应满足无损检验要求和力学性能检验试样制备的要求。

③ 对接焊缝试件厚度应充分考虑生产中焊件厚度的范围。

总之，试件的材质、形状和尺寸大小应根据产品结构和生产的特点并综合考虑整个评定过程中所需做的全部检验和测试项目之后才能确定。

14.5.3　试件的焊接

按照预焊接工艺规程（pWPS）规定的焊接工艺方法、焊接材料和焊接工艺参数进行焊接。编写预焊接工艺规程（pWPS）时应注意以下几点：

① 对接焊缝试件评定合格的焊接工艺适用于焊件中的对接焊缝和角焊缝。

② 非受压角焊缝焊接工艺规程评定时用角焊缝试件即可。

③ 板状对接焊缝试件评定合格的焊接工艺适用于管状焊件的对接焊缝，反之亦可。

④ 任一角焊缝试件评定合格的焊接工艺，适用于所有形式的焊件角焊缝。

⑤ 当同一条焊缝使用两种或两种以上的重要因素、补加因素不同的焊接工艺焊接时，可按每种焊接工艺分别进行评定；也可使用这两种或两种以上的焊接工艺焊接试件进行组合工艺评定。

⑥ 组合评定合格的焊接工艺用于实际焊件的焊接时，可以采用其中的一种或几种焊接工艺，但应保证其重要因素、补加因素不变。只需其中任一种焊接工艺所评定的试件母材厚度来确定组合工艺评定试件所适用的焊件母材厚度范围。

14.5.4　焊接试件的检验

（1）检验项目

对接焊缝试件的检验项目有外观检查、无损检测、力学性能检测，当规定进行冲击试验时，只对焊接接头作夏比 V 冲击试验。角焊缝试件的检验项目为外观检验和宏观金相检验。

（2）外观检查和无损检测

外观检查焊缝成形应良好，没有表面缺陷。无损检测按相关产品的检验标准进行。例如，对于承压设备，应按照下列标准进行检测和评定：

JB/T 4730.1—2005《承压设备无损检测 第 1 部分：通用要求》；

JB/T 4730.2—2005《承压设备无损检测 第 2 部分：射线检测》；

JB/T 4730.3—2005《承压设备无损检测 第 3 部分：超声检测》；

JB/T 4730.4—2005《承压设备无损检测 第 4 部分：磁粉检测》；

JB/T 4730.5—2005《承压设备无损检测 第 5 部分：渗透检测》；

JB/T 4730.6—2005《承压设备无损检测 第 6 部分：涡流检测》。

（3）对接焊缝试件的力学性能检测

力学性能检测项目通常包括拉伸性能、弯曲性能和冲击性能检测。

1）取样数量及位置

力学性能检测的试样数量和取样位置应满足相关标准要求。表 14-10 给出了 NB/T 47014—2011 规定的承压设备焊接工艺评定规定的力学性能试验项目与取样数量。图 14-3 示出了板状对接焊缝试件上各种力学性能试样取样位置。图 14-4 示出了管状对接焊缝试件上各种力学性能试样取样位置。

表 4-10　力学性能试验项目与取样数量

试件母材的厚度 T/mm	拉伸试样[①]/个	弯曲试样[②]/个			冲击试样[④⑤]/个	
		面弯	背弯	侧弯	焊缝区	热影响区[④⑤]
T < 1.5	2	2	2	—	—	—
1.5 ≤ T ≤ 10	2	2	2	[③]	3	3
10 < T < 20	2	2	2	[③]	3	3
T ≥ 20	2	—	—	4	3	3

①一根管接头全截面试样可以代替两个带肩板形拉伸试样。

②当试件焊缝两侧的母材之间或焊缝金属和母材之间的弯曲性能有显著差别时，可改用纵向弯曲试验代替横向弯曲试验，纵向弯曲时，取面弯和背弯试样各 2 个。

③当试件厚度 T ≥ 10mm 时，可以用 4 个横向弯曲试样代替 2 个面弯和 2 个背弯试样。组合评定时，应进行侧弯试验。

④当焊缝两侧母材的型号不同时，每侧热影响区都应取 3 个冲击试样。

⑤当无法制备 5mm×10mm×55mm 小尺寸冲击试样时，免做冲击试验。

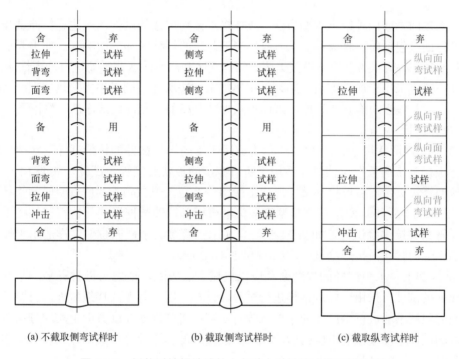

(a) 不截取侧弯试样时　　　　(b) 截取侧弯试样时　　　　(c) 截取纵弯试样时

图 14-3　板状对接焊缝试件上各种力学性能试样取样位置

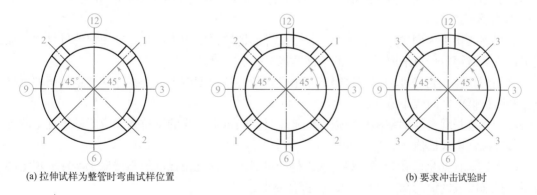

(a) 拉伸试样为整管时弯曲试样位置　　　　　　(b) 要求冲击试验时

图 14-4

451

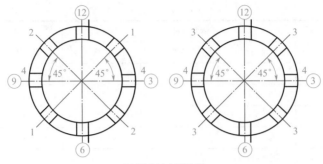

(c) 要求冲击试验时

图 14-4　管状对接焊缝试件上各种力学性能试样取样位置

1—面弯试样；2—背弯试样；3—侧弯试样；4—冲击试样

③⑥⑨等为钟点记号，表示水平固定位置焊接时的定位标记

对于采用两种或两种以上焊接方法（或焊接工艺）焊接的试件，应注意拉伸试样和弯曲试样的受拉面应包括每一种焊接方法（或焊接工艺）的焊缝区和热影响区。如果要求做冲击试验，对于每一种焊接方法（或焊接工艺）的焊缝区和热影响区都需要进行冲击性能检验。

取样一般应采用冷加工方法，如果采用热加工方法取样，则必须去除热加工产生的热影响区。允许避开焊接缺陷制取试样，试样去除焊缝余高前，允许对试样进行冷校平。

2）拉伸试验

① 拉伸试样形状尺寸。图 14-5 所示为适用于不同焊接试件的拉伸试样形状及尺寸。其中紧凑型板接头带肩板形拉伸试样适用于所有厚度的板状对接焊缝试件，如图 14-5（a）所示；紧凑型管接头带肩板形拉伸试样形式 I 适用于外径大于 76mm 的所有壁厚的管状对接焊缝试件，如图 14-5（b）所示；紧凑型管接头带肩板形拉伸试样形式 II 适用于外径小于或等于 76mm 管状对接焊缝试件，如图 14-5（c）所示；管接头全截面拉伸试样适用于外径小于或等于 76mm 的管状对接焊缝试件，如图 14-5（d）所示。

② 试样加工要求。试样的焊缝余高应以机械方法去除，使之与母材齐平；厚度小于或等于 30mm 的试件，采用全厚度试样进行试验，试样厚度应等于或接近试件母材厚度；当试验机受能力限制不能进行全厚度的拉伸试验时，则可将试件在厚度方向上均匀分层取样，等分后制取的试样厚度应接近试验机所能试验的最大厚度。用等分后的两片或多片试样试验代替一个全厚度试样的试验。

③ 试验方法。拉伸试验按 GB/T 228 规定的试验方法测定焊接接头的抗拉强度。

④ 合格标准。

a. 当焊接接头为同种金属焊接时，每个试样的抗拉强度应不低于标准规定的母材抗拉强度最低值，对钢质母材来说，应不低于标准规定的下限值。

b. 当焊接接头为异种金属焊接时，每个试样的抗拉强度应不低于本标准规定的两种母材抗拉强度最低值中的较小值。

c. 若允许焊缝金属的室温抗拉强度低于母材，则每个试样的抗拉强度应不低于规定的焊缝金属抗拉强度最低值。

d. 上述试样如果断在焊缝或熔合线以外的母材上，其抗拉强度值不得低于本标准规定的母材抗拉强度最低值的 95% 可认为试验符合要求。

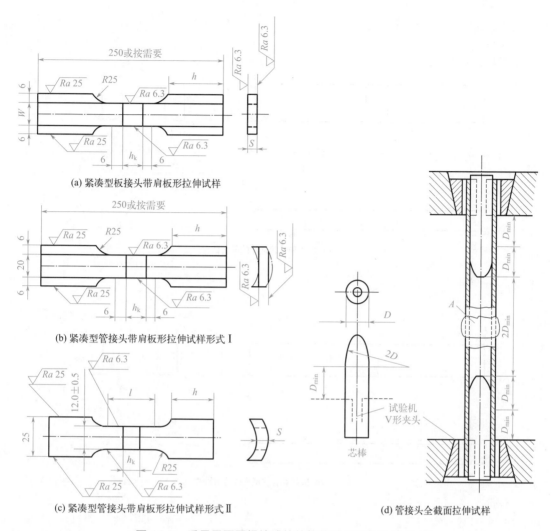

(a) 紧凑型板接头带肩板形拉伸试样

(b) 紧凑型管接头带肩板形拉伸试样形式Ⅰ

(c) 紧凑型管接头带肩板形拉伸试样形式Ⅱ

(d) 管接头全截面拉伸试样

图 14-5　适用于不同焊接试件的拉伸试样形状及尺寸

S—试样厚度，单位为 mm；W—试样受拉伸平行侧面宽度，大于或等于 20mm；h_k—两侧焊缝中的最大宽度，单位为 mm；h—夹持部分长度，根据试验机夹具而定，单位为 mm；l—受拉伸平行侧面长度，大于或等于 h_k+2S，单位为 mm；D—芯棒直径

3）弯曲试验

① 弯曲试样形状尺寸。

a. 面弯和背弯试样。图 14-6 所示为要求的面弯和背弯试样形状。尺寸要求如下：

a）当试件母材厚度 $T > 10$mm 时，取试样厚度 $S=10$mm，从试样受压面去除多余厚度；当试件母材厚度 $T < 10$mm 时，取 S 尽量接近 T。

b）板状及外径大于 100mm 管状试件，取试样宽度 $B=38$mm；当管状试件外径 ϕ 为 $50 \sim 100$mm 时，则 $B=(S+\phi/2)$ mm，且 8mm $\leqslant B \leqslant 38$mm；当 10mm $\leqslant \phi \leqslant 50$mm 时，则 $B=(S+\phi/20)$ mm，且最小为 8mm；当 $\phi \leqslant 25$mm 时，则将试件圆周四等分取样。

b. 横向弯曲试样。图 14-7 所示为要求的横向弯曲试样形状。尺寸要求如下：

a）当试件厚度 10mm $< T \leqslant 38$mm 时，试样宽度 B 等于或接近于试件厚度，试样厚度为 10mm。

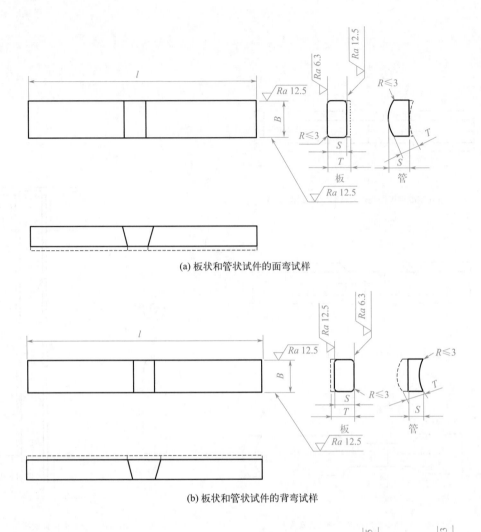

(a) 板状和管状试件的面弯试样

(b) 板状和管状试件的背弯试样

(c) 纵向面弯和背弯试样

图 14-6 面弯和背弯试样

注：1. 试样长度 $l=D+2.5S+100$，单位为 mm。

2. 试样拉伸面棱角 $R \leqslant 3mm$。

b）当试件厚度 $T > 38mm$ 时，允许沿试件厚度方向分层切成宽度为 $20 \sim 38mm$ 等分的两片或多片试样代替一个全厚度侧弯试样进行试验，或者试样在全宽度下弯曲。

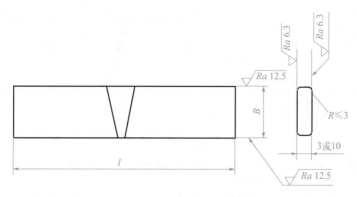

图 14-7　横向弯曲试样

注：1. B—试样宽度（此时为试件厚度方向）。

2. $l \geqslant 150mm$。

② 试样加工要求。弯曲试验用的试样其焊缝余高应采用机械方法去除。面弯、背弯试样的拉伸面应加工齐平。试样受拉伸表面不得有划痕和损伤。

③ 试验方法。弯曲试验用于检测焊接接头的完整性和塑性。应依照 GB/T 2653 并按照下述试验条件及参数进行试验：

a. 当 $S=10mm$ 时，弯心直径 D 取 40mm，支承辊之间距离为 63mm；当 $S < 10mm$ 时，弯心直径 $D=4S$，支承辊之间距离为 $6S+3$。

b. 最大弯曲到 180°；如果在弯曲到 180° 之前发生断裂，测量并记录实际弯曲角度。

c. 试样的焊缝中心应对准弯心轴线。

d. 侧弯试验时，若试样表面存在缺陷，则以缺陷较严重一侧作为拉伸面。

e. 对于断后伸长率 A 标准规定值下限小于 20% 的母材，若弯曲试验不合格，而其实测值小于 20%，则允许加大弯心直径重新进行试验，重新试验采用的弯心直径等于 $S (200+A) /2A$（A 为断后伸长率的规定值下限乘以 100）；支座间距等于弯心直径加（$2S+3$）mm。

f. 横向弯曲试验时，焊缝金属和热影响区应完全位于试样的弯曲部分内。

④ 合格指标。对接焊缝试件的弯曲试验合格标准如下：

a. 试样弯曲到规定的角度后，其拉伸面上的焊缝和热影响区内，沿任何方向不得有单条长度大于 3mm 的开口缺陷；试样的棱角开口缺陷一般不计，但由于未熔合、夹渣或其他内部缺陷引起的棱角开口缺陷应计入在内。

b. 若采用两片或多片试验时，每片试样都应符合上述要求。

4) 冲击试验

① 试样形式及尺寸。根据国标 GB/T 229 的规定，标准冲击试样应为 10mm×10mm×55mm。当试件尺寸无法制备宽度为 10mm 标准试样时，则应依次制备宽度为 7.5mm 或 5mm 的小尺寸冲击试样；试验温度应不高于钢材标准规定的试验温度。

② 试样的制备要求。

取样位置、取向和试样缺口位置应满足如下要求：

a. 试样纵轴线应垂直于焊缝轴线，缺口轴线垂直于母材表面。

b. 试样在试件厚度上的取样位置满足图 14-8 中的要求。

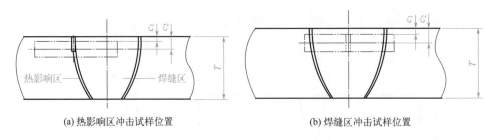

(a) 热影响区冲击试样位置　　　　　　　　　　(b) 焊缝区冲击试样位置

图 14-8　冲击试样位置要求

注：1.c_1、c_2 按材料标准规定执行。当材料标准没有规定时，$T \leqslant 40mm$，则 $c_1=0.5 \sim 2mm$；$T > 40mm$，则 $c_2=T/4$。

　　2. 双面焊时，c_2 从焊缝背面的材料表面测量。

c. 焊缝区试样的缺口轴线应位于焊缝中心线上；热影响区试样的缺口轴线到试样纵轴线与熔合线交点的距离 $K > 0$，且应尽可能多地通过热影响区，如图 14-9 所示。

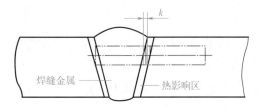

图 14-9　热影响区冲击试样缺口轴线位置

③ 试验方法。按照国标 GB/T 229 规定的方法进行冲击试验；试验温度应不高于钢材标准规定的试验温度。

④ 合格指标。对于钢质焊接接头，3 个焊缝及热影响区标准试样的冲击吸收能量平均值应符合设计文件或相关技术文件规定，且不应低于表 14-11 中规定值。至多允许有一个试样的冲击吸收能量低于规定值，但不得低于规定值的 70%。对于宽度为 7.5mm 或 5mm 的小尺寸冲击试样，冲击吸收能量分别为标准试样冲击吸收能量指标的 75% 或 50%。

表 14-11　钢材及奥氏体型不锈钢焊缝的冲击吸收能量最低值

材料类型	钢材标准抗拉强度下限值 R_m/MPa	3 个标准试样冲击吸收能量平均值 KV_2/J
碳素钢和低合金钢	$\leqslant 450$	$\geqslant 20$
	$> 450 \sim 510$	$\geqslant 24$
	$> 510 \sim 570$	$\geqslant 31$
	$> 570 \sim 630$	$\geqslant 34$
	$> 630 \sim 690$	$\geqslant 38$
奥氏体型不锈钢焊缝		$\geqslant 31$

（4）角焊缝试件和试样的检验

角焊缝试件的检验项目包括外观检验和宏观金相检验。

1）外观检验

通过试件外观检验检查焊缝成形及表面缺陷。合格标准是成形良好，没有表面缺陷，特别是表面裂纹。

2）宏观金相检验

① 取样。

a. 板状角焊缝试件。板状角焊缝试件的取样位置及尺寸见图 14-10。将板状角焊缝试件两端各去掉 20mm，然后沿试件纵向等分切取 5 块试样，试样尺寸只要能包括全部焊缝、熔合区和热影响区即可。每块试样取一个面进行金相检验，任意两个试样的检验面不得为同一切口的两侧面。

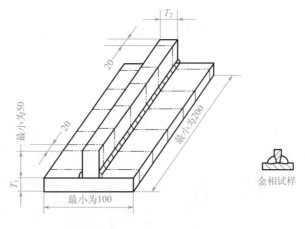

金相试样

翼板厚度T_1	腹板厚度T_2
$\leqslant 3$	T_1
>3	$\leqslant T_1$，但不小于3

图 14-10　板状角焊缝试件的取样位置及尺寸

注：最大焊脚等于 T_2，且不大于 20mm。

b. 管状角焊缝试件。

管状角焊缝试件的取样尺寸和位置见图 14-11。将管状角焊缝试件等分切取 4 块试样，焊缝的起始和终了位置应位于试样焊缝的中部。试样尺寸只要能包括全部焊缝、熔合区和热影响区即可。每块试样取一个面进行金相检验，任意两个试样的检验面不得为同一切口的两侧面。

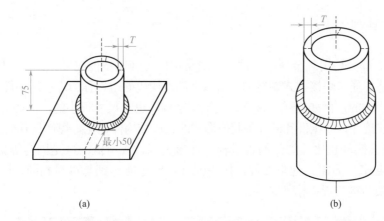

(a)　　　　　　　　　　　　　　(b)

图 14-11　管状角焊缝试件的取样尺寸和位置

（a）管 - 板角焊缝试件	（b）管 - 管角焊缝试件
注：1. T 为管壁壁厚。 2. 底板母材厚度不小于 T。 3. 最大焊脚等于管壁壁厚。 4. 图中双点画线为切取试样示意线。	注：1. T 为内管壁厚。 2. 外管壁厚不小于 T。 3. 最大焊脚等于内管壁厚。 4. 图中双点画线为切取试样示意线。

② 检验的合格标准。

a. 焊缝根部应焊透，焊缝金属和热影响区中没有裂纹、未熔合等缺陷；

b. 角焊缝两焊脚之差不大于 3mm。

第 15 章
焊接结构设计的工艺基础

15.1 概述

15.1.1 焊接结构的优点

工业产品大部分均用到金属结构件，金属结构件可利用塑性成形、铸造、机械连接和焊接等方式来制造。通过焊接方式制造的、由多个部件构成的组件称为焊接结构件（简称焊件）。焊件既有尺寸很大的，例如船舶、桥梁、建筑钢结构，也有尺寸很小的，例如不锈钢水杯等。与铸件、机械连接件、冲压件和锻件等其他形式的金属结构件相比，焊件具有很多优点：

① 与机械连接件相比，焊件的重量轻、外形美观、成本低，这是因为焊接可将各个零部件直接连接起来，无需其他附加件，接头强度一般也能达到与母材相同，图 15-1 比较了机械连接的桁架结构与焊接桁架结构。

(a) 机械连接的桁架结构　　　　　(b) 焊接桁架结构

图 15-1　机械连接的桁架结构与焊接桁架结构

② 焊件是通过原子间的结合力实现的连接，均匀性及整体性好、刚度大，在外力作用下变形均匀，不像机械连接件那样产生较大的局部变形或局部破坏，如图 15-2 所示。

③ 与机械连接件相比，焊件具有气密性和水密性；没有焊接，高压容器和潜艇是无法制造的。焊件的生产周期比铸件或锻件短。

④ 与铸件相比，焊件的尺寸精度低、易于进行机械加工、设备成本和生产成本低。

⑤ 与铸件、锻件及冲压件相比，焊接结构中材料的分布更合理。因为焊接可将不同材料类型、不同形状及尺寸的部件连接成一个构件，例如，异种钢、铜 - 铝、铝 - 钢等异种金属焊接件在工业中已经非常常见。

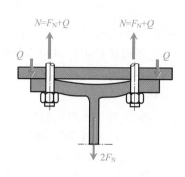

图 15-2　机械连接件的局部变形

⑥ 焊件尺寸和结构复杂程度几乎不受限制，因为结构复杂的大型构件可先分解为许多小型零部件分别加工，然后再通过焊接组装起来。因此焊接生产简化了金属结构的加工工艺、缩短了加工周期。

焊件的缺点主要是：①有些焊接方法的焊接质量取决于人为因素；②焊接需要进行内在质量检验。这些缺点可通过质量控制及监督以及无损检验来克服。

15.1.2　焊接结构设计的基本要求和原则

（1）焊接结构设计的基本要求

焊接结构设计应满足四个基本要求：

1）实用性

设计的焊接结构必须满足产品功能和使用性能要求，在设计寿命内能够正常发挥其功能作用。

2）可靠性

必须能够在设计寿命内安全可靠地工作，即满足工作环境和承载条件所提出的强度、刚度、稳定性、抗脆性断裂、抗疲劳、抗振、耐腐蚀或抗蠕变等使用性能方面的要求。另外，设计的结构尽可能造型美观。

3）工艺可行性

设计的焊接结构必须具备焊接工艺可行性，也就是说，设计的结构形状和尺寸能够保证焊前预加工、焊接、焊后处理及检验的正常进行，而且焊接过程易于实现机械化和自动化。

4）经济性

所消耗的原材料、能源和工时应最少，焊件成本应低于同功能的机械装配件或铸件。

（2）焊接结构设计的基本原则

焊接结构设计的上述基本要求需要按照以下设计原则来达成：

1）合理选择和利用材料

所选用的金属材料必须同时满足使用性能和加工性能的要求，使用性能包括强度、刚度、韧性、耐磨性、耐蚀性、抗蠕变性等性能；加工性能包括焊接性以及热切割、冷弯、热弯、金属切削及热处理等冷热加工性能。

在结构的不同部位，应根据负载情况选择成本最低的材料，例如，在承受应力较大的部位采用高强度钢，而应力较小的部位采用强度级别较低的钢；有防腐蚀要求的结构，可采用以普通碳素钢为基体、以不锈钢为工作面的复合钢板或者在基体上堆焊耐蚀层；有耐磨性要求的结构，可在工作面上堆焊耐磨合金或热喷涂耐磨层等。充分发挥异种金属材料能进行焊接的特点来降低成本。

尽可能选用轧制的标准型材和异型材。轧制型材表面光洁平整、质量均匀可靠，这类材料在使用时不仅减少许多备料工作量，还可减少焊缝数量。由于焊接量减少，焊接变形易于控制。

尽量减少下料余料。在选择钢板或型材原始尺寸时考虑焊接结构件中各个零部件的下料方案，选择余料尽量少的备料方案，提高材料的利用率，节省成本。

2）合理设计结构形式及尺寸

结构形式及尺寸设计首先应基于功能要求进行确定，同时要考虑使用性能、工艺可行性及经济性等。设计时，一般应注意下面几点。

① 结构形式及尺寸既要满足强度和刚度要求，又要使得各个部位的受力状态最理想。

② 要特别重视构件的细部处理。这是因为焊接结构属刚性连接的结构，这意味着任何部位的失效均会导致整体构件迅速失效，许多焊接结构的破坏事故起源于局部结构不合理的部位，这些部位一般都是应力复杂或应力集中部位，例如焊接接头部位、节点、断面变化部位等。

③ 要有利于实现机械化和自动化焊接。为此，应尽量采用简单、平直的结构形式，减少短而不规则的焊缝；要避免采用难以弯制或冲压的具有复杂空间曲面的结构。

3）尽量减少焊接量

除了前述尽量多选用轧制型材，减少焊缝外，还可以利用冲压件代替一部分焊件；结构形式复杂，角焊缝多且密集的部位，可用铸钢件代替；必要时，可以适当增加壁厚，以减少或取消加强肋板，从而减少焊接工作量。对于角焊缝，在保证强度要求的前提下，尽可能用最小的焊脚尺寸，因为焊缝面积与焊脚高的平方成正比。对于坡口焊缝，在保证焊透的前提下选用填充金属量最少的坡口形式。

4）合理布置焊缝

焊缝的布置原则是焊缝承受的应力尽量小、焊件变形尽量小、应力集中尽量小，尽量避开机械加工面和需要变质处理的表面。

有对称轴的焊接结构，焊缝应对称地布置，或接近对称轴处，这有利于控制焊接变形。

另外，要尽量避免焊缝交汇。如果不能避免焊缝交汇时，应使重要焊缝连续，让次要焊缝中断，这既有利于重要焊缝实现自动焊接，又利于保证其质量。

5）保证焊接和检验可达性

焊接结构设计应在每条焊缝周围留有足够大的操作空间，便于进行焊接和检验操作。焊接工作应尽量安排在工厂内进行，减少工地现场焊接量。尽量采用自动焊进行焊接，减少手工焊接量；尽量采用单面焊双面成形的接头形式和焊接工艺。必须采用双面焊时，施焊条件好的一面用大坡口，施焊条件差的一面用小坡口。尽量减少仰焊或立焊的焊缝，这些焊接位置的劳动条件差、不易保证质量、生产率低。

6）有利于生产组织与管理

对于大型焊接结构件，采用部件组装的生产方式既利于工厂的组织与管理，又可提高生产效率。因此，设计大型焊接结构时，要进行合理分段设计制造。分段时，一般要综合考虑起重运输条件、焊接变形的控制、焊后处理、机械加工、质量检验和总装配等因素。

15.1.3 焊接结构设计方法

(1) 产品设计的一般程序

焊接结构是产品的组成部分。焊接结构设计以产品设计为基础。产品设计一般分为三大阶段：初步设计、技术设计和工作图设计。

1) 初步设计

初步设计又称方案设计，该阶段主要任务是通过进行产品功能分析和方案论证确定总体方案，编制技术设计任务书和产品总图（草图）等。具体工作包括产品的基本参数及主要技术性能指标的确定、总体布局及主要零部件的结构的确定、各零部件的连接关系的确定等。如果需要，还应对拟采用的新材料、新结构和新工艺进行试验验证。

2) 技术设计

该阶段的主要任务是将初步设计确定的方案具体化。通常是通过强度设计和计算进一步确定具体的构造、所用材料及基本尺寸。主要工作是基于标准数据资料或基于初步设计阶段对新材料、新结构、新工艺进行的试验数据，利用工学力学理论，对重要零部件进行强度、刚度、可靠性等的设计与计算，并编制出计算书；进行技术经济分析并写出分析报告；修正总体方案并绘制出总图，编制技术设计说明书。

3) 工作图设计

工作图设计又称施工设计，该阶段的任务是完成生产用的全部图样设计。主要工作有：把总装配图拆成部件图和零件图，并充分考虑加工工艺要求，标注技术条件，编写设计说明书等一系列技术文件。

这种三段设计实质上是由抽象到具体，由概略到详细的设计过程。其中初步设计侧重于全局性和整体性；而技术设计侧重于解决具体技术问题，如材料选定、构造设计和尺寸的确定等，常常伴随着各种计算和试验；工作图设计是技术设计的进一步具体化，是为产品制造、安装和使用提供依据。

(2) 焊接接头设计方法

焊接结构设计属于技术设计，主要任务是确定结构形状和尺寸。有许用应力设计和可靠度设计两大方法。

1) 许用应力设计法

这是机械制造业中普遍采用的焊接结构设计方法。该方法的设计依据是构件各个部位承受的应力不大于所选用材料的许用应力，即：

$$\sigma_{\max} \leqslant [\sigma_r]$$

式中，$\sigma_{\max}$ 为工作应力，$[\sigma_r]$ 为许用应力 。

工作应力需要利用工程力学理论进行计算，而许用应力通常可从材料标准或产品设计标准或规范中查出。如果相关标准中没有该数据，则应通过试验确定。设计不能满足强度要求，即工作应力大于许用应力时，必须修改结构形式、尺寸或其他参数以降低工作应力，也可以改变结构材料或选用确保质量的加工方法和检测方法等以提高许用应力。

根据所用的失效设计准则的不同，许用应力设计法又分为常规应力设计法和应力分析设计法两种，前者基于弹性失效设计准则，后者基于塑性失效设计准则和疲劳失效设计准则。

表 15-1 比较了这两种设计方法。

表 15-1　常规应力设计法和应力分析设计法的比较

比较项	常规应力设计法	应力分析设计法
设计准则	弹性失效 只允许存在弹性变形	塑性失效或弹塑性失效 允许出现局部可控的塑性变形
载荷	静载荷	静载荷、交变载荷
强度理论和分析方法	薄膜理论 材料力学计算方法 利用简化公式和经验系数	板壳理论 弹塑性力学分析 结合解析计算、数值计算和必要的试验
应力评定	应力不分类 采用统一的许用应力 采用第一强度理论 基本安全系数较小、材料潜能利用率低	应力分类 用应力强度对各类应力进行评定 采用第三强度理论 基本安全系数较小、节省材料
材料要求	常规要求	优质、塑韧性好、性能稳定
制造	常规要求	整体性和连续性好，相贯处圆滑过渡、全焊透、100%探伤

许用应力设计法所用的参量，如载荷、强度、几何尺寸等都看成是确定量，因此这种方法又称定值设计法。这种设计法所用的表达式简单明了、使用方便、资料和数据完整，至今仍是工程设计中采用最广的一种方法。实际上，设计与计算用的参量，如载荷、强度等都是随机变量，存在不确定性，许用应力设计法无法加以考虑。为了保证设计安全可靠，往往选取较低的许用应力或较高的安全系数，因而导致结构尺寸大，技术经济性能较差。

2）可靠度设计法

又称可靠性设计法，是一种把设计对象的设计载荷、强度、尺寸和寿命等数据作为随机变量，利用概率和数理统计理论进行可靠度分析，基于一定的目标可靠度指标进行结构设计的方法。这种设计方法的设计结果更好地反映了实际情况，既安全可靠而又经济实用。

① 可靠度。

结构可靠度是可靠性的概率表示方式。结构的可靠性是指结构在规定的时间和条件下完成预定功能的能力，它包括结构的安全性、适用性和耐久性。以概率来度量的可靠性称为可靠度，它是时间的函数，记为 $R(t)$，因它是一个概率，故其取值范围是

$$0 \leqslant R(t) \leqslant 1 \tag{15-1}$$

金属结构在规定的时间和条件下丧失规定功能的概率称为不可靠度，或称为失效概率，也是时间的函数，常记为 $F(t)$。可靠度和不可靠度关系如下。

$$R(t)=1-F(t) \tag{15-2}$$

因此，结构的可靠度 $R(t)$ 可利用失效概率 $F(t)$ 求出。而失效概率 $F(t)$ 可以利用失效概率密度函数求出 $f(t)$。

$$F(t)=\int_0^t f(t)\,dt \tag{15-3}$$

因此，$F(t)$ 又称为积累失效概率，或称为失效分布函数。显然，求结构可靠度的关键是获得结构的失效概率密度函数 $f(t)$，而该函数可以通过结构失效统计得到。得到 $f(t)$ 即可求出 $R(t)$ 和 $F(t)$。三者之间的关系如图 15-3 所示。

随机变量常见的概率密度分布类型有正态分布、对数正态分布和韦布尔分布等。工程结构设计中的随机变量大多数呈正态分布。分布类型特征参数主要是数学期望（均值）和标准差或变异系数等，这些参数一般通过样本试验并对试验数据进行数理统计来确定。

结构承受各种载荷的能力（如强度、刚度、断裂韧度等）称为结构抗力，用 C 表示。结构抗力可以是静强度、疲劳强度、断裂韧度或其他的材料抗力指标。载荷对结构的综合效应称为载荷效应（如应力、应变、变形等），用 S 表示，而载荷效应，则可以是静应力、交变应力、应力强度因子或其他形式的外作用参数。

结构抗力 C 和载荷效应 S 一般都是正态分布的随机变量，图 15-4 示出了载荷效应 - 结构抗力分布与时间的关系（应力 - 强度干涉模型）。结构抗力通常是随着时间的延长而下降。最初（$t=0$ 时）两个分布之间有一定的安全裕度，不会发生失效。但随着时间推移，由于材料性能的下降和环境等因素的影响，结构抗力下降，在时间达某 t 时，结构抗力分布和载荷效应分布发生干涉（图中阴影线所示），这时会发生失效。$Y=C-S$ 称为干涉随机变量。显然：

当 $Y > 0$ 时，结构处于可靠状态；

当 $Y=0$ 时，结构处于极限状态；

当 $Y < 0$ 时，结构处于失效状态。

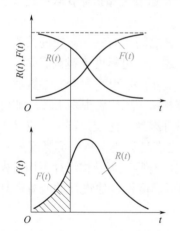

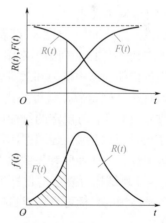

图 15-3　$f(t)$、$F(t)$ 和 $R(t)$ 三者之间的关系　　图 15-4　载荷效应 - 结构抗力分布与时间的关系

（应力 - 强度干涉模型）

如果结构抗力 C 和载荷效应 S 均服从正态分布，则它们的概率密度函数可分别表示为

$$F(C) = \frac{1}{\sigma_c \sqrt{2\pi}} \exp\left[-\frac{1}{2}\left(\frac{c - \mu_c}{\sigma_c} \right)^2 \right] \tag{15-4}$$

$$F(S) = \frac{1}{\sigma_s \sqrt{2\pi}} \exp\left[-\frac{1}{2}\left(\frac{s - \mu_s}{\sigma_s} \right)^2 \right] \tag{15-5}$$

式中，μ_c、μ_s 分别为结构抗力 C 和载荷效应 S 的数学期望（均值）；σ_c、σ_s 分别为结构抗

力 C 和载荷效应 S 的标准差，它们均可通过对 C_i、S_i 的样本试验数据进行数理统计来确定。

如果结构抗力 C 和载荷效应 S 均为正态分布，则对应的干涉随机变量 $Y = C - S$ 也服从正态分布，其概率密度函数为

$$F(Y) = \frac{1}{\sigma_y \sqrt{2\pi}} \exp\left[-\frac{1}{2}\left(\frac{y - \mu_y}{\sigma_y}\right)^2\right] \tag{15-6}$$

式中的 μ_y 和 σ_y 可根据正态分布减法定律求出，$\mu_y = \mu_c - \mu_s$，$\sigma_y = \sqrt{\sigma_c^2 + \sigma_s^2}$。

当 $Y = C - S > 0$ 时结构是可靠的，其可靠度为

$$R = P(Y > 0) = \int_0^\infty \frac{1}{\sigma_y \sqrt{2\pi}} \exp\left[-\frac{1}{2}\left(\frac{y - \mu_y}{\sigma_y}\right)^2\right] \mathrm{d}y \tag{15-7}$$

令 $z = \dfrac{y - \mu_y}{\sigma_y}$，可将上式转化为下列标准正态分布函数

$$R = \int_{-\beta}^\infty \frac{1}{\sqrt{2\pi}} \exp\left[-\frac{1}{2}z^2\right] \mathrm{d}z \tag{15-8}$$

式中 β 称为联结系数，又称可靠指标，可由分布参数算出

$$\beta = \frac{\mu_y}{\sigma_y} = \frac{\mu_c - \mu_s}{\sqrt{\sigma_c^2 + \sigma_s^2}} \tag{15-9}$$

该式称为联结方程，它把结构抗力、载荷效应与可靠度 R 通过可靠指标 β 联系起来了，是构件可靠性设计的基本公式。

由上面的式（15-8）可看出，可靠指标 β 和可靠度 R 之间具有一一对应的关系。可从正态分布表中查到，表 15-2 列出了常用部分。可看出，β 越大，可靠度 R 越高。

当所设计构件的结构抗力和载荷效应已知时，即 μ_c、μ_s、σ_c 和 σ_s 等分布参数通过样本试验结果的数理统计确定后，就可按式（15-9）求出可靠指标 β，然后查表 15-2，即可求得该设计的可靠度 R。然后与规定的目标可靠度（或称许用可靠度）比较，若大于或等于目标可靠度，则该设计可以接受，否则需调整设计参数，使之满足为止。目标可靠度 R 一般是根据结构的重要性、破坏性质和失效后果以优化方法确定。有些工程结构设计不用目标可靠度 R，而用直接反映结构可靠度的目标可靠指标 β。利用可靠度设计法设计的所有产品设计规范均提供各种结构的目标可靠度或目标可靠指标。

表 15-2　可靠指标 β 和可靠度 R 之间的对应关系

β	1.0	1.5	2.0	2.5	3.0	3.5	4.0	4.5
R	0.8431	0.9332	0.9772	0.9938	0.9987	0.99977	0.999968	0.999997

② 可靠度设计法的程序。

图 15-5 示出了可靠度设计法的一般程序框图。可靠性设计的一般过程，大致可分为以下三个阶段。

a. 结构随机变量观测或试验资料的统计及分析。

通过观察或试验，对载荷、材料性质和结构的几何尺寸等结构随机变量进行资料收集，

通过数理统计方法分别求出它们各自的分布规律，确定其分布类型及其相应的分布参数。对于常见的正态分布类型，其分布参数主要为均值 μ 和标准差 σ 等，是可靠度计算的依据。

b. 载荷效应的计算与结构抗力的确定。

用工程力学方法计算结构的载荷效应，再通过试验与统计确定结构抗力，从而建立结构的失效标准。载荷效应是指载荷作用下结构中的内力、应力、位移、变形等量值，它们可用力学方法求解。结构抗力是指结构抵抗破坏或变形的能力，如材料的屈服极限、强度极限，容许的变形和位移等，它们由试验或资料统计获得。然后根据载荷效应大于或等于结构抗力作为结构失效的标准，即以载荷效应分布和结构抗力分布发生干涉作为失效的判据。

c. 结构的调整。

根据目标可靠度或目标可靠指标满足情况对结构形状、尺寸或材料进行调整。

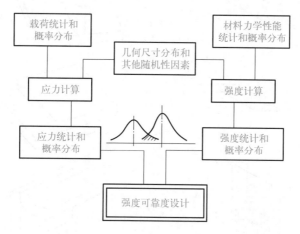

图 15-5　可靠度设计法的一般程序框图

15.2　接头及焊缝设计

15.2.1　接头基本类型

接头是指构成焊件的各个工件之间的结合部位，包括焊缝及热影响区。而接缝是指装配后，工件之间的待焊接口。将构件装配好后形成接缝，焊接后形成焊缝及接头。连接两个工件的接头有五种基本形式。图 15-6 示出了这五种基本接头形式：

① 对接接头。同一平面上的两工件相对端面对接而形成的接头。

② 角接接头。两工件端面构成直角或近似直角的接头称为角接头。

③ T 形接头。两工件相交成直角或近似直角并构成 T 形的接头。

④ 搭接接头。两个平行的工件部分重叠在一起进行连接的接头。

⑤ 端接接头。两个平行或近似平行的工件通过端部进行连接的接头。

两个以上的工件组装在一起时，所形成的接头一般是五种基本接头形式中的一种或几种的组合。最常见的这种组合接头为十字接头，它是由三个工件构成的十字形接头。这种接头实际上是双 T 形接头。

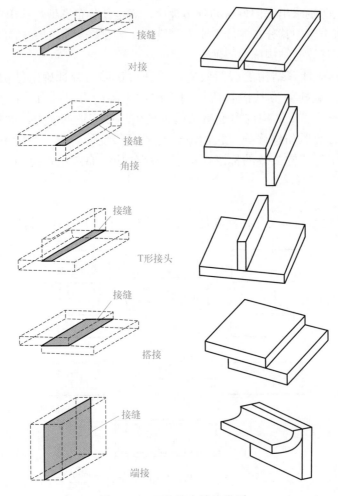

图 15-6　五种基本接头类型

15.2.2　焊缝基本类型

连接两个工件的部分称为焊缝，通常是由熔化的填充金属和熔化的部分母材金属构成。焊缝有八种不同的基本形式，见图 15-7，每种基本形式还有一些变种。另外，几个基本焊缝形式还可以组合成复杂的焊缝。

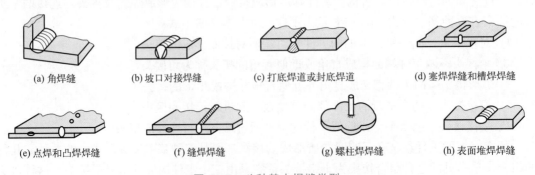

图 15-7　八种基本焊缝类型

① 角焊缝。这是最常见的焊缝类型。角焊缝是根据它的横截面形状命名的。角焊缝是相交成直角（或近似直角）的两工件之间的焊缝，其横截面形状接近三角形。图15-8示出了角焊缝横截面形状及各部分名称。

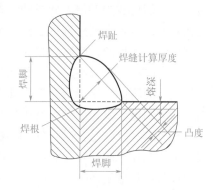

② 坡口对接焊缝。这是第二种常见的焊缝类型。对接焊缝是在两个对接工件之间形成的焊缝。单面对接焊缝和双面对接焊缝使用的坡口有11种基本形式。图15-9示出了对接焊缝焊接前后横截面形状及各部分的名称。图15-10示出了常用坡口形式。

③ 打底焊道或封底焊道。在单面坡口对接焊中，在工件背面熔敷的第一道焊道称为打底焊道。在单面坡口对接焊中，焊完正面焊缝后，再在其根部熔敷的一个焊道成为封底焊道。对于第二种情况，在焊接封底焊道之

图 15-8　角焊缝横截面形状及各部分名称

前，必须用气刨、风铲或打磨的方式对第一道焊道的根部进行加工，露出洁净的金属。通过打底焊道或封底焊道可保证完全熔透，提高焊缝质量。但是，它本身不能形成焊接接头。

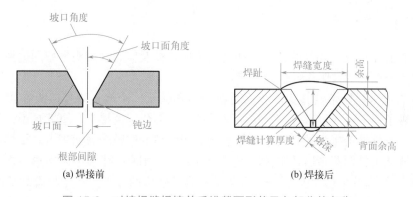

(a) 焊接前　　　　　　　　　(b) 焊接后

图 15-9　对接焊缝焊接前后横截面形状及各部分的名称

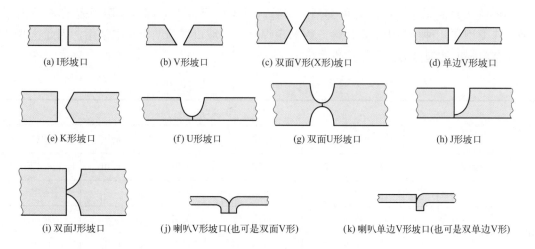

(a) I形坡口　　　(b) V形坡口　　　(c) 双面V形(X形)坡口　　　(d) 单边V形坡口

(e) K形坡口　　　(f) U形坡口　　　(g) 双面U形坡口　　　(h) J形坡口

(i) 双面J形坡口　　(j) 喇叭V形坡口(也可是双面V形)　　(k) 喇叭单边V形坡口(也可是双单边V形)

图 15-10　对接焊缝的坡口类型

④ 塞焊焊缝或槽焊焊缝。两焊件相叠，在一个焊件上预制小孔，在小孔中熔敷的、填满小孔的焊缝成为塞焊焊缝或槽焊焊缝。将这两种焊缝类型放在一起是因为它们的焊缝符号是相同的。两者主要区别是工件上预制孔的类型。如果预制孔是圆的，则称塞焊焊缝；如果预制孔是长条形的，则称槽焊焊缝。

⑤ 点焊或凸焊焊缝。这两种焊缝的焊缝符号相同。这两种焊缝均可采用不同的方法进行焊接，而不同方法焊接的焊缝具有不同的特点。采用电阻焊时，焊缝位于两被焊工件的界面上。采用电子束、激光或电弧焊方法时，焊缝熔透一个工件并熔入另一个工件。

⑥ 缝焊焊缝。这种焊缝的横截面形状类似于点焊焊缝。焊缝几何形状取决于所用的焊接方法。利用电阻焊焊接时，焊缝位于被焊工件的界面上。利用电子束、激光或电弧焊等方法焊接时，焊缝熔透一个工件并熔入另一个工件。点焊或缝焊时不使用预制孔。

⑦ 螺柱焊焊缝。这是一种利用螺柱焊焊接的特殊类型的焊缝，用来将金属螺柱或类似的零件连接到工件上。

⑧ 表面堆焊焊缝。由一道或多道熔敷在母材表面上的直线或摆动焊道构成的焊缝。这种焊缝不能用来连接工件。主要用来修正表面尺寸，或制备具有特殊性能的表面，保护母材不受恶劣环境的影响，提高焊件的寿命。

15.2.3 接头设计及选用

焊接接头的作用是在焊件的各个构件之间传递载荷及应力。接头类型的选择主要根据产品形状、载荷类型和焊件服役条件等进行。

焊接接头要么是全熔透接头，要么是部分熔透接头。全熔透焊接接头在接缝的整个横截面上均熔敷了焊缝金属。部分熔透接头是设计有不熔化区的接头，也就是说，焊缝并不熔透整个接缝。部分熔透接头的熔透系数等于接缝中所填的熔敷金属面积占总接缝面积的百分数。如果焊缝从工件两侧各熔透工件厚度的四分之一，则有一半接缝未熔透。换言之，在连接系数为50%的部分熔透接头中，焊缝金属覆盖了接缝的一半。承受静态载荷的焊件仅需要传递静态载荷所需要的足量焊缝金属。而对于承受动态载荷、交变载荷、冲击载荷或在寒冷条件下服役的工件，焊接接头必须全熔透。

每种接头只能采用对应的几种类型的焊缝，并不是每种焊缝都可采用。表15-3给出了各种焊缝类型在几种接头中的适用性。因为角焊缝可与坡口焊缝结合起来使用，因此这两种焊缝具有最强的适应能力，其用途也最广。

表15-3 各种焊缝在几种基本接头中的适用性

焊缝		接头类型				
		对接	角接	T形	搭接	端接
角焊缝		特殊情况下可用	可用	可用	可用	特殊情况下可用
对接焊缝	I形坡口	可用	可用	可用	—	可用
	V形坡口	可用	可用	可用	—	可用
	单边V形坡口	可用	可用	可用	可用	可用
	U形坡口	可用	可用	—	—	可用

焊缝		接头类型				
		对接	角接	T 形	搭接	端接
对接焊缝	J 形坡口	可用	可用	可用	可用	可用
	喇叭 V 形坡口	可用	可用	—	—	—
	喇叭单边 V 形坡口	可用	可用	可用	可用	—
打底焊道或封底焊道		用于单面焊	用于单面焊	用于单面焊	—	—
塞焊或槽焊焊缝		—	—	可用	可用	—
点焊或凸焊焊缝		—	—	特殊情况下可用	可用	—
缝焊		—	特殊情况下可用	特殊情况下可用	可用	—

　　焊接接头的承载能力取决于接头类型、焊缝的尺寸和焊缝金属的强度。低碳钢和低合金钢焊缝金属强度通常比母材高。普通结构钢的屈服强度不低于 248MPa。而普通的 E60XX 型焊丝的屈服强度大约为 345MPa，因此，焊缝金属强度通常比母材高。因为焊缝金属屈服强度高于母材屈服强度，因此，对接头进行拉伸试验时，试样通常在母材部位发生断裂，因为母材先达到屈服点。应保持尽可能小的焊缝余高，过高的余高不但会浪费材料，而且还会导致应力集中。

　　高合金钢、热处理钢或其他高强度金属焊接时，情况有所不同。这些材料中的大部分是通过热处理来提高强度的。焊缝金属没有受到相同的热处理，因此，其强度可能较低。另外，焊接热循环还可能使焊缝附近（热影响区）的母材热处理失效，导致热影响区的强度降低。因此，焊接高合金钢或经热处理的材料时，必须选择与母材相匹配的填充金属。

　　设计焊接接头时，至少应考虑三个因素。这些因素影响焊件的经济性、焊接接头的强度以及焊工的技术水平。首先，必须考虑载荷和服役条件提出的强度要求和熔深要求。其次，设计的接头应该是最经济的接头。设计的焊接接头还应具有尽可能小的横截面积。横截面积是衡量接头焊接所需熔敷金属体积或重量的指标。焊接方法、母材类型及厚度以及焊接位置决定了接头及坡口类型，而接头及坡口类型又决定了焊前准备所需的设备和工具。

15.2.4　角焊缝设计

　　在所有焊缝类型中，角焊缝是最常用的，这种焊缝通常不需要坡口加工。尽管角焊缝所需的填充金属可能比对接焊缝多，但由于其坡口加工成本低得多，因此，其总焊接成本通常是最低的。在不用开坡口的情况下，这种焊缝可用在搭接接头、T 形接头及角接接头上。对于角接接头，利用两个角焊缝可得到全熔透焊接接头。表 15-4 示出了角焊缝在五类基本接头上的适用性。角焊缝也开坡口，特别是在角接接头和 T 形接头上。

　　一般情况下，角焊缝的承载能力用焊缝计算厚度 a 来表示。图 15-11 给出了常用角焊缝计算厚度与焊脚尺寸 K 的关系。两个焊脚相等的角焊缝称为标准角焊缝，在相同的静载强度下，它最省填充金属，故一般都采用这种角焊缝。外凸角焊缝的凸度是焊接过程中自然形成的，凸度虽然能提高焊缝静载强度，但在计算时并不考虑它的增强作用，见图 15-11（b）。

外凸角焊缝焊趾处应力集中非常严重，因此，不能用于承受动载的构件。承受动载的构件最好采用凹度角焊缝，见图 15-11（c）。这种焊缝具有圆滑过渡的焊趾，应力集中程度很小，疲劳强度大。承受静载的焊缝一般不用这种焊缝，因此相同的计算厚度下其耗材较大，成本较高。船形位置焊接容易获得这种外形的角焊缝，也可用砂轮等工具把凸度的角焊缝或标准的角焊缝打磨成凹度角焊缝。也可利用图 15-11（d）所示的不等腰角焊缝来提高疲劳强度。长腰焊趾部位的应力集中显著下降，对提高接头疲劳强度有利，且随着 θ 角的减小，疲劳强度提高。静载下也不宜采用这种角焊缝，因为增加焊脚长度并不能提高静载强度，反而增加填充金属量。深熔角焊缝［见图 15-11（e）］是采用深熔焊条或埋弧焊工艺获得的，在不增加填充金属量情况下可增大焊缝的工作截面，从而提高其承载能力，所以其计算断面可适当增大。但并不是所有金属材料都允许用深宽比大的角焊缝形状，尤其是热裂倾向大的材料。

表 15-4　角焊缝在五种基本接头中的适用性

角焊缝	接头的五种基本类型				
	对接	角接	T 形	搭接	端接
单	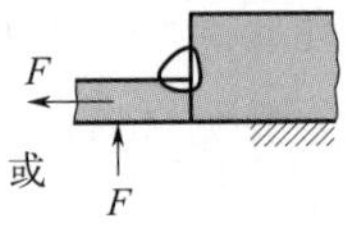 F 或 F	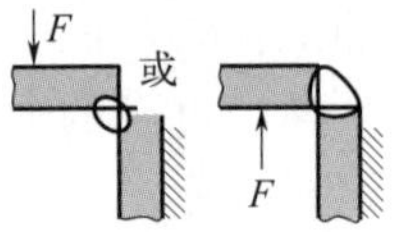 F 或 F	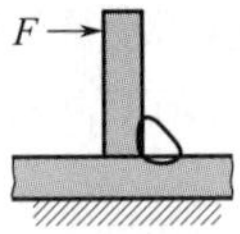 F	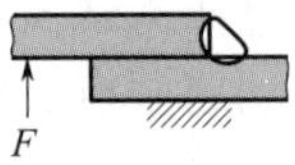 F	不适用
双	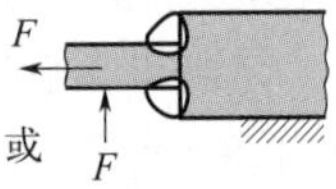 F 或 F	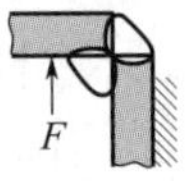 F	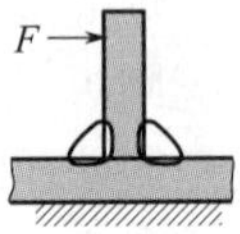 F	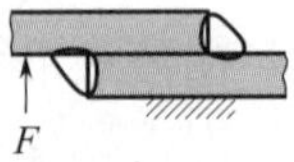 F	不适用

$a=0.707K$	$a=0.707K$	a 由内切三角形确定	$a=K\cos\theta$	$K\leqslant8mm$ 时，$a=K$ $K>8mm$ 时，$a=0.707(K+P)$ 一般 $P=3mm$
(a) 标准角焊缝	(b) 外凸角焊缝	(c) 凹度角焊缝	(d) 不等腰角焊缝	(e) 深熔角焊缝

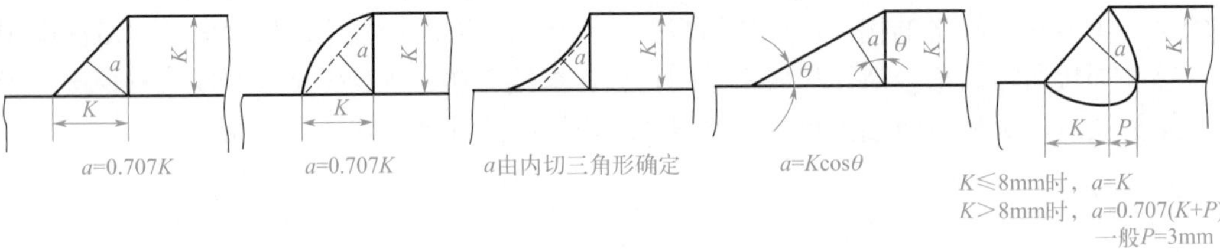

图 15-11　常用角焊缝计算厚度与焊脚尺寸 K 的关系
K—焊脚尺寸；a—计算厚度；P—熔入母材深度

　　角焊缝的承载能力取决于它的断裂面积，而断裂面积取决于焊缝厚度。角焊缝的尺寸（焊脚长度或焊缝厚度）增加一倍，则其承载能力加倍。然而，角焊缝尺寸加倍将会使焊缝横截面面积增加到原来的四倍。

　　利用 T 形接头连接板材时，被连接的板材之间的角度并不一定是 90°。这种 T 形接头被称为斜 T 形接头，工件之间的角度通常在 60°～135°的范围内。斜接头角焊缝所需的焊脚尺寸通常根据接头的轮廓和焊缝有效厚度来确定。该尺寸仍然主要由所需的焊缝厚度决定。

　　设计过程中，角焊缝尺寸有时需要根据工件厚度来确定。在大部分情况下，角焊缝最小尺寸必须根据实际需要而确定，而不是根据理论需要来确定。角焊缝尺寸很小时，可根据产品标准或实际需要来确定是否可采用断续角焊缝，并不是在强度满足要求的情况下就可采用断续焊缝。采用断续焊缝时，通过调节每段焊缝的长度和焊缝间距可使熔敷金属用量减少一半。每段断续焊缝的最小长度通常不低于 38mm。由于焊缝厚度增大一倍，焊缝体积就增大四倍，一般不推荐采用大尺寸的断续角焊缝。

　　对接、角接、T 形接头和搭接接头都可采用角焊缝，见表 15-4。焊缝根部承受拉伸载荷时，单面角焊缝非常容易萌生裂纹。注意，表中的 F 箭头表示受到的力。简单的解决方法是采用双面角焊缝，这样可阻止角焊缝焊根承受拉伸载荷。

　　角接接头一般总是采用角焊缝进行焊接。图 15-12 示出了采用双面角焊缝进行焊接的几种角接接头。因累积误差而难以控制装配精度的情况下，采用这种方法是非常方便的。

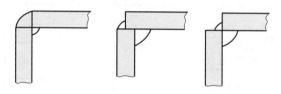

图 15-12　使用双面角焊缝的角接接头

15.2.5　坡口焊缝设计

　　坡口有七种基本形式，即 I 形坡口、V 形坡口、单边 V 形坡口、U 形坡口、J 形坡口、喇叭 V 形和喇叭单边 V 形坡口等，如表 15-5 所示。这些焊缝类型可采用单面焊或双面焊进行焊接。可用于连接对接接头、角接接头和 T 形接头。图中示出的尺寸适用于电弧焊方法，用于其他焊接方法时，有些尺寸需要修改。I 形、喇叭 V 形和喇叭单边 V 形等三种形式的坡口焊缝无需边缘加工。I 形坡口最简单，因为这种坡口所需的边缘是直边。喇叭 V 形和喇叭单边 V 形适用于厚度较薄的材料，通过工件端部的弯边进行连接。有可能还涉及圆截面构件。采用单边 V 形和 J 形坡口时，仅需要对一个工件进行坡口加工。而采用 V 形坡口和 U 形坡口焊缝时，两个工件都需要进行坡口加工。

　　还有另外一些坡口名称，例如，X 形、K 形和 Y 形坡口等，这些名称不是标准的 AWS 术语，但在欧洲广泛使用，这里也进行简要说明。这些字母描述了焊缝横截面的形状。X 形坡口是没有钝边的双 V 形坡口，K 形坡口是双单边 V 形坡口，而 Y 形坡口是具有较大钝边的 V 形坡口。

　　坡口加工成本是选用坡口类型时需要考虑的重要因素。坡口加工方法主要有剪切、弯曲、热切割和机加工等。如果工件较薄，则采用剪切方法；利用电渣焊和其他窄间隙焊方法进行焊接时，大厚度工件也使用 I 形坡口。当厚度较大时，坡口加工通常采用火焰切割或其他热切割。薄板的喇叭 V 形接头之卷边可用弯板机来加工。圆截面工件焊接时也使用这类接头，一个典型的例子是钢筋的焊接。单边 V 形和 V 形坡口焊缝通常用于中等厚度和大厚度工件，通常利用热切割进行加工。单面和双面坡口焊缝的适用范围见表 15-5。双面坡口焊缝使用的填充金属较少，而单面坡口焊缝的坡口加工成本较低。V形坡口和单边V形坡口可采用钝边，也可不采用钝边。通常的做法是采用尺寸较小的钝边，因为钝边有助于保证坡口加工的尺寸精度。J形坡口焊缝需要在一个工件上加工出J形边缘，可以是单面J形，也可以是双面J形。采用U形坡口时，两个工件的对接端均必须加工成特殊的弯曲面，这需要使用机加工或切割方法。环形截面的工件上也可加工这些坡口。

表 15-5　七种坡口基本形式及其适用范围

坡口类型	坡口焊缝	
	单面焊	双面焊
I 形	0～2mm 板厚不大于5mm	0～2mm 板厚不大于10mm
V 形	60° 2mm 0～2mm 衬垫 板厚：8～16mm	60° 0～2mm 板厚：12.5～45mm
单边 V 形	45° ② 2mm 0～2mm 衬垫 板厚：8～16mm	45°MIN 0～2mm 2mm 板厚：12.5～25.4mm
U 形	20° R4mm 2mm 板厚：12.5～76mm	20° R4mm 2mm 板厚在50mm以上
J 形	20° R12mm 板厚：12.5～76mm	20° 2mm R12mm 板厚在38mm以上
喇叭 V 形	或	或

坡口类型	坡口焊缝	
	单面焊	双面焊
喇叭单边 V形	或	或

钝边主要用来在坡口加工期间保证工件的尺寸精度。当用火焰切割方法加工 V 形或单边 V 形坡口时，如果不留钝边，则难以保证尺寸精度。接头需要完全熔透时，钝边应尽量小。如果接头仅需要部分熔透，则可留出较大的钝边，但是很少超过工件厚度的 50%。对于刚度和重量非常重要的焊件，如果不承受动载荷，则采用大钝边可节省大量的填充金属，并降低接头的成本。

对于 V 形和单边 V 形坡口焊缝，还必须考虑坡口角度和根部间隙。这两个因素影响根部焊道的可达性及熔透情况。对于全熔透焊缝，坡口中必须有充分的空间使焊条或焊丝能够达到焊缝根部，以进行根部焊道的焊接。

J 形和 U 形坡口焊缝的设计已实现了标准化，其根部半径和坡口角度均有推荐值可引用，见表 15-5。但是，对于某些金属或某些特定的条件，需采用特殊的接头设计。例如，对于铝管，需要使用较宽的 U 形坡口，以使根部焊道的焊接类似于薄板的焊接，以使工件很容易熔合在一起。

坡口形式、根部间隙及工件厚度对焊缝横截面积具有重要的影响，如图 15-13 所示。随着间隙的增大，所需要的熔敷金属增多，但易于实现焊缝完全熔透。在角接接头及 T 形接头上使用坡口时，角焊缝可得到加强并可防止方向突变和应力集中。

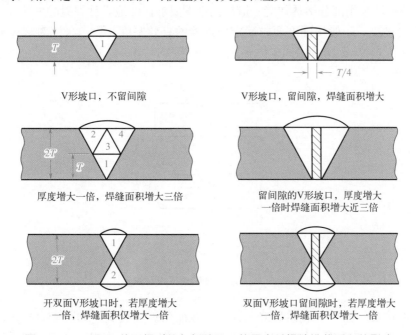

图 15-13　双面及单面焊时根部间隙及工件厚度对焊缝横截面积的影响

15.2.6　T形接头的焊缝设计

　　T形（或十字）接头可以采用角焊缝、坡口焊缝或组合焊缝，如图15-14所示。不开坡口的角焊缝横截面积最大，消耗填充金属最多，但无需坡口加工，而且可用大电流进行施焊，熔敷率高，适用于小板厚的T形接头。双面单边V形坡口焊缝横截面最小，消耗的填充金属最少，但坡口加工成本较高，而且焊接时要求用较小的焊接电流打底以防根部烧穿，因此，这种坡口焊缝仅对于厚板T形接头才是经济的。单面单边V形坡口焊缝在经济上无任何优势，其主要优点是一侧施焊，其安全可靠性比不开坡口的双面角焊缝要好，T形接头不推荐用这种不开坡口的单面角焊缝。

　　只承受压载荷的T形（或十字）接头，如端面接触良好（磨平顶紧），大部分载荷会由端面直接传递，焊缝所承受的载荷减小，故焊缝可以不焊透，角焊缝尺寸也可减小。

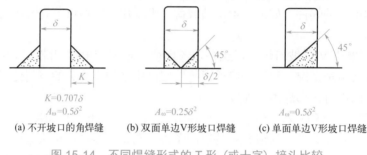

(a) 不开坡口的角焊缝　　(b) 双面单边V形坡口焊缝　　(c) 单面单边V形坡口焊缝

图 15-14　不同焊缝形式的 T 形（或十字）接头比较

K—焊脚；δ—板厚；A_ω—焊缝总截面积

15.2.7　部分熔透接头的焊缝设计

　　有些焊接结构为了保证具有足够的刚度而增加钢板的厚度，承受的工作应力却很小。这类构件的接头一般采用部分熔透焊缝。应根据强度要求正确地设计焊缝的形状和尺寸。

　　对于对接接头，一般按强度要求确定出焊缝的有效厚度 a 后，采用对称 V 形或单边 V 形双面焊接头，$S_1 = S_2 = a/2$，如图 15-15 所示。

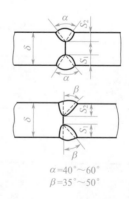

$\alpha = 40° \sim 60°$
$\beta = 35° \sim 50°$

图 15-15　部分熔透对接接头设计

　　对于 T 形接头，如果是联系焊缝，则采用双面角焊缝接头，如图 15-16（a）所示，焊脚尺寸 K 按照表 15-6 选用。如果厚钢板 T 形接头的焊缝是工作焊缝，则一般采用部分熔透的双面小坡口角焊缝，如图 15-16（b）所示，其尺寸通过强度计算确定。部分熔透坡口角焊缝的焊缝厚度计算公式见图 15-17。当背面施焊有困难时，可采用图 15-16（c）所示复合焊缝，容易施焊的一面采用部分熔透的单面小坡口角焊缝；背面焊一道角焊缝，其焊脚尺寸按表 15-6 确定。

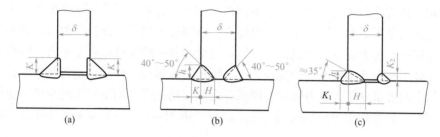

图 15-16　部分熔透 T 形接头设计

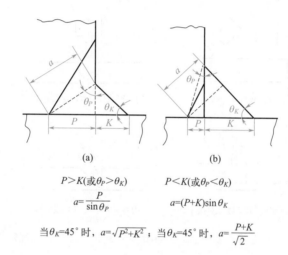

$$P > K (或 \theta_P > \theta_K) \qquad P < K (或 \theta_P < \theta_K)$$

$$a = \frac{P}{\sin \theta_P} \qquad a = (P + K)\sin \theta_K$$

当 $\theta_K = 45°$ 时，$a = \sqrt{P^2 + K^2}$；当 $\theta_K = 45°$ 时，$a = \dfrac{P + K}{\sqrt{2}}$

图 15-17　部分熔透坡口角焊缝的焊缝厚度计算公式

表 15-6　角焊缝的最小焊脚尺寸

接头中较厚钢板的 δ/mm	最小焊脚尺寸 K/mm	接头中较厚钢板的 δ/mm	最小焊脚尺寸 K/mm
6.5	3.5	$38 < \delta \leqslant 57$	10
$6.5 < \delta \leqslant 13$	5	$57 < \delta \leqslant 152$	13
$13 < \delta \leqslant 19$	6.5	$\delta > 152$	16
$19 < \delta \leqslant 38$	8		

注：最小焊脚尺寸 K 不得超过较薄钢板的厚度。

15.3　考虑可达性的结构设计

结构设计时应考虑焊接和焊后检验的可达性。焊接结构上的每条焊缝的空间均必须能够保证正常施焊；需要进行无损检验的焊缝周围应留出足够的空间，便于进行检验。

15.3.1 焊接可达性

所谓焊接可达性是指待焊部位周围的空间能够保证焊条或焊丝正常可达，以便于引弧焊接。不同焊接方法的焊接可达性要求条件是不同的。焊条电弧焊的细长焊条易于深入狭窄的部位，而且运条所需的空间较小，对焊缝周围空间要求较小。埋弧焊的焊接机头较大，需要待焊部位周围有较大的空间才能接近焊缝，因此，其焊缝设计必须是平直长焊缝或环形焊缝，而且要处于平焊或接近平焊的位置。手工钨极氩弧焊和半自动熔化极气体保护焊对待焊部位周围的空间要求介于焊条电弧焊和埋弧焊之间，每条焊缝周围留出的空间应能保证通过适当调整焊枪位置可使焊丝或钨极到达待焊部位。图 15-18 所示为常见几种接头焊接时焊枪的正常位置。

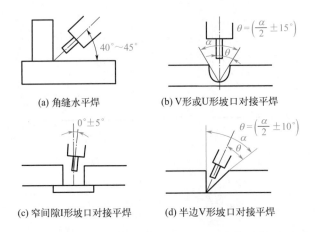

(a) 角缝水平焊　　　　(b) V形或U形坡口对接平焊

(c) 窄间隙I形坡口对接平焊　　　(d) 半边V形坡口对接平焊

图 15-18　手工钨极氩弧焊和半自动熔化极气体保护焊焊枪位置

图 15-19 所示为多 T 形接头焊接结构焊接可达性设计示例。要保证电弧能够达到接缝位置就必须考虑两立板之间的距离 B 和高度 H，以保证焊条或焊丝能够以一定的角度 α 达到接缝位置，并可以运条或操纵焊枪。图 15-19（a）因焊条倾角 α 无法保证，两立板之间至少有一条角焊缝，无法施焊。如果尺寸 B 和 H 不能改变，可以改变接头的焊缝设计，如图 15-19（b）所示，后装配和焊接的立板采用从外侧进行单面坡口焊，为防止烧穿，背面可设置永久垫板，若能改变结构尺寸，则把 B 加大为 B'，如图 15-19（c）所示，或把 H 降低为 H'，如图 15-19（d）所示。

图 15-20 所示为小直径管接头焊接可达性设计示例。图 15-20（a）所示采用了 X 形坡口，由于管径较小，内侧的焊缝无法施焊。图 15-20（b）所示的设计采用单面 V 形或 U 形坡口，内侧采用衬环承托熔池保证焊缝成形，该设计最容易焊接，但缺点是衬环增加管内流体的阻力，且耐蚀性差。图 15-20（c）所示的不加衬环的单面焊背面成形焊接结构设计可克服上述问题，但这种设计需要严格选择焊接工艺参数保证背面成形。

图 15-21 所示为型材组合结构的焊接可达性设计。图中左边的结构中有些焊缝无法施焊。中间和右边的设计合理。

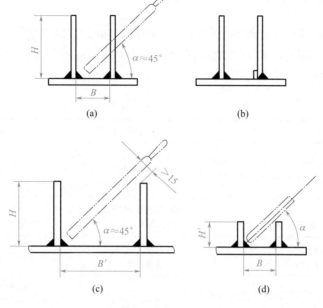

图 15-19　多 T 形接头焊接结构焊接可达性设计示例

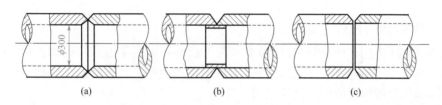

图 15-20　管接头的焊接可达性设计

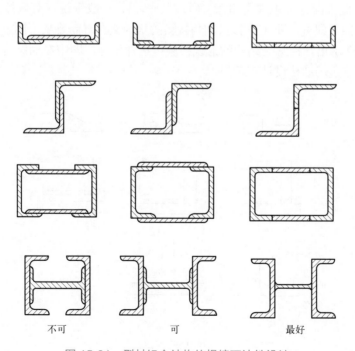

图 15-21　型材组合结构的焊接可达性设计

15.3.2　无损检验可达性设计

　　需要进行无损检验的焊缝周围必须设计出足够的空间，以能够进行检验。不同的检验方法所要求的空间是不同的，表15-7列出了焊接生产中几种常用焊接检验方法所要求的条件，在进行结构设计时应予以充分考虑。

表15-7　焊接生产中几种常用焊接检验方法所要求的条件

	对检验空间位置的要求	对检验表面的要求	对检验部位背面的要求
射线检验	要有较大的空间位置，以满足射线机头的放置和调整焦距的要求	表面不需机械加工，只需清除影响显示缺陷的东西；要有放置铅字码、铅箭头和透度计的位置	能放置暗盒
超声波检验	要求较小的空间位置，只需放置探头和探头移动的空间	在有探头移动的表面范围，尽可能做表面加工，以利于声波耦合	用反射法检测时，背面要求有良好的反射面
磁粉检验	要有磁化检测部位撒放磁粉和观察缺陷的空间位置	清除影响磁粉聚积的氧化皮等污物，要有探头工作的位置	
渗透检验	要有涂布检测剂和观察缺陷的空间	要求清除表面污物	若用煤油检测，背面要求有涂煤油的空间，并要求清除妨碍煤油渗透的污物

（1）射线检验可达性设计

　　目前X射线检验中以照相法应用最多。为了获得一定的穿透力和提高底片上缺陷影像的清晰度，对于中厚板焦距一般在400～700mm范围内调节。据此，可以确定机头到焊件检测面的距离以预留焊缝周围的操作空间。

　　为了充分暴露接头内部缺陷的存在情况，检测前需根据焊件的几何形状和接头形式选择照射方向，并按此方向正确地放置暗盒（俗称贴底片）。一般来说，对接接头最适合于射线检验，通常一次照射即可；而T形接头和角接头的角焊缝有时需要从不同方向多次照射才不致漏检。图15-22示出几种常见结构的射线检验可达性设计，图中左面结构设计不利于进行X射线检验，而右边的结构设计较理想。

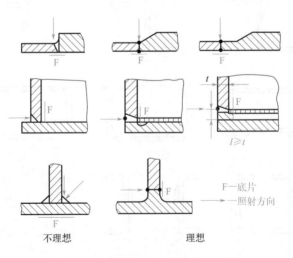

图15-22　射线检验可达性设计示例

（2）超声波检验可达性设计

在焊接生产中所用的超声波检验方法主要为接触法。所用的探头有直探头（纵波）或斜探头（横波）两种。检验时探头在工件检测面上移动，超声波由探头通过检测表面上涂覆的耦合剂进入焊件内，根据产生的反射波情况来判断缺陷的存在。焊缝周围的工件表面上应该有足够尺寸的范围供探头移动，如图 15-23 所示。探头移动区的大小根据厚度来确定。对于图 15-23 所示的对接接头，超声波探头移动区尺寸 l 按照表 15-8 确定。

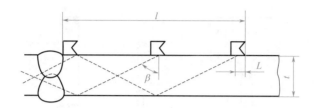

图 15-23　对接接头超声波检验时探头的移动区

表 15-8　对接接头超声波检验时探头移动区尺寸 l

板厚 t/mm	探头移动区计算尺寸 l/mm	说明
$8 \leqslant t \leqslant 46$	$l \geqslant 2tK+L$	检测面在内壁或外壁焊缝的两侧 L 为探头长度，一般为 50mm K 为斜探头折射角 β 的正切值。$K=2.0 \sim 3.0$，当 $8 \leqslant \delta \leqslant 25$；$K=1.5 \sim 2.5$，当 $25 < \delta \leqslant 46$
$46 < t \leqslant 120$	$l \geqslant tK+L$	检测面在内外壁焊缝的两侧 L 为探头长度，一般为 50mm K 为斜探头折射角 β 的正切值。$K=1.0 \sim 2.0$

对于图 15-24 所示的不等厚度对接接头，超声波探头移动区尺寸 l 如表 15-9 所示。对于图 15-25 所示的对接接头，其探头移动区尺寸 l 按照表 15-10 确定。

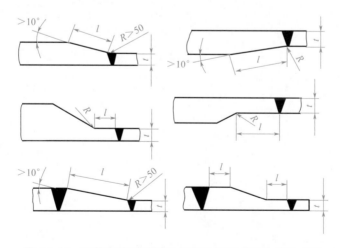

图 15-24　不等厚度对接接头超声波检验时探头的移动区

表 15-9　不等厚度对接接头超声波检验时探头移动区尺寸 l

板厚 t/mm		$10 \leqslant t < 20$	$20 \leqslant t < 40$	$t \geqslant 40$
探头移动区计算尺寸 l/mm	$l_{外面}$	5.5 t +30	3.5 t +30	3.5 t +50
	$l_{里面}$	0.7 $l_{外面}$	0.7 $l_{外面}$	0.7 $l_{外面}$

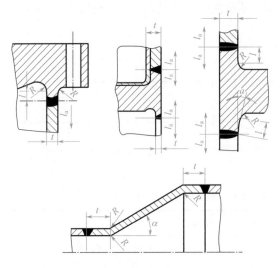

图 15-25　几种压力容器筒体焊接接头超声波检验时探头的移动区

表 15-10　几种压力容器筒体焊接接头超声波检验时探头的移动区尺寸 l

板厚 t/mm	$R+l$	l	l_a
$\leqslant 40$	1.5 t	1.0 t	3.0 t
> 40	1.0 t	0.7 t	2.0 t

第16章
焊接安全及劳动保护安全技术

焊接工作需要使用高压气瓶、带电设备，而且焊接过程中还会产生各种有毒气体、有毒粉尘、紫外线辐射、高频电磁场、噪声等。因此了解并掌握焊接安全知识对于保证焊接工作人员的健康安全及安全生产具有重要意义。

16.1 概述

16.1.1 焊接危害因素

在工业生产过程中，影响生产安全的因素称为危险因素，影响人体健康的因素称为有害因素。两者统称为危害因素。表 16-1 列出了焊接生产中涉及的危险因素和有害因素。

表 16-1 焊接生产中涉及的危险因素和有害因素

危害因素		主要事故或危害
危险因素	易燃易爆气体	爆炸、火灾
	压力容器和燃料容器	爆炸、火灾
	带电设备、电器	触电
	明火	爆炸、火灾、烧伤
	登高、金属容器内、水下或窄小空间里操作	急性中毒、高空坠落、物体打击

危害因素		主要事故或危害
有害因素	焊接烟尘	肺尘埃沉着病
	有害气体	慢性中毒
	弧光辐射	灼烫、皮肤疾病、电光眼
	射线	血液疾病
	热辐射	灼烫、皮肤疾病
	噪声	失聪

16.1.2 焊接安全法规与标准

我国行政主管部门根据工业生产情况，先后颁布了多个安全卫生方面的法规和标准，焊接生产中必须贯彻执行。表16-2列出了与焊接安全有关的规程、规范。表16-3列出了焊接安全与卫生方面的标准。

表16-2 与焊接安全有关的规程、规范

名称	主要内容
工厂安全卫生规程	厂院、工作场所、机械设备、电气设备、锅炉和气瓶、供水、生产辅助设施、个人防护用品等安全卫生
建筑安装工程安全技术规程	施工的一般要求、施工现场、电气设备和安装、拆除工程、防护用品等安全技术
工人职员伤亡事故报告规程	工人职员伤亡事故如何进行调查、登记、统计和报告
关于加强企业生产中安全工作的几项规定（简称5项规定）	① 关于安全生产责任制的规定 ② 关于安全技术措施计划的规定 ③ 关于安全生产教育的规定 ④ 关于安全生产的定期检查的规定 ⑤ 关于伤亡事故的调查和处理的规定
气瓶安全技术监察规程	气瓶的设计、制造、充装、运输、使用及检验的安全技术要求
乙炔站设计规范	乙炔站的布置、工艺设备选择、建筑、给排水、通风和乙炔管道的设计规定
溶解乙炔气瓶安全监察规程	溶解乙炔气瓶的设计、制造、充装、使用及检验的安全技术要求
特种作业人员安全技术考核管理规则	确定金属焊接（气割）等11种作业为特种作业，规定特种作业人员应具备的条件、培训、考核和发证、复审、工作变迁、奖惩等事宜

表16-3 焊接安全与卫生方面的标准

标准号	标准名称	标准号	标准名称
GB 9448—1999	焊接与切割安全	GB 2811—2007	安全帽
GB 10235—2012	弧焊电源 防触电装置	GB 6095—2009	安全带

标准号	标准名称	标准号	标准名称
GB 12011—2009	足部防护 电绝缘鞋	GB/T 3805—2008	特低电压（ELV）限值
LD4—1991	焊接防护鞋	GBZ 1—2010	工业企业设计卫生标准

16.2　焊接安全技术

16.2.1　电击防护技术

（1）用电安全基础知识

1）安全电压与危险电压

安全电压是指有效值小于 36V 的电压，危险电压通常指有效值大于 36V 的电压。气体保护焊弧焊电源的输入端电压一般为 50Hz 的 220V 或 380V，输出端的空载电压一般也在 60V 以上，均属于危险电压，因此在焊接操作过程中，要遵守操作规程，防止触电。

2）电击对人体的危害

接触带电部件将有电流流过人体，导致电击。电击的伤害程度取决于以下几个因素：

① 电流大小。不大于 1mA 的电流仅使触电者有微弱的刺痛感；1～5mA 的电流会使人很难受但不痛；6～30mA 的电流会引起疼痛，使人失去对肌肉的控制，不能够行走，还可能会引起烧伤；50～150mA 的电流引起严重疼痛，导致严重的肌肉收缩、深度烧伤、击倒并可能会导致死亡；1000～4300mA 的电流会引起心室纤维性颤动（心电图节奏被打乱，心脏跳动激烈，且由于心室失去同步，不能送出血液），可能会导致死亡；电流为 10000mA 时，心脏停博，严重烧伤，死亡可能性很大。

尽管电击对人体的作用是以电流大小来衡量的，但由于通过人体的电流是不可能事先计算出来的，因此安全条件不是按照安全电流，而是按照安全电压来确定的。不同环境条件下，人体电阻是不相同的，安全电压也各不相同。一般情况下，36V 以下的电压不会导致伤亡，因此规定低于 36V 的电压为安全电压。

② 电击持续时间。电击持续时间越长，电击伤害程度就越严重。这是因为随着通电时间的延长，人体电阻因出汗或其他原因而下降，导致电流增大，触电危险性增加。此外，人的心脏每收缩扩张一次，中间约有 0.1s 的间歇时间，人体在这 0.1s 的间歇时间内对电流最为敏感。如果电流在这一瞬间通过心脏，即使电流只有几十毫安，也会引起心脏震颤。电流不在该瞬间通过心脏时，即使电流达 10A，也不会引起心脏停博。由此可知，如果电流持续时间超过 1s，则必将与心脏最敏感的间歇重合，造成很大危险。

③ 电流种类（DC 或 AC）、交流电流的频率。对于人体来说，最危险的频率为 25～300Hz，2000Hz 以上的高频对人体的影响很小，因为高频有集肤效应。直流电压的危害也小于工频交流电压。

④ 电流在人体中的流通路径。从手到脚的流通路径是最危险的，因为沿这条路径流通的电流有较多的机会通过心脏、肺部和脊髓等重要器官，然后是从手到手的流通路径，而脚到脚的电流路径危险性最小。

⑤ 人体电阻。在外加电压一定时，人体电阻越大，危险性越小。人体电阻主要由体内

电阻和皮肤电阻组成。体内电阻基本上不受外界条件的影响，其数值不低于500Ω。皮肤电阻受很多外界因素的影响，例如皮肤上的汗液、损伤、黏附的粉尘等都会降低皮肤电阻，增大危险性。

3）电击事故的常见原因

因具体情况的不同，发生触电的原因很多，但大致可分为两类：一类是直接电击，即直接接触正常运行时带电的部件所发生的电击；另一类为间接触电，即触及意外带电体所发生的电击。意外带电体是指正常情况下不带电，由于绝缘损坏或电气元部件故障而带电的物体，如漏电的焊机外壳、绝缘外皮破损的电缆等。

① 直接电击事故。进行以下操作时易发生这类事故：a. 焊接开始前更换电极或整理焊枪上的焊丝时，不小心接触到焊枪上的导电部位；b. 在接线、调节焊接电流或移动焊接设备时，手或身体碰到接线柱、极板等带电体；c. 在登高焊接时触及低压线路或靠近高压网路。

② 间接电击事故。焊接发生间接电击事故的原因主要是触及漏电的焊机外壳或绝缘破损的电缆。焊机外壳漏电的主要原因有：线圈潮湿、焊机长期超负荷运行、短路发热、安装地点和方法不符合安全要求、因振动或碰击而使线圈或引线的绝缘受到机械性损伤、金属物（如铁丝、铁屑、铜线或小铁管头）进入焊机外壳内。

4）触电类型

触电可分为以下几种情况：

① 低压单相触电。人体某一部位触及连接单相电压的带电体。大部分触电事故都是单相触电事故。

② 低压两相触电。即人体两处同时触及两相带电体。此时，人体所受到的电压可高达380V，危险性很大。

③ 跨步电压触电。电气设备发生接地故障时，接地电流通过接地导体流向大地，人在接地点周围，两脚之间的电位差称为跨步电压。过大的跨步电压也会引起触电事故。高压设备的接地故障处或有大电流流过的接地装置附近，都可能出现较高的跨步电压。

（2）焊接触电事故的预防措施

为了保证焊接设备的使用安全，设备在出厂前就采取了许多安全措施，如隔离防护措施、绝缘措施等。为了确保用电安全，在设备安装及焊接操作过程中除了应遵守随机附带的使用说明外，还应注意以下几点：

1）焊机外壳的保护接地

如果焊机不接地，变压器初级绕组由于某种原因与外壳短路后，将带有很高的电压，人触及外壳后就会导致电击。因此所有焊机外壳均必须接地。所谓接地就是用导线将焊机外壳与大地连接，提供一条连接地面的低电阻路径。这样，在焊机外壳漏电时，将有很大的对地短路电流产生，从而使保险丝烧断或断路器跳闸，将整个电路切断并同时向用户发出报警信号，如图16-1所示。

焊机的外壳上大部分设有专用的接地螺钉（有些采用三相四线制供电的焊机没有该螺钉，四根电缆线中有一根线是接到电网的地线上），应利用导线将该螺钉连接到接地极上，而且接地电阻应小于4Ω。可采用专用接地极或自然接地极。

一般可利用插入地下深度超过1m的铜棒或无缝钢管做专用接地极（或称人工接地极）。自然接地极是指原有的可靠接地的装置，例如已可靠接地的建筑物金属结构件（建筑规程通常要求金属结构件接地)、地下水管等。经常移动的焊机一般采用自然接地极。注意，不得使用氧气管道或易燃易爆气体管道作为接地极，也不要利用避雷针作为接地极。由于避雷针经长久的风吹日晒后，接地电阻会变大。

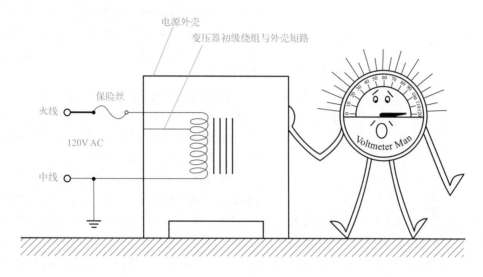

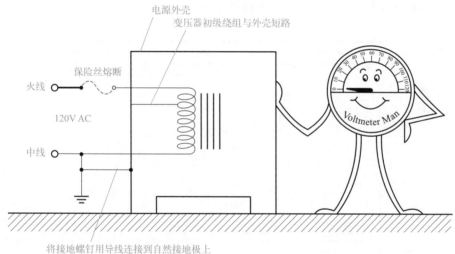

图 16-1　电源外壳的接地

对于接地线，有如下几个要求：

① 要有足够的截面积，不得小于相线截面积的 $1/3 \sim 1/2$。

② 接地线必须是整根的，中间不得有任何接头。焊机与接地线的连接必须牢固可靠，对于经常移动的焊机，应利用螺栓拧紧，最好使用弹簧垫圈、防松螺帽以防变松；对于固定安装的焊机，接地线最好采用焊接方式进行连接。

③ 多台焊机共用一个接地极时，只能采用并联连接，不得串联到接地极上。

④ 接地线上不准设置熔断器或开关，以保证接地的永久性和可靠性。

⑤ 连接接地线时，应先接到接地极上，再接到焊机外壳上；拆除时顺序正好相反。

2）保护接零

所谓保护接零，就是通过连接零线进行保护，即利用一根导线将焊机的金属外壳与电源线的零线连接起来，如图 16-2 所示。这是三相四线制供电电源的正确连接方法，四根线中有一根是用来将焊机的金属外壳与电源线的零线连接起来。当某一相与焊机外壳短路时，焊机外壳将该相与零线短路，产生很大的单相短路电流，使该相保险丝熔断，该相电源被切除，外壳带电现象立刻终止。

有些用户通过将外壳连接到大地上来代替零线的连接，这是不正确的，这是因为某一相的绝缘被破坏而导致漏电时，外壳可能产生相当于相电压一半的电压，不能保证安全。

在焊机二次绕组一端接地或接零时，焊件不得接地，也不得接零。焊机二次绕组和焊件同时

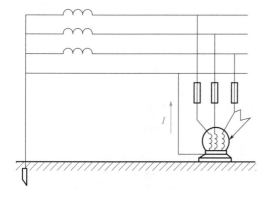

图 16-2　保护接零

接地或接零时，如果焊机二次回路接触不良，接地线或接零线上就可能会产生很大电流，将地线或零线熔断，失去接地或接零保护功能。这不但危及人身安全，而且易引起火灾；因此，在焊接已牢固接地的工件时，必须将焊机的二次绕组的接地线或接零线暂时拆除，焊接后再恢复。图 16-3 比较了几种正确接地或接零方法。

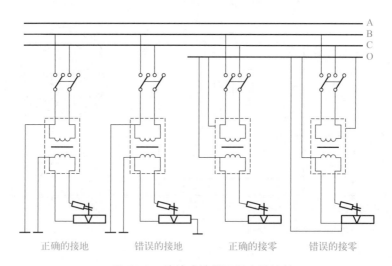

正确的接地　　　　错误的接地　　　　正确的接零　　　　错误的接零

图 16-3　接地或接零正误方法比较

对于接地线，有如下几个要求：

① 接零线要有足够的截面积，其需用电流应大于焊机的主电源熔断器额定电流的 2.5 倍，或者大于对应自动开关跳闸电流的 1.2 倍。

② 接零线必须是整根的，中间不得有接头。焊机外壳与接零线的连接应利用螺栓拧紧，最好使用弹簧垫圈、防松螺帽以防长时间使用时变松；对于固定安装的焊机，可采用焊接方式连接。

③ 多台焊机不得以串联方式连接到零线上，只能采用并联方式。

④ 接零线上不准设置熔断器或开关。

⑤ 连接时，先将接零线接到零线上，再接到焊机外壳上；拆除时顺序正好相反。

3）采用接地故障断路器

在潮湿环境（如多雨的施工现场）中工作时，仅仅采用接地或接零是不能保证安全的，这种情况下最好采用接地故障断路器。

接地故障断路器对由电网流入焊机的电流进行测量，并与流出焊机的电流进行比较。如果这两个电流有明显的差别，接地故障断路器将在几毫秒的时间内断开焊机与电网间的连接。流入焊机的电流与流出弧焊电源的电流之间的不平衡一般是因对地短路造成的。接地故障断路器以很快的速度断开电源，因此流向地面的短路电流不会造成人身伤害。应采用接地故障断路器、设备接地和合适的保险丝来提供最好的保护。即使焊机不接地，接地故障断路器仍然能进行保护，见图 16-4。

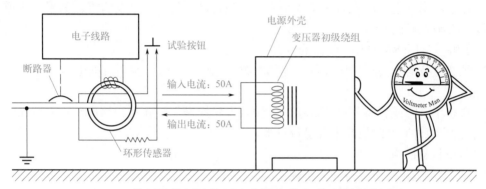

(a) 流入焊机的电流与流出焊机的电流相等时，接地故障断路器闭合

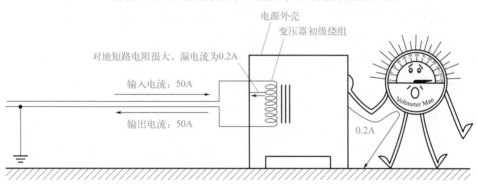

(b) 没有安装接地故障断路器时，小电流的对地短路故障不会熔断保险丝，但有危险

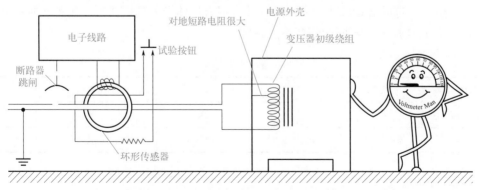

(c) 接地故障断路器检测到很小的短路故障电流后立即跳闸，保证安全

图 16-4　接地故障断路器（FFI）的保护原理

4）电气安全要点

① 确保所有设备均可靠地接地或接零，在电源的输入侧最好使用接地故障断路器进行保护，并定期检查它们的可靠性。

② 焊机持续工作时间应符合其铭牌的规定值，不得长时间超时运行。

③ 操作时必须按劳动保护规定穿戴防护工作服、绝缘鞋和手套。

④ 不要在雷雨天施焊，特别是焊接高度大的钢结构时；雷电击中焊接电缆将有生命危险。

⑤ 确保电源和电缆保持良好的工作状态。

⑥ 在焊接过程中，维护弧焊电源时或操作开关时不要站在湿地上或水泥地上。

⑦ 救助不幸被电击的人时一定要小心，以免自己成为另一个受害者。如果不知道如何做，那就应等待急救服务。

⑧ 了解应急用断路器及熔断器的位置。

⑨ 维修设备前应关断焊接设备的外部电源。光线不足时，照明灯的电压不高于36V的安全电压。

⑩ 在狭小空间或容器内进行焊接时，须两人轮换操作，并互相照应，一人留在外面监护，以便发生意外时及时切断电源进行抢救。

5）触电抢救措施

万一发生触电事故时，遵守如下规定：

① 最好应先迅速地将电源切断。如果因某种原因（例如离开关较远）来不及切断电源，则应利用干燥的手套、木棒等绝缘物拉开触电者或挑开电线。切勿用赤手或导电物体去动触电者，以防自己触电。单手操作比双手操作要安全些。

② 切断电源后，如果触电人员仍呈昏迷状态，应立即将其平卧，并施行人工呼吸或拨打120电话求助。

16.2.2 高压气体使用安全及防火防爆

（1）用气安全

1）常用气瓶及标识

气体保护焊用的保护气体（如氩、氦、氧气及二氧化碳）是分别盛放在气瓶中的，焊接时，通过软管以一定的流量和压力将单一气体或混合气体导入到焊接区。每种气瓶都有醒目的标志，如表16-4所示。不同的气瓶不能混用。

表16-4 各种气瓶的标识方法

气体		氩气	氦气	氧气	二氧化碳	氢气
标识	表面颜色	银灰	银灰	天蓝	黑黄	深绿
	字样	绿色"氩气"	绿色"氦气"	黑色"氧气"	黄色"二氧化碳"	"氢气"

2）用气注意事项

气瓶属于高压容器，如操作不当容易导致火灾或爆炸事故，使用过程中应注意以下几点：

① 防止气瓶受到强烈冲击与振动，不得被重物挤压，以免引起损伤或因内压升高而发生爆裂。

② 防止氧气或 CO_2 气瓶的减压阀冻结；冻结时，禁止用火去烤，以免烤坏瓶阀密封料或引起火灾或爆炸；只能用热水或蒸汽来解冻。

③ 气瓶应远离热源和明火，与明火的距离一般不得小于 10m，以防止瓶内气体受热膨胀，压力升高而发生爆炸。

④ 严禁用电磁式起重机搬运气瓶。

⑤ 尽量不要将气瓶放置在完全露天的地方，防止日光曝晒，以免气瓶内压升高。

⑥ 瓶内气体不得用尽，必须留有一定的剩余压力，防止空气进入气瓶。

⑦ 不使用标识不清的气瓶。

⑧ 开关瓶阀时应缓慢操作。

（2）防火防爆及灭火措施

1）防火防爆措施

焊接过程中，飞溅的颗粒如果飞到可燃物品上，易导致火灾，因此应采取如下措施防止火灾：

① 焊前应先检查焊接现场周围是否有易燃、易爆物品（如油漆、煤油、木屑等）。如有，则应将这些物品搬离，或利用绝热材料进行可靠的覆盖。

② 在对储存容器、管道等进行修复焊时，应检查该容器内是否存放过易燃易爆物。如果是，则必须先将容器内残留的介质放干净，并用碱水清洗内壁，再用压缩空气吹干，确认安全可靠后方可进行焊接。

③ 在对压力容器、筒体、管道进行焊接时，必须先将压力释放后才能开始工作，防止发生爆炸。

2）灭火措施

作业现场应配有灭火器。万一发生火灾，应首先切断电源，最好将气瓶移走，然后采取灭火措施。常用的灭火器材有四氯化碳灭火器、二氧化碳灭火器和干粉灭火器。

16.2.3　辐射危害防护措施

（1）弧光辐射的危害及防护措施

1）弧光辐射的危害

弧光包含了红外线、可见光、紫外线三种射线。紫外线对操作人员的危害最大，尤其对眼睛和皮肤。眼睛受到长时间的弧光紫外线辐射后，会严重影响视力，引起电光性眼炎。电光性眼炎的主要症状为疼痛、有砂粒感、多泪、怕风吹等。皮肤经常受到紫外线照射，会导致发红、触痛、变黑、脱皮等，严重的还会导致皮肤癌。另外，紫外线对纤维织物还有破坏和褪色作用。气体保护焊电弧温度高达 8000～30000K，其电弧光辐射比手工电弧焊强得多，例如，氩弧焊的紫外线辐射强度是手工电弧焊的 13 倍，因此更应加强防护措施。

2）防护措施

① 引弧前应戴好专用头盔或面罩，保护好面部（特别是眼睛），还要注意周围是否有其他人员，以免强烈弧光灼伤别人的眼睛。

② 焊前应穿戴好高领帆布工作服和专用手套（最好是白色的），防止弧光灼伤皮肤。

③ 多人利用多台焊机同时进行焊接作业时，弧光辐射源较多，应使用防护屏相互遮挡，避免受其他焊机弧光的伤害。防护屏可用玻璃纤维布及薄钢板等制作，并涂上灰色或黑色的无光漆。

（2）高频磁场的辐射及防护

1）高频磁场辐射的危害

钨极氩弧焊采用高频振荡引弧，因此引弧时操作人员易受到高频磁场的辐射，磁场强度大概为 $140 \sim 190V/m$。人体长时间地受高频磁场辐射时，会使各种器官的温度升高，出现头晕、乏力、多梦、脱发和记忆力下降等症状。

2）防护措施

通常采用如下防护措施：

① 提高高频振荡引弧的可靠性，减少引弧次数及时间；可靠引弧时，引弧时间只有 0.2s 左右，影响较小，但是如果频繁引弧则影响较大。

② 工件可靠地接地。工件接地能够显著降低高频辐射强度。

③ 降低工作环境的温度和湿度。环境温度和湿度越高，人体对高频辐射的敏感性越大，因此加强通风，降低工作环境温度和湿度是减少高频辐射的重要手段。

④ 屏蔽高频振荡器。将高频振荡器用金属外壳屏蔽起来，可降低高频磁场辐射强度；最好将焊枪内的电缆、连接焊枪至焊机的电缆也利用铜质软编织层屏蔽起来。

（3）放射性辐射及防护

1）放射性辐射的危害

钨极氩弧焊经常采用钍钨极，这种钨极中含有少量的 ThO_2，具有轻微的放射性。对操作人员的危害主要是体外照射和体内照射。体外照射就是钨极发射出的放射性射线所产生的照射。在正常焊接中，由于钍钨极本身放射性并不大，焊接持续时间不长，体外照射是无需进行屏蔽的。所谓体内照射即钍及其衰变产物以气溶胶的形式进入人体，这种气溶胶具有很高的生物活性，很难被排出，长期作用于体内，从而形成体内照射，引起放射性疾病。主要表现为免疫力降低、体重减轻、衰弱无力、造血系统受到破坏。

2）防护措施

采取如下措施进行放射性辐射防护：

① 尽量不采用钍钨极，而选用铈钨极；铈钨极放射性比钍钨极低两个数量级。

② 焊接时务必戴上头盔，防止蒸发出的钨进入体内。

③ 根据电流选择合适直径的钨极，防止钨极的过量烧损。

④ 钍钨极应利用铅或铁质箱子盛放，存放在独立的地下储存室中；储存室应配置排气系统，随时将被放射性物质污染的空气排出。

⑤ 打磨钨极时务必穿上专用工作服，并戴上口罩和手套；砂轮必须安装在通风良好的地方。

⑥ 对打磨场地或焊接场地及时进行湿式清理；对收集的放射性粉尘应作深埋处理。

⑦ 接触钍钨极后应利用流动的水和肥皂洗手，工作服和手套应经常清洗，口罩最好使用一次性口罩。

16.2.4　焊接烟尘防护措施

（1）焊接烟尘的危害

焊接过程会放出烟尘，烟尘主要由金属、氧化物和氟化物等微粒以及臭氧、氧化氮和一氧化碳等有害气体组成，气体保护焊焊接烟尘各种组分的危害性见表 16-5。具体成分和数量主要取决于使用的焊接方法、焊接参数等。实际上焊接烟尘是影响面最大的有害因素。因此应采取有效的措施来进行防护，特别是在通风情况欠佳的环境，如在密闭容器、船舱或管道中进行焊接时。

表 16-5　气体保护焊焊接烟尘各组分的危害性

烟尘成分		来源	危害	症状
粉尘	铝、氧化铝	铝的焊接及切割	铝肺尘埃沉着病	气短、胸闷、咳嗽、咳痰、无力、神经衰弱症状等
	铬、氧化铬	钢，特别是不锈钢的焊接及切割	慢性非特异性肺病、支气管炎、癌症	气短、胸闷、咳嗽、咳痰、无力、气喘、神经衰弱症状等
	铁、氧化铁	钢的焊接、切割	铁肺尘埃沉着病	气短、胸闷、咳嗽、咳痰、无力、神经衰弱症状等
	锰、氧化锰	钢的焊接，特别是 CO_2 焊	锰中毒、肺炎	头疼、乏力、失眠、神经功能紊乱
	氧化硅	钢的焊接，特别是 CO_2 焊	肺尘埃沉着病	气短、胸闷、咳嗽、咳痰、无力、神经衰弱症状等
有毒气体	臭氧	主要是钨极氩弧焊和熔化极氩弧焊	支气管炎	咳嗽、胸闷、乏力、食欲不振、头晕、全身疼痛
	氮氧化合物	各种气体保护焊	慢性中毒、慢性支气管炎	头疼、失眠、食欲不振、呼吸困难、虚脱、全身软弱无力等
	一氧化碳	各种气体保护焊	一氧化碳中毒	头疼、全身乏力、脉搏增快、呕吐、头昏等

（2）焊接烟尘的防护措施

主要采用通风和个人防护等措施进行焊接烟尘防护。

1）通风

通风是焊接烟尘最常用、最有效的防护方法，而且通风还是降低焊接热污染的主要措施。在室内、各种容器及管道内进行焊接作业时，均应采取通风措施，以保证操作人员的身体健康。根据通风的动力源的不同，通风分为自然通风和机械通风两种。

① 自然通风。自然通风依靠焊接工作场所与外界的温差及自然风力将焊接烟尘排出，这种方式的特点是通风量小，不够稳定，受外界条件影响大。由于焊接车间内的温度高于外界，在温度差的作用下，室内空气和室外空气之间自然会发生交换，形成自然通风。在车间设计过程中，通过适当改善车间结构可改善自然通风条件，通过合理安排车间内的设备布局也可改善自然通风。自然通风只能作为辅助通风措施。

② 机械通风。机械通风是利用风机产生的压力来进行换气，具有通风量大、通风稳定的特点。根据通风范围，机械通风分为全面机械通风和局部机械通风两种。而根据风机类

型，机械通风分为机械送风与机械排风两种方式。机械排风的效果较好，是目前焊接通风采用的主要方法。

a. 全面机械通风。全面机械通风利用通风系统对整个车间进行通风换气，根据通风方向可分为上抽排烟、下抽排烟和侧抽排烟等几种，表16-6对这三种全面机械通风方式进行了比较。

表16-6　三种全面机械通风方式的比较

通风方式	简图	特点	效果
上抽排烟		室外空气从地表送入，室内污染空气从房顶排出，烟流与新鲜空气的流动方向相同，消耗能量小	操作人员操作位置仍有一定污染，排烟效果一般
下抽排烟		室外空气从房顶送入，室内污染空气从地表排出，烟流与新鲜空气的流动方向相反，消耗能量大	排烟效果好
侧抽排烟		室外空气从一侧送入，从另一侧送出，上风口的效果好于下风口	排烟效果差

全面通风时，应保持每个工位有一定的通风量，但很难保证各个工位均有良好的效果，因此，全面机械通风一般也仅仅作为辅助的通风措施。

b. 局部机械通风。采用局部机械通风时，焊接烟尘和有害气体刚一产生，就被近距离安装的排风罩口迅速吸走，因此所需风量小，且不污染环境，不影响焊接工作，通风效果好，是目前焊接所采用的主要通风措施。

局部机械通风主要通过抽风机来进行。由排气罩、风管、净化装置和风机等四部分组成。它可分为固定式局部排烟除尘机、移动式局部排烟除尘机和多吸头排烟除尘机三类。

a）固定式局部排烟除尘机。在焊接工作区安装固定的通风排气管路，进行局部性的排烟除尘处理。适用于焊接工作区和焊接工作台固定的情况。固定式局部排烟除尘机分上抽、下抽和侧抽三种形式，如图16-5所示，其中下抽式效果最好，而且其安装位置不影响焊接操作。

b）移动式局部排烟除尘机。这类通风装置具有结构简单、轻便的特点，可随工作地点和操作位置移动而移动，主要用在密闭容器或管道内施焊。使用时，只需将吸风头放置在电弧附近，开动风机，就可有效地将有毒气体和粉尘吸走。

移动式局部排烟除尘机通常带有净化器，如图16-6所示。

c）多吸头排烟除尘机。用于焊接大而长的工件。每个排气支管可根据焊件的大小和高低作适当的调整，排气口的数量也可根据焊件长短进行调整，如图16-7所示。

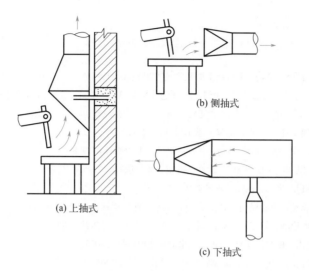

(b) 侧抽式

(a) 上抽式

(c) 下抽式

图 16-5　固定式局部排烟除尘机

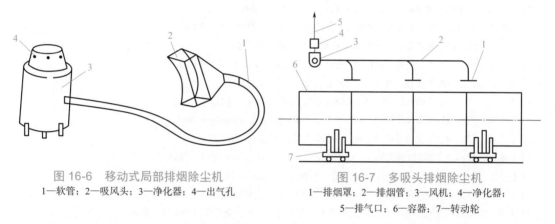

图 16-6　移动式局部排烟除尘机
1—软管；2—吸风头；3—净化器；4—出气孔

图 16-7　多吸头排烟除尘机
1—排烟罩；2—排烟管；3—风机；4—净化器；
5—排气口；6—容器；7—转动轮

2）个人防护

在某些通风不易解决的特殊作业场合，例如在封闭容器内进行焊接作业时，个人防护措施是最行之有效的手段。在这种恶劣的工作环境下工作时，必须使用通风头罩、送风口罩等防护设备。

参考文献

[1] 俞尚智. 焊接工艺人员手册 [M]. 上海：上海科学技术出版社，1991.

[2] 中国机械工程学会焊接学会. 焊接手册：第1、2、3卷 [M]. 3版. 北京：机械工业出版社，2008.

[3] 美国焊接学会. 焊接手册：第1、2、3、4卷 [M]. 清华大学焊接教研组，译. 7版. 北京：机械工业出版社，1985.

[4] 陈伯蠡. 焊接冶金原理 [M]. 北京：清华大学出版社，1991.

[5] 姜焕中. 电弧焊及电渣焊（修订本）[M]. 北京：机械工业出版社，1988.

[6] 张文钺. 焊接冶金学（基本原理）[M]. 北京：机械工业出版社，1995.

[7] 赵熹华. 焊接检验 [M]. 北京：机械工业出版社，2017.

[8] 黄石生. 新型弧焊电源及其智能控制 [M]. 北京：机械工业出版社，2000.

[9] 马福临. 电弧螺柱焊理论基础与应用 [M]. 北京：北京理工大学出版社，2002.

[10] 尹士科. 焊接材料实用基础知识 [M]. 北京：化学工业出版社，2015.

[11] 许祖泽. 新型微合金钢的焊接 [M]. 北京：机械工业出版社，2004.

[12] 胡绳荪，等. 焊接自动化技术及其应用 [M]. 2版. 北京：机械工业出版社，2015.

[13] 殷树言. 气体保护焊基础 [M]. 北京：机械工业出版社，2007.

[14] 周万盛，姚君山. 铝及铝合金的焊接 [M]. 北京：机械工业出版社，2006.

[15] 林三宝，等. 高效焊接方法 [M]. 北京：机械工业出版社，2011.

[16] 周振丰，等. 焊接冶金与金属焊接性（修订本）[M]. 北京：机械工业出版社，1988.

[17] 张义，等. 螺柱焊接技术及其应用 [M]. 北京：机械工业出版社，2009.

[18] 李亚江，等. 轻金属焊接技术 [M]. 北京：国防工业出版社，2011.

[19] 胡绳荪. 现代弧焊电源及其控制 [M]. 2版. 北京：机械工业出版社，2015.

[20] 刘会杰. 焊接冶金与金属焊接性 [M]. 2版. 北京：机械工业出版社，2015.

[21] 李亚江. 焊接冶金学-材料焊接性 [M]. 2版. 北京：机械工业出版社，2016.

[22] 杨立军. 材料连接设备及工艺 [M]. 北京：机械工业出版社，2007.

[23] 王宗杰. 熔焊方法及设备 [M]. 2版. 北京：机械工业出版社，2016.

[24] 卡里（美），等. 现代焊接技术 [M]. 陈茂爱，等，译. 北京：化学工业出版社，2010.

[25] 陈祝年，陈茂爱. 焊接工程师手册 [M]. 北京：机械工业出版社，2019.

[26] 陈茂爱，任文建，等. 焊接机器人技术 [M]. 北京：化学工业出版社，2019.

[27] 邹增大，李亚江，孙俊生. 焊接材料、工艺及设备手册 [M]. 北京：化学工业出版社，2001.

[28] 何少卿，等. 药芯焊丝及应用 [M]. 北京：化学工业出版社，2000.

[29] 龙伟民，等. 焊接材料手册 [M]. 北京：机械工业出版社，2014.

[30] 方洪渊，等. 焊接结构学 [M]. 2版. 北京：机械工业出版社，2017.

[31] 邰尚利，等. 单面焊双面成形技术 [M]. 北京：机械工业出版社，2002.

[32] 焊接学会方法委员会. 窄间隙焊接 [M]. 尹士科，等，译. 北京：机械工业出版社，1988.

[33] 曾乐. 现代焊接技术手册 [M]. 上海：上海科学技术出版社. 1993.

[34] 杨富，等. 新型耐热钢焊接 [M]. 北京：中国电力出版社，2006.

[35] 陈伯蠡. 金属焊接性基础 [M]. 北京：机械工业出版社，1982.

[36] 陈伯蠡. 焊接冶金原理 [M]. 北京：清华大学出版社，1991.